U0252945

清华
开发者书库

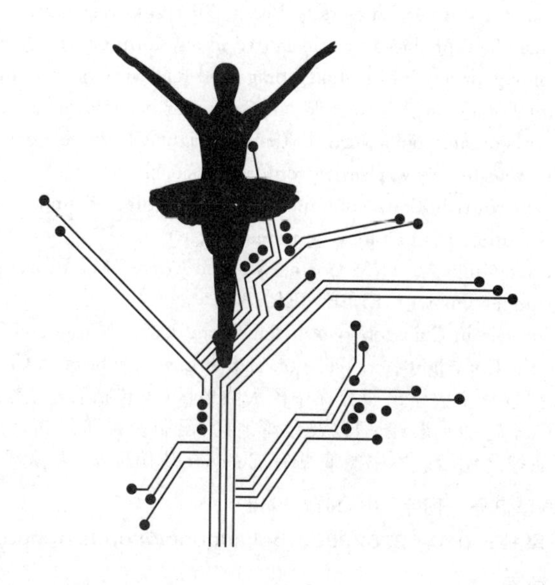

The Definitive Guide to ARM Cortex-M3 and Cortex-M4 Processors
(Third Edition)

ARM Cortex-M3 与 Cortex-M4 权威指南

（第3版）

Joseph Yiu◎著
吴常玉 曹孟娟 王丽红◎译

清華大學出版社
北京

The Definitive Guide to ARM Cortex-M3 and Cortex-M4 Processors, 3rd Edition
Joseph Yiu
ISBN: 9780124080829, Copyright © 2014 Elsevier Inc. All rights reserved.
Authorized Chinese translation published by Tsinghua University Press.
《ARM Cortex-M3 与 Cortex-M4 权威指南》(第 3 版)(吴常玉,曹孟娟,王丽红译),ISBN: 9787302402923

图书在版编目(CIP)数据

ARM Cortex-M3 与 Cortex-M4 权威指南: 第 3 版/(英)姚文祥著; 吴常玉,曹孟娟,王丽红译. —北京: 清华大学出版社,2015(2022.12重印)
(清华开发者书库)
书名原文: The Definitive Guide to ARM Cortex-M3 and Cortex-M4 Processors, 3rd Edition
ISBN 978-7-302-40292-3

Ⅰ. ①A… Ⅱ. ①姚… ②吴… ③曹… ④王… Ⅲ. ①微处理器—指南 Ⅳ. ①TP332-62

中国版本图书馆 CIP 数据核字(2015)第 106068 号

责任编辑: 盛东亮
封面设计: 李召霞
责任校对: 梁 毅
责任印制: 刘海龙

出版发行: 清华大学出版社
网 址: http://www.tup.com.cn, http://www.wqbook.com
地 址: 北京清华大学学研大厦 A 座 邮 编: 100084
社 总 机: 010-83470000 邮 购: 010-62786544
投稿与读者服务: 010-62776969, c-service@tup.tsinghua.edu.cn
质量反馈: 010-62772015, zhiliang@tup.tsinghua.edu.cn
课件下载: http://www.tup.com.cn,010-83470236
印 装 者: 大厂回族自治县彩虹印刷有限公司
经 销: 全国新华书店
开 本: 185mm×260mm 印 张: 35.75 字 数: 890 千字
版 次: 2015 年 11 月第 1 版 印 次: 2022 年12月第13次印刷
印 数: 21001 ~22500
定 价: 129.00元

产品编号: 054434-02

注　　意

译者序

FOREWORD

从2008年开始，基于Cortex-M3的单片机以其高性能、低成本及易于使用等诸多优势，已经取代ARM7，成长为32位微控制器的主流。Cortex-M4在Cortex-M3的基础上增加了浮点单元及一些DSP指令，可以极大地提高数学运算的效率。由于其诸多特性，之前ARM9＋OS（如Linux等）的多种方案，目前可以由Cortex-M3或Cortex-M4＋嵌入式OS的方式取代。

支持Cortex-M3/M4的芯片厂家也在日益增多，包括ST、TI、Atmel等在内的芯片巨头都有多款基于Cortex-M3/M4的微控制器产品，而且具有多种Flash及内存大小、外设以及运行频率等，这也使得我们的选择更加广泛。利用一定的程序架构，可以开发出基于多种硬件平台的程序，为产品提供了更多的保障。

在平常工作中，接触最多的就是Cortex-M3/M4了，从最开始的STM32，到后来TI、Atmel及Fujitsu等多家的Cortex-M3/M4单片机，使用过程中体会最深的就是芯片的高性能和易用性。

在之前编写8位机的代码时，为了保证任务的正确执行，可能还要考虑代码的执行速度能否满足任务的需求，而对于Cortex-M3/M4，由于芯片本身的性能及编译器的效率，一般情况下，无须为执行时间而优化代码，编写单片机的代码就如同计算机程序一样方便。

另外，尽管这些单片机都具有诸多外设以及众多控制和状态寄存器，要了解它们，需要花费一定的时间，但由于厂家一般都提供了丰富的底层驱动库，结合开发工具提供的工程示例，无须在底层代码上花费太多时间，从而可以专注于应用功能的实现。由于这些单片机都具有相同的内核架构，因此熟悉了其中一个，其他产品也能很快上手。

在所有介绍Cortex-M3/M4的书籍中，本书无疑是最经典的一本，一方面，作者本身就是ARM公司的专家，了解Cortex-M3/M4架构的设计；另一方面，作者选取的角度非常合适，既有架构设计的细节，也有程序代码实现示例，而且对容易出现问题的地方进行了说明。

本书虽然名为《ARM Cortex-M3与Cortex-M4权威指南》，实际上也是《ARM Cortex-M3权威指南》的第3版，其中不仅增加了Cortex-M4相关的内容，而且由于Cortex-M3处理器版本的更新，本书也对上一版的内容进行了修改和补充。

由于本书中的丰富内容，相信无论你是新手还是熟练的开发人员，都可以从中找到有用的信息。限于译者水平，疏漏之处敬请批评指正，最后希望这本书能给读者带来帮助。

译者

2015年9月

推荐序

FOREWORD

嵌入式市场发生了革命性的变化：当前多数的微控制器都基于 ARM 架构，特别是常见的 Cortex-M3 和 Cortex-M4 处理器。近期还出现了一些新的处理器，在低端应用领域，许多之前 8 位和 16 位微控制器占主导的应用也可以使用 Cortex-M0＋处理器。新的 64 位 Cortex-A50 则面向服务器等高端应用。除了标准化的系统和注重能耗效率的计算性能外，物联网(IoT)也推动了本次变革。分析人员预计，到 2020 年，连接到 IoT 的设备将会达到 500 亿，ARM 处理器的应用领域将会覆盖从传感器到服务器的所有领域。许多设备都会基于 Cortex-M3 和 Cortex-M4 微控制器，而且可能只使用一个小的电池甚至通过能量采集供电。

当前，由于多种开发工具、调试工具和丰富的工程实例的存在，使用基于 ARM Cortex-M3 和 Cortex-M4 处理器的设备是非常简单的。不过，要想提高应用代码的效率，则需要深入了解硬件架构和软件模型。本书提供的信息对系统架构师和软件工程师都非常重要：既有常见的开发工具，也提供了基于 Cortex 微控制器软件接口标准(CMSIS)的多个编程实例。另外，本书还涵盖了 Cortex-M4 处理器的数字信号处理(DSP)特性以及面向模拟应用的 CMSIS-DSP 库。随着许多嵌入式应用变得越来越复杂以及微控制器能力的提高，实时操作系统的使用也就更加普遍了。对于这些内容，本书都提供了易于理解的应用实例。

本书适合所有类型的用户：从开始学习小的 Cortex-M 微控制器项目的学生到需要深入了解处理器特性的系统专家。

Reinhard Keil

ARM 公司 MCU 工具总监

前言
PREFACE

前几年，我们见证了ARM Cortex-M3处理器不断扩大自己的应用领域，而且Cortex-M4也获得了迅速发展。同时，围绕着Cortex-M处理器的软件开发工具和多种技术也在不断进步。例如，目前基本上所有的Cortex-M设备驱动库都用上了CMSIS-Core，而且CMSIS项目也扩展为DSP库软件等多个方面。

在这一版中，我将书的内容进行了一定的调整，以便初学者可以快速理解M3&M4处理器架构，并提高它们在软件应用中的开发效率。应许多用户的要求，还会介绍几个前面的版本未涉及的高级话题，而且它们在其他的书或者ARM的文档中也没有出现过。在这一版中，还加入了Cortex-M4处理器的许多新的信息，比如浮点单元和DSP指令的应用细节，并对一些内容进行了更加深入的介绍。例如，与上一版相比，本书介绍的微控制器软件开发组件更多，其中包括基于CMSIS-RTOS API的实时操作系统的一章内容以及多个高级话题的其他信息。

本版还增加了DSP Concepts的CEO Paul Beckmann写的两章内容，DSP Concepts是为ARM开发CMSIS-DSP库的公司。我非常高兴能够得到他的帮助，因为他对DSP应用及CMSIS-DSP库的深入理解，使得本书对于任何ARM嵌入式软件开发人员都极具价值。

本书既面向嵌入式硬件系统设计人员，也面向软件工程师。由于书中的内容涵盖了从入门知识到许多详细的高级信息，它也适合多种读者使用，其中包括程序员、嵌入式产品设计人员、电子爱好者、研究人员及片上系统(SoC)工程师。若用户想从包括经典的ARM处理器ARM7TDMI在内的其他架构移植到Cortex-M微控制器，则可以参考介绍软件移植的一章。

真心希望读者能从本书中找到有用的东西。

我想感谢下面的这些人，他们对本书的第3版提出了建议和反馈：

首先，非常感谢Paul Beckmann博士，他提供了DSP方面的两章内容。DSP运算能力是Cortex-M4处理器的一个重要特性，而DSP库则可为开发DSP应用的用户提供非常大的帮助。有了这两章，本书才称得上完整。

其次，我要感谢ARM公司的同事提供的支持，Joey Ye、Stephen Theobald、Graham Cunningham、Edmund Player、Drew Barbier、Chris Shore、Simon Craske和Robert Boys反馈了很多有用的信息。还非常感激ARM嵌入式市场团队的支持，他们是Richard York、Andrew Frame、Neil Werdmuller和Ian Johnson。

我要感谢Keil公司为我解答了许多CMSIS方面问题的Reinhard Keil、Robert Rostohar和Martin Günther，检查EWARM相关内容的IAR Systems的Anders Lundgren，以及检查了Atollic TrueStudio相关内容的Magnus Unemyr。

我还要感谢下面的这些人，他们在我写本书第1版和第2版时提供了帮助，他们是：Dominic Pajak、AlanTringham、Nick Sampays、Dan Brook、David Brash、Haydn Povey、Gary

Campbell、Kevin McDermott、Richard Earnshaw、Shyam Sadasivan、Simon Axford、Takashi Ugajin、Wayne Lyons、Samin Ishtiaq、Dev Banerjee、Simon Smith、Ian Bell、Jamie Brettle、Carlos O'Donell、Brian Barrera 和 Daniel Jacobowitz。

当然，还得感谢我之前写的书的读者，他们给我提供了很多有用的反馈信息。

另外，感谢 Elsevier 的各位同人，有了他们专业的工作，本书才得以出版。

最后，特别感谢所有的朋友在我写这本书时给予的支持和理解。

Joseph Yiu

关 于 本 书

本书是《ARM Cortex-M3 权威指南》的第 3 版，为了体现出增加的 ARM Cortex-M4 处理器方面的信息，将书名也进行了修改。第 3 版做了全面的修订和更新，包含了 ARM Cortex-M4 处理器的更多信息，且对 Cortex-M3 和 Cortex-M4 处理器增加的新内容做了详细的介绍，这些信息对于各种处理器架构到强大的 Cortex-M3 和 M4 的移植非常有用。

本书介绍了指令集和中断处理等 ARM 架构的基本情况，以及浮点单元等高级特性的编程和使用方法。

在初学者开始编写程序代码时，可以参考 Keil MDK-ARM 入门、IAR EWARM、gcc 和 CooCox CoIDE 工具等章节。本书还会涉及软件开发的一些重要内容，如输入/输出信息、使用嵌入式 OS(CMSIS-RTOS)及汇编和 C 的混合语言工程。

DSP 特性和 CMSIS-DSP 库这两章内容由 DSP Concepts 的创始人 Paul Beckmann 博士提供，DSP Concepts 是为 ARM 开发 CMSIS-DSP 库的公司。这两章介绍了 DSP 的基本内容以及如何编写 Cortex-M4 处理器用的 DSP 软件，其中包括 CMSIS-DSP 库示例以及 Cortex-M4 处理器 DSP 功能的有用信息。

本书中的许多章节都涉及多种调试技术，以及从其他架构进行软件移植方面的问题。其对 ARM Cortex-M3 和 Cortex-M4 处理器进行了详细介绍，由参与开发内核的一名 ARM 工程师编写。书中还包括许多易于理解的例子、图表以及指令集和 CMSIS-Core API 等快速参考附录。

注：本书附录及书中示例的源代码可以从 Elsevier 网站下载：http://booksite.elsevier.com/9780124080829。

术语和缩写

缩写	含义
ADK	AMBA 设计套件
AHB	高级高性能总线
AHB-AP	AHB 访问端口
AMBA	高级微控制器总线架构
APB	高级外设总线
API	应用编程接口
ARM ARM	ARM 架构参考手册
ASIC	专用集成电路
ATB	高级跟踪总线
BE8	字节不变大端模式
CMSIS	Cortex 微控制器软件接口标准
CPI	周期指令比
CPU	中央处理单元
DAP	调试访问端口
DSP	数字信号处理器/数字信号处理
DWT	数据监视点和跟踪单元
EABI/ABI	嵌入式应用程序二进制接口
ETM	嵌入式跟踪宏单元
FPB	Flash 补丁和断点单元
FPGA	现场可编程门阵列
FPU	浮点单元
FSR	错误状态寄存器
ICE	在线仿真器
IDE	集成开发环境
IRQ	中断请求(一般指外部中断)
ISA	指令集架构
ISR	中断服务程序
ITM	指令跟踪宏单元
JTAG	联合测试行动小组(一种测试/调试接口标准)
JTAG-DP	JTAG 调试端口
LR	链接寄存器
LSB	最低位
LSU	加载/存储单元
MAC	乘累加

MCU	微控制器单元
MMU	存储器管理单元
MPU	存储器保护单元
MSB	最高位
MSP	主栈指针
NaN	非数字(浮点数表示方法)
NMI	不可屏蔽中断
NVIC	嵌套向量中断控制器
OS	操作系统
PC	程序计数器
PMU	电源管理单元
PSP	进程栈指针
PPB	私有外设总线
PSR	程序状态寄存器
RTOS	实时操作系统
SCB	系统控制块
SCS	系统控制空间
SIMD	单指令多数据
SP、MSP、PSP	栈指针、主栈指针、进程栈指针
SoC	片上系统
SRPG	状态保持功率门
SW	串行线
SW-DP	串行线调试端口
SWJ-DP	串行线 JTAG 调试端口
SWV	串行线查看(TPIU 的一种操作模式)
TCM	紧密耦合存储器(Cortex-M1 特性)
TPA	跟踪端口分析仪
TPIU	跟踪端口接口单元
TRM	技术参考手册
UAL	统一汇编语言
WIC	唤醒中断控制器

本 书 约 定

本书在印刷时遵循如下的诸多约定。

(1) 普通汇编程序代码

```
MOV R0, R1; 将寄存器 R1 中的数据送到 R0 中
```

(2) 汇编代码语法中,<>中的内容要用实际的寄存器名代替:

```
MRS <reg>, <special_reg>
```

(3) C 程序代码:

```
for (i = 0;i < 3;i++) { func1(); }
```

(4) 数据:

① 4'hC 和 0x123 都是十六进制数值。

② #3 表示 3 号项目(如 IRQ#3 表示编号为 3 的 IRQ)。

③ #immed_12 表示 12 位立即数。

(5) 寄存器位:

一般表示基于位所在位置的部分数据值,bit[15:12]表示 15 位~12 位。

(6) 寄存器访问类型如下:

① R 为只读。

② W 为只写。

③ R/W 为可读可写。

④ R/Wc 为可读,且可被写访问清除。

目录
CONTENTS

第1章 ARM Cortex-M 处理器简介

1.1 什么是 ARM Cortex-M 处理器

1.1.1 Cortex-M3 和 Cortex-M4 处理器

Cortex-M3 和 Cortex-M4 为 ARM 设计的处理器，Cortex-M3 为第一个 Cortex 处理器，于 2005 年由 ARM 发布(2006 年有芯片产品出现)，Cortex-M4 则于 2010 年发布(产品也是始于 2010 年)。

Cortex-M3 和 Cortex-M4 处理器使用 32 位架构，寄存器组中的内部寄存器、数据通路以及总线接口都是 32 位的，Cortex-M 处理器使用的指令集架构(ISA)为 Thumb ISA，其基于 Thumb-2 技术并同时支持 16 位和 32 位指令。

Cortex-M3 和 Cortex-M4 处理器具有以下特点：

- 三级流水线设计。
- 哈佛总线架构，且具有统一的存储器空间：指令和地址总线使用相同的地址空间。
- 32 位寻址，支持 4GB 存储器空间。
- 基于 ARM AMBA(高级微控制器总线架构)技术的片上接口，支持高吞吐量的流水线总线操作。
- 名为 NVIC(嵌套向量中断控制器)的中断控制器，支持最多 240 个中断请求和 8～256 个中断优先级(取决于实际的芯片设计)。
- 支持多种 OS(操作系统)特性，如节拍定时器以及影子栈指针等。
- 休眠模式和多种低功耗特性。
- 支持可选的 MPU(存储器保护单元)，提供了可编程存储器或访问权限控制等存储器保护特性。
- 通过位段特性支持两个特定存储器区域中的位数据访问。
- 可以选择使用单个或多个处理器。

Cortex-M3 和 Cortex-M4 处理器提供了多种指令：

- 普通数据处理，包括硬件除法指令。
- 存储器访问指令，支持 8 位、16 位、32 位和 64 位数据，以及其他可以传输多个 32 位数据的指令。
- 位域处理指令。
- 乘累加(MAC)以及饱和指令。

- 用于跳转、条件跳转以及函数调用的指令。
- 用于系统控制、支持 OS 等的指令。

另外，Cortex-M4 处理器还支持：

- 单指令多数据(SIMD)操作。
- 其他快速 MAC 和乘法指令。
- 饱和运算指令。
- 可选的浮点指令(单精度)。

Cortex-M3 和 Cortex-M4 被广泛应用于现代微控制器产品，以及片上系统(SoC)和专用标准产品(ASSP)等特殊的芯片设计。

一般来说，ARM Cortex-M 可以被归为 RISC(精简指令集)处理器，有些人可能会认为 Cortex-M3 和 Cortex-M4 的某些特性同 CISC(复杂指令集)相近，如丰富的指令集和多种指令宽度等。不过随着处理器技术的发展，多数 RISC 处理器的指令集同样越来越复杂，因此，RISC 和 CISC 处理器定义间的界限也变得模糊了。

Cortex-M3 和 Cortex-M4 处理器有很多类似的地方，两个处理器的多数指令都一样，而且 NVIC、MPU 等的编程模型也相同。不过，它们的内部设计存在一些不同，这样就使得 Cortex-M4 处理器在 DSP 应用方面具有更高性能，并且支持浮点运算。因此，有些在两个处理器上都适用的指令可能在 Cortex-M4 上的执行周期更短。

1.1.2 Cortex-M 处理器家族

Cortex-M3 和 Cortex-M4 处理器为 ARM Cortex-M 处理器家族的两个产品，整个 Cortex-M 处理器家族如图 1.1 所示。

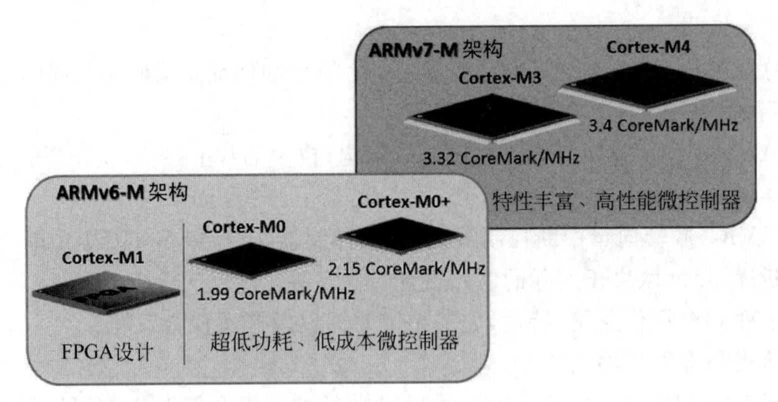

图 1.1 Cortex-M 处理器家族

Cortex-M3 和 Cortex-M4 处理器基于 ARMv7-M 架构，它们都具有高性能，且是为微控制器应用设计的。由于 Cortex-M4 处理器具有 SIMD、快速 MAC 以及饱和运算指令，其可以执行一些数字信号处理程序，之前则需要使用数字信号处理器(DSP)。

Cortex-M0、Cortex-M0＋以及 Cortex-M1 基于 ARMv6-M，它们的指令集较小。Cortex-M0 和 Cortex-M0＋的门数非常少，特别适合低成本微控制器产品。Cortex-M0＋处理器具有低功耗优化，以及更多的可选特性。

Cortex-M1 处理器是专门为 FPGA 应用设计的，它所具有的紧密耦合存储器(TCM)特性有助于 FPGA 内的存储器的使用，并且根据设计，高级的 FPGA 可以使用更高的时钟频率。

对于普通数据处理和I/O控制任务，由于Cortex-M0和Cortex-M0+处理器的低门数，它们具有良好的能耗效率。不过，若应用需要复杂的数据处理，则可能需要花费更多的指令和时钟周期。在这种情况下，Cortex-M3或Cortex-M4处理器则可能会更适合。由于这些处理器支持的指令更多，那么同ARMv6-M架构相比，执行处理任务可能需要更少的指令。因此，不同的任务需要使用不同的处理器。

需要注意的是，微控制器产品中使用的ARM处理器并非只有Cortex-M。ARM7处理器已经取得很大的成功，NXP（之前为Philips Semiconductor）、Texas Instruments、Atmel、OKI及其他许多供应商都具有基于ARM的微控制器，它们使用ARM7TDMI等传统的ARM处理器，同时，还有许多微控制器是基于ARM9处理器的。ARM7是有史以来应用最广泛的32位处理器，每年的出货量超过20亿，且用于从移动电话到汽车系统等多种电子产品。

1.1.3 处理器和微控制器的区别

ARM不生产微控制器，ARM设计的处理器及多种部件都是芯片制造商所需要的，ARM会对包括微控制器供应商在内的各家芯片设计公司进行授权。一般可以将这些设计称为“知识产权”（IP），这种商业模型也被称作IP授权。

在一个典型的微控制器设计中，处理器只会占芯片中的一小块区域。其他部分则为存储器、时钟生成（如PLL）和分配逻辑、系统总线以及外设等（I/O接口单元、通信接口、定时器、ADC、DAC等硬件单元），如图1.2所示。

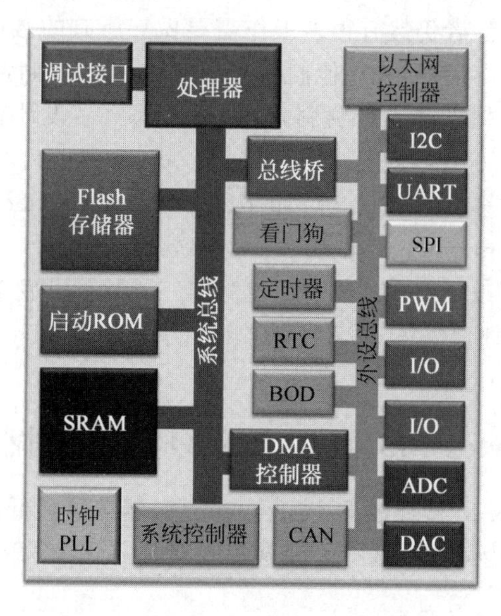

图1.2 微控制器中包含多个不同模块

尽管许多微控制器供应商选择ARM Cortex-M处理器作为它们的CPU，存储器系统、存储器映射、外设及操作特性（如时钟频率和电压）可能会各不相同。微控制器生产商可以在他们的产品中添加其他特性，这样市场上的微控制器产品也呈现出多样化的特点。

本书着重于Cortex-M3和Cortex-M4处理器，要了解外设细节、存储器映射以及I/O引脚分配等细节内容，可能需要阅读微控制器供应商提供的参考文档。

1.1.4 ARM 和微控制器供应商

当前有超过15家芯片供应商在微控制器产品中使用 ARM Cortex-M3 或 Cortex-M4 处理器，有些公司则将 Cortex-M3 或 Cortex-M4 用于 SoC 设计，其他的公司则可能只使用 Cortex-M0 或 Cortex-M0+处理器。

在一家公司获得了 Cortex-M 处理器设计的授权后，ARM 则会以 Verilog-HDL（硬件描述语言）语言的形式提供设计的源代码。这些公司中的设计工程师随后会将外设和存储器等他们自己的设计模块添加进来，并且使用各种 EDA 工具将整个设计从 Verilog-HDL 和其他多种形式转换为晶体管层级的芯片设计。

ARM 还提供了其他知识产权（IP）产品，有些可以被这些公司用于他们的微控制器产品中，如图 1.3 所示。例如：

- 逻辑门和存储器等单元设计（ARM 物理 IP 产品）。
- 外设和 AMBA 基础部件（Cortex-M 系统设计套件（CMSDK），ARM CoreLink IP 产品）。
- 用于连接多处理器设计中的调试系统的其他调试部件（ARM CoreSight IP 产品）。

例如，ARM 提供了一种名为 Cortex-M 系统设计套件（CMSDK）的产品，该设计套件包括 Cortex-M 处理器中的 AMBA 基础部件、基本外设、示例系统以及示例软件。这样芯片设计者可以更快地了解 Cortex-M 处理器，并且可重用的 IP 也降低了芯片开发的难度。

当然，微控制器芯片设计者仍然有很多工作需要做。所有的微控制器公司都在努力开发出更好的外设、更低功耗的存储器，并在他们的产品中加入自己独特的东西以求脱颖而出。另外，他们还需要开发出示例软件和支持材料，以便嵌入式产品设计者可以更容易地使用这些芯片。

在软件方面，ARM 有多种开发平台，如 Keil Microcontroller Development Kit（MDK-ARM）和 ARM Development Studio 5（DS-5）。这些软件开发组件中包括编译器、调试器以及指令集模拟器，设计者也可以根据自己的意愿选择第三方软件开发工具。由于所有的 Cortex-M 微控制器都有相同的处理器内核，嵌入式软件设计者可以用同一种开发工具应对不同供应商提供的多种微控制器。

1.1.5 选择 Cortex-M3 和 Cortex-M4 微控制器

目前，市场上的 Cortex-M 微控制器产品种类繁多，涵盖了从低成本的产品到单芯片中高性能的多处理器系统。在为某产品选择一种微控制器时，有很多需要考虑的因素。例如：

- 外设和接口特性
- 应用的存储器大小需求
- 低功耗需求
- 性能和最高频率
- 芯片封装
- 工作条件（电压、温度和电磁兼容）
- 成本和供货情况
- 软件开发工具支持和开发套件
- 未来升级的可能性

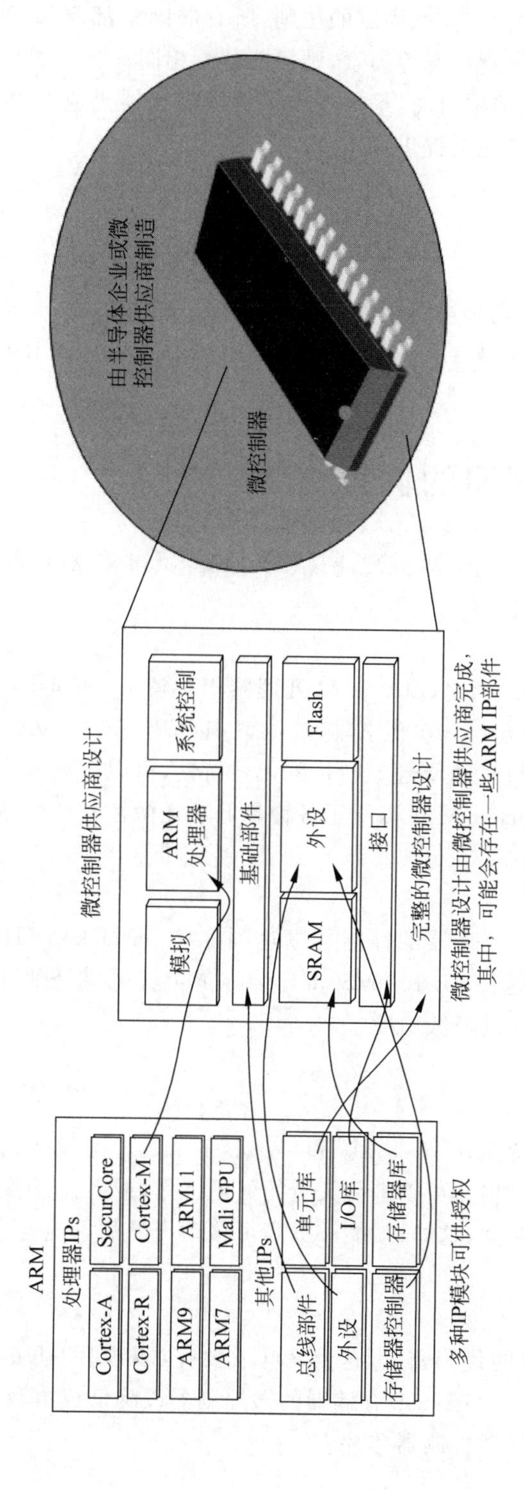
ARM
处理器IPs
Cortex-A
SecurCore
Cortex-R
Cortex-M
ARM9
ARM11
ARM7
Mali GPU
其他IPs
总线部件
单元库
外设
I/O库
存储器控制器
存储器库
多种IP模块可供授权
微控制器供应商设计
模拟
ARM 处理器
系统控制
基础部件
SRAM
外设
Flash
接口
完整的微控制器设计
微控制器设计由微控制器供应商完成，
其中，可能会存在一些ARM IP部件
由半导体企业或微
控制器供应商制造
微控制器

图 1.3 微控制器中可能存在多个 ARM IP 产品

- 固件包和固件安全性
- 是否具有应用笔记、设计实例和技术支持

在选择最佳的微控制器时没有什么固定的法则，所有的因素都要基于目标应用和项目的实际情况。如，成本和产品的供货情况等因素，则可能各不相同。

在开发基于现有微控制器的项目时，最好先去了解微控制器供应商提供的示例工程和文档。另外，微控制器供应商可能还会提供：

- 应用笔记
- 开发套件
- 参考设计

你可能还可以从工具供应商处或多个网站上找到其他的例子。

在设计 Cortex-M 或其他基于 ARM 的微控制器的印刷电路板(PCB)时，最好预留调试接口，并使用附录 H 中所列的标准接头，这样会便于调试。

1.2 Cortex-M 处理器的优势

与其他架构相比，ARM Cortex-M 处理器具有多种技术和非技术方面的优势。

1.2.1 低功耗

与其他 32 位微控制器设计相比，Cortex-M 处理器相对较小。Cortex-M 处理器也进行了低功耗的优化，目前，许多 Cortex-M 微控制器的功耗都低于 200μA/MHz，有些还低于 100μA/MHz。另外，Cortex-M 处理器还支持休眠模式特性，可以同许多先进的超低功耗设计技术配合使用。综上所述，Cortex-M 可以用于各种超低功耗微控制器产品中。

1.2.2 性能

Cortex-M3 和 Cortex-M4 处理器的性能可以达到 3 CoreMark/MHz、1.25DMIPS/MHz（基于 Dhrystone 2.1 平台），这样 Cortex-M3 和 Cortex-M4 就可以处理许多复杂的应用。或者也可以使用更低的时钟频率以降低功耗。

1.2.3 能耗效率

结合低功耗和高性能的特点，Cortex-M3 和 Cortex-M4 处理器具有非常优秀的能耗效率。这就意味着，在有限的能量下，仍然可以进行大量的处理工作，或者让任务更快完成，以便让系统可以在休眠模式下待更长时间，这样，就能够提高可移动产品的电池寿命。

1.2.4 代码密度

Thumb ISA 提供了良好的代码密度，这就意味着要完成相同的任务，所需的程序代码更少。因此，可以通过使用具有较小 Flash 存储器的微控制器以降低成本和功耗，而且芯片生产商也可以生产具有较小封装的微控制器芯片。

1.2.5 中断

Cortex-M3 和 Cortex-M4 处理器具有可配置的中断控制器设计，支持多达 240 个向量中

断和多个中断优先等级(从 8 到 256 个等级)。中断嵌套由硬件自动处理,具有零等待状态存储器的系统的中断等待仅为 12 个周期。Cortex-M 处理器的中断处理能力也使得其非常适合实时控制应用。

1.2.6　易于使用

Cortex-M 处理器非常易于使用,事实上,由于 Cortex-M 处理器具有简单、线性的存储器映射,它们比许多 8 位处理器还容易使用。架构上没有 8 位微控制器所具有的许多限制(例如,存储器分组、有限的栈等级以及不可重入代码等)。几乎所有的代码都可以用 C 实现,其中包括中断处理。

1.2.7　可扩展性

Cortex-M 处理器家族可以很容易地从低成本、简单的、低于 1 美元的微控制器扩展至运行在 200MHz 的高端微控制器,可以发现有些 Cortex-M 微控制器具有多个处理器。尽管如此,由于处理器架构间的一致性,只需使用一种工具链就可以很容易地重用软件。

1.2.8　调试特性

Cortex-M 处理器具有许多调试特性,它们有助于分析设计问题。除了标准的调试特性,如多数微控制器都具有的暂停和单步调试等,还可以生成捕获程序流、数据变动以及概况信息等的跟踪数据。对于多处理器设计,每个 Cortex-M 处理器的调试系统可以连在一起,并共享调试连接。

1.2.9　OS 支持

Cortex-M 处理器在设计之初就考虑了 OS 应用,其多个特性确保了 OS 的实现和 OS 的高效运行。当前 Cortex-M 处理器可用的嵌入式 OS 超过了 30 种。

1.2.10　多种系统特性

Cortex-M3 和 Cortex-M4 处理器支持多种系统特性,如可位寻址存储器区域(位段特性)和 MPU(存储器保护单元)等。

1.2.11　软件可移植性和可重用性

由于架构为 C 友好的,几乎所有代码都可以用标准的 ANSI C 进行编程。CMSIS(Cortex 微控制器软件接口标准)是 ARM 提出的,它通过提供标准头文件以及标准 Cortex-M 处理器功能的 API,使得基于 Cortex-M 处理器的编程更加简单。这样也就提高了软件的可重用性及应用程序代码的可移植性。

1.2.12　选择(设备、工具和 OS 等)

使用 Cortex-M 微控制器的优势之一在于其选择众多,除了数以千计的微控制器设备以外,还可以选择多种软件开发/调试工具、嵌入式 OS 以及中间件等。

1.3 ARM Cortex-M 处理器应用

由于 ARM Cortex-M3 和 Cortex-M4 处理器具有许多强大的特性，它们非常适合多种应用：

(1) 微控制器。Cortex-M 处理器家族非常适合微控制器产品。其中包括具有小的存储器容量的微控制器及具有高运行速度的高性能微控制器。这些微控制器可用于消费类产品，从玩具到电子产品，甚至信息科技(IT)用的特殊产品，以及工业和医疗系统。

(2) 汽车。Cortex-M3 和 Cortex-M4 处理器的另外一个应用为汽车工业，由于这些处理器可以提供高性能、非常高的能耗效率以及低中断等待，它们非常适合实时控制系统。另外，由于处理器设计得非常灵活(例如，支持最多 240 个中断源，可选的 MPU)，它们也可用于汽车工业中高度集成的 ASSP(专用标准产品)。MPU 特性还提供了健壮的存储器保护，这也是这些应用中所需要的。

(3) 数据通信。由于处理器的低功耗和高效率，并且 Thumb-2 中还有位域操作的指令，因此 Cortex-M3 和 Cortex-M4 处理器适合于多种通信应用，如 Bluetooth 和 ZigBee。

(4) 工业控制。在工业控制应用中，简单、响应快以及可靠性为最重要的因素，Cortex-M3 和 Cortex-M4 处理器中的中断支持特性，包括确定的中断行为、自动嵌套处理、MPU 以及增强的错误处理等，都使得它们成为这一领域的强力候选。

(5) 消费产品。许多消费产品中都有一个(或多个)高性能微控制器，Cortex-M3 和 Cortex-M4 处理器尽管非常小，却非常高效和节能，而且其性能足以处理 LCD 面板上显示的复杂的 GUI 和各种通信协议。

(6) 片上系统(SoC)。在有些高端处理器设计中，Cortex-M 处理器可用于多种子系统中，如音频处理、电源控制系统、FSM(有限状态机)置换及 I/O 控制任务等。

(7) 混合信号设计。在 IC 设计领域，数字和模拟设计是混在一起的。当微控制器中的模拟部件(如 ADC 和 DAC)越来越多时，传感器、PMIC(电源管理 IC)和 MEMS(微机电系统)等模拟 IC 也需要提供一些其他功能，Cortex-M 处理器的低功耗以及低门数特点使得其可以被集成在混合信号 IC 系统中。

目前市场上已经有许多基于 Cortex-M3 和 Cortex-M4 处理器的产品，其中包括价格低于 0.5 美元的低端微控制器，这样 ARM 微控制器的价格就同许多 8 位微控制器相当，甚至更低。

1.4 ARM 处理器和 ARM 微控制器的资源

1.4.1 ARM 网站上有什么

尽管 ARM 不制造或出售 Cortex-M3 或 Cortex-M4 微控制器，ARM 网站上的很多文档还是很有用的。ARM 网站的文档部分(名为 Infocenter，http://infocenter.arm.com/)包含多种说明、应用笔记以及知识文章等。表 1.1 中列出了一些参考文档，其中包含了 Cortex-M3 和 Cortex-M4 处理器的细节。

表 1.1 Cortex-M3 和 Cortex-M4 处理器用到的 ARM 参考文献

文　　档	参考文献
ARMv7-M 架构参考手册 Cortex-M3 和 Cortex-M4 所基于的架构规范,其中包括指令集和架构所定义的行为的详细信息,在经过一个简单的注册过程后就可以从 ARM 网站找到该文档	1
Cortex-M3 设备普通用户指南 Cortex-M3 处理器的软件开发人员可以使用的用户指南,提供了编程模型方面的信息、NVIC 等内核外设的细节,以及指令集等方面的内容	2
Cortex-M4 设备普通用户指南 Cortex-M4 处理器的软件开发人员可以使用的用户指南,提供了编程模型方面的信息、NVIC 等内核外设的细节,以及指令集等方面的内容	3
Cortex-M3 技术参考手册 Cortex-M3 处理器的规格说明,其中包括指令时序等设计相关内容,以及一些接口信息(供芯片设计人员使用)	4
Cortex-M4 技术参考手册 Cortex-M4 处理器的规格说明,其中包括指令时序等设计相关内容,以及一些接口信息(供芯片设计人员使用)	5
ARM 架构过程调用标准 该文档规定了软件代码的调用方式,混合使用汇编和 C 语言的软件工程一般会用到这些信息	13

表 1.2 列出了一些对微控制器软件开发人员很有帮助的应用笔记。

表 1.2 微控制器软件开发人员可以参考的 ARM 应用笔记

文　　档	参考文献
AN179 - Cortex-M3 嵌入式软件开发	10
AN210 -使用 RVMDK 评估工具在 Keil MCBSTM32 板上运行 FreeRTOS	17
AN234 -从 PIC 微控制器移植到 Cortex-M3	18
AN237 -从 8051 移植到 Cortex 微控制器	19
AN298 - Cortex-M4 惰性压栈和上下文切换	11
AN321 - ARM Cortex-M 存储器屏障指令编程指南	8

Infocenter 中还有 Keil 等 ARM 软件产品的手册,如 C 编译器和链接器。

若对将 Cortex-M 处理器集成进片上系统或 FPGA 感兴趣,可以参考表 1.3 列出的信息。

表 1.3 SoC/FPGA 设计人员可以参考的 ARM 应用笔记

文　　档	参考文献
AMBA 3 AHB-Lite 协议规范 AHB(高级高性能总线)Lite 协议规范,用于 Cortex-M 处理器的总线接口 AMBA(高级微控制器总线架构)为 ARM 开发的片上协议集,多家 IC 设计公司都在使用	14
AMBA 3 APB 协议规范 APB(高级外设总线)Lite 协议的设计规范,用于将外设连接到内部总线系统,以及将调试部件连接到 Cortex-M 处理器。APB 为 AMBA 规范的一部分	15
CoreSight 技术系统设计指南 提供给芯片/FPGA 设计人员的简介,有助于他们理解 CoreSight 调试结构的基本信息。Cortex-M 处理器的调试系统基于 CoreSight 调试架构	17

1.4.2 微控制器供应商提供的文档

微控制器供应商提供的文档和资源对嵌入式软件开发很关键，一般可以找到：

- 微控制器芯片的参考手册，其中包括外设的编程模型、存储器映射以及软件开发所需的其他信息。
- 所用微控制器的数据手册，其中包括封装信息、引脚排列、运行条件（如温度）、电压和电流特性以及设计 PCB 时所需的其他信息。
- 应用笔记，其中包括微控制器外设及特性的使用示例或者特定的任务处理方面的信息（如 Flash 编程）。

可能还可以在开发套件中找到其他资源或者其他的固件库。

1.4.3 工具供应商提供的文档

软件开发工具供应商也会提供一些有用的信息，除了工具链手册（如编译器和链接器），还可以找到应用笔记。例如，在 Keil 网站上（http://www.keil.com/appnotes/list/arm.h），可以找到使用 Keil MDK-ARM Cortex-M 开发工具的多种文档，以及涉及一般编程信息的应用笔记。表 1.4 列出了 Keil 网站上的一些应用笔记，它们对于 Cortex-M 处理器的应用程序开发非常有帮助。

表 1.4 微控制器软件开发人员可以参考的 Keil 应用笔记

文 档	参考文献
Keil 应用笔记 202 - MDK-ARM 编译器优化	20
Keil 应用笔记 209 -使用 Cortex-M3 和 Cortex-M4 的错误异常	21
Keil 应用笔记 221 -在 RTX 中使用 CMSIS-DSP 算法	22

1.4.4 其他资源

ARM 网站有很多有用的文档，例如，在 Infocenter 中可以找到 ARM 和 Thumb-2 指令集快速参考（参考文献 25）。尽管快速参考并非针对 Cortex-M 处理器，仍然可以很方便地从中找到多数指令。

多家软件供应商提供了 Cortex-M 处理器用的 RTOS 之类的软件产品，这些公司还在他们的网站上提供了有用的文档，其中有使用这些产品的方法以及通用的设计指南。

在 YouTube 等公共媒体网站中，也可以找到使用基于 Cortex-M 处理器产品的方法，如微控制器产品和软件工具的介绍等。

许多在线论坛都关注 ARM 技术，例如，ARM 网站就有一个论坛（http://forums.arm.com），工具供应商和微控制器供应商也可能有他们自己的在线论坛。另外，有些公共媒体网站上也有关注 ARM 的板块，如 LinkedIn 的 ARM Based Group。

目前，已经有了 Cortex-M 处理器方面的多本书籍，除了本书和《ARM Cortex-M0 权威指南》外，Hitex 还有一本介绍 STM32 的免费在线电子书，而在其他网站上也可以找到许多其他书籍。

不要忘了微控制器芯片的分销商也可能会提供很多有用的信息。

1.5 背景和历史

1.5.1 ARM 简史

这些年以来，ARM 已经设计了多款处理器，Cortex-M3 和 Cortex-M4 处理器的许多特性都基于一些成功的技术，它们是从之前设计的一些处理器进化而来。为方便理解 ARM 处理器和架构版本间的差异，下面看一下 ARM 的历史。

ARM，也就是 Advanced RISC Machines Ltd.，于 1990 年成立，是由 Apple Computers、Acorn Computer Group 以及 VLSI Technology 共同组建。1991 年，ARM 发布了 ARM6 处理器（用于 Apple Newton，如图 1.4 所示），VLSI 获得了最初的许可。接下来。Texas Instruments、NEC、Sharp 以及 ST Microelectronics 等公司获得了 ARM 处理器的许可，将 ARM 处理器的应用扩展到了移动电话、计算机硬盘、个人数字助理、家庭娱乐系统以及其他的许多消费产品。

图 1.4 Apple Newton MessagePad H1000 PDA（基于 ARM610，1993 年发布），旁边是 Apple iPhone4，基于 Apple A4 处理器，其中包含一个 2010 年发布的 ARM Cortex-A8 处理器

如今，ARM 的合作伙伴每年对基于 ARM 处理器的芯片的出货量超过 50 亿（2011 年为 79 亿）。与许多半导体公司不同，ARM 不直接生产和销售处理器，而是将处理器设计授权给合作伙伴，其中包括许多世界领先的半导体公司。基于 ARM 的低成本、高能效的处理器设计，这些合作伙伴设计了他们自己的处理器、微控制器以及片上系统方案。这种商业模型一般被称作 IP 授权。

除了处理器设计，ARM 还提供外设和存储器控制器等系统级 IP 的授权。为了给使用 ARM 产品的用户提供更好的支持，ARM 开发了开发工具、硬件以及软件产品，以便用户可以开发他们自己的产品，软件开发人员也可以编写基于 ARM 平台的软件。

1.5.2 ARM 处理器的发展

Cortex-M3 处理器发布之前，ARM 处理器已经有了许多种，有些已经用在微控制器中。ARM 最成功的处理器之一为 ARM7TDMI 处理器，其用在许多微控制器中。与许多传统的

32 位处理器不同，ARM7TDMI 支持两套指令集，一个为 32 位的 ARM 指令集，另一个为 16 位的 Thumb 指令集。由于处理器可以同时使用这两种指令集，代码密度就得到了极大的提高，因此，也就减小了应用程序代码的体积。同时，关键任务也能以较快的速度执行。这样 ARM 处理器就可以用在许多可移动设备中了，它们都需要低功耗和小的存储器。因此，ARM 处理器为移动电话等移动设备的首选。

从那时起，为了应对不同的应用，ARM 继续开发新的处理器。例如，ARM9 系列处理器用于高性能微控制器，而 ARM11 系列处理器则用在多种移动电话中。

在 ARM11 发布之后，ARM 决定将优化的 Thumb-2 指令集等新的技术应用在微控制器和汽车部件等低成本市场上。而且还确定了另外一点，尽管架构需要从最低端的 MCU 到高性能的应用处理器保持一致，处理器架构还是要最贴近应用，对于成本敏感的市场使用高确定性和低门数的处理器，而高端应用则使用具有多种特性和高性能的处理器。

在过去的几年里，ARM 通过开发多样化的 CPU，从而扩展了自己的产品线，Cortex 这一新的处理器名也是因此而来。Cortex 处理器系列包括三类（如图 1.5 所示）：

- A 类用于高性能的开放应用平台。
- R 类用于需要实时性能的高端嵌入式系统。
- M 类用于深度嵌入式微控制器系统。

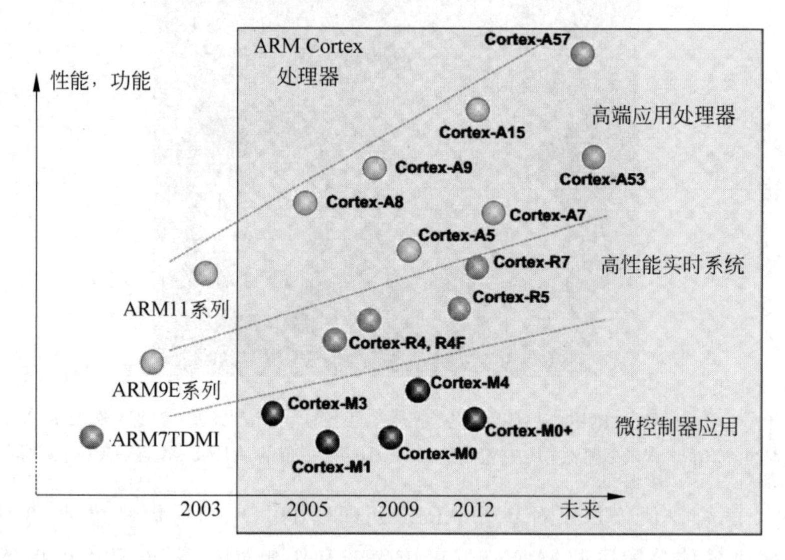

图 1.5　Cortex-M 处理器家族的三种处理器产品

下面来看一下细节内容。

(1) Cortex-A：需要处理高端嵌入式系统（OS，如 iOS、Android、Linux 以及 Windows）等复杂应用的应用处理器，这些应用需要强大的处理能力、支持存储器管理单元（MMU）等虚拟存储器系统、可选的增强 Java 支持和安全的程序执行环境。实际产品包括高端智能手机、平板电脑、电视以及服务器等。

(2) Cortex-R：实时、高性能的处理器，面向较高端的实时市场，其应用包括硬盘控制器、移动通信的基带控制器以及汽车系统。在这些应用中，强大的处理能力和高可靠性非常关键，低中断等待和确定性也非常重要。

(3) Cortex-M：面向微控制器和混合信号设计等小型应用，注重低成本、低功耗、能耗效率和低中断等待等。同时，处理器设计必须方便使用，并且可以在许多实时控制系统中提供确定的行为。

通过上面的这种产品分类，每个市场领域的需求都得到了满足，这样 ARM 架构的应用领域比以前就更多了。

Cortex 处理器为 ARMv7 架构开发最早的产品，Cortex-M3 处理器就是基于 ARMv7 的，其架构也被称作 ARMv7-M，这也是专门用于微控制器产品的架构。

1.5.3 Thumb ISA 的架构版本

ARM 开发新的处理器、新的指令集，而且架构特性也不断更新，如图 1.6 所示。因此，架构有多个不同版本。例如，之前非常成功的 ARM7TDMI 基于架构版本 ARMv4T（T 代表支持 Thumb 指令）。注意架构版本号同处理器名称是相互独立的。

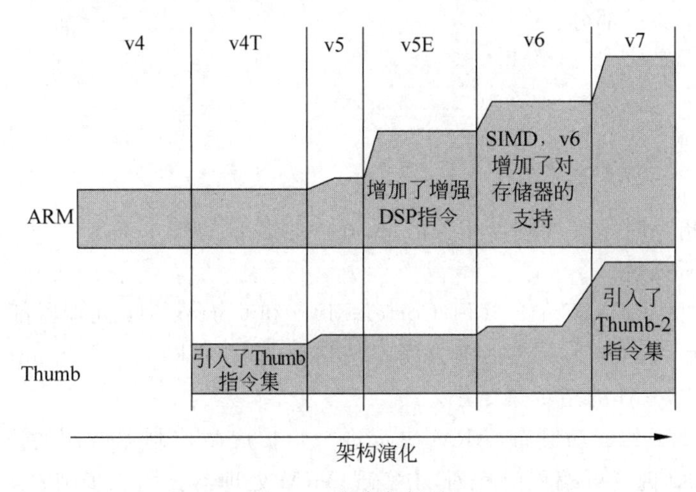

图 1.6 指令集提升

ARMv5TE 架构是随着 ARM9E 处理器系列一同发布的，其中包括 ARM926E-S 和 ARM946E-S 处理器。该架构为多媒体应用增加了“增强的”数字信号处理器（DSP）指令。

随着 ARM11 系列处理器的出现，架构升级为了 ARMv6，该架构中的新特性包括存储器系统特性和单周期多数据（SIMD）指令。基于 ARMv6 架构的处理器包括 ARM1136J(F)-S、ARM1156T2(F)-S 以及 ARM1176JZ(F)-S。

为了满足多个应用领域的不同需要，架构版本 7 被分为了三类（如图 1.7 所示）：

- Cortex-A 处理器：ARMv7-A 架构。
- Cortex-R 处理器：ARMv7-R 架构。
- Cortex-M 处理器：ARMv7-M 和 ARMv6-M 架构。

随着 Cortex-M3 处理器的成功，另外一种名为 ARMv6-M 架构也出现了，以满足超低功耗设计的需要。它使用和 ARMv7-M 架构相同的编程模型和异常处理方法（如 NVIC），并且主要使用 ARMv6 的 Thumb 指令，以降低设计的复杂度。Cortex-M0、Cortex-M0＋和 Cortex-M1 处理器基于 ARMv6-M 架构。

Cortex-M3 和 Cortex-M4 处理器基于 ARMv7-M，该架构专门用于微控制器产品。注意，Cortex-M4 处理器中的增强 DSP 特性也被称作 ARMv7E-M，这里的 E 代表 Enhanced，与 ARMv5TE 中的含义相同。ARMv7-M 架构参考手册（参考文献 1）中有对架构细节的描述。

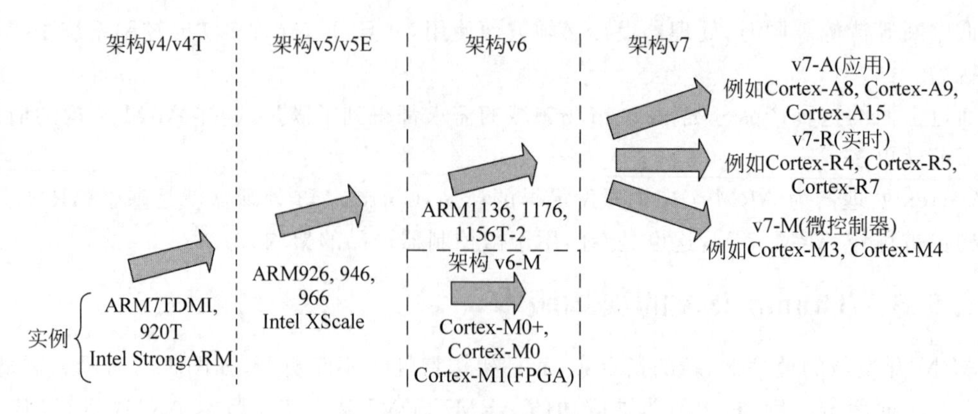

图 1.7 ARM 处理器架构的演化

架构文档包括以下关键部分：

- 编程模型
- 指令集
- 存储器模型
- 调试架构

接口细节和指令时序等处理器相关信息，在产品各自的技术参考手册（TRM）以及 ARM 的其他手册中有所描述。

在图 1.7 中可以看到，Cortex-M0、Cortex-M0＋和 Cortex-M1 处理器都基于 ARMv6-M，ARMv6-M 架构和 ARMv7-M 在很多方面都是类似的，如中断处理、Thumb-2 技术以及架构特性。不过，ARMv6-M 的指令集更小。

随着 Cortex-M3 的成功发布，ARM 决定进一步扩展微控制器应用的产品线。第一步为允许用户在 FPGA（现场可编程门阵列）中实现 ARM 处理器。第二步则着重于超低功耗的嵌入式处理器，为了实现这个目的，ARM 利用现有 ARMv6 架构的 Thumb 指令集、基于 ARMv7-M 的异常和调试特性开发了一个新的架构，也就是 ARMv6-M，基于这个架构的处理器为 Cortex-M0（用于微控制器和 ASIC）和 Cortex-M1（用于 FPGA），如图 1.8 所示。

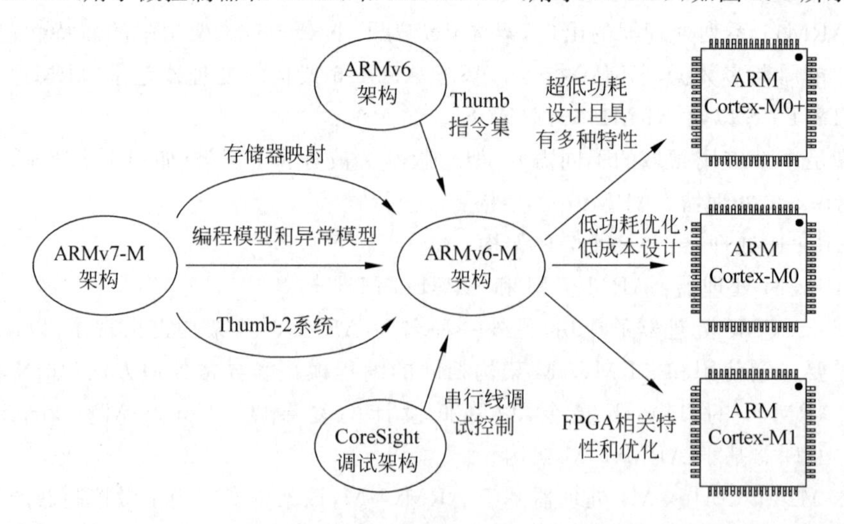

图 1.8 ARMv6-M 架构继承了 ARMv7-M 的许多特性

这一架构的出现，使得开发小型和高能耗效率的处理器成为了可能。同时，与 Cortex-M3 及 Cortex-M4 一样，它们还非常容易使用。

所有的 Cortex-M 处理器都支持 Thumb-2 技术以及 Thumb ISA（指令集架构）的不同子集，在 Thumb-2 技术出现之前，Thumb ISA 只是 16 位的指令集。利用 Thumb-2 的技术，Thumb 指令集架构（ISA）成为了高效且强大的指令集，且在易用性、代码大小以及性能方面有了很大的提升，如图 1.9 所示。

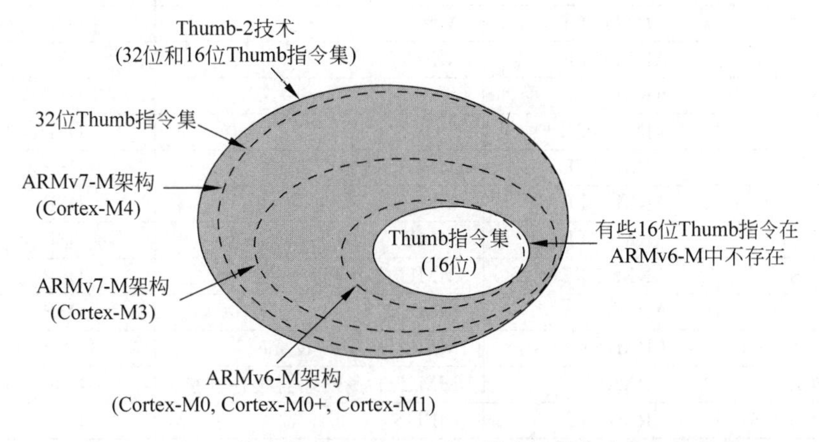

图 1.9 Thumb 指令集和 Cortex-M 处理器实现的指令集间的差异

由于处理器支持 Thumb-2 指令集中的 16 位和 32 位指令，因此无须在 Thumb 状态（16 位指令）和 ARM 状态（32 位指令）间来回切换。例如，对于 ARM7 或 ARM9 处理器，若在执行复杂计算或大量的条件运算时还要保持高性能，就需要切换为 ARM 状态。不过对于 Cortex-M 处理器，32 位指令和 16 位指令可以混合使用，无须切换状态，这样在没有增加复杂度的情况下就提高了代码密度和性能。

Thumb-2 技术为 ARMv7 的一个非常重要的特性。与 ARM7 系列处理器（架构 ARMv4T）支持的指令相比，Cortex-M3 和 Cortex-M4 处理器的指令集具有很多新特性。例如，硬件除法首先出现在了 ARM 处理器中，Cortex-M3 和 Cortex-M4 处理器还具有多个乘法指令以提高数据处理性能。Cortex-M3 和 Cortex-M4 处理器还支持非对齐数据访问，该特性之前只用在高端处理器中。

1.5.4 处理器命名

按照之前的做法，ARM 使用多种处理器命名机制。在早期（20 世纪 90 年代），处理器使用后缀以表明特性。例如，对于 ARM7TDMI 处理器，T 表示支持 Thumb 指令，D 表示 JTAG 调试，M 表示快速乘法器，I 则表示嵌入式 ICE 模块。接下来，这些特性已经成为了未来 ARM 处理器的标准特性，因此，这些后缀不再出现在新的处理器名称中。取而代之的是，ARM 使用新的机制来代表处理器的编号，以表示存储器接口、缓存以及紧密耦合存储器（TCM）。

例如，具有缓存和 MMU 的 ARM 处理器目前的后缀为 26 或 36，而具有 MPU 的处理器的后缀则为 46（如 ARM946E-S）。另外，其他后缀则表示可综合（S）和 Jazelle（J）技术。表 1.5 总结了处理器名称。

表 1.5　经典 ARM 处理器命名，(F)表示可选的浮点单元

处理器名	架构版本	存储器管理特性	其他特性
ARM7TDMI	ARMv4T		
ARM7TDMI-S	ARMv4T		
ARM7EJ-S	ARMv5TEJ		DSP，Jazelle
ARM920T	ARMv4T	MMU	
ARM922T	ARMv4T	MMU	
ARM926EJ-S	ARMv5TEJ	MMU	DSP，Jazelle
ARM946E-S	ARMv5TE	MPU	DSP
ARM966E-S	ARMv5TE		DSP
ARM968E-S	ARMv5TE		DMA，DSP
ARM966HS	ARMv5TE	MPU(可选)	DSP
ARM1020E	ARMv5TE	MMU	DSP
ARM1022E	ARMv5TE	MMU	DSP
ARM1026EJ-S	ARMv5TEJ	MMU 或 MPU	DSP，Jazelle
ARM1136J(F)-S	ARMv6	MMU	DSP，Jazelle
ARM1176JZ(F)-S	ARMv6Z	MMU ＋ TrustZone	DSP，Jazelle
ARM11 MPCore	ARMv6k	MMU ＋多处理器缓存支持	DSP，Jazelle
ARM1156T2(F)-S	ARMv6T2	MPU	DSP

对于 ARMv7，ARM 不再使用这些需要解析的复杂编号机制，对同一系列处理器使用一致的命名，而 Cortex 则作为整体品牌名称。除了可以描述处理器间的兼容性外，这套系统还消除了架构版本和处理器编号引起的混乱。例如，Cortex-M 总是代表用于微控制器应用的处理器，其涉及 ARMv7-M 和 ARMv6-M 这两种产品。

1.5.5　关于 ARM 生态系统

除了与芯片供应商合作外，ARM 还同其他开发 ARM 解决方案或使用 ARM 产品的多个团体紧密合作，其中，包括提供软件开发组件、嵌入式 OS 和中间件的供应商，以及设计服务供应商、分销商、提供培训服务的人员以及高校研究人员等，如图 1.10 所示。这种紧密合作有助于这些团体提供高质量的产品或服务，并且使得更多的用户从使用 ARM 架构中获益。

ARM 生态系统还促进了知识共享，有助于软件开发人员更快、更高质量地开发他们的应用。例如，微控制器用户可以很容易地在因特网上的公共论坛中获得帮助和专家建议。多家微控制器供应商、分销商及其他培训服务提供商还经常组织 ARM 微控制器培训课程。

ARM 还同多个开源项目紧密合作，以帮助开源社区开发 ARM 平台的软件。例如，非营利工程组织 Linaro(http://www.linaro.org)由 ARM 建立，旨在帮助 GCC、Linux 以及多媒体支持等开源软件。

开发 ARM 产品或使用 ARM 技术的公司可以成为 ARM Connected Community 中的一员，加入这个生态系统。ARM Connected Community 为一个全球性组织，由各公司为基于 ARM 的产品提供从设计、生产到最终用户的完整解决方案。ARM 为组织成员提供了多种资源，包括促销计划以及多个 ARM 合作伙伴共同提供端到端的消费者解决方案的机会。如今，ARM Connected Community 的成员超过 1000 个。加入 ARM Connected Community 非常简单，可以参考 ARM 网站 http://cc.arm.com 上的内容。

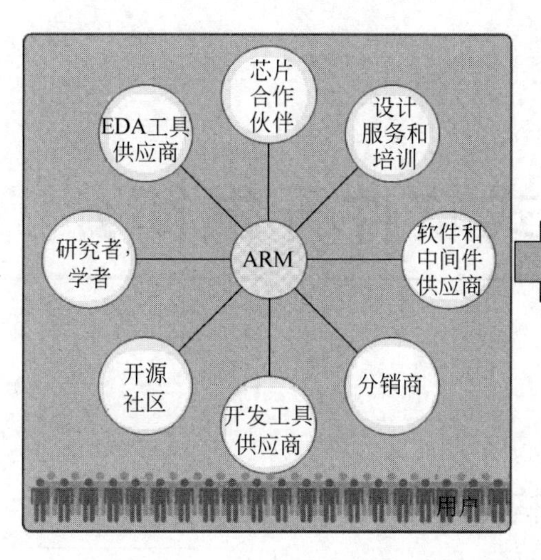

图 1.10　ARM 生态系统

ARM 还有一个大学计划，大学高校组织可以借此机会接触到处理器 IP、参考资料等 ARM 技术，ARM 大学计划的细节内容可以参考 ARM 网站（http://www.arm.com/support/university/）。

第 2 章

嵌入式软件开发简介

2.1　ARM 微控制器是怎样构成的

微控制器中有多个部分，在许多微控制器中，处理器占的硅片面积小于 10%，剩余部分被其他部件占用。例如：

- 程序存储器（如 Flash 存储器）。
- SRAM。
- 外设。
- 内部总线。
- 时钟生成逻辑（包括锁相环）、复位生成器以及这些信号的分布网络。
- 电压调节和电源控制器回路。
- 其他模拟部件（如 ADC、DAC 以及模拟参考回路）。
- I/O 部分。
- 供生产测试使用的电路等。

这些部件中的一部分对编程人员是可见的，而其他部分则对开发者是不可见的（如供生产测试用的电路）。不过，这样也不必担心，要使用 Cortex-M 微控制器，只需对处理器的基本情况（例如，如何使用中断特性）以及外设的编程模型细节有所了解。由于不同微控制器供应商提供的外设各有差异，还需要下载并阅读微控制器供应商提供的用户手册（或类似文档）。本书主要关注处理器，其中有些例子涉及外设的使用。

系统管理的外设和控制寄存器可以通过存储器映射访问，为了方便软件开发，多数微控制器供应商为自己的产品提供了 C 头文件和驱动库。多数情况下，这些文件都基于 Cortex 微控制器软件接口标准（CMSIS），这就意味着它们使用一套标准的头文件来访问系统特性。本章稍后将会介绍更多这方面的内容。

多数情况下，控制外设和系统管理等工作全部由处理器完成，本书会介绍一些使用多个基于 Cortex-M3/M4 的主流微控制器的一些例子。有些微控制器具有部分智能外设，无须处理器的干预，它们就能完成一定的处理。这是微控制器中特定外设完成的工作，已经超出了本书的范围，不过可以在微控制器供应商的网站上的用户手册里找到详细内容。

2.2 开始时需要准备什么

2.2.1 开发组件

销售 Cortex-M 微控制器使用 C 编译器组件的供应商超过 10 家，选择使用哪个是非常困难的。从开源的免费工具、低成本工具到高端的商业开发包，开发组件种类繁多。当前可用的包括下面的供应商提供的多种产品：

- Keil 微控制器开发套件(MDK-ARM)
- ARM DS-5(Development Studio 5)
- IAR Systems(Embedded Workbench for ARM Cortex-M)
- Code Red Technologies 的 Red Suite(2013 年由 NXP 收购)
- Mentor Graphics Sourcery CodeBench(之前为 CodeSourcery Sourcery g++)
- mbed. org
- Altium Tasking VX-toolset for ARM Cortex-M
- Rowley Associates (CrossWorks)
- Coocox
- Texas Instruments Code Composer Studio (CCS)
- Raisonance RIDE
- Atollic TrueStudio
- GNU Compiler Collection (GCC)
- ImageCraft ICCV8
- Cosmic Software C Cross Compiler for Cortex-M
- mikroElektronika mikroC
- Arduino

有些开发板还附带一套基础或评估板的开发组件。另外，还有些其他语言的开发组件。例如：

- Oracle Java ME Embedded
- IS2T MicroEJ Java 虚拟机
- mikroElektronika mikroBasic，mikroPascal

本书中的描述主要基于 Keil 微控制器开发套件(MDK-ARM)，因其为多数人所熟悉，不过多数例子的代码都可以在其他开发组件中使用。

2.2.2 开发板

目前已经有多种开发组件，可以用在多家微控制器供应商和分销商提供的 Cortex-M3/M4 微控制器上，其中许多的价格都极具竞争力。例如，一种 Cortex-M3 评估板的价格低于 12 美元。

还可以从软件工具供应商处获得开发套件，例如，Keil(如图 2.1 所示)、IAR Systems 以及 Code Red Technologies 等公司都可以提供多种开发板。

有些低成本的开发板是为特定的开发组件设计的。例如，mbed. org 开发板就是一套低成

图 2.1 Keil 的 Cortex-M3 开发板(MCBSTM32)

本的解决方案，是为 mbed 开发平台特地设计的，可以借其快速实现软件原型。

要开始学习 ARM Cortex-M 微控制器，并不是非得要有一套实际的开发板。有些开发组件中包含指令集模拟器，而 Keil MDK-ARM 甚至支持一些常见 Cortex-M 微控制器的设备级仿真。因此，也可以使用仿真来学习 Cortex-M 编程。

2.2.3 调试适配器

为了将程序代码下载到微控制器，以及执行暂停和单步等调试操作，可能还需要一个调试适配器，以便将 PC 端的 USB 连接转换为微控制器用的调试通信协议。多数 C 编译器供应商都有他们自己的调试适配器产品。例如，Keil 就有 ULINK 系列产品(如图 2.2 所示)，而 IAR 则提供了 I-Jet 产品。多数开发组件还支持第三方的调试适配器，注意，不同的供应商可能对这些调试适配器的叫法不同。例如，调试探测、USB-JTAG 适配器、JTAG/SW 仿真器以及 JTAG 在线仿真器(ICE)等。

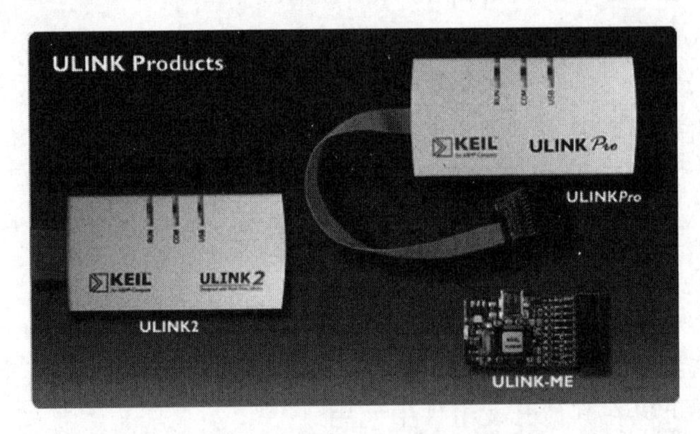

图 2.2 Keil ULINK 调试适配器

有些开发套件已经在电路板中内置了 USB 调试适配器，其中包括 Texas Instruments、ST Microelectronics(如 STM32 Value Line Discovery，见图 2.3)、NXP 以及 EnergyMicro 等提供的一些低成本评估板。这些板上 USB 适配器中的不少还可用在主流的商业开发组件中。因此，使用很少的花费，就可以开始 Cortex-M 微控制器的开发。

在许多评估/开发板中，内置的 USB 调试适配器也可用于连接其他的开发板。还可以找到这些调试适配器的“开源”版本，ARM 的 CMSIS-DAP 和 Coocox 的 CoLink 就是其中的两个例子。

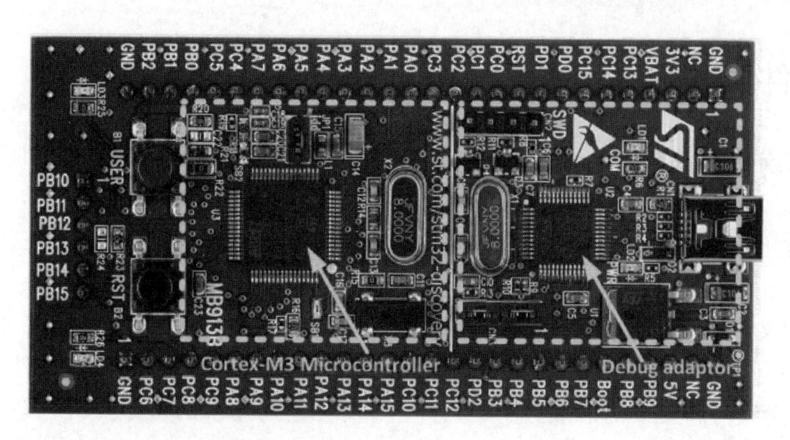

图 2.3 带有 USB 调试适配器的开发板实例——STM32 价值线 Discovery

尽管这些低成本的调试适配器可以完成多数的调试操作，不过有些特性可能还是不支持的，不少商业版的 USB 调试适配器产品则提供了许多有用的特性。

2.2.4 软件设备驱动

这里的设备驱动和 PC 环境中的不同，为了帮助微控制器软件开发者，微控制器供应商通常都会提供头文件和 C 代码。其中包括：

- 外设寄存器定义
- 配置和访问外设的函数

通过将这些文件添加到软件工程中，可以很容易地就能通过函数调用和访问外设寄存器使用外设功能。若有必要，还可以根据驱动代码中所示的方法修改这些函数，以使其更加适合自己的应用。

2.2.5 例子

不要忘了从微控制器供应商网站下载一些例子和代码，多数微控制器供应商将设备驱动代码和例子放在他们自己的网站上，并提供了免费下载，这样，可以节省开发新应用的时间。

2.2.6 文档和其他资源

除了微控制器的用户手册，通常还可以找到应用笔记、FAQ 以及微控制器供应商网站上的论坛。用户手册非常重要，因为它们提供了外设编程模型的细节内容。

在 ARM 的官方网站中，文档位于 InfoCenter 部分(http://infocenter.arm.com)。在这里可以找到 Cortex-M3/M4 设备用户指南(参考文献 2 和 3)，其中，包括处理器的编程模型以及多个应用笔记。

最后，还可以找到许多有用的应用笔记和工具供应商网站的论坛。

2.2.7 其他设备

根据正在开发的应用和所使用的开发板，可能需要其他的硬件才能连接到开发板，如外部 LCD 显示模块或通信接口适配器。可能还需要一些硬件开发工具，如供电、逻辑分析仪/示波器及信号发生器等。

2.3 软件开发流程

软件开发流程根据所使用的编译器组件而有所差异，假定使用的是集成开发环境（IDE）中的C编译器，软件开发流程（如图2.4所示）一般包括：

（1）创建工程。在创建工程时，需要指定源文件位置、编译目标、存储器配置以及编译选项等，许多IDE在这一步都有工程创建向导。

（2）添加文件到工程。需要将工程所需的源代码文件添加进来，可能还需要在工程选项中指定所有被包含的头文件的路径。很显然，可能还需要创建程序源代码文件并编写程序。注意，为了减少编写新文件的麻烦，应该可以重用设备代码库中的多个文件，其中包括启动代码、头文件及一些外设控制函数。

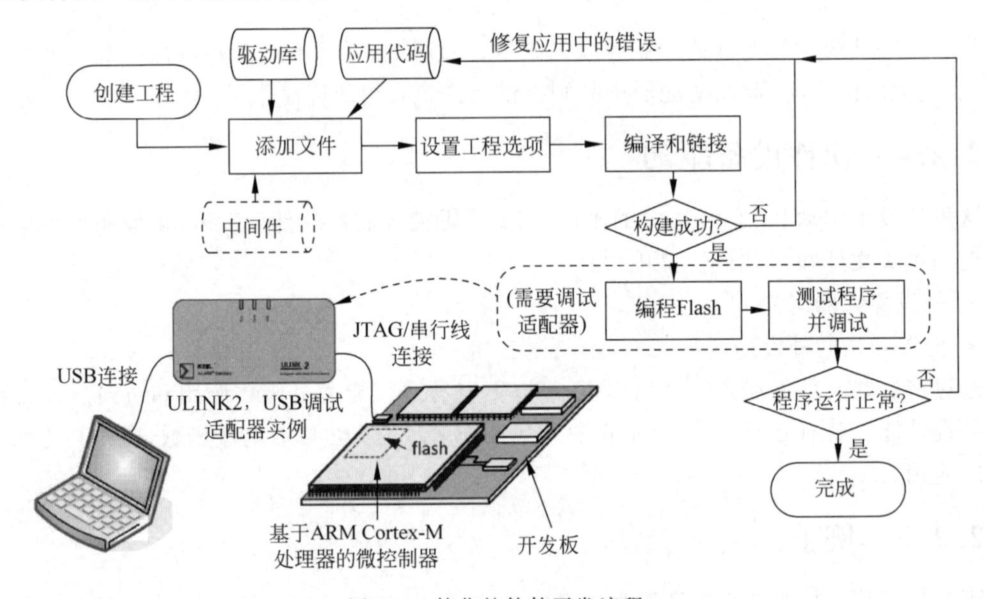

图2.4 简化的软件开发流程

（3）设置工程选项。多数情况下，创建的工程文件可以设置多个工程选项，如编译器优化选项、存储器映射以及输出文件类型。根据所使用的开发板和调试适配器，可能还需要设置调试和代码下载的配置选项。

（4）编译和链接。多数情况下，工程中包含独立编译的多个文件。经过优化后，每个文件都会有相应的目标文件。为了生成最终完整的可执行映像，还需要单独的链接过程。链接阶段后，IDE还可以生成其他文件格式的程序映像，以便下载到设备中。

（5）Flash编程。基本上所有的Cortex-M微控制器都用Flash存储器存放程序，在创建完程序映像后，需要将程序下载到微控制器的Flash存储器中。为了实现这一目的，若微控制器板上没有内置的调试适配器，还得另外准备一个。实际的编程过程可能非常复杂，不过这些工作是全部由IDE实现的，用户只需要单击一下鼠标就可以完成整个编程过程。注意，若需要的话，还可以将应用程序下载到SRAM中并执行。

（6）执行程序和调试。在将编译后的程序下载到微控制器后，可以运行程序并查看是否工作。可以使用IDE中的调试环境来停止处理器的执行（一般被称作暂停），以及检查系统状态并确认是否工作正常。若程序工作不正常，则可以使用单步等多种调试特性以详细检查程序操作。要完成所有的这些操作，需要一个调试适配器(或者若开发套件是内置的也可以)连接到 IDE 且微控制器处于测试状态。若发现了软件错误，则可以编辑程序代码、重新编译工程、将代码下载到微控制器并再次测试。

若使用开源工具链，IDE 可能会不存在，可能需要使用脚本或 Makefile 来执行编译和链接过程。对于一些微控制器产品，或许还可以使用第三方的工具将编译好的程序映像下载到微控制器的 Flash 存储器中。

在执行编译后程序的过程中，可以通过 UART 接口或 LCD 模块等多种 I/O 机制来检查程序执行状态和结果。本书中的多个例子都会介绍如何实现这些方法，第 18 章中有一些这种例子。

2.4 编译应用程序

嵌入式程序的编译取决于你所使用的开发工具，本书稍后的几个章节将会介绍如何使用多个开发工具来编译简单的应用(第 15～17 章)。下面来看一下编译过程的几个简单概念。

首先，假定在开发自己的工程时使用 C 语言，这是在微控制器软件开发中最常用的编程语言。工程中可能还会包含一些汇编语言文件，如由微控制器供应商提供的启动代码。多数情况下的编译过程如图 2.5 所示。

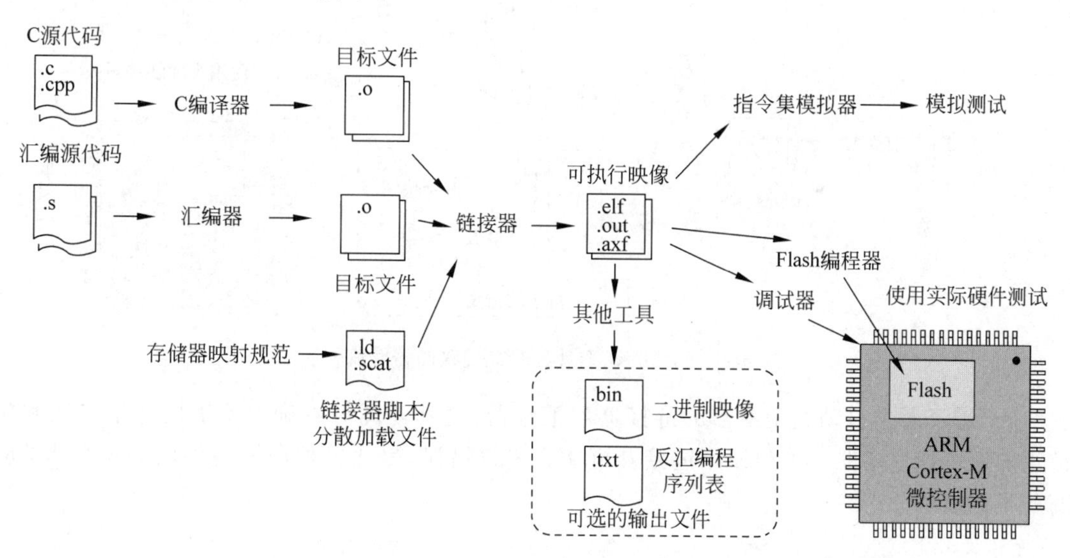

图 2.5 常见的软件开发流程

多数开发组件中包含的工具列在表 2.1 中。

不同开发工具用不同的方式，指定微控制器系统中程序和数据存储器的布局，对于 ARM 工具链，则可以使用一种分散加载文件。以 Keil MDK-ARM 为例，分散加载文件可以由 μVision 开发环境自动生成。对于其他一些 ARM 工具链，可以使用命令行选项指定 ROM 和 RAM 的位置。

对于基于 GNU 的工具链，存储器的指定由链接器脚本完成，这些脚本一般会位于商业版 gcc 工具链的安装目录中。不过，有些 gcc 用户可能还需要自己创建这些文件。本书后面的一章中有使用 gcc 编译程序的例子，其中涉及链接器脚本的更多信息。

表 2.1 开发组件中的多种工具

工具	描述
C 编译器	将 C 程序文件编译为目标文件
汇编器	将汇编代码文件汇编为目标文件
链接器	合并多个目标文件的工具，并定义存储器配置
Flash 编程器	将编译后的程序映像下载到微控制器的 Flash 存储器中的工具
调试器	控制微控制器运行的工具，并可以访问内部运行信息，这样可以检查系统状态以及程序的执行情况
模拟器	在无实际硬件环境模拟程序执行的工具
其他工具	多种工具，如将编译后的文件转换为各种格式

在使用 GNU 的 gcc 工具链时，一般可以一次性地编译整个应用程序，而不是将编译和链接阶段拆开，如图 2.6 所示。

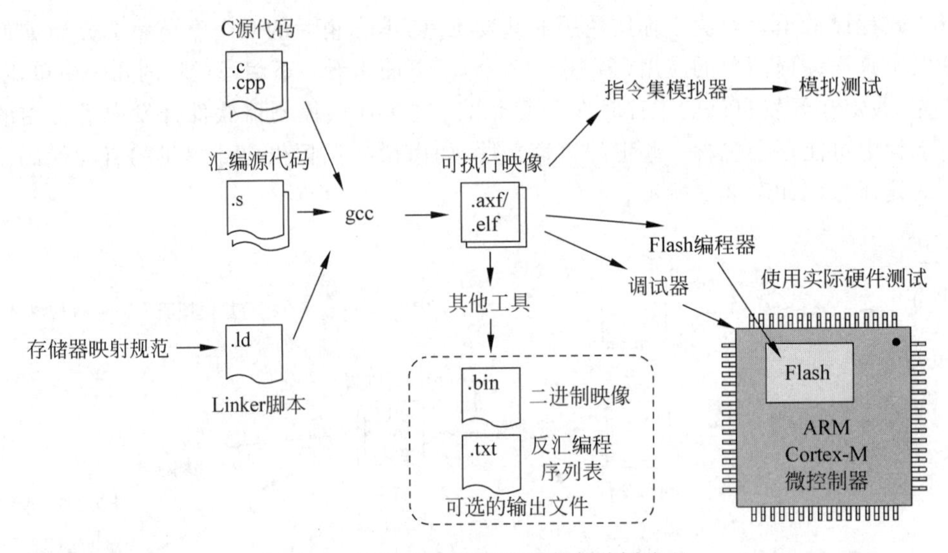

图 2.6 GNU 工具链的常见软件编译流程

gcc 编译时会自动调用所需的链接器和汇编器，这种处理可以确保所需的详细参数和库被正确地传到链接器。单独使用链接器可能会引发错误，因此这种做法是多数 gcc 工具供应商所不提倡的。

2.5 软件流程

可以用很多种方法实现应用程序流程，下面介绍几个基本概念。

2.5.1 轮询

对于简单的应用，处理器可以等待数据准备好后进行处理，而后再等待。这种方式容易实现且非常适用于简单任务。如图 2.7 所示，为一个简单轮询程序流程图。

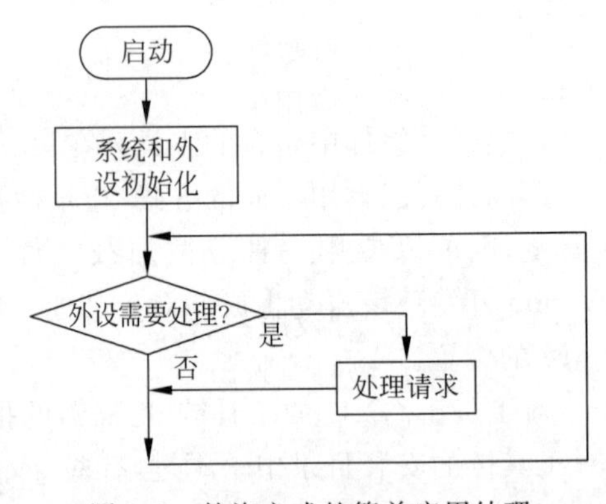

图 2.7 轮询方式的简单应用处理

多数情况下，微控制器要受多个接口的控制，因此需要支持处理多个任务。经过简单扩展，轮询程序流程就可以支持多个处理，如图 2.8 所示。这种处理有时也被称作“超级循环”。

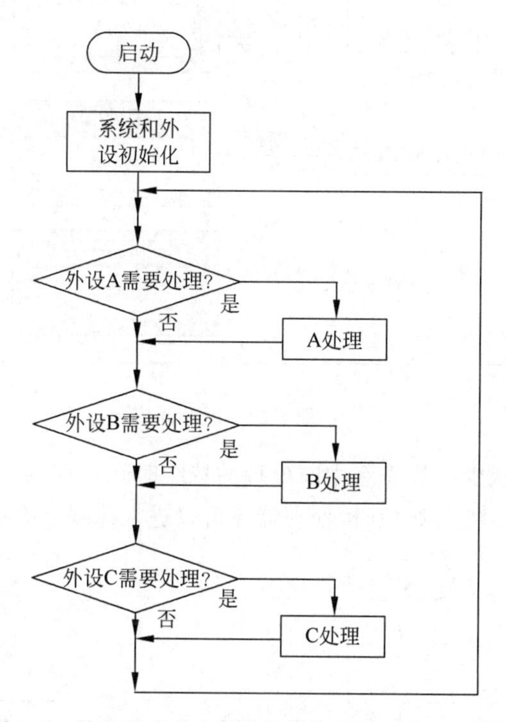

图 2.8 轮询方式的应用中存在多个需要处理的设备

轮询的方法非常适合简单的应用，不过它还是具有诸多缺点。例如，当应用程序变得更加复杂时，轮询循环的设计维护非常困难。而且，使用轮询很难定义不同服务的优先级——结果可能就是反应缓慢，当处理器正在处理不重要的任务时，外设请求可能需要等待很长的时间。

2.5.2 中断驱动

轮询的另外一个缺点在于能耗效率差，在不需要服务时也会浪费很多能量。为了解决这个问题，几乎所有的微控制器都会提供某种休眠模式以降低功耗，在休眠模式下，外设在需要服务时可以将处理器唤醒，如图 2.9 所示。这通常被称作中断驱动的应用程序。

在中断驱动的应用中，不同外设的中断可以被指定为不同的中断优先级。例如，重要/关键的外设可以被指定为较高的优先级，这样，若中断产生时处理器正在处理更低优先级的中断，低优先级中断就会被暂停，而更高优先级的中断服务就会立即执行。这种设计的响应较快。

多数情况下，外设服务的数据处理可以分为两部分：第一部分需要快速处理，而另一部分则可以执行得稍微慢一些。在这种情况下，在编写程序时可以将中断驱动和轮询结合起来。在当外设需要服务时，它就会像中断驱动的应用一样触发一个中断请求。当第一部分中断服务执行后，它就会更新某些软件变量，以便第二部分可以在基于循环的应用程序代码中执行，如图 2.10 所示。

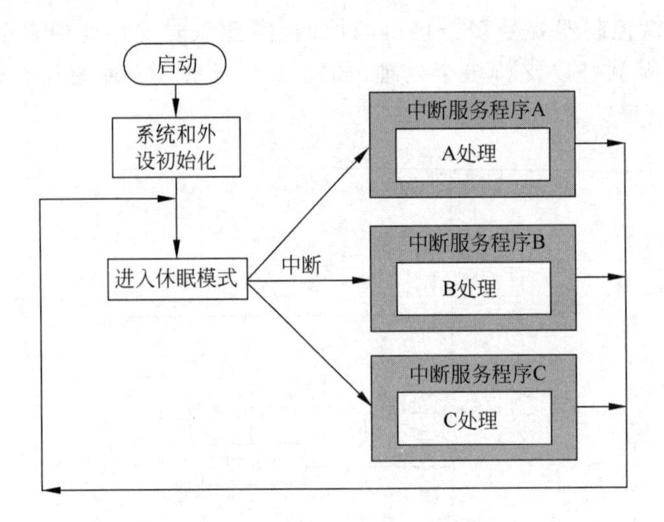

图 2.9 简单的中断驱动应用

通过这种处理，可以减少高优先级中断处理的持续时间，因此更低优先级的中断服务也可以更快地执行。同时，在不需要处理时，处理器还可以进入休眠状态以降低功耗。

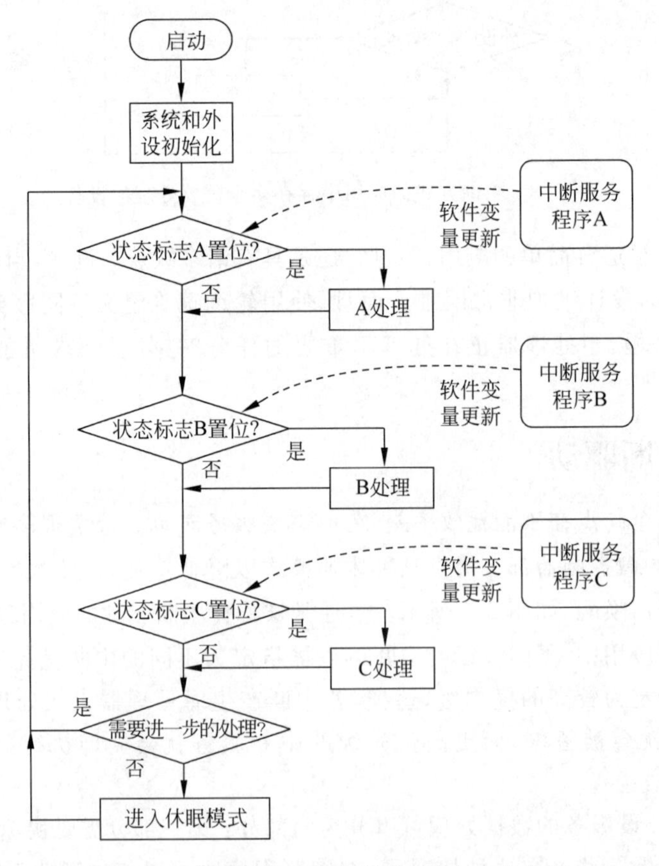

图 2.10 使用轮询和中断驱动两种方式的应用

2.5.3 多任务系统

当应用更加复杂时,轮询和中断驱动的程序架构未必能够满足处理需求。例如,有些执行时间长的任务可能会需要同步处理。要实现这一操作,可以将处理器时间划分为多个时间片并且将时间片分给这些任务。若技术上有通过手动分割任务且创建简单的调度器实现这种处理的需求,其在实际项目中通常却是不切实际的,因为这样会非常耗时间且会使程序维护和调试非常困难。

在这些应用中,实时操作系统(RTOS)可用于处理任务调度,如图 2.11 所示。RTOS 可以将处理器时间分为多个时间片且将时间片分给所需的进程,以实现多个进程同时执行。需要一个定时器来记录 RTOS 的时间,而且在每个时间片的最后,定时器会产生定时中断,它会触发任务调度器且确定是否要执行上下文切换。若需要执行,当前正在执行的任务就会被暂停,处理器转而执行另外一个任务。

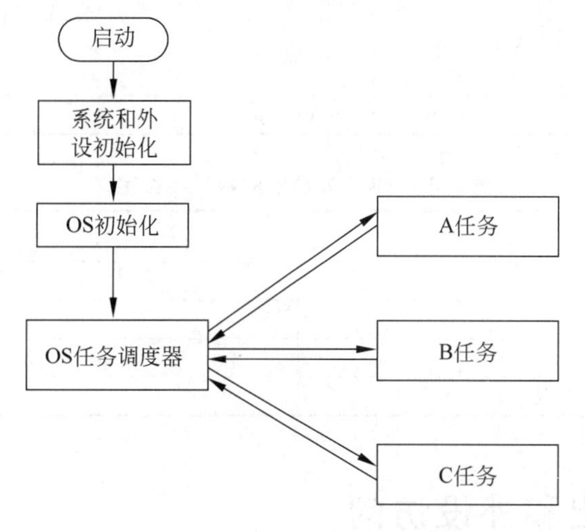

图 2.11 使用 RTOS 处理多任务

除了任务调度,RTOS 还具有其他许多特性,如信号量和消息传递等。许多 RTOS 都可用于 Cortex-M 处理器,而且不少还是免费的。

2.6 C 程序中的数据类型

C 编程语言支持多种“标准”数据类型,不过,数据在硬件中的表示方式要取决于处理器架构和 C 编译器。对于不同的处理器架构,某种数据类型的大小可能是不一样的。例如,整数在 8 位或 16 位微控制器上一般是 16 位,而在 ARM 架构上则总是 32 位的。表 2.2 列出了 ARM 架构(其中包括所有的 Cortex-M 处理器)中的常见数据类型,所有的 C 编译器都支持这些数据类型。

由于特定数据类型大小的差异,将应用程序从 8 位或 16 位微控制器移植到 ARM Cortex-M 微控制器上时,可能需要修改源代码。第 24 章介绍了从 8 位和 16 位架构移植的细节内容。

在 ARM 编程中,如表 2.3 所示,还可以将数据大小称为 byte、half word、word 以及 double word。

这些叫法在 ARM 文档中非常普遍,其中包括指令集和硬件描述文档。

表 2.2　包括 Cortex-M 在内的 ARM 架构支持的数据类型的大小和范围

C 和 C99(stdint.h)数据类型	位数	范围(有符号)	范围(无符号)
char, int8_t, uint8_t	8	−128～127	0～255
short int16_t, uint16_t	16	−32 768～32 767	0～65 535
int, int32_t, uint32_t	32	−2 147 483 648～2 147 483 647	0～4 294 967 295
long	32	−2 147 483 648～2 147 483 647	0～4 294 967 295
long long, int64_t, uint64_t	64	−(2^63)～(2^63−1)	0～(2^64−1)
float	32	$-3.402\,823\,4\times10^{38}\sim3.402\,823\,4\times10^{38}$	
double	64	$-1.797\,693\,134\,862\,315\,7\times10^{308}\sim1.797\,693\,134\,862\,315\,7\times10^{308}$	
long double	64	$1.797\,693\,134\,862\,315\,7\times10^{308}\sim1.797\,693\,134\,862\,315\,7\times10^{308}$	
指针	32	0x0～0xFFFFFFFF	
enum	8/16/32	可用的最小数据类型,除非由编译器选项指定	
bool (只存在 C++), _Bool (只存在于 C)	8	True 或 False	
wchar_t	16	0～65 535	

表 2.3　ARM 处理器的数据类型定义

类型	大小
byte(字节)	8 位
half word(半字)	16 位
word(字)	32 位
double word(双字)	64 位

2.7　输入、输出和外设访问

几乎所有的微控制器都有多个输入/输出(I/O)接口和定时器、实时时钟(RTC)等外设。对于基于 ARM Cortex-M3 和 M4 处理器的微控制器产品,除了 GPIO、SPI、UART、I2C 等常见的接口外设,还可以发现许多高级接口外设,如 USB、CAN、以太网以及 ADC(模拟转数字)和 DAC(数字转模拟)等模拟接口。这些接口外设中的大部分都是供应商定义的,因此,需要读取微控制器供应商提供的用户手册才能知道使用方法。多数情况下,还能在微控制器供应商网站中找到编程实例。

对于这些微控制器,外设经过了存储器映射,这也就意味着寄存器可以从系统存储器映射中访问。为了用 C 程序访问这些外设,可以使用指针,后面的几个例子介绍了实现方法。

一般来说,外设在使用前需要初始化,一般包括以下几步:

(1) 如果需要,设置时钟控制回路使能连接到外设和对应引脚的时钟。许多现代微控制器允许对时钟信号分布的精细调节,如使能/禁止到每个外设的时钟连接以节省功耗。外设时钟一般是默认关闭的,需要在编程外设前使能时钟。有些情况下,可能还需要使能外设总线系统的时钟。

(2) 有些情况下,可能还需要配置 I/O 引脚的操作模式。大多数微控制器都有复用的 I/O 引脚,可用于多种目的。为了使用外设,配置 I/O 脚以匹配用途是很有必要的(如输入/输出方向、功能等)。另外,可能还需要编程其他的配置寄存器,定义输出类型等预想的电气特性(电压、上拉/下拉和开漏等)。

(3) 外设配置。多数外设中包含多个可编程寄存器,它们需要在使用前进行配置。有些情况下,会发现配置流程比 8 位微控制器要稍微复杂一些,这是因为 32 位微控制器的外设一般要比 8 位/16 位系统的外设要复杂得多。另外,微控制器供应商一般会提供设备驱动库代码,可以使用这些驱动函数以降低所需的编程工作量。

(4) 中断配置。若外设需要使用中断操作,则需要编程 Cortex-M3/M4 处理器的中断控制器(NVIC),使能中断和配置中断优先级。

要实现所有的这些初始化步骤,需要设置各种外设模块中的外设寄存器。前面已经提到,外设寄存器经过了存储器映射,因此可以使用指针访问。例如,可以将通用目的输入/输出(GPIO)寄存器定义为指针:

```
/* STM32F 100RBT6BeGPIO A 端口配置寄存器低字 */
#define GPIOA_CRL (*((volatile unsigned long *) (0x40010800)))
/* STM32F 100RBT6BeGPIO A 端口配置寄存器高字 */
#define GPIOA_CRH (*((volatile unsigned long *) (0x40010804)))
/* STM32F 100RBT6BeGPIO A 端口输入数据寄存器 */
#define GPIOA_IDR (*((volatile unsigned long *) (0x40010808)))
/* STM32F 100RBT6BeGPIO A 端口输出数据寄存器 */
#define GPIOA_ODR (*((volatile unsigned long *) (0x4001080C)))
/* STM32F 100RBT6BeGPIO A 端口位设置/清除寄存器 */
#define GPIOA_BSRR(*((volatile unsigned long *) (0x40010810)))
/* STM32F 100RBT6BeGPIO A 端口位清除寄存器 */
#define GPIOA_BRR (*((volatile unsigned long *) (0x40010814)))
/* STM32F 100RBT6BeGPIO A 端口配置锁定寄存器 */
#define GPIOA_LCKR (*((volatile unsigned long *) (0x40010818)))
```

下面直接使用这种定义。例如:

```
void GPIOA_reset(void) /* 复位 GPIO A */
{
    //设置所有引脚为模拟输入模式
    GPIOA_CRL = 0; //位 0～7,都设置为模拟输入
    GPIOA_CRH = 0; //位 8～15,都设置为模拟输入
    GPIOA_ODR = 0; //默认输出值为 0
    return;
}
```

这种方法对少量的外设寄存器非常有用,不过,当外设寄存器数量变大时,这种编码风格可能就会有问题。因为:

- 对于每个寄存器地址定义,程序需要存储 32 位地址常量,这样会增大代码体积。
- 当同一个外设具有多个实例时,例如,STM32 微控制器有 5 个 GPIO 外设,每次实例化时都需要重复相同的定义,这样扩展性不强而且不易维护。
- 创建同一外设的多个实例共用的函数也是非常困难的。例如,按照上面例子中的定义,可能需要为每个 GPIO 端口创建相同的 GPIO 复位函数,这样会增加代码体积。

为了解决这些问题,通常的做法是将外设寄存器定义为数据结构体。例如,在微控制器供应商提供的设备驱动库中,可以找到:

```
typedef struct
```

```
{
    _IO uint32_t CRL;
    _IO uint32_t CRH;
    _IO uint32_t IDR;
    _IO uint32_t ODR;
    _IO uint32_t BSRR;
    _IO uint32_t BRR;
    _IO uint32_t LCKR;
} GPIO_TypeDef;
```

那么，每个外设基地址（GPIO A～GPIO G）都可以被定义为指向这个结构体的指针：

```
#define PERIPH_BASE ((uint32_t)0x40000000)
/*!< 位段区域中的外设基地址 */
…
#define APB2PERIPH_BASE (PERIPH_BASE + 0x10000)
…
#define GPIOA_BASE (APB2PERIPH_BASE + 0x0800)
#define GPIOB_BASE (APB2PERIPH_BASE + 0x0C00)
#define GPIOC_BASE (APB2PERIPH_BASE + 0x1000)
#define GPIOD_BASE (APB2PERIPH_BASE + 0x1400)
#define GPIOE_BASE (APB2PERIPH_BASE + 0x1800)
…
#define GPIOA ((GPIO_TypeDef *) GPIOA_BASE)
#define GPIOB ((GPIO_TypeDef *) GPIOB_BASE)
#define GPIOC ((GPIO_TypeDef *) GPIOC_BASE)
#define GPIOD ((GPIO_TypeDef *) GPIOD_BASE)
#define GPIOE ((GPIO_TypeDef *) GPIOE_BASE)
…
```

这些代码段中存在一些之前没有介绍过的新东西：

“_IO”在 CMSIS 标准头文件中定义，它代表数据为 volatile 的（如外设寄存器），其可由软件进行读写。除了“_IO”，外设寄存器还可以被定义为“_I”（只读）和“_O”（只写）。

```
#ifdef _cplusplus
  #define _I volatile /*!< 定义"只读"权限 */
#else
  #define _I volatile const /*!<定义"只读"权限 */
#endif
#define _O volatile /*!<定义"只写"权限 */
#define _IO volatile /*!<定义"读/写"权限 */
```

uint32_t（无符号 32 位整数）为 C99 支持的一种数据类型，与处理器架构无关，它可以确保数据大小为 32 位的，这样有助于提高软件的可移植性。要使用这个数据类型，工程中需要包含标准数据类型头文件（注意：若使用符合 CMSIS 的设备头文件，那么这个设备头文件就已经为你做好了）。

```
#include <stdint.h>/* 包含标准类型 */
/* C99 标准数据类型:
    uint8_t : 8 位无符号数, int8_t : 8 位有符号数,
    uint16_t : 16 位无符号数, int16_t : 16 位有符号数,
    uint32_t : 32 位无符号数, int32_t : 32 位有符号数,
    uint64_t : 64 位无符号数, int64_t : 64 位有符号数
*/
```

当外设使用这种方法声明时，可以创建能用于每个外设实例的函数。例如，复位 GPIO 端口的代码可以写作：

```
void GPIO_reset(GPIO_TypeDef * GPIOx)
{
    //设置所有引脚为模拟输入模式
    GPIOx->CRL = 0; //位 0～7,都设置为模拟输入
    GPIOx->CRH = 0; //位 8～15,都设置为模拟输入
    GPIOx->ODR = 0; //默认输出值为 0
    return;
}
```

要使用这个函数，只需将外设基地址指针传递给函数：

```
GPIO_reset(GPIOA); /* 复位 GPIO A */
GPIO_reset(GPIOB); /* 复位 GPIO B */
…
```

几乎所有的 Cortex-M 微控制器设备驱动库都使用这种方法定义外设。

2.8 微控制器接口

运行在微控制器上的应用程序通过各种外设接口同外部相连，尽管外设接口的使用并非重点，本书还是会介绍几个基本的例子。多数情况下，可以使用微控制器供应商提供的设备驱动库软件包，以方便软件开发，而且还可以从网上的一些例子或应用笔记中发现一些信息。

与 PC 编程不同，大多数嵌入式应用不具备丰富的 GUI。有些开发板上可能会有 LCD 显示屏，不过，多数只是会有几个 LED 和按键。尽管应用程序自身可能不会需要用户接口，一种简单的基于字符的通信方式对软件开发来说还是很有用的。例如，在程序执行过程中将模拟数字转换器(ADC)捕获到的数值通过 printf 显示出来是非常方便的。

多种方法都可用于实现这种消息显示：

- 使用连接到微控制器的 I/O 引脚上的字符 LCD 显示模块。
- 使用简单的 UART 同 PC 上运行的终端程序通信。
- 将微控制器上的 USB 接口设置为虚拟的 COM 端口，并且同运行在 PC 上的终端程序通信。
- 使用指令跟踪宏单元(ITM，Cortex-M3/M4 的标准调试特性)和调试器软件通信。

有些情况下，字符 LCD 可能是嵌入式产品的一部分，因此使用这种硬件显示信息可能会非常方便。不过，屏幕的尺寸限制了每次显示的信息量。

UART 易于使用，并且可以将更多的信息快速传递给开发者。Cortex-M3/M4 处理器本身不具有 UART，而多数微控制器供应商会在他们的微控制器设计中加入 UART。不过，现在的计算机多数都不再具备 UART 接口，因此可能需要使用一个 USB 转 UART 的适配器线缆才能进行通信。另外，还需要 TTL 转 RS232 适配器来转换信号电平，如图 2.12 所示。

在一些开发板中(如 Texas Instruments Stellaris LaunchPad)，板上的调试适配器具有将 UART 通信转换为 USB 的特性。

若所使用的微控制器具有一个 USB 接口，则可以利用 USB 与 PC 通信。例如，可以使用

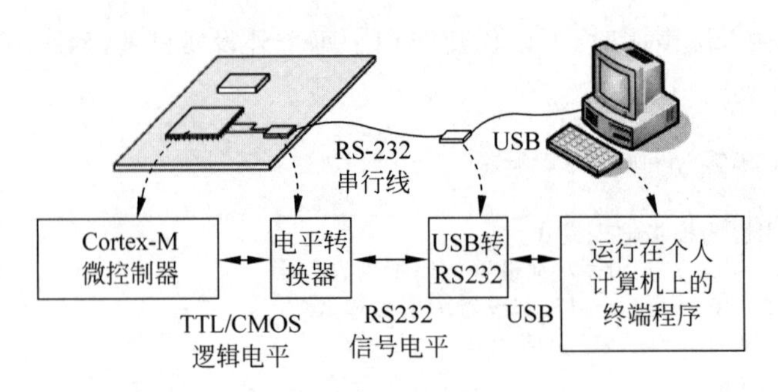

图 2.12 通过 USB 和 PC 进行 UART 通信

虚拟 COM 端口来实现同计算机上运行的终端程序基于字符的通信。在编写软件时可能会更费力一些，不过可以实现微控制器硬件同 PC 的直接通信，避免 RS232 适配器的花费。

若使用商业板的调试适配器，如 Keil ULINK2、Segger J-LINK 等，则可以使用一种被称作指令跟踪宏单元（ITM）的特性，将消息传到调试主机（运行调试器的 PC）且在开发环境中显示消息。这不需要额外的硬件，并且不会带来太多的软件开销。这样可以将外设接口解放出来，从而实现其他用途，使用 ITM 的例子将在第 18 章介绍。

将文字消息从 printf（C 语言）导入特定硬件的技术通常被称作“重定向”，它还可用于处理用户输入和系统功能。实现重定向的 C 代码和工具链相关，第 18 章介绍了一些编译工具重定向的实例。

2.9 Cortex 微控制器软件接口标准（CMSIS）

2.9.1 CMSIS 简介

在前一章已经谈到了 CMSIS。CMSIS 由 ARM 开发，它使得微控制器和软件供应商可以使用一致的软件结构来开发 Cortex 微控制器的软件，许多 Cortex-M 微控制器的软件产品都是符合 CMSIS 的。

当前，Cortex-M 微控制器市场包括：

- 超过 15 家微控制器供应商在生产 Cortex-M 微控制器产品（1.1.4 节有 Cortex-M3 和 Cortex-M4 微控制器供应商的列表），其他一些芯片供应商则提供基于 Cortex-M 的 FPGA 和 ASIC。
- 超过 10 家工具链供应商。
- 超过 30 个嵌入式操作系统。
- 其他的 Cortex-M 中间件软件供应商提供编解码器、通信协议栈等。

由于当前庞大的生态系统，对软件结构进行某种形式的标准化已经非常必要，这样可以确保多种开发工具和不同软件解决方案的兼容性。

同时，嵌入式系统也变得越来越复杂，开发和软件测试的工作量也显著增加了。为了减少开发时间并且降低产品中存在缺陷的风险，软件重用已经越来越普遍。另外，嵌入式系统的复杂度也增加了对第三方软件解决方案的依赖。例如，一个嵌入式软件工程可能会涉及各方面的软件部件：

- 内部开发者开发的软件

- 重用的其他项目的软件
- 微控制器供应商的设备驱动库
- 嵌入式 OS
- 通信协议栈等其他的第三方软件产品

在这种情况下，各种软件产品间的配合已经非常关键。由于所有这些原因，ARM 同各家微控制器供应商、工具供应商和软件解决方案提供商一道开发了 CMSIS——一个涵盖了大多数 Cortex-M 处理器和 Cortex-M 微控制器产品的软件框架。

CMSIS 的目标包括：

- 提高软件重用性。在不同的 Cortex-M 工程间重用软件代码更加容易，减少了推向市场和测试验证的时间。
- 提高软件兼容性。由于有了统一的软件架构（例如，处理器内核访问函数的 API、系统初始化方法以及定义外设的通用方式），不同来源的软件可以配合工作，降低了集成的风险。
- 易于学习。CMSIS 允许使用 C 语言访问处理器内核特性。另外，要是了解了一种 Cortex-M 微控制器产品，由于软件编写的一致性，使用另外一种 Cortex-M 产品也会非常容易。
- 独立于工具链。符合 CMSIS 的设备驱动可用于多种编译工具，为开发提供了更大的自由度。
- 开放性。任何人都可以下载和查看 CMSIS 核心文件的源代码，而且任何人都可以利用 CMSIS 开发软件产品。

CMSIS 项目仍在不断更新，它开始是为了 Cortex-M 微控制器的设备驱动库建立一致性，现在已经成为了 CMSIS-Core，其他的 CMSIS 项目也已经启动：

- CMSIS-Core（Cortex-M 处理器支持）。应用程序或中间件开发者用的一组 API，可以访问 Cortex-M 处理器的特性，无须考虑使用的是何种微控制器设备或工具链。CMSIS 目前支持 Cortex-M0、Cortex-M0＋、Cortex-M3 和 Cortex-M4 处理器以及 SC000 和 SC300 等 SecureCore 产品。由于架构相同，Cortex-M1 可以使用 Cortex-M0 版本的 CMSIS。
- CMSIS-DSP 库。2010 年，CMSIS DSP 库发布，支持 FFT 和滤波器等多种常见的 DSP 运算，CMSIS-DSP 可以帮助软件开发者轻松创建 Cortex-M 微控制器上的 DSP 应用。
- CMSIS-SVD。CMSIS 系统视图描述，基于 XML 语言格式，用于描述微控制器产品的外设集。调试工具供应商根据微控制器供应商提供的 CMSIS SVD 文件，很快地就能构建外设视图。
- CMSIS-RTOS。CMSIS-RTOS 为专门用于运行在 Cortex-M 微控制器上的嵌入式 OS 的 API，这样开发出来的中间件和软件就可以用于多个嵌入式 OS 平台，并且提高了重用性和可移植性。
- CMSIS-DAP。CMSIS-DAP（调试访问端口）为调试接口适配器的参考设计，其支持 USB 到 JTAG/串行协议的转换，这样低成本的调试适配器可以用于多种开发工具链。

本章将首先看一下 CMSIS 对处理器的支持（CMSIS-Core），CMSIS DSP 库将会在第 22 章介绍，CMSIS-SVD 和 CMSIS-DAP 则超出了本书的范围。

2.9.2 CMSIS-Core 所做的标准化

从软件开发的角度来说,CMSIS-Core 对多个方面进行了规范:

(1) 处理器外设的标准化定义。其中包括嵌套向量中断控制器(NVIC)中的寄存器、处理器中的系统节拍定时器(SysTick)、可选的存储器保护单元(MPU)、系统控制块(SCB)中的多个可编程寄存器以及一些和调试特性相关的软件可编程寄存器。注意:有些 Cortex-M4 中的寄存器在 Cortex-M3 中是不可用的,类似地,Cortex-M3 和 Cortex-M4 中的一些寄存器在 Cortex-M0 中也是不可用的。

(2) 访问处理器特性的标准化函数。其中包括使用 NVIC 进行中断控制的多个函数以及访问处理器中特殊寄存器的函数。若需要的话,也可以直接访问寄存器,而使用这些函数(有时也被称作应用编程接口,或者叫 API)进行编程有助于提高软件可移植性。

(3) 操作特殊指令的标准化函数。Cortex-M 处理器支持几个用于特殊目的的指令(例如,等待中断 WFI,用于进入休眠模式),这些指令无法用普通的 IEC/ISO C 语言生成。CMSIS 实现了一组函数,C 程序代码可以利用这些函数实现特殊指令。若没有这些函数,用户必须得使用工具链相关的解决方案,如内在函数或内联汇编,才能将特殊指令插入应用程序中,这样会降低软件的可重用性,而且为了避免出现错误,可能还需要对工具链的深入了解。CMSIS 为这些特性提供了一种标准的 API,这样应用程序开发者就可以轻松使用了。

(4) 系统异常处理的标准化命名。多个系统异常类型在 Cortex-M 处理器的架构中有所体现,通过赋予这些系统异常处理标准化的命名,开发适用于多种 Cortex-M 产品的软件也就更加容易。这对嵌入式 OS 开发者尤其重要,因为嵌入式 OS 需要使用一些系统异常。

(5) 系统初始化的标准函数。对于多数具有丰富特性的现代微控制器产品,在应用程序开始前都需要配置时钟电路和电源管理寄存器。在符合 CMSIS 的设备驱动库中,这些配置过程由 SystemInit()实现。很显然,该函数的实际实现是设备相关的,而且可能需要适应多种工程需求。不过,由于有了标准的函数名、函数的标准使用方式以及函数的标准位置,设计者就能很容易地开始使用 Cortex-M 微控制器。

(6) 描述时钟频率的标准化的变量。这个看起来必要性不是很大,不过有时应用程序代码需要知道系统当前运行的时钟频率。例如,在设置 UART 波特率分频器或初始化嵌入式 OS 使用的 SysTick 定时器时可能需要这种信息。CMSIS-Core 中定义了一个软件变量 SystemCoreClock(用于 CMSIS 的 1.3 或者更新的版本,之前的版本为 SystemFreq)。

另外,CMSIS-Core 还提供了设备驱动库的通用平台。每个设备驱动库看起来都是一样的,这样初学者使用设备就更加容易,而且软件开发人员也可以很轻松地开发出用于多种 Cortex-M 微控制器产品的软件。

2.9.3 CMSIS-Core 的组织结构

CMSIS 文件被集成在微控制器供应商提供的设备驱动库软件包中,设备驱动库中的有些文件是 ARM 准备的,对于各家微控制器供应商都是一样的,其他文件则取决于供应商/设备。一般来说,可以将 CMSIS 定义为以下几层:

- 内核外设访问层。名称定义、地址定义以及访问内核寄存器和内核外设的辅助函数,这是处理器相关的,由 ARM 提供。
- 设备外设访问层。名称定义、外设寄存器的地址定义以及包括中断分配、异常向量定义等的系统设计，这是设备相关的（注意：同一家供应商的多个设备可能会使用同一组文件）。

- 外设访问函数。访问外设的驱动代码，这是供应商相关的，而且是可选的。在开发应用程序时，可以选择使用微控制器供应商提供的外设驱动代码，或者有必要，也可以直接访问外设。

对于外设访问还提出了另外一层：中间件访问层。该层在当前的CMSIS版本中不存在，现在的设想为，开发一组用于访问UART、SPI以及以太网等常见外设的API。若该层存在，中间件开发人员可以基于该层开发自己的应用程序，这样软件在设备间移植也就更加容易。

各层的角色如图2.13所示。

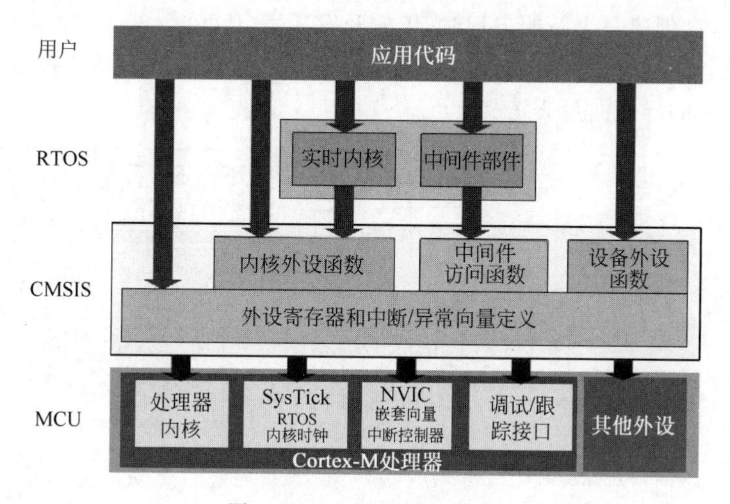

图2.13　CMSIS-Core结构

注意在有些情况下，设备驱动库中可能会包含用于微控制器供应商设计的NVIC的函数，它们是供应商定义的。CMSIS的目标为提供一个共同的起点，微控制器供应商也可以根据自己的意愿添加其他的函数。不过若软件需要在另外一个微控制器产品上重用，就需要移植。

2.9.4　如何使用CMSIS-Core

CMSIS文件位于微控制器供应商提供的设备驱动软件包中，因此，在使用微控制器供应商提供的设备驱动库时，就已经在使用CMSIS了。

一般来说，需要做到以下几点。

（1）将源文件添加到工程中，其中包括：

- 设备相关，工具链相关的启动代码，C或汇编。
- 设备相关的设备初始化代码（如system_＜device＞.c）。
- 用于外设访问功能的其他供应商相关的源文件，这是可选的。
- 对于CMSIS-Core库的CMSIS 2.00或者之前版本，为了访问内核寄存器，可能还需要将一个处理器相关的C程序文件（如core_cm3.c）添加到工程中，从CMSIS-Core版本2.10开始就不再需要了。

（2）将头文件添加到搜索路径中，其中包括：

- 用于外设寄存器定义和中断分配定义的设备相关的头文件（如＜device＞.h）。
- 用于设备初始化代码的设备相关的头文件（如system_＜device＞.h）。

- 多个处理器相关的头文件（如 core_cm3. h、core_cm4. h，它们对于所有的微控制器供应商都是相同的）。
- 其他可选的用于外设访问的供应商相关的头文件。
- 有些情况下，开发组件中可能会包含一些预安装的 CMSIS 支持文件。

图 2. 14 所示为使用 CMSIS 设备驱动库软件包的典型的工程设置。在从微控制器供应商处获得的设备驱动库软件包中可以找到所需的各个文件，其中包括 CMSIS 文件。这其中的一些文件由供应商的实际微控制器设备名称决定（图中为<device>）。

当设备相关的头文件被包含在应用程序代码中时，它会自动包含其他所选的头文件，因此，为了工程能够正确编译，需要设置工程的头文件搜索路径。

有些情况下，在创建一个新的工程时，集成开发环境（IDE）会自动设置启动代码，要不然，还需要手动将设备驱动库中的启动代码添加到工程中。处理器的启动流程需要启动代码，它包括中断处理所需的异常向量表定义。

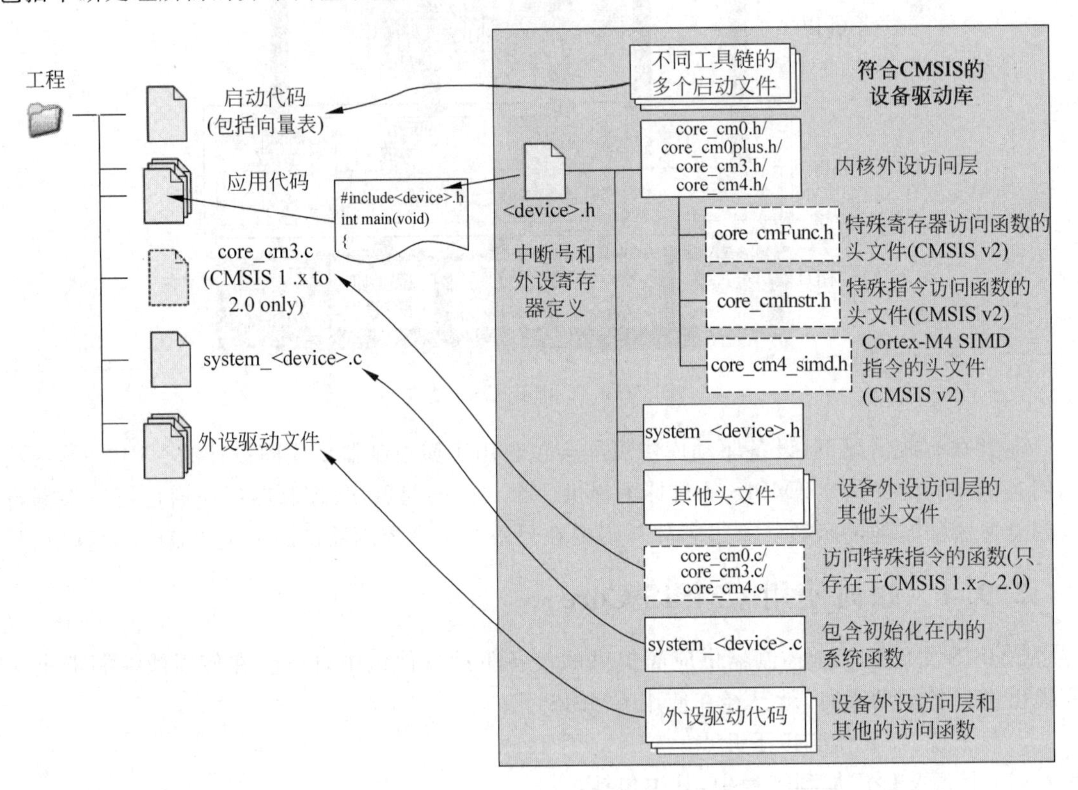

图 2. 14 在工程中使用 CMSIS-Core

2. 9. 5 CMSIS 的优势

那么，CMSIS 对用户有什么帮助？

主要的优势在于更佳的软件可移植性和重用性：

- 一种 Cortex-M 微控制器设备的工程，可以很容易地移植到同一供应商的另外一种 Cortex-M 处理器设备上。微控制器供应商提供的 Cortex-M0/M0＋/M3/M4 设备一般都具有相同的外设和引脚，所需的修改仅为替换工程中的一些 CMSIS 文件。
- 利用 CMSIS-Core，不同供应商间的 Cortex-M 微控制器工程也很容易移植。很显然，外设设置和访问代码需要修改，不过处理器内核访问函数都基于相同的 CMSIS 源代码，因此不需要修改。

基于 CMSIS，现在开发的嵌入式软件将来也可以重用在其他 Cortex-M 产品上，因此软件也不会过时。

Cortex-Core 也加快了将产品推向市场的时间，这是因为：

- 重用之前工程中的软件代码更加容易。
- 由于所有的符合 CMSIS 的设备驱动都有相似的结构，学习使用新的 Cortex-M 微控制器也更加容易。
- CMSIS 代码经过世界范围内许多芯片供应商和软件开发人员的测试，符合汽车工业软件可靠性联合会(MISRA)标准。因此，由于无须开发和测试自己的处理器特性访问函数，它也减少了测试验证的工作量。
- 从 CMSIS 版本 2.0 开始，DSP 库被纳入进来，它提供了经过测试、优化的 DSP 函数。软件开发者可以下载和免费使用 DSP 库代码。

另外，还有其他的优势：

- 多家编译器工具链供应商都支持 CMSIS。
- CMSIS 占用的存储器较少(内核访问函数小于 1KB，一些变量只占几个字节)。
- CMSIS 文件具有 Doxygen 标签(http://www.doxygen.org)，可以很容易地自动生成文档。

对于嵌入式 OS 和中间件开发人员，CMSIS 的优势是很明显的：

- 通过使用 CMSIS 的处理器内核访问函数，嵌入式 OS、中间件可以同各家微控制器供应商提供的设备驱动库配合使用，其中，也包括将来才会发布的产品。
- 由于 CMSIS 的设计是面向各种工具链的，因此，许多软件产品可以设计成工具链无关的。
- 若没有 CMSIS，中间件中可能要包含一组访问中断控制器等处理器外设的驱动函数。这种处理会加大程序体积，而且可能会带来同其他软件产品的兼容性问题，如图 2.15 所示。

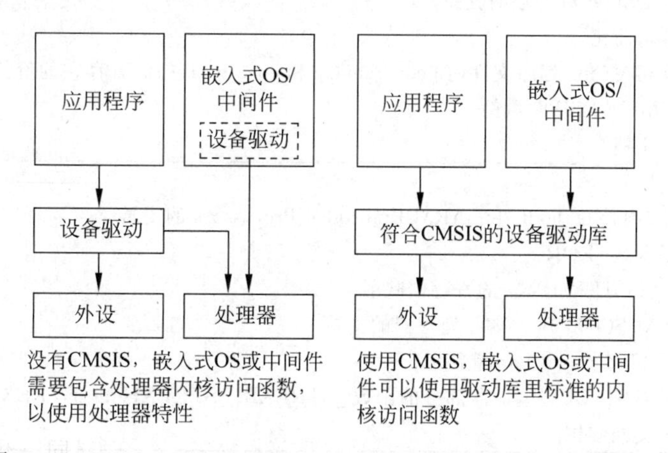

图 2.15　CMSIS-Core 可以避免中间件或 OS 中使用自己的驱动代码

2.9.6 CMSIS的多个版本

CMSIS仍在不断更新，前几年已经发布了CMSIS的几个版本，扩大了支持的处理器的范围，并进行了一些改进。除了编码的改进，还有其他的一些修改，如表2.4所示。

表2.4 CMSIS的改进

版本	主要改动
1.0	2008年11月 初始发布版，只支持Cortex-M3处理器
1.10	2009年2月 增加对Cortex-M0的支持
1.20	2009年5月 (1) 增加对TASKING编译器的支持 (2) 增加NVIC优先级配置管理的函数
1.30	2009年10月 (1) 系统初始化函数SystemInit()函数在启动代码中调用，而不是main()的开头处 (2) SystemFrequency被重命名为SystemCoreClock，表示处理器时钟定义，额外增加了void SystemCoreClockUpdate(void)函数 (3) 增加对调试通信中数据接收的支持(之前版本在调试通信的数据输出中使用ITM) (4) 增加处理器外设寄存器的位定义 (5) 修改目录结构
2.0	2010年11月 (1) 增加对Cortex-M4的支持 (2) 增加了Cortex-M4和Cortex-M3用的CMSIS DSP库(CMSIS-DSP) (3) 引入了新的头文件core_cm4_simd.h、core_cmFunc.h和core_cmInst.h，多个内核访问函数被移入这些文件中，且为内联调用 (4) 增加CMSIS系统视图描述
2.10	2011年7月 (1) 增加了Cortex-M0的CMSIS-DSP库 (2) 增加了DSP库对大端的支持 (3) 目录结构简化 (4) 处理器相关的C程序文件(如core_cm3.c和core_cm4.c)没有存在的价值，因此被删除了 (5) 增加CMSIS-DSP库示例 (6) 更新了文档
3.0	2011年10月 (1) 增加了对GNU Tools for ARM Embedded Processors的支持 (2) 增加了函数_ROR (3) 增加了TPIU和DWT的寄存器映射 (4) 增加了对SC000和SC300处理器的支持 (5) 修正了ITM_SendChar函数 (6) 修正了GNU GCC编译器部分的函数_STREXB、_STREXH和_STREXW (7) 调整了文档结构
3.01	2012年3月 (1) 增加了对Cortex-M0+处理器的支持 (2) 加入了版本为1.10的CMSIS DSP库

一般情况下,嵌入式应用可以使用多个版本的 CMSIS,而不会带来什么问题。大多数微控制器供应商的设备驱动库都会使用最新版本的 CMSIS。不过,可能有些微控制器供应商的设备驱动库软件包没有使用最新版本的 CMSIS,由于驱动函数的功能未变,因此这一般不会有什么问题。

有些情况下,为了使用最新版本的 CMSIS 驱动包,应用程序代码可能要做出一定的修改(例如,使用 SystemFrequency 时,从 CMSIS 的 1.3 版本开始,它被修改为 SystemCoreClock)。

可以从网站 http://www.arm.com/cmsis 下载 CMSIS 最新版本的源代码包。

第3章 技术综述

3.1 Cortex-M3 和 Cortex-M4 处理器的一般信息

3.1.1 处理器类型

ARM Cortex-M 为 32 位 RISC(精简指令集)处理器，其具有：

- 32 位寄存器
- 32 位内部数据通路
- 32 位总线接口

除了 32 位数据，Cortex-M 处理器(以及其他任何 ARM 处理器)还可以高效地处理 8 位和 16 位数据。Cortex-M3 和 Cortex-M4 处理器还支持涉及 64 位数据的多种运算(如乘和累加)。

Cortex-M3 和 Cortex-M4 处理器都具有三级流水线(取指、译码和执行)，它们都基于哈佛总线架构，取指令和数据访问可以同时执行。

ARM Cortex-M 处理器的存储器系统使用 32 位寻址，地址空间最大为 4GB。存储器映射是一致的，这就意味着尽管总线接口有多个，4GB 存储器空间却只有一个。存储器空间包括程序代码、数据、外设以及处理器内的调试支持部件。

与其他任何 ARM 处理器相同，Cortex-M 处理器基于一种加载—存储架构。这也就意味着数据需要从存储器中加载和处理后，使用多个单独的指令写回存储器。例如，要增加 SRAM 中存储的数据值，处理器需要使用一条指令从 SRAM 中读出数据，并且将数据放到处理器的寄存器中，然后使用第二条指令增加寄存器中的数据值，最后使用第三条指令将数值写回存储器。处理器内部的寄存器细节一般被称作编程模型。

3.1.2 处理器架构

第 1 章已经介绍了，处理器只是微控制器芯片中的一部分。存储器系统、外设和各种接口特性由微控制器供应商开发。因此，从低成本的微控制器产品到高端的多处理器产品，可以发现 Cortex-M 处理器用在诸多设备中，不过这些设备的架构相同。对于 ARM 处理器，架构一般指两个方面：

- 架构。指令集架构(ISA)、编程模型(对软件可见)以及调试方法(对调试器可见)。
- 微架构。接口信号、指令执行时序以及流水线阶段等实现相关的细节，微架构为处理器设计相关的。

对于多年来发布的不同ARM处理器，ARM架构存在多个版本。例如，Cortex-M3和Cortex-M4处理器都基于ARMv7-M架构。一个指令集架构可以包含多个微架构设计，如不同数量的流水线阶段和不同类型的总线接口等。

要了解ARMv7-M架构的细节，可以参考ARMv7-M架构参考手册（也被称作ARMv7-M ARM）的内容。该文献包括：

- 指令集细节
- 编程模型
- 异常模型
- 存储器模型
- 调试架构

经过简单的注册过程后，就可以从ARM网站下载该文档。不过，普通的编程不需要完整的架构参考手册。ARM为软件开发者提供了其他的文档，也就是Cortex-M3/M4/M0设备普通用户指南。该文档可以在ARM网站上找到：

```
http://infocenter.arm.com
   →Cortex - M series processors
     →Cortex - M0/M0t/M3/M4
       →Revision number
         →Cortex - M4/M3/M0/M0tDevices Generic User Guide
```

执行时序等一些微架构信息包含在Cortex-M处理器的技术参考手册（TRM）中，该文档可以在ARM网站中找到。其他的诸如处理器接口细节等微架构信息则在Cortex-M产品文档中有所描述，一般只能由芯片设计商提供。

从理论上来说，在开发Cortex-M产品的软件时，开发人员无须了解微架构的任何信息。不过，在有些情况下，知道一些微架构的细节可能会有帮助，尤其是在优化软件或C编译器以获得最佳性能时。

3.1.3 指令集

Cortex-M处理器使用的指令集名为Thumb（其中包括16位Thumb指令和更新的32位Thumb指令），Cortex-M3和Cortex-M4处理器用到了Thumb-2技术，它允许16位和32位指令的混合使用，以获取更高的代码密度和效率。

ARM7TDMI等经典的ARM处理器具有两种操作状态：32位的ARM状态和16位的Thumb状态。在ARM状态中，指令是32位的，内核能够以很高的性能执行所有支持的指令；而对于Thumb状态，指令是16位的，这样可以得到很好的代码密度，不过Thumb指令却不具有ARM指令的所有功能，要完成特定的操作，可能需要更多的指令。

要同时得到两者的优势，许多用于经典ARM处理器的应用程序混合使用了ARM和Thumb代码。不过这种混合编码的方式并不是非常理想，它会带来状态间切换的开销（执行时间和指令数，如图3.1所示），而且两个状态的分离还增加了软件编译过程的复杂度，对于不是很熟练的开发人员来说，优化代码更加困难。

随着Thumb-2技术的引入，Thumb指令被扩展为支持16位和32位两种解码方式，现在，无须在两个不同操作状态间切换就可以满足所有的处理需求。事实上，Cortex-M处理器根本不支持32位的ARM指令（如图3.2所示），甚至中断处理都可以完全在Thumb状态中

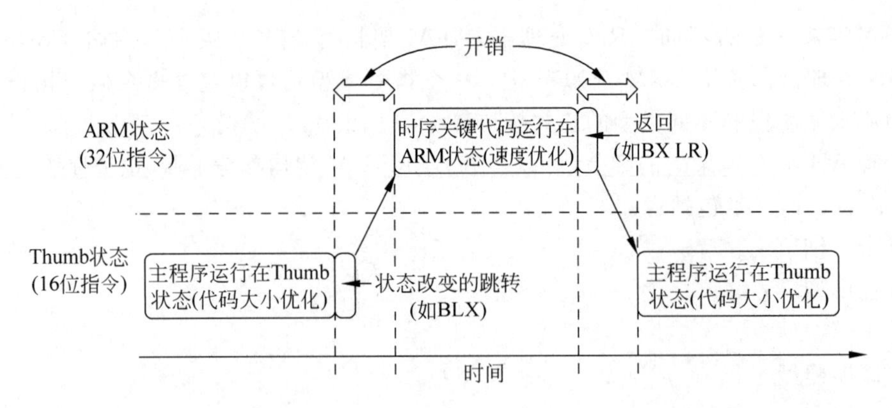

图 3.1　ARM7TDMI 等经典 ARM 处理器中 ARM 代码和 Thumb 代码间的切换

实现，不过对于经典的 ARM 处理器，中断处理是会进入 ARM 状态的。利用 Thumb-2 技术，与经典的 ARM 处理器相比，Cortex-M 处理器具有诸多优势。例如：

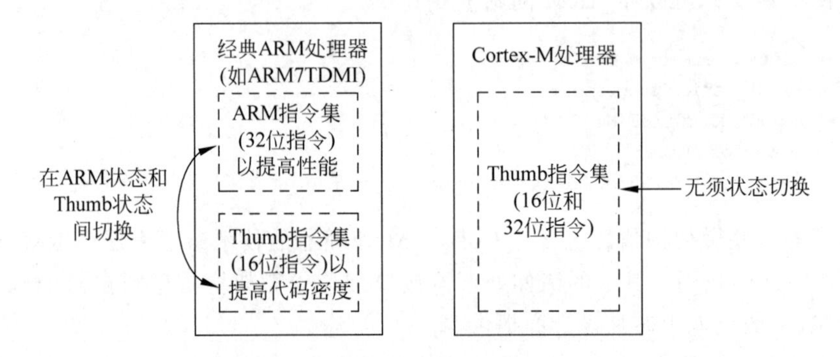

图 3.2　Cortex-M 处理器和 ARM7TDMI 间的指令集比较

- 无状态切换开销，节省执行时间和指令空间。
- 无须指定源文件中的 ARM 状态或 Thumb 状态，开发软件也更容易。
- 在获得最佳的代码密度和效率的同时，还能很容易地达到高性能。
- 利用 Thumb-2 技术，与 ARM7TDMI 等经典处理器相比，Thumb 指令集已经得到很大的扩展。注意，尽管所有的 Cortex-M 处理器都支持 Thumb-2 技术，它们实现的 Thumb ISA 子集不尽相同（见表 3.1）。

表 3.1　不同 Cortex-M 处理器的指令范围

指令组	Cortex-M0、M1	Cortex-M3	Cortex-M4	具有 FPU 的 Cortex-M4
16 位 ARMv6-M 指令	●	●	●	●
32 位间接跳转链接指令	●	●	●	●
32 位系统指令	●	●	●	●
16 位 ARMv7-M 指令		●	●	●
32 位 ARMv7-M 指令		●	●	●
DSP 扩展			●	●
浮点指令				●

有些 Thumb 指令集中定义的指令在当前的 Cortex-M 处理器中是不支持的，如协处理器指令（尽管可能会增加经过存储器映射的独立的数据处理引擎）。同样，有些其他的经典

ARM 处理器中的 Thumb 指令也不再支持了，如带有立即数的跳转链接并交换状态(BLX)(用于将处理器状态从 Thumb 切换到 ARM)、几个修改处理器状态指令(CPS)以及 SETEND(端设置)指令，它们都是随着架构 v6 引入的。若要了解支持指令的完整列表，可以参考附录 A 的内容。

3.1.4　模块框图

从较高的层级来看，Cortex-M3 和 Cortex-M4 是非常相似的。尽管它们在内部数据通路设计上存在巨大差异，处理器的一些部分还是相似的，如取指缓冲、部分指令译码和执行阶段以及 NVIC。另外，"内核"层级外的部件基本上是相同的。

Cortex-M3 和 Cortex-M4 处理器包含处理器内核、嵌套向量中断控制器(NVIC)、SysTick 定时器以及可选的浮点单元(用于 Cortex-M4)。除了这些以外，处理器中还有一些内部总线系统、可选的存储器保护单元(MPU)以及支持软件调试操作的一组部件。内部总线连接可以将处理器和调试产生的传输送到设计的各个部分。

Cortex-M3 和 Cortex-M4 处理器是高度可配置的。例如，调试特性是可选的，若产品需要支持调试，片上系统设计人员可以将调试部件去掉，这样可以显著降低设计的硅片面积。有些情况下，芯片设计人员还可以选择降低硬件指令断点和数据监视点比较器的数量，以降低系统的门数量。许多系统特性也是可配置的，如中断输入的数量、支持的中断优先级的数量以及 MPU 等。

图 3.3 所示的框图为 ARM 提供给芯片设计人员的参考。芯片供应商也可以对其进行修改，定制调试接口等调试支持部件或增加设备相关的低功耗特性等(例如，增加某种唤醒中断控制器)。

Cortex-M3 和 Cortex-M4 处理器的顶层具有多个总线接口，如表 3.2 所示。

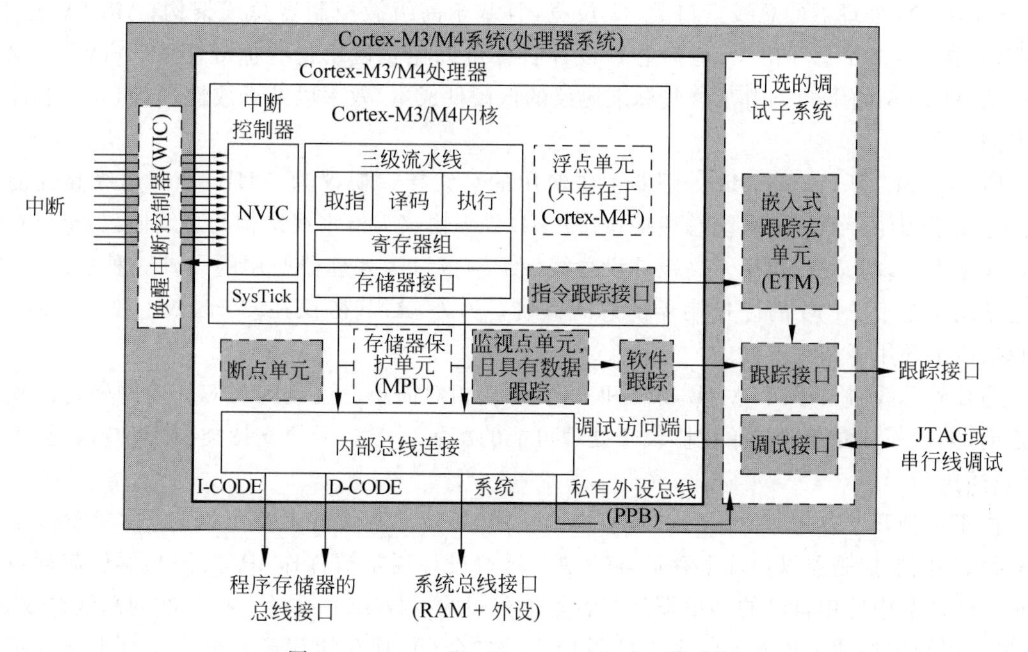

图 3.3　Cortex-M3 和 Cortex-M4 处理器框图

表 3.2 Cortex-M3 和 Cortex-M4 处理器上的各种总线接口

总线接口	描　述
I-CODE	主要用于程序存储器，地址 0x0～0x1FFFFFFF 适用于取指和取向量操作，基于 AMBA 3.0 AHB Lite 总线协议
D-CODE	主要用于程序存储器，地址 0x0～0x1FFFFFFF 适用于数据和调试器访问操作，基于 AMBA 3.0 AHB Lite 总线协议
系统	主要用于 RAM 和外设，地址 0x20000000～0xFFFFFFFF(PPB 区域除外)适用于任何一种访问，基于 AMBA 3.0 AHB Lite 总线协议
PPB	外部私有外设总线(PPB)，用于地址 0xE0040000～0xE00FFFFF 范围内的私有调试部件，基于 AMBA 3.0 APB 协议
DAP	调试访问端口(DAP)接口，用于调试接口模块产生到包含系统存储器和调试部件在内的任意存储器位置的调试器访问。基于 ARM CoreSight 调试架构

3.1.5 存储器系统

Cortex-M3 和 Cortex-M4 处理器本身并不包含存储器(没有程序存储器、SRAM 或缓存)，它们具有通用的片上总线接口，因此，微控制器供应商可以将它们自己的存储器系统添加到系统中。一般来说，微控制器供应商需要将下面的部件添加到存储器系统中：

- 程序存储器，一般是 Flash。
- 数据存储器，一般是 SRAM。
- 外设。

这样，不同微控制器产品可能会具有不同的存储器配置、不同的存储器大小和类型，以及不同的外设。

Cortex-M 处理器的总线接口为 32 位宽，且基于高级微控制器总线架构(AMBA)标准。AMBA 中包含多个总线协议，任何芯片设计者都可以免费使用这些标准协议。AMBA 规范可以从 ARM 网站下载。由于这些标准协议的低硬件成本、效率以及开放性，它们大受芯片设计者的欢迎。

Cortex-M3 和 Cortex-M4 处理器主要使用的总线接口协议为 AHB Lite(高级高性能总线)，它用于程序存储器和系统总线接口。AHB Lite 协议为流水线结构的总线协议，可以在低硬件成本下实现高运行频率。高级外设总线(APB)接口为处理器使用的另外一种总线协议，它通常用于基于 ARM 的微控制器的总线系统。另外，APB 协议在 Cortx-M3 和 Cortex-M4 处理器内部还用于调试支持。

与片外总线协议不同，AHB Lite 和 APB 协议相对简单。这是因为芯片内的硬件配置是固定的，无须一种复杂的初始化协议来处理可能的配置(例如，无须支持类似于计算机技术中的“热插拔”)。

由于这种开发方式和通用的总线架构的使用，每位芯片设计者都可以为 ARM 处理器开发外设、存储器控制器以及片上存储器模块。这些设计通常被称作 IP，微控制器供应商可以在他们的产品中使用自己的外设设计或者其他公司的授权 IP。通过一种标准的总线协议，这些 IP 可以很轻松地被集成到一个大的设计中。如今，AMBA 协议已经成为了片上总线系统的标准，可以在许多片上系统设备中找到这些设计，其中，也包括其他处理器设计公司的处理器。

编写 Cortex-M 微控制器软件的开发人员无须了解总线协议的细节。不过,它们的特点可能会从一定程度上影响编程,如数据对齐和周期定时。

3.1.6 中断和异常支持

Cortex-M3 和 Cortex-M4 处理器中存在一个名为嵌套向量中断控制器(NVIC)的中断控制器,它是可编程的且其寄存器经过了存储器映射。NVIC 的地址固定,而且 NVIC 的编程模型对于所有的 Cortex-M 处理器都是一致的。

除了外设和其他外部输入的中断外,NVIC 还支持多个系统异常,其中,包括不可屏蔽中断(NMI)和处理器内部的其他异常源。

Cortex-M3 和 Cortex-M4 处理器是可配置的,微控制器供应商能够决定 NVIC 设计实际支持的可编程中断优先级的数量。尽管 NVIC 的一些细节在不同的 Cortex-M3/M4 处理器间可能存在差异,中断/异常的处理和 NVIC 的异常模型却是相同的,它们定义在架构参考手册中。

3.2 Cortex-M3 和 Cortex-M4 处理器的特性

目前,大多数主要微控制器供应商都在对基于 ARM Cortex-M3/M4 处理器的微控制器出货。Cortex-M 处理器的哪些优势使得它们如此受欢迎?本节将会总结 Cortex-M3/M4 处理器的特点和优势。

3.2.1 性能

Cortex-M 处理器给微控制器产品带来了高性能。

- 三级流水线结构使得包括乘法在内的多数指令,可以在单周期内执行,同时允许微控制器设备运行较高的频率,一般可以超过 100MHz,而利用现代半导体生产工艺则可以达到 200MHz。甚至在运行和其他多数处理器产品相同的频率时,Cortex-M3 和 Cortex-M4 处理器的时钟周期比(CPI)也会更高。这样每 MHz 就可以完成更多的任务,若要降低功耗,也可以让系统运行在较低的时钟频率下。
- 由于多总线接口,指令和数据访问可以同时执行。
- 流水线结构的总线接口使得存储器系统可以运行较高的时钟频率。
- 由于指令集非常高效,执行复杂运算时可以使用较少的指令。
- 每次取指令都是 32 位的,而多数指令则是 16 位的,因此一次可以取两条指令,存储器接口上的多余带宽也带来了更高的性能和更佳的能耗效率。

利用目前的编译器技术,Cortex-M3 和 Cortex-M4 的性能如表 3.3 所示。

表 3.3 Cortex-M 处理器在常用测试平台下的性能

处理器	Dhrystone 2.1/MHz	CoreMark/MHz
Cortex-M3	1.25 DMIPS/MHz	3.32
Cortex-M4	1.25 DMIPS/MHz	3.38
具有 FPU 的 Cortex-M4	1.25 DMIPS/MHz	3.38

由于处理器的高性能，之前无法用 8 位/16 位低成本微控制器开发的产品现在就可以实现。例如，无须换成高端的微处理器，也可以将低成本的图形接口添加到嵌入式设备中。

3.2.2 代码密度

与其他处理器架构相比，ARM Cortex-M 处理器使用的 Thumb 指令可以提供极佳的代码密度。许多软件开发人员在从 8 位微控制器移植时，会发现代码体积显著减小，而性能却得到很大的提升。Cortex-M 处理器的代码密度也比许多常用的 16 位和 32 位架构要高。另外，还有其他优势：

- 利用 Thumb-2 技术，无须状态切换开销就可以同时使用 16 位指令和 32 位指令，大多数简单操作可以用 16 位指令实现。
- 多种存储器寻址模式用于高效的数据访问。
- 多种存储器访问可以由单指令完成。
- Cortex-M3 和 Cortex-M4 都支持硬件除法指令和乘累加（MAC）指令。
- Cortex-M3/M4 中的位域处理指令。
- Cortex-M4 支持单指令多数据（SIMD）指令。
- Cortex-M4 支持可选的单精度浮点指令。

除了低系统成本，高代码密度同样可以降低功耗，这是因为可以使用具有较小 Flash 存储器的设备。还可以将部分程序代码复制到 SRAM 中，这样在提高执行速度的同时，也无须担心占用太多的 SRAM 空间。

3.2.3 低功耗

低功耗是 Cortex-M 处理器的设计目标，许多 Cortex-M3 和 Cortex-M4 微控制器产品在运行时功耗会低于 200μA/MHz（1.8V 供电时约为 0.36mW/MHz），而有些甚至会低于 100μA/MHz。Cortex-M 处理器的低功耗特性包括：

- Cortex-M3 面向低成本微控制器设计，它们的硅片面积不能太大（门数低）。由于具有 SIMD 指令和可选的浮点单元，Cortex-M4 要稍微大一些。三级流水线设计可以很好地平衡性能和硅片大小。
- 由于 Cortex-M 处理器的高代码密度，软件开发者可以使用具有较小程序存储器的设备来实现自己的产品，这样可以降低功耗。
- Cortex-M 处理器具有多个低功耗特性，其中，包括定义在架构中的多个休眠模式和集成的架构时钟支持，这样当处理器的某部分不使用时，可以将这部分的时钟电路关闭。
- 完全静态、同步以及可综合的设计使得处理器在生成时可以使用任何低功耗或标准的半导体工艺技术。对于从版本 2 开始的 Cortex-M3 以及当前所有版本的 Cortex-M4，处理器中存在一个名为唤醒中断控制器（WIC）的可选硬件单元，它可以使能状态保持功率门（SRPG）等低功耗技术，本书第 9 章将会介绍这方面的内容。

由于这些低功耗特性的存在，Cortex-M 处理器非常受嵌入式产品设计者的欢迎，他们总是会寻找能够改进自己的可移动产品电池寿命的方法。

除了较长的电池寿命，微控制器的低功耗也有助于降低电磁干扰（EMI），而且可能会简化电源设计（或者减小电池尺寸），因此，可以降低系统成本。

3.2.4 存储器系统

Cortex-M3/M4 处理器支持多种存储器特性：

- 可寻址存储器空间共为 4GB，且以 32 位寻址，无须将存储器分页。
- 所有的 Cortex-M 处理器的存储器映射定义都是一致的，预定义的存储器映射使得处理器设计可以为哈佛总线架构进行优化，而且访问处理器内经过存储器映射的外设（如 NVIC）也非常容易。
- 流水线结构的 AHB Lite 总线接口可以提供高速且低等待的传输，AHB Lite 接口支持 32 位、16 位和 8 位数据的高效传输。总线协议还允许插入等待状态、支持总线错误条件及允许多个总线主控共用总线。
- 可选的位段特性。SRAM 和外设空间中存在两个可位寻址的区域，通过位段别名地址修改的位数值会被自动转换为位段区域的读—修改—写的原子操作（参见本书 6.7 节以了解更多细节）。
- 多处理器系统设计的排他访问，适用于多处理器系统中的信号量操作。
- 支持小端或大端的存储器系统。Cortex-M3/M4 处理器既可以运行在小端模式，也可以运行在大端模式。不过，基本上所有的微控制器都是要么为小端要么为大端的，不会两者兼有。多数 Cortex-M3 微控制器产品使用小端。
- 可选的存储器保护单元（MPU）（见下一节）。

3.2.5 存储器保护单元

MPU 为 Cortex-M3 和 Cortex-M4 处理器中的可选特性，微控制器供应商可以决定是否使用 MPU。MPU 为监控总线传输的可编程设备，需要通过软件（一般是嵌入式 OS）配置。若 MPU 存在，应用程序可以将存储器空间分为多个部分，并为每个部分定义访问权限。当违反访问规则时，错误异常就会产生，错误异常处理则会分析问题，而且如果可能，将错误加以修复。

MPU 可以有多种使用方式。一般情况下，OS 会设置 MPU 以保护 OS 内核和其他特权任务使用的数据，防止恶意用户程序的破坏。而且 OS 也可以选择将不同用户任务使用的存储器隔离开来。这些处理有助于检测系统错误，并且提高了系统在处理错误情况时的健壮性。

MPU 也可以将系统配置为只读的，防止意外擦除 SRAM 中的数据或覆盖指令代码。

MPU 默认禁止，若应用不需要存储器保护特性，就无须将其初始化。

3.2.6 中断处理

Cortex-M3 和 Cortex-M4 处理器中存在一个复杂的中断控制器，其被称作嵌套向量中断控制器（NVIC）。NVIC 具有多个特性：

- 支持最多 240 个中断输入、不可屏蔽中断（NMI）输入和多个系统异常。每个中断（NMI 除外）都可以被单独使能或禁止。
- 中断和多个系统异常具有可编程的优先级。对于 Cortex-M3 和 Cortex-M4，优先级可以在运行时动态修改（注意，Cortex-M0/M0+不支持优先级的动态修改）。
- 嵌套中断/异常以及中断/异常按照优先级的自动处理。
- 向量中断/异常。这就意味着处理器会自动取出中断/异常向量，无须软件确定产生的是哪个中断/异常。

- 向量表可以重定位在存储器中的多个区域。
- 低中断等待。对于具有零等待状态的存储器系统，中断等待仅为12个周期。
- 中断和多个异常可由软件触发。
- 多个优化用于降低不同异常上下文切换时的中断处理开销。
- 中断/异常屏蔽功能可以将所有的中断和异常（NMI除外）屏蔽掉，或者将中断/异常屏蔽为某个优先级之下。

为了支持这些特性，NVIC使用了多个可编程寄存器。这些寄存器经过了存储器映射，而CMSIS-Core则为大多数常见的中断控制任务提供了所需的寄存器定义和访问函数（API）。这些访问函数易于使用，而且多数可用于Cortex-M0等其他Cortex-M处理器。

向量表为系统存储器的一部分，其中存有中断和系统异常的起始地址。向量表默认位于存储器空间的开头（地址0x0），不过，若需要，向量表偏移可以在运行时变为其他值。对于大多数应用程序，向量表可以在编译时被设置为应用程序映像的一部分，且在运行时保持不变。

Cortex-M3或Cortex-M4设备实际支持的中断数量由微控制器供应商在设计芯片时确定。

3.2.7 OS支持和系统级特性

Cortex-M3和Cortex-M4处理器在设计时就考虑了对嵌入式OS的高效支持。它们具有一个内置的系统节拍定时器SysTick，可以为OS定时提供周期性定时中断。由于SysTick定时器在所有的Cortex-M3和Cortex-M4设备中都存在，嵌入式OS的源代码可以很容易地就能用在所有的这些设备上，而无须为设备相关的定时器进行修改。

Cortex-M3和Cortex-M4具有两个栈指针：OS内核和中断用的主栈指针（MSP）以及应用任务用的进程栈指针（PSP）。这样，OS内核用的栈就和应用任务的栈分离开来了，可靠性得到提高的同时，栈空间的使用也得到了优化。没有OS的简单应用可以只使用MSP。

为了进一步提高可靠性，Cortex-M3和Cortex-M4支持独立的特权和非特权操作模式，处理器在启动后默认处于特权模式。当使用OS且执行用户任务时，用户任务可以在非特权操作模式中执行，这样可以增强某些限制，如阻止对一些NVIC寄存器的访问。特权和非特权操作模式也可以同MPU一道，防止非特权任务访问某些存储器区域。这样，用户任务就无法破坏OS内核以及其他任务的数据，因此，也就提高了系统的稳定性。

大多数简单的应用根本不会使用非特权模式，不过在构建需要高可靠性的嵌入式系统时，通过特权和非特权任务的分离，当某个非特权任务出错后，系统可能还会继续执行。

Cortex-M处理器还具有一些错误处理。当检测到一个错误时（例如，访问非法存储器地址），错误异常就会被触发，这样，可以避免进一步的系统错误，并且可以分析问题。

3.2.8 Cortex-M4的特殊特性

Cortex-M4处理器在很多方面都和Cortex-M3类似。不过，它还具有Cortex-M3中不存在的一些特性，其中，包括DSP扩展和可选的单精度浮点单元。

Cortex-M4的DSP扩展包括：

- 8位和16位单指令多数据（SIMD）指令。这些指令允许多个数据操作的并行执行。

SIMD 最常用的应用为音频处理，其左右声道的计算可以同时执行。它还可用于图像处理，图形像素的 R-G-B 或 C-M-Y-K 元素可以用 8 位 SIMD 数据表示，且可以并行处理。

- 支持多个饱和运算指令，其中，包括 SIMD 形式的，这样可以避免在出现上溢/下溢时，计算结果产生大的畸变。
- 单周期 16 位、双 16 位以及 32 位乘累加（MAC）。尽管 Cortex-M3 也支持几个 MAC 指令，而 Cortex-M4 的 MAC 指令则具有更多选项，其中，包括寄存器的高低 16 位多种组合的乘法以及 SIMD 形式的 16 位 MAC。另外，Cortex-M4 处理器中的 MAC 运算可以在单周期内完成，而 Cortex-M3 则需要花费几个周期。

Cortex-M4 中可选的浮点单元（FPU）则包括：

- 符合 IEEE 754 标准的单精度浮点单元。为了应对浮点运算，Cortex-M4 处理器支持多个浮点指令，同样还存在多个指令可用于单精度和半精度浮点数据间的转换。
- 浮点单元支持融合 MAC 运算，它可以提高 MAC 结果的精度。
- 若不需要浮点单元就可以将它关闭，这样可以降低功耗。

为了支持额外的指令以及满足 DSP 的高性能需求，Cortex-M4 内部的数据通路和 Cortex-M3 处理器不同。由于这些差异，Cortex-M4 的一些指令所花费的时钟周期要少。

为了全部发挥 Cortex-M4 中 DSP 部分的作用，ARM 通过 CMSIS-DSP 项目提供了一个 DSP 库。该库是免费的，可用于 Cortex-M4、Cortex-M3 处理器，甚至 Cortex-M0＋及 Cortex-M0 处理器也可以使用。要了解 DSP 库的详细内容，可以参考本书第 22 章的内容。

3.2.9 易于使用

与其他的 32 位处理器架构相比，Cortex-M 处理器使用起来非常方便，编程模型和指令集适合用 C 编程。因此，可以用 C 代码开发整个应用，即使不使用任何汇编程序，也可以得到很高的性能。利用符合 CMSIS 的设备驱动库，开发应用甚至会更加容易。例如，系统初始化代码由微控制器供应商提供，而中断控制函数则通常作为设备驱动库的一部分出现在 CMSIS-Core 文件中。

Cortex-M3 和 Cortex-M4 处理器的多数特性由经过存储器映射的寄存器控制，因此，可以通过 C 指针访问几乎所有的特性。由于无须使用编译器相关的数据类型或伪指令来访问这些特性，程序代码也是高度可移植的。

对于 Cortex-M 处理器，中断处理可以被作为普通 C 函数实现。由于中断嵌套和优先级操作由 NVIC 处理且异常入口为向量化的，因此无须使用硬件检查产生的是哪个中断或处理向量中断，所需做的所有工作仅仅是为每个中断和系统异常分配相应的中断优先级。

3.2.10 调试支持

Cortex-M3 和 Cortex-M4 处理器具有丰富的调试特性，可以降低软件开发的难度。除了暂停和单步等标准的调试特性外，在无须昂贵设备的前提下，还可以利用跟踪特性查看程序执行的细节。

Cortex-M3 和 Cortex-M4 处理器的 Flash 补丁和断点单元（FPB）中存在最多 8 个用于断点的硬件比较器（6 个用于指令地址，2 个用于数据地址）。在触发时，处理器可被暂停，或将传输重映射到 SRAM 区域。利用重映射特性，只读的存储器位置也可以被修改，例如，可以利用一小块可编程存储器为掩膜 ROM 补上部分程序。这样，即使主程序代码位于掩膜 ROM 中，也可以修正代码错误或者进行改进。

Cortex-M3 和 Cortex-M4 处理器的数据监视点和跟踪(DWT)单元中还存在最多 4 个硬件数据监视点比较器。在访问所选择的数据时，这些比较器会产生监视点事件并暂停处理器，或者在无须暂停处理器的情况下产生可由跟踪接口收集的跟踪信息。集成开发环境(IDE)中的调试器可以将数据值和其他信息呈现出来，并将数据值的改变图像化。DWT 可用于产生异常事件跟踪和基本概况信息，也通过跟踪接口输出。

Cortex-M3 和 Cortex-M4 处理器还具有一个可选的嵌入式跟踪宏单元(ETM)模块，其可用于产生指令跟踪。通过该模块可以查看执行过程中的程序流，它在调试复杂软件时非常重要，而且还可用于详细概况和代码覆盖分析。

Cortex-M3 和 Cortex-M4 处理器的调试可以通过两种接口实现：JTAG 连接或名为串行线调试(SWD)的两线接口，许多开发工具供应商都同时支持 JTAG 和 SWD 协议。跟踪信息可以由单线的串行线查看(SWV)接口收集，或者若所需的跟踪带宽较大时(如使用指令跟踪时)，也可以使用一种跟踪端口接口(一般为 5 针)。跟踪和调试接口可以合并到一个接头中(参见附录 H)。

3.2.11 可扩展性

Cortex-M 处理器并非仅用于低成本的微控制器产品。目前，可以发现不少多处理器产品中都包含 Cortex-M3 或 Cortex-M4 处理器。其中包括：

- 具有多个 Cortex-M 处理器的微控制器，如 NXP 的 LPC4300。
- 在具有一个或多个 Cortex-M 处理器的高端数字信号处理设备中，用作主处理器或额外的 DSP 数据处理引擎，如 Texas Instruments 的 Concerto 产品系列就将一个 Cortex-M3 处理器与 DSP 内核放在了一起。
- 在具有一个或多个 Cortex-M 处理器的复杂片上系统中，用作协处理器。例如，Texas Instruments 的 OMAP5 将一个 Cortex-A15 和两个 Cortex-M4 处理器放在一个器件中。
- 在具有一个或多个 Cortex-M 处理器的复杂片上系统中，用作电源管理或系统控制。
- 在具有一个或多个 Cortex-M 处理器的复杂片上系统中，充当有限状态机(FSM)。

利用 ARM Cortex-M 系统设计套件等多种 AMBA 总线架构解决方案，Cortex-M 处理器也可以支持多处理器系统。另外，Cortex-M3 和 Cortex-M4 处理器具有以下支持多处理器系统设计的特性：

- 排他访问指令。Cortex-M3 和 Cortex-M4 处理器支持多个排他访问指令，它们为成对出现的特殊的存储访问指令，用于信号量变量的加载和存储操作或手动排他操作。通过总线架构中增加的硬件支持，处理器可以确定对一个共享数据存储器区域的访问是否成功执行(例如，在操作期间没有其他的处理器访问同一区域)。
- 可扩展的调试支持。Cortex-M 处理器的调试系统基于 CoreSight 架构，可扩展对多处理器的支持，共用一个调试连接和跟踪接口。
- 事件通信接口。Cortex-M3 和 Cortex-M4 处理器支持一种简单的事件通信接口，在多处理器系统中，可以让一些处理器进入休眠模式以降低功耗，而在某个处理器中的信号量操作完成等事件发生时，则可以将处理器唤醒。

可扩展性的另外一个方面体现在，对于可以找到的基于 Cortex-M 处理器的微控制器产品，由于所有的 Cortex-M 处理器在编程模型、中断处理和包括调试在内的软件开发方面都非常类似，因此可以很容易地为自己的嵌入式系统切换不同的处理器，以满足不同的性能、系统级和价格需求。

3.2.12　兼容性

使用 ARM Cortex-M3 和 Cortex-M4 处理器的一大优势在于，它们和其他的 ARM 处理器有很强的兼容性，如图 3.4 所示。例如，不同的微控制器供应商提供的 Cortex-M3 和 Cortex-M4 设备有上千种可供选择。若想降低成本，则可以很方便地将程序代码转移到基于 Cortex-M0 的微控制器上。若应用代码还需要一些处理能力，则通常可以选择更快的 Cortex-M3/M4 处理器，甚至可以移植到基于 Cortex-R 或 Cortex-A 处理器的产品上。

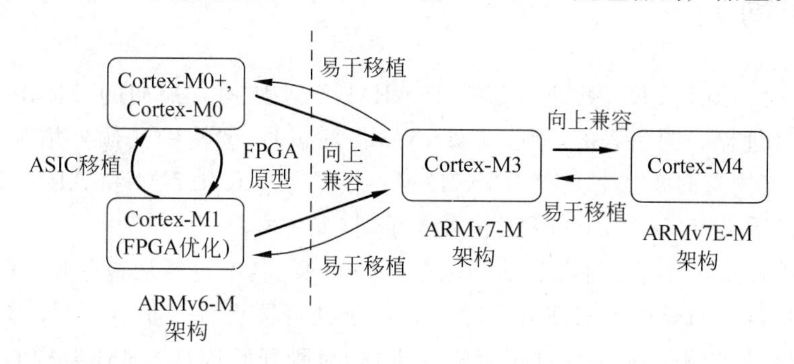

图 3.4　Cortex-M 兼容性

除了在 ARM Cortex 处理器家族间移植方便外，还可以重用在 ARM7 和 ARM9 微控制器上开发的软件。对于 C 源代码，一般只需要将代码重新编译为 Cortex-M3 或 Cortex-M4 的即可。有些汇编代码文件在进行简单的修改后也可以重复使用，包括在 ARM9E 处理器上开发的编解码应用，其中，一般包含数字信号处理(DSP)用的且经过优化的汇编代码。

在从 ARM7 或 ARM9 移植到 Cortex-M 微控制器上时，还需要做一些软件移植工作。由于处理器架构的差异，如处理器模式以及中断/异常模型，中断处理需要修改，而且有些汇编代码也需要修改或去掉。由于初始化更加简单而且嵌套异常/中断由硬件自动处理，移植到 Cortex-M 处理器后应用程序代码会简单不少。

除了硬件的移植外，ARM 还有一个经过精心设计的软件架构，在此基础之上，不同的软件开发工具都可以正常工作。另外，由于 CMSIS 生态系统的存在，为 Cortex-M 微控制器开发的程序可以在不修改或少量修改的情况下，使用不同工具链编译，这样可以进一步保护用户的软件 IP 投资。

第 4 章 架　　构

4.1　架构简介

Cortex-M3 和 Cortex-M4 处理器都基于 ARMv7-M 架构。最初的 ARMv7-M 架构是随着 Cortex-M3 处理器一同引入的，而在 Cortex-M4 发布时，架构中又额外增加了新的指令和特性，改进后的架构有时也被称为 ARMv7E-M。要了解 ARMv7-M 和 ARMv7E-M 的特性，可以参考架构说明文献：ARMv7-M 架构参考手册(参考文献 1)。

ARMv7-M 架构参考手册非常庞大，超过了 1000 页，其中包括从指令集、存储器系统到调试支持的处理器行为的架构需求细节。尽管它对于处理器设计人员、C 编译器和开发工具设计人员非常有用，读起来可不是一件很容易的事情，对刚开始接触 ARM 架构的更是如此。

要在一般应用中使用 Cortex-M 微控制器，无须了解架构的详细内容。只需对一些方面有个基本了解就可以了，其中，包括编程模型、异常(如中断)如何处理、存储器映射、如何使用外设以及如何使用微控制器供应商提供的软件驱动库文件等。

在本书的下面几章里，将会从软件开发者的角度来介绍架构。首先，来看一下处理器的编程模型，它涉及操作模式、寄存器组，以及特殊寄存器。

4.2　编程模型

4.2.1　操作模式和状态

Cortex-M3 和 Cortex-M4 处理器有两种操作状态和两个模式。另外，处理器还可以区分特权和非特权访问等级，如图 4.1 所示。特权访问等级可以访问处理器中的所有资源，而非特权访问等级则意味着有些存储器区域是不能访问的，有些操作也是无法使用的。在一些文献中，非特权访问等级还可被称作“用户”状态，这个叫法是从 ARM7TDMI 继承下来的。

1. 操作状态

- 调试状态：当处理器被暂停后(例如，通过调试器或触发断点后)，就会进入调试状态并停止指令执行。
- Thumb 状态：若处理器在执行程序代码(Thumb 指令)，它就会处于 Thumb 状态。与 ARM7TDMI 等经典的 ARM 处理器不同，由于 Cortex-M 处理器不支持 ARM 指令集，因此，ARM 状态并不存在。

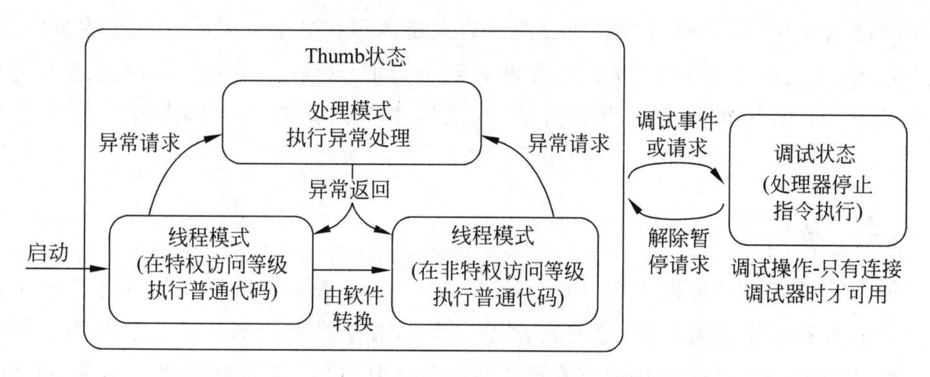

图 4.1 操作状态和模式

2. **操作模式**

- 处理模式：执行中断服务程序(ISR)等异常处理。在处理模式下，处理器总是具有特权访问等级。
- 线程模式：在执行普通的应用程序代码时，处理器可以处于特权访问等级，也可以处于非特权访问等级。实际的访问等级由特殊寄存器 CONTROL 控制，本书 4.2.3 节有这方面的详细介绍。

软件可以将处理器从特权线程模式切换到非特权线程模式，但无法将自身从非特权切换到特权模式，非要进行这种切换的话，处理器必须得借助异常机制才行。

由于区分了特权和非特权访问等级，系统设计人员可以提供对关键区域访问的保护机制及基本的安全模型，这样有助于开发出健壮的嵌入式系统。例如，系统中可能会包含运行在特权访问等级的嵌入式 OS 内核，以及运行在非特权访问等级的应用任务。按照这种方式，可以通过存储器保护单元(MPU)设置存储器访问权限，避免应用任务破坏 OS 内核以及其他任务使用的存储器和外设。若应用任务崩溃，剩下的应用任务和 OS 内核还可以继续运行。

除了存储器访问权限和几个指令的差异，特权访问等级和非特权访问等级的编程模型基本上是一样的。需要注意的是，几乎所有的 NVIC 寄存器都只支持特权访问。

同样地，线程模式和处理模式的编程模型也很类似。不过，线程模式可以切换使用独立的影子栈指针(SP)。这种设计使得应用任务的栈空间可以和 OS 内核的相互独立，因此，也就提高了系统的可靠性。

Cortex-M 处理器在启动后默认处于特权线程模式以及 Thumb 状态。对于许多简单的应用，非特权线程模式和影子 SP 根本就用不上，如图 4.2 所示。Cortex-M0 处理器不支持非特权线程模式，不过在 Cortex-M0＋上是可选的。

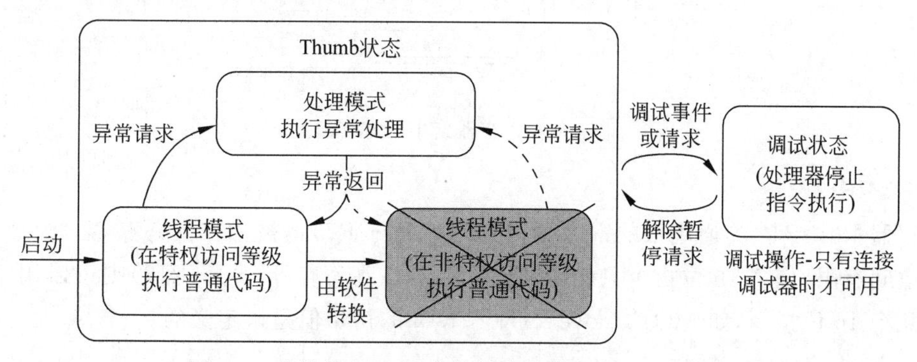

图 4.2 在简单应用中，非特权线程模式可能会用不上

调试状态仅用于调试操作，可以通过两种方式进入调试状态：调试器发起的暂停请求，或处理器中的调试部件产生的调试事件。在此状态下，调试器可以访问或修改处理器寄存器的数值。无论在 Thumb 状态还是调试状态，调试器都可以访问处理器内外的外设等系统存储器。

4.2.2 寄存器

与其他几乎所有的处理器类似，Cortex-M3 和 Cortex-M4 处理器在处理器内核中都有多个执行数据处理和控制的寄存器，这些寄存器大都以寄存器组的形式进行了分组。每个数据处理指令都指定了所需的操作和源寄存器，而且若需要，还有目的寄存器。对于 ARM 架构，若处理的是存储器中的数据，就需要将其从存储器加载到寄存器组中的寄存器里。在处理器内处理完后，若有必要，还要写回存储器，这种方式一般被称作"加载—存储架构"。由于寄存器组中有丰富的寄存器，这种设计使用起来非常方便，而且可以用 C 编译器生成高效的程序代码。例如，在进行其他的数据处理时，寄存器组中可以临时存储一些数据变量，而无须更新到系统存储器及在使用时将它们读回。

Cortex-M3 和 Cortex-M4 处理器的寄存器组中有 16 个寄存器，其中 13 个为 32 位通用目的寄存器，其他 3 个则有特殊用途，如图 4.3 所示。

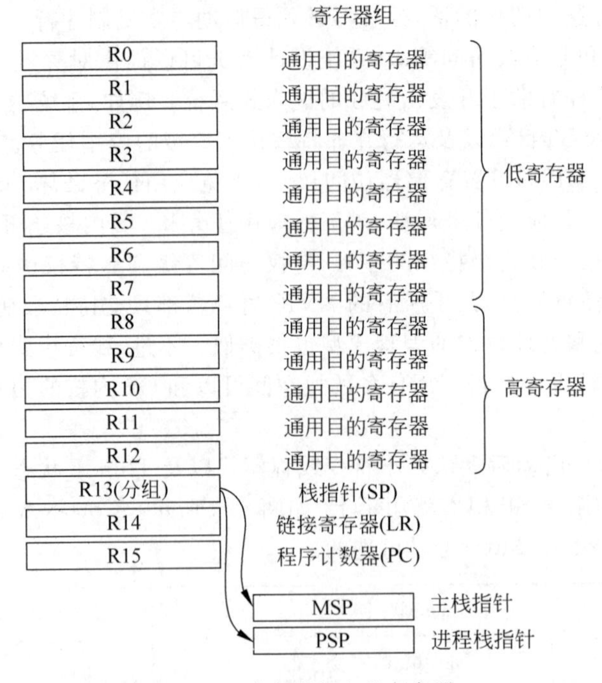

图 4.3 寄存器组中的寄存器

1. R0～R12

寄存器 R0～R12 为通用目的寄存器，前 8 个(R0～R7)也被称作低寄存器。由于指令中可用的空间有限，许多 16 位指令只能访问低寄存器。高寄存器(R8～R12)则可以用于 32 位指令和几个 16 位指令，如 MOV(move)。R0～R12 的初始值是未定义的。

2. R13,栈指针(SP)

R13为栈指针,可通过PUSH和POP操作实现栈存储的访问。物理上存在两个栈指针:主栈指针(MSP,有些ARM文献也称其为SP_main)为默认的栈指针,在复位后或处理器处于处理模式时,其会被处理器选择使用。另外一个栈指针名为进程栈指针(PSP,有些ARM文献也称其为SP_process),其只能用于线程模式。栈指针的选择由特殊寄存器CONTROL决定,4.2.3节中有对该寄存器的描述。对于一般的程序,这两个寄存器只会有一个可见。

MSP和PSP都是32位的,不过栈指针(MSP或PSP)的最低两位总是为0,对这两位的写操作不起作用。对于ARM Cortex-M处理器,PUSH和POP总是32位的,栈操作的地址也必须对齐到32位的字边界上。

大多情况下,若应用不需要嵌入式OS,PSP也没必要使用。许多简单的应用可以完全依赖于MSP,一般在用到嵌入式OS时才会使用PSP,此时OS内核同应用任务的栈是相互独立的。PSP的初始值未定义,而MSP的初始值则需要在复位流程中从存储器的第一个字中取出。

3. R14,链接寄存器(LR)

R14也被称作链接寄存器(LR),用于函数或子程序调用时返回地址的保存。在函数或子程序结束时,程序控制可以通过将LR的数值加载程序计数器(PC)中返回调用程序处并继续执行。当执行了函数或子程序调用后,LR的数值会自动更新。若某函数需要调用另外一个函数或子程序,则它需要首先将LR的数值保存在栈中,否则,当执行了函数调用后,LR的当前值会丢失。

在异常处理期间,LR也会被自动更新为特殊的EXC_RETURN(异常返回)数值,之后该数值会在异常处理结束时触发异常返回。本书第8章将会对这方面进行更加深入的介绍。

尽管Cortex-M处理器中的返回地址数值总是偶数(由于指令会对齐到半字地址上,因此,第0位为0),LR的第0位为可读可写的,有些跳转/调用操作需要将LR(或正使用的任何寄存器)的第0位置1以表示Thumb状态。

4. R15,程序计数器(PC)

R15为程序计数器(PC),是可读可写的,读操作返回当前指令地址加4(由于设计的流水线特性及同ARM7TDMI处理器兼容的需要)。写PC(例如,使用数据传输/处理指令)会引起跳转操作。

由于指令必须要对齐到半字或字地址,PC的最低位(LSB)为0。不过,在使用一些跳转/读存储器指令更新PC时,需要将新PC值的LSB置1以表示Thumb状态,否则就会由于试图使用不支持的ARM指令(如ARM7TDMI中的32位ARM指令)而触发错误异常。对于高级编程语言(包括C和C++),编译器会自动将跳转目标的LSB置位。

多数情况下,跳转和调用由专门的指令实现,利用数据处理指令更新PC的情况较为少见。不过,在访问位于程序存储器中的字符数据时,PC的数值非常有用,因此,会经常发现存储器读操作将PC作为基地址寄存器,而地址偏移则由指令中的立即数生成。

5. 程序中使用的寄存器名

对于多数汇编工具,在访问寄存器组中的寄存器时可以使用多种名称。在一些汇编工具中,如ARM汇编(被DS-5 Professional和Keil MDK-ARM支持),可以使用大写、小写或者大小写混合,如表4.1所示。

表 4.1 汇编代码中允许的寄存器名

寄存器	可能的寄存器名	备 注
R0～R12	R0，R1…R12，r0，r1…r12	寄存器名 MSP 和 PSP 用于特殊寄存器访问指令(MRS,MSR)
R13	R13，r13，SP，sp	
R14	R14，r14，LR，lr	
R15	R15，r15，PC，pc	

4.2.3 特殊寄存器

除了寄存器组中的寄存器外，处理器中还存在多个特殊寄存器，如图 4.4 所示。这些寄存器表示处理器状态、定义了操作状态和中断/异常屏蔽。在使用 C 等高级编程语言开发简单的应用时，需要访问这些寄存器的情形不多。不过，在开发嵌入式 OS 或需要高级中断屏蔽特性时，就要访问它们。

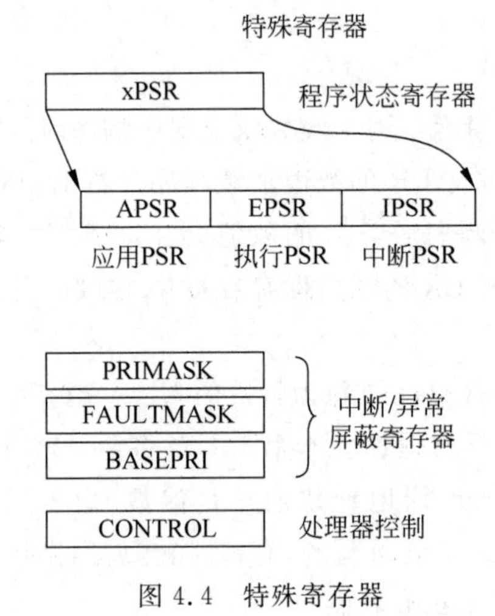

图 4.4 特殊寄存器

特殊寄存器未经过存储器映射，可以使用 MSR 和 MRS 等特殊寄存器访问指令来进行访问。

```
MRS <reg>, <special_reg>      ; 将特殊寄存器读入寄存器
MSR <special_reg>, <reg>      ; 写入特殊寄存器
```

CMSIS-Core 也提供了几个用于访问特殊寄存器的 C 函数。不要把特殊寄存器和其他微控制器架构中的“特殊功能寄存器(SFR)”搞混淆了，它们一般指的是用于 I/O 控制的寄存器。

1. 程序状态寄存器

程序状态寄存器包括以下三个状态寄存器：

- 应用 PSR(APSR)
- 执行 PSR(EPSR)
- 中断 PSR(IPSR)

这三个寄存器(见图 4.5)可以通过一个组合寄存器访问，该寄存器在有些文献中也被称作 xPSR。对于 ARM 汇编器，在访问 xPSR 时如图 4.6 所示，使用的是 PSR。例如：

```
MRS r0, PSR                  ;读组合程序状态字
MSR PSR, r0                  ;写组合程序状态字
```

还可以单独访问每个 PSR 如图 4.5 所示。例如：

```
MRS r0, APSR          ;将标志状态读入 R0
MRS r0, IPSR          ;读取异常/中断状态
MSR APSR, r0          ;写标志状态
```

注意

- 软件代码无法直接使用 MRS(读出为 0)或 MSR 直接访问 EPSR。
- IPSR 为只读的，可以从组合 PSR(xPSR)中读出。

	31	30	29	28	27	26:25	24	23:20	19:16	15:10	9	8	7	6	5	4:0
APSR	N	Z	C	V	Q				GE*							
IPSR												异常编号				
EPSR						ICI/IT	T			ICI/IT						

*GE在Cortex-M4等ARMv7E-M处理器中存在，在Cortex-M3处理器中则不可用。

图 4.5 APSR、IPSR 和 EPSR

ARMv7-M 架构中各个 PSR 的定义可以参见图 4.5，表 4.2 则列出了 PSR 的位域定义。

注意，APSR 和 EPSR 的一些位域在 ARMv6-M 架构(如 Cortex-M0)中是不可用的，且它们和 ARM7TDMI 等经典的 ARM 处理器之间也存在很大的差异。若和 ARM7 的当前程序状态寄存器(CPSR)相比较，可能会发现 ARM7 中的某些位域已经不存在了。由于 Cortex-M3 中没有 ARM7 中定义的操作模式，因此模式位(M)也就给去掉了。Thumb(T)位被移到了第 24 位，中断状态(I 和 F)位被新的中断屏蔽寄存器(PRIMASK)代替，已经从 PSR 中分离出来。为了方便比较，传统 ARM 处理器中的 CPSR 列在了图 4.7 中。

APSR 的详细内容将会在本章稍后的部分中介绍(4.3 节)。

	31	30	29	28	27	26:25	24	23:20	19:16	15:10	9	8	7	6	5	4:0
xPSR	N	Z	C	V	Q	ICI/IT	T		GE*	ICI/IT		异常编号				

*GE在Cortex-M4等ARMv7E-M处理器中存在，在Cortex-M3处理器中则不可用。

图 4.6 组合 xPSR

	31	30	29	28	27	26:25	24	23:20	19:16	15:10	9	8	7	6	5	4:0
ARM general (Cortex-A/R)	N	Z	C	V	Q	IT	J	保留	GE[3:0]	IT	E	A	I	F	T	M[4:0]
ARM7TDMI (ARMv4)	N	Z	C	V	保留								I	F	T	M[4:0]
ARMv7-M (Cortex-M3)	N	Z	C	V	Q	ICI/IT	T			ICI/IT		异常编号				
ARMv7E-M (Cortex-M4)	N	Z	C	V	Q	ICI/IT	T		GE[3:0]	ICI/IT		异常编号				
ARMv6-M (Cortex-M0)	N	Z	C	V			T									

异常编号

图 4.7 各种 ARM 架构间 PSR 的比较

表 4.2 程序状态寄存器中的位域

位	描 述
N	负标志
Z	零标志
C	进位(或者非借位)标志
V	溢出标志
Q	饱和标志(ARMv6-M 中不存在)
GE[3:0]	大于或等于标志，对应每个字节通路(只存在于 ARMv7E-M，ARMv6-M 或 Cortex-M3 中则不存在)
ICI/IT	中断继续指令(ICI)位，IF-THEN 指令状态位用于条件执行(ARMv6-M 中则不存在)
T	Thumb 状态，总是 1，清除此位会引起错误异常
异常编号	表示处理器正在处理的异常

2. PRIMASK、FAULTMASK 和 BASEPRI 寄存器

PRIMASK、FAULTMASK 和 BASEPRI 寄存器都用于异常或中断屏蔽，每个异常(包括中断)都具有一个优先等级，数值小的优先级高，而数值大的则优先级低。这些特殊寄存器可基于优先等级屏蔽异常，只有在特权访问等级才可以对它们进行操作(非特权状态下的写操作会被忽略，而读出则会返回 0)。它们默认全部为 0，也就是屏蔽(禁止异常/中断)不起作用。这些寄存器的编程模型如图 4.8 所示。

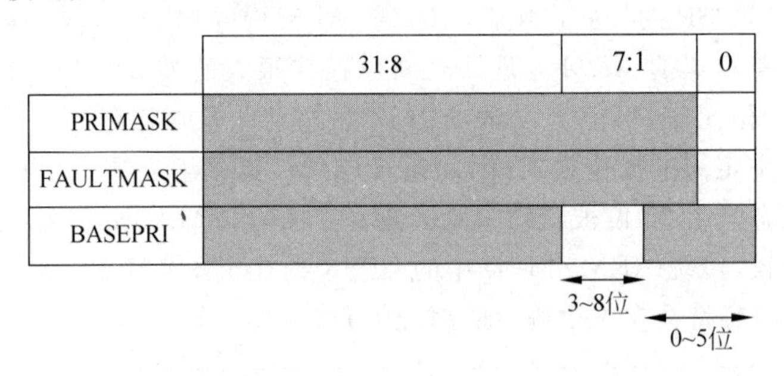

图 4.8 PRIMASK、FAULTMASK 和 BASEPRI 寄存器

PRIMASK 寄存器为 1 位宽的中断屏蔽寄存器。在置位时，它会阻止不可屏蔽中断(NMI)和 HardFault 异常之外的所有异常(包括中断)。实际上，它是将当前异常优先级提升为 0，这也是可编程异常/中断的最高优先级。

PRIMASK 最常见的用途为，在时间要求很严格的进程中禁止所有中断，在该进程完成后，需要将 PRIMASK 清除以重新使能中断。本书 7.10.1 节中有 PRIMASK 具体使用方法的介绍。

FAULTMASK 和 PRIMASK 非常类似，不过它还能屏蔽 HardFault 异常，它实际上是将异常优先级提升到了－1。错误处理代码可以使用 FAULTMASK 以免在错误处理期间引发其他的错误(只有几种)。例如，FAULTMASK 可用于旁路 MPU 或屏蔽总线错误(这些都是可配置的)，这样，错误处理代码执行修复措施也就更加容易了。与 PRIMASK 不同，FAULTMASK 在异常返回时会被自动清除。FAULTMASK 的具体使用方法可以参见本书 7.10.2 节。

为使中断屏蔽更加灵活，ARMv7-M 架构还支持 BASEPRI，该寄存器会根据优先等级屏蔽异常或中断。BASEPRI 的宽度取决于设计实际实现的优先级数量，这是由微控制器供应

商决定的。大多数 Cortex-M3 或 Cortex-M4 微控制器都有 8 个(3 位宽)或 16 个可编程的异常优先级,此时,BASEPRI 的宽度就相应地为 3 位或 4 位。BASEPRI 为 0 时就不会起作用,当被设置为非 0 数值时,它就会屏蔽具有相同或更低优先级的异常(包括中断),而更高优先级的则还可以被处理器接受。BASEPRI 细节内容可以参考本书 7.10.3 节。

CMSIS-Core 提供了多个 C 函数用于访问 PRIAMSK、FAULTMASK 及 BASEPRI 寄存器(注意,这些寄存器只能在特权等级下访问)。

```
x = _get_BASEPRI();          //读 BASEPRI 寄存器
x = _get_PRIMARK();          //读 PRIMASK 寄存器
x = _get_FAULTMASK();        //读 FAULTMASK 寄存器
_set_BASEPRI(x);             //设置 BASEPRI 的新数值
_set_PRIMASK(x);             //设置 PRIMASK 的新数值
_set_FAULTMASK(x);           //设置 FAULTMASK 的新数值
_disable_irq();              //设置 PRIMASK, 禁止 IRQ
_enable_irq();               //清除 PRIMASK, 使能 IRQ
```

还可以使用汇编代码访问这些异常屏蔽寄存器:

```
MRS r0, BASEPRI              ; 将 BASEPRI 寄存器读入 R0
MRS r0, PRIMASK              ; 将 PRIMASK 寄存器读入 R0
MRS r0, FAULTMASK            ; 将 FAULTMASK 寄存器读入 R0
MSR BASEPRI, r0              ; 将 R0 写入 BASEPRI 寄存器
MSR PRIMASK, r0              ; 将 R0 写入 PRIMASK 寄存器
MSR FAULTMASK, r0            ; 将 R0 写入 FAULTMASK 寄存器
```

另外,利用修改处理器状态(CPS)指令,可以很方便地设置或清除 PRIMASK 和 FAULTMASK 的数值。

```
CPSIE i                      ; 使能中断(清除 PRIMASK)
CPSID i                      ; 禁止中断(设置 PRIMASK)
CPSIE f                      ; 使能中断(清除 FAULTMASK)
CPSID f                      ; 禁止中断(设置 FAULTMASK)
```

注意 FAULTMASK 和 BASEPRI 寄存器在 ARMv6-M 中不存在(如 Cortex-M0)。

---

3. CONTROL 寄存器

CONTROL 寄存器(见图 4.9)定义了:

- 栈指针的选择(主栈指针/进程栈指针)。
- 线程模式的访问等级(特权/非特权)。

另外,对于具有浮点单元的 Cortex-M4 处理器,CONTROL 寄存器中有一位表示当前上下文(正在执行的代码)是否使用浮点单元。

注意 为了便于比较,ARMv6-M(如 Cortex-M0)的 CONTROL 寄存器可以参见本书插图。对于 ARMv6-M,nPRIV 和非特权等级的实现是和设计实现相关的,而且在最初的 Cortex-M0 和 Cortex-M1 产品上是不可用的,其在 Cortex-M0+上则是可选的。

CONTROL 寄存器只能在特权访问等级进行修改操作,而读取操作则在特权和非特权访问等级都可以。CONTROL 寄存器的具体位域定义可以参考表 4.3 的内容。

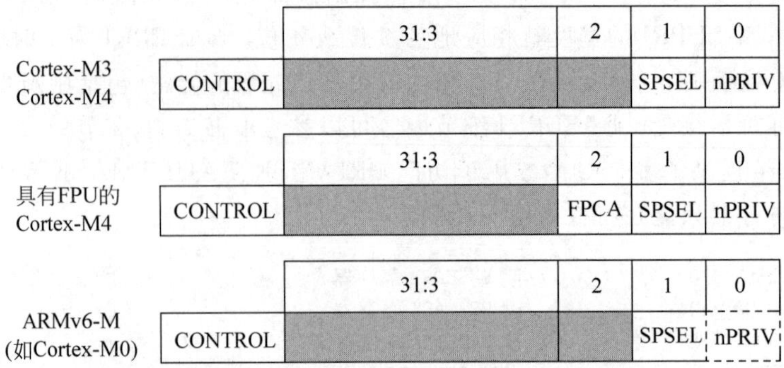

		31:3	2	1	0
Cortex-M3 Cortex-M4	CONTROL			SPSEL	nPRIV
具有FPU的 Cortex-M4	CONTROL		FPCA	SPSEL	nPRIV
ARMv6-M (如Cortex-M0)	CONTROL			SPSEL	nPRIV

图 4.9 Cortex-M3、Cortex-M4 和具有 FPU 的 Cortex-M4 中的 CONTROL 寄存器，nPRIV 在 Cortex-M0 中不存在，在 Cortex-M0+中是可选的

表 4.3 CONTROL 寄存器中的位域

位	功能
nPRIV(第 0 位)	定义线程模式中的特权等级： 当该位为 0 时(默认)，处理器会处于线程模式中的特权等级；而当其为 1 时，则处于线程模式中的非特权等级
SPSEL(第 1 位)	定义栈指针的选择： 当该位为 0 时(默认)，线程模式使用主栈指针(MSP)。 在其为 1 时，线程模式使用进程栈指针；而在处理模式，该位始终为 0 且对其的写操作会被忽略
FPCA(第 2 位)	浮点上下文活跃，只存在于具有浮点单元的 Cortex-M4 中。异常处理机制使用该位确定异常产生时浮点单元中的寄存器是否需要保存。当该位为 1 时，当前的上下文使用浮点指令，因此，需要保存浮点寄存器。FPCA 位会在执行浮点指令时自动置位，在异常入口处被硬件清除。浮点寄存器的保存有多个选项，本书第 13 章将会进行介绍

复位后，CONTROL 寄存器默认为 0，这也就意味着处理器此时处于线程模式、具有特权访问权限以及使用主栈指针。通过写 CONTROL 寄存器，特权线程模式的程序可以切换栈指针的选择或进入非特权访问等级，如图 4.10 所示。不过，nPRIV(CONTROL 的第 0 位)置位后，运行在线程模式的程序就不能访问 CONTROL 寄存器了。

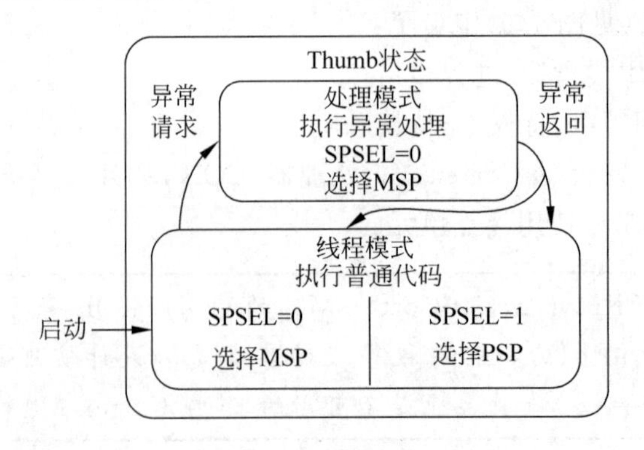

图 4.10 栈指针选择

运行在非特权等级的程序无法再切换回特权访问等级，这样就提供了一个基本的安全模型。例如，嵌入式系统中可能会具有运行在非特权访问等级的不受信任的应用，这些应用的访问权限就需要受到限制，以免不可靠的程序引起整个系统的崩溃。

若有必要将处理器在线程模式切换回特权访问等级，则需要使用异常机制。在异常处理期间，处理程序可以清除 nPRIV 位，如图 4.11 所示。在返回到线程模式后，处理器就会进入特权访问等级。

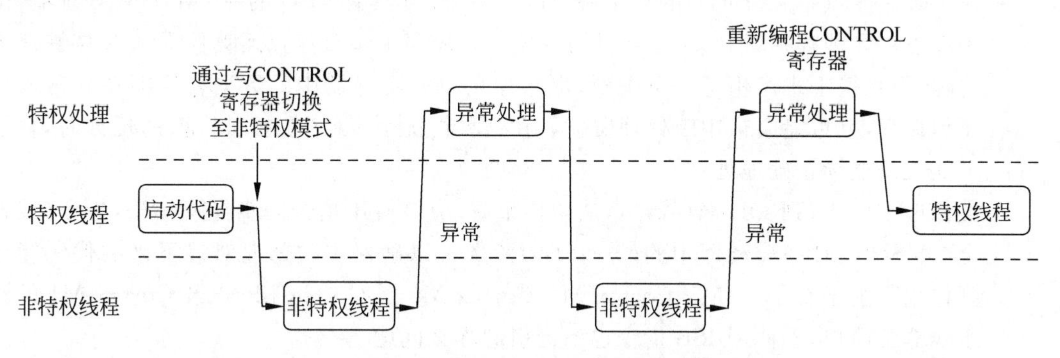

图 4.11 特权线程模式和非特权线程模式间的切换

若使用嵌入式 OS，每次上下文切换时都可以重新编程 CONTROL 寄存器，以满足应用间不同的特权访问等级需要。

nPRIV 和 SPSEL 的设置共有 4 种组合方式，其中 3 种在实际应用中较为常见，如表 4.4 所示。

表 4.4 nPRIV 和 SPSEL 的不同组合

nPRIV	SPSEL	应用场景
0	0	简单应用，整个应用运行在特权访问等级，主程序和中断处理只会使用一个栈，也就是主栈(MSP)
0	1	具有嵌入式 OS 的应用，当前执行的任务运行在特权线程模式，当前任务选择使用进程栈指针(PSP)，而 MSP 则用于 OS 内核以及异常处理
1	1	具有嵌入式 OS 的应用，当前执行的任务运行在非特权线程模式，当前任务选择使用进程栈指针(PSP)，OS 内核及异常处理使用 MSP
1	0	线程模式运行在非特权访问等级，且使用 MSP，处理模式中可见，而用户任务则一般无法使用，这是因为在多数嵌入式 OS 中，应用任务的栈和 OS 内核以及异常处理使用的栈是相互独立的

对于未使用嵌入式 OS 的多数简单应用，无须修改 CONTROL 寄存器的数值。整个应用可以运行在特权访问等级并且只使用 MSP，如图 4.12 所示。

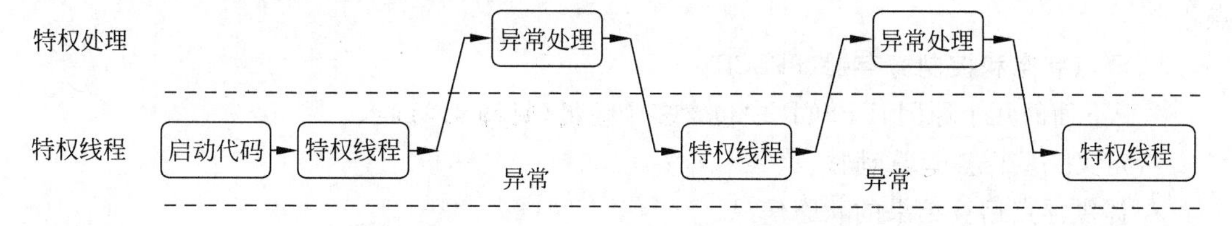

图 4.12 简单的应用不需要非特权线程模式

要利用C语言访问CONTROL寄存器，可以使用符合CMSIS的设备驱动库提供的以下函数：

```
x = _get_CONTROL();          //读取 CONTROL 寄存器的当前值
_set_CONTROL(x);             //设置 CONTROL 寄存器的数值为 x
```

在修改CONTROL寄存器的值时需要注意以下两点：

- 对于具有浮点单元(FPU)的Cortex-M4处理器，或具有FPU的ARMv7-M处理器，由于浮点单元的存在，FPCA位会自动置位。若程序中包含浮点运算但FPCA位被意外清除，而且接下来产生了一个中断，那么浮点单元寄存器中的数据将不能在异常入口流程保存，且可能会被中断处理覆盖。在这种情况下，继续执行被中断的任务时，程序可能无法继续正确地处理。
- 在修改了CONTROL寄存器后，从架构来看，应该使用指令同步屏障(ISB)指令(或符合CMSIS的设备驱动库中的——ISB()函数)，以确保本次修改对接下来的代码能起到作用。由于Cortex-M3、Cortex-M4、Cortex-M0＋、Cortex-M0以及Cortex-M1的流水线非常简单，不使用ISB指令也不会引起什么问题。

要用汇编访问CONTROL寄存器，可以使用MRS和MSR指令：

```
MRS r0, CONTROL              ;将 CONTROL 寄存器读入 R0
MSR CONTROL, r0              ;将 R0 写入 CONTROL 寄存器
```

可以通过检查CONTROL和IPSR的数值来确定当前是否为特权等级。

```
int in_privileged(void)
{
    if (_get_IPSR() != 0) return 1; //True
    else
        if ((_get_CONTROL() & 0x1) == 0) return 1; //True
        else return 0; //False
}
```

4.2.4 浮点寄存器

Cortex-M4具有可选的浮点单元，其提供了浮点数据处理用的一些寄存器以及浮点状态和控制寄存器(FPSCR)，如图4.13所示。

1. S0～S31和D0～D15

S0～S31(S)都为32位寄存器，而且每个都可以通过浮点指令访问，或者利用符号D0～D15(D代表双字/双精度)成对访问。例如，S0和S1成对组成D0，而S3和S2则成对组成D1。尽管Cortex-M4中的浮点单元不支持双精度浮点运算，在传输双精度数据时仍可使用浮点指令。

2. 浮点状态和控制寄存器(FPSCR)

由于下面的几个原因，FPSCR中包含多个位域(见图4.14)：

- 定义一些浮点运算动作。
- 提供浮点运算结果的状态信息。

浮点控制默认被配置为符合IEEE 754单精度运算。在普通应用中，浮点运算控制的设置也无须修改。表4.5列出了FPSCR的位域描述。

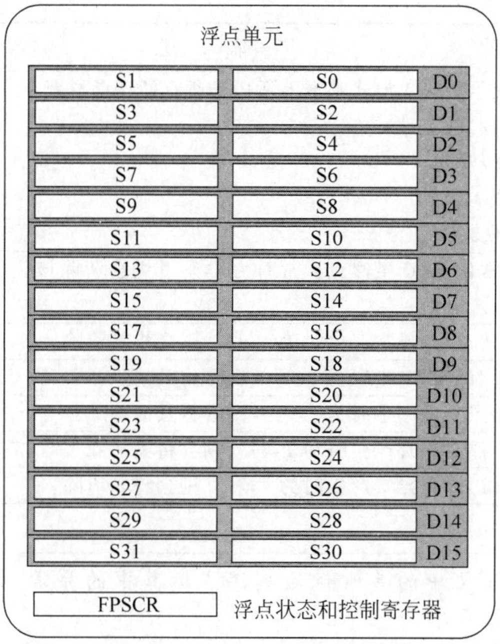

图 4.13 浮点单元中的寄存器

	31	30	29	28	27	26	25	24	23:22	21:8	7	6:5	4	3	2	1	0
FPSCR	N	Z	C	V		AHP	DN	FZ	RMode	保留	IDC	保留	IXC	UFC	OFC	DZC	IOC

图 4.14 FPSCR 中的位域

表 4.5 FPSCR 中的位域

位	描 述
N	负标志(由浮点比较运算更新)
Z	零标志(由浮点比较运算更新)
C	进位/借位标志(由浮点比较运算更新)
V	溢出标志(由浮点比较运算更新)
AHP	交替半精度控制位: 0- IEEE 半精度格式(默认) 1-交替半精度格式
DN	默认 NaN(非数值)模式控制位: 0- NaN 操作数会变为浮点运算的输出(默认) 1- 任何涉及一个或多个 NaN 的运算会返回默认的 NaN
FZ	清零模式控制位: 0- 清零模式禁止(默认)(符合 IEEE 754 标准) 1- 清零模式使能

续表

位	描 述
RMode	舍入模式控制位，表示的舍入模式基本上适用于所有的浮点指令： 00- 最近舍入(RN)模式(默认) 01- 正无穷舍入(RP)模式 10- 负无穷舍入(RM)模式 11- 向零舍入(RZ)模式
IDC	输入非正常累积异常位，在产生浮点异常时为1，写0则会清除该位(结果未在正常数值范围内，参见本书13.1.2节)
IXC	不精确的累积异常位，浮点异常产生时为1，写0则会将其清除
UFC	下溢累积异常位，浮点异常产生时为1，写0则会将其清除
OFC	溢出累积异常位，浮点异常产生时为1，写0则会将其清除
DZC	被零除累积异常位，浮点异常产生时为1，写0则会将其清除
IOC	非法操作累积异常位，浮点异常产生时为1，写0则会将其清除

注意 软件可以利用FPSCR中的异常位检测浮点运算中的异常，第13章将会介绍FPSCR中的位域。

3. 经过存储器映射的浮点单元控制寄存器

除了浮点单元寄存器组和FPSCR，浮点单元还往系统中引入了一些经过存储器映射的寄存器，如用于使能和禁止浮点单元的协处理器访问控制寄存器(CPACR)。浮点单元默认被禁止以降低功耗，在使用任何浮点指令前，都必须通过编程CPACR寄存器如图4.15所示，来使能浮点单元。

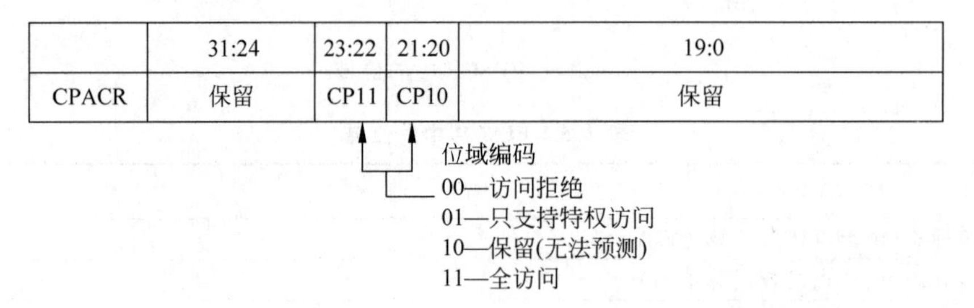

图4.15 CPACR的位域

在使用符合CMSIS的设备驱动库的C编程环境中：

```
SCB->CPACR |= 0xF << 20;       //使能对FPU的全访问
```

在汇编语言编程环境中，可以使用下面的代码：

```
LDR R0, = 0xE000ED88          ; R0 被设置为 CPACR 的地址
LDR R1, = 0x00F00000          ; R1  =  0xF << 20
LDR R2 [R0]                   ; 读取 CPACR 的当前值
ORRS R2, R2, R1               ; 置位
STR R2,[R0]                   ; 将修改后的数值写回 CPACR
```

其余的经过存储器映射的浮点单元寄存器将会在第13章中介绍，其中，也包括浮点单元的细节内容。

4.3 应用程序状态寄存器

APSR 中包含下面的几组状态标志：

- 整数运算的状态标志(N-Z-C-V 位)
- 饱和运算的状态标志(Q 位)
- SIMD 运算的状态标志(GE 位)

4.3.1 整数状态标志

整数状态标志和其他许多处理器架构中的 ALU 状态标志类似，它们受普通数据处理指令的影响，在控制条件跳转和条件执行时非常有用。另外，APSR 标志之一，也就是 C(进位)位，也可用于加法和减法运算中。

Cortex-M 处理器中共存在 4 个整数标志，如表 4.6 所示。ALU 标志的一些例子如表 4.7 所示。

表 4.6 Cortex-M 处理器中的 ALU 标志

标志	描 述
N(第 31 位)	设置为所执行指令得到结果的 bit[31]，为 1 时，结果为负值；为 0 时，则结果为正或 0
Z(第 30 位)	若所执行指令的结果为 0 则被设置为 0，若比较指令执行后发现两个数值相等，该位也会置 1
C(第 29 位)	结果的进位标志。对于无符号加法，若产生无符号溢出则该位被置为 1；对于无符号减法，该位同借位输出状态相反，移位和循环移位也会影响该位
V(第 28 位)	结果溢出。对于有符号加法或减法，若产生有符号溢出则该位会被置 1

表 4.7 ALU 标志示例

操 作	结果，标志
0x70000000 + 0x70000000	结果=0xE0000000，N=1，Z=0，C=0，V=1
0x90000000 + 0x90000000	结果= 0x30000000，N=0，Z=0，C=1，V=1
0x80000000 + 0x80000000	结果= 0x00000000，N=0，Z=1，C=1，V=1
0x00001234 − 0x00001000	结果= 0x00000234，N=0，Z=0，C=1，V=0
0x00000004 − 0x00000005	结果= 0xFFFFFFFF，N=1，Z=0，C=0，V=0
0xFFFFFFFF − 0xFFFFFFFC	结果= 0x00000003，N=0，Z=0，C=1，V=0
0x80000005 − 0x80000004	结果= 0x00000001，N=0，Z=0，C=1，V=0
0x70000000 − 0xF0000000	结果= 0x80000000，N=1，Z=0，C=0，V=1
0xA0000000 − 0xA0000000	结果= 0x00000000，N=0，Z=1，C=1，V=0

对于 ARMv7-M 和 ARMv7E-M 架构，多数 16 位指令会影响这 4 个 ALU 标志。对于多数 32 位指令，指令编码中的一个位定义了是否应该更新 APSR 标志。注意，部分指令不会更新 V 标志和 C 标志。例如，MULS(乘法)指令只会修改 N 标志和 Z 标志。

除条件跳转或条件执行代码，APSR 的进位标志也可用于将加法和减法运算扩大为超过 32 位。例如，在将两个 64 位整数相加时，可以将低 32 位加法运算的进位标志作为高 32 位加法的一个输入：

```
//计算 Z = X + Y, 其中X、Y和Z都是64位的
Z[31:0] = X[31:0] + Y[31:0];              //低字相加,更新进位标志
Z[63:32] = X[63:32] + Y[63:32] + Carry;   //高字相加
```

ARM 处理器都具有 N-Z-C-V 标志，其中包括 Cortex-M0 处理器。

4.3.2 Q状态标志

Q表示饱和算术运算或饱和调整运算过程中产生了饱和，其存在于 ARMv7-M（如 Cortex-M3 和 Cortex-M4 处理器），但在 ARMv6-M（如 Cortex-M0 处理器）中不可用。在该位被设置后，以及软件写 APSR 清除 Q 位之前，它会一直保持置位状态，饱和算术/调整运算不会清除该位。因此，可以在饱和算术/调整运算流程结束时，利用该位确定是否产生了饱和，而无须在每步都检查饱和状态。

饱和算术运算对于数字信号处理非常有用，有些情况下，保存计算结果的目的寄存器的位宽度可能会不够，这样就会导致上溢或下溢。若使用一般的数据运算指令，结果的 MSB 就会丢失，从而导致结果产生严重畸变。饱和算术运算并非只是将 MSB 去掉，而是将结果强制置为最大值（上溢的情形）或最小值（下溢的情形），以降低信号畸变的影响，如图 4.16 所示。

实际触发饱和的最大值和最小值取决于所使用的指令。多数情况下，饱和运算指令的助记符前都带有 Q，如 QADD16。若产生了饱和，Q 位就会置位，否则 Q 位的数值就不会改变。

Cortex-M3 处理器提供了一些饱和调整指令，而除这些指令外，Cortex-M4 还支持一整套饱和运算指令。

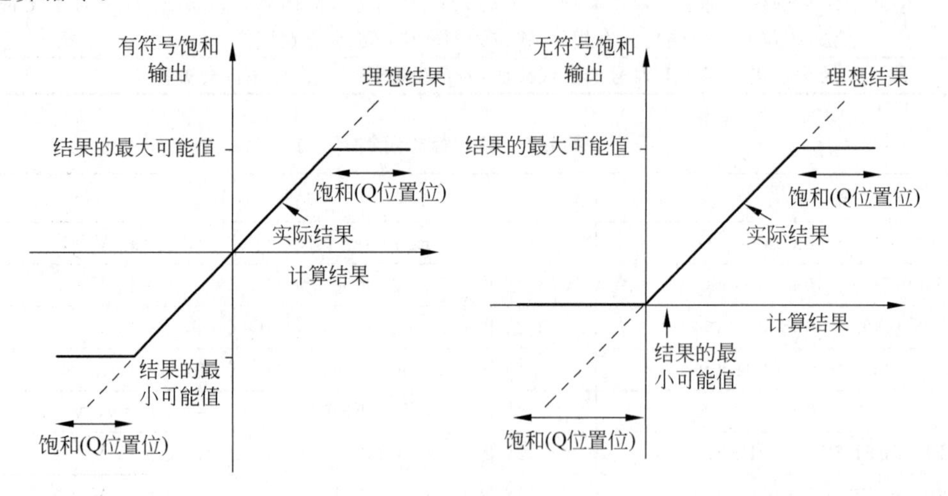

图 4.16　有符号饱和以及无符号饱和

4.3.3 GE位

在 Cortex-M4 中，“大于等于”（GE）位域在 APSR 中占用 4 位，而 Cortex-M3 处理器中则不存在。许多 SIMD 指令都会更新该标志，其中，多数情况下，每个位表示 SIMD 运算的每个字节为正或溢出，如表 4.8 所示。对于具有 16 位数据的 SIMD 指令，第 0 和 1 位由低半字的结果控制，第 2 和 3 位则由高半字的结果控制。

表 4.8　GE 标志结果

SIMD 运算	结　果
SADD16，SSUB16，USUB16，SASX，SSAX	若结果的低半字≥0,则 GE[1：0]=2′b11,否则 GE[1：0]=2′b00 若结果的高半字≥0,则 GE[3：2]=2′b11,否则 GE[3：2]=2′b00
UADD16	若结果的低半字≥0x10000,则 GE[1：0]=2′b11,否则 GE[1：0]=2′b00 若结果的高半字≥0x10000,则 GE[3：2]=2′b11,否则 GE[3：2]=2′b00
SADD8，SSUB8，USUB8	若结果的字节 0≥0,则 GE[0]=1′b1,否则 GE[0]=1′b0 若结果的字节 1≥0,则 GE[1]=1′b1,否则 GE[1]=1′b0 若结果的字节 2≥0,则 GE[2]=1′b1,否则 GE[2]=1′b0 若结果的字节 3≥0,则 GE[3]=1′b1,否则 GE[3]=1′b0
UADD8	若结果的字节 0≥0x100,则 GE[0]=1′b1,否则 GE[0]=1′b0 若结果的字节 1≥0x100,则 GE[1]=1′b1,否则 GE[1]=1′b0 若结果的字节 2≥0x100,则 GE[2]=1′b1,否则 GE[2]=1′b0 若结果的字节 3≥0x100,则 GE[3]=1′b1,否则 GE[3]=1′b0
UASX	若结果的低半字≥0,则 GE[1：0]=2′b11,否则 GE[1：0]=2′b00 若结果的高半字≥0,则 GE[3：2]=2′b11,否则 GE[3：2]=2′b00
USAX	若结果的低半字≥0x10000,则 GE[1：0]=2′b11,否则 GE[1：0]=2′b00 若结果的高半字≥0x10000,则 GE[3：2]=2′b11,否则 GE[3：2]=2′b00

SEL 指令(见图 4.17),使用 GE 标志,其会基于每个 GE 位复用两个源寄存器的字节数值。在组合使用 SIMD 指令和 SEL 指令时,可以在 SIMD 处理中建立简单的条件数据选择,以提高性能。

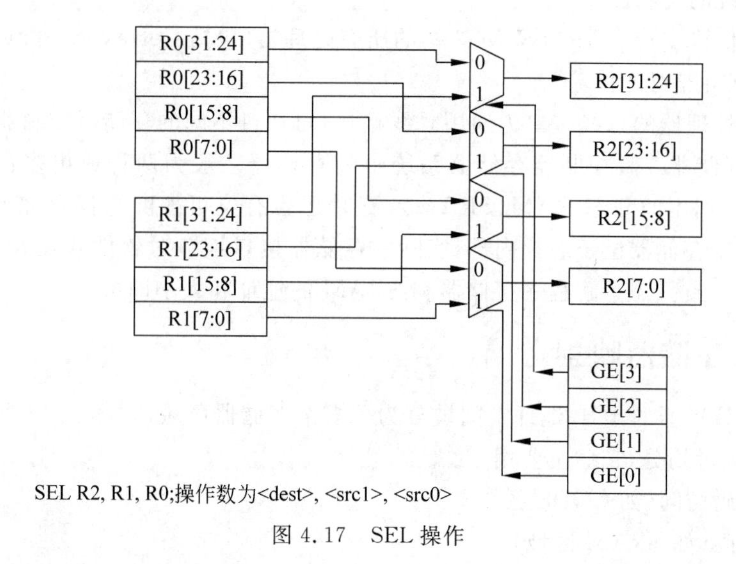

图 4.17　SEL 操作

若需要其他的处理,还可以将 APSR 中的 GE 位读到通用目的寄存器中,若要了解 SIMD 和 SEL 指令的更多细节,可以参考本书第 5 章的内容。

4.4　存储器系统

4.4.1　存储器系统特性

Cortex-M3 和 Cortex-M4 处理器具有以下存储器系统特性:

- 4GB线性地址空间。通过32位寻址，ARM处理器可以访问多达4GB的存储器空间。尽管许多嵌入式系统需要的存储器都不超过1MB，32位的寻址能力可以确保将来升级和扩展的可能。Cortex-M3和Cortex-M4处理器用AHB LITE总线协议提供了32位总线，利用合适的存储器接口控制器，可以将32/16/8位处理器连接到总线上。
- 架构定义的存储器映射。4GB的存储器空间被划分为多个区域，用于预定义的存储器和外设，以优化处理器设计的性能。例如，Cortex-M3和Cortex-M4处理器具有多个总线接口，允许对程序代码用的CODE区域的访问和对SRAM或外设区域的数据操作同时进行。
- 支持小端和大端的存储器系统。Cortex-M3和Cortex-M4处理器可以使用小端或大端的存储器系统。实际上，微控制器产品一般会被设计成只具有一种端配置。
- 位段访问（可选）。当包含位段特性时（由微控制器/片上系统供应商决定），存储器映射中的两个1MB区域可以通过两个位段区域进行位寻址，这样可以实现对SRAM或外设地址空间中单独位的原子操作。
- 写缓冲。若对可缓冲存储器区域的写传输需要花费几个周期，Cortex-M3和Cortex-M4处理器内的写缓冲可能会将本次传输缓存起来，处理器可以继续执行下一条指令，如果可能的话，这样可以提高程序的执行速度。
- 存储器保护单元（MPU）。MPU定义了各存储器区域的访问权限，且为可编程的。Cortex-M3和Cortex-M4处理器中的MPU支持8个可编程区域，可在嵌入式OS中提高系统的健壮性。
- 非对齐传输支持。ARMv7-M架构的所有处理器（包括Cortex-M3和Cortex-M4处理器）都支持非对齐传输。

Cortex-M处理器的总线接口为通用总线接口，可通过不同的存储器控制器被连接至不同类型和大小的存储器。微控制器存储器系统中的存储器一般为两种或更多：程序代码用的Flash存储器、数据用的静态RAM（SRAM），有时还会有电可擦除只读存储器（EEPROM）。大多情况下，这些存储器位于芯片内部，实际的存储器接口细节对软件开发人员是不可见的。因此，软件开发人员只需了解程序存储器和SRAM的地址和大小即可。

4.4.2 存储器映射

Cortex-M处理器的4GB地址空间被分为了多个存储器区域，如图4.18所示。区域根据各自典型用法进行划分，它们主要用于：

- 程序代码访问（如CODE区域）
- 数据访问（如SRAM区域）
- 外设（如外设区域）
- 处理器的内部控制和调试部件（如私有外设总线）

架构的这种安排具有很大的灵活性，存储器区域可用于其他目的。例如，程序既可以在CODE区域执行，也可以在SRAM区域执行，而且微控制器也可以在CODE区域加入SRAM块。

实际上，微控制器设备只会使用每个区域的一小部分作为程序Flash、SRAM和外设，有些区域可能不会用到。不同的微控制器具有不同的存储器大小和外设地址，这些信息一般会在微控制器供应商提供的数据手册中有所描述。

所有Cortex-M处理器的存储器映射处理都是一样的。例如，PPB地址区域中存在嵌套

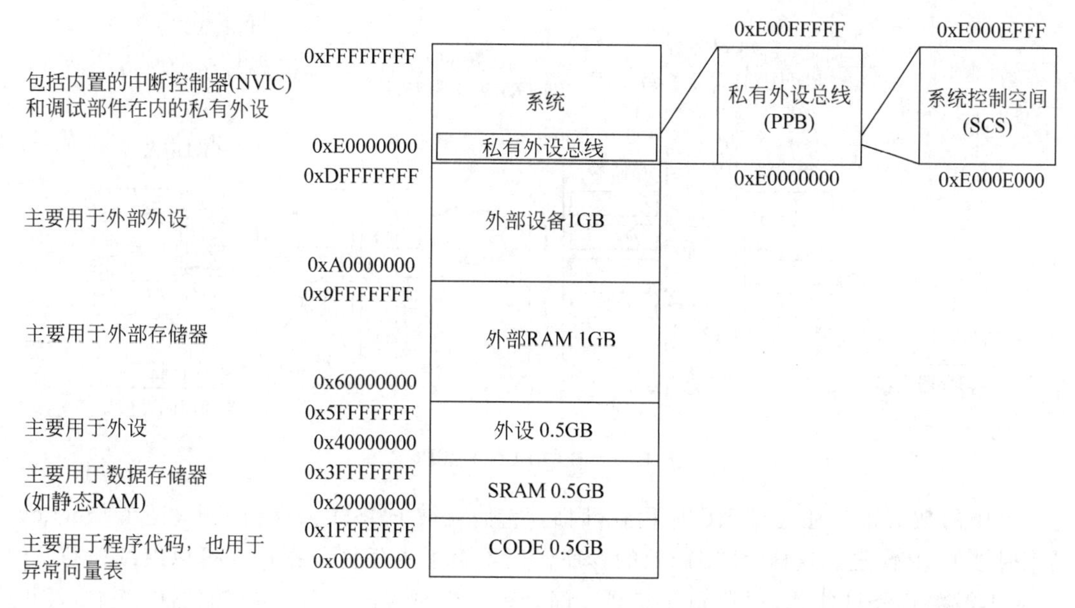

图 4.18 存储器映射

向量中断控制器(NVIC)的寄存器、处理器配置寄存器以及调试部件的寄存器等，所有的Cortex-M设备都是这么设计的，这样可以提高不同Cortex-M设备间的软件可移植性和代码可重用性。这对开发工具供应商也非常有利，因为Cortex-M3和Cortex-M4设备调试控制的工作方式都是一样的。

4.4.3 栈存储

同几乎所有的处理器架构一样，Cortex-M处理器在运行时需要栈存储和栈指针(R13)。在栈这种存储器使用机制中，存储器的一部分可被用作后进先出的数据存储缓冲。ARM处理器将系统主存储器用于栈空间操作，且使用PUSH指令往栈中存储数据以及POP指令从栈中提取数据。每次PUSH和POP操作后，当前使用的栈指针都会自动调整。

栈可用于：

- 当正在执行的函数需要使用寄存器(寄存器组中)进行数据处理时，临时存储数据的初始值。这些数据在函数结束时可以被恢复出来，以免调用函数的程序丢失数据。
- 往函数或子程序中的信息传递。
- 用于存储局部变量。
- 在中断等异常产生时保存处理器状态和寄存器数值。

Cortex-M处理器使用的栈模型被称作“满递减”。处理器启动后，SP被设置为栈存储空间最后的位置。对于每次PUSH操作，处理器首先减小SP的值，然后将数据存储在SP指向的存储器位置。在操作期间，SP指向上一次数据被存储在栈中的位置，如图4.19所示。

对于POP操作，SP指向的存储器位置的数据被读出，然后SP的数值会自动减小。

PUSH和POP指令最常见的用法为，在执行函数或子程序调用时保存寄存器组中的内容。在函数调用开始时，有些寄存器的内容可以通过PUSH指令保存在栈中，而后在函数调用结束时通过POP恢复为它们的初始值。例如，图4.20中的一个名为function1的简单函数/子程序被主程序调用，由于function1需要在数据处理时使用并修改R4、R5和R6，而这些

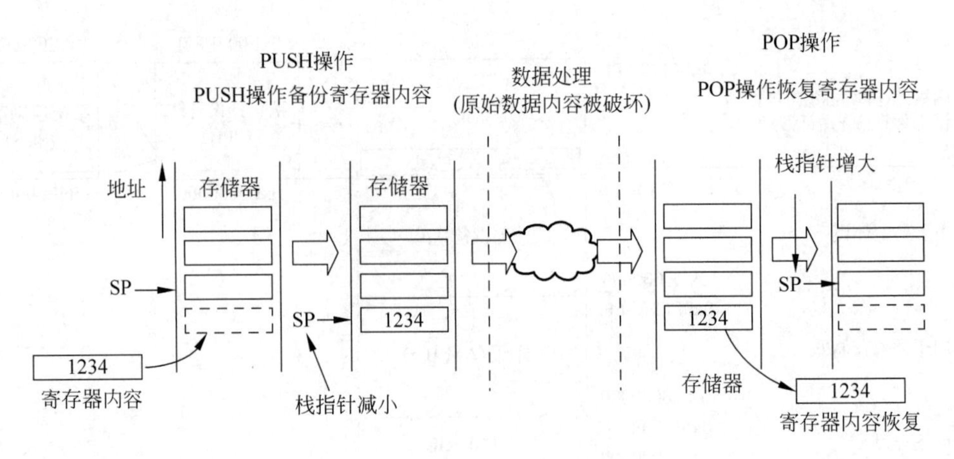

图 4.19　栈的 PUSH 和 POP

寄存器中的数值稍后还会被主程序用到，因此，它们就被 PUSH 保存到栈中，且在 function1 结束时被 POP 恢复。这样，调用函数的程序代码不会丢失任何数据而且可以继续执行。注意，对于每次 PUSH 操作（保存到存储器），都会有一个对应的 POP（从存储器中读取），而且 POP 操作的地址应该和 PUSH 的一致。

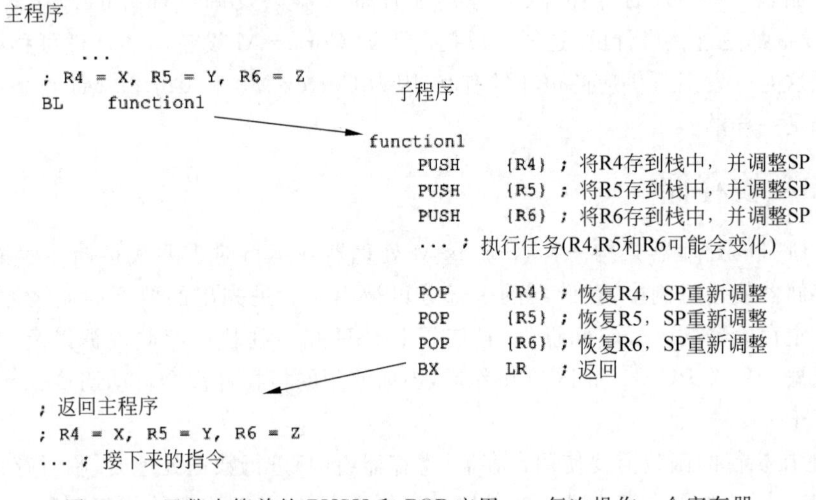

图 4.20　函数中简单的 PUSH 和 POP 应用——每次操作一个寄存器

每个 PUSH 和 POP 指令都可以往/从栈空间传输多个数据，如图 4.21 所示。由于寄存器组中的寄存器都是 32 位的，每个由栈 PUSH 和 POP 生成的存储器传输都会访问至少一个字（4 字节）的数据，而且地址总是对齐到 4 字节边界上，SP 的最低两位也总是为 0。

可以将函数返回和 POP 操作结合起来，首先，把 LR（R14）的数值压到栈存储中，在子程序/函数结束时将其恢复到 PC（R15），如图 4.22 所示。

Cortex-M 处理器在物理上存在两个栈指针。它们为：

- 主栈指针（MSP）。复位后默认使用的栈指针，用于所有的异常处理。
- 进程栈指针（PSP）。只能用于线程模式的栈指针，通常用于运行嵌入式 OS 的嵌入式系统中的应用任务。

之前已经提到过了（表 4.3 和图 4.10），MSP 和 PSP 的选择由 CONTROL 寄存器的第 2

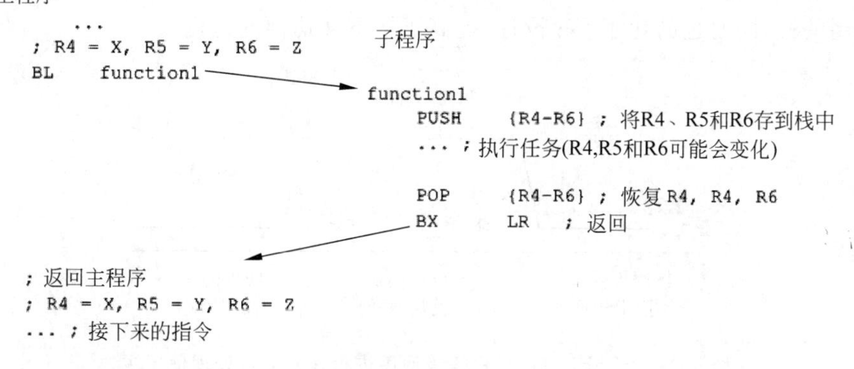

图 4.21 函数中简单的 PUSH 和 POP 应用——多个寄存器的栈操作

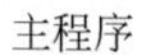

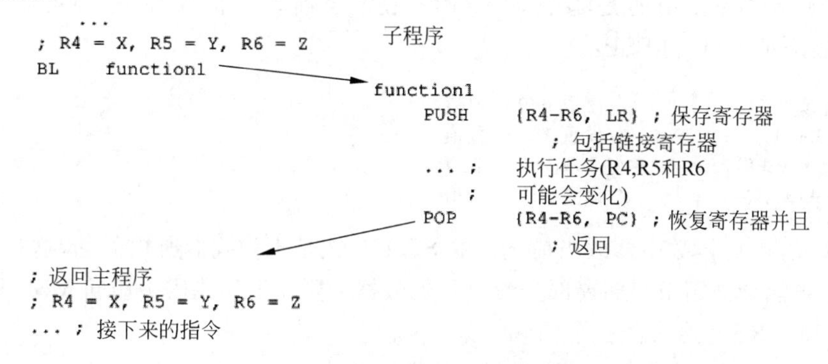

图 4.22 POP 和返回组合使用

位 SPSEL 的数值决定，若该位为 0，则线程模式在栈操作时使用 MSP，否则线程模式使用 PSP。另外，在从处理模式到线程模式的异常返回期间，栈指针的选择可由 EXC_RETURN (异常返回)数值决定，这样处理器硬件会相应地自动更新 SPSEL 的数值。

对于不具有 OS 的简单应用，线程模式和处理模式都可以只使用 MSP，如图 4.23 所示。在异常事件产生后，处理器在进入中断服务程序(ISR)前会首先将多个寄存器压入栈中，这种寄存器状态保存操作被称作“压栈”，而在 ISR 结束时，这些寄存器又会被恢复到寄存器组中，这种操作则被称作“出栈”。

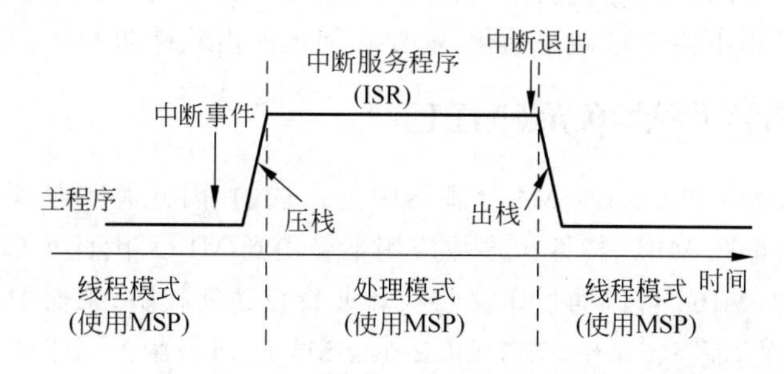

图 4.23 SPSEL＝0，线程等级和异常处理都使用主栈指针

若嵌入式系统中包含嵌入式 OS，它们通常会将应用任务和内核所用的栈空间分离开来，因此，PSP 就会被用到，而且在异常入口和异常退出时会发生 SP 切换，如图 4.24 所示。注

意，自动“压栈”和“出栈”阶段使用 PSP，利用这种分离的栈结构，栈或应用任务的错误不会影响 OS 使用的栈，同时也简化了 OS 设计，提高了上下文切换的速度。

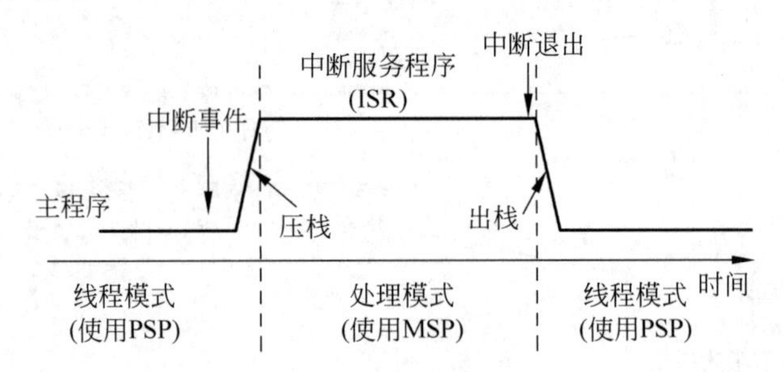

图 4.24　SPSEL＝1，线程等级使用进程栈而异常处理使用主栈

尽管同一时间内只有一个 SP 可见（当使用 SP 或 R13 访问时），也就可以直接读/写 MSP 以及 PSP，无须考虑使用的是哪个 SP/R13。假定当前处于特权等级，则可以利用下面的 CMSIS 函数访问 MSP 和 PSP：

```
x = _get_MSP();          //读取 MSP 的数值
_set_MSP(x);             //设置 MSP 的数值
x = _get_PSP();          //读取 PSP 的数值
_set_PSP(x);             //设置 PSP 的数值
```

一般来说，在 C 函数中修改当前选定的 SP 的方式是不为我们所提倡的，这是因为栈存储中的某部分可能会被用于存储局部变量或其他数据。要在汇编代码中访问 MSP 和 PSP，可以使用 MSR 和 MRS 指令：

```
MRS R0, MSP              ; 将主栈指针读入 R0
MSR MSP, R0              ; 将 R0 写入主栈指针
MRS R0, PSP              ; 将进程栈指针读入 R0
MSR PSP, R0              ; 将 R0 写入进程栈指针
```

多数应用程序代码无须显式访问 MSP 和 PSP，MSP 和 PSP 一般用于嵌入式 OS。例如，通过 MRS 指令读取 PSP 的数值后，OS 可以从应用任务 API 调用的栈中读出压入的数据（如 SVC 执行前的寄存器内容），而且 OS 的上下文切换代码会在上下文切换期间更新 PSP 的数值。

上电后，处理器硬件在读取向量表后会自动初始化 MSP。本书在 4.5.3 节将会介绍向量表的细节内容。PSP 则不会被自动初始化，需要在使用前由软件初始化。

4.4.4　存储器保护单元（MPU）

MPU 在 Cortex-M3 和 Cortex-M4 处理器中是可选的，因此并不是所有的 Cortex-M3 或 Cortex-M4 微控制器都有 MPU 特性。多数应用不会用到 MPU，因此可以忽略。在需要高可靠性的嵌入式系统中，MPU 可以通过定义特权和非特权访问权限，来保护存储器区域。

MPU 是可编程的，而且 Cortex-M3 和 Cortex-M4 处理器中的 MPU 支持 8 个可编程区域。MPU 可以有多种用法。有些情况下，MPU 由嵌入式 OS 控制，每个任务都被配置了存储器访问权限；而对于其他情况，MPU 被配置为只保护某一特定存储器区域，如将某存储器区域设置为只读。

MPU 的详细内容将会在第 11 章中介绍。

4.5 异常和中断

4.5.1 什么是异常

异常是会改变程序流的事件，当其产生时，处理器会暂停当前正在执行的任务，转而执行一段被称作异常处理的程序。在异常处理执行完后，处理器会继续正常地程序执行。对于ARM架构，中断就是异常的一种，它一般由外设或外部输入产生，有时也可以由软件触发。中断的异常处理也被称作中断服务程序(ISR)。

Cortex-M处理器具有多个异常源(如图4.25所示)：

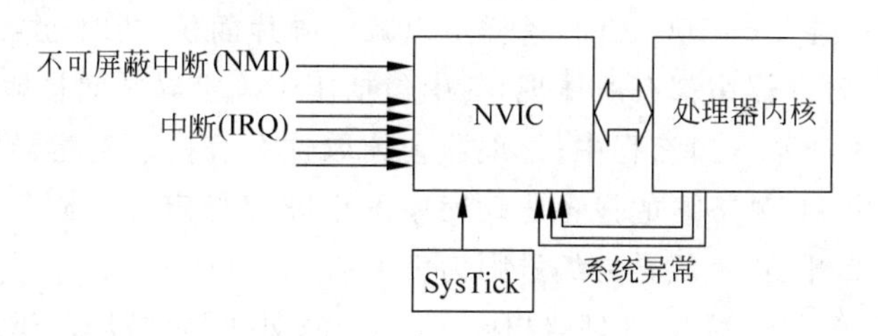

图4.25　各种异常源

(1) NVIC处理异常。NVIC可以处理多个中断请求(IRQ)和一个不可屏蔽中断(NMI)请求，IRQ一般由片上外设或外部中断输入通过I/O端口产生，NMI可用于看门狗定时器或掉电检测(一种电压监视单元，在电压低到一定程度时会给处理器产生警告)。处理器内部也有名为SysTick的定时器，它可以产生周期性的定时中断请求，可用于嵌入式OS计时或没有OS的应用中的简单定时控制。

(2) 处理器自身也是一个异常事件源，其中包括表示系统错误状态的错误事件以及软件产生、支持嵌入式OS操作的异常。这些异常类型如表4.9所示。

表4.9　异常类型

异常编号	CMSIS中断编号	异常类型	优先级	功　能
1	—	复位	－3(最高)	复位
2	－14	NMI	－2	不可屏蔽中断
3	－13	硬件错误	－1	对于所有等级的错误，若相应的错误处理由于被禁止或被异常屏蔽阻止而未被激活，则会触发该异常
4	－12	MemManage错误	可设置	存储器管理错误，由MPU冲突或非法访问引发(如从不可执行区域取指)
5	－11	总线错误	可设置	从总线系统收到的错误响应，由指令预取终止和数据访问错误引发
6	－10	使用错误	可设置	使用错误，典型原因为非法指令或非法的状态转换尝试(如在Cortex-M3中试图切换至ARM状态)
7～10	—	—	—	保留
11	－5	SVC	可设置	通过SVC实现的请求管理调用
12	－4	调试监控	可设置	调试监控，用于基于软件的调试(一般用不上)

续表

异常编号	CMSIS 中断编号	异常类型	优先级	功　　能
13	—	—	—	保留
14	−2	PendSV	可设置	可挂起的系统服务请求
15	−1	SYSTICK	可设置	系统节拍定时器
16～255	0～239	IRQ	可设置	IRQ 输入＃0～239

每个异常源都有一个异常编号，编号 1～15 被归为系统异常，16 号及其之上的则用于中断。Cortex-M3 和 Cortex-M4 处理器在设计上支持最多 240 个中断输入，不过实际实现的中断数量要小得多，一般在 16～100 之间，这样可以减小硅片面积，同时也会降低功耗。

异常编号在多个寄存器中都有所体现，其中包括用于确定异常向量地址的 IPSR。异常向量存储在向量表中，在异常入口流程中，处理器会读取这个表格以确定异常处理的起始地址。注意，异常编号的定义和 CMSIS 的设备驱动库中的中断编号定义不同。在 CMSIS 的设备驱动库中，中断编号从 0 开始，系统异常编号则为负值。

与 ARM7TDMI 等经典 ARM 处理器相比，Cortex-M 处理器中没有 FIQ（快速中断）。不过，Cortex-M3 和 Cortex-M4 的中断等待非常小，只有 12 个周期，因此这也不会引起什么问题。

复位是一种特殊的异常，当处理器从复位中退出时，就会在线程模式（而不是其他异常时的处理模式）下执行复位处理。IPSR 中的异常编号读出也是 0。

4.5.2 嵌套向量中断控制器（NVIC）

NVIC 为 Cortex-M 处理器的一部分，它是可编程的，且寄存器位于存储器映射的系统控制空间（SCS），如图 4.18 所示。NVIC 处理异常和中断配置、优先级以及中断屏蔽。NVIC 具有以下特性：

- 灵活的异常和中断管理
- 支持嵌套异常/中断
- 向量化的异常/中断入口
- 中断屏蔽

1. 灵活的中断和异常管理

每个中断（除了 NMI）都可以被使能或禁止，而且都具有可由软件设置或清除的挂起状态。NVIC 可以处理多种类型的中断源：

- 脉冲中断请求。中断请求至少持续一个时钟周期，当 NVIC 在某中断输入收到一个脉冲时，挂起状态就会置位且保持到中断得到处理。
- 电平触发中断请求。在中断得到处理前需要将中断源的请求保持为高。

NVIC 输入信号为高有效。不过，实际微控制器中的外部中断输入的设计可能会有所不同，会被片上系统逻辑转换为有效的高电平信号。

2. 嵌套向量/中断支持

每个异常都有一个优先级，中断等一些异常具有可编程的优先级，而其他的则可能会有固定的优先级。当异常产生时，NVIC 会将异常的优先级和当前等级相比较，若新异常的优先级较高，当前正在执行的任务就会暂停，有些寄存器则会被保存在栈空间，而且处理器会开始执行新异常的异常处理，这个过程叫作“抢占”。当更高优先级的异常处理完成后，它就会被异常返回操作终止，处理器自动从栈中恢复寄存器内容，并且继续执行之前的任务。利用这种机制，异常服务嵌套不会带来任何软件开销。

3. 向量化的异常/中断入口

当异常发生时，处理器需要确定相应的异常处理入口的位置。对于 ARM7TDMI 等 ARM 处理器，这一操作由软件实现，Cortex-M 处理器则会从存储器的向量表中自动定位异常处理的入口。因此，这样也降低了从异常产生到异常处理执行间的延时。

4. 中断屏蔽

Cortex-M3 和 Cortex-M4 处理器中的 NVIC 提供了多个中断屏蔽寄存器，如 PRIMASK 特殊寄存器。利用 PRIMASK 寄存器，可以禁止除 HardFault 和 NMI 外的所有异常。这种屏蔽对不应被中断的操作非常有用，如时序关键控制任务或实时多媒体编解码器。另外，还可以使用 BASEPRI 寄存器来选择屏蔽低于特定优先级的异常或中断。

CMSIS-Core 提供了一组可以很方便访问各种中断控制功能的函数。NVIC 的灵活性和能力还使得 Cortex-M 处理器非常易于使用，而且通过降低中断处理的软件开销，在减小了代码体积的同时，还提高了系统的响应速度。

4.5.3 向量表

当异常事件产生且被处理器内核接受后，相应的异常处理就会执行。要确定异常处理的起始地址，处理器利用了一种向量表机制。向量表为系统存储器内的字数据数组，每个元素都代表一个异常类型的起始地址，如图 4.26 所示。向量表是可以重定位的，重定位由 NVIC 中名为向量表偏移寄存器（VTOR）的可编程寄存器控制。复位后，VTOR 默认为 0，向量表则位于地址 0x0 处。

异常类型	CMSIS 中断编号	地址偏移	向量	
18～255	2～239	0x48 - 0x3FF	IRQ #2-#239	1
17	1	0x44	IRQ#1	1
16	0	0x40	IRQ#0	1
15	–1	0x3C	SysTick	1
14	–2	0x38	PendSV	1
NA	NA	0x34	保留	
12	–4	0x30	调试监控	1
11	–5	0x2C	SVC	1
NA	NA	0x28	保留	
NA	NA	0x24	保留	
NA	NA	0x20	保留	
NA	NA	0x1C	保留	
6	–10	0x18	使用错误	1
4	–11	0x14	总线错误	1
4	–12	0x10	MemManage错误	1
3	–13	0x0C	HardFault	1
2	–14	0x08	NMI	1
1	NA	0x04	复位	1
NA	NA	0x00	MSP初始值	

图 4.26 异常类型（异常向量的最低位应该置 1，以表示 Thumb 状态）

例如，若复位为异常类型 1，则复位向量的地址为 1×4（每个字为 4 字节），也就是 0x00000004；NMI 向量（类型 2）则是位于 2×4＝0x00000008。地址 0x00000000 处存放的是

MSP 的初始值。

每个异常向量的最低位表示异常是否在 Thumb 状态下执行，由于 Cortex-M 处理器只支持 Thumb 指令，因此，所有异常向量的最低位都应该为 1。

4.5.4 错误处理

Cortex-M3 和 Cortex-M4 处理器中有几个异常为错误处理异常。处理器检测到错误时，就会触发错误异常，检测到的错误包括执行未定义的指令以及总线错误对存储器访问返回错误的响应等。错误异常机制使得错误可以被快速发现，软件因此也可以执行相应的修复措施，如图 4.27 所示。

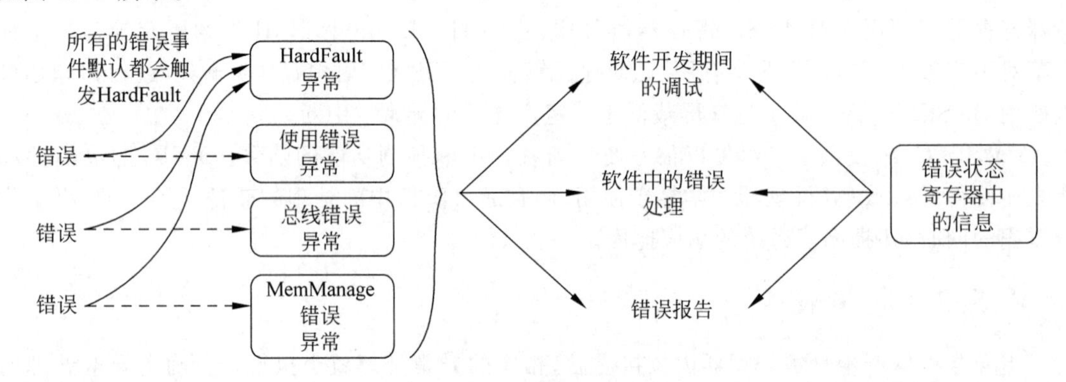

图 4.27 错误异常的使用

总线错误、使用错误以及存储器管理错误默认都是禁止的，且所有的错误事件都会触发 HardFault 异常。不过，这些配置都是可编程的，可以单独使能这三个错误异常，以处理不同类型的错误。HardFault 异常总是使能的。

错误异常也可在软件调试时使用。例如，在错误产生时，错误异常可以自动收集信息及通知用户或其他系统错误已产生，并能够提供调试信息。Cortex-M3 和 Cortex-M4 处理器中有多个可用的错误状态寄存器，它们提供了错误源等信息。开发人员可以在软件开发过程中利用调试器检查这些错误状态寄存器。

4.6 系统控制块(SCB)

SCB 为处理器的一部分，位于 NVIC 中。SCB 包含寄存器，用于：

- 控制处理器配置(如低功耗模式)
- 提供错误状态信息(错误状态寄存器)
- 向量表重定位(VTOR)

SCB 经过了存储器映射与 NVIC 寄存器类似，SCB 寄存器可以从系统控制空间(SCS)访问。第 7 章和第 9 章介绍了 SCB 寄存器的更多信息。

4.7 调试

由于软件越来越复杂，调试特性在现代处理器架构中也变得越来越重要。尽管设计非常紧凑，Cortex-M3 和 Cortex-M4 处理器中包含了多种经过精心设计的调试特性，其中包括暂停和步进等程序执行控制、指令断点、数据监视点、寄存器和存储器访问、概况及跟踪等。

Cortex-M 处理器提供了两种接口：调试和跟踪。

利用调试接口，调试适配器可以连接到 Cortex-M 微控制器上以控制调试特性和访问片上的存储器空间。Cortex-M 处理器支持传统的使用 4 或 5 个引脚的 JTAG 协议，以及名为串行线调试(SWD)的 2 针协议。SWD 协议由 ARM 开发，可以仅使用两个引脚实现和 JTAG 相同的调试特性，而且不会损失调试性能。许多商业调试适配器，如 Keil 的 ULINK2 或 ULINK Pro 产品，都支持两种协议。这两种协议可以使用相同的接头，其中 JTAG TCK 和串行线时钟共用，JTAG TMS 则与串行线数据共用，数据引脚是双向的，如图 4.28 所示。多家公司提供的不同调试适配器都支持这两种协议。

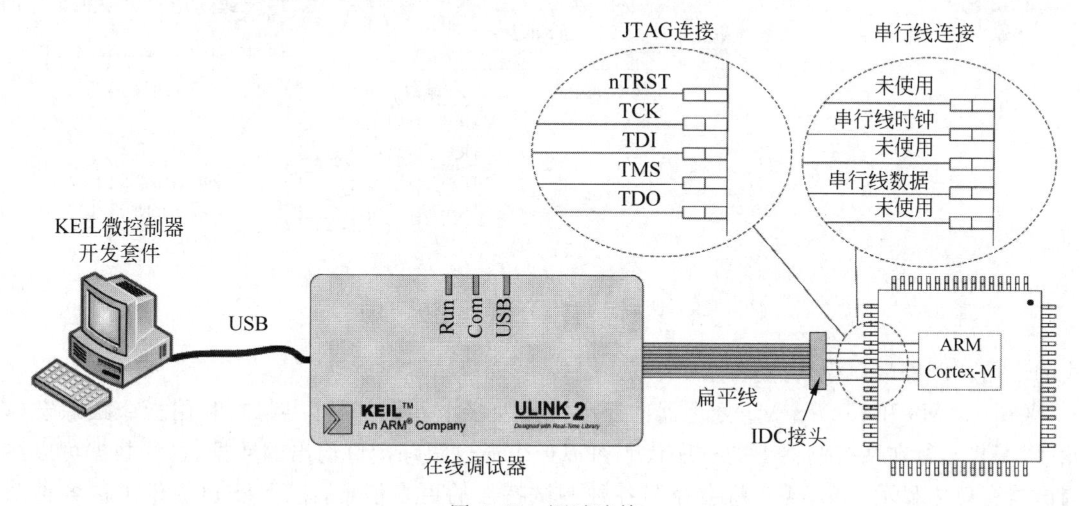

图 4.28 调试连接

跟踪接口用于运行时收集处理器的信息，如数据、事件、概况信息或者程序执行的完整细节。支持的跟踪接口有两种：名为串行线查看(SWV)的单引脚协议以及名为跟踪端口的多引脚协议，如图 4.29 所示。

SWV 为低成本的解决方案，其跟踪数据带宽较低，不过仍足以应对所选择数据跟踪的捕获、事件跟踪和基本概况。输出信号被称作串行线输出，可以同 JTAG TDO 引脚共用，这样，只需使用一个标准的 JTAG/SWD 接头进行调试和跟踪。很显然，只有两针 SWD 协议用于调试时跟踪数据才能被捕获。

跟踪端口模式需要一个时钟引脚和多个数据引脚，所使用的数据引脚的数量是可配置的，而且多数情况下，Cortex-M3 和 Cortex-M4 处理器最多支持 4 个数据引脚(算上时钟总共 5 个引脚)。跟踪端口模式所支持的跟踪数据带宽要比 SWV 大得多，如果需要，还可以在跟踪端口模式使用更少的引脚。例如，在一些跟踪数据引脚同 I/O 功能复用时，需要在应用中使用这些引脚中的一部分。

由于跟踪端口模式的跟踪数据带宽较高，可以实时记录程序的执行信息，而不只是利用 SWV 收集的其他跟踪信息。实时程序跟踪需要同时使用片上的另外一个名为嵌入式跟踪宏单元(ETM)的部件，这个部件在 Cortex-M3 和 Cortex-M4 处理器中是可选的，有些 Cortex-M3 和 Cortex-M4 微控制器不具有 ETM，因此就不会提供程序/指令跟踪。

要捕获跟踪数据，可以使用 Keil ULINK-2 或 Segger J-Link 等低成本的调试适配器，它们可以通过 SWV 接口捕获数据，或者还可以使用 Keil ULINK Pro 或 Segger J-Trace 等高级

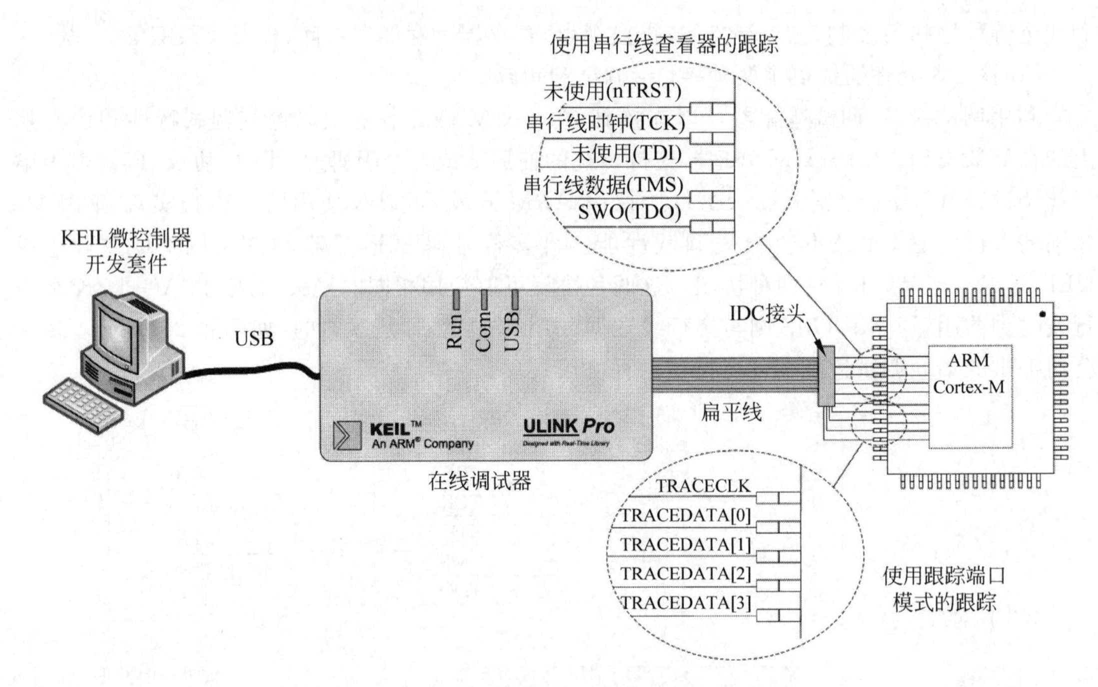

图 4.29　跟踪连接(SWO或跟踪端口模式)

些的产品在跟踪端口模式捕获跟踪数据。

Cortex-M3 和 Cortex-M4 处理器内还存在其他多个调试部件。例如，利用指令跟踪宏单元(ITM)，运行在微控制器上的程序代码可以产生通过跟踪接口输出的数据，这些数据可以在调试器窗口中显示。第 14 章将会介绍各种调试特性的更多信息，附录 H 也提供了被各种调试适配器使用的标准调试接头方面的信息。

4.8 复位和复位流程

对于典型的 Cortex-M 微控制器，复位类型共有三种：

- 上电复位。复位微控制器中的所有部分，其中包括处理器、调试支持部件和外设等。
- 系统复位。只会复位处理器和外设，不包括处理器的调试支持部件。
- 处理器复位。只复位处理器。

在系统调试或处理器复位操作过程中，Cortex-M3 或 Cortex-M4 处理器中的调试部件不会复位，这样可以保持调试主机(如运行在计算机上的调试器软件)和微控制器间的连接。调试主机可以通过系统控制块(SCB)中的寄存器产生系统复位或处理器复位，在本书 7.9.4 节将会介绍这方面的内容。

上电复位和系统复位的持续时间取决于实际的微控制器设计。有些情况下，由于复位控制器需要等待晶体振荡器等时钟源稳定下来，因此，复位要持续若干毫秒。

在复位后以及处理器开始执行程序前，Cortex-M 处理器会从存储器中读出头两个字，如图 4.30 所示。向量表位于存储器的开头部分，它的头两个字为主栈指针(MSP)的初始值，以及代表复位处理起始地址的复位向量(参考本书图 4.26 和 4.5.3 节)。处理器读出这两个字后，就会将这些数值赋给 MSP 和程序计数器(PC)。

MSP 的设置是非常必要的，这是因为在复位的很短时间内有产生 NMI 或 HardFault 的

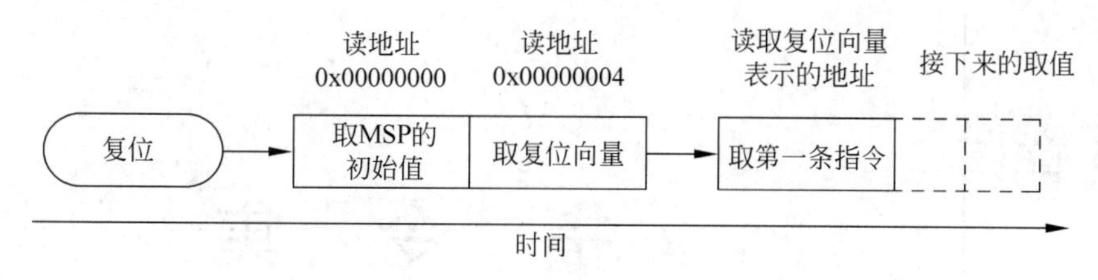

图 4.30 复位流程

可能，在异常处理前将处理器状态压栈时需要栈存储和 MSP。

注意：对于多数 C 开发环境，C 启动代码会在进入主程序 main()前更新 MSP 的数值。通过这两次对栈的设置，具有外部存储器的微控制器可以将外部存储器用作栈。例如，启动时栈可能位于片上 SRAM，在复位处理中初始化外部存储器后执行 C 启动代码，此时会将栈设置为外部存储器。

ARM7TDMI 等经典的 ARM 处理器的栈初始化处理是不同的，在复位时处理器会从地址 0 处开始执行指令，栈指针必须要由软件初始化。对于经典的 ARM 处理器，向量表中为指令代码而不是地址值。

由于 Cortex-M3 和 Cortex-M4 中的栈操作基于满递减的栈(SP 在存储前减小)，SP 的初始值应该被设置为栈区域顶部的第一个位置。例如，若存储器区域为 0x20007C00～0x20007FFF(1KB)，如图 4.31 所示，初始的栈指针就应该为 0x20008000。

对于 Cortex-M 处理器，向量表中向量地址的最低位应该为 1，以表示它们为 Thumb 代码。正是由于这个原因，对于图 4.31 中的例子，复位向量为 0x101，而启动代码从 0x100 处开始。在取出复位向量后，Cortex-M 处理器就可以从复位向量地址处执行程序，并开始正常操作。

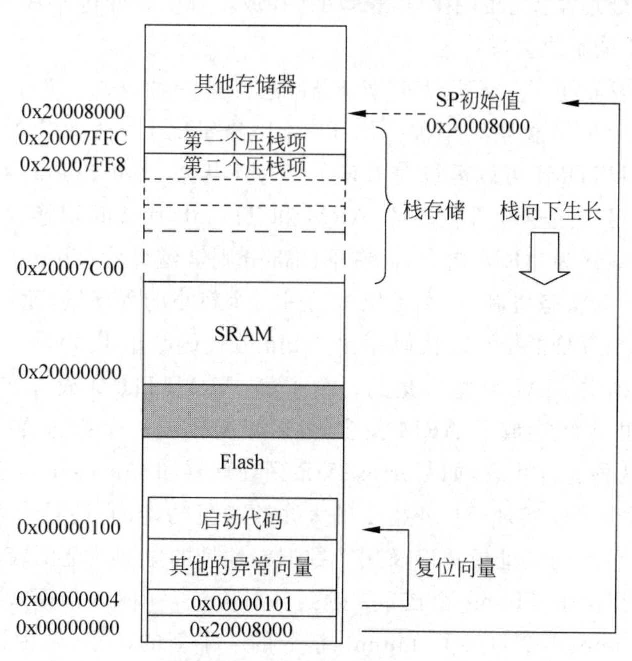

图 4.31 栈指针初始值和程序计数器初始值示例

不同软件开发工具在指定初始栈指针数值和复位向量时的方法可能会有差异，若需要这方面更多的信息，最好参考一下开发工具提供的工程示例。本书在 15.9 节(Keil MDK-ARM 方面的)和 16.5 节(IAR 工具链方面的)中也提供了一些信息。

第5章 指 令 集

5.1 ARM Cortex-M 处理器指令集的背景简介

指令集的设计为处理器架构的重点之一，ARM 一般将其称作指令集架构(ISA)。所有的 ARM Cortex-M 处理器都基于 Thumb-2 技术，允许在一种操作状态下混合使用 16 位和 32 位指令，这一点和 ARM7TDMI 等经典的 ARM 处理器不同。为了有助于理解 ARM 处理器可用的指令集间的差异，下面简要回顾一下 ARM ISA 的历史。

早期的 ARM 处理器(ARM7TDMI 之前)支持名为 ARM 的 32 位指令集，从 ARM 架构版本 1 到版本 4，其在几年间不断发展。该指令集功能强大，支持多数指令的条件执行，并可以提供良好的性能。不过，与 8 位和 16 位架构相比，它通常需要更多的程序存储器。随着移动电话应用对 32 位处理器需求的不断增长，功耗和成本等因素变得非常关键，因此，就需要一种能够降低程序大小的解决方案。

1995 年，ARM 发布了 ARM7TDMI 处理器，它支持一种可以允许新的 16 位指令集(见图 5.1)的运行状态。该 16 位指令集被称作 Thumb(这里玩了一个文字游戏，它表示比 ARM 指令集要小)。ARM7TDMI 可以运行在默认的 ARM 状态，也可以运行在 Thumb 状态。在运行过程中，处理器可以通过软件控制在 ARM 和 Thumb 状态间切换。为了获得更高的性能，部分应用程序被编译为 ARM 指令，而剩下的部分则被编译为 Thumb 指令以获得更佳的代码密度。通过这种双状态机制，应用可以被挤进一个较小的程序里，而且还能保持所需的高性能。有些情况下，与等价的 ARM 代码相比，Thumb 代码减小了 30%。

Thumb 指令集提供了 ARM 指令集的一个子集，ARM7TDMI 设计在译码时使用一种映射功能，将 Thumb 指令转换成了 ARM 指令，这样就只需要一个指令译码器。更新的 ARM 处理器仍然支持这两种运行状态，如 Cortex-A 系列处理器和 Cortex-R 系列处理器。

尽管 Thumb 指令可以实现 ARM 指令的大多数常见功能，它还是有一些局限性的，如操作时可选的寄存器、可用的寻址模式以及用于数据或地址的立即数范围较小等。

2003 年，ARM 提出了 Thumb-2 技术。通过这种方法，一种运行模式下可以同时使用 16 位和 32 位指令集。Thumb-2 引入了 Thumb 指令的一个新的超集，其中许多指令都是 32 位的，因此，可以处理之前只能由 ARM 指令集实现的多数操作，不过它们的指令编码和 ARM 指令集不同。第一个支持 Thumb-2 技术的处理器为 ARM1156T-2。

2006 年，ARM 发布了 Cortex-M3 处理器，它采用了 Thumb-2 技术且只支持 Thumb 运行状态。与早期的 ARM 处理器不同，它并不支持 ARM 指令集。从那时起，越来越多的

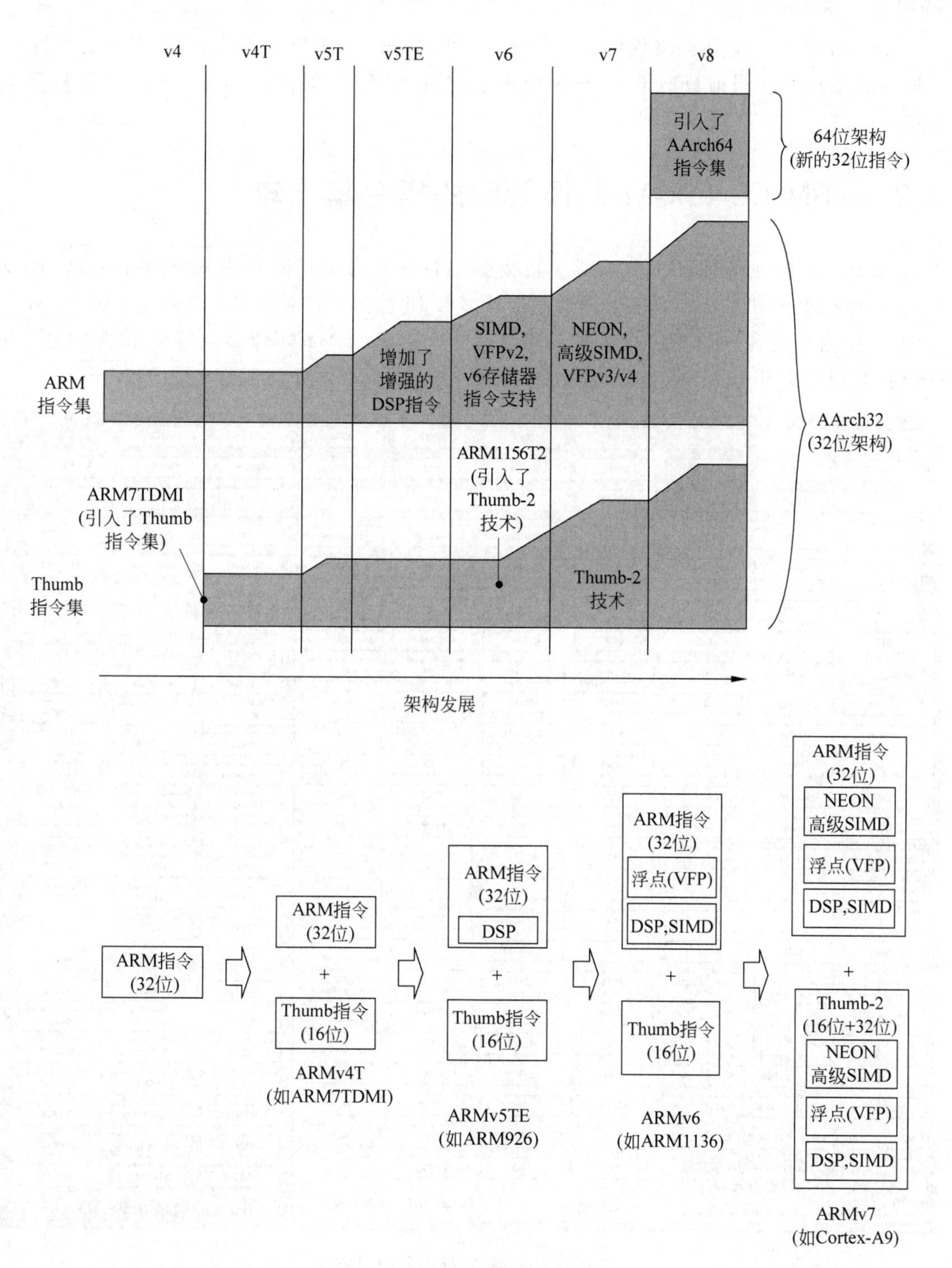

图 5.1 ARM 架构指令集的演化

Cortex-M 处理器不断出现，为了应对不同市场而实现了 Thumb 指令的多个分支。由于 Cortex-M 处理器不支持 ARM 指令，它们不向后兼容 ARM7TDMI 等经典的 ARM 处理器。换句话说，不能在 Cortex-M3 处理器上运行 ARM7TDMI 的二进制代码。不过，Cortex-M3(ARMv7-M)处理器的 Thumb 指令集为 ARM7TDMI(ARMv4T)Thumb 指令集的超集，许多 ARM 指令可被移植为等价的 32 位 Thumb 指令，这样也使得应用程序移植相当简单。

ARM ISA 一直在不断发展中。2011 年，ARM 提出了 ARMv8 架构，其具有一套支持 64 位操作的指令集。当前只有 Cortex-A 处理器支持 ARMv8 架构，而 Cortex-M 处理器则不支持。

5.2 ARM Cortex-M 处理器间的指令集比较

Cortex-M 处理器间的一个区别就是指令集特性。为了将回路面积降到最低，Cortex-M0、Cortex-M0+和 Cortex-M1 处理器只支持多数 16 位指令和部分 32 位指令。Cortex-M 支持的 32 位指令更多，而 16 位指令要稍微多一些。Cortex-M4 处理器支持剩下的 SIMD 等 DSP 提升指令集可选的浮点指令。图 5.2 列出了当前 Cortex-M 处理器支持的指令集。

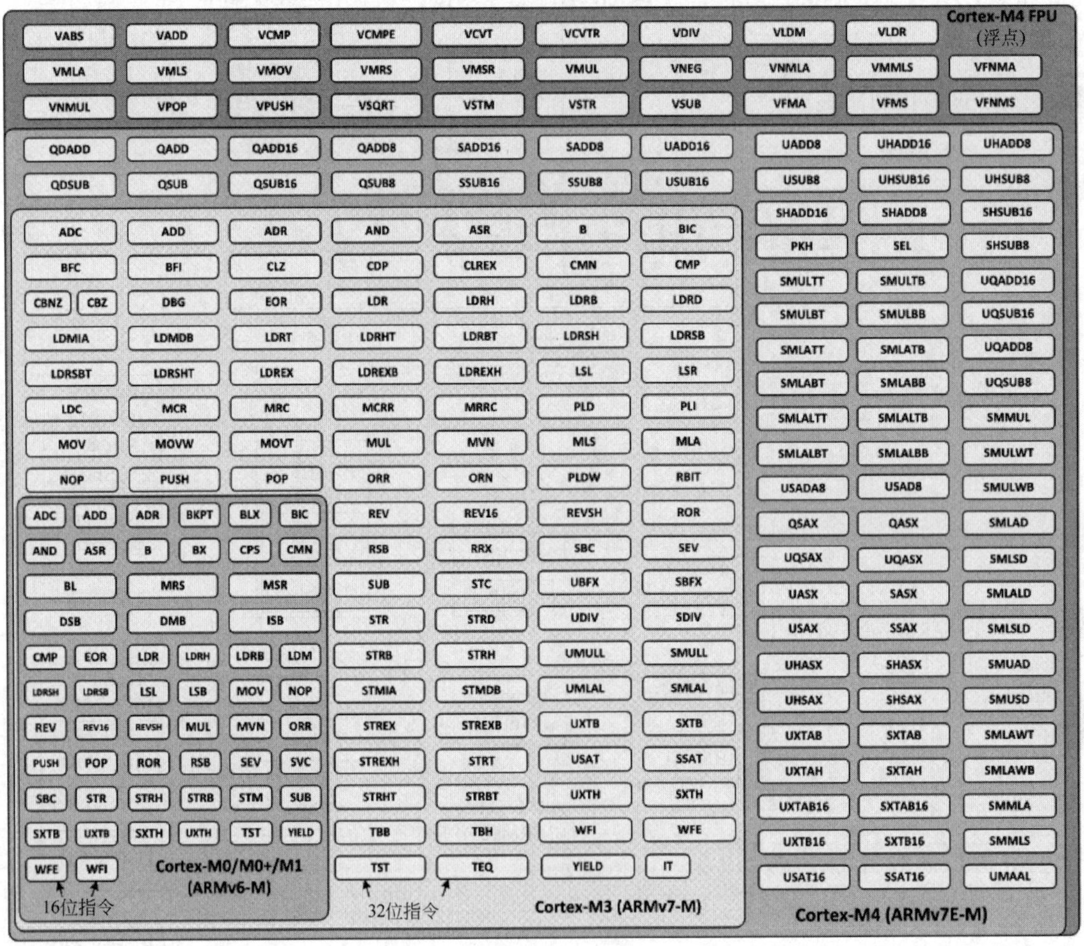

图 5.2　Cortex-M 处理器的指令集

正如在图 5.2 中所见，从 Cortex-M0 到 Cortex-M3 以及后面的 Cortex-M4，Cortex-M 处理器的指令集设计是向上兼容的，因此，为 Cortex-M0/M0＋/M1 处理器编译的代码在 Cortex-M3 或 Cortex-M4 处理器上也能运行，而为 Cortex-M3 编译的代码也可以在 Cortex-M4 上运行。

图 5.2 中另外一个需要关注的地方是，ARMv6-M 的多数指令都是 16 位的，有些则具有

16 位和 32 位两种格式。当操作能以 16 位执行时，编译器通常会选择使用 16 位版本的指令，这样会降低代码大小。32 位的指令使用更大寄存器范围（如高寄存器）、更大的立即数、更宽的地址区域以及更多的寻址模式。不过，对应同一个操作，16 位版本和 32 位版本的指令所需的执行时间是相同的。

Thumb 指令集中存在许多指令，而不同的 Cortex-M 支持的指令是有差异的，那么这对嵌入式软件开发人员有什么影响呢？图 5.3 给出了一个简单的答案。

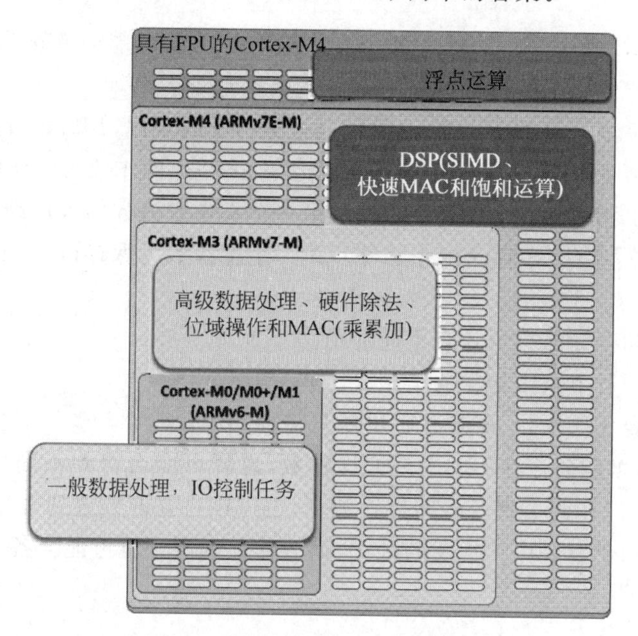

图 5.3 Cortex-M 处理器支持的指令集的简图

对于一般的数据处理和 I/O 控制任务，Cortex-M0 和 Cortex-M0+处理器完全能够应付。例如，Cortex-M0 和 Cortex-M0+性能可以达到 2.15CoreMark/MHz，这已经是其他 16 位微控制器在相同运行频率下性能的两倍。若应用需要处理更多的复杂数据、执行快速乘法运算或需要较快完成数据处理，则可能需要升级到 Cortex-M3 或 Cortex-M4 处理器。若需要在 DSP 应用或浮点运算中达到最优的效果，Cortex-M4 将是一个更好的选择。

尽管 Cortex-M 处理器支持的指令不少，不过由于 C 编译器可以生成相当高效的代码，也不用了解全部指令的细节。另外，免费的 CMSIS-DSP 库和各种中间件（如软件库）有助于软件开发人员实现高性能的 DSP 应用，而无须深入了解每条指令的细节。

在本章的剩余内容中，将简单介绍一下指令集，以便用户在调试自己的工程时可以更好地理解程序。附录 A 也对每条指令进行了总结。

5.3 理解汇编语言语法

大多情况下，应用程序代码可以用 C 或其他高级语言实现，因此多数软件开发人员无须了解指令集的细节。不过，大致了解一下可用的指令和汇编语言语法还是很有帮助的，如对这方面内容的了解对调试就很有用。本书中的汇编示例差不多都是在 Keil ARM 微控制器开发套件（MDK-ARM）的 ARM 汇编器（armasm）中实现的。不同供应商的汇编工具（如 GNU 工具)具有不同的语法，多数情况下，助记符和汇编指令都是相同的，但汇编伪指令、定义、标号和注释的语法则可能会有差异。

对于 ARM 汇编(适用于 ARM RealView 编译工具链、DS-5 和 Keil 微控制器开发套件)，指令格式如下：

```
label
    mnemonic operand1, operand2, …       ;注释
```

label(标号)表示地址位置，是可选的。有些指令的前面可能会有标号，这样就可以通过这个标号得到指令的地址。标号也可以用于表示数据地址。例如，可以在程序内的查找表处放一个标号。label 后为 mnemonic(助记符)，也就是指令的名称，其后跟着的是多个操作数：

- 对于在 ARM 汇编器中编写的数据处理指令，第一个操作数为操作的目的。
- 对于存储器读指令(多加载指令除外)，第一个操作数为数据被加载进去的寄存器。
- 对于存储器写指令(多存储指令除外)，第一个操作数为保存待写入存储器的数据的寄存器。

处理多次加载和存储的指令具有不同的语法。

每条指令的操作数个数由指令的类型决定。

有些指令不需要任何操作，而有些则可能只需要一个。

注意，助记符后可能会存在不同类型的操作数，这样可能会得到不同的指令编码。例如，MOV(move)指令可以在两个寄存器间传输数据，也可以将立即数放到寄存器中。

指令中操作数的个数取决于指令的种类，而操作数的语法也可能会各不相同。例如，立即数通常具有前缀“#”：

```
MOVS R0, #0x12                  ; 设置 R0 = 0x12 (十六进制)
MOVS R1, #'A'                   ; 设置 R1 = ASCII 字符 A
```

每个冒号“;”后的文字为注释，注释不会影响程序运行，不过可以提高程序的可读性。

对于 GNU 工具链，汇编语法一般为：

```
label:
    mnemonic operand1, operand2,/* 注释 */
```

操作码与操作数和 ARM 汇编器是相同的，不过标号和注释的语法不同。对于前面相同的指令，按照 GNU 可以写作：

```
MOVS R0, #0x12                  /* 设置 R0 = 0x12 (十六进制) */
MOVS R1, #'A'                   /* 设置 R1 = ASCII 字符 A */
```

gcc 中插入注释的另外一种方法为使用内联注释字符“@”。例如：

```
MOVS R0, #0x12                  @ 设置 R0 = 0x12 (十六进制)
MOVS R1, #'A'                   @ 设置 R1 = ASCII 字符 A
```

汇编代码的一个常见特性为定义常量。通过常量定义，程序代码的可读性得到了提升而且方便程序维护。对于 ARM 汇编，定义常量的一个例子为：

```
NVIC_IRQ_SETEN     EQU  0xE000E100
NVIC_IRQ0_ENABLE   EQU  0x1
…
```

```
LDR R0, = NVIC_IRQ_SETEN        ;将 0xE000E100 放入 R0
    ; 这里的 LDR 为伪指令,会被汇编器转换为 PC 相关的数据加载
MOVS R1, #NVIC_IRQ0_ENABLE      ; 将立即数(0x1)放入寄存器 R1
STR R1, [R0]                    ; 将 0x1 存入 0xE000E100, 使能中断 IRQ#0
```

对于上面的代码,伪指令 LDR 将 NVIC 寄存器的地址值加载到寄存器 R0 中。汇编器会将一个常数值放到程序代码中的某个位置,并插入一个将数据值读入 R0 的存储器读指令。之所以使用伪指令,是因为对于一个传送立即数的指令来说,这个常数值就有点太大了。在使用 LDR 伪指令将数据加载到寄存器中时,需要对数据增加“=”前缀。在将立即数加载到寄存器中的一般情况下(如使用 MOV),前缀应该使用“#”。

类似地,可以按照 GNU 工具链的汇编语法实现相同的代码:

```
.equ NVIC_IRQ_SETEN,      0xE000E100
.equ NVIC_IRQ0_ENABLE,    0x1
...
LDR R0, = NVIC_IRQ_SETEN        /* 将 0xE000E100 放入 R0,这里的 LDR 为伪指令,会被汇编器转换为
                                   PC 相关的数据加载 */
MOVS R1, #NVIC_IRQ0_ENABLE      /* 将立即数(0x1)放入寄存器 R1 */
STR R1, [R0]                    /* 将 0x1 存入 0xE000E100, 使能中断 IRQ#0 */
```

多数汇编工具允许将数据插入程序中,这是另外一个典型特性。例如,可以在程序存储器中的特定位置定义数据,并用存储器读指令进行访问。ARM 汇编器的一个例子为:

```
LDR R3, = MY_NUMBER             ; 获取 MY_NUMBER 的存储器位置
LDR R4, [R3]                    ; 将数据值 0x12345678 读入 R4
...
LDR R0, = HELLO_TEXT            ; 获取 HELLO_TEXT 的起始地址
BL PrintText                    ; 调用 PrintText 函数显示字符串
...
ALIGN 4
MY_NUMBER DCD 0x12345678
HELLO_TEXT DCB"Hello\n", 0      ; 以 Null 结束的字符串
```

在上面的例子中,DCD 用于插入字大小的数据,而 DCB 则用于将字节大小的数据插入到程序中。在插入字大小的数据时,应该在数据前增加 ALIGN 伪指令,ALIGN 后的数字决定了对齐的大小。在本例中,数值 4 将下面的数据强制对齐到字边界上。由于确保 MY_NUMBER 中的数据是字对齐的,程序可以通过单次总线传输访问该数据,而且还提高了代码的可移植性(Cortex-M0/M0+/M1 不支持非对齐传输)。

按照 GNU 工具链的汇编语法,本例还可以写作:

```
LDR R3, = MY_NUMBER             /* 获取 MY_NUMBER 的存储器位置 */
LDR R4, [R3]                    /* 将 0x12345678 读入 R4 */
...
LDR R0, = HELLO_TEXT            /* 获取 HELLO_TEXT 的起始地址 */
BL PrintText                    /* 调用 PrintText 函数显示字符串 */
...
.align 4
MY_NUMBER:
.word 0x12345678
HELLO_TEXT:
.asciz"Hello\n"                 /* 以 Null 结尾的字符串 */
```

ARM 汇编器和 GNU 汇编器中的多个不同的伪指令可将数据插入到程序中。表 5.1 给出了一些常用的例子。

表 5.1 在程序中插入数据的常用伪指令

插入的数据类型	ARM 汇编器 （如 Keil MDK-ARM）	GNU 汇编器
字节	DCB 如 DCB 0x12	. byte 如 . byte 0x012
半字	DCW 如 DCW 0x1234	. hword/. 2byte 如 . byte 0x1234
字	DCD 如 DCW 0x01234567	. word /. 4btte 如 . byte 0x01234567
双字	DCQ 如 DCQ 0x12345678FF0055AA	. quad/. octa 如 . quad 0x12345678FF0055AA
浮点(单精度)	DCFS 如 DCFS 1E3	. float 如 . float 1E3
浮点(半精度)	DCFD 如 DCFD 3. 14159	. double 如 . double 3. 14159
字符串	DCB 如 DCB “Hello\n”0,	. ascii / . asciz（以 NULL 结束）如. ascii “Hello\n”. byte 0 / * 增加 NULL 字符 * /如 . asciz “Hello\n”
指令	DCI 如 DCI 0xBE00; 断点（BKPT 0）	. word / . hword 如 . hword 0xBE00/ * 断点（BKPT 0） * /

多数情况下，还可以在伪指令前加一个标号，以便利用这个标号确定数据的地址。

汇编语言编程中还有其他的一些有用的伪指令。例如，表 5.2 列出的一些 ARM 汇编伪指令就是很常用的，而且有些还出现在本书的例子中。

表 5.2 常用伪指令

伪指令(GNU 汇编器)	ARM 汇编器
THUMB (. thumb)	指定汇编代码为符合统一汇编语言（UAL）格式的 Thumb 指令
CODE16 (. code 16)	指定汇编代码为 UAL 之前的 Thumb 指令
AREA<section_name>{,<attr>}{,attr}… (. section <section_name>)	设置汇编器汇编为新的代码或数据段，段为链接器操作的独立且不可分割的数据或代码块
SPACE<num of bytes> (. zero <num of bytes>)	预留一段存储器且填充为 0
FILL<num of bytes>{,<value>{,<value_sizes>}} (. fill <num of bytes>{,<value>{,<value_sizes>}})	预留一段存储器且填充为指定值，数据大小可以为字节、半字或字，实际大小由 value_sizes(1/2/4)指定

续表

伪指令(GNU 汇编器)	ARM 汇编器
ALIGN {<expr>{,<offset>{,<pad>{,<padsize>}}}} (.align <alignment>{,<fill>{,<max>}})	将当前位置对齐到指定的边界,且将空位填充为 0 或 NOP 指令,例如: ALIGN 8 ;确保下一条指令或数据对齐到 8 字节地址
EXPORT<symbol> (.global <symbol>)	声明一个可以被链接器使用的符号,以便可以在其他的目标或库文件对其进行引用
IMPORT <symbol>	声明一个位于其他目标或库文件中的符号
LTORG (.pool)	通知汇编器立即汇编当前的字符池,其中,包含 LDR 伪指令等常量值

要了解 ARM 汇编器中伪指令的其他信息,可以参考"ARM 编译器工具链汇编参考"(参考文献 6,6.3 节,数据,数据定义伪指令)。

5.4 指令后缀的使用

对于 ARM 处理器的汇编器,有些指令后会跟着后缀。Cortex-M 处理器可用的后缀如表 5.3 所示。

表 5.3 Cortex-M 汇编语言的后缀

后　缀	描　述
S	更新 APSR(应用程序状态寄存器,如进位、溢出、零和负标志),例如: ADDS R0, R1; 该 ADD 操作会更新 APSR
EQ, NE, CS, CC, MI, PL, VS, VC, HI, LS, GE, LT, GT, LE	条件执行,EQ=等于,NE=不等于,LT=小于,GT=大于。对于 Cortex-M 处理器,这些条件可用于条件跳转。例如: BEQ label ;若之前的操作得到相等的状态, ;则跳转至 label 或者条件执行指令(见 5.6.9 节的 IF-THEN 指令),例如: ADDEQ R0, R1, R2 ;若之前的操作得到相等状态, ;则执行加法运算
.N, .W	指定使用的是 16 位指令(narrow)或 32 位指令(wide)
.32, .F32	指定 32 位单精度运算,对于多数工具链,.32 后缀是可选的
.64, F64	指定 64 位双精度运算,对于多数工具链,.64 后缀是可选的

对于 Cortex-M3/M4 处理器,数据处理指令可以选择是否更新 APSR(标志)。若使用统一汇编语言(UAL)语法,则可以指定是否执行 APSR 的更新。例如,当将数据从一个寄存器送到另外一个寄存器中时,可以使用

```
MOVS R0, R1 ;将 R1 送到 R0 且更新 APSR
```

或

```
MOV R0, R1 ;将 R1 送到 R0 且不更新 APSR
```

第二种后缀用于指令的条件执行。Cortex-M3 和 Cortex-M4 处理器支持条件跳转,还可以通过将条件指令放到 IF-THEN(IT)指令块中条件执行指令。利用数据运算以及测试

（TST）或比较（CMP）指令更新 APSR 后，程序流程可以由运算结果的条件控制。

5.5 统一汇编语言（UAL）

多年之前，那时还没有 Thumb-2 技术，Thumb 指令集可用的特性有限，Thumb 指令的语法比较简单。例如，对于 ARM7TDMI，Thumb 模式中几乎所有的数据处理指令都会更新 APSR，因此对 Thumb 指令来说，S 后缀并非必须使用的，即便不使用，指令也会更新 APSR。

在 Thumb-2 技术出现后，几乎所有的指令都具有了两个版本，一个更新 APSR，而另一个则不会。因此，传统的 Thumb 语法无法适用于 Thumb-2 软件开发。

为了提高架构间的软件可移植性，并使得不同架构的 ARM 处理器符合同一种汇编语言语法，较新的 ARM 开发工具已经开始支持统一汇编语言（UAL）。对于之前使用 ARM7TDMI 的用户来说，主要区别在于：

- 有些数据运算指令使用三个操作数，不管目的寄存器是否和其中一个源寄存器相同。在过去（UAL 之前），这些指令可能只会用两个操作数。
- S 后缀变得更加明确。过去，若汇编程序文件被编译为 Thumb 代码，多数数据运算指令都会被编码为更新 APSR 的指令，因此，S 后缀的使用并非必须的。而对于 UAL 语法，更新 APSR 的指令都应该具有 S 后缀，以指明所需的操作。这样即便将代码移植到另外一个架构上，程序仍然是可以工作的。

例如，UAL 之前 16 位 Thumb 代码的 ADD 指令为

```
ADD R0, R1                      ; R0 = R0 + R1,更新 APSR
```

按照 UAL 语法，寄存器的使用和 APSR 更新操作更加具体。代码应该书写如下：

```
ADDS R0, R0, R1                 ; R0 = R0 + R1,更新 APSR
```

不过，多数情况下（取决于实际使用的工具链），指令仍可按照 UAL 之前的风格书写（只有两个操作数），不过 S 后缀的使用要更明确：

```
ADDS R0, R1                     ; R0 = R0 + R1,更新 APSR
```

对于多数开发工具，UAL 之前的语法仍可使用，其中包括 Keil ARM 微控制器开发套件（MDK-ARM）及 ARM 编译器工具链。不过，新的工程最好使用 UAL。若使用 Keil MDK 开发，则可以通过 THUMB 伪指令指定 UAL 语法的使用，而 UAL 之前的语法则使用 CODE16 伪指令。汇编器语法的选择由所使用的工具决定，请参考开发组件的文档以确定合适的语法。

在重用传统 Thumb 代码时需要注意一点，即便没有使用 S 后缀，有些指令仍会修改 APSR 中的标志。不过，若将相同的指令复制并粘贴到使用 UAL 语法的工程中，该指令就不会再影响 APSR 中的标志。例如：

```
CODE16
…
AND R0, R1                      ; R0 = R0 AND R1,更新 APSR（传统 Thumb 语法）
```

若将这行代码用于符合 UAL 的工程，结果就会为 R0=R0 AND R1，且 APSR 不会改变。

利用 Thumb-2 技术中的新指令，有些操作既可用 Thumb 指令处理，也可用 Thumb-2 指令处理。例如，R0＝R0＋1 可以用 16 位 Thumb 指令或 32 位 Thumb-2 指令实现。利用

UAL,可以通过后缀指定使用的指令：

```
ADDS R0, #1                    ; 默认使用 16 位 Thumb 指令,减小代码体积
ADDS.N R0, #1                  ; 使用 16 位 Thumb 指令 (N = Narrow)
ADDS.W R0, #1                  ; 使用 32 位 Thumb - 2 指令 (W = wide)
```

.W(wide)后缀表示 32 位指令,若没有后缀,汇编器工具选择哪种指令都有可能,不过一般会使用更小的,以获得最优的代码密度。根据所使用的开发工具,可能还可以使用.N(narrow)后缀指定 16 位的 Thumb 指令。

再次说明一下,本语法是针对 ARM 汇编器工具的,其他汇编器的语法可能会稍有不同。若没有后缀,汇编器可能会选择能减小代码的指令。

多数情况下,应用程序是用 C 语言开发的,C 编译器会尽量使用 16 位指令,以降低代码大小。不过,若立即数超过一定范围,或者用 32 位 Thumb-2 指令处理更好,就会使用 32 位指令。编译时若进行速度优化,C 编译器可能还会使用 32 位指令将跳转目标调整到 32 位对齐的地址上,这样可以提高性能。

32 位 Thumb-2 指令可以是半字对齐的。例如,32 位地址可位于半字地址(非对齐),如图 5.4 所示：

```
0x1000 : LDR r0,[r1]           ;16 位指令(位于 0x1000 - 0x1001)
0x1002 : RBIT.W r0             ;32 位 Thumb - 2 指令(位于 0x1002 - 0x1005)
```

多数 16 位指令只能访问 R0～R7,32 位 Thumb-2 指令则没有这个限制。不过,有些指令不允许使用 PC(R15)。若需要了解这方面的更多细节,可以参考《ARMv7-M 架构参考手册》(参考文献[1])或《Cortex-M3/M4 设备用户指南》(参考文献[2]和[3])。

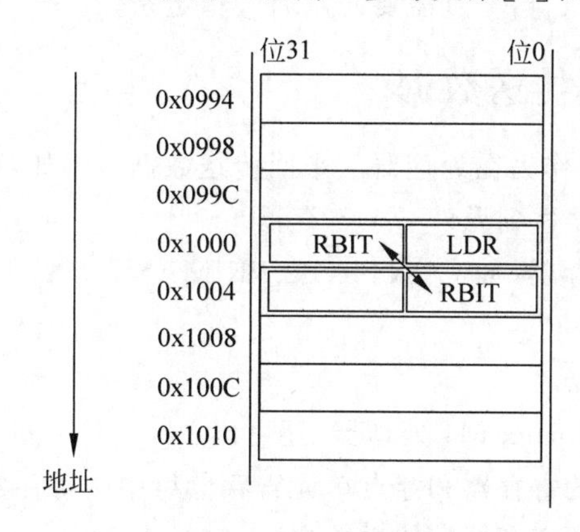

图 5.4 无符号 32 位指令

5.6 指令集

Cortex-M3 和 Cortex-M4 处理器的指令可以按功能分为以下几类：

- 处理器内传送数据
- 存储器访问
- 算术运算
- 逻辑运算

- 移位和循环移位运算
- 转换(展开和反转顺序)运算
- 位域处理指令
- 程序流控制(跳转、条件跳转、条件执行和函数调用)
- 乘累加(MAC)指令
- 除法指令
- 存储器屏障指令
- 异常相关指令
- 休眠模式相关指令
- 其他指令

另外,Cortex-M4 处理器支持增强 DSP 指令:

- SIMD 运算和打包指令
- 快速乘法和 MAC 指令
- 饱和运算
- 浮点指令(前提是浮点单元存在)

要了解每条指令的细节,可以参考 Cortex-M3/Cortex-M4 设备用户指南(参考文献 2 和 3,可在 ARM 网站下载)。在本节的剩余部分中,将会来看一下汇编语言编程的一些基本概念。

为了有助于初学者理解,会在本部分暂时跳过条件后缀。在同 IF-THEN(IT)指令配合使用时,多数指令可以条件执行,不过需要使用后缀指定条件。

5.6.1 处理器内传送数据

微处理器中最基本的操作为在处理器内来回传送数据。例如,可能会:

- 将数据从一个寄存器送到另外一个寄存器。
- 在寄存器和特殊寄存器(如 CONTROL、PRIMASK、FAULTMASK 和 BASEPRI)间传送数据。
- 将立即数送到寄存器。

对于具有浮点单元的 Cortex-M4 处理器,还可以:

- 在内核寄存器组中的寄存器和浮点单元寄存器组中的寄存器间传送数据。
- 在浮点寄存器组中的寄存器间传送数据。
- 在浮点系统寄存器(如 FPSCR——浮点状态和控制寄存器)和内核寄存器间传送数据。
- 将立即数送入浮点寄存器。

表 5.4 中列出了这些操作的一些例子。

表 5.5 中的指令只能用于具有浮点单元的 Cortex-M4。

除了因为使用 S 后缀而会更新 APSR 中的标志外,MOVS 指令和 MOV 指令类似,对于将一个 8 位立即数送到通用目的寄存器组中的一个寄存器来说,MOVS 指令是完全可以胜任的,而且若目的为低寄存器(R0~R7),16 位 Thumb 指令也可以实现。若要将立即数送到高寄存器,或者不必更新 APSR 寄存器,则需要使用 32 位的 MOV/MOVS 指令。

表 5.4　处理器内传送数据的指令

指令	目的	源	操作
MOV	R4,	R0	;从 R0 复制数据到 R4
MOVS	R4,	R0	;从 R0 复制数据到 R4,且更新 APSR(标志)
MRS	R7,	PRIMASK	;将数据从 RPIMASK(特殊寄存器)复制到 R7
MSR	CONTROL,	R2	;将数据从 R2 复制到 CONTROL(特殊寄存器)
MOV	R3,	#0x34	;设置 R3 为 0x34
MOVS	R3,	#0x34	;设置 R3 为 0x34,且更新 APSR
MOVW	R6,	#0x1234	;设置 R6 为 16 位常量 0x1234
MOVT	R6,	#0x8765	;设置 R6 的高 16 位为 0x8765
MVN	R3,	R7	;将 R7 中数据取反后送至 R3

表 5.5　浮点单元和内核寄存器间传送数据的指令

指令	目的	源	操作
VMOV	R0,	S0	;将数据从浮点寄存器 S0 复制到通用目的寄存器 R0
VMOV	S0,	R0	;将数据从通用目的寄存器 R0 复制到浮点寄存器 S0
VMOV	S0,	S1	;将数据从浮点寄存器 S1 复制到 S0(单精度)
VMRS.F32	R0,	FPSCR	;将数据从浮点单元系统寄存器 FPSCR 复制到 R0
VMRS	APSR_nzcv,	FPSCR	;复制 FPSCR 中的标志到 APSR 中的标志
VMSR	FPSCR,	R3	;复制 R3 到浮点单元系统寄存器 FPSCR
VMOV.F32	S0,	#1.0	;将单精度数据送到浮点单元寄存器 S0

要将寄存器设置为一个较大的立即数(9～16 位),可以使用 MOVW 指令。根据所使用的汇编器工具,若立即数位于 9～16 位,MOV 或 MOVS 可能会被自动转换为 MOVW。

若需要将寄存器设置为 32 位立即数,可以使用多种方法。

最常见的方法为利用一个名为 LDR 的伪指令。例如:

```
LDR R0, = 0x12345678              ;将 R0 设置为 0x12345678
```

这不是一个实际的指令,汇编器会将其转换为存储器传输指令及存储在程序映像中的常量。

```
LDR R0, [PC, #offset]
…
DCD 0x12345678
```

LDR 读取[PC+偏移]位置的数据,并将其存入 R0。注意,由于处理器的流水线结构,PC 的值并非 LDR 指令的地址。不过,汇编器会计算偏移,因此也不必担心。

文字池

汇编器通常会将字符数据(如上面例子中的 0x12345678)组成名为文字池的数据块。由于 LDR 指令中的偏移值有限,程序通常需要多个文字池,才能使 LDR 访问到文字数据。因此,需要插入 LTORG(或.pool)之类的汇编伪指令,以告知汇编器何处可以插入文字池。否则,汇编器会尝试将所有的字符数据放到程序代码的末尾,这样可能会超出 LDR 指令可以访问的范围。

若需要将寄存器设置为程序代码中位于一定范围内的地址,则可以使用 ADR 伪指令,它会被转换为一个单独的指令；或者使用ADRL伪指令，它可以提供更大的地址范围，不过会被转换为两条指令。例如：

```
ADR R0, DataTable
…
ALIGN
DataTable
DCD 0, 245, 132, …
```

ADR指令会被转换为基于程序计数器数值的“加法”或“减法”运算。

另外一种生成32位立即数的方法为组合使用MOVW和MOVT指令。例如：

```
MOVW R0, #0x789A          ; 设置 R0 为 0x0000789A
MOVT R0, #0x3456          ; 将 R0 的高 16 位设置为 0x3456,,目前 R0 = 0x3456789A
```

与使用LDR伪指令的方法相比，LDR方法的可读性更好，而且若同一个常量在程序代码中使用了多次，汇编器可能会重用相同的常量数据以降低代码大小。不过，取决于存储器系统的设计，若使用了系统级的缓存且LDR会带来数据缓存丢失，有些情况下MOVW＋MOVT方法生成的代码可能会执行更快。

5.6.2 存储器访问指令

Cortex-M3和Cortex-M4处理器支持许多存储器访问指令，这是因为寻址模式及数据大小和数据传输方向具有多种组合方式。对于普通的数据传输，可用的指令如表5.6所示。

表5.6 各种数据大小的存储器访问指令

数据类型	加载(读存储器)	存储(写存储器)
8位无符号	LDRB	STRB
8位有符号	LDRSB	STRB
16位无符号	LDRH	STRH
16位有符号	LDRSH	STRH
32位	LDR	STR
多个32位	LDM	STM
双字(64位)	LDRD	STRD
栈操作(32位)	POP	PUSH

注意：LDRSB和LDRSH会对被加载数据自动执行有符号展开运算，将其转换为有符号的32位数据。例如，若LDRB指令读取的是0x83，则数据在被放到目的寄存器前会被转换为0xFFFFFF83。

若浮点单元存在，表5.7中的指令也可用于浮点单元寄存器组和存储器间的数据传送。

表5.7 浮点单元的存储器访问指令

数据类型	读存储器(加载)	写存储器(存储)
单精度数据(32位)	VLDR.32	VSTR.32
双精度数据(64位)	VLDR.64	VSTR.64
多数据	VLDM	VSTM
栈操作	VPOP	VPUSH

寻址模式也有多种，在有些模式下，还可以选择更新保存地址的寄存器(写回)。

1. 立即数偏移(前序)

数据传输的存储器地址为寄存器中的数值和立即数常量(偏移)的加和,这有时被称作“前序”寻址。例如:

```
LDRB R0, [R1, #0x3]              ; 从地址 R1 + 0x3 中读取一个字节并将其存入 R0
```

偏移值可以为正数或负数,表 5.8 列出了一些常用的加载和存储指令。

表 5.8 具有立即数偏移的存储器访问指令

前序访问实例 (注:#offset 域为可选的)	描 述
LDRB Rd, [Rn, #offset]	从存储器位置 Rn+offset 读取字节
LDRSB Rd, [Rn, #offset]	从存储器位置 Rn+offset 读取有符号展开的字节
LDRH Rd, [Rn, #offset]	从存储器位置 Rn+offset 读取半字
LDRSH Rd, [Rn, #offset]	从存储器位置 Rn+offset 读取有符号展开的半字
LDR Rd, [Rn, #offset]	从存储器位置 Rn+offset 读取字
LDRD Rd1,Rd2, [Rn, #offset]	从存储器位置 Rn+offset 读取双字
STRB Rd, [Rn, #offset]	往存储器位置 Rn+offset 存储字节
STRH Rd, [Rn, #offset]	往存储器位置 Rn+offset 存储半字
STR Rd, [Rn, #offset]	往存储器位置 Rn+offset 存储字
STRD Rd1,Rd2, [Rn, #offset]	往存储器位置 Rn+offset 存储双字

该寻址模式支持对存放地址的寄存器的写回。例如:

```
LDR R0, [R1, #0x8]!              ; 在访问存储器地址[R1 + 0x8]后 R1 被更新为 R1 + 0x8
```

指令中的感叹号(!)表示指令完成时是否更新存放地址的寄存器(写回)。不管是否使用了感叹号(!),数据传输的地址都使用 R1+R8 的和。表 5.9 中列出的多个加载和存储指令都可以使用写回操作。

表 5.9 具有立即数偏移并写回的存储器访问指令

前序写回访问实例 (注:#offset 域为可选的)	描 述
LDRB Rd, [Rn, #offset]!	读取字节并写回
LDRSB Rd, [Rn, #offset]!	读取字节后进行有符号展开并写回
LDRH Rd, [Rn, #offset]!	读取半字并写回
LDRSH Rd, [Rn, #offset]!	读取半字后进行有符号展开并写回
LDR Rd, [Rn, #offset]!	读取字并写回
LDRD Rd1,Rd2, [Rn, #offset]!	读取双字并写回
STRB Rd, [Rn, #offset]!	往存储器存储字节并写回
STRH Rd, [Rn, #offset]!	往存储器存储半字并写回
STR Rd, [Rn, #offset]!	往存储器存储字并写回
STRD Rd1,Rd2, [Rn, #offset]!	往存储器存储双字并写回

注意:有些指令不能使用 R15(PC)或 R14(SP)。另外,这些指令的 16 位版本只支持低寄存器(R0~R7)而且无法提供写回操作。

若浮点单元存在，表5.10中的指令也可以用于对浮点单元中寄存器执行LDM和STM操作。

表5.10 浮点单元的存储器访问指令

例子（注：#offset 域为可选的）	描　述
VLDR.32 Sd，[Rn，#offset]	读取存储器中的单精度数据到单精度寄存器Sd
VLDR.64 Dd，[Rn，#offset]	读取存储器中的双精度数据到双精度寄存器Dd
VSTR.32 Sd，[Rn，#offset]	写单精度寄存器Sd中的单精度数据到存储器
VSTR.64 Dd，[Rn，#offset]	写双精度寄存器Dd中的双精度数据到存储器

注意：许多浮点指令都使用.32和.64后缀来指定浮点数类型。对于多数工具链，.32和.64是可选的。

2. PC相关寻址（文本）

存储器访问可以产生相对于当前PC的地址值和偏移值，如表5.11所示。它常用于将立即数加载到寄存器中，也可被称作文本池访问。本章前面的内容已经涉及（LDR伪指令）。

表5.11 PC相关寻址的存储器访问指令

例子（注：#offset 域为可选的）	描　述
LDRB Rt,[PC，#offset]	利用PC偏移加载无符号字节到Rt
LDRSB Rt,[PC，#offset]	对字节数据进行有符号展开并利用PC偏移加载到Rt
LDRH Rt,[PC，#offset]	利用PC偏移加载无符号半字到Rt
LDRSH Rt,[PC，#offset]	对半字数据进行有符号展开并利用PC偏移加载到Rt
LDR Rt，[PC，#offset]	利用PC偏移加载字数据到Rt
LDRD Rt,Rt2,[PC，#offset]	利用PC偏移加载双字数据到Rt和Rt2

若浮点单元存在，表5.12中的指令也是可用的。

表5.12 PC相关寻址的浮点单元存储器访问指令

例子（注：#offset 域为可选的）	描　述
VLDR.32Sd,[PC，#offset]	利用PC偏移加载单精度数据到单精度寄存器Sd
VLDR.64Dd,[PC，#offset]	利用PC偏移加载双精度数据到双精度寄存器Dd

3. 寄存器偏移（前序）

另一种有用的寻址模式为寄存器偏移，用于所处理的数据数组的地址为基地址和从索引值计算出的偏移得到的情况。为了进一步提高地址计算的效率，在加到基地址寄存器前，索引值可以进行0～3位的移位。例如：

```
LDR R3, [R0, R2, LSL #2]        ; 将存储器[R0 + (R2 << 2)]读入R3
```

移位运算是可选的，可以简单地进行

```
STR R5, [R0,R7]                 ; 将R5写入存储器[R0 + R7]
```

与立即数偏移类似，如表 5.13 所示，不同的数据大小对应着多种形式。

表 5.13 寄存器偏移的存储器访问指令

寄存器偏移访问实例	描 述
LDRB Rd, [Rn, Rm{, LSL #n}]	从存储器位置 Rn+(Rm<<n)处读取字节
LDRSB Rd, [Rn, Rm{, LSL #n}]	从存储器位置 Rn+(Rm<<n)处读取字节并进行有符号展开
LDRH Rd, [Rn, Rm{, LSL #n}]	从存储器位置 Rn+(Rm<<n)处读取半字
LDRSH Rd, [Rn, Rm{, LSL #n}]	从存储器位置 Rn+(Rm<<n)处读取半字并进行有符号展开
LDR Rd, [Rn, Rm{, LSL #n}]	从存储器位置 Rn+(Rm<<n)处读取字
STRB Rd, [Rn, Rm{, LSL #n}]	往存储器位置 Rn+(Rm<<n)存储字节
STRH Rd, [Rn, Rm{, LSL #n}]	往存储器位置 Rn+(Rm<<n)存储半字
STR Rd, [Rn, Rm{, LSL #n}]	往存储器位置 Rn+(Rm<<n)存储字

4. 后序

具有立即数寻址模式的存储器访问指令也有一个立即数偏移数值。不过，在存储器访问期间是不会用到偏移的，它会在数据传输结束后更新地址寄存器。例如：

```
LDR R0, [R1], #offset          ; 读取存储器[R1],然后 R1 被更新为 R1 + 偏移
```

若使用后序存储器寻址模式，由于在数据传输成功完成时，基地址寄存器总会得到更新，因此无须使用感叹号(!)。表 5.14 列出了后序存储器访问指令的多种形式。

表 5.14 后序存储器访问指令

后序访问实例	描 述
LDRB Rd,[Rn], #offset	读取存储器[Rn]处的字节到 Rd，然后更新 Rn 到 Rn+offset
LDRSB Rd,[Rn], #offset	读取存储器[Rn]处的字节到 Rd 并进行有符号展开，然后更新 Rn 到 Rn+offset
LDRH Rd,[Rn], #offset	读取存储器[Rn]处的半字到 Rd，然后更新 Rn 到 Rn+offset
LDRSH Rd,[Rn], #offset	读取存储器[Rn]处的半字到 Rd 并进行有符号展开，然后更新 Rn 到 Rn+offset
LDR Rd,[Rn], #offset	读取存储器[Rn]处的字到 Rd，然后更新 Rn 到 Rn+offset
LDRD Rd1,Rd2,[Rn], #offset	读取存储器[Rn]处的双字到 Rd1、Rd2，然后更新 Rn 到 Rn+offset
STRB Rd,[Rn], #offset	存储字节到存储器[Rn]，然后更新 Rn 到 Rn+offset
STRH Rd,[Rn], #offset	存储半字到存储器[Rn]，然后更新 Rn 到 Rn+offset
STR Rd,[Rn], #offset	存储字到存储器[Rn]，然后更新 Rn 到 Rn+offset
STRD Rd1,Rd2,[Rn], #offset	存储双字到存储器[Rn]，然后更新 Rn 到 Rn+offset

后序寻址模式在处理数组中的数据时非常有用，在访问数组中的元素时，地址寄存器可以自动调整，节省了代码大小和执行时间。

注意：后序指令中不能使用 R15(PC)或 R14(SP)，后序存储器访问指令都是 32 位的，偏移数值可以为整数或负数。

5. 多加载和多存储

ARM 架构的一个重要优势在于，可以读或写存储器中多个连续数据，LDM(加载多个寄存器)和 STM(存储多个寄存器)指令只支持 32 位数据，它们支持两种前序：

- IA：在每次读/写后增加地址。
- DB：在每次读/写前减小地址。

LDM 和 STM 指令在使用时可以不进行基地址写回，如表 5.15 所示。

表 5.15　多加载/存储存储器访问指令

多加载/存储实例	描　述
LDMIA Rn,<reg list>	从 Rn 指定的存储器位置读取多个字，地址在每次读取后增加(IA)
LDMDB Rn,<reg list>	从 Rn 指定的存储器位置读取多个字，地址在每次读取前减小(DB)
STMIA Rn,<reg list>	往 Rn 指定的存储器位置写入多个字，地址在每次写入后增加
STMDB Rn,<reg list>	往 Rn 指定的存储器位置写入多个字，地址在每次写入前减小

表 5.15 中的<reg list>为寄存器列表，其中至少包括一个寄存器，以及：

- 开始为"{"，结束为"}"。
- 使用"-"(连字符)表示范围。例如，R0-R4 表示 R0、R1、R2、R3 以及 R4。
- 使用","(逗号)隔开每个寄存器。

例如，下面的指令读取地址 0x20000000～0x2000000F(4 个字)的内容到 R0～R3：

```
LDR R4, = 0x20000000            ; 将 R4 设置为 0x20000000 (地址)
LDMIA R4, {R0 - R3}             ; 读取 4 个字并将其存入 R0～R3
```

寄存器列表可以是不连续的，如{R1, R3, R5-R7, R9, R11-12}，其中包括 R1、R3、R5、R6、R7、R9、R11、R12。

与其他的加载/存储指令类似，可以在 STM 和 LDM 中使用写回。例如：

```
LDR R8, = 0x8000                ; 将 R8 设置为 0x8000 (地址)
STMIA R8!, {R0 - R3}            ; 存储后 R8 变为 0x8010
```

具有写回的多加载/存储存储器访问指令如表 5.16 所示。LDM 和 STM 指令的 16 位版本只能使用低寄存器，而且若基地址寄存器为被存储器读更新的目的寄存器之一，其总具有写回使能。

表 5.16　具有写回的多加载/存储存储器访问指令

多加载/存储实例	描　述
LDMIA Rn!,<reg list>	从 Rn 指定的存储器位置读取多个字，地址在每次读取后增加(IA)，Rn 在传输完成后写回
LDMDB Rn!,<reg list>	从 Rn 指定的存储器位置读取多个字，地址在每次读取前减小(DB)，Rn 在传输完成后写回
STMIA Rn!,<reg list>	往 Rn 指定的存储器位置写入多个字，地址在每次写入后增加，Rn 在传输完成后写回
STMDB Rn!,<reg list>	往 Rn 指定的存储器位置写入多个字，地址在每次写入前减小，Rn 在传输完成后写回

若浮点单元存在，表 5.17 中的指令也可用于执行浮点单元中寄存器的多加载和多存储操作。

表 5.17 具有写回的浮点单元多加载/存储存储器访问指令

多加载/存储实例	描 述
VLDMIA.32 Rn, <s_reg list>	读取多个单精度数据,地址在每次读取后增加(IA)
VLDMDB.32 Rn, <s_reg list>	读取多个单精度数据,地址在每次读取前减小(DB)
VLDMIA.64 Rn, <d_reg list>	读取多个双精度数据,地址在每次读取后增加(IA)
VLDMDB.64 Rn, <d_reg list>	读取多个双精度数据,地址在每次读取前减小(DB)
VSTMIA.32 Rn, <s_reg list>	写入多个单精度数据,地址在每次写入后增加
VSTMDB.32 Rn, <s_reg list>	写入多个单精度数据,地址在每次写入前减小
VSTMIA.64 Rn, <d_reg list>	写入多个双精度数据,地址在每次写入后增加
VSTMDB.64 Rn, <d_reg list>	写入多个双精度数据,地址在每次写入前减小
VLDMIA.32 Rn!, <s_reg list>	读取多个单精度数据,地址在每次读取后增加(IA),Rn 在传输完成后写回
VLDMDB.32 Rn!, <s_reg list>	读取多个单精度数据,地址在每次读取前减小(DB),Rn 在传输完成后写回
VLDMIA.64 Rn!, <d_reg list>	读取多个双精度数据,地址在每次读取后增加(IA),Rn 在传输完成后写回
VLDMDB.64 Rn!, <d_reg list>	读取多个双精度数据,地址在每次读取前减小(DB),Rn 在传输完成后写回
VSTMIA.32 Rn!, <s_reg list>	写入多个单精度数据,地址在每次读取后增加(IA),Rn 在传输完成后写回
VSTMDB.32 Rn!, <s_reg list>	写入多个单精度数据,地址在每次读取前减小(DB),Rn 在传输完成后写回
VSTMIA.64 Rn!, <d_reg list>	写入多个双精度数据,地址在每次读取后增加(IA),Rn 在传输完成后写回
VSTMDB.64 Rn!, <d_reg list>	写入多个双精度数据,地址在每次读取前减小(DB),Rn 在传输完成后写回

6. 压栈和出栈

栈的 push 和 pop 为另外一种形式的多存储和多加载,它们利用当前选定的栈指针来生成地址。当前栈指针可以是主栈指针(MSP),也可以是进程栈指针(PSP),实际选择是由处理器的当前模式和 CONTROL 特殊寄存器的数值决定(见第 4 章)。压栈和出栈的指令如表 5.18 所示。

表 5.18 内核寄存器的压栈和出栈指令

栈操作示例	描 述
PUSH <reg list>	将寄存器存入栈中
POP <reg list>	从栈中恢复寄存器

寄存器列表的语法和 LDM 与 STM 相同。例如:

```
PUSH {R0, R4 - R7, R9}        ; 将 R0, R4, R5, R6, R7, R9 压入栈中
POP {R2, R3}                  ; 将栈中内容存入 R2 和 R3
```

对于 PUSH 指令,通常会对应一个具有相同寄存器列表的 POP,不过这也并不是必然的。例如,异常中就有使用 POP 作为函数返回的情形:

```
PUSH {R4 - R6, LR}            ; 在子程序开始处保存 R4 - R6 和 LR(链接寄存器)
```

```
                                    ; LR 中包含返回地址
...                                 ; 子程序中的处理
POP {R4 - R6, PC}                   ; 从栈中恢复 R4 - R6 和返回地址,返回地址直接存入 PC
                                    ; 这样会触发跳转(子程序返回)
```

除了将返回地址恢复到 LR 然后写入程序计数器(PC)外，可以将返回地址直接写入 PC 以减少指令数和周期数。

16 位的 PUSH 和 POP 只能使用低寄存器(R0～R7)、LR(用于 PUSH)和 PC(用于 POP)。因此，若在函数中某个高寄存器被修改时要保存寄存器的内容，则需要使用 32 位的 PUSH 和 POP 指令对。

若浮点单元存在，表 5.19 中的指令也可用于执行针对浮点单元中寄存器的栈操作。

与 PUSH 和 POP 不同，VPUSH 和 VPOP 指令需要：

- 寄存器列表中寄存器是连续的。
- 每次 VPUSH 或 VPOP 压栈/出栈的寄存器的最大数量为 16。

若需要保存超过 16 个的单精度浮点寄存器，可以使用双精度指令或者使用两组 VPUSH 和 VPOP。

表 5.19　浮点单元寄存器的压栈和出栈指令

栈操作示例	描　述
VPUSH.32 <s_reg list>	将单精度寄存器存入栈中(如 s0～s31)
VPUSH.64 <d_reg list>	将双精度寄存器存入栈中(如 d0～d15)
VPOP.32 <s_reg list>	从栈中恢复单精度寄存器
VPOP.64 <d_reg list>	从栈中恢复双精度寄存器

7. SP 相关寻址

除了用于函数或子例程的寄存器临时存储，栈空间还常用于局部变量，而访问这些变量则需要 SP 相关的寻址，这一点在前面介绍带有立即数偏移的加载和存储指令时已经涉及。不过，多数 16 位 Thumb 指令只能使用低寄存器，因此，SP 相关的寻址有一对专用的 16 位 LDR 和 STR 指令。

使用 SP 相关的寻址模式的一个例子为(见图 5.5)：在函数开始处，为了给局部变量预留出空间，SP 数值减小，这些局部变量可以用 SP 相关的寻址模式进行访问；在函数结束时，SP 增大且恢复为初始值，这样在返回到调用代码前会将已分配的栈空间释放。

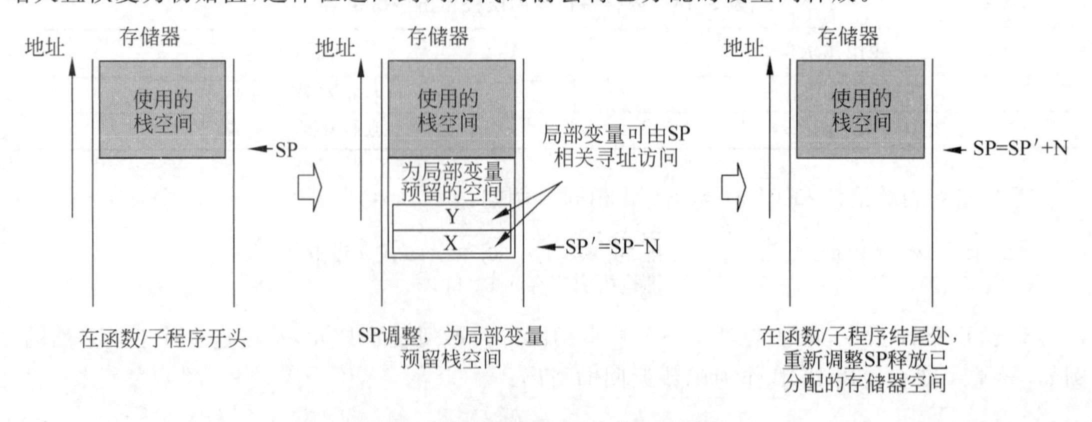

图 5.5　局部变量空间分配和栈访问

8. 非特权访问等级下的加载和存储

利用一组加载和存储指令，处于特权访问等级的程序代码可以访问非特权访问权限的存储器，如表 5.20 所示。

表 5.20　非特权访问等级的存储器访问指令

非特权访问等级 LDR/STR 示例（注：#offset 域可选）	描　述
LDRBT Rd, [Rn, #offset]	从存储器位置 Rn+offset 读取字节
LDRSBT Rd, [Rn, #offset]	从存储器位置 Rn+offset 读取有符号展开的字节
LDRHT Rd, [Rn, #offset]	从存储器位置 Rn+offset 读取半字
LDRSHT Rd, [Rn, #offset]	从存储器位置 Rn+offset 读取有符号展开的半字
LDRT Rd, [Rn, #offset]	从存储器位置 Rn+offset 读取字
STRBT Rd, [Rn, #offset]	往存储器位置 Rn+offset 存储字节
STRHT Rd, [Rn, #offset]	往存储器位置 Rn+offset 存储半字
STRT Rd, [Rn, #offset]	往存储器位置 Rn+offset 存储字

有些 OS 环境可能会需要这些指令，因为非特权应用程序可以访问以数据指针作为输入参数的 API 函数（运行在特权访问等级），而 API 操作的存储器数据由指针决定。若数据访问由普通的加载和存储指令完成，非特权应用任务则可以利用这些 API 修改被其他任务或 OS 内核使用的数据。而将这些 API 编码为非特权访问等级的特殊的加载和存储指令后，它们只能访问应用任务可以访问的数据。

9. 排他访问

排他访问指令为一组特殊的存储器访问指令，用于实现信号量或 MUTEX（互斥体）操作。它们常见于嵌入式 OS 中，其中的某个资源（一般为硬件，不过也可以是软件）需为多个应用任务甚至多个处理器共用。

排他访问指令包括排他加载和排他存储，要监控排他访问，需要使用处理器内或总线中的特殊硬件。处理器内部存在一个仅有一位的寄存器，它可以记录排他访问流程，将其称为本地排他访问监控。在系统总线级可能也会存在排他访问监控，以确定排他访问使用的某个存储器位置（或存储器设备）是否被另外一个处理器或总线主控访问。处理器在总线接口上存在额外的信号，以表明传输为排他访问以及接收系统总线级排他访问监控的回应。

对于信号量或 MUTEX 操作，RAM 中的一个数据变量用以表示令牌，它可以具有多种用途，如表示某硬件资源已经被分配给了一个应用任务。例如，假定该变量为 0 表示资源可用，而 1 则表示已被某任务占用。请求资源的排他访问流程可以描述为：

（1）变量被排他加载（读取）访问。处理器内的本地排他访问监控被更新，以表明当前为活跃的访问传输，而且若总线级的排他访问监控存在，它也会被更新。

（2）应用程序代码检查该变量，以确定硬件资源是否已被占用，若数值为 1（已占用），那么，它就会再次尝试或者放弃；若数值为 0（资源空闲），则它接下来会尝试获取资源。

（3）任务利用排他存储将变量写为 1。若本地排他访问监控置位且总线级排他访问监控未提示错误，则变量会更新且排他存储会返回一个成功状态。若在排他加载和排他存储期间产生了一些可以影响变量访问的排他性的情况，排他存储就会返回失败状态，且变量不会更新（被处理器自身取消或存储被总线级排他访问监控阻止）。

（4）通过返回状态，应用任务可以了解到硬件资源是否已分配成功。若未成功，可以稍后再次尝试或放弃。

若符合下列条件，排他存储会失败：

（1）总线级排他访问监控返回错误排他失败响应（如存储器位置或存储器区域已经被其他的处理器访问）。

（2）本地排他访问监控未置位，可由下列情况引起：

- 排他传输顺序错误。
- 在排他加载和排他存储间产生中断进入/退出（存储器位置或存储器区域可能已经被中断处理或另一个任务访问）。
- 特殊指令 CLREX 的执行清除本地排他访问监控。

排他访问指令如表 5.21 所示。

表 5.21 排他访问指令

排他访问示例	描　述
LDREXB Rt, [Rn]	从存储器位置 Rn 排他读取字节
LDREXH Rt, [Rn]	从存储器位置 Rn 排他读取半字
LDREX Rt, [Rn, #offset]	从存储器位置 Rn 排他读取字
STREXB Rd, Rt, [Rn]	往存储器位置 Rt 排他存储字节，返回状态位于 Rd 中
STREXH Rd, Rt, [Rn]	往存储器位置 Rt 排他存储半字，返回状态位于 Rd 中
STREX Rd, Rt, [Rn, #offset]	往存储器位置 Rt 排他存储字，返回状态位于 Rd 中
CLREX	强制本地排他访问监控清零，使得下一次排他存储失败。它并不是排他存储器访问指令，不过由于它的用法，在这里列了出来

5.6.3 算术运算

Cortex-M3 和 Cortex-M4 处理器提供了用于算术运算的多个指令，这里只介绍一些基本的。许多数据处理指令可以有多种形式。例如，ADD 指令可以操作两个寄存器或者一个寄存器和一个立即数：

```
ADD R0, R0, R1          ; R0 = R0 + R1
ADDS R0, R0, #0x12      ; R0 = R0 + 0x12,APSR (标志)更新
ADC R0, R1, R2          ; R0 = R1 + R2 + 进位
```

这些都是 ADD 指令，不过，它们的语法和二进制编码不同。

按照传统的 Thumb 语法（UAL 之前），在使用 16 位的 Thumb 代码时，ADD 指令会修改 PSR 中的标志。不过，32 位 Thumb-2 指令可以修改这些标志，也可以不修改。为了区分这两种操作，根据统一汇编语言（UAL）语法，若后面的操作需要标志，则应该使用 S 后缀：

```
ADD R0, R1, R2          ; 标志未变
ADDS R0, R1, R2         ; 标志改变
```

除了 ADD 指令，Cortex-M3 的算术功能还包括 SUB（减法）、MUL（乘法）以及 UDIV/SDIV（无符号和有符号除法）。表 5.22 列出了一些常用的算术指令。

表 5.22 算术数据运算指令

常用算术指令(可选后缀未列出来)		操 作
ADD Rd, Rn, Rm	; Rd = Rn + Rm	ADD 运算
ADD Rd, Rn, # immed	; Rd = Rn + #immed	
ADC Rd, Rn, Rm	; Rd = Rn + Rm + 进位	带进位的 ADD
ADC Rd, #immed	; Rd = Rd + #immed + 进位	
ADDW Rd, Rn, #immed	; Rd = Rn + #immed	寄存器和 12 位立即数相加
SUB Rd, Rn, Rm	; Rd = Rn −Rm	减法
SUB Rd, #immed	; Rd = Rd −#immed	
SUB Rd, Rn, #immed	; Rd = Rn −#immed	
SBC Rd, Rn, #immed	; Rd = Rn −#immed −借位	带借位的减法
SBC Rd, Rn, Rm	; Rd = Rn −Rm −借位	
SUBW Rd, Rn, #immed	; Rd = Rn −#immed	寄存器和 12 位立即数相减
RSB Rd, Rn, #immed	; Rd = #immed −Rn	减反转
RSB Rd, Rn, Rm	; Rd = Rm −Rn	
MUL Rd, Rn, Rm	; Rd = Rn * Rm	乘法(32 位)
UDIV Rd, Rn, Rm	; Rd = Rn /Rm	无符号和有符号除法
SDIV Rd, Rn, Rm	; Rd = Rn /Rm	

这些指令在使用时可以带着或不带 S 后缀以及指明 APSR 是否应更新。

若出现被零除的情况,UDIV 和 SDIV 指令的结果默认为 0。可以设置 NVIC 配置控制寄存器中的 DIVBYZERO 位,这样,在出现被零除时就可以产生异常(使用错误)。

Cortex-M3 和 Cortex-M4 处理器都支持具有 32 位和 64 位结果的 32 位乘法指令和乘累加(MAC)指令。这些指令支持有符号和无符号的形式(见表 5.23),APSR 标志不受这些指令的影响。

表 5.23 乘法和 MAC(乘累加)指令

指令(由于 APSR 不更新,因此无 S 后缀)		操 作
MLA Rd, Rn, Rm, Ra	; Rd = Ra + Rn * Rm	32 位 MAC 指令,32 位结果
MLS Rd, Rn, Rm, Ra	; Rd = Ra −Rn * Rm	32 位乘减指令,32 位结果
SMULL RdLo, RdHi, Rn, Rm	;{RdHi,RdLo}=Rn * Rm	有符号数据的 32 位乘 &MAC 指令,64 位结果
SMLAL RdLo, RdHi, Rn, Rm	;{RdHi,RdLo}+= Rn * Rm	
UMULL RdLo, RdHi, Rn, Rm	;{RdHi,RdLo}=Rn * Rm	无符号数据的 32 位乘 &MAC 指令,64 位结果
UMLAL RdLo, RdHi, Rn, Rm	;{RdHi,RdLo}+= Rn * Rm	

Cortex-M4 处理器还支持额外的 MAC 指令,稍后在 5.7.3 节中将会介绍这方面的内容。

5.6.4 逻辑运算

Cortex-M3 和 Cortex-M4 处理器支持多种逻辑运算指令,如 AND、OR 以及异或等。与算术指令类似,这些指令的 16 位版本会更新 APSR 中的标志。若未指定 S 后缀,汇编器会将它们转换为 32 位指令。

逻辑运算指令如表 5.24 所示。

表 5.24 逻辑运算指令

<table>
<tr><th colspan="2">指令(可选的 S 后缀未列出来)</th><th>操　作</th></tr>
<tr><td>AND Rd, Rn</td><td>; Rd=Rd & Rn</td><td rowspan="3">按位与</td></tr>
<tr><td>AND Rd, Rn, #immed</td><td>; Rd=Rn & #immed</td></tr>
<tr><td>AND Rd, Rn, Rm</td><td>; Rd=Rn & Rm</td></tr>
<tr><td>ORR Rd, Rn</td><td>; Rd=Rd | Rn</td><td rowspan="3">按位或</td></tr>
<tr><td>ORR Rd, Rn, #immed</td><td>; Rd=Rn | #immed</td></tr>
<tr><td>ORR Rd, Rn, Rm</td><td>; Rd=Rn | Rm</td></tr>
<tr><td>BIC Rd, Rn</td><td>; Rd=Rd & (~Rn)</td><td rowspan="3">位清除</td></tr>
<tr><td>BIC Rd, Rn, #immed</td><td>; Rd=Rn &(~#immed)</td></tr>
<tr><td>BIC Rd, Rn, Rm</td><td>; Rd=Rn &(~Rm)</td></tr>
<tr><td>ORN Rd, Rn, #immed</td><td>; Rd=Rn | (w#immed)</td><td rowspan="2">按位或非</td></tr>
<tr><td>ORN Rd, Rn, Rm</td><td>; Rd=Rn | (wRm)</td></tr>
<tr><td>EOR Rd, Rn</td><td>; Rd=Rd ^ Rn</td><td rowspan="3">按位异或</td></tr>
<tr><td>EOR Rd, Rn, #immed</td><td>; Rd=Rn | #immed</td></tr>
<tr><td>EOR Rd, Rn, Rm</td><td>; Rd=Rn | Rm</td></tr>
</table>

若使用这些指令的 16 位版本，则只能操作两个寄存器，且目的寄存器需要为源寄存器之一。另外，还必须是低寄存器(R0~R7)，而且要使用 S 后缀(APSR 更新)。ORN 指令没有 16 位的形式。

5.6.5 移位和循环移位指令

Cortex-M3 和 Cortex-M4 处理器支持多种移位和循环移位指令，如表 5.25 和图 5.6 所示。

表 5.25 移位和循环移位运算指令

<table>
<tr><th colspan="2">指令(可选的 S 后缀未列出来)</th><th>操　作</th></tr>
<tr><td>ASR Rd, Rn, #immed</td><td>; Rd=Rn>>immed</td><td rowspan="3">算术右移</td></tr>
<tr><td>ASR Rd, Rn</td><td>; Rd=Rd>>Rn</td></tr>
<tr><td>ASR Rd, Rn, Rm</td><td>; Rd=Rn>>Rm</td></tr>
<tr><td>LSL Rd, Rn, #immed</td><td>; Rd=Rn<<immed</td><td rowspan="3">逻辑左移</td></tr>
<tr><td>LSL Rd, Rn</td><td>; Rd=Rd<<Rn</td></tr>
<tr><td>LSL Rd, Rn, Rm</td><td>; Rd=Rn<<Rm</td></tr>
<tr><td>LSR Rd, Rn, #immed</td><td>; Rd=Rn>>immed</td><td rowspan="3">逻辑右移</td></tr>
<tr><td>LSR Rd, Rn</td><td>; Rd=Rd>>Rn</td></tr>
<tr><td>LSR Rd, Rn, Rm</td><td>; Rd=Rn>>Rm</td></tr>
<tr><td>ROR Rd, Rn</td><td>; Rd 右移 Rn</td><td rowspan="2">循环右移</td></tr>
<tr><td>ROR Rd, Rn, Rm</td><td>; Rd=Rn 右移 Rm</td></tr>
<tr><td>RRX Rd, Rn</td><td>; {C, Rd}={Rn, C}</td><td>循环右移并展开</td></tr>
</table>

若使用了 S 后缀，这些循环和移位指令也会更新 APSR 中的进位标志。若移位运算移动了寄存器中的多个位，进位标志 C 的数据就会为移出寄存器的最后一位。

你可能想知道为什么只有循环右移而没有循环左移，事实上，循环左移运算可以由循环右移一定数量代替。例如，循环左移 4 位可以写作循环右移 28 位，这样得到的目的寄存器中的结果是一样的(注意，循环左移的 C 标志不同)，而且执行时间也相同。

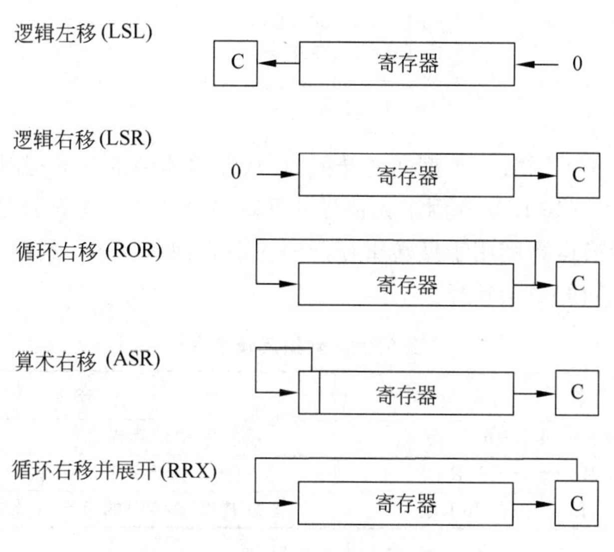

图 5.6 移位和循环移位运算

要使用这些指令的 16 位版本,寄存器需要为低寄存器,而且应该使用 S 后缀(更新 APSR)。RRX 指令没有 16 位的形式。

5.6.6 数据转换运算(展开和反序)

对于 Cortex-M3 和 Cortex-M4 处理器,用于处理数据的有符号和无符号展开的指令有很多,如将 8 位数转换为 32 位或将 16 位转换为 32 位。有符号和无符号指令都有 16 位和 32 位的形式,如表 5.26 所示。这些指令的 16 位版本只能访问低寄存器(R0~R7)。

表 5.26 有符号和无符号展开

指 令	操 作
SXTB Rd, Rm ; Rd=有符号展开(Rn[7:0])	有符号展开字节为字
SXTH Rd, Rm ; Rd=有符号展开(Rn[15:0])	有符号展开半字为字
UXTB Rd, Rm ; Rd=无符号展开(Rn[7:0])	无符号展开字节为字
UXTH Rd, Rm ; Rd=无符号展开(Rn[15:0])	无符号展开半字为字

这些指令的 32 位形式可以访问高寄存器,而且可以选择在进行有符号展开运算前将输入数据循环右移,如表 5.27 所示。

表 5.27 具有可选循环移位的有符号和无符号展开

指 令	操 作
SXTB Rd, Rm {, ROR #n} ; n=8 / 16/ 24	有符号展开字节为字
SXTH Rd, Rm {, ROR #n} ; n=8 / 16/ 24	有符号展开半字为字
UXTB Rd, Rm {, ROR #n} ; n=8 / 16/ 24	无符号展开字节为字
UXTH Rd, Rm {, ROR #n} ; n=8 / 16/ 24	无符号展开半字为字

SXTB/SXTH 使用 Rn 的 bit[7]/bit[15]进行有符号展开,而 UXTB 和 UXTH 则将数据以零展开的方式扩展为 32 位。

例如,若 R0 为 0x55AA8765:

```
SXTB R1, R0                ; R1 = 0x00000065
SXTH R1, R0                ; R1 = 0xFFFF8765
UXTB R1, R0                ; R1 = 0x00000065
UXTH R1, R0                ; R1 = 0x00008765
```

这些指令可以用于不同数据类型间的转换，在从存储器中加载数据时，可能会同时产生有符号展开和无符号展开（如 LDRB 用于无符号数据，LDRSB 用于有符号数据）。

另外一组数据转换运算则用于反转寄存器中的字节，如表 5.28 和图 5.7 所示。这些指令通常用于大端和小端间的数据转换。

表 5.28 数据反转指令

指令	操　作
REV Rd, Rn ; Rd = rev(Rn)	反转字中的字节
REV16 Rd, Rn ; Rd = rev16(Rn)	反转每个半字中的字节
REVSH Rd, Rn ; Rd = revsh(Rn)	反转低半字中的字节并将结果有符号展开

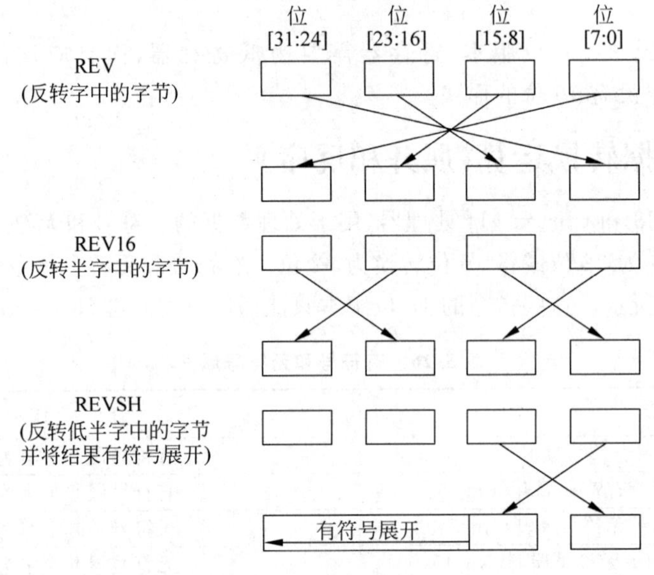

图 5.7 反转操作

这些指令的 16 位形式只能访问低寄存器（R0～R7）。

REV 反转字数据中字节顺序，而 REVH 则反转半字中的字节顺序。例如，若 R0 为 0x12345678，执行下面的指令后：

```
REV   R1, R0
REVH  R2, R0
```

R1 会变为 0x78563412，而 R2 则会变为 0x34127856。

REVSH 和 REVH 类似，只是它只能在处理低半字后将结果有符号展开。例如，若 R0 为 0x33448899，执行：

```
REVSH  R1, R0
```

R1 会变为 0xFFFF9988。

5.6.7　位域处理指令

为使 Cortex-M3 和 Cortex-M4 处理器架构完美适合控制类的应用，它们支持多种位域处理运算，如表 5.29 所示。

表 5.29　位域处理指令

指令	操　　作
BFC Rd，＃＜lsb＞，＃＜width＞	清除寄存器中的位域
BFI Rd，Rn，＃＜lsb＞，＃＜width＞	将位域插入寄存器
CLZ Rd，Rm	前导零计数
RBIT Rd，Rn	反转寄存器中的位顺序
SBFX Rd，Rn，＃＜lsb＞，＃＜width＞	从源中复制位域并有符号展开
UBFX Rd，Rn，＃＜lsb＞，＃＜width＞	从源寄存器中复制位域

BFC(位域清除)清除寄存器任意相邻的 1～31 位。该指令的语法为：

```
BFC <Rd>, <#lsb>, <#width>
```

例如：

```
LDR R0, = 0x1234FFFF
BFC R0, #4, #8
```

这样得到的结果为 R0 = 0x1234F00F。

BFI(位域插入)将一个寄存器的 1～31 位(＃width)复制到另外一个寄存器的任意位置上。语法为：

```
BFI <Rd>, <Rn>, <#lsb>, <#width>
```

例如：

```
LDR R0, = 0x12345678
LDR R1, = 0x3355AACC
BFI R1, R0, #8, #16            ; 将 R0[15:0]插入 R1[23:8]
```

这样，得到的结果为 R1= 0x335678CC。

CLZ 计算前导零的个数，若没有位为 1 则结果为 32，而所有位都为 1 则结果为 0。其通常用于在对数据进行标准化处理时确定移位的个数，以便将第一个 1 移到第 31 位。在浮点计算中经常会用到。

RBIT 指令反转字数据中位顺序。语法为：

```
RBIT <Rd>, <Rn>
```

该指令常在数据通信中用于串行位数据流的处理。例如，若 R0 为 0xB4E10C23(二进制数值为 1011_0100_1110_0001_0000_1100_0010_0011)，执行：

```
RBIT R0, R1
```

R1 会变为 0xC430872D(二进制数值为 1100_0100_0011_0000_1000_0111_0010_1101)。

UBFX 和 SBFX 为无符号和有符号位域提取指令。语法为：

```
UBFX <Rd>, <Rn>, <#lsb>, <#width>
SBFX <Rd>, <Rn>, <#lsb>, <#width>
```

UBFX从寄存器中的任意位置（由操作数＜＃lsb＞指定）开始提取任意宽度（由操作数＜＃width＞指定）的位域，将其零展开后放入目的寄存器。例如：

```
LDR R0, = 0x5678ABCD
UBFX R1, R0, #4, #8
```

这样，得到的结果为R1 = 0x000000BC（0xBC的零展开）。

类似地，SBFX提取出位域，不过会在放入目的寄存器前进行有符号展开。例如：

```
LDR R0, = 0x5678ABCD
SBFX R1, R0, #4, #8
```

这样，得到的结果为R1 = 0xFFFFFFBC（0xBC的有符号展开）。

5.6.8 比较和测试

比较和测试指令用于更新APSR中的标志，这些标志随后可能会用于条件跳转或条件执行（下节将会介绍）。表5.30列出了这些指令。

表5.30 比较和测试指令

指令	操　作
CMP＜Rn＞，＜Rm＞	比较：计算Rn-Rm，APSR更新但结果不会保存
CMP＜Rn＞，＃＜immed＞	比较：计算Rn-立即数
CMN＜Rn＞，＜Rm	负比较：计算Rn＋Rm，APSR更新但结果不会保存
CMN＜Rn＞，＃＜immed＞	负比较：计算Rn＋立即数，APSR更新但结果不会保存
TST＜Rn＞，＜Rm＞	测试（按位与）：计算Rn和Rm相与后的结果，APSR中的N位和Z位更新，但与运算的结果不会保存，若使用了桶形移位则更新C位
TST＜Rn＞，＃＜immed＞	测试（按位与）：计算Rn和立即数相与后的结果，APSR中的N位和Z位更新，但与运算的结果不会保存
TEQ＜Rn＞，＜Rm＞	测试（按位异或）：计算Rn和Rm异或后的结果，APSR中的N位和Z位更新，但运算的结果不会保存，若使用了桶形移位则更新C位
TEQ＜Rn＞，＃＜immed＞	测试（按位异或）：计算Rn和立即数异或后的结果，APSR中的N位和Z位更新，但运算的结果不会保存

注意：由于APSR总是会更新，因此这些指令中不存在S后缀。

5.6.9 程序流控制

用于程序流控制的指令有多种：

- 跳转
- 函数调用
- 条件跳转
- 比较和条件跳转的组合
- 条件执行（IF-THEN指令）
- 表格跳转

1. 跳转

多个指令可以引发跳转操作：

- 跳转指令（如 B、BX）。
- 更新 R15(PC)的数据处理指令（如 MOV、ADD）。
- 写入 PC 的读存储器指令（如 LDR、LDM、POP）。

一般来说，尽管可以使用任意一种操作来实现跳转，比较常用的还是 B(跳转)、BX(间接跳转)以及 POP 指令(通常用于函数返回)。早期的 ARM 处理器有时还会在表格跳转时使用其他的方法，不过 Cortex-M3/M4 处理器就不需要了，它们有用于表格跳转的特殊指令。

在本节中，将只会关注跳转指令。表 5.31 中列出了最基本的跳转指令。

表 5.31 无条件跳转指令

指令	操　作
B<label> B. W<label>	跳转到 label。若跳转范围超过了+/-2KB，则可以指定 B. W<label>使用 32 位版本的跳转指令，这样可以得到较大的范围
BX<Rm>	间接跳转。跳转到存放于 Rm 中的地址值，并且基于 Rm 第 0 位设置处理器的执行状态(T 位)(由于 Cortex-M 处理器只支持 Thumb 状态，Rm 的第 0 位必须为 1)

2. 函数调用

要调用函数，可以使用链接跳转(BL)或带链接的间接跳转(BLX)指令，如表 5.32 所示。它们执行跳转并同时将返回地址保存到链接寄存器(LR)，这样在函数调用结束后处理器还可以跳回之前的程序。

表 5.32 函数调用指令

指令	操　作
BL <label>	跳转到标号地址并将返回地址保存在 LR 中
BLX <Rm>	跳转到 Rm 指定的地址，并将返回地址保存在 LR 中，以及更新 EPSR 中的 T 位为 Rm 的最低位

当执行这些指令时：

- 程序计数器被置为跳转目标地址。
- 链接寄存器(LR/R14)被更新为返回地址，这也是已执行的 BL/BLX 后指令的地址。
- 若指令为 BLX，则 EPSR 中的 Thumb 位也会被更新为存放跳转目标地址的寄存器的最低位。

由于 Cortex-M3 和 M4 处理器只支持 Thumb 状态，BLX 操作中使用的寄存器的最低位必须要置为 1，要不然，它就表示试图切换至 ARM 状态，这样会引发错误异常。

若需要调用子程序则保存 LR

BL 指令会破坏 LR 寄存器的当前内容。因此，若程序代码稍后需要 LR 寄存器，则应该在执行 BL 前保存 LR。最常用的方法为在子程序开头处将 LR 压入栈中。例如：

```
main
    …
    BL functionA
    …
```

```
functionA
    PUSH {LR} ; 将 LR 的内容保存在栈中
    …
    BL functionB ; 注意：LR 中的返回地址会变化
    …
    POP {PC} ; 使用压栈的 LR 内容返回到 main
functionB
    PUSH {LR}
    …
    POP {PC} ; 使用压栈的 LR 内容返回到 functionA
```

另外，若调用的子程序为 C 函数，且寄存器 R0～R3 和 R12 的内容稍后会用到，则可能还需要将它们保存在栈中。根据 AAPCS（参考文献 8），C 函数可能会修改这些寄存器的内容。

注意，对于 ARM926 等传统的 ARM 处理器，同样存在一个 BLX <label>指令，该指令总会切换处理器的状态。由于 Cortex-M3 和 M4 处理器只支持一种状态（Thumb），因此不支持 BLX <label>指令。

3. 条件跳转

条件跳转基于 APSR 的当前值条件执行（N、Z、C 和 V 标志，见表 5.33）。

表 5.33 APSR 中的标志（状态位），可用于条件跳转控制

标志	FSR 位	描　述
N	31	负标志（上一次运算结果为负值）
Z	30	零（上一次运算结果得到零值，例如，比较两个数值相同的寄存器）
C	29	进位（上一次执行的运算有进位或没有借位，还可以是移位或循环移位操作中移出的最后一位）
V	28	溢出（上一次运算的结果溢出）

APSR 受到以下情况的影响：

- 多数 16 位数据处理指令。
- 带有 S 后缀的 32 位（Thumb-2）数据处理指令，如 ADDS. W。
- 比较（如 CMP）和测试（如 TST、TEQ）。
- 直接写 APSR/xPSR。

bit[27]为另外一个标志，也就是 Q 标志，用于饱和算术运算而非条件跳转。

条件跳转发生时所需的条件由后缀指定（在表 5.34 中表示为<cond>）。条件跳转指令具有 16 位和 32 位的形式，它们的跳转范围不同，如表 5.34 所示。

表 5.34 条件跳转指令

指令	操　作
B<cond><label> B<cond>. W <label>	若条件为 true 则跳转到 label，例如：CMP R0，#1 BEQ loop ;若 R0 等于 1 则跳转到“loop” 若所需的跳转范围超过了±254 字节，则可能需要指定使用 32 位版本的跳转指令，以增加跳转范围

如表 5.35 所示，<cond>为 14 个可能的条件后缀之一。

表 5.35 条件执行和条件跳转用的后缀

后缀	条件跳转	标志(APSR)
EQ	相等	Z 置位
NE	不相等	Z 清零
CS/HS	进位置位/无符号大于或相等	C 置位
CC/LO	进位清零/无符号小于	C 清零
MI	减/负数	N 置位(减)
PL	加/正数或零	N 清零
VS	溢出	V 置位
VC	无溢出	V 清零
HI	无符号大于	C 置位 Z 清零
LS	无符号小于或相等	C 清零或 Z 置位
GE	有符号大于或相等	N 置位 V 置位,或 N 清零 V 清零(N==V)
LT	有符号小于	N 清零 V 清零,或 N 清零 V 置位(N! =V)
GT	有符号大于	Z 清零,且或者 N 置位 V 置位,或者 N 清零 V 清零(Z==0,N==V)
LE	有符号小于或相等	Z 置位,或者 N 置位 V 清零,或者 N 清零 V 置位(Z==1 或 N! =V)

例如,考虑下面的操作。图 5.8 中的程序流可以用条件跳转和简单的跳转指令实现:

```
CMP R0, #1              ; 比较 R0 和 1
BEQ p2                  ; 若相等则跳转到 p2
MOVS R3, #1             ; R3 = 1
B p3                    ; 跳转到 p3
p2                      ; 标号 p2
MOVS R3, #2
p3                      ; 标号 p3
...                     ; 接下来的其他操作
```

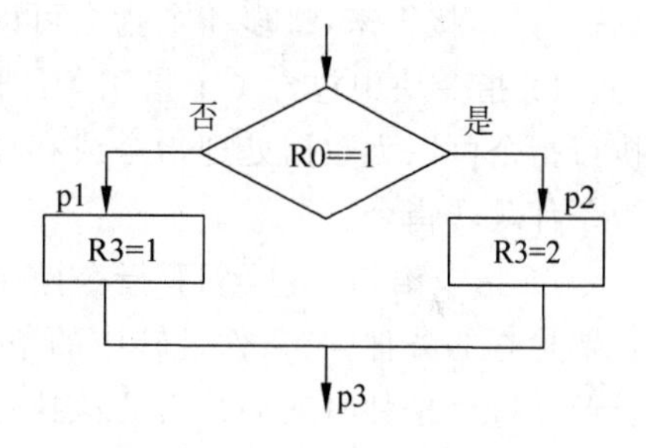

图 5.8 简单的条件跳转

4. **比较和跳转**

ARMv7-M 架构提供了两个新的指令,它们合并了和零比较以及条件跳转操作。这两个指令为 CBZ(比较为零则跳转)和 CBNZ(比较非零则跳转),它们只支持前向跳转,不支持向后跳转。

CBZ 和 CBNZ 常用于 while 等循环结构。例如:

```
i = 5;
while (i != 0 ){
    func1();                //调用函数
    i -- ;
}
```

这段语句可能会被编译为:

```
      MOV R0, #5            ; 设置循环变量
loop1 CBZ R0,loop1exit      ; 若循环变量为 0 则跳出循环
      BL func1              ; 调用函数
      SUBS R0, #1           ; 循环变量减小
      B loop1               ; 下一个循环
```

```
loop1exit
```

CBNZ 的用法和 CBZ 类似，只是 Z 标志未置位时才会发生跳转（结果非零）。例如：

```
status = strchr(email_address,'@');
if (status == 0){      //若 email 地址中无@则 status 为 0
    show_error_message();
    exit(1);
    }
```

这段语句可能会被编译为：

```
…
BL        strchr
CBNZ      R0, email_looks_okay    ;结果非零则跳转
BL        show_error_message
BL        exit
email_looks_okay
…
```

APSR 的值不受 CBZ 和 CBNZ 指令的影响。

5. 条件执行（IF-THEN 指令）

除了条件跳转，Cortex-M3 和 Cortex-M4 处理器还支持条件执行。在 IT（IF-THEN）指令执行后，接下来，最多 4 个指令可以根据 IT 指令指定的条件以及 APSR 数值条件执行。

IT 指令块中包含 1 个指明条件执行细节的 IT 指令，后面为 1～4 个条件执行指令。条件执行指令可以为数据处理指令或存储器访问指令。IT 块中的最后一个条件执行指令也可以为条件跳转指令。

IT 指令语句中包含 IT 指令操作码并附加最多 3 个可选后缀 T（then）以及 E（else），后面是要检查的条件，与条件跳转中的条件符号一样。T/E 表明 IT 指令块接下来还有几条指令，以及在符合条件时它们是否应该执行。

例如，利用图 5.8 中同样的程序流程，可以实现为：

```
CMP R0, #1        ; 将 R0 和 1 比较
ITE EQ            ; 若 Z 置位(EQ)则执行下一条指令
                  ; 再往后的一条则在 Z 清除时(NE)执行
MOVEQ R3, #2      ; 若 EQ 则将 R3 设置为 2
MOVNE R3, #1      ; 若非 EQ (NE)则将 R3 设置为 1
```

注意，当使用 E 后缀时，IT 指令块中指令对应的执行条件必须要同 IT 指令指定的条件相反。

T 和 E 具有不同的组合序列：

- 只有一个条件执行指令：IT。
- 两个条件执行指令：ITT、ITE。
- 三个条件执行指令：ITTT、ITTE、ITET、ITEE。
- 四个条件执行指令：ITTTT、ITTTE、ITTET、ITTEE、ITETT、ITETE、ITEET、ITEEE。

表 5.36 列出了 IT 指令块序列的多种形式和实例。其中：

- ＜x＞指定第二个指令的执行条件。
- ＜y＞指定第三个指令的执行条件。

- <z>指定第四个指令的执行条件。
- <cond>指定指令块的基本条件,若<cond>为 true,则执行 IT 后的第一条指令。

表 5.36 各种大小的 IT 指令块

	IT 块[每个<x>、<y> 和 <z> 可以为 T (true) 或 E (else)]	例 子
只有一个条件指令	IT <cond> instr1<cond>	IT EQ ADDEQ R0, R0, R1

两个条件指令	IT<x> <cond>
	instr1<cond>
	instr2<cond or ~(cond)>
		ITEGE
		ADDGE R0, R0, R1
		ADDLT R0, R0, R3

三个条件指令	IT<x><y> <cond>
	instr1<cond>
	instr2<cond or ~(cond)>
	instr3<cond or ~(cond)>
		ITET GT
		ADDGT R0, R0, R1
		ADDLE R0, R0, R3
		ADDGT R2, R4, #1

四个条件指令	IT<x><y><z> <cond>
	instr1<cond>
	instr2<cond or ~(cond)>
	instr3<cond or ~(cond)>
	instr4<cond or ~(cond)>
		ITETT NE
		ADDNE R0, R0, R1
		ADDEQ R0, R0, R3
		ADDNE R2, R4, #1
		MOVNE R5, R3

若<cond>为 AL,则在条件控制中不能使用 E,因为它表示指令永远不会执行。

对于一些汇编工具,代码中无须使用 IT 指令。通过简单地给普通指令添加条件后缀,汇编工具(如 DS-5 Professional 或 Keil MDK-ARM 的 ARM 汇编器)会在前面自动插入所需的 IT 指令。由于无须手动插入 IT 指令,因此这样有助于经典 ARM 处理器(如 ARM7TDMI)往 Cortex-M3/M4 的移植。

例如,在 Keil MDK-ARM 中使用下面的汇编代码时,如表 5.37 所示,汇编器会自动插入所需的 IT 指令。

表 5.37 ARM 汇编器中 IT 指令的自动插入

初始汇编代码	生成的目标文件中的反汇编代码

...
CMP R1, #2
ADDEQ R0, R1, #1
...
	...
	CMP R1, #2
	IT EQ
	ADDEQ R0, R1, #1
	...

IT 指令块中的数据处理指令不应修改 APSR 的数值,当有些 16 位的数据处理指令在 IT 指令块中使用时,APSR 不会更新,这一点和它们正常操作更新 APSR 的情况不同。这样,就可以在 IT 指令块中使用 16 位的数据处理指令以降低代码大小。

许多情况下,由于可以避免跳转开销以及降低跳转指令的个数,IT 指令可以显著提高程序代码的性能。例如,一个简短的 IF-THEN-ELSE 的程序流程通常需要一个条件跳转和无条件跳转,而用一个 IT 指令就可以代替了。

有些情况下,传统的跳转方式可能会比 IT 指令更好,这是因为 IT 指令序列中的条件失败指令也会执行一个周期，因此若指定了 ITTTT<cond>且由于运行时 APSR 的数值引起条件失败，则使用条件跳转可能会比 IT 指令块更快一些（这种情况下最多 5 个周期，其中，包括 IT 指令自身）。

6. 表格跳转

Cortex-M3 和 Cortex-M4 支持两个表格跳转指令：TBB（表格跳转字节）和 TBH（表格跳转半字），它们和跳转表一起使用，通常用于实现 C 代码中的 switch 语句。由于程序计数器数值的第 0 位总是为 0，利用表格跳转指令的跳转表也就无须保存这一位，因此，在目标地址计算中跳转偏移被乘以 2。

TBB 用于跳转表的所有入口被组织成字节数组的情形（相对于基地址的偏移小于 $2\times2^{8}=512$ 字节），而当所有入口为半字数组时则使用 TBH（相对于基地址的偏移小于 $2\times2^{16}=128$KB）。基地址可以为当前程序计数器（PC）或另外一个寄存器中的数值，由于 Cortex-M 处理器的流水线特性，当前 PC 值为 TBB/TBH 指令的地址加 4，这一点在生成跳转表时必须要考虑到。TBB 和 TBH 都只支持前向跳转。

TBB 指令的语法为：

```
TBB [Rn, Rm]
```

其中，Rn 中存放跳转表的基地址，Rm 则为跳转表偏移。TBB 偏移计算用的立即数位于存储器地址[Rn+Rm]。若 R15/PC 用作 Rn，则会看到图 5.9 所示的操作。

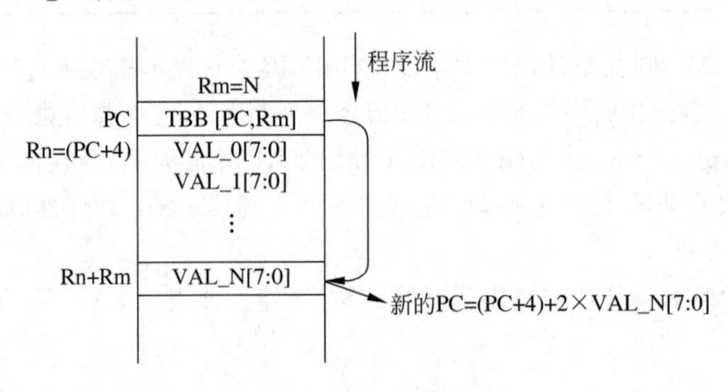

图 5.9 TBB 操作

TBH 指令的情况是非常类似的，只是跳转表中的每个入口都是双字节大小，因此数组的索引不同，且偏移范围较大。为了表示索引的差异，TBH 的语法稍微不同：

```
TBH [Rn, Rm, LSL #1]
```

图 5.10 中假定 Rn 为 PC。

TBB 和 TBH 指令被 C 编译器用于 switch（case）语句，而在汇编编程时直接使用这两条指令就没有那么容易了，因为跳转表中的数值和当前程序计数器数值相关。若跳转目标地址未在同一个汇编程序文件中，汇编阶段无法确定地址偏移数值。

对于包括 Keil MDK-ARM 在内的 ARM 汇编器（armasm），可以通过下面的方式实现 TBB 跳转表：

```
TBB [pc, r0]                 ; 由于 TBB 指令为 32 位，在执行这条指令时，PC 等于 branchtable
branchtable                  ; 跳转表起始
DCB ((dest0ebranchtable)/2)  ; 由于数据为 8 位因此使用了 DCB
```

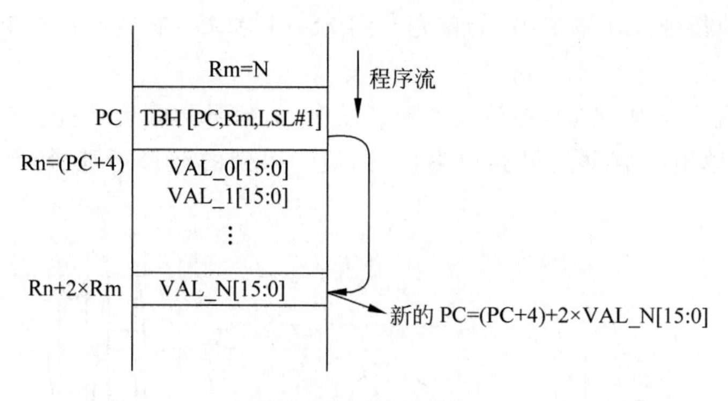

图 5.10　TBH 操作

```
DCB ((dest1ebranchtable)/2)
DCB ((dest2ebranchtable)/2)
DCB ((dest3ebranchtable)/2)
dest0
    …                         ; 若 r0 = 0 则执行
dest1
    …                         ; 若 r0 = 1 则执行
dest2
    …                         ; 若 r0 = 2 则执行
dest3
    …                         ; 若 r0 = 3 则执行
```

对于上面的例子，当 TBB 执行时，当前 PC 值为 TBB 指令的地址加 4(由于流水线结构)，而且，由于 TBB 指令为 4 字节大小，因此也就和 branchtable 相同(TBB 和 TBH 都是 32 位指令)。

类似地，TBH 指令的一个例子可以写作：

```
TBH [pc, r0, LSL #1]
branchtable                   ; 跳转表起始,由于数值为 16 位,因此使用了 DCI
DCI ((dest0ebranchtable)/2)
DCI ((dest1ebranchtable)/2)
DCI ((dest2ebranchtable)/2)
DCI ((dest3ebranchtable)/2)
dest0
    …                         ; 若 r0 = 0 则执行
dest1
    …                         ; 若 r0 = 1 则执行
dest2
    …                         ; 若 r0 = 2 则执行
dest3
    …                         ; 若 r0 = 3 则执行
```

注意：创建跳转表的编码语法和开发工具相关。

5.6.10　饱和运算

Cortex-M3 处理器支持两个用于有符号和无符号数据饱和调整的指令：SSAT(用于有符号数据)和 USAT(用于无符号数据)。Cortex-M4 处理器同样支持这两条指令，而且还支持用于饱和算法的其他指令。在本节中，会首先介绍 SSAT 和 USAT 指令，饱和算法的指令则会在 5.7 节中介绍。

饱和多用于信号处理，比如，在放大处理等操作后，信号的幅度可能会超出允许的输出范围，若此时只是简单地将数据的最高位去掉，则最终得到的波形可能会产生严重的畸变（如图 5.11 所示）。

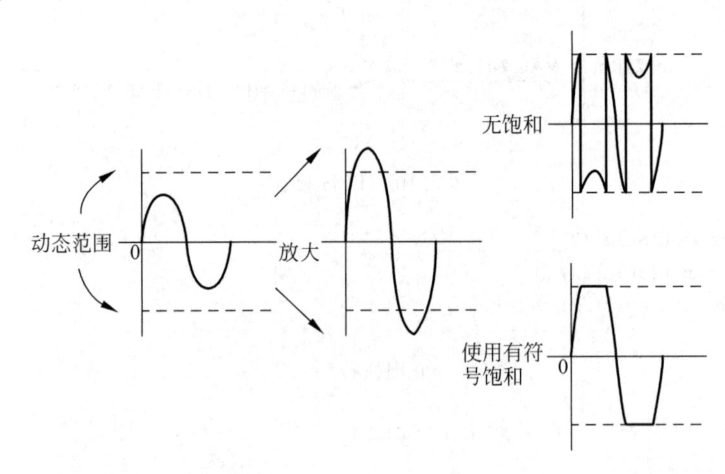

图 5.11 有符号饱和运算

饱和运算通过将数据强制置为最大允许值，减小了数据畸变。畸变仍然是存在的，不过若数据没有超过最大范围太多，就不会有太大的问题。

SSAT 和 USAT 指令的语法如下：

```
SSAT <Rd>, #<immed>, <Rn>, {,<shift>}          ;有符号数据的饱和

USAT <Rd>, #<immed>, <Rn>, {,<shift>}          ;有符号数据转换为无符号数据的饱和
```

其中，<Rn>为输入值；<shift>为饱和前可选的移位操作，可以为 # LSL N 或 # ASR N；<immed>为执行饱和的位的位置；<Rd>为目的寄存器。

除了目的寄存器，APSR 中的 Q 位也会受结果的影响。若在运算中出现饱和 Q 标志就会置位，它可以通过写 APSR 清除（见 4.3.2 节）。例如，若一个 32 位有符号数值要被饱和为 16 位有符号数，可以使用下面的指令：

```
SSAT R1, #16, R0
```

表 5.38 列出了 SSAT 运算结果的几个例子。

表 5.38 有符号饱和结果示例

输入(R0)	输出(R1)	Q 位
0x00020000	0x00007FFF	置位
0x00008000	0x00007FFF	置位
0x00007FFF	0x00007FFF	不变
0x00000000	0x00000000	不变
0xFFFF8000	0xFFFF8000	不变
0xFFFF7FFF	0xFFFF8000	置位
0xFFFE0000	0xFFFF8000	置位

USAT 则稍微有些不同，它的结果为无符号数据。其饱和运算的情况如图 5.12 所示。

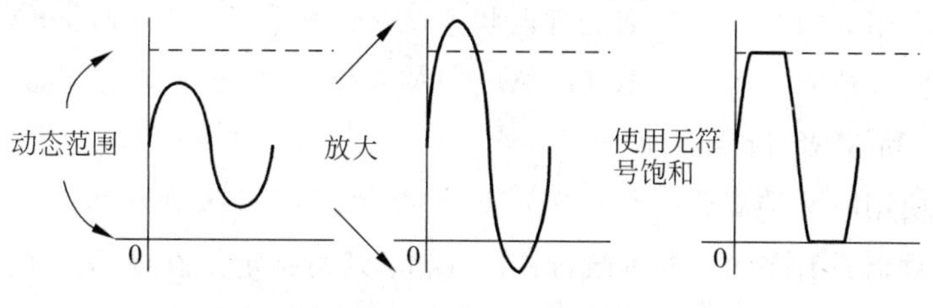

图 5.12 无符号饱和运算

例如，可以利用下面的代码将一个 32 位有符号数转换为 16 位无符号数：

```
USAT R1, #16, R0
```

表 5.39 列出了 USAT 运算结果的几个例子。

表 5.39 无符号饱和结果示例

输入(R0)	输出(R1)	Q 位
0x00020000	0x0000FFFF	置位
0x00008000	0x00008000	不变
0x00007FFF	0x00007FFF	不变
0x00000000	0x00000000	不变
0xFFFF8000	0x00000000	置位
0xFFFF8001	0x00000000	置位
0xFFFFFFFF	0x00000000	置位

5.6.11 异常相关指令

管理调用(SVC)指令用于产生 SVC 异常(异常类型为 11)。SVC 一般用于嵌入式 OS/实时 OS(RTOS)，其中，运行在非特权执行状态的应用可以请求运行在特权状态的 OS 的服务。SVC 异常机制提供了从非特权到特权的转换。

另外，SVC 机制可以作为应用任务访问各种服务(包括 OS 服务或其他 API 函数)的入口，这样应用任务就可以在无须了解服务的实际存储器地址的情况下请求所需服务。它只需知道 SVC 服务编号、输入参数和返回结果。

SVC 指令要求 SVC 异常的优先级高于当前的优先级，而且异常没有被 PRIMASK 等寄存器屏蔽，不然就会触发错误异常。因此，由于 NMI 和 HardFault 异常的优先级总是比 SVC 异常大，也就无法在这两个处理中使用 SVC。

SVC 指令的语法如下：

```
SVC #<immed>
```

其中的立即数为 8 位，数值自身不会影响 SVC 异常的动作，不过 SVC 处理可以在程序中提取出这个数值并将其用作输入参数，这样可以确定应用任务所请求的服务。

按照传统 ARM 汇编语法，SVC 指令用的立即数无须加“#”，因此指令可以写作：

```
SVC <immed>
```

多数汇编工具中仍然可以这么写，不过新的软件还是建议使用“#”。

另一个和异常相关的指令为改变处理器状态(CPS)指令。对于Cortex-M处理器，可以使用这条指令来设置或清除PRIMASK和FAULTMASK等中断屏蔽寄存器。注意，这些寄存器也可以用MSR和MRS指令访问。

CPS指令在使用时必须要带一个后缀：IE(中断使能)或ID(中断禁止)。由于Cortex-M3和Cortex-M4处理器具有多个中断屏蔽寄存器，因此，还得指定要设置/清除的寄存器。表5.40中列出了Cortex-M3和Cortex-M4处理器中可用的CPS指令的多种形式。

表5.40　RRIMASK和FAULTMASK的设置及清除指令

指令	操　　作
CPSIE I	使能中断(清除PRIMASK) 和_enable_irq()相同
CPSID I	禁止中断(设置PRIMASK)，NMI和HardFault不受影响 和_disable_irq()相同
CPSIE F	使能中断(清除FAULTMASK) 和_enable_fault_irq()相同
CPSID F	禁止错误中断(设置FAULTMASK)，NMI不受影响 和_disable_fault_irq()相同

切换PRIMASK和FAULTMASK可以禁止或使能中断，经常用于确保时序关键的任务在不被打断的情况下快速完成。

5.6.12　休眠模式相关指令

进入休眠模式主要使用两条指令(注意：还有另外一种进入休眠模式的方式，也就是退出时休眠，处理器可以在异常退出时进入休眠，参见9.2.5节)：

```
WFI                          ;等待中断(进入休眠)
```

或者在使用符合CMSIS的设备驱动库进行C编程时：

```
_WFI();                      //等待中断(进入休眠)
```

WFI(等待中断)指令会使处理器立即进入休眠模式，中断、复位或调试操作可以将处理器从休眠中唤醒。

另外一个指令为WFE(等待事件)，会使处理器有条件地进入休眠：

```
WFE                          ;等待事件(条件进入休眠)
```

或者在使用符合CMSIS的设备驱动库进行C编程时：

```
_WFE();                      //等待事件(条件进入休眠)
```

在Cortex-M3/M4处理器内部，一个只有一位的寄存器会记录事件。若该寄存器置位，WFE指令不会进入休眠而只是清除事件寄存器并继续执行下一条指令；若该寄存器清零，则处理器会进入休眠而且会被事件唤醒，事件可以是中断、调试操作、复位或外部事件输入的脉冲信号(例如，事件脉冲可由另一个处理器或外设产生)。

Cortex-M 处理器的接口信号包括一个事件输入和一个事件输出。处理器的事件输入可由多处理器系统中其他处理器的事件输出产生，因此，处于 WFE 休眠(如等待自旋锁)的处理器可由其他的处理器唤醒。有些情况下，这些信号会被连接到 Cortex-M 微控制器的 I/O 端口，而其他一些 Cortex-M 微控制器的事件输入可能会被连接到低电平，而事件输出则可能会用不上。

事件输出可由 SEV(发送事件)指令触发：

```
SEV                           ;发送事件
```

若利用符合 CMSIS 的设备驱动库进行 C 编程：

```
__SEV();                      //发送事件
```

当执行 SEV 时，事件输出接口就会出现一个单周期的脉冲，SEV 指令还会设置同一处理器的事件寄存器。

要了解 WFE 和事件寄存器进一步的内容，可以参考第 9 章。

5.6.13 存储器屏障指令

对于 ARM 架构(包括 ARMv7-M 在内)，在不影响数据处理结果的情况下，存储器传输的顺序可以和程序代码不同。这种情况对于具有超矢量或乱序执行能力的高端处理器是很常见的。不过，在对存储器访问重新排序之后，若数据在多个处理器间共用，则另一个处理器看到的数据顺序可能和设定的不同，这样可能会引起错误。

存储器屏障指令可用于：

- 确保存储器访问的顺序。
- 确保存储器访问和另一个处理器操作间的顺序。
- 确保系统配置发生在后序操作之前。

如表 5.41 所示，Cortex-M 处理器支持三种存储器屏障指令。

表 5.41 存储器屏障指令

指令	描 述
DMB	数据存储器屏障。确保在执行新的存储器访问前所有的存储器访问都已经完成
DSB	数据同步屏障。确保在下一条指令执行前所有的存储器访问都已经完成
ISB	指令同步屏障。清空流水线，确保在执行新的指令前，之前所有的指令都已完成

对于 C 编程，若使用符合 CMSIS 的设备驱动，可以利用下面的函数来实现这些指令：

```
void __DMB(void);             //数据存储器屏障
void __DSB(void);             //数据同步屏障
void __ISB(void);             //指令同步屏障
```

由于 Cortex-M 处理器具有相对简单的流水线，而且 AHB Lite 总线协议不允许对存储器系统中的传输重新排序，因此，即便没有存储器屏障指令，多数应用还是可以正常工作的。不过，有些情况应该使用这些屏障指令，如表 5.42 所示。

表 5.42 存储器屏障指令应用场景示例

应用场景(用于当前的 Cortex-M3 和 Cortex-M4 设计)	所需的屏障指令
利用 MSR 指令更新 CONTROL 寄存器后，应该使用 ISB 指令，确保接下来的操作使用更新后的配置	ISB
若系统控制寄存器中的 SLEEPONEXIT 位在异常处理内变化了，则应该在异常退出前使用 DSB	DSB
若挂起的异常是使能的且要确保挂起的异常在下面的操作前执行	DSB，后跟着 ISB
在利用 NVIC 清除中断寄存器禁止中断时，若要确保在执行下一条指令前中断禁止立即产生效果	DSB，后跟着 ISB
自修复代码(下面的指令已经被取出且需要清空)	DSB，后跟着 ISB
程序存储器被外设中的控制寄存器修改，且需要立即启用新的程序存储器映射(假定存储器映射在写完成前立即更新)	DSB，后跟着 ISB
数据存储器被外设中的控制寄存器修改，且需要立即启用新的数据存储器映射(假定存储器映射在写完成前立即更新)	DSB
存储器保护单元(MPU)配置更新，然后在 MPU 配置变化影响的存储器区域中取出并执行一条指令	DSB，后跟着 ISB

从架构的角度来看，在有些情况下，两次操作间应该使用存储器屏障，不过即便不使用存储器屏障，当前的 Cortex-M 处理器也不会有什么问题，如表 5.43 所示。

表 5.43 架构定义存储器屏障指令应用场景示例

应用场景(基于架构推荐)	所需的屏障指令
存储器保护单元(MPU)配置更新，然后在 MPU 配置变化影响的存储器区域中取出并执行一条指令(只允许数据访问的区域，无取指)	DSB
进入休眠前(WFI 或 WFE)	DSB
信号量操作	DMB 或 DSB
修改异常(如 SVC)的优先级后触发	DSB
利用向量表偏移寄存器(VTOR)将向量表重置于新的位置，然后触发新向量的异常	DSB
修改向量表中的向量入口(若在 SRAM 中)后立即触发同一个异常	DSB
恰好处于自复位前(可能会有正在进行的数据传输)	DSB

ARM 有一篇文献为《ARM Cortex-M 家族处理器存储器屏障指令编程指南》(参考文献[9]，ARM DAI0321A)，它也是 Cortex-M 处理器存储器屏障指令用法的应用笔记。

5.6.14 其他指令

还存在其他的一些指令。

Cortex-M 处理器支持 NOP 指令，其用于产生指令对齐或延时：

```
NOP                       ;什么也不做
```

或者用 C 可写作：

```
_NOP();                   //什么也不做
```

有一点需要注意，NOP 指令产生的延时一般是精确的，不同系统间可能会存在差异(如存储器等待状态和处理器类型)。若延时需要非常精确，就应该使用硬件定时器。

在软件开发/调试过程中，断点(BKPT)指令用于实现应用程序中的软件断点。若程序在SRAM中执行，则该指令一般由调试器插入以替换原有的指令。当到达断点时，处理器会被暂停，然后调试器就会恢复原有的指令，用户也可以通过调试器执行调试任务。BKPT指令也可以用于产生调试监控异常，它具有一个8位立即数，调试器或调试监控异常可以将该数据提取出来，并根据该信息确定要执行的动作。例如，可用某些特殊数值表示半主机请求(同工具链相关)。

BKPT指令的语法为：

```
BKPT #<immed>                ;断点
```

与SVC类似，多数汇编工具都可以不使用"#"：

```
BKPT <immed>                 ;断点
```

或者用C语言可写作：

```
_BKPT(immed);
```

除了BKPT，Cortex-M3和Cortex-M4处理器中还存在一个断点单元，它具有最多8个硬件断点，而且不用覆盖原有的程序映像。

5.6.15 不支持的指令

整个Thumb指令集(包括Thumb-2技术的32位指令)在设计上是面向多种处理器硬件的。如表5.44所示，其中的一些指令无法用在Cortex-M处理器上。

表5.44 不支持的Thumb指令

不支持的Thumb指令	原　因
BLX<label>	带链接的间接跳转。在使用立即数的格式中，BLX总是会将处理器修改为ARM状态。由于Cortex-M3和Cortex-M4处理器不支持ARM状态，这种试图切换至ARM状态的指令会引起使用错误异常
SETEND	该Thumb指令是从v6架构开始引入的，可以在运行时切换大小端配置。由于Cortex-M3和Cortex-M4处理器不支持动态端配置，使用SETEND会导致错误异常

有些Thumb指令集定义的修改处理器状态(CPS)指令也是不支持的，这是因为Cortex-M处理器的程序状态寄存器(PSR)的定义和传统的ARM或Cortex-A/R处理器不同，如表5.45所示。

表5.45 不支持的CPS指令

不支持的CPS指令	原　因
CPS<IE|ID>. W A	Cortex-M3中没有A位
CPS. W #mode	Cortex-M3的PSR中没有模式位

即便ARMv7-M架构中定义的一些指令，在现有的Cortex-M3和Cortex-M4处理器设计中也是不支持的。例如，Cortex-M3和Cortex-M4处理器都不支持协处理器，因此在执行表5.46中给出的协处理器指令时会导致错误异常。

表 5.46 不支持的协处理器指令

不支持的协处理器指令	功　能
MCR	从 ARM 处理器移动到协处理器
MCR2	从 ARM 处理器移动到协处理器
MCRR	从两个 ARM 寄存器移动到协处理器
MRC	从协处理器移动到 ARM 寄存器
MRC2	从协处理器移动到 ARM 寄存器
MRRC	从协处理器移动到两个 ARM 寄存器
LDC	加载协处理器。将连续的存储器地址中的数据加载到协处理器中
STC	存储协处理器。将协处理器中的数据加载到连续的存储器地址中

Thumb 指令集还定义了多个提示指令，它们在 Cortex-M3 和 Cortex-M4 处理器中执行的效果同 NOP 一样，如表 5.47 所示。

表 5.47 其他不支持的指令

不支持的指令	功　能
DBG	调试和跟踪系统的指令
PLD	预加载数据。该指令用于缓存存储器，不过由于 Cortex-M3 和 Cortex-M4 中没有缓存，该指令的执行效果同 NOP 一样
PLI	预加载指令。该指令用于缓存存储器，不过由于 Cortex-M3 和 Cortex-M4 中没有缓存，该指令的执行效果同 NOP 一样
YIELD	应用任务可以利用该指令表明正在执行的任务可以被切换出去（如被搁置或等待其他任务），具有支持多线程的硬件处理器可以利用该信息提高系统的整体性能，由于 Cortex-M3 和 Cortex-M4 处理器中不存在硬件多线程支持，因此该指令执行的效果和 NOP 一样

在执行所有其他未定义的指令时，都会产生错误异常（HardFault 或使用错误异常）。

5.7 Cortex-M4 特有的指令

5.7.1 Cortex-M4 的增强 DSP 扩展简介

与 Cortex-M3 处理器相比，Cortex-M4 支持的指令更多。其中包括：

- 单指令多数据（SIMD）
- 饱和指令
- 其他的乘法和 MAC（乘累加）指令
- 打包和解包指令
- 可选的浮点指令（若浮点单元存在）

有了这些指令，相对于通用处理器，Cortex-M4 可以更加高效地进行实时数字信号处理。

首先，来看一下 Cortex-M4 处理器是如何处理 SIMD 数据的。一般来说，需要处理的数据多为 16 位和 8 位的。例如，由 ADC（模拟到数字转换器）采样的音频信号的精度一般为 16 位或者更低，而图形像素则通常是由多个 8 位数表示（如 RGB 颜色空间）。由于处理器内的数据通路是 32 位的，因此，可以处理 2×16 位或 4×8 位的数据。还需要考虑要处理的数据有时是有符号的，而其他时候则是无符号的。因此，1 个 32 位寄存器可用作四种类型的 SIMD 数据，如图 5.13 所示。

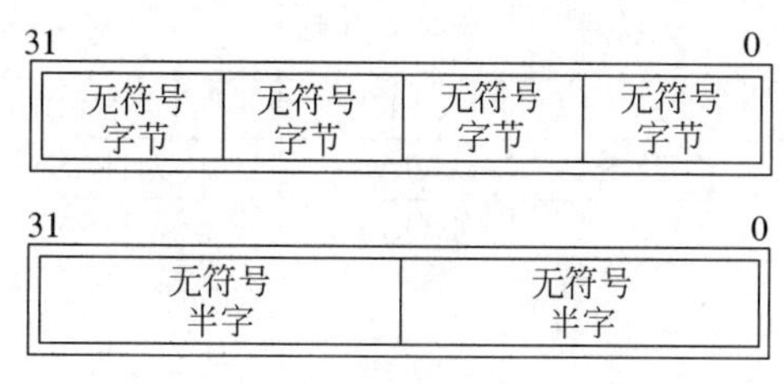

图 5.13　32 位寄存器中各种可能的 SIMD 数据类型

多数情况下，SIMD 数据集合中数据的类型都是一样的(例如，SIMD 数据集合中，不存在有符号和无符号数据混用、16 位和 8 位数混用的情况)，这样可以简化 SIMD 指令集的设计。

为了处理 SIMD 数据，还需要为 ARM Cortex-M 架构增加额外的指令，它被称作增强的 DSP 扩展，架构则叫作 ARMv7E-M。Cortex-M4 的增强 DSP 扩展和 ARM9E 架构的增强 DSP 扩展在源代码级是相同的，这样在 ARM9E 处理器(如 ARM926、ARM946)上开发的编解码器很轻松地就能移植到 Cortex-M4。

由于 SIMD 数据类型并非 C 的标准类型，C 编译器一般无法用普通 C 代码生成所需的 DSP 指令。为了方便软件开发人员，符合 CMSIS 的设备驱动库的头文件中增加了相应的内在函数。这样，软件开发人员就可以轻松地实现这些指令。为了进一步提高效果，ARM 还提供了一个名为 CMSIS-DSP 的 DSP 库，供软件开发人员免费使用。

附录 B 中的多个图描述了 DSP 指令的操作，图中使用了表 5.48 所示的 C99 数据类型来表示数据。

表 5.48　CMSIS 中使用的 C99 数据类型

类型	大小(位)	等价的 C/数据类型
uint8_t	8	unsigned char
uint16_t	16	unsigned short int
uint32_t	32	unsigned int
int8_t	8	signed char
int16_t	16	signed short int
int32_t	32	signed int

5.7.2　SIMD 和饱和指令

SIMD 和饱和指令有非常多，有些饱和指令还支持 SIMD。许多 SIMD 指令中的运算都是类似的，不过，会使用不同的前缀表示指令用于有符号数或无符号数，如表 5.49 所示。

表 5.49　SIMD 指令

前缀操作(见下表)	S① 有符号	Q② 有符号饱和	SH③ 有符号分半	U① 无符号	UQ② 无符号饱和	UH③ 无符号分半
ADD8	SADD8	QADD8	SHADD8	UADD8	UQADD8	UHADD8
SUB8	SSUB8	QSUB8	SHSUB8	USUB8	UQSUB8	UHSUB8
ADD16	SADD16	QADD16	SHADD16	UADD16	UQADD16	UHADD16

续表

前缀操作（见下表）	S[1] 有符号	Q[2] 有符号饱和	SH[3] 有符号分半	U[1] 无符号	UQ[2] 无符号饱和	UH[3] 无符号分半
SUB16	SSUB16	QSUB16	SHSUB16	USUB16	UQSUB16	UHSUB16
ASX	SASX	QASX	SHASX	UASX	UQASX	UHASX
SAX	SSAX	QSAX	SHSAX	USAX	UQSAX	UHSAX

[1] GE位更新。

[2] 饱和产生时Q置位。

[3] SIMD运算中的每个数据在有符号分半(SH)和无符号分半(UH)运算中都会除2。

基本的运算如表5.50所示。

表5.50 SIMD指令的基本运算

操作	描　述
ADD8	4对8位数相加
SUB8	减去4对8位数
ADD16	2对16位数相加
SUB16	减2对16位数
ASX	交换第二个操作数寄存器的半字，然后将高半字相加后减去低半字
SAX	交换第二个操作数寄存器的半字，然后减去低半字加上高半字

另外还有一些SIMD指令，如表5.51所示。

表5.51 其他SIMD指令

操作	描　述
USAD8	4对8位数绝对差的无符号加和
USADA8	4对8位数绝对差的无符号加和及累加
USAT16	将两个有符号16位数无符号饱和为指定的无符号范围
SSAT16	将两个有符号16位数有符号饱和为指定的有符号范围
SEL	基于GE标志从第一或第二个操作数中选择字节

有些饱和指令不支持SIMD，如表5.52所示。

表5.52 其他非SIMD指令

操作	描　述
SSAT	有符号饱和(Cortex-M3支持)
USAT	无符号饱和(Cortex-M3支持)
QADD	将两个有符号32位数相加后进行饱和操作
QDADD	将32位有符号整数加倍后和另一个32位有符号整数相加，两个运算都可能会有饱和
QSUB	将两个有符号32位数相减后进行饱和操作
QDSUB	将32位有符号整数加倍后和另一个32位有符号整数相减，两个运算都可能会有饱和

这些指令的语法如表5.53所示。

表 5.53　SIMD 和饱和指令的语法

助记符	操作数	简介	标志	图
SADD8	{Rd,} Rn, Rm	有符号 8 位加法	GE[3:0]	B.13
SADD16	{Rd,} Rn, Rm	有符号 16 位加法	GE[3:0]	B.14
SSUB8	{Rd,} Rn, Rm	有符号 8 位减法	GE[3:0]	B.17
SSUB16	{Rd,} Rn, Rm	有符号 16 位减法	GE[3:0]	B.18
SASX	{Rd,} Rn, Rm	带交换的有符号加法和减法	GE[3:0]	B.21
SSAX	{Rd,} Rn, Rm	带交换的有符号减法和加法	GE[3:0]	B.22
QADD8	{Rd,} Rn, Rm	饱和 8 位加法	Q	B.5
QADD16	{Rd,} Rn, Rm	饱和 16 位加法	Q	B.4
QSUB8	{Rd,} Rn, Rm	饱和 8 位减法	Q	B.9
QSUB16	{Rd,} Rn, Rm	饱和 16 位减法	Q	B.8
QASX	{Rd,} Rn, Rm	饱和带交换的加法和减法	Q	B.10
QSAX	{Rd,} Rn, Rm	饱和带交换的减法和加法	Q	B.11
SHADD8	{Rd,} Rn, Rm	有符号分半 8 位加法		B.15
SHADD16	{Rd,} Rn, Rm	有符号分半 16 位加法		B.16
SHSUB8	{Rd,} Rn, Rm	有符号分半 8 位减法		B.19
SHSUB16	{Rd,} Rn, Rm	有符号分半 16 位减法		B.20
SHASX	{Rd,} Rn, Rm	带交换的有符号分半加法和减法		B.23
SHSAX	{Rd,} Rn, Rm	带交换的有符号分半减法和加法		B.24
UADD8	{Rd,} Rn, Rm	无符号 8 位加法	GE[3:0]	B.69
UADD16	{Rd,} Rn, Rm	无符号 16 位加法	GE[3:0]	B.70
USUB8	{Rd,} Rn, Rm	无符号 8 位减法	GE[3:0]	B.73
USUB16	{Rd,} Rn, Rm	无符号 16 位减法	GE[3:0]	B.74
UASX	{Rd,} Rn, Rm	带交换的无符号加法和减法	GE[3:0]	B.77
USAX	{Rd,} Rn, Rm	带交换的无符号减法和加法	GE[3:0]	B.78
UQADD8	{Rd,} Rn, Rm	无符号饱和 8 位加法	Q	B.85
UQADD16	{Rd,} Rn, Rm	无符号饱和 16 位加法	Q	B.84
UQSUB8	{Rd,} Rn, Rm	无符号饱和 8 位减法	Q	B.87
UQSUB16	{Rd,} Rn, Rm	无符号饱和 16 位减法	Q	B.86
UQASX	{Rd,} Rn, Rm	带交换的无符号饱和加法和减法	Q	B.88
UQSAX	{Rd,} Rn, Rm	带交换的无符号饱和减法和加法	Q	B.89
UHADD8	{Rd,} Rn, Rm	无符号分半 8 位加法		B.71
UHADD16	{Rd,} Rn, Rm	无符号分半 16 位加法		B.72
UHSUB8	{Rd,} Rn, Rm	无符号分半 8 位减法		B.75
UHSUB16	{Rd,} Rn, Rm	无符号分半 16 位减法		B.76
UHASX	{Rd,} Rn, Rm	带交换的无符号分半加法和减法		B.79
UHSAX	{Rd,} Rn, Rm	带交换的无符号分半减法和加法		B.80
USAD8	{Rd,} Rn, Rm	绝对差的无符号加和		B.81
USADA8	{Rd,} Rn, Rm, Ra	绝对差的无符号加和及累加		B.82
USAT16	Rd, #imm, Rn	无符号饱和两个有符号 16 位数据	Q	B.83
SSAT16	Rd, #imm, Rn	有符号饱和两个有符号 16 位数据	Q	B.62
SEL	{Rd,} Rn, Rm	根据 GE 位选择字节		B.25

续表

助记符	操作数	简介	标志	图
USAT	{Rd,} #imm, Rn{, LSL #n}{Rd,} #imm, Rn{, ASR #n}	无符号饱和(移位可选)	Q	5.12
SSAT	{Rd,} #imm, Rn{, LSL #n}{Rd,} #imm, Rn{, ASR #n}	有符号饱和(移位可选)	Q	5.11
QADD	{Rd,} Rn, Rm	饱和加法	Q	B.3
QDADD	{Rd,} Rn, Rm	饱和加倍并相加	Q	B.6
QSUB	{Rd,} Rn, Rm	饱和减法	Q	B.7
QDSUB	{Rd,} Rn, Rm	饱和加倍并相减	Q	B.12

有一点需要注意,有些指令在产生饱和时会设置Q位。不过,这些指令不会清除Q位,必须手动写入APSR才能将其清除。程序代码一般需要检查APSR中的Q位,以确定在计算过程中是否产生了饱和。因此,若非显式指明,Q位是不会被清除的。

5.7.3 乘法和MAC指令

乘法和MAC指令也有很多个,在本章前面一节中介绍了一些Cortex-M3和Cortex-M4处理器都支持的乘法和MAC指令,如表5.54所示。

表5.54 Cortex-M3和Cortex-M4处理器都可用的乘法和MAC指令

指令	描述(大小)	标志
MUL / MULS	无符号乘法(32b×32b=32b)	无,或N和Z
UMULL	无符号乘法(32b×32b=64b)	无
UMLAL	无符号MAC((32b×32b)+64b=64b)	无
SMULL	有符号乘法(32b×32b=64b)	无
SMLAL	有符号MAC((32b×32b)+64b=64b)	无

注意 对于Cortex-M4,UMULL、UMLAL、SMULL和SMLAL指令的执行速度比Cortex-M3处理器要快。

另外,Cortex-M4处理器还支持其他的乘法和MAC指令,其中,有些具有多种形式,可以选择输入参数的低半字和高半字,如表5.55所示。

表5.55 乘法和MAC运算总结

指令	描述(大小)	标志
UMAAL	无符号MAC((32b×32b)+32b+32b=64b)	无
SMULxy	有符号乘法(16b×16b=32b) SMULBB:低半字×低半字 SMULBT:低半字×高半字 SMULTB:高半字×低半字 SMULTT:高半字×高半字	

续表

指令	描述(大小)	标志
SMLAxy	有符号 MAC ((16b×16b)+32b=32b) SMLABB：(低半字×低半字)+字 SMLABT：(低半字×高半字)+字 SMLATB：(高半字×低半字)+字 SMLATT：(高半字×高半字)+字	Q
SMULWx	有符号乘法(32b×16b=32b,返回结果的高 32 位,忽略低 16 位) SMULWB：字×低半字 SMULWT：字×高半字	
SMLAWx	有符号 MAC((32b×16b)+32b<<16=32b,返回结果的高 32 位,忽略低 16 位) SMLAWB：(字×低半字)+(字<<16) SMLAWT：(字×高半字)+(字<<16)	Q
SMMUL	有符号乘法(32b×32b=32b,返回高 32 位,忽略低 32 位)	
SMMULR	带舍入的有符号乘法(32b×32b=32b,舍入后返回高 32 位,忽略低 32 位)	
SMMLA	有符号 MAC((32b×32b)+32b<<32=32b,返回结果的高 32 位,忽略低 32 位)	
SMMLAR	带舍入的有符号 MAC((32b×32b)+32b<<32=32b,舍入后返回高 32 位,忽略低 32 位)	
SMMLS	有符号乘减(32b<<32－(32b×32b)=32b,返回高 32 位,第 32 位忽略)	
SMMLSR	带舍入的有符号乘减(32b<<32－(32b×32b)=32b,舍入后返回高 32 位,第 32 位忽略)	
SMLALxy	有符号 MAC((16b×16b)+64b=64b) SMLALBB：(低半字×低半字)+双字 SMLALBT：(低半字×高半字)+双字 SMLALTB：(高半字×低半字)+双字 SMLALTT：(高半字×高半字)+双字	
SMUAD	有符号双乘法后相加((16b×16b)+(16b×16b)=32b)	Q
SMUADX	带交换的有符号双乘法后相加((16b×16b)+(16b×16b)=32b)	Q
SMUSD	有符号双乘法后相减((16b×16b)－(16b×16b)=32b)	
SMUSDX	带交换的有符号双乘法后相减((16b×16b)－(16b×16b)=32b)	
SMLAD	有符号双乘法后相加且累加((16b×16b)+(16b×16b)+32b=32b)	Q
SMLADX	带交换的有符号双乘法后相加且累加((16b×16b)+(16b×16b)+32b=32b)	Q
SMLSD	有符号双乘法后相减且累加((16b×16b)－(16b×16b)+32b=32b)	Q

续表

指令	描述(大小)	标志
SMLSDX	带交换的有符号双乘法后相加且累加((16b×16b)−(16b×16b)+32b=32b)	Q
SMLALD	有符号双乘法后相加且累加((16b×16b)+(16b×16b)+64b=64b)	
SMLALDX	带交换的有符号双乘法后相加且累加((16b×16b)+(16b×16b)+64b =64b)	
SMLSLD	有符号双乘法后相减且累加((16b×16b)−(16b×16b)+64b =64b)	
SMLSLDX	带交换的有符号双乘法后相加且累加((16b×16b)−(16b×16b)+64b =64b)	

需要注意的是，有些指令在产生有符号溢出时会将Q位置位。不过，这些指令不会清除Q位，必须要通过手动写入APSR才能将Q位清除。在计算过程所涉及的每一步，程序代码一般都需要检查APSR中Q位的数值，确定是否产生了溢出。因此，除非显式指明，Q位是不会被清除的。

这些指令的语法如表5.56所示。

表5.56 乘法和MAC指令的语法

助记符	操作数	简介	标志	图
MUL{S}	{Rd,} Rn, Rm	无符号乘法,32位结果	N,Z	
SMULL	RdLo, RdHi, Rn,Rm	有符号乘法,64位结果		B.26
SMLAL	RdLo, RdHi, Rn,Rm	有符号乘累加,64位结果		B.27
UMULL	RdLo, RdHi, Rn,Rm	无符号乘法,64位结果		B.90
UMLAL	RdLo, RdHi, Rn,Rm	无符号乘累加,64位结果		B.91
UMAAL	RdLo, RdHi, Rn,Rm	无符号乘累加		B.92
SMULBB	{Rd,} Rn, Rm	有符号乘法(半字)		B.28
SMULBT	{Rd,} Rn, Rm	有符号乘法(半字)		B.29
SMULTB	{Rd,} Rn, Rm	有符号乘法(半字)		B.30
SMULTT	{Rd,} Rn, Rm	有符号乘法(半字)		B.31
SMLABB	Rd, Rn, Rm, Ra	有符号乘累加(半字)	Q	B.36
SMLABT	Rd, Rn, Rm, Ra	有符号乘累加(半字)	Q	B.37
SMLATB	Rd, Rn, Rm, Ra	有符号乘累加(半字)	Q	B.38
SMLATT	Rd, Rn, Rm, Ra	有符号乘累加(半字)	Q	B.39
SMULWB	Rd, Rn, Rm, Ra	有符号乘法(字乘半字)		B.40
SMULWT	Rd, Rn, Rm, Ra	有符号乘法(字乘半字)		B.41
SMLAWB	Rd, Rn, Rm, Ra	有符号乘累加(字乘半字)	Q	B.42
SMLAWT	Rd, Rn, Rm, Ra	有符号乘累加(字乘半字)	Q	B.43
SMMUL	{Rd,} Rn, Rm	有符号最高字乘法		B.32
SMMULR	{Rd,} Rn, Rm	带结果舍入的有符号最高字乘法		B.33
SMMLA	Rd, Rn, Rm, Ra	有符号最高字乘累加		B.34
SMMLAR	Rd, Rn, Rm, Ra	带结果舍入的有符号最高字乘累加		B.35
SMMLS	Rd, Rn, Rm, Ra	有符号最高字乘减		B.44
SMMLSR	Rd, Rn, Rm, Ra	带结果舍入的有符号最高字乘减		B.45

续表

助记符	操作数	简介	标志	图
SMLALBB	RdLo, RdHi, Rn,Rm	有符号长整型乘累加(半字)		B.46
SMLALBT	RdLo, RdHi, Rn,Rm	有符号长整型乘累加(半字)		B.47
SMLALTB	RdLo, RdHi, Rn,Rm	有符号长整型乘累加(半字)		B.48
SMLALTT	RdLo, RdHi, Rn,Rm	有符号长整型乘累加(半字)		B.49
SMUAD	{Rd,} Rn, Rm	有符号双字乘加	Q	B.50
SMUADX	{Rd,} Rn, Rm	带交换的有符号双字乘加	Q	B.51
SMUSD	{Rd,} Rn, Rm	有符号双字乘减		B.56
SMUSDX	{Rd,} Rn, Rm	带交换的有符号双字乘减		B.57
SMLAD	Rd, Rn, Rm, Ra	有符号乘累加双字	Q	B.52
SMLADX	Rd, Rn, Rm, Ra	带交换的有符号乘累加双字	Q	B.53
SMLSD	Rd, Rn, Rm, Ra	有符号乘减双字	Q	B.58
SMLSDX	Rd, Rn, Rm, Ra	带交换的有符号乘减双字	Q	B.59
SMLALD	RdLo, RdHi, Rn,Rm	有符号长整型乘累加双字		B.54
SMLALDX	RdLo, RdHi, Rn,Rm	带交换的有符号长整型乘累加双字		B.55
SMLSLD	RdLo, RdHi, Rn,Rm	有符号长整型乘减双字		B.60
SMLSLDX	RdLo, RdHi, Rn,Rm	带交换的有符号长整型乘减双字		B.61

5.7.4 打包和解包

为了便于 SIMD 数据的打包和解包，处理器中还存在多个相关指令，如表 5.57 所示。其中有些指令支持第二个操作数的桶形移位或循环移位。移位或循环移位是可选的，下面表格中用于循环移位(ROR)的 n 可以为 8、16 或 24。PKHBT 和 PKHTB 可以进行任意数量的移位。

表 5.57 打包和解包指令

指令	操作数	描述	图
PKHBT	{Rd,} Rn, Rm {,LSL #imm}	打包第一个操作数的低半字和第二个移位操作数的高半字	B.1
PKHTB	{Rd,} Rn, Rm {,ASR #imm}	打包第一个操作数的高半字和第二个移位操作数的低半字	B.2
SXTB	Rd,Rm {,ROR #n}	有符号展开字节	B.63
SXTH	Rd,Rm {,ROR #n}	有符号展开半字	B.67
UXTB	Rd,Rm {,ROR #n}	无符号展开字节	B.93
UXTH	Rd,Rm {,ROR #n}	无符号展开半字	B.97
SXTB16	Rd,Rm {,ROR #n}	将两个字节有符号展开为两个半字	B.64
UXTB16	Rd,Rm {,ROR #n}	将两个字节无符号展开为两个半字	B.94
SXTAB	{Rd,} Rn, Rm{,ROR #n}	有符号展开字节并相加	B.65
SXTAH	{Rd,} Rn, Rm{,ROR #n}	有符号展开半字并相加	B.68
SXTAB16	{Rd,} Rn, Rm{,ROR #n}	有符号展开两个字节为半字并执行两次加法	B.66
UXTAB	{Rd,} Rn, Rm{,ROR #n}	无符号展开字节并相加	B.95
UXTAH	{Rd,} Rn, Rm{,ROR #n}	无符号展开半字并相加	B.98
UXTAB16	{Rd,} Rn, Rm{,ROR #n}	无符号展开两个字节为半字并执行两次加法	B.96

5.7.5 浮点指令

为了支持浮点运算，Cortex-M4 还具有多个用于浮点数据处理和浮点数据传输的指令，如表 5.58 所示。若所使用的 Cortex-M4 设备中不存在浮点单元，那么这些指令也是不可用的。浮点指令都是以字母 V 打头的。

表 5.58 浮点指令

指令	操作数	操作
VABS.F32	Sd, Sm	浮点绝对值
VADD.F32	{Sd,} Sn, Sm	浮点加法
VCMP{E}.F32	Sd, Sm	比较两个浮点寄存器 VCMP：若任一个操作数为信号 NaN，则提升非法操作异常 VCMPE：若任一个操作数为任意类型的 NaN，则提升非法操作异常
VCMP{E}.F32	Sd, #0.0	比较 0(#0.0)和浮点寄存器
VCVT.S32.F32	Sd, Sm	有符号 32 位整数转换为浮点数(向零舍入模式)
VCVTR.S32.F32	Sd, Sm	有符号 32 位整数转换为浮点数(使用 FPCSR 指定的舍入模式)
VCVT.U32.F32	Sd, Sm	无符号 32 位整数转换为浮点数(向零舍入模式)
VCVTR.U32.F32	Sd, Sm	无符号 32 位整数转换为浮点数(使用 FPCSR 指定的舍入模式)
VCVT.F32.S32	Sd, Sm	浮点数转换为 32 位有符号整数
VCVT.F32.U32	Sd, Sm	浮点数转换为 32 位无符号整数
VCVT.S16.F32	Sd, Sd, #fbit	有符号 16 位定点数转换为浮点数 #fbit 范围为 1～16(小数位)
VCVT.U16.F32	Sd, Sd, #fbit	无符号 16 位定点数转换为浮点数 #fbit 范围为 1～16(小数位)
VCVT.S32.F32	Sd, Sd, #fbit	有符号 32 位定点数转换为浮点数 #fbit 范围为 1～32(小数位)
VCVT.U32.F32	Sd, Sd, #fbit	无符号 32 位定点数转换为浮点数 #fbit 范围为 1～32(小数位)
VCVT.F32.S16	Sd, Sd, #fbit	浮点数转换为有符号 16 位定点数 #fbit 范围为 1～16(小数位)
VCVT.F32.U16	Sd, Sd, #fbit	浮点数转换为无符号 16 位定点数 #fbit 范围为 1～16(小数位)
VCVT.F32.S32	Sd, Sd, #fbit	浮点数转换为有符号 32 位定点数 #fbit 范围为 1～32(小数位)
VCVT.F32.U32	Sd, Sd, #fbit	浮点数转换为无符号 32 位定点数 #fbit 范围为 1～32(小数位)
VCVTB.F32.F16	Sd, Sm	单精度数据转换为半精度(使用低 16 位，高 16 位不受影响)
VCVTF.F32.F16	Sd, Sm	单精度数据转换为半精度(使用高 16 位，低 16 位不受影响)
VCVTB.F16.F32	Sd, Sm	半精度(使用低 16 位)转换为单精度
VCVTF.F16.F32	Sd, Sm	半精度(使用高 16 位)转换为单精度
VDIV.F32	{Sd,} Sn, Sm	浮点除法

续表

指令	操作数	操作
VFMA. F32	Sd, Sn, Sm	浮点融合乘累加 Sd=Sd+(Sn*Sm)
VFMS. F32	Sd, Sn, Sm	浮点融合乘减 Sd=Sd-(Sn*Sm)
VFNMA. F32	Sd, Sn, Sm	浮点融合负乘累加 Sd=(-Sd)+(Sn*Sm)
VFNMS. F32	Sd, Sn, Sm	浮点融合负乘减 Sd=(-Sd)-(Sn*Sm)
VLDMIA. 32	Rn{!}, {S_regs}	浮点多加载后地址增加
VLDMDB. 32	Rn{!}, {S_regs}	浮点多加载前地址减小
VLDMIA. 64	Rn{!}, {D_regs}	浮点多加载后地址增加
VLDMDB. 64	Rn{!}, {D_regs}	浮点多加载前地址减小
VLDR. 32	Sd,[Rn{, #imm}]	从存储器中加载一个单精度数据(寄存器+偏移)
VLDR. 32	Sd, label	从存储器中加载一个单精度数据(常量数据)
VLDR. 32	Sd, [PC, #imm]	从存储器中加载一个单精度数据(常量数据)
VLDR. 64	Dd,[Rn{, #imm}]	从存储器中加载一个双精度数据(寄存器+偏移)
VLDR. 64	Dd, label	从存储器中加载一个双精度数据(常量数据)
VLDR. 64	Dd, [PC, #imm]	从存储器中加载一个双精度数据(常量数据)
VMLA. F32	Sd, Sn, Sm	浮点乘累加 Sd=Sd+(Sn*Sm)
VMLS. F32	Sd, Sn, Sm	浮点乘减 Sd=Sd-(Sn*Sm)
VMOV{. F32}	Rt, Sm	复制浮点数到 ARM 内核寄存器
VMOV{. F32}	Sn, Rt	复制 ARM 内核寄存器到浮点数
VMOV{. F32}	Sd, Sm	复制浮点寄存器 Sm 到 Sn(单精度)
VMOV	Sm, Sm1, Rt, Rt2	复制 2 个 ARM 内核寄存器到 2 个单精度寄存器
VMOV	Rt, Rt2, Sm, Sm1	复制 2 个单精度寄存器到 2 个 ARM 内核寄存器(也可以表示为 VMOV Rt, Rt2, Dm)
VMRS. F32	Rt, FPCSR	复制浮点单元系统寄存器 FPSCR 中的数据到 Rt
VMRS	APSR_nzcv, FPCSR	复制 Rt 到浮点单元系统寄存器 FPSCR
VMSR	FPSCR, Rt	复制 Rt 到浮点单元系统寄存器 FPSCR
VMOV. F32	Sd, #imm	将单精度数据送到浮点寄存器
VMUL. F32	{Sd,} Sn, Sm	浮点乘法
VNEG. F32	Sd, Sm	浮点取负数
VNMUL	{Sd,} Sn, Sm	浮点乘法且取负数 Sd=-(Sn * Sm)
VNMLA	Sd, Sn, Sm	浮点乘累加且取负数 Sd=-(Sd+(Sn * Sm))
VNMLS	Sd, Sn, Sm	浮点乘减且取负数 Sd=-(Sd-(Sn * Sm))
VPUSH. 32	{S_regs}	浮点单精度寄存器压栈
VPUSH. 64	{D_regs}	浮点双精度寄存器压栈
VPOP. 32	{S_regs}	浮点单精度寄存器出栈

续表

指令	操作数	操作
VPOP.64	{D_regs}	浮点双精度寄存器出栈
VSQRT.F32	Sd，Sm	浮点平方根
VSTMIA.32	Rn{!},<S_regs>	浮点多存储后地址增加
VSTMDB.32	Rn{!},<S_regs>	浮点多存储前地址减小
VSTMIA.64	Rn{!},<D_regs>	浮点多存储后地址增加
VSTMDB.64	Rn{!},<D_regs>	浮点多存储前地址减小
VSTR.32	Sd,[Rn{，#imm}]	将单精度浮点数存入存储器(寄存器+偏移)
VSTR.64	Dd,[Rn{，#imm}]	将双精度浮点数存入存储器(寄存器+偏移)
VSUB.F32	{Sd,} Sn，Sm	浮点减法

在使用浮点指令之前，必须要设置协处理器访问控制器寄存器(SCB->CPACR，地址为0xE000ED88)中的CP11和CP10位域来使能浮点单元。微控制器供应商提供的设备初始化代码中的SystemInit(void)一般会进行这一操作。另外，设备头文件的_FPU_PRESENT也应该置1。

对于浮点运算，输入参数要转换为浮点格式，否则它们会变为NaN(Not a Number)操作数，有些NaN可用于浮点异常，第13章有这方面的详细内容。

5.8 桶形移位器

多个32位Thumb指令都可以利用Cortex-M3和Cortex-M4处理器中的桶形移位器。例如，若第二个操作数为ARM内核寄存器(Rm)，一些数据处理指令可以在进行数据处理前选择移位操作，如图5.14所示。

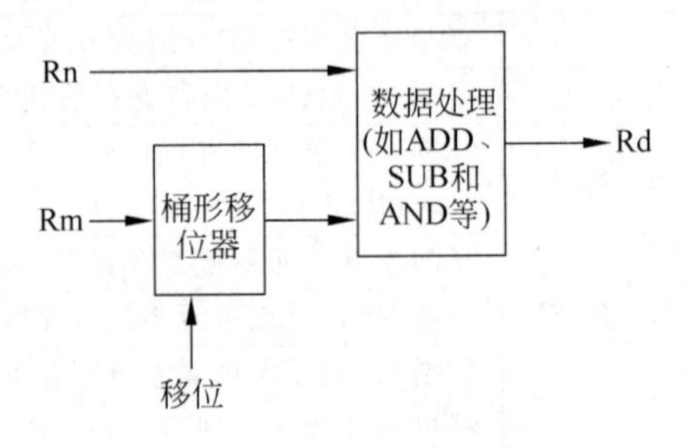

图5.14 桶形移位器

例如：

```
助记符 Rd, Rn, Rm,<shift>
```

其中的<shift>可以为：

```
ASR #n   算术右移 n 位，1≤n≤32
LSL #n   逻辑左移 n 位，1≤n≤31
LSR #n   逻辑右移 n 位，1≤n≤32
ROR #n   循环右移 n 位，1≤n≤31
RRX      循环右移 1 位并展开(移位时包括 C 标识)
```

移位操作是可选的，因此，若不需要移位/循环移位操作，可将指令写作：

助记符 Rd, Rn, Rm,

桶形移位器操作的用法如表 5.59 所示。

表 5.59 支持桶形移位器的数据处理指令

指令	描　述
MOV{S} Rd, Rm,<shift>	传送
MVN{S} Rd, Rm,<shift>	传送取负
ADD{S} Rd, Rm, Rn,<shift>	加法
ADC{S} Rd, Rm, Rn,<shift>	带进位的加法
SUB{S} Rd, Rm, Rn,<shift>	减法
SBC{S} Rd, Rm, Rn,<shift>	带借位的减法
RSB{S} Rd, Rm, Rn,<shift>	反转减法
AND{S} Rd, Rm, Rn,<shift>	逻辑与
ORR{S} Rd, Rm, Rn,<shift>	逻辑或
EOR{S} Rd, Rm, Rn,<shift>	逻辑异或
BIC{S} Rd, Rm, Rn,<shift>	逻辑与非(位清除)
ORN{S} Rd, Rm, Rn,<shift>	逻辑或非
CMP Rn, Rm,<shift>	比较
CMN Rn, Rm,<shift>	负比较
TEQ Rn, Rm,<shift>	测试相等(按位异或)
TST Rn, Rm,<shift>	测试(按位与)

桶形移位器还可用于存储器访问指令。例如，在计算地址时：

```
LDR Rd, [Rn, Rm, LSL #n]
```

其特别适用于数组处理时地址等于 array_base+(index * 2^n)的情形。

5.9 在编程中访问特殊寄存器和特殊指令

5.9.1 简介

有些指令无法在 C 编译器中利用普通 C 语句生成，如触发休眠(WFI、WFE)及存储器屏障(ISB、DSB 和 DMB)指令。若要使用这些指令，可以利用下面的方法：

- 使用 CMSIS 提供的内在函数(位于 CMSIS-Core 头文件中)。
- 使用编译器提供的内在函数。
- 利用内联汇编(或 ARM /Keil 工具链的嵌入汇编)插入所需指令。
- 利用关键字(如 ARM/Keil 工具链可用_svc 产生 SVC 指令)或习语识别等编译器相关的特性。

有些情况下，还需要访问处理器内的特殊寄存器。同样具有多种选择：

- 使用 CMSIS-Core 提供的处理器访问函数(附录 E.4)。
- 使用 ARM C 编译器中的寄存器名变量等编译器相关的特性。
- 利用内联汇编或嵌入汇编插入汇编代码。

一般来说，利用 CMSIS-Core 函数更好一些，因为它具有可移植性(和编译器相独立)。

5.9.2 内在函数

内在函数有两种，下面将会逐一介绍。

1. CMSIS-Core 内在函数

CMSIS-Core 的头文件定义了一组用以访问特殊寄存器的内在函数，它们位于 CMSIS-Core 文件 core_cmInstr.h 和 core_cm4_simd.h(用于 Cortex-M4 的 SIMD 指令)中。

附录 E 提供了 CMSIS 内在函数列表。

2. 编译器相关的内在函数

编译器相关的内在函数的使用方法和 C 函数差不多，只是它们是内置在 C 编译器中的。这种方式通常会提供最优化的代码，不过，函数定义依赖于编译工具，因此，应用代码无法在工具链间移植。第 20 章有这方面的例子(参见 20.6 节)。

对于一些工具链，编译器直接支持 CMSIS-Core 内在函数，而其他的工具链(如 ARM C 编译器)则会将这两种内在函数区分开，CMSIS-Core 内在函数生成的代码可能并不是最优化的。

需要注意的是，有时编译器相关的内在函数的名称可能会和 CMSIS-Core 的类似(如 ARM C 编译器中的 void_wfi(void)，CMSIS-Core 中则是_WFE(void))。不过，所需的参数可能会不同。

第 20 章还会介绍这方面的其他信息(参见 20.6 节)。

5.9.3 内联汇编和嵌入汇编

有些情况下，可能需要在 C 代码中利用内联汇编插入汇编指令，如要在 gcc 中使用 SVC 时。它还可用于生成优化的代码，因为可以很好地控制所生成指令的顺序。不过，利用内联汇编创建的程序是和工具链相关的(可移植性差)。ARM C 编译器(包括 Keil MDK-ARM 和 ARM DS-5 Professional)还支持一种名为嵌入汇编的特性，利用嵌入汇编，可以在 C 程序文件内创建汇编函数。

对于版本 5.01 之前的 ARM C 编译器或更早的 Keil MDK-ARM，内联汇编只能用于 ARM 指令，无法生成 Thumb 指令。因此，在较早版本的 ARM 工具链下，需要使用嵌入汇编来插入汇编代码。ARM C 编译器 5.01 或 Keil MDK-ARM 4.60 及之后版本都支持内联汇编。

若要了解内联汇编和嵌入汇编的更多细节，可以参考第 20 章的 20.5.3 和 20.5.4 两节。

5.9.4 使用其他的编译器相关的特性

多数 C 编译器具有可以方便产生特殊指令的多种特性。例如，对于 ARM C 编译器或 Keil MDK-ARM，可以利用_svc 关键字插入 SVC 指令(参见第 10 章的例子)。

另外一个编译器相关的特性为习语识别。若是以某种形式书写的数据运算 C 语句，C 编译器会识别出这种功能并以简单的指令代替。这种方法是工具链相关的，20.7 节中有习语识别的更多信息。

5.9.5 访问特殊寄存器

CMSIS-Core 提供了访问 Cortex-M3/M4 处理器内特殊寄存器的多个函数，这些函数的细节可以参见附录 E.4。

若使用 ARM C 编译器(包括 Keil MDK-ARM 和 ARM DS-5 Professional),可以使用“已命名寄存器变量”特性来访问特殊寄存器。其语法为:

```
register type var - name _arm(reg);
```

其中,type 为已命名寄存器变量的数据类型; var-name 为已命名寄存器变量的名称; reg 为指明要使用哪个寄存器的字符串。

例如,可以将寄存器名声明为:

```
register unsigned int reg_apsr _asm("apsr");
reg_apsr = reg_apsr & 0xF7FFFFFFUL;      //清除 APSR 中的 Q 标志
```

可以使用已命名寄存器变量特性来访问表 5.60 中的寄存器。

表 5.60 可以利用“已命名寄存器变量”特性访问的处理器寄存器

寄存器	_asm 中的字符串
APSR	“apsr”
BASEPRI	“basepri”
BASEPRI_MAX(见 7.10.3 节)	“basepri_max”
CONTROL	“control”
EAPSR (EPSR+APSR)	“eapsr”
EPSR	“epsr”
FAULTMASK	“faultmask”
IAPSR (IPSR+APSR)	“iapsr”
IEPSR (IPSR+EPSR)	“iepsr”
IPSR	“ipsr”
MSP	“msp”
PRIMASK	“primask”
PSP	“psp”
PSR	“psr”
r0~r12	“r0”~“r12”
r13	“r13”或“sp”
r14	“r14”或“lr”
r15	“r15”或“pc”
XPSR	“xpsr”

第 6 章 存储器系统

6.1 存储器系统特性简介

Cortex-M 处理器可以对 32 位存储器进行寻址，因此存储器空间能够达到 4GB。存储器空间是统一的，这也意味着指令和数据共用相同的地址空间。根据架构定义，4GB 的存储器空间被分为了多个区域，6.2 节将会介绍这方面的内容。另外，Cortex-M3 和 Cortex-M4 处理器的存储器系统支持多个特性：

- 多个总线接口，指令和数据可以同时访问(哈佛总线架构)。
- 基于 AMBA (高级微控制器总线架构)的总线接口设计，实际上也是一种片上总线标准：用于存储器和系统总线流水线操作的 AHB(AMBA 高性能总线)Lite 协议，以及用于和调试部件通信的 APB(高级外设总线)协议。
- 同时支持小端和大端的存储器系统。
- 支持非对齐数据传输。
- 支持排他传输(用于具有嵌入式 OS 或 RTOS 的系统的信号量操作)。
- 可位寻址的存储器空间(位段)。
- 不同存储器区域的存储器属性和访问权限。
- 可选的存储器保护单元(MPU)。若 MPU 存在，则可以在运行时设置存储器属性和访问权限配置。

处理器和架构支持非常灵活的存储器配置，因此可以看到基于 Cortex-M3 和 Cortex-M4 的微控制器具有许多不同的存储器大小和存储器映射。还可以在一些 Cortex-M 微控制器产品中找到一些设备相关的存储器特性，如存储器地址重映射/别名。

6.2 存储器映射

在 4GB 可寻址的存储器空间中，有些部分被指定为处理器中的内部外设，如 NVIC 和调试部件等。这些内部部件的存储器位置是固定的。另外，存储器空间在架构上被划分为如图 6.1 所示的多个存储器区域。这种处理使得：

- 处理器设计支持不同种类的存储器和设备。
- 系统可以达到更优的性能。

尽管预定义的存储器映射是固定的，架构仍然具有高度的灵活性，芯片设计者可以在他们的产品中加入具有差异化的不同存储器和外设。

首先来看一下存储器区域定义，它们位于图 6.1 的左侧。表 6.1 则对存储器区域定义进行了描述。

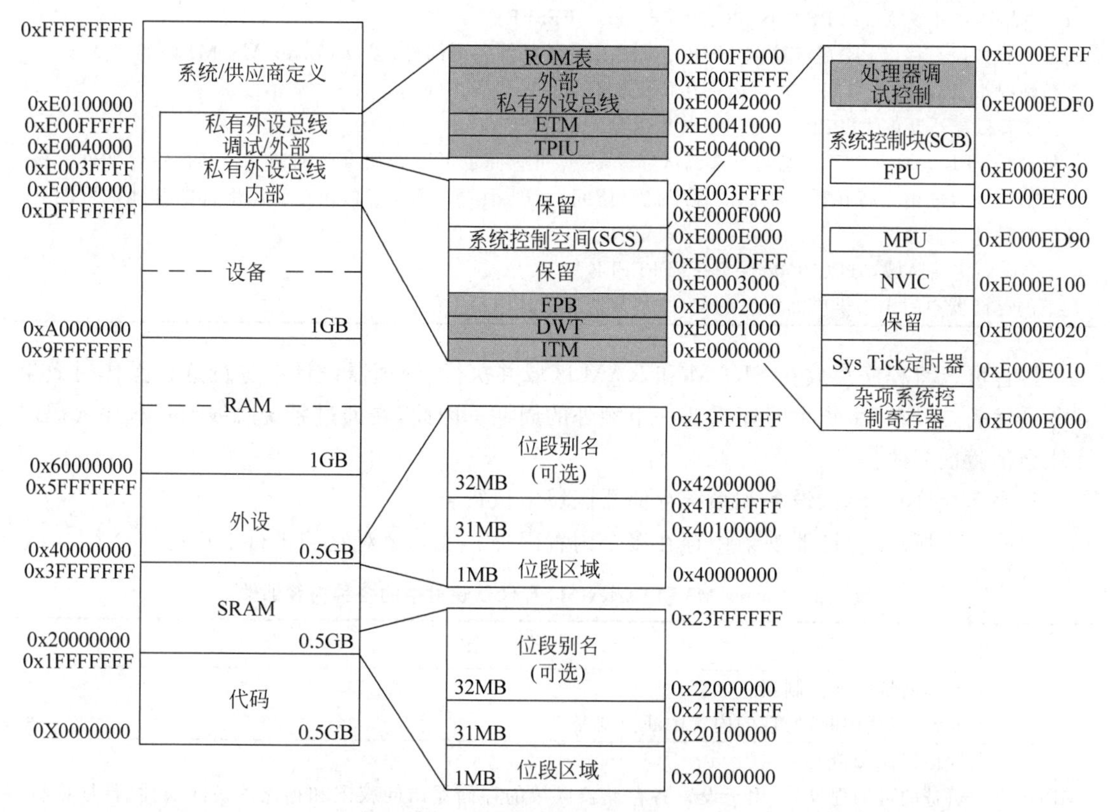

图 6.1 Cortex-M3 和 Cortex-M4 处理器预定义的存储器映射(阴影部分的部件用于调试)

表 6.1 存储器区域

区域	地 址 范 围
代码	0x00000000～0x1FFFFFFF
512MB 的存储器空间，主要用于程序代码，包括作为程序存储器一部分的默认向量表，该区域也允许数据访问	
SRAM	0x20000000～0x3FFFFFFF
SRAM 区域位于存储器空间中的下一个 512MB，主要用于连接 SRAM，其大都为片上 SRAM，不过对存储器的类型没有什么限制。若支持可选的位段特性，则 SRAM 区域的第一个 1MB 可位寻址，还可以在这个区域中执行程序代码	
外设	0x40000000～0x5FFFFFFF
外设存储器区域的大小同样为 512MB，而且多数用于片上外设。和 SRAM 区域类似，若支持可选的位段特性，则外设区域的第一个 1MB 是可位寻址的	
RAM	0x60000000～0x9FFFFFFF
RAM 区域包括两个 512MB 存储器空间(总共 1GB)，用于片外存储器等其他 RAM，且可存放程序代码和数据	
设备	0xA0000000～0xDFFFFFFF
设备区域包括两个 512MB 存储器空间(总共 1GB)，用于片外外设等其他存储器	
系统	0xE0000000～0xFFFFFFFF

续表

区域	地 址 范 围
系统区域可分为几个部分： (1) 内部私有外设总线(PPB)，0xE0040000～0xE00FFFFF 内部私有外设总线(PPB)用于访问 NVIC、SysTick、MPU 等系统部件，以及 Cortex-M3/M4 内的调试部件。多数情况下，该存储器空间只能由运行在特权状态的程序代码访问。 (2) 外部私有外设总线(PPB)，0xE0040000～0xE00FFFFF 另外一个 PPB 区域可用于其他的可选调试部件，芯片供应商也可以增加自己的调试或其他特定部件。该存储器空间只能由运行在特权状态的程序代码访问。需要注意的是，该总线上调试部件的基地址可能会被芯片设计者修改。 (3) 供应商定义区域，0xE0100000～0xFFFFFFFF 剩下的存储器空间用于供应商定义的部件，多数情况下是用不上的。	

尽管可以将程序存放在 SRAM 和 RAM 区域并执行，处理器设计在进行这种操作时效果并非最优的，在取每个指令时还需要一个额外的周期。因此，在通过系统总线执行程序代码时性能会稍微低一些。

程序不允许在外设、设备和系统存储器区域中执行。

如图 6.1 所示，存储器映射中存在多个内置部件。表 6.2 对它们进行了描述。

表 6.2 Cortex-M3 和 Cortex-M4 存储器映射中的各种内置部件

部件	描 述
NVIC	嵌套向量中断控制器 异常(包括中断)处理的内置中断控制器
MPU	存储器保护单元 可选的可编程单元，用于设置各存储器区域的存储器访问权限和存储器访问属性(特性或行为)，有些 Cortex-M3 和 Cortex-M4 微控制器中可能会没有 MPU
SysTick	系统节拍定时器 24 位定时器，主要用于产生周期性的 OS 中断。若未使用 OS，还可被应用程序代码使用
SCB	系统控制块 用于控制处理器行为的一组寄存器，并可提供状态信息
FPU	浮点单元 这里存在多个寄存器，用于控制浮点单元的行为，并可提供状态信息。FPU 仅在 Cortex-M4 中存在
FPB	Flash 补丁和断点单元 用于调试操作，其中包括最多 8 个比较器，每个比较器都可被配置为产生硬件断点事件。例如，在执行断点地址处的指令时，它还可以替换原先的指令，因此可为固定的程序实现补丁机制
DWT	数据监视点和跟踪单元 用于调试和跟踪操作，其中包括最多 4 个比较器，每个比较器都可被配置为产生数据监视点事件，如在特定的存储器地址区域被软件访问时。它还可以产生数据跟踪包，供调试器使用以观察监控的存储器位置
ITM	指令跟踪宏单元 用于调试和跟踪的部件。软件可以利用它产生可被跟踪接口捕获的数据跟踪。它还可以在跟踪系统中生成时间戳包

续表

部件	描 述
ETM	嵌入式跟踪宏单元 产生调试软件可用的指令跟踪的部件
TPIU	跟踪端口接口单元 该部件可以将跟踪包从跟踪源转换到跟踪接口协议，这样可以用最少的引脚捕获跟踪数据
ROM 表	ROM 表 调试工具用的简单查找表，表示调试和跟踪部件的地址，以便调试工具识别出系统中可用的调试部件。它还提供了用于系统识别的 ID 寄存器

NVIC、MPU、SCB 和各种系统外设所在的存储器空间被称作系统控制空间(SCS)。本书中的很多章节将会介绍这些部件的更多信息。

6.3 连接处理器到存储器和外设

Cortex-M 处理器提供了基于 AMBA(高级微控制器总线架构)的通用总线接口。AMBA 支持多种总线协议，对于 Cortex-M3 和 Cortex-M4 处理器，主要的总线接口使用 AHB(AMBA 高性能总线)Lite 协议，而 APB 协议则用作私有外设总线(PPB)，它主要用于调试部件。基于 APB 的其他总线部分则可以利用其他的总线桥部件添加到系统总线上。

为了提高性能，CODE 存储器区域已经将总线接口从系统总线中独立出来，如图 6.2 所示。这样，数据访问和取指可以并行执行。

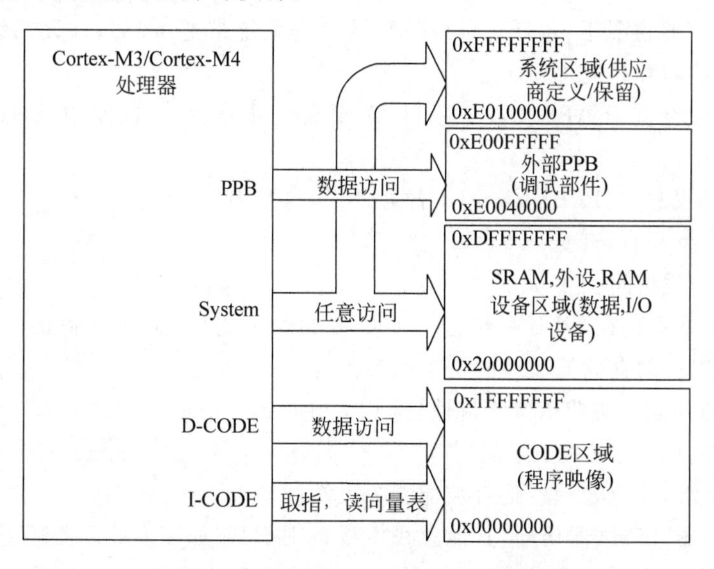

图 6.2 不同存储器区域的多个总线接口

这种分离的总线结构还会加快中断响应，这是因为在中断处理期间，栈访问和读取程序映像中的向量表可以同时执行。

可以在处理器的总线接口中插入等待状态，因此，高速运行的 Cortex-M 处理器可以访问速度较低的存储器或外设。总线接口还支持错误响应。例如，若产生了错误，当处理器访问未在合法存储器区域内的地址时，总线系统会对处理器返回错误响应，这样会触发错误异常，随后可由运行在处理器上的软件报告这一情况或对其进行处理。

在简单的微处理器设计中，程序存储器一般会被连接到I-CODE和D-CODE总线，而SRAM和外设则会被连到系统总线。Cortex-M3或Cortex-M4的一种简单设计如图6.3所示。

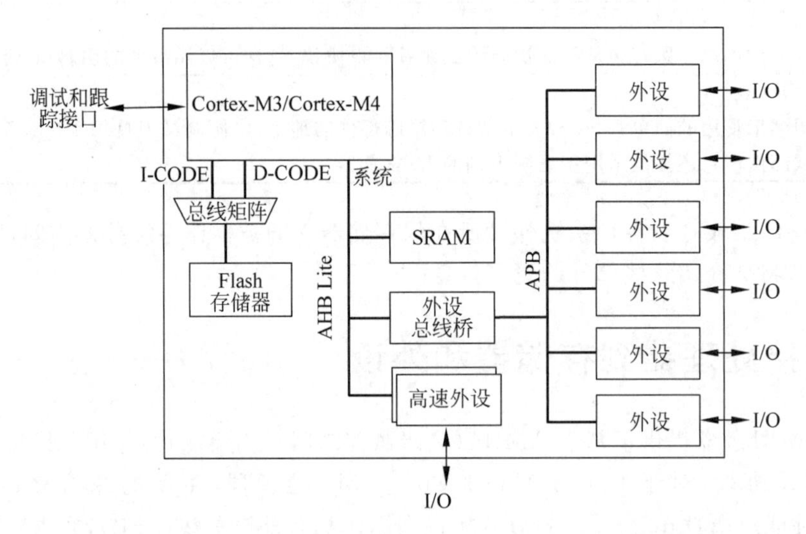

图6.3 基于Cortex-M3或Cortex-M4的简单系统

多数外设通常会被连接到独立的外设总线段，对于许多现有的Cortex-M3和Cortex-M4产品，可以在设计中找到多个外设总线段。按照这种方式，每个总线都可以运行在不同的速度下以节省功耗。有些情况下，这样还可以带来更大的系统带宽（例如，外设系统有时需要支持以太网的DMA访问和高速USB）。

外设协议一般会基于APB协议。不过，对于高性能外设，可以使用AHB Lite以提高带宽和运行速度。

注意，私有外设总线(PPB)不会用于普通外设，这是因为：

- PPB只支持私有访问。
- 只允许32位访问。
- 由于写缓冲不存在，PPB写传输需要更多的时钟周期（强序设备访问，参见6.9节和表6.11以了解存储器属性的更多细节）。
- PPB中的外设无法使用位段特性（见6.7节）。

另外，PPB的用法还有其他限制：

- 只支持小端，无论处理器是否被配置为大端。
- 可被处理器或调试器访问，其他总线主设备则不行（如在多处理器环境中）。

程序存储器的访问具有两个总线接口（I-CODE和D-CODE）。在简单的设计中，可以利用ARM提供的一个简单的总线复用部件将这两个总线合并。微控制器供应商也可以利用这两个接口实现Flash访问加速器，这样处理器可以比Flash存储器的访问速度快得多。例如，ST Microelectronics的STM32F2（基于Cortex-M3的微控制器）和STM32F4（基于Cortex-M4的微控制器）已经利用这两个接口实现了Flash访问加速器，如图6.4所示。需要将两套缓冲连接到这两个总线上，而且缓冲还对每个总线的访问类型进行了优化。

Flash预取和跳转缓冲的概念和细节超出了本书的范围，后面将不会介绍。对于微控制

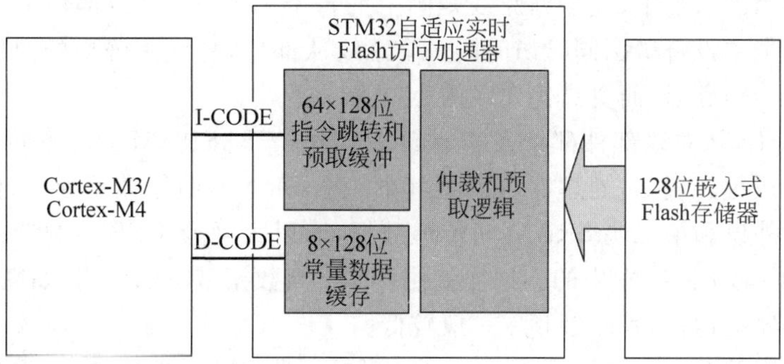

图 6.4 ST Microelectronics 的 STM32F2 和 STM32F4 的 Flash 访问加速器示意图

器的用户，这种处理意味着微控制器供应商所设计的产品提供很高的处理器时钟频率，而不会因为 Flash 存储器访问所需的等待状态导致性能的大量损失。与利用全特性缓存存储器系统的传统方式相比，这种方法需要较小的硅片面积，而且所需的功耗也更低。

在许多 Cortex-M3 和 Cortex-M4 微控制器产品中，还可以在内部总线系统中发现多个总线主控设备，如 DMA、以太网和 USB 控制器。这些产品的文档中一般会出现"总线矩阵"或"多层 AHB"等说法。这就意味着对于内部总线系统中的 AHB 连接，多个总线主设备可以同时执行对不同存储器或外设的访问。例如，NXP 的 LPC1700 的总线矩阵就使用了图 6.5 所示的设计。

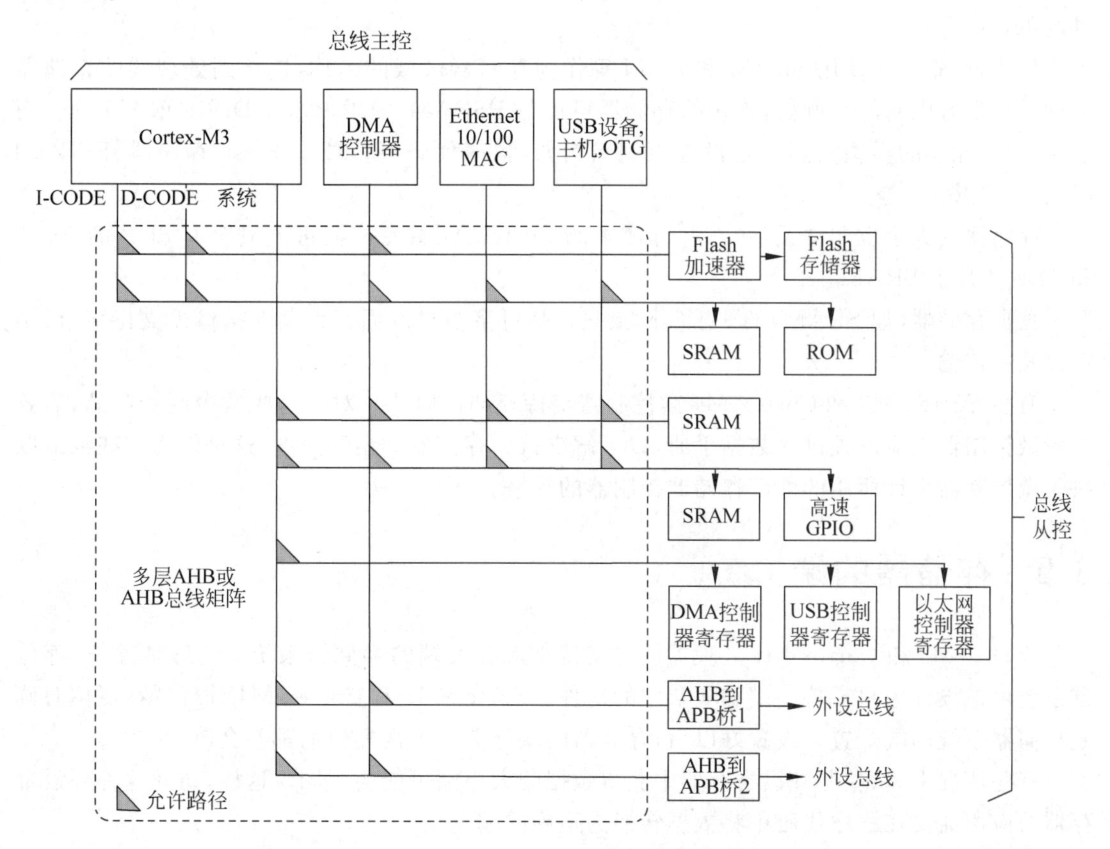

图 6.5 多层 AHB 示例(NXP LPC1700)

在图 6.5 所示的系统中，连接到总线矩阵上的每个 AHB 从总线部件可以被多个总线主设备访问。若两个主设备试图同时访问同一个总线从部件，总线矩阵中的内部仲裁则会将低优先级主设备的传输延迟，而更高优先级的会首先通过。

由于每个 AHB 从总线部件都具有多个 SRAM 块，不同 SRAM 块和不同总线主设备间的传输可能会同时执行。例如，处理器可以将其中一个 SRAM 用作数据处理，同时 DMA 控制器可能正在一个外设和第二块 SRAM 间传递数据，而以太网或 USB 控制器可能也在使用第三块 SRAM，这些都是同时发生的。这样就使得需要高数据带宽的应用(如高速 USB)可以在低成本的微控制器上运行，其时钟频率一般较低。

许多不同厂家的 Cortex-M3 或 Cortex-M4 微控制器支持类似的方法，但是总线的实现细节和 SRAM 块个数可能都会不同，而且文献中的总线架构示意图可能会用不同的术语，因此看起来可能会完全不一样。对于简单的应用，嵌入式软件开发人员无须了解 AHB 操作的细节。在了解存储器映射和编程模型的足够信息后，开发人员可以利用 Cortex-M3 或 Cortex-M4 处理器的性能创建高性能的嵌入式应用。

6.4 存储器需求

若存储器接口逻辑匹配，不同类型的存储器可被连接到 AHB Lite 总线接口上。尽管总线为 32 位大小，若使用合适的转换硬件，也可以连接其他宽度的存储器(如 8 位、16 位、64 位以及 128 位等)。

注意，尽管架构使用 SRAM 和 RAM 等作为存储器区域的名称，连接到处理器的存储器的种类是没有限制的。例如，连接的存储器可能是 PSRAM、SDRAM 或 DDR DRAM 等。而且，程序存储器的类型实际上也没有限制。例如，程序代码可以位于 Flash 存储器、EPROM 以及 OTP ROM 等。

存储器的大小也非常灵活，有些低成本的 Cortex-M 微控制器可能只会有 8KB 的 Flash 和 4KB 的片上 SRAM。

数据存储器(如 SRAM)的要求实际上只包括可字节寻址而且存储器接口需支持字节、半字以及字传输。

有些 Cortex-M3 和 Cortex-M4 微控制器支持外部存储器。对于这些微控制器产品，需要参考微控制器供应商提供的数据手册，以了解支持的存储器类型和速度，这是因为这些细节取决于微控制器设计所用的外部存储器控制器的规格。

6.5 存储器的端

Cortex-M3 和 Cortex-M4 处理器同时支持小端和大端的存储器系统。一般情况下，存储器系统可被设计为只支持小端和大端中的一种。Cortex-M3 和 Cortex-M4 处理器在复位时确定存储器系统的端配置。设置好以后，存储器的端配置在下次复位前都不会改变。

有些情况下，从一些外设寄存器中获得数据的大小端可能会不同。这样，访问这种外设寄存器的应用需要在程序代码中将数据转换为正确的端。

现有的 Cortex-M 微控制器大多是小端的，它们具有小端的存储器系统和外设，请参考微控制器供应商提供的数据手册或资料以确定特定产品的端配置。对于小端的存储器系统，字大小数据的第一个字节位于32位存储器位置的最低字节处，如表6.3所示。

表6.3 小端存储器示例

地址	31～24位	23～16位	15～8位	7～0位
0x0003～0x0000	字节-0x3	字节-0x2	字节-0x1	字节-0x0
…	…	…	…	…
0x1003～0x1000	字节-0x1003	字节-0x1002	字节-0x1001	字节-0x1000
0x1007～0x1004	字节-0x1007	字节-0x1006	字节-0x1005	字节-0x1004
…	字节-4×N+3	字节-4×N+2	字节-4×N+1	字节-4×N

也可以将Cortex-M3或Cortex-M4处理器的存储器系统设计为大端的。在这种情况下，字大小数据的第一个字节就会位于32位存储器地址的最高字节处，如表6.4所示。

表6.4 大端存储器示例

地址	31～24位	23～16位	15～8位	7～0位
0x0003～0x0000	字节-0x0	字节-0x1	字节-0x2	字节-0x3
…	…	…	…	…
0x1003～0x1000	字节-0x1000	字节-0x1001	字节-0x1002	字节-0x1003
0x1007～0x1004	字节-0x1004	字节-0x1005	字节-0x1006	字节-0x1007
…	字节-4×N	字节-4×N+1	字节-4×N+2	字节-4×N+3

Cortex-M3和Cortex-M4处理器的大端体系被称作字节不变大端，或者BE-8。ARM架构版本v6、v6-M、v7以及v7-M都支持字节不变大端体系，BE-8和ARM7TDMI等传统ARM处理器的大端系统不同。经典ARM处理器的大端体系被称作字不变大端，或者BE-32。从存储器的角度来看，这两种体系是相同的，不过在数据传输时字节通路的用法不同。表6.5列出了BE-8的AHB字节通路用法，而表6.6则是对应BE-32。

表6.5 Cortex-M3和Cortex-M4(字节不变大端,BE-8)—AHB总线上的数据

地址,大小	31～24位	23～16位	15～8位	7～0位
0x1000,字	数据bit[7:0]	数据bit[15:8]	数据bit[23:16]	数据bit[31:24]
0x1000,半字	—	—	数据bit[7:0]	数据bit[15:8]
0x1002,半字	数据bit[7:0]	数据bit[15:8]	—	—
0x1000,字节	—	—	—	数据bit[7:0]
0x1001,字节	—	—	数据bit[7:0]	—
0x1002,字节	—	数据bit[7:0]	—	—
0x1003,字节	数据bit[7:0]	—	—	—

表6.6 ARM7TDMI(字不变大端,BE-32)—AHB总线上的数据

地址,大小	31～24位	23～16位	15～8位	7～0位
0x1000,字	数据bit[7:0]	数据bit[15:8]	数据bit[23:16]	数据bit[31:24]
0x1000,半字	数据bit[7:0]	数据bit[15:8]	—	—
0x1002,半字	—	—	数据bit[7:0]	数据bit[15:8]
0x1000,字节	数据bit[7:0]	—	—	—
0x1001,字节	—	数据bit[7:0]	—	—
0x1002,字节	—	—	数据bit[7:0]	—
0x1003,字节	—	—	—	数据bit[7:0]

对于小端系统，如表6.7所示，Cortex-M3、Cortex-M4和经典ARM处理器的字节总线通路用法都是相同的。

表6.7 小端—AHB总线上的数据

地址，大小	31～24位	23～16位	15～8位	7～0位
0x1000，字	数据bit[31：24]	数据bit[23：16]	数据bit[15：8]	数据bit[7：0]
0x1000，半字	—	—	数据bit[15：8]	数据bit[7：0]
0x1002，半字	数据bit[15：8]	数据bit[7：0]	—	—
0x1000，字节	—	—	—	数据bit[7：0]
0x1001，字节	—	—	数据bit[7：0]	—
0x1002，字节	—	数据bit[7：0]	—	—
0x1003，字节	数据bit[7：0]	—	—	—

在Cortex-M处理器中：

- 取指总是处于小端模式。
- 对包括系统控制空间(SCS)、调试部件和私有外设总线(PPB)在内的0xE0000000～0xE00FFFFF区域的访问总是小端的。

若软件应用需要处理大端数据，而所使用的微控制器却是小端的，则可以使用REV、REVSH和REV16等指令将数据在大端和小端间转换。

6.6 数据对齐和非对齐数据访问支持

由于存储器系统为32位的(至少从编程模型的角度来看是这样的)，大小为32位(4字节，或字)或16位(2字节，或半字)可以是对齐也可以是不对齐的。对齐传输的意思是地址值为大小(以字节为单位)的整数倍。例如，字大小的对齐传输可以执行的地址为0x00000000、0x00000004、…、0x00001000、0x00001004等；类似地，半字大小的对齐传输可以执行的地址则为0x00000000、0x00000002、…、0x00001000、0x00001002等。

对齐和非对齐传输的实例如图6.6所示。

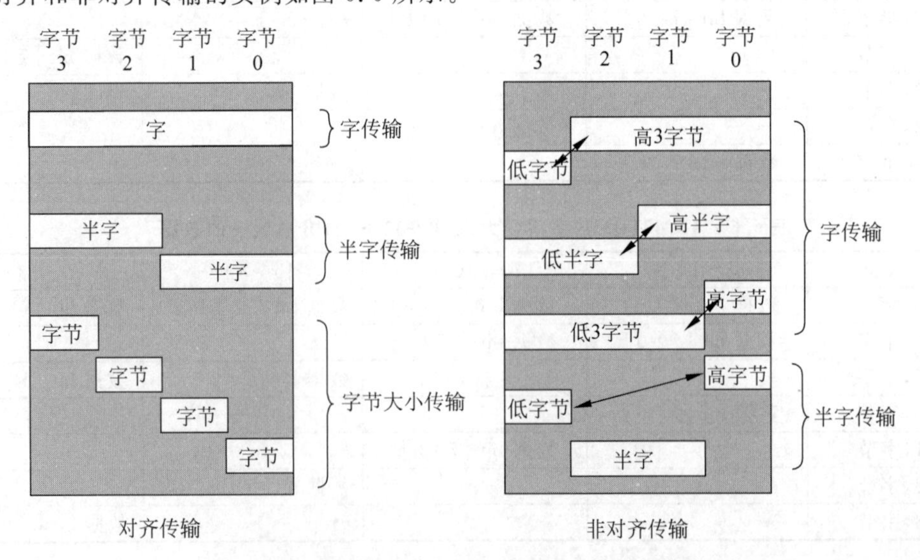

图6.6 小端存储器系统的对齐和非对齐数据传输示例

一般来说，多数经典 ARM 处理器（如 ARM7 /ARM9 /ARM10）都只允许对齐传输。这就意味着在访问存储器时，字传输地址的 bit[1]和 bit[0]为 0，而半字传输地址的 bit[0]为 0。例如，字数据可位于 0x1000 或 0x1004，而不能位于 0x1001、0x1002 或 0x1003。对于半字数据，地址可以为 0x1000 或 0x1002，而不能为 0x1001。所有的字节传输都是对齐的。

Cortex-M3 和 Cortex-M4 处理器都支持普通存储器访问（如 LDR、LDRH、STR 以及 STRH 指令）的非对齐数据传输。

另外还有一些限制：

- 多加载/存储指令不支持非对齐传输。
- 栈操作指令（PUSH/POP）必须是对齐的。
- 排他访问（如 LDREX 或 STREX）必须是对齐的，否则就会触发错误异常（使用错误）。
- 位段操作不支持非对齐传输，因为其结果是不可预测的。

当非对齐传输是由处理器发起时，它们实际上会被处理器的总线接口单元转换为多个对齐传输。这个转换是不可见的，因此应用程序开发人员无须考虑这个问题。不过，当产生非对齐传输时，它会被拆分为几个对齐传输，因此本次数据访问会花费更多的时钟周期，可能对需要高性能的情形不利。若追求更高的性能，确保数据处于合适的对齐是有必要的。

多数情况下，C 编译器不会产生非对齐传输，它只会在以下情况中出现：

- 直接操作指针。
- 包含非对齐数据的数据结构增加“_packed”属性。
- 内联/嵌入式汇编代码。

也可以对 Cortex-M3 或 Cortex-M4 处理器进行设置，使得非对齐传输出现时可以触发异常，这样就需要设置配置控制寄存器中的 UNALIGN_TRP（非对齐陷阱）位以及系统控制块 SCB 中的 CCR（地址 0xE000ED14）。这样处理之后，Cortex-M3 或 Cortex-M4 处理器就可以在出现非对齐传输时产生使用错误异常。这对于软件开发过程中测试程序是否会产生非对齐传输非常有用。

6.7 位段操作

6.7.1 简介

利用位段操作，一次加载/存储操作可以访问（读/写）一个位。对于 Cortex-M3 或 Cortex-M4 处理器，两个名为位段区域的预定义存储器区域支持这种操作，其中一个位于 SRAM 区域的第一个 1MB，另一个则位于外设区域的第一个 1MB。这两个区域可以同普通存储器一样访问，而且还可以通过名为位段别名的一块独立的存储器区域进行访问。当使用位段别名地址时，每个位都可以通过对应的字对齐地址的最低位（LSB）单独访问，如图 6.7 所示。

例如，要设置地址 0x20000000 处字数据的第 2 位，除了使用三条指令读取数据、设置位，然后将结果写回之外，还可以使用一条单独的指令，如图 6.8 所示。

这两种情况的汇编流程可以表示为图 6.9 所示的情形。

类似地，若需要读出某存储器位置中的一位，位段特性也可以简化应用程序代码。例如，若需要确定地址 0x20000000 的第 2 位，可以采取图 6.10 所示的步骤。

这两种情况的汇编流程可以表示为图 6.11 所示的情形。

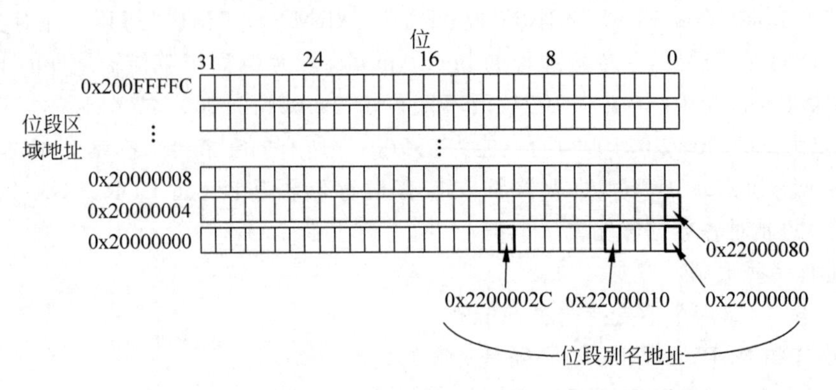

图 6.7　通过位段别名对位段区域进行位访问(SRAM 区域)

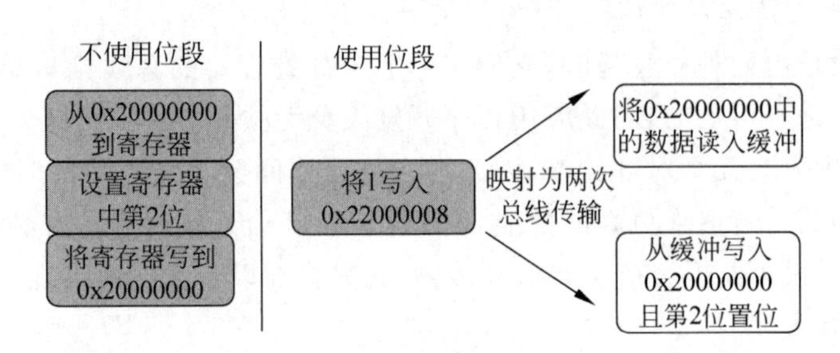

图 6.8　写入位段别名

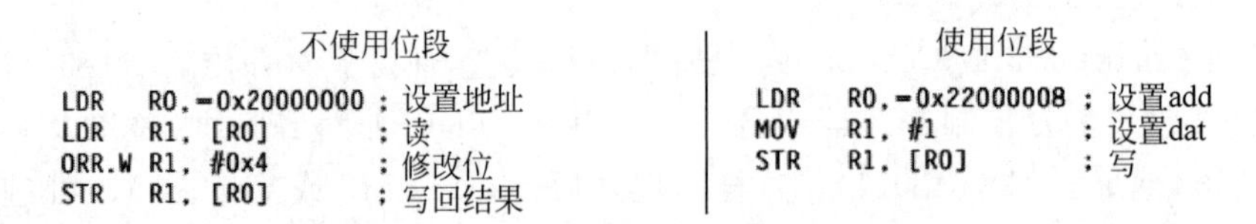

不使用位段
LDR R0,=0x20000000 ; 设置地址
LDR R1, [R0] ; 读
ORR.W R1, #0x4 ; 修改位
STR R1, [R0] ; 写回结果
使用位段
LDR R0,=0x22000008 ; 设置add
MOV R1, #1 ; 设置dat
STR R1, [R0] ; 写

图 6.9　使用及不使用位段写入位的汇编流程示例

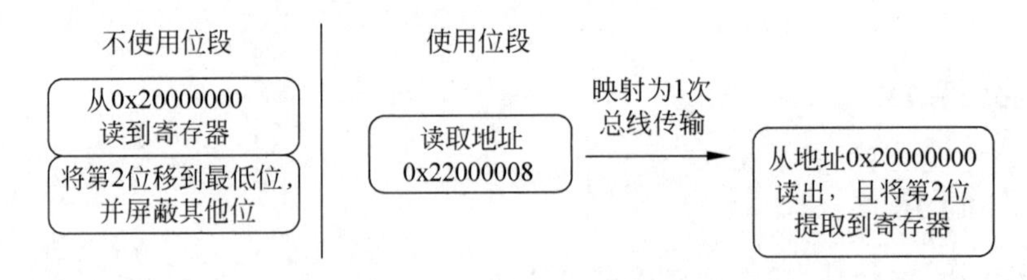

图 6.10　读取位段别名

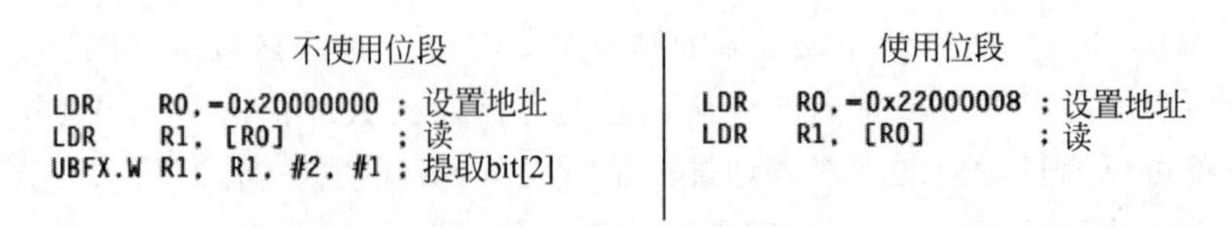

不使用位段
LDR R0,=0x20000000 ; 设置地址
LDR R1, [R0] ; 读
UBFX.W R1, R1, #2, #1 ; 提取bit[2]
使用位段
LDR R0,=0x22000008 ; 设置地址
LDR R1, [R0] ; 读

图 6.11　读取位段别名汇编流程示例

位段操作并不是一个新的想法。事实上，类似的特性已经在 8051 等 8 位微控制器上出现超过 30 年了。对于这些 8 位处理器，可位寻址的数据具有特殊的数据类型，而且需要特殊的指令来访问位数据。尽管 Cortex-M3 和 Cortex-M4 处理器中没有位操作的特殊指令，不过定义了特殊的存储器区域后，对这些区域的数据访问会被自动转换为位段操作。

注意，Cortex-M3 和 Cortex-M4 处理器在位段存储器寻址时使用下面的术语：

- 位段区域。支持位段操作的存储器地址区域。
- 位段别名。访问位段别名(位段操作)会引起对位段区域的访问(注意，执行了存储器重映射)。

在位段区域，每个字由位段别名地址区域 32 个字的 LSB 表示。实际情况是，当访问位段别名地址时，该地址就会被重映射到位段地址。对于读操作，字被读出且选定位的位置被移到读返回数据的 LSB。对于写操作，待写的位数据被移到所需的位置，然后执行读—修改—写操作。

可以进行位段操作的存储器区域有两个：

- 0x20000000～0x200FFFFF(SRAM，1MB)
- 0x40000000～0x400FFFFF(外设，1MB)

对于 SRAM 存储器区域，位段别名的重映射，如表 6.8 所示。

表 6.8　SRAM 区域的位段地址重映射

位段区域	别名等价
0x20000000 bit[0]	0x22000000 bit[0]
0x20000000 bit[1]	0x22000004 bit[0]
0x20000000 bit[2]	0x22000008 bit[0]
…	…
0x20000000 bit[31]	0x2200007C bit[0]
0x20000004 bit[0]	0x22000080 bit[0]
…	…
0x20000004 bit[31]	0x220000FC bit[0]
…	…
0x200FFFFC bit[31]	0x23FFFFFC bit[0]

类似地，外设存储器区域的位段可以通过位段别名地址访问，如表 6.9 所示。

表 6.9　外设存储器区域的位段地址重映射

位段区域	别名等价
0x40000000 bit[0]	0x42000000 bit[0]
0x40000000 bit[1]	0x42000004 bit[0]
0x40000000 bit[2]	0x42000008 bit[0]
…	…
0x40000000 bit[31]	0x4200007C bit[0]
0x40000004 bit[0]	0x42000080 bit[0]
…	…
0x40000004 bit[31]	0x420000FC bit[0]
…	…
0x400FFFFC bit[31]	0x43FFFFFC bit[0]

下面为一个简单的例子：

(1) 将地址 0x20000000 设置为 0x3355AACC。

(2) 读地址 0x22000008。本次读访问被重映射为到 0x20000000 的读访问，返回值为 1

(0x3355AACC 的 bit[2])。

(3) 将 0x22000008 写为 0。本次写访问被重映射为到地址 0x20000000 的读—修改—写。数值 0x3355AACC 被从存储器中读出来，清除第 2 位后，结果 0x3355AAC8 被写入地址 0x20000000。

(4) 现在读取 0x20000000，这样会得到返回值 0x3355AAC8(bit[2]被清除)。

在访问位段别名地址时，只会用到数据的 LSB(bit[0])。另外，对位段别名区域的访问不应该是非对齐的。若非对齐访问在位段别名地址区域内执行，结果是不可预测的。

位段特性在从版本 r2p1 开始的 Cortex-M3 以及所有发行版本的 Cortex-M4 上都是可选的。所使用的 Cortex-M3 或 Cortex-M4 处理器可能会不支持位段，请参考微控制器供应商提供的文档以了解细节内容。

6.7.2 位段操作的优势

那么，位段操作有什么作用？举例来说，可以利用其实现从通用目的输入/输出(GPIO)端口往串行设备的串行数据传输。由于串行数据和时钟信号的访问是分开的，因此应用程序代码实现起来也非常简单。

BIT-BAND vs BIT-BANG

在 Cortex-M3 中，术语位段表示提供位访问的特殊存储器段(区域)，而 bit-bang 则是指通过软件控制驱动 I/O 引脚以提供串行通信功能。Cortex-M3 中的位段特性可以用于 bit-bang，但两者的定义是不同的。

位段操作还可简化跳转决断。例如，若跳转应该基于外设中某个状态寄存器的一位来执行，除了：

- 读取整个寄存器
- 屏蔽未使用的位
- 比较和跳转

还可以将操作简化为：

- 通过位段别名读取状态位(得到 0 或 1)
- 比较和跳转

除了可以提高少数几个指令的位操作速度外，Cortex-M3 和 Cortex-M4 处理器的位段特性还可用于资源(如 I/O 端口的各引脚)被不止一个进程共用的情形。位段操作最重要的一个优势或特点在于它的原子性。换句话说，读—修改—写的流程不能被其他总线行为打断。若没有这种特性，在进行读—修改—写的软件流程时，可能会出现下面的问题：假定输出端口的第 0 位被主程序使用而第 1 位被中断处理使用，如图 6.12 所示，基于读—修改—写操作的软件可能会引起数据冲突。

利用位段特性，这种竞态现象是可以避免的，这是因为读—修改—写是在硬件等级执行的，是原子性的，而中断无法在操作时产生，如图 6.13 所示。

多任务系统中也有类似的问题。例如，若输出端口的第 0 位被进程 A 使用而第 1 位被进程 B 使用，基于软件的读—修改—写可能会引起数据冲突，如图 6.14 所示。

与前面的类似，位段特性可以确保每个任务的位访问是独立的，因此不会产生数据冲突，如图 6.15 所示。

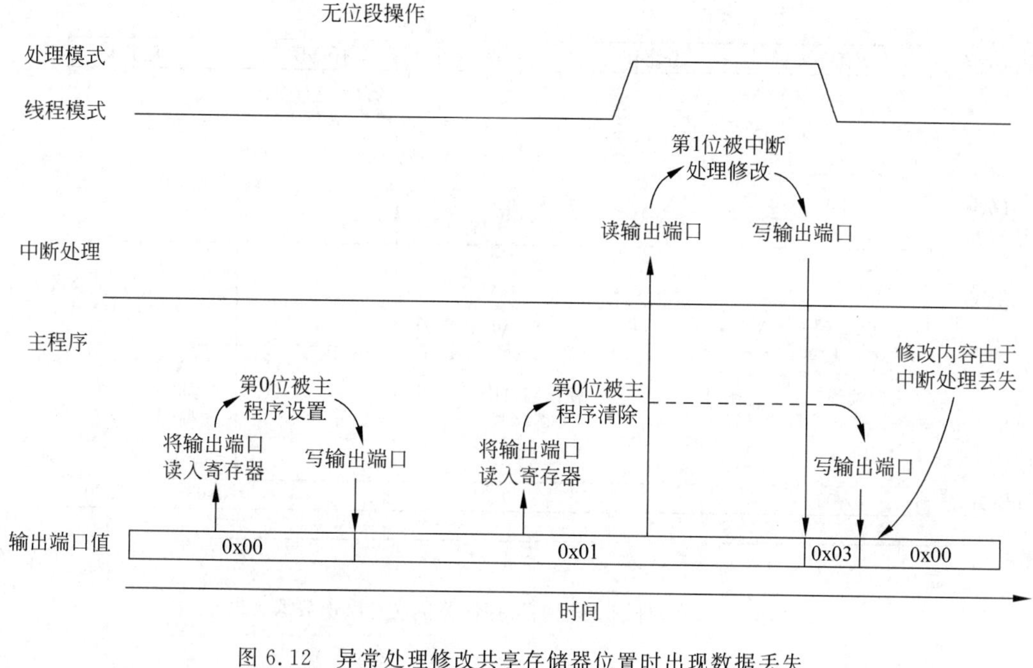

图 6.12 异常处理修改共享存储器位置时出现数据丢失

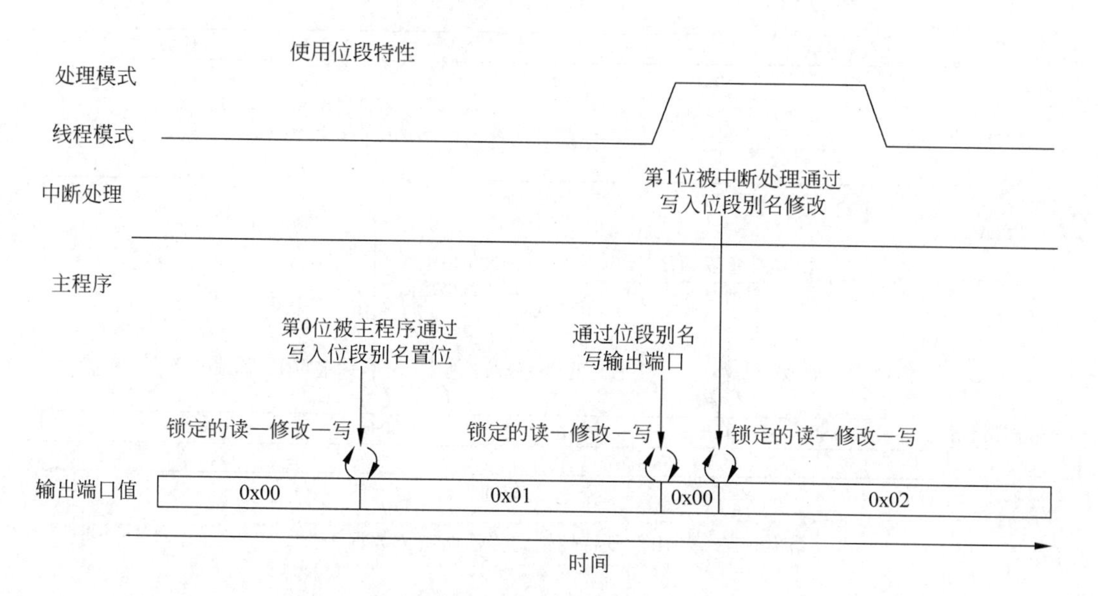

图 6.13 利用位段特性锁定传输能避免数据丢失

除了 I/O 功能,位段特性可用于存储和处理 SRAM 区域中的 Boolean 数据。例如,多个 Boolean 数据可被合并到同一个存储器位置中,以节省存储器空间。不过,若通过位段别名地址区域执行操作,对每个位的访问仍然是独立的。

对于支持位段的 SoC 设备的设计者来说,设备的存储器地址应该位于位段存储器内,而且必须要检查 AHB 接口的锁定信号(HMASTLOCK),以确保在锁定传输操作期间,可写寄存器的内容只能被总线修改,而不能被外设硬件操作改变。

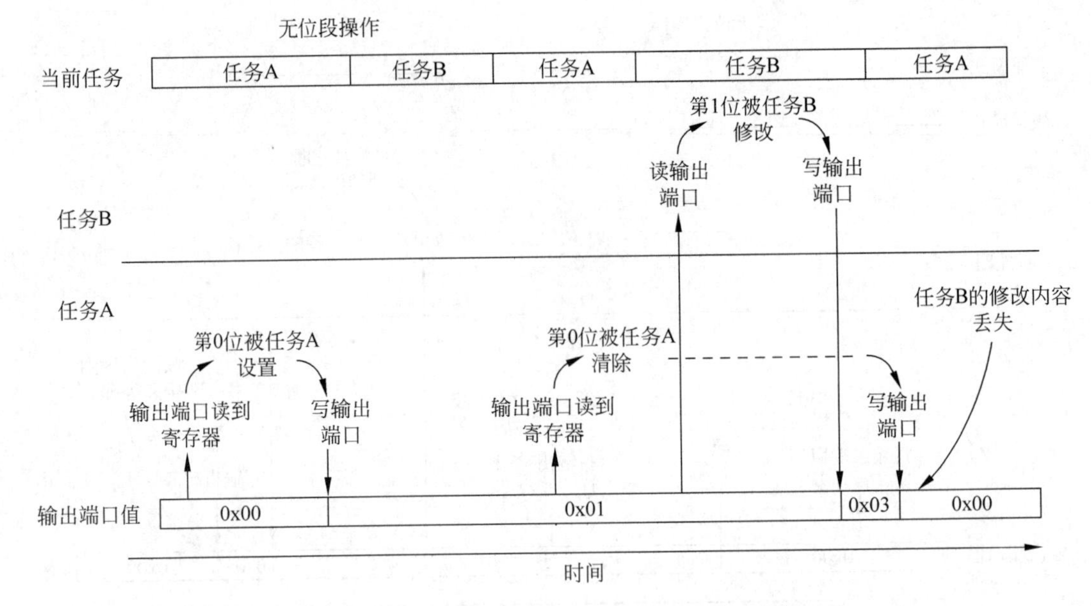

图 6.14　当不同任务修改共享存储器位置时出现数据丢失

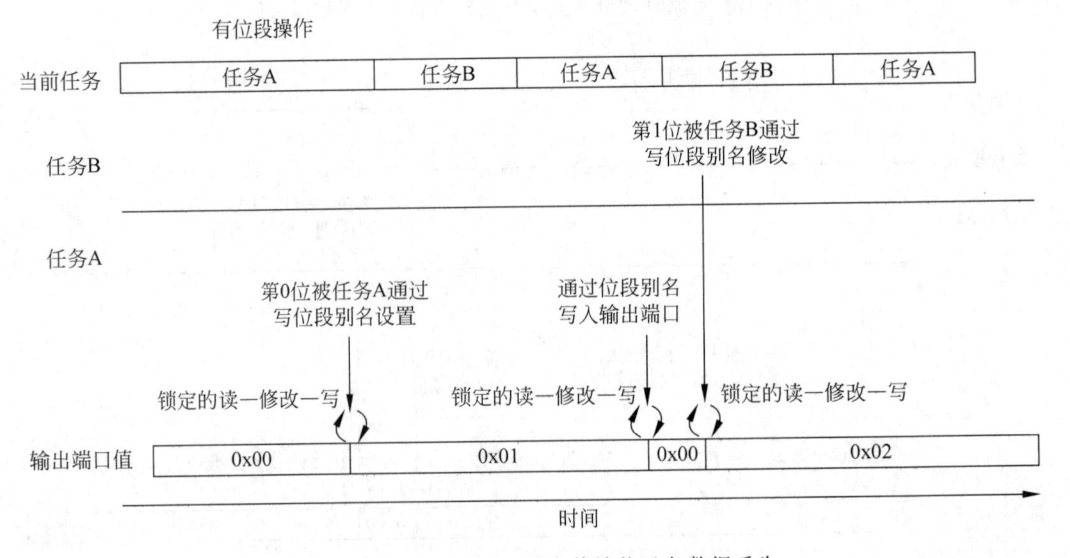

图 6.15　利用位段特性锁定传输能避免数据丢失

6.7.3　不同数据大小的位段操作

位段操作并不局限于字传输，字节传输或半字传输也可以执行。例如，在用字节访问指令(LDRB/STRB)访问位段别名地址区域时，所产生的对位段区域的访问就是字节大小的。类似地，对位段别名的半字传输(LDRH/STRH)则会被重映射到对位段区域的半字大小的传输。

在位段别名地址上执行非字传输时，地址值仍然应该是字对齐的。

6.7.4　C 程序实现的位段操作

C/C++语言本身不支持位段操作。例如，C 编译器就不知道同一个存储器可以用两个不同的地址来寻址，而且也不了解对位段别名的访问只会操作存储器位置的 LSB。要用 C 实现位段特性，最简单的方法就是分别声明存储器位置的地址和位段别名。例如：

```
#define DEVICE_REG0        *((volatile unsigned long *) (0x40000000))
#define DEVICE_REG0_BIT0   *((volatile unsigned long *) (0x42000000))
#define DEVICE_REG0_BIT1   *((volatile unsigned long *) (0x42000004))
...
DEVICE_REG0 = 0xAB;              //使用普通地址访问硬件寄存器
...
DEVICE_REG0 = DEVICE_REG0 j 0x2; //未使用位段特性设置第 1 位
...
DEVICE_REG0_BIT1 = 0x1;          //利用位段特性通过位段别名地址设置第 1 位
```

也可以利用 C 语言的宏定义简化对位段别名的访问。例如，可以实现一个宏，将位段地址和位数转换为位段别名地址，并且用另外一个宏将地址作为一个指针来访问存储器地址。

```
//将位段地址和位编号转换为位段别名地址
#define BIT BAND(addr, bitnum) ((addr & 0xF0000000) + 0x2000000 + ((addr &0xFFFFF)<< 5) +
(bitnum << 2))
//将地址转换为指针
#define MEM_ADDR(addr) *((volatile unsigned long *) (addr))
```

基于之前的例子，可以将代码重写如下：

```
#define DEVICE_REG0                0x40000000
#define BIT BAND(addr,bitnum)      ((addr & 0xF0000000) + 0x02000000 + ((addr&0xFFFFF)<< 5)1
(bitnum << 2))
#define MEM_ADDR(addr)             *((volatile unsigned long *) (addr))
...
MEM_ADDR(DEVICE_REG0) = 0xAB;   //利用普通地址访问硬件寄存器
...
//未使用位段特性设置第 1 位
MEM_ADDR(DEVICE_REG0) = MEM_ADDR(DEVICE_REG0) | 0x2;
...
//利用位段特性设置第 1 位
MEM_ADDR(BIT BAND(DEVICE_REG0,1)) = 0x1;
```

需要注意的是，在使用位段特性时，可能需要将被访问的变量定义为 volatile。C 编译器不知道同一个数据会以两个不同的地址访问，因此需要利用 volatile 属性，以确保在每次访问变量时，操作的是存储器位置而不是处理器内的本地备份。

对于从 ARM RealView Development Suite version 4.0 和 Keil MDK-ARM 3.80 开始的版本，以及 ARM Development Studio 5(DS-5)的所有版本，可以通过_attribute_((bit band))关键字和_bit band 命令行选项来使用位段(参见参考文献 12)。

还可以在 ARM 应用笔记 179(参考文献 10)中找到更多在 ARM C 编译器工具中利用 C 宏定义进行位段访问的例子。

6.8 默认的存储器访问权限

Cortex-M3 和 Cortex-M4 的处理器映射具有默认的存储器访问权限配置，用户程序(非特权)不允许访问 NVIC 等系统控制存储器空间。在没有 MPU 或 MPU 存在但未使能时会使用默认的存储器访问权限。

若 MPU 存在且使能，MPU 设置所定义的其他访问权限也会决定是否允许用户访问其他的存储器区域。

默认的存储器访问权限如表 6.10 所示。

表 6.10 默认的存储器访问权限

存储器区域	地址	用户程序的非特权访问
供应商定义	0xE0100000～0xFFFFFFFF	全访问
ROM 表	0xE00FF000～0xE00FFFFF	禁止，非特权访问导致总线错误
外部 PPB	0xE0042000～0xE00FEFFF	禁止，非特权访问导致总线错误
ETM	0xE0041000～0xE0041FFF	禁止，非特权访问导致总线错误
TPIU	0xE0040000～0xE0040FFF	禁止，非特权访问导致总线错误
内部 PPB	0xE000F000～0xE003FFFF	禁止，非特权访问导致总线错误
NVIC	0xE000E000～0xE000EFFF	禁止，非特权访问导致总线错误。除了软件触发中断寄存器，其可被编程为允许用户访问
FPB	0xE0002000～0xE0003FFF	禁止，非特权访问导致总线错误
DWT	0xE0001000～0xE0001FFF	禁止，非特权访问导致总线错误
ITM	0xE0000000～0xE0000FFF	读允许，写忽略，除非是非特权访问激励端口（实时可配置）
外部设备	0xA0000000～0xDFFFFFFF	全访问
外部 RAM	0x60000000～0x9FFFFFFF	全访问
外设	0x40000000～0x5FFFFFFF	全访问
SRAM	0x20000000～0x3FFFFFFF	全访问
代码	0x00000000～0x1FFFFFFF	全访问

当非特权访问被阻止时，错误异常就会立即产生。根据总线错误异常是否使能以及优先级配置，它可以是硬件错误或总线错误异常。

6.9 存储器访问属性

存储器映射描述了每个存储器区域所包含的部分，除了解析被访问的存储器块或设备外，存储器映射还定义了访问的存储器属性。Cortex-M3 和 Cortex-M4 处理器中存在的存储器属性包括以下几种：

(1) 可缓冲。当处理器继续执行下一条指令时，对存储器的写操作可由写缓冲执行。

(2) 可缓存。读存储器所得到的数据可被复制到存储器缓存，以便下次再访问时可以从缓存中取出这个数值，这样可以加快程序执行。

(3) 可执行。处理器可以从本存储器区域取出并执行程序代码。

(4) 可共享。这种存储器区域的数据可被多个总线主设备共用。存储器系统需要确保可共享存储器区域中不同总线主设备间数据的一致性。

在每次指令和数据传输时，处理器总线接口都会将存储器访问属性信息输出到存储器系统。若 MPU 存在且 MPU 区域配置和默认的不同，则默认的存储器属性设置会被覆盖。

对于现有的多数Cortex-M3和Cortex-M4微控制器，只有可执行和可缓冲属性会影响到应用程序的执行。可缓存和可共享属性则一般由缓存控制器使用，用以确定存储器类型和缓存设计，如表6.11所示。

表6.11　与存储器类型相关的存储器属性

可缓冲	可缓存	存储器类型
0	0	强序。Cortex-M3和Cortex-M4处理器会在继续下一个操作前等待总线接口上的传输完成。从架构上来说，处理器可以继续执行下一个操作，不过无法启动另一个对类型为强序或设备的存储器的访问
1	0	设备。若下一条指令也是存储器访问，则Cortex-M3和Cortex-M4设备可以在使用写缓冲处理传输的同时，继续执行下一条指令。从架构上来说，处理器可以继续执行下一个操作，不过无法启动另一个对类型为强序或设备的存储器的访问
0	1	具有写通(WT)缓存的普通存储器
1	1	具有写回(WB)缓存的普通存储器

若系统中存在多个处理器以及具有缓存相关性控制的缓存单元，如图6.16所示，就需要用到可共享属性。当数据访问显示为可共享时，缓存控制器需要确保该数值同其他缓存单元是一致的，这是因为它可能会被另外一个处理器缓存并修改。

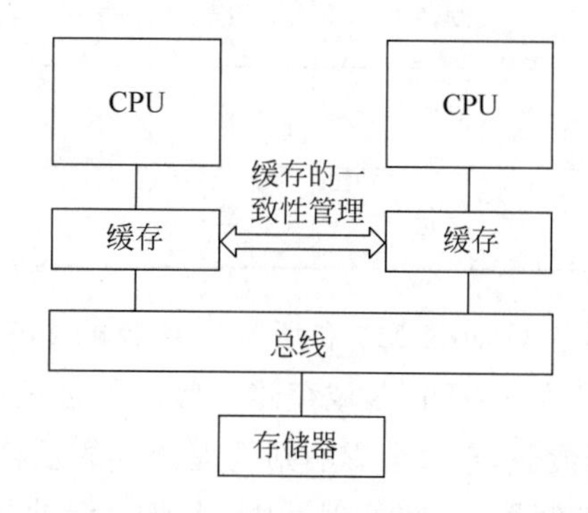

图6.16　多处理器系统中的缓存一致性需要共享属性

尽管Cortex-M3和Cortex-M4处理器中并不存在缓存存储器或缓存控制器，微控制器中仍然可以加上缓存单元，它可以利用存储器属性信息定义存储器访问行为。另外，根据芯片生产商所使用的存储器控制器，缓存属性可能还会影响到片上和片外存储器控制器的操作。

可缓冲属性用于处理器内部。为了提供更优的性能，Cortex-M3和Cortex-M4处理器支持总线接口上的单入口写缓冲。即使总线接口上的实际传输需要多个时钟周期才能完成，对可缓冲存储器区域的写操作可在单个时钟周期内执行，接下来会继续执行下一条指令，如图6.17所示。

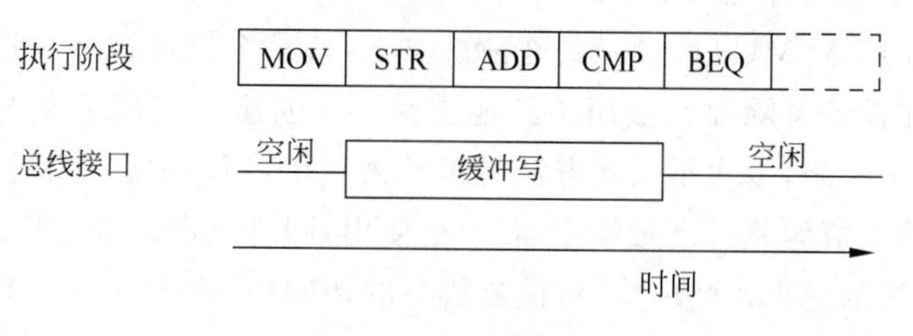

图6.17　缓冲写操作

每个存储器区域的默认访问属性如表 6.12 所示。其中，XN 表示永不执行，这也就意味着本区域内不允许程序执行。

表 6.12 默认的存储器属性

区　域	存储器/设备类型	XN	缓存	备　注
CODE 存储器区域 (0x00000000～0x1FFFFFFF)	普通	—	WT	内部写缓冲使能，输出的存储器属性始终为可缓存以及不可缓冲
SRAM 存储器区域 (x20000000～0x3FFFFFFF)	普通	—	WB-WA	写回，写分配
外设区域 (0x40000000～0x5FFFFFFF)	设备	Y	—	可缓冲，不可缓存
RAM 区域 (0x60000000～0x7FFFFFFF)	普通	—	WB-WA	写回，写分配
RAM 区域 (0x80000000～0x9FFFFFFF)	普通	—	WT	写通
设备 (0xA0000000～0xBFFFFFFF)	设备	Y	—	可缓冲，不可缓存
设备 (0xC0000000～0xDFFFFFFF)	设备	Y	—	可缓冲，不可缓存
系统-PPB (0xE0000000～0xE00FFFFF)	强序	Y	—	不可缓冲，不可缓存
系统-供应商定义 (0xE0100000～0xFFFFFFFF)	设备	Y	—	可缓冲，不可缓存

注意，对于从版本 1 开始的 Cortex-M3 和所有发布版的 Cortex-M4 处理器，处理器的 I-CODE 和 D-CODE 总线接口上的 CODE 区域存储器属性信号被硬件连接表示为可缓存和不可缓冲。MPU 配置不能将其覆盖，它只会影响到处理器外的缓存存储器系统（如 2 级缓存和某些具有缓存特性的存储器控制器）。在处理器内，内部写缓冲仍可用作访问 CODE 区域的写缓冲。

6.10 排他访问

可能已经注意到了，Cortex-M3 和 Cortex-M4 处理器不支持 SWP 指令（交换）。该指令一般用于 ARM7TDMI 等传统 ARM 处理器的信号量操作，目前它已被排他访问操作替代。架构 v6（如 ARM1136）首先支持排他访问。

信号量常用于给应用分配共享资源。当某个共享资源只能满足一个客户端或应用处理器时，还可将其称为互斥体（MUTEX）。在这种情况下，若某个资源被一个进程占用，它就会被锁定到这个进程，在锁定解除前无法用于其他进程。要创建 MUTEX 信号量，需要将某个存储器地址定义为锁定状态，以表示共享资源是否已被一个进程锁定。当进程或应用要使用资源时，它需要首先检查资源是否已被锁定，若未被使用，则可以设置锁定状态，表示本资源目前已被锁定。对于传统的 ARM 处理器，对锁定状态的访问由 SWP 指令执行，它可以确保读写锁定状态操作的原子性，避免资源被两个进程同时锁定。

对于较新的ARM处理器，读/写访问可由独立的总线执行。这样，由于锁定传输流程中的读写必须要位于同一个总线，因此SWP指令无法保证存储器访问的原子性，锁定传输也就被排他访问取代了。排他访问操作的理念相当简单，不过和SWP不同。有了排他访问，信号量的存储器位置被另一个总线主控设备或同一个处理器上运行的另一个进程访问也就有了可能性，如图6.18所示。

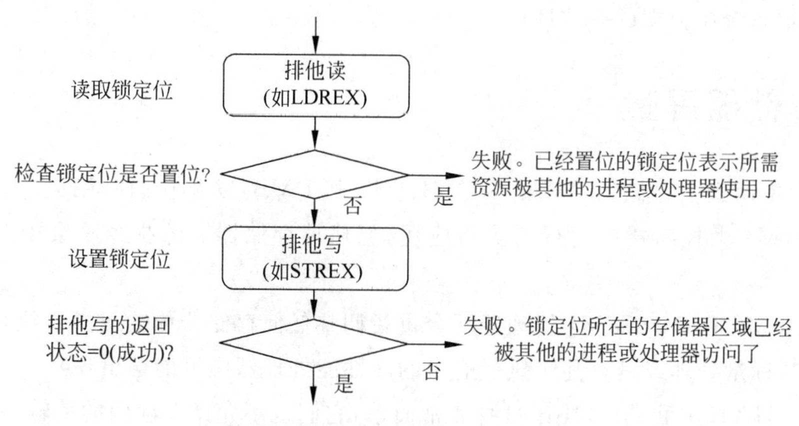

图6.18 MUTEX信号量中使用排他访问

若出现了下面的条件之一，排他写(如STREX)可能会失败：

- 执行了CLREX指令
- 产生了上下文切换(如中断)
- 前面没有执行过LDREX
- 外部硬件通过总线接口上的边带信号向处理器返回排他失败状态

若排他存储得到一个失败状态，则存储器中不会进行实际的写操作，因为它可能已经被处理器内核或外部硬件阻止。

要使排他传输能在多处理器环境中正常工作，需要额外增加一个名为“排他传输监控”的硬件。该监控会检查到共享地址的传输，并告知处理器排他访问是否成功。处理器总线接口还向本监控提供了额外的控制信号，以表明本次传输是否为排他访问。

若存储器设备已被另外一个总线主设备访问，且处于排他读和排他写之间，在处理器试图进行排他写时，排他访问监控会通过总线系统产生一个排他失败状态。这样会将排他写的返回状态置为1，对于排他写失败的情形，排他访问监控也会阻止写缓冲操作排他访问地址。

Cortex-M3和Cortex-M4处理器中的排他访问指令包括LDREX(字)、LDREXB(字节)、LDREXH(半字)、STREX(字)、STREXB(字节)以及STREXH(半字)。简单的语法实例如下所示：

```
LDREX <Rxf>, [Rn, #offset]
STREX <Rd>, <Rxf>,[Rn, #offset]
```

其中，Rd为排他写的返回状态(0为成功，1为失败)。

排他访问的实例代码可以在9.2.9节中找到。可以利用微控制器供应商提供的符合

CMSIS 的设备驱动库中的内在函数用 C 来生成排他访问指令：__LDREX、__LDREXH、__LDREXB、__STREX、__STREXH 和__STREXB。附录 E 中有这些函数的快速参考。

当使用排他访问时，即便 MPU 将区域定义为了可缓冲的，也不会使用处理器总线接口上的写缓冲。这样可以确保物理存储器中的信号量信息总是最新的，并保持各总线主设备间的一致性。利用 Cortex-M3 或 Cortex-M4 进行多处理器 SoC 设计的人员应该确保在出现排他传输时，存储器系统中数据的一致性。

6.11 存储器屏障

在第 5 章中谈到了存储器屏障指令(ISB、DSB 和 DMB)以及它们的用途。对于 Cortex-M3 和 Cortex-M4 微控制器中运行的多数应用，忽略掉存储器屏障指令不会引起任何问题。这是因为：

- Cortex-M3 和 Cortex-M4 处理器不会重新调整任何存储器传输或指令执行的顺序(在某些超标量处理或具有乱序执行能力的高性能处理器中可能会出现)。
- 由于 AHB Lite 和 APB 协议自身非常简单，它们也不允许在前面的传输还未完成时就开始新的传输。

不过，由于处理器具有一个写缓冲(6.9 节中已经提到)，需要多个时钟周期的数据写操作可能会和后续操作同步执行。多数情况下，这不会引起什么问题，而且由于它会提高系统的性能，因此还会带来一些好处。有些情况下，可能需要确保下一个操作不会在写完成前开始执行。例如，有些微控制器可能会具有一种存储器重映射特性，其通常是由系统控制器外设中的寄存器控制。为了进行存储器映射的切换，在写入重映射控制寄存器后，可以使用一个 DSB 指令来确保在缓冲写实际完成前，后面的所有操作(如数据访问)都不会开始执行。还可以在 DSB 后增加一个 ISB 指令来重取所有的后续指令。5.6.13 节中介绍了需要存储器屏障指令的其他情形。

有一点需要注意的是，在有些情况下基础的系统总线中可能会存在额外的写缓冲。这样屏障指令就无法保证缓冲写已经完成，有些写缓冲可以被空的读操作清空。若需要这些设备相关的细节，请咨询微控制器供应商或分销商。

6.12 微控制器中的存储器系统

对于许多微控制器设备，设计中还集成了其他的存储器系统特性。例如：

- Bootloader
- 存储器重映射
- 存储器别名

这些特性在处理器中不存在，不同供应商的微控制器的实现方式会有所差异。使用全部这些特性可以提高存储器映射处理的灵活性。

许多情况下，除了可以存放程序代码的程序存储器外(如 Flash)，微控制器可能还会有一个单独的 ROM，它可以是 Flash 存储器，也可以是不能修改的掩膜 ROM。这些单独的程序存储器一般会包含一个 Bootloader，这也是在自己的应用程序开始前执行的程序。

芯片设计人员将 Bootloader 放入系统中的原因是多方面的。例如：

- 提供 Flash 编程功能，这样就可以利用一个简单的 UART 接口来编程 Flash，或者当程序运行时，在自己的应用程序中编程 Flash 存储器的某些部分。
- 提供通信协议栈等额外的固件，可被软件开发人员通过 API 调用。
- 提供芯片内置的自检功能(BIST)。

对于具有 Bootloader ROM 的芯片，当系统开始时执行 Bootloader，因此当系统在上电启动时它必须要位于地址 0 处。不过，等系统下次启动时，可能还需要再次执行 Bootloader 并在 Flash 中直接运行应用程序，因此需要修改存储器映射。

为了达到这个目的，地址解析器需要为可编程的，如图 6.19 所示，可以使用硬件寄存器(如系统控制单元中的外设寄存器)。

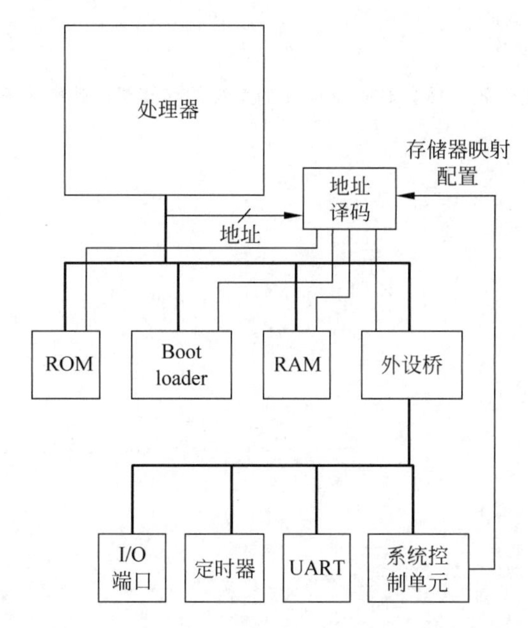

图 6.19 具有可配置存储器映射的简单存储器系统

切换存储器映射的操作被称作“存储器重映射”，该操作由 Bootloader 实现。不过，无法在切换存储器映射的同时跳转到 Bootloader 的新位置，因此，采用了一种被称作别名的方法。如图 6.20 所示，通过存储器地址别名，存放 Bootloader 的 ROM 可以从两个不同的存储器区域访问。

一般来说，Bootloader 可从地址 0 利用存储器地址别名进行访问，而且该别名可被关闭。可能的存储器配置有很多种，如图 6.20 所示的情形只是其中的一种可能。对于一些微控制器，由于 Bootloader 位于地址 0，每次系统启动时都会执行，因此无须进行存储器重映射。向量表可以利用处理器提供的向量表重定位特性进行重定位，因此在处理取向量时也无须进行重映射。

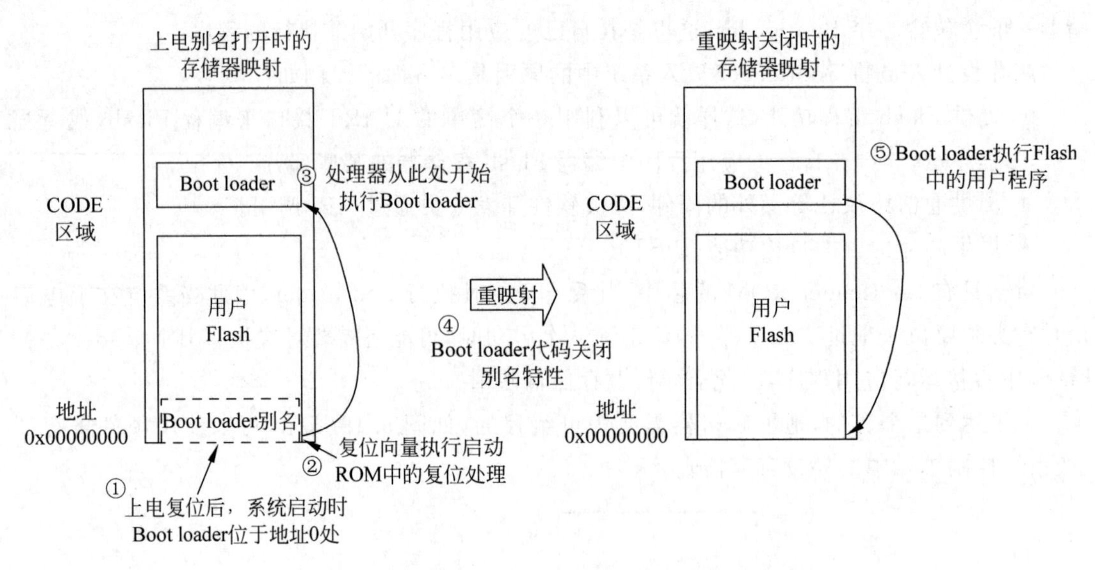

图 6.20 具有 Boot loader 的系统的存储器重映射示例

第 7 章

异常和中断

7.1 异常和中断简介

对于几乎所有的微控制器，中断都是一种常见的特性。中断一般是由硬件（如外设和外部输入引脚）产生的事件，它会引起程序流偏离正常的流程（如给外设提供服务）。当外设或硬件需要处理器的服务时，一般会出现下面的流程：

（1）外设确认到处理器的中断请求。

（2）处理器暂停当前执行的任务。

（3）处理器执行外设的中断服务程序（ISR），若有必要可以选择由软件清除中断请求。

（4）处理器继续执行之前暂停的任务。

所有的 Cortex-M 处理器都会提供一个用于中断处理的嵌套向量中断控制器（NVIC）。除了中断请求，还有其他需要服务的事件，将其称为“异常”。按照 ARM 的说法，中断也是一种异常。Cortex-M 处理器中的其他异常包括错误异常和其他用于 OS 支持的系统异常（如 SVC 指令）。处理异常的程序代码一般被称作异常处理，它们属于已编译程序映像的一部分。

在典型的 Cortex-M4 微控制器中，NVIC 接收多个中断源产生的中断请求，如图 7.1 所示。

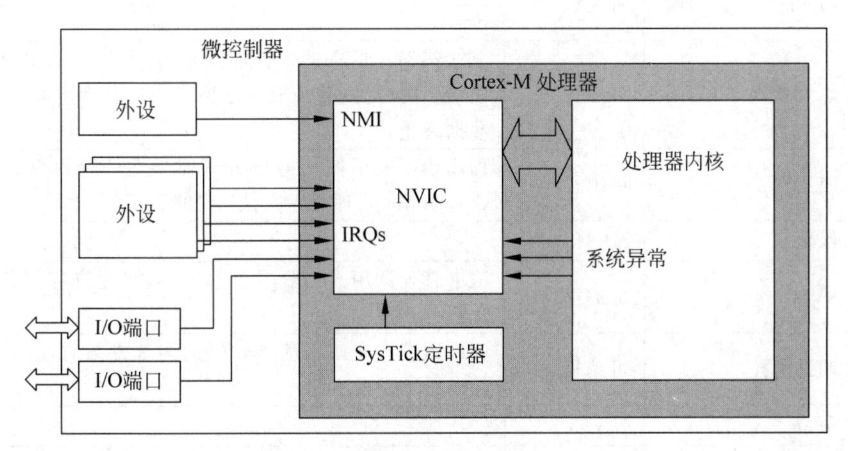

图 7.1 典型微控制器中的各种异常源

Cortex-M3 和 Cortex-M4 的 NVIC 支持最多 240 个 IRQ（中断请求）、1 个不可屏蔽中断（NMI）、1 个 SysTick（系统节拍）定时中断及多个系统异常。多数 IRQ 由定时器、I/O 端口和通信接口(如 UART 和 I²C)等外设产生。NMI 通常由看门狗定时器或掉电检测器等外设产生,其余的异常则是来自处理器内核,中断还可以利用软件生成。

为了继续执行被中断的程序,异常流程需要利用一些手段来保存被中断程序的状态,这样在异常处理完成后还可以被恢复。一般来说,这个过程可以由硬件机制实现,也可由硬件和软件操作共同完成。对于 Cortex-M4 处理器,当异常被接受后,有些寄存器会被自动保存到栈中,而且也会在返回流程中自动恢复。利用这种机制,可以将异常处理写作普通的 C 函数,同时也不会带来额外的软件开销。

7.2 异常类型

Cortex-M 处理器的异常架构具有多种特性,支持多个系统异常和外部中断。编号 1～15 的为系统异常,16 及以上的则为中断输入(处理器的输入,不必从封装上的 I/O 引脚上访问)。包括所有中断在内的多数异常,都具有可编程的优先级,一些系统异常则具有固定的优先级。

不同 Cortex-M3 或 Cortex-M4 微控制器的中断源的编号(1～240)可能会不同,优先级也可能会有所差异。这是因为为了满足不同的应用需求,芯片设计者可能会对 Cortex-M3 或 Cortex-M4 设计进行相应的配置。

异常类型 1～15 为系统异常,如表 7.1 所示。类型 16 及以上则为外部中断输入,如表 7.2 所示。

表 7.1 系统异常列表

异常编号	异常类型	优先级	描 述
1	复位	－3(最高)	复位
2	NMI	－2	不可屏蔽中断(外部 NMI 输入)
3	硬件错误	－1	所有的错误都可能会引发,前提是相应的错误处理未使能
4	MemManage 错误	可编程	存储器管理错误,存储器管理单元(MPU)冲突或访问非法位置
5	总线错误	可编程	总线错误。当高级高性能总线(AHB)接口收到从总线的错误响应时产生(若为取指也被称作预取终止,数据访问则为数据终止)
6	使用错误	可编程	程序错误或试图访问协处理器导致的错误(Cortex-M3 和 Cortex-M4 处理器不支持协处理器)
7～10	保留	NA	—
11	SVC	可编程	请求管理调用。一般用于 OS 环境且允许应用任务访问系统服务
12	调试监控	可编程	调试监控。在使用基于软件的调试方案时,断点和监视点等调试事件的异常
13	保留	NA	—
14	PendSV	可编程	可挂起的服务调用。OS 一般用该异常进行上下文切换
15	SYSTICK	可编程	系统节拍定时器。当其在处理器中存在时,由定时器外设产生。可用于 OS 或简单的定时器外设

表 7.2 中断列表

异常编号	异常类型	优先级	描述
16	外部中断＃0	可编程	可由片上外设或外设中断源产生
17	外部中断＃1	可编程	
…	…	…	
255	外部中断＃239	可编程	

有一点需要注意，中断编号（如中断＃0）表示到 Cortex-M3 处理器 NVIC 的中断输入。对于实际的微控制器产品或片上系统（SoC），外部中断输入引脚编号同 NVIC 的中断输入编号可能会不一致。例如，头几个中断输入可能会被分配给内部外设，而外部中断引脚则可能会分到下几个中断输入。因此，需要检查芯片生产商的数据手册，以确定中断是如何编号的。

异常处理用于识别每个异常，而且在 ARMv7-M 架构中具有多种用途。例如，当前正在运行的异常的编号数值位于特殊寄存器中断程序状态寄存器（IPSR）中，或者 NVIC 中一个名为中断控制状态寄存器（VECTACTIVE 域）的寄存器。

对于使用 CMSIS-Core 的普通编程，中断标识由中断枚举实现，从数值 0 开始（代表中断＃0）。如表 7.3 所示，系统异常的编号为负数。CMSIS-Core 还定义了系统异常处理的名称。

表 7.3 CMSIS-Core 异常定义

异常编号	异常类型	CMSIS-Core 枚举（IRQn）	CMSIS-Core 枚举值	异常处理名
1	复位	—	—	Reset_Handler
2	NMI	NonMaskableInt_IRQn	－14	NMI_Handler
3	硬件错误	HardFault_IRQn	－13	HardFault_Handler
4	MemManage 错误	MemoryManagement_IRQn	－12	MemManage_Handler
5	总线错误	BusFault_IRQn	－11	BusFault_Handler
6	使用错误	UsageFault_IRQn	－10	UsageFault_Handler
11	SVC	SVCall_IRQn	－5	SVC_Handler
12	调试监控	DebugMonitor_IRQn	－4	DebugMon_Handler
14	PendSV	PendSV_IRQn	－2	PendSV_Handler
15	SYSTICK	SysTick_IRQn	－1	SysTick_Handler
16	中断＃0	设备定义	0	设备定义
17	中断＃1～＃239	设备定义	1～239	设备定义

CMSIS-Core 访问函数之所以使用另外一种编号系统，是因为这样可以稍微提高部分 API 函数的效率（例如，设置优先级）。中断的编号和枚举定义是同设备相关的，它们位于微控制器供应商提供的头文件中，在一个名为 IRQn 的 typedef 段中。CMSIS-Core 中的多个 NVIC 访问函数都会使用这种枚举定义。

7.3 中断管理简介

Cortex-M 处理器具有多个用于中断和异常管理的可编程寄存器，这些寄存器多数位于 NVIC 和系统控制块（SCB）中。实际上，SCB 是作为 NVIC 的一部分实现的，不过 CMSIS-Core 将其寄存器定义在了单独的结构体中。处理器内核中还有用于中断屏蔽的寄存器（如 PRIMASK、FAULTMASK 和 BASEPRI）。为了简化中断和异常管理，CMSIS-Core 提供了多个访问函数。

NVIC 和 SCB 位于系统控制空间(SCS)，地址从 0xE000E000 开始，大小为 4KB。SCS 中还有 SysTick 定时器、存储器保护单元(MPU)以及用于调试的寄存器等。该地址区域中基本上所有的寄存器都只能由运行在特权访问等级的代码访问。唯一的例外为软件触发中断寄存器(STIR)，它可被设置为非特权模式访问。

对于一般的应用程序编程，最好是使用 CMSIS-Core 访问函数。例如，最常用的中断控制函数如表 7.4 所示。

表 7.4 常用的基本中断控制 CMSIS-Core 函数

函 数	用 法
Void NVIC_EnableIRQ (IRQn_Type IRQn)	使能外部中断
Void NVIC_DisableIRQ (IRQn_Type IRQn)	禁止外部中断
Void NVIC_SetPriority (IRQn_Type IRQn, uint32_t priority)	设置中断的优先级
Void _enable_irq(void)	清除 PRIMASK 使能中断
Void _disable_irq(void)	设置 PRIMASK 禁止所有中断
Void NVIC_SetPriorityGrouping(uint32_tPriorityGroup)	设置优先级分组配置

如果有必要，还可以直接访问 NVIC 或 SCB 中的寄存器。不过，在将代码从 Cortex-M 处理器移植到另外一个不同的处理器时，这样会限制软件的可移植性(例如，在 ARMv6-M 和 ARM7-M 架构间切换)。

复位后，所有中断都处于禁止状态，且默认的优先级为 0。在使用任何一个中断之前，需要：

- 设置所需中断的优先级(该步是可选的)。
- 使能外设中的可以触发中断的中断产生控制。
- 使能 NVIC 中的中断。

对于多数典型应用，这些处理就已经足够了。当触发中断时，对应的中断服务程序(ISR)会执行(可能需要在处理中清除外设产生的中断请求)。可以在启动代码中的向量表内找到 ISR 的名称，启动代码也是由微控制器供应商提供的。ISR 的名称需要同向量表使用的名称一致，这样链接器才能将 ISR 的起始地址放到向量表的正确位置中。

7.4 优先级定义

对于 Cortex-M 处理器(包括 ARMv6-M 和 ARMv7-M)异常是否能被处理器接受以及何时被处理器接受并执行异常处理，是由异常的优先级和处理器当前的优先级决定的。更高优先级的异常(优先级编号更小)可以抢占低优先级的异常(优先级编号更大)，这就是异常/中断嵌套的情形。有些异常(复位、NMI 和 HardFault)具有固定的优先级，其优先级由负数表示，这样，它们的优先级就会比其他的异常高。其他异常则具有可编程的优先级，范围为 0～255。

Cortex-M3 和 Cortex-M4 处理器在设计上具有 3 个固定的最高优先级以及 256 个可编程优先级(具有最多 128 个抢占等级)，可编程优先级的实际数量由芯片设计商决定。多数 Cortex-M3 或 Cortex-M4 芯片支持的优先级较少，如 8、16、32 等。这是因为大量的优先级会增加 NVIC 的复杂度，而且会增加功耗降低速度。多数情况下，应用程序只需少量的编程优先级。因此，芯片设计人员需要基于目标应用的优先级数量定制处理器设计。优先级的减少是通过去除优先级配置寄存器的最低位(LSB)实现的。

中断优先级由优先级寄存器控制，宽度为3～8位。例如，若设计中只实现了3位优先级，优先级配置寄存器如图7.2所示。

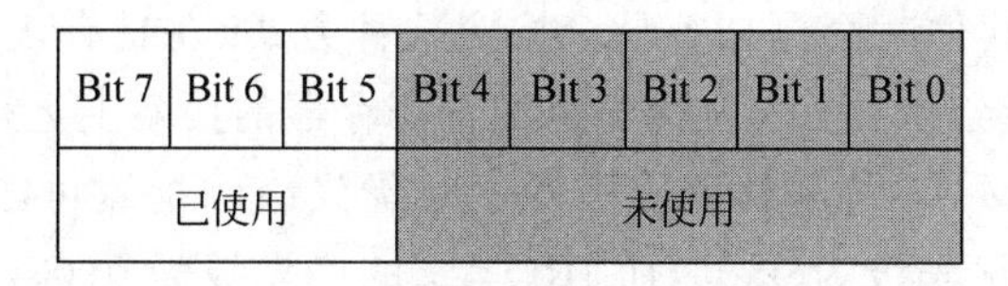

图7.2 3位优先级寄存器(8个可编程优先级)

对于图7.2中的例子，由于第0～4位未实现，它们读出总是为0，对这些位的写操作会被忽略。根据这种设置，可能的优先级为0x00(高优先级)、0x40、0x60、0x80、0xA0、0xC0以及0xE0(最低)，如图7.4所示。

类似地，若设计中实现了4位优先级，优先级配置寄存器就如图7.3所示，这样会得到16个可编程优先级，如图7.4所示。

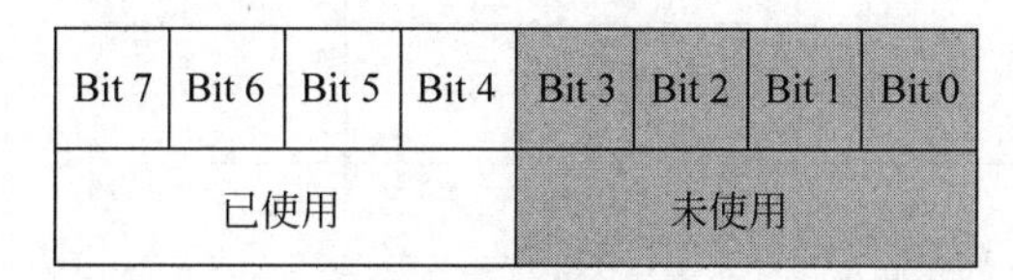

图7.3 4位优先级寄存器(16个可编程优先级)

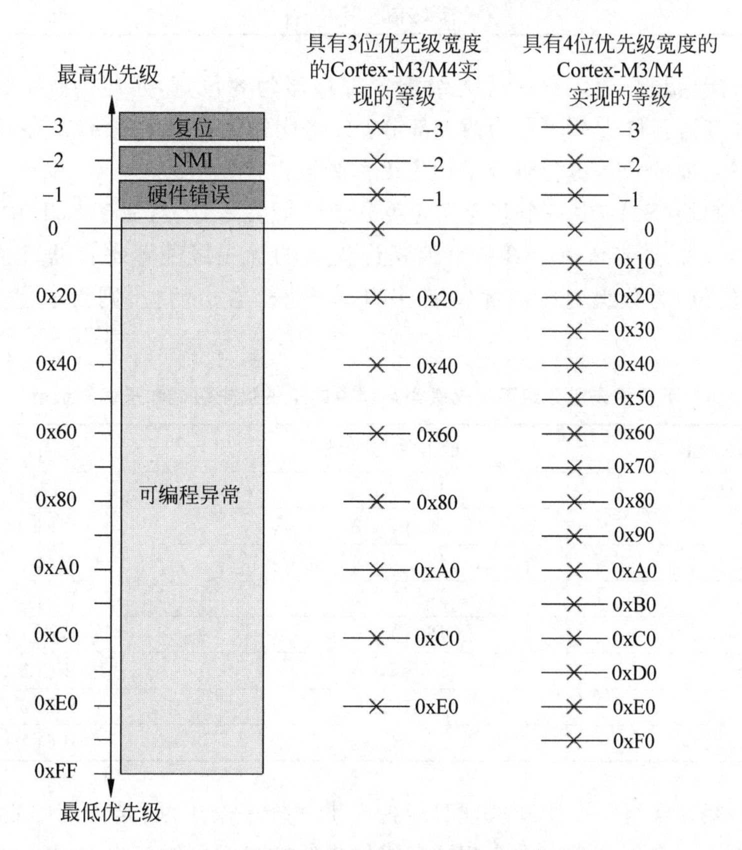

图7.4 3位或4位优先级宽度可用的优先级

实际使用的位数越多，可用的优先级就越多。不过，优先级位数多了以后门数也会增加，因此也会加大芯片的功耗。对于ARMv7-M架构，宽度最少为3位(8个等级)。对于Cortex-M3和Cortex-M4处理器，所有的优先级寄存器的复位值都为0。

之所以移除优先级寄存器的最低位(LSB)而不是最高位(MSB)，因为这样处理的话，在Cortex-M4设备间移植软件时会更加容易。按照这种方式，在具有4位优先级配置寄存器的设备上写的程序，就可能会在具有3位优先级配置寄存器的设备上运行。若移除的是MSB而不是LSB，则在Cortex-M4芯片间移植应用程序时优先级的配置可能会相反。例如，若对于某应用程序，IRQ＃0的优先级为0x05，而IRQ＃1的优先级为0x03，那么IRQ＃1的优先级更高。不过，若移除了最高位bit2，则IRQ＃0的优先级会变为0x01，且优先级大于IRQ＃1。

具有3位、5位和8位优先级寄存器的设备可能的异常优先级如表7.5所示。

表7.5 3位、5位和8位优先级寄存器的可用优先级

异常等级	异常类型	具有3位优先级配置寄存器的设备	具有5位优先级配置寄存器的设备	具有8位优先级配置寄存器的设备
−3(最高)	复位	−3	−3	−3
−2	NMI	−2	−2	−2
−1	硬件错误	−1	−1	−1
0、 1, … 0xFF	具有可编程优先级的异常	0x00 0x20 … 0xE0	0x00 0x08 … 0xF8	0x00、0x01 0x02、0x03 … 0xFE、0xFF

有些读者可能会想知道为什么优先级配置寄存器为8位宽，而却只有128个抢占等级。这是因为8位寄存器会被进一步分为两个部分：分组优先级和子优先级。(备注：早期的技术参考手册和本书之前的版本也会将分组优先级称为抢占优先级)

利用系统控制块(SCB)中一个名为优先级分组的配置寄存器(属于SCB中的应用中断和复位控制寄存器，7.9.4节)，每个具有可编程优先级的优先级配置寄存器可被分为两部分。上半部分(左边的位)为分组(抢占)优先级，而下半部分(右边的位)则为子优先级，如表7.6所示。

表7.6 不同优先级分组下优先级寄存器中的抢占优先级域和子优先级域定义

优先级分组	抢占优先级域	子优先级域
0(默认)	Bit [7:1]	Bit [0]
1	Bit [7:2]	Bit [1:0]
2	Bit [7:3]	Bit [2:0]
3	Bit [7:4]	Bit [3:0]
4	Bit [7:5]	Bit [4:0]
5	Bit [7:6]	Bit [5:0]
6	Bit [7]	Bit [6:0]
7	无	Bit [7:0]

在处理器已经在运行一个中断处理时能否产生另外一个中断，是由该中断的抢占优先级决定的。子优先级只会用在具有两个相同分组优先级的异常同时产生的情形，此时，具有更高

子优先级(数值更小)的异常会被首先处理。

可以通过表 7.7 所示的 CMSIS-Core 函数来访问优先级分组设置以处理优先级信息。

表 7.7　优先级分组管理的 CMSIS-Core 函数

函　　数	用　　法
voidNVIC_SetPriorityGrouping (uint32_t PriorityGroup)	设置优先级分组数值
uint32_t NVIC_GetPriorityGrouping(uint32_tPriorityGroup)	获取优先级分组数值
uint32_t NVIC_EncodePriority (uint32_t PriorityGroup, uint32_t PreemptPriority,uint32_t Sub priority)	基于优先级分组、组优先级和子优先级生成优先级数值
voidNVIC_DecodePriority (uint32_t Priority,uint32_t PriorityGroup, uint32_t * pPreemptPriority, uint32_t * pSub priority)	提取组优先级和子优先级

注意,NVIC_DecodePriority(uint32_t * pPre emptPriority,uint32_t * pSub priority)的结果由修改指针指向的数值后得到。

由于优先级分组的存在,分组(抢占)优先级的最大宽度为 7,因此也就有了 128 个等级。若优先级分组被设置为 7,所有具有可编程优先级的异常则会处于相同的等级,这些异常间也不会产生抢占,硬件错误、NMI 和复位则是例外,因为它们的优先级分别为－1、－2 和－3,它们可以抢占这些异常。

在确定实际的分组优先级和子优先级时,必须要考虑以下因素:

- 实际的优先级配置寄存器
- 优先级分组设置

例如,若配置寄存器的宽度为 3(第 7～5 位可用)且优先级分组为 5,则会有 4 个分组/抢占优先级(第 7～6 位),而且每个分组/抢占优先级具有两个子优先级,如图 7.5 所示。

Bit 7	Bit 6	Bit 5	Bit 4	Bit 3	Bit 2	Bit 1	Bit 0
抢占优先级		子优先级	未使用				

图 7.5　3 位优先级寄存器中优先级分组为 5 时的域定义

按照图 7.5 中的设置,可用的优先级如图 7.6 所示。

对于相同的设计,若优先级分组为 0x01,则只会有 8 个分组优先级且每个抢占等级中没有进一步的子优先级(优先级寄存器的 bit[1 : 0]总是 0)。优先级配置寄存器的定义如图 7.7 所示,可用的优先级则可以参见图 7.8。

若 Cortex-M3/M4 实现了优先级配置寄存器中的所有 8 位,则它所具有的抢占等级的最大值只会为 128,优先级分组设置为 0。优先级的域定义如图 7.9 所示。

若两个中断同时被确认,且它们具有相同的分组/抢占优先级和子优先级,则异常编号更小的中断的优先级更高(IRQ#0 的优先级高于 IRQ#1 的)。

为了避免中断优先级被意外修改,在写入应用中断和复位控制寄存器(地址为 0xE000ED0C)时要非常小心。多数情况下,在配置了优先级分组后,若不是要产生一次复位,就不要再使用这个寄存器了(参见表 7.20 和 9.6 节以了解 AIRCR 和自复位)。

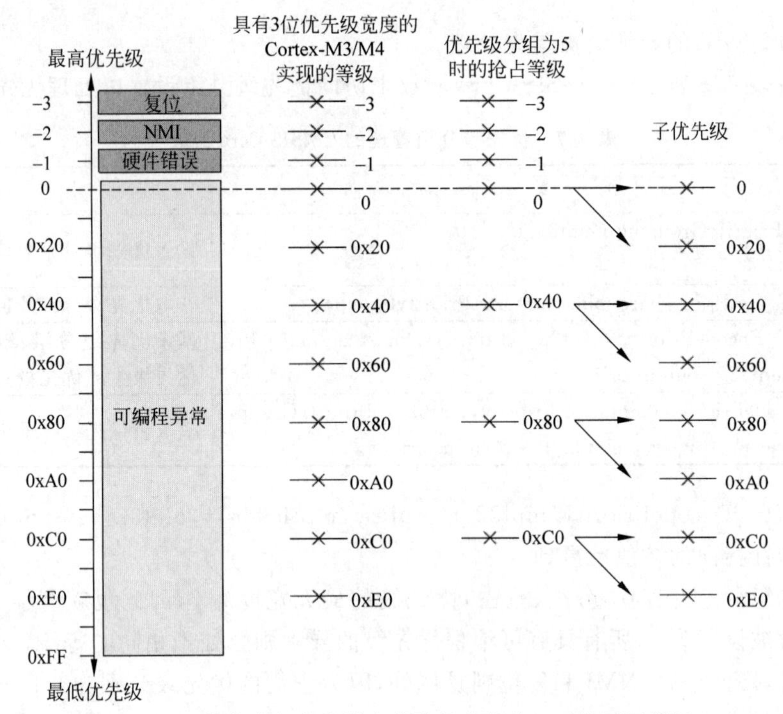

图 7.6 3 位优先级寄存器中优先级分组为 5 时的可用等级

Bit 7	Bit 6	Bit 5	Bit 4	Bit 3	Bit 2	Bit 1	Bit 0
抢占优先级[5:3]			抢占优先级[2:0] (总是为0)			子优先级[1:0] (总是为0)	

图 7.7 3 位优先级寄存器优先级分组设为 1 时的域定义

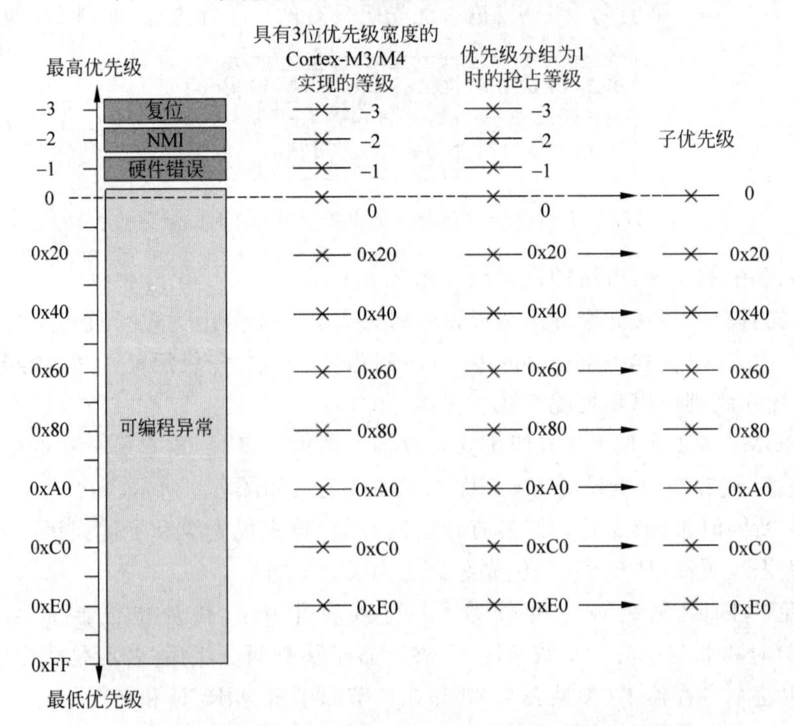

图 7.8 3 位优先级寄存器中优先级分组为 1 时的可用等级

Bit 7	Bit 6	Bit 5	Bit 4	Bit 3	Bit 2	Bit 1	Bit 0
抢占优先级							子优先级

图 7.9　8 位优先级寄存器优先级分组设为 0 时的域定义

7.5　向量表和向量表重定位

当 Cortex-M 处理器接受了某异常请求后，处理器需要确定该异常处理(若为中断则是 ISR)的起始地址。该信息位于存储器内的向量表中，向量表默认从地址 0 开始，向量地址则为异常编号乘 4，如图 7.10 所示。向量表一般被定义在微控制器供应商提供的启动代码中。

存储器地址		异常编号
	1	
	1	
0x0000004C	中断#3向量 1	19
0x00000048	中断#2向量 1	18
0x00000044	中断#1向量 1	17
0x00000040	中断#0向量 1	16
0x0000003C	SysTick向量 1	15
0x00000038	PendSV向量 1	14
0x00000034	未使用	13
0x00000030	调试监控向量 1	12
0x0000002C	SVC向量 1	11
0x00000028	未使用	10
0x00000024	未使用	9
0x00000020	未使用	8
0x0000001C	未使用	7
0x00000018	使用错误向量 1	6
0x00000014	总线错误向量 1	5
0x00000010	MemManage向量 1	4
0x0000000C	HardFault向量 1	3
0x00000008	NMI向量 1	2
0x00000004	复位向量 1	1
0x00000000	MSP初始值	0

备注：向量的LSB必须置1以表示Thumb状态

图 7.10　向量表

启动代码中使用的向量表还包含主栈指针(MSP)的初始值，这种设计是很有必要的，因为 NMI 等异常可能会紧接着复位产生，而且此时还没有进行任何初始化操作。

需要注意的是，Cortex-M 处理器中的向量表和 ARM7TDMI 等传统的 ARM 处理器的向量表不同。对于传统的 ARM 处理器，向量表中存在跳转到相应处理的指令，而 Cortex-M 处理器的向量表则为异常处理的起始地址。

一般来说，起始地址(0x00000000)处应为启动存储器，它可以为 Flash 存储器或 ROM 设备，而且在运行时不能对它们进行修改。不过，有些应用可能需要在运行时修改或定义向量表。为了进行这种处理，Cortex-M3 和 Cortex-M4 处理器实现了一种名为向量表重定位的特性。

向量表重定位特性提供了一个名为向量表偏移寄存器(VTOR)的可编程寄存器。该寄存器将正在使用的存储器的起始地址定义为向量表，如图 7.11 所示。注意，该寄存器在 Cortex-M3 的版本 r2p0 和 r2p1 间稍微有些不同。对于 Cortex-M3 r2p0 或之前版本，向量表只能位于 CODE 和 SRAM 区域，而这个限制在 Cortex-M3 r2p1 和 Cortex-M4 中已经不存在了。

VTOR 的复位值为 0，若使用符合 CMSIS 的设备驱动库进行应用编程，可以通过 SCB->VTOR 访问该寄存器。要将向量表重定位到 SRAM 区域的开头处，可以使用下面的代码：

```
复制向量表到 SRAM 开头处(0x20000000)的代码实例
    //注意，下面的存储器屏障指令的使用是基于架构建议的，
    //Cortex - M3 和 Cortex - M4 并非强制要求
//字访问的宏定义
#define HW32_REG(ADDRESS)        (*((volatile unsigned long *)(ADDRESS)))
#define VTOR_NEW_ADDR            0x20000000
int i; //循环变量
//在设置 VTOR 前首先将向量表复制到 SRAM
for (i = 0;i < 48;i++){              //假定异常的最大数量为 48
    //将每个向量表入口从 Flash 复制到 SRAM
    HW32_REG((VTOR_NEW_ADDR + (i<<2))) = HW32_REG((i<<2));
}
_DMB(); //数据存储器屏障，确保到存储器的写操作结束
SCB->VTOR = VTOR_NEW_ADDR;       //将 VTOR 设置为新的向量表位置
_DSB(); //数据同步屏障，确保接下来的所有指令都使用新配置
```

在使用 VTOR 时，需要将向量表大小扩展为下一个 2 的整数次方，且新向量表的基地址必须要对齐到这个数值。

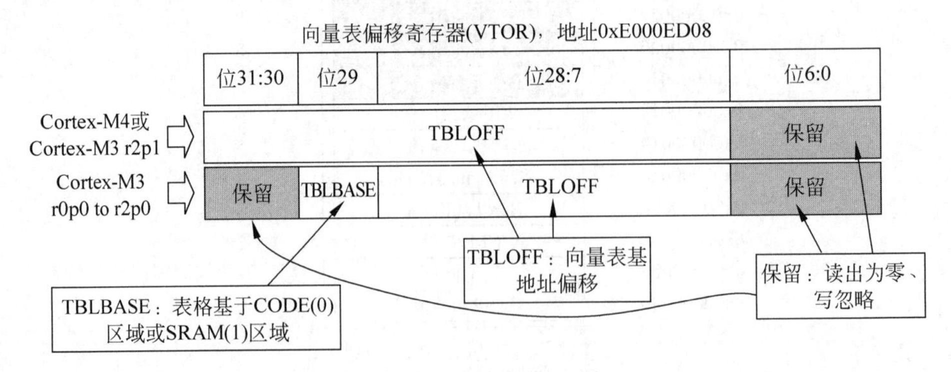

图 7.11　向量表偏移寄存器

例 1：微控制器有 32 个中断源

向量表大小为(32(用于中断)＋16(用于系统异常空间))×4(每个向量的字节数)＝192(0xC0)。将其扩大为下一个 2 的整数次方就得到 256 字节，因此，向量表的地址可被设置为 0x00000000、0x00000100 以及 0x00000200 等。

例 2：微控制器有 75 个中断源

向量表大小为(75(用于中断)＋16(用于系统异常空间))×4(每个向量的字节数)＝364(0x16C)。将其扩大为下一个 2 的整数次方就得到 512 字节，因此，向量表的地址可被设置

为 0x00000000、0x00000200 以及 0x00000400 等。

由于中断的最小数量为 1，最小的向量表对齐为 128 字节，因此，VTOR 的最低 7 位保留，且被强制置为 0。

向量表重定位特性可用于多种情形。

1. 具有 Boot loader 的设备(图 7.12)

有些微控制器具有多个程序存储器：启动 ROM 和用户 Flash 存储器。微控制器生产商一般会将 Boot loader 预先写到启动 ROM 中，这样在微控制器启动时，启动 ROM 中的 Boot loader 就会首先执行，而且在跳转到用户 Flash 的应用程序前，VTOR 会被设置为指向用户 Flash 存储器的开始处，因此会使用用户 Flash 中的向量表。

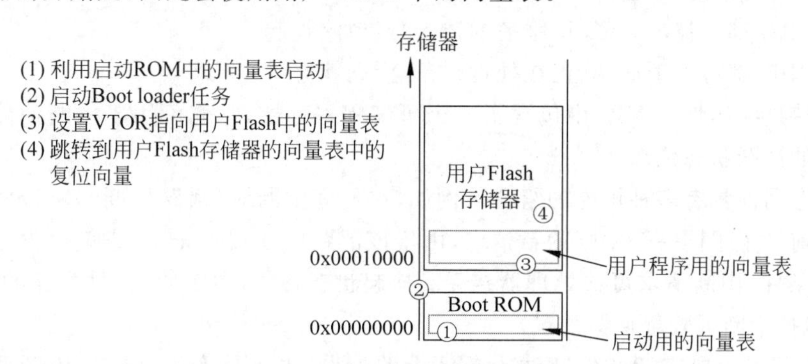

图 7.12 具有启动 ROM 和用户 Flash 存储器的设备中的向量表重定位

2. 应用程序加载到 RAM(图 7.13)

有些情况下，应用程序可能会被从外部设备加载到 RAM 中执行，它可能会位于 SD 卡中，或者甚至需要通过网络传输。在这种情况下，存储在片上存储器中用于启动的程序需要初始化一些硬件、复制位于外部设备中的应用程序到 RAM、更新 VTOR 后执行存储在外部的程序。

(1) 利用Flash存储器中的向量表启动
(2) 初始化硬件并将存储在外部设备中的应用复制到RAM
(3) 设置VTOR指向SRAM中应用程序的向量表
(4) 跳转到SRAM中向量表的复位向量并启动应用
存储器
外部存储的应用
SD Card
复制到SRAM
②
0x20000000
RAM
④
③
外部存储的应用被加载到RAM中
存储在外部应用中的向量表
②
Flash存储器
0x00000000
①
用于启动的向量表和用于访问存储在外部应用的控制代码

图 7.13 从外部存储加载的应用的向量表

3. 动态修改向量表

有些情况下，ROM 中可能会有一个中断的多个处理实例，可能需要在应用的不同阶段在它们之间进行切换。在这种情况下，可以将向量表从程序存储器复制到 SRAM，并且设置 VTOR 指向 SRAM 中的向量表。由于 SRAM 中的内容可在任意时间修改，因此可以轻易地在应用的不同阶段修改中断向量。

向量表最少也要提供 MSP 的初始值以及用于系统启动的复位向量。另外，对于一些应用，若设备在启动时有触发 NMI 的可能，也许还需要加入 NMI 向量和用于错误处理的 HardFault 向量。

7.6 中断输入和挂起行为

每个中断都有多个属性：

- 每个中断都可被禁止（默认）或使能。
- 每个中断都可被挂起（等待服务的请求）或解除挂起。
- 每个中断都可处于活跃（正在处理）或非活跃状态。

为了支持这些属性，NVIC 中包含了多个可编程寄存器，它们可用于中断使能控制、挂起状态和只读的活跃状态位。

这些状态属性具有多种可能的组合。例如，在处理中断时（活跃中断），可以将其禁止，若在中断退出前产生了同一个中断的新请求，由于该活跃中断被禁止了，它就会处于挂起状态。若满足以下条件，中断请求可被处理器接受：挂起状态置位，中断使能，且中断的优先级比当前等级高（包括中断屏蔽寄存器配置）。

NVIC 在设计上既支持产生脉冲中断请求的外设，也支持产生高电平中断请求的外设。无须配置任何一个 NVIC 寄存器以选择其中一种中断类型。对于脉冲中断请求，脉冲宽度至少要为一个时钟周期；而对于电平触发的请求，在 ISR 中的操作清除请求之前，请求服务的外设要一直保持信号电平（如写入寄存器以清除中断请求）。尽管外部中断请求在 I/O 引脚上的电平可能是低有效的，NVIC 收到的请求信号为高有效。

中断的挂起状态被存储在 NVIC 的可编程寄存器中，当 NVIC 的中断输入被确认后，它就会引发该中断的挂起状态。即便中断请求被取消，挂起状态仍会为高。这样，NVIC 可以处理脉冲中断请求。

挂起状态的意思是，中断被置于一种等待处理器处理的状态。有些情况下，处理器在中断挂起时就会进行处理。不过，若处理器已经在处理另外一个更高或同等优先级的中断，或者中断被某个中断屏蔽寄存器给屏蔽掉了，那么在其他的中断处理结束前或中断屏蔽被清除前，挂起请求会一直保持。

这一点和传统的 ARM 处理器不同。按照之前的方式，若设备产生了中断，如中断请求（IRQ）/快速中断请求（FIQ），那么在它们得到处理前需要一直保持请求信号。目前，由于 NVIC 中的挂起请求寄存器保存中断请求，即使请求中断的源设备取消了请求信号，已产生的中断仍会被处理。

当处理器开始处理中断请求时，如图 7.14 所示，中断的请求信号会被自动清除。

当中断正被处理时，它就会处于活跃状态。注意在中断入口处，多个寄存器会被自动压入栈中，这也被称作压栈。同时，ISR 的起始地址会被从向量表中取出。

对于许多微控制器设计，外设会产生电平触发的中断，因此 ISR 必须要手动清除中断请求，如写入外设中的某个寄存器。在中断服务完成后，处理器会执行异常返回（7.7.4 节中介绍）。之前自动压栈的寄存器会被恢复出来，而且被中断的程序也会继续执行。中断的活跃状态会被自动清除。

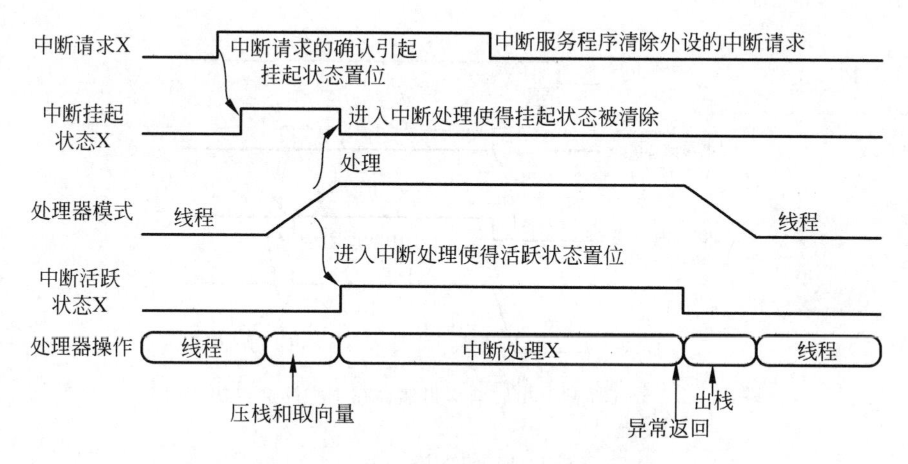

图 7.14　中断挂起和激活行为的简单情况

当中断处于活跃状态时，处理器无法在中断完成和异常返回（有时也被称作异常退出）前再次接受同一个中断请求。

中断的挂起状态位于中断挂起状态寄存器中，软件代码可以访问这些寄存器，因此，可以手动清除或设置中断的挂起状态。若中断请求产生时处理器正在处理另一个具有更高优先级的中断，而在处理器对该中断请求做出响应之前，挂起状态被清除掉了，该请求就会被取消且不会再得到处理，如图 7.15 所示。

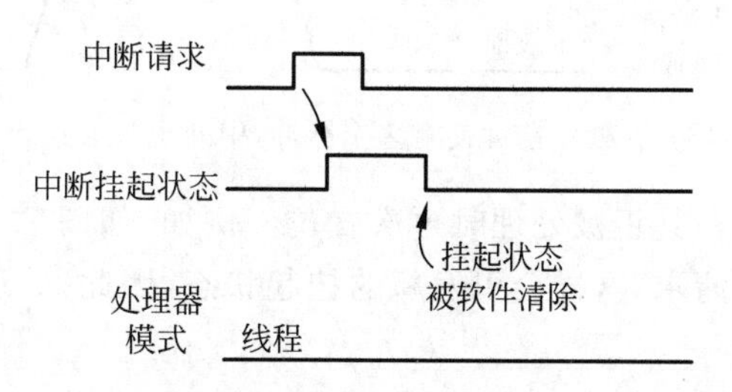

图 7.15　处理器执行操作前中断挂起被清除

若外设持续保持某个中断请求，那么即使软件尝试着清除该挂起状态，挂起状态还是会再次置位的，如图 7.16 所示。

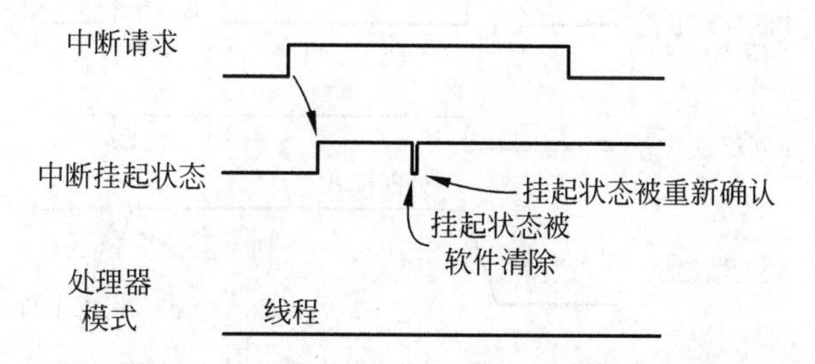

图 7.16　连续的中断请求使得中断挂起状态清除后被重新确认

若在得到处理后，中断源仍在继续保持中断请求，那么这个中断就会再次进入挂起状态且再次得到处理器的服务。这种情况如图 7.17 所示。

对于脉冲中断请求，若在处理器开始处理前，中断请求信号产生了多次，如图 7.18 所示，它们会被当作一次中断请求。

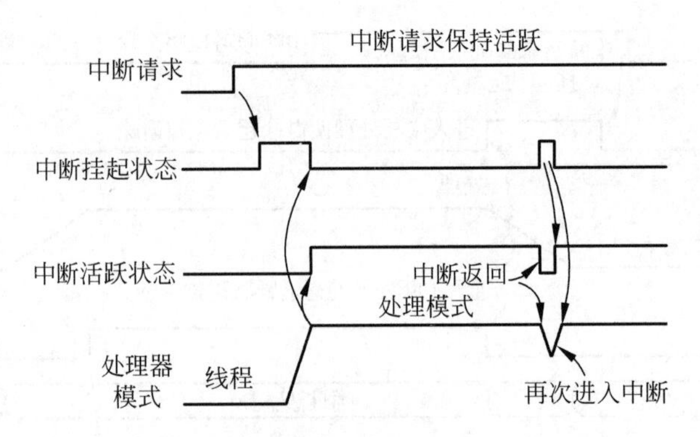

图 7.17　若在异常退出后请求仍然存在则中断会再次挂起

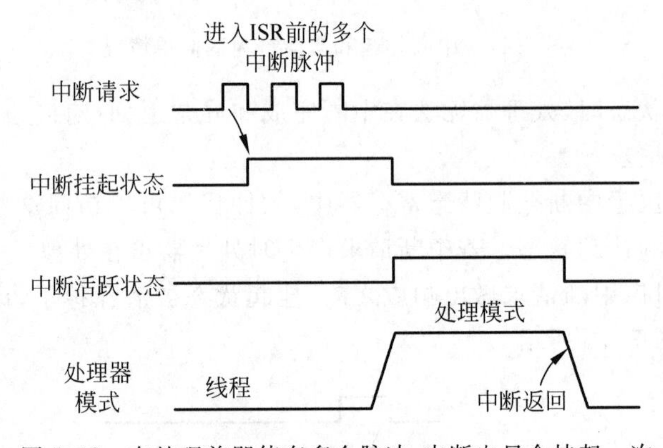

图 7.18　在处理前即使有多个脉冲，中断也只会挂起一次

中断的挂起状态可以在其正被处理时再次置位。例如，如图 7.19 所示，在之前的中断请求正被处理时产生了新的请求，这样会引发新的挂起状态，因此，处理器在前一个 ISR 结束后需要再次处理这个中断。

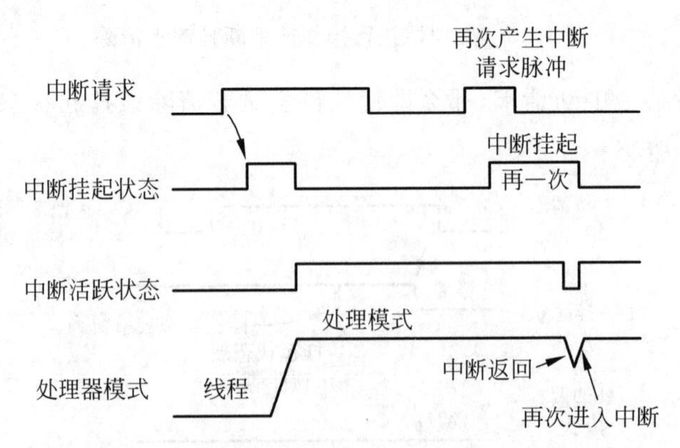

图 7.19　在异常处理执行过程中再次产生中断挂起

即使中断被禁止了，它的挂起状态仍可置位。在这种情况下，若中断稍后被使能了，它仍可以被触发并得到服务。有些时候，这种情况并不是我们所希望的，因此需要在使能 NVIC 中的中断前手动清除挂起状态。

一般来说，NMI 的请求方式和中断类似。若当前没有在运行 NMI 处理，或者处理器被暂停或处于锁定状态，由于 NMI 具有最高优先级且不能被禁止，因此它几乎会立即执行。

7.7 异常流程简介

7.7.1 接受异常请求

若满足下面的条件，处理器会接受请求：

- 处理器正在运行（未被暂停或处于复位状态）。
- 异常处于使能状态（NMI 和 HardFault 为特殊情况，它们总是使能的）。
- 异常的优先级高于当前等级。
- 异常未被异常屏蔽寄存器（如 PRIMASK）屏蔽。

注意，对于 SVC 异常，若 SVC 指令被意外用在某异常处理中，且该异常处理的优先级不小于 SVC，它就会引起 HardFault 异常处理的执行。

7.7.2 异常进入流程

异常进入流程包括以下操作：

(1) 多个寄存器和返回地址被压入当前使用的栈。这样就可以将异常处理用普通 C 函数实现。若处理器处于线程模式且正使用进程栈指针（PSP），则 PSP 指向的栈区域就会用于该压栈过程，否则就会使用主栈指针（MSP）指向的栈区域。

(2) 取出异常向量（异常处理/ISR 的起始地址）。为了减少等待时间，这一步可能会和压栈操作并行执行。

(3) 取出待执行异常处理的指令。在确定了异常处理的起始地址后，指令就会被取出。

(4) 更新多个 NVIC 寄存器和内核寄存器，其中包括挂起状态和异常的活跃状态，处理器内核中的寄存器包括程序状态寄存器（PSR）、链接寄存器（LR）、程序计数器（PC）以及栈指针（SP）。

根据压栈时实际使用的栈，在异常处理开始前，MSP 或 PSP 的数值会相应地被自动调整。PC 也会被更新为异常处理的起始地址，而链接寄存器（LR）则会被更新为名为 EXC_RETURN 的特殊值。该数值为 32 位，且高 27 位为 1。低 5 位中有些部分用于保存异常流程的状态信息（如压栈时使用的哪个栈）。该数值用于异常返回。

7.7.3 执行异常处理

在异常处理内部，可以执行外设所需的服务。在执行异常处理时，处理器就会处于处理模式。此时：

- 栈操作使用主栈指针（MSP）
- 处理器运行在特权访问等级

若更高优先级的异常在这个阶段产生，处理器会接受新的中断，而当前正在执行的处理会被挂起且被更高优先级的处理抢占，这种情况名为异常嵌套。

若另一个在这个阶段产生的异常具有相同或更低的优先级，新到的异常就会处于挂起状态，且等当前异常处理完成后才会得到处理。

在异常处理的结尾，程序代码执行的返回会引起 EXC_RETURN 数值被加载到程序计数器中（PC），并触发异常返回机制。

7.7.4 异常返回

对于某些处理器架构，异常返回会使用一个特殊的指令。不过，这也就意味着异常处理无法像普通C代码那样编写和编译。对于ARM Cortex-M处理器，异常返回机制由一个特殊的地址EXC_RETURN触发，该数值在异常入口处产生且被存储在链接寄存器（LR）中。当该数值由某个允许的异常返回指令写入PC时，它就会触发异常返回流程。

异常返回可由表7.8中所示的指令产生。当触发了异常返回机制后，处理器会访问栈空间里在进入异常期间被压入栈中的寄存器数值，且将它们恢复到寄存器组中，这个过程被称作出栈。另外，多个NVIC寄存器（如活跃状态）和处理器内核中的寄存器（如PSR、SP和CONTROL）都会更新。

表7.8 可用于触发异常返回的指令

返回指令	描　述
BX<reg>	若EXC_RETURN数值仍在LR中，则在异常处理结束时可以使用BX LR指令执行中断返回
POP {PC}或POP {…, PC}	在进入异常处理后，LR的值通常会被压入栈中，可以使用操作一个寄存器或包括PC在内的多个寄存器的POP指令，将EXC_RETURN放到程序计数器中，这样处理器会执行中断返回
加载（LDR）或多加载（LDM）	可以利用PC为目的寄存器的LDR或LDM指令产生中断返回

在压栈操作的同时，处理器会取出之前被中断的程序的指令，并使得程序尽快继续执行。

由于使用了EXC_RETURN数值触发异常返回，异常处理（包括中断服务程序）就可以和普通的C函数/子例程一样实现。在生成代码时，C编译器将LR中的EXC_RETURN数值作为普通返回地址处理。由于EXC_RETURN机制，函数一般不会返回到地址0xF0000000～0xFFFFFFFF。不过，根据架构定义，这段地址区域不能用于程序代码[具有永不执行（XN）存储器属性]，因此这样也不会有什么问题。

7.8 中断控制用的NVIC寄存器细节

7.8.1 简介

NVIC中有多个用于中断控制的寄存器（异常类型16～255），这些寄存器位于系统控制空间（SCS）地址区域。表7.9中总结了这些寄存器。

表7.9 用于中断控制的NVIC寄存器列表

地址	寄存器	CMSIS-Core符号	功　能
0xE000E100～0xE000E11C	中断设置使能寄存器	NVIC->ISER[0]～NVIC->ISER[7]	写1设置使能
0xE000E180～0xE000E19C	中断清除使能寄存器	NVIC->ICER[0]～NVIC->ICER[7]	写1清除使能
0xE000E200～0xE000E21C	中断设置挂起寄存器	NVIC->ISPR[0]～NVIC->ISPR[7]	写1设置挂起状态

续表

地址	寄存器	CMSIS-Core 符号	功　能
0xE000E280～0xE000E29C	中断清除挂起寄存器	NVIC->ICPR[0]～NVIC->ICPR[7]	写1清除挂起状态
0xE000E300～0xE000E31C	中断活跃位寄存器	NVIC->IABR[0]～NVIC->IABR[7]	活跃状态位，只读
0xE000E400～0xE000E4EF	中断优先级寄存器	NVIC->IP[0]～NVIC->IR[239]	每个中断的中断优先级(8位宽)
0xE000EF00	软件触发中断寄存器	NVIC->STIR	写中断编号设置相应中断的挂起状态

除了软件触发中断寄存器(STIR)外，所有这些寄存器都只能在特权等级访问。STIR默认只能在特权等级访问，不过可以配置为非特权等级访问。

根据默认设置，系统复位后：

- 所有中断被禁止(使能位=0)
- 所有中断的优先级为0(最高的可编程优先级)
- 所有中断的挂起状态清零

7.8.2　中断使能寄存器

中断使能寄存器可由两个地址进行配置。要设置使能位，需要写入NVIC->ISER[n]寄存器地址；要清除使能位，需要写入NVIC->ICER[n]寄存器地址。这样，使能或禁止一个中断时就不会影响其他的中断使能状态，ISER/ICER寄存器都是32位宽，每个位代表一个中断输入。

由于Cortex-M3或Cortex-M4处理器中可能存在32个以上的外部中断，因此ISER和ICER寄存器也会不止一个，如NVIC->ISER[0]和NVIC->ISER[1]等，如表7.10所示。只有存在的中断的使能位才会被实现，因此，若只有32个中断输入，则寄存器只会有ISER和ICER。尽管CMSIS-Core头文件将ISER和ICER定义成了字(32位)，这些寄存器可以按照字、半字或字节的方式访问。由于前16个异常类型为系统异常，外部中断#0的异常编号为16(见表7.1)。

表7.10　中断使能设置和清除寄存器
(0xE000E100～0xE000E11C，0xE000E180～0xE000E19C)

地址	名称	类型	复位值	描　述
0xE000E100	NVIC->ISER[0]	R/W	0	设置中断0～31的使能 Bit[0]用于中断#0(异常#16) Bit[1]用于中断#1(异常#17) … Bit[31]用于中断#31(异常#47) 写1将位置1，写0无作用 读出值表示当前使能状态
0xE000E104	NVIC->ISER[1]	R/W	0	设置中断32～63的使能 写1将位置1，写0无作用 读出值表示当前使能状态

续表

地址	名称	类型	复位值	描　述
0xE000E108	NVIC->ISER[2]	R/W	0	设置中断 64～95 的使能 写 1 将位置 1，写 0 无作用 读出值表示当前使能状态
…	…	…	…	…
0xE000E180	NVIC->ICER[0]	R/W	0	清零中断 0～31 的使能 Bit[0]用于中断#0(异常#16) Bit[1]用于中断#1(异常#17) … Bit[31]用于中断#31(异常#47) 写 1 将位置 0，写 0 无作用 读出值表示当前使能状态
0xE000E184	NVIC->ICER[1]	R/W	0	清零中断 32～63 的使能 写 1 将位置 0，写 0 无作用 读出值表示当前使能状态
0xE000E188	NVIC->ICER[2]	R/W	0	清零中断 64～95 的使能 写 1 将位置 0，写 0 无作用 读出值表示当前使能状态
…	…	…	…	…

CMSIS-Core 提供了下面用于访问中断使能寄存器的函数：

```
void NVIC_EnableIRQ (IRQn_Type IRQn);        //使能中断
void NVIC_DisableIRQ (IRQn_Type IRQn);       //禁止中断
```

7.8.3 设置中断挂起和清除中断挂起

若中断产生但没有立即执行（例如，若正在执行另一个更高优先级的中断处理），它就会被挂起。

中断挂起状态可以通过中断设置挂起（NVIC->ISPR[*n*]）和中断清除挂起（NVIC->ICPR[*n*]）寄存器访问。与使能寄存器类似，若存在 32 个以上的外部中断输入，则挂起状态控制寄存器可能会不止一个。

挂起状态寄存器的数值可由软件修改，因此可以通过 NVIC->ICPR[*n*]取消一个当前被挂起的异常，或通过 NVIC->ISPR[*n*]产生软件中断，如表 7.11 所示。

表 7.11　中断挂起设置和清除寄存器
(0xE000E200～0xE000E21C，0xE000E280～0xE000E29C)

地址	名称	类型	复位值	描　述
0xE000E200	NVIC->ISPR[0]	R/W	0	设置外部中断 0～31 的挂起 Bit[0]用于中断#0(异常#16) Bit[1]用于中断#1(异常#17) … Bit[31]用于中断#31(异常#47) 写 1 将位置 1，写 0 无作用 读出值表示当前状态

续表

地址	名称	类型	复位值	描　述
0xE000E204	NVIC->ISPR[1]	R/W	0	设置外部中断 32～63 的挂起 写 1 将位置 1,写 0 无作用 读出值表示当前状态
0xE000E208	NVIC->ISPR[2]	R/W	0	设置外部中断 64～95 的挂起 写 1 将位置 1,写 0 无作用 读出值表示当前状态
…	…	…	…	…
0xE000E280	NVIC->ICPR[0]	R/W	0	清零外部中断 0～31 的挂起 Bit[0]用于中断＃0(异常＃16) Bit[1]用于中断＃1(异常＃17) … Bit[31]用于中断＃31(异常＃47) 写 1 将位置 0,写 0 无作用 读出值表示当前挂起状态
0xE000E284	NVIC->ICPR[1]	R/W	0	清零外部中断 32～63 的挂起 写 1 将位置 0,写 0 无作用 读出值表示当前挂起状态
0xE000E288	NVIC->ICPR[2]	R/W	0	清零外部中断 64～95 的挂起 写 1 将位置 0,写 0 无作用 读出值表示当前挂起状态
…	…	…	…	…

CMSIS-Core 提供了下面用于访问中断挂起寄存器的函数：

```
void NVIC_SetPendingIRQ(IRQn_Type IRQn);      //设置中断的挂起状态
void NVIC_ClearPendingIRQ(IRQn_Type IRQn);    //清除中断的挂起状态
uint32_t NVIC_GetPendingIRQ(IRQn_Type IRQn); //查询中断的挂起状态
```

7.8.4 活跃状态

每个外部中断都有一个活跃状态位,当处理器开始执行中断处理时,该位会被置 1,而在执行中断返回时会被清零。不过,在中断服务程序(ISR)执行期间,更高优先级的中断可能会产生且抢占。在此期间,尽管处理器在执行另一个中断处理,之前的中断仍会被定义为活跃的。尽管 IPSR(见图 4.5)表示当前正在执行的异常服务,它无法告诉你当有嵌套异常时某个异常是否为活跃的。中断活跃状态寄存器为 32 位宽,不过还能通过半字或字节传输访问。若外部中断的数量超过 32,则活跃状态寄存器会不止一个。外部中断的活跃状态寄存器为只读的,如表 7.12 所示。

表 7.12　中断活跃状态寄存器(0xE000E300～0xE000E31C)

地址	名称	类型	复位值	描　述
0xE000E300	NVIC->IABR[0]	R	0	外部中断＃0～31 的活跃状态 Bit[0]用于中断＃0 Bit[1]用于中断＃1 … Bit[31]用于中断＃31

续表

地址	名称	类型	复位值	描述
0xE000E304	NVIC->IABR[1]	R	0	外部中断#32～63的活跃状态
…	—	—	—	—

CMSIS-Core提供了下面用于访问中断活跃状态寄存器的函数：

```
uint32_t NVIC_GetActive(IRQn_Type IRQn);     //获取中断的活跃状态
```

7.8.5 优先级

每个中断都有对应的优先级寄存器，其最大宽度为8位，最小为3位。正如7.4节中所介绍的那样，每个寄存器可以根据优先级分组设置被进一步划分为分组优先级和子优先级。优先级寄存器可以通过字节、半字或字访问。优先级寄存器的数量取决于芯片中实际存在的外部中断数，如表7.13所示。

表7.13 中断优先级寄存器(0xE000E400～0xE000E4EF)

地址	名称	类型	复位值	描述
0xE000E400	NVIC->IP[0]	R/W	0（8位）	外部中断#0的优先级
0xE000E401	NVIC->IP[1]	R/W	0（8位）	外部中断#1的优先级
…	—	—	—	—
0xE000E41F	NVIC->IP[31]	R/W	0（8位）	外部中断#31的优先级
…	—	—	—	—

CMSIS-Core提供了下面用于访问中断优先级寄存器的函数：

```
void NVIC_SetPriority(IRQn_Type IRQn, uint32_t priority);   //设置中断或异常的优先级
uint32_t NVIC_GetPriority(IRQn_Type IRQn);                   //读取中断或异常的优先级
```

表7.7中还列出了其他用于处理优先级分组的函数。

若需要确定NVIC中可用的优先级数量，可以使用微控制器供应商提供的CMSIS-Core头文件中的"_NVIC_PRIO_BITS"伪指令。另外，还可以将0xFF写入其中一个中断优先级寄存器，并在将其读回后查看多少位为1。若设备实际实现了8个优先级(3位)，读回值则为0xE0。

7.8.6 软件触发中断寄存器

除了NVIC->ISPR[n]寄存器外，还可以通过软件触发中断寄存器(NVIC->STIR，见表7.14)利用软件来触发中断。

表7.14 软件触发中断寄存器(0xE000EF00)

位	名称	类型	复位值	描述
8:0	NVIC->STIR	W	—	写中断编号可以设置中断的挂起位，如写0挂起外部中断#0

例如，利用下面的C代码可以产生中断#3：

```
NVIC->STIR = 3;
```

其功能和下面利用 NVIC>-ISPR[n]的 CMSIS-Core 函数调用相同：

```
NVIC_SetPendingIRQ(Timer0_IRQn);     //假定 Timer0_IRQn 等于 3
    //Timer0_IRQn 为定义在设备相关头文件中的枚举
```

与只能在特权等级访问的 NVIC->ISPR[n]不同，要让非特权程序代码触发一次软件中断，可以设置配置控制寄存器(地址 0xE000ED14)中的第 1 位(USERSETMPEND)。USERSETMPEND 默认为清零状态，这就意味着只有特权代码才能使用 NVIC->STIR。

与 NVIC->ISPR[n]类似，NVIC->STIR 无法触发 NMI 以及 SysTick 等系统异常。系统控制块(SCB)中的其他寄存器可用于系统异常管理。

7.8.7 中断控制器类型寄存器

NVIC 在 0xE000E004 地址处还有一个中断控制器类型寄存器，它是一个只读寄存器，给出了 NVIC 支持的中断输入的数量，单位为 32，如表 7.15 所示。

表 7.15 中断控制器类型寄存器(SCnSCB->ICTR，0xE000E004)

位	名称	类型	复位值	描 述
4:0	INTLINESNUM	R	—	以 32 为单位的中断输入数量 0=1～32 1=33～64 …

利用 CMSIS 的设备驱动库，可以使用 SCnSCB->ICTR 来访问这个只读寄存器。(SCnSCB 表示“未在 SCB 中的系统控制寄存器”)。与中断控制器类型寄存器只能给出可用中断的大致数量不同，可以在 PRIMASK 置位的情况下(禁止中断产生)，通过下面的方法能得到可用中断的确切数量：写入中断使能/挂起寄存器等中断控制寄存器，读回后查看中断使能/挂起寄存器中实际实现的位数。

7.9 用于异常和中断控制的 SCB 寄存器细节

7.9.1 SCB 寄存器简介

除了 CMSIS-Core 中的 NVIC 数据结构，系统控制块(SCB)数据结构中还包含了一些常用于中断控制的寄存器，表 7.16 为 SCB 数据结构中的寄存器列表。这些寄存器中只有一部分与中断或异常控制有关，本节将会对它们一一介绍。

表 7.16 SCB 中的寄存器一览

地址	寄存器	CMSIS-Core 符号	功 能
0xE000ED00	CPU ID	SCB->CPUID	可用于识别处理器类型和版本的 ID 代码
0xE000ED04	中断控制和状态	SCB->ICSR	系统异常的控制和状态
0xE000ED08	向量表偏移寄存器	SCB->VTOR	使能向量表重定位到其他的地址

续表

地址	寄存器	CMSIS-Core 符号	功　能
0xE000ED0C	应用中断/复位控制寄存器	SCB->AIRCR	优先级分组配置和自复位控制
0xE000ED10	系统控制寄存器	SCB->SCR	休眠模式和低功耗特性的配置
0xE000ED14	配置控制寄存器	SCB->CCR	高级特性的配置
0xE000ED18～0xE000ED23	系统处理优先级寄存器	SCB->SHP[0]～SCB->SHP[11]	系统异常的优先级设置
0xE000ED24	系统处理控制和状态寄存器	SCB->SHCSR	使能错误异常和系统异常状态的控制
0xE000ED28	可配置错误状态寄存器	SCB->CFSR	引起错误异常的提示信息
0xE000ED2C	硬件错误状态寄存器	SCB->HFSR	引起硬件错误异常的提示信息
0xE000ED30	调试错误状态寄存器	SCB->DFSR	引起调试事件的提示信息
0xE000ED34	存储器管理错误寄存器	SCB->MMFAR	存储器管理错误的地址值
0xE000ED38	总线错误寄存器	SCB->BFAR	总线错误的地址值
0xE000ED3C	辅助错误状态寄存器	SCB->AFSR	设备相关错误状态的信息
0xE000ED40～0xE000ED44	处理器特性寄存器	SCB->PFR[0]～SCB->PFR[1]	可用处理器特性的只读信息
0xE000ED48	调试特性寄存器	SCB->DFR	可用调试特性的只读信息
0xE000ED4C	辅助特性寄存器	SCB->AFR	可用辅助特性的只读信息
0xE000ED50～0xE000ED5C	存储器模块特性寄存器	SCB->MMFR[0]～SCB->MMFR[3]	可用存储器模块特性的只读信息
0xE000ED60～0xE000ED70	指令集属性寄存器	SCB->ISAR[0]～SCB->ISAR[4]	指令集特性的只读信息
0xE000ED88	协处理器访问控制寄存器	SCB->CPACR	使能浮点特性的寄存器，只存在于具有浮点单元的 Cortex-M4

7.9.2 中断控制和状态寄存器(ICSR)

ICSR 寄存器可在应用程序中用于：

- 设置和清除系统异常的挂起状态，其中包括 SysTick、PendSV 和 NMI。
- 通过读取 VECTACTIVE 可以确定当前执行的异常/中断编号。

另外，调试器还可利用该寄存器确定中断状态。VECTACTIVE 域和 IPSR 相同，如表 7.17 所示。

表 7.17　中断控制和状态寄存器(SCB->ICSR，0xE000ED04)

位	名称	类型	复位值	描　述
31	NMIPENDSET	R/W	0	写 1 挂起 NMI 读出值表示 NMI 挂起状态
28	PENDSVSET	R/W	0	写 1 挂起系统调用 读出值表示挂起状态
27	PENDSVCLR	W	0	写 1 清除 PendSV 挂起状态

续表

位	名称	类型	复位值	描　述
26	PENDSTSET	R/W	0	写1挂起PendSV异常 读出值表示挂起状态
25	PENDSTCLR	W	0	写1清除SYSTICK挂起状态
23	ISRPREEMPT	R	0	表示挂起中断下一步将变为活跃状态(用于调试)
22	ISRPENDING	R	0	外部中断挂起(除了用于错误的NMI等系统异常)
21:12	VECTPENDING	R	0	挂起的ISR编号
11	RETTOBASE	R	0	当处理器在执行异常处理时置1,若中断返回且没有其他异常挂起则会返回线程
9:0	VECTACTIVE	R	0	当前执行的中断服务程序

该寄存器中的多个位域可被调试器使用以确定系统异常的状态。多数情况下,只有挂起位可用于应用开发。

7.9.3　向量表偏移寄存器(VTOR)

VTOR已经在7.5节介绍过了。注意不同版本的Cortex-M3和Cortex-M4处理器的VTOR的定义可能会有些区别,两者的VTOR寄存器地址都为0xE000ED0C,可由CMSIS-Core符号SCB->VTOR访问。

对于Cortex-M4处理器或Cortex-M3版本r2p1(或之后),VTOR的定义如表7.18所示。

表7.18　Cortex-M4或Cortex-M3 r2p1中的向量表偏移寄存器

位	名称	类型	复位值	描述
31:7	TBLOFF	R/W	0	向量表偏移数值

对于Cortex-M3版本r0p0～r2p0,VTOR的定义如表7.19所示。

表7.19　Cortex-M3 r2p0或之前版本中的向量表偏移寄存器

位	名称	类型	复位值	描述
31:30	保留	—	—	未实现,保持为0
29	TBLBASE	R/W	0	表格基地址位于代码(0)或RAM(1)
28:7	TBLOFF	R/W	0	代码区域或RAM区域的表格偏移数值

Cortex-M处理器的版本可由SCB中的CPUID寄存器确定(参见9.7节)。

7.9.4　应用中断和复位控制寄存器(AIRCR)

AIRCR寄存器(见表7.20)用于:

- 控制异常/中断优先级管理中的优先级分组。
- 提供系统的端信息(可被软件或调试器使用)。
- 提供自复位特性。

表 7.20 应用中断和复位控制寄存器(SCB->AIRCR,地址 0xE000ED0C)

位	域	类型	复位值	描 述
31:16	VECTKEY	R/W	—	访问键值。写这个寄存器时必须要将 0x05FA 写入,否则写会被忽略,高半字的读回值为 0xFA05
15	ENDIANESS	R	—	1 表示系统为大端,0 则表示系统为小端,复位后才能更改
10:8	PRIGROUP	R/W	0	优先级分组
2	SYSRESETREQ	W	—	请求芯片控制逻辑产生一次复位
1	VECTCLRACTIVE	W	—	清除异常的所有活跃状态信息。一般用于调试或 OS 中,以便系统可以从系统错误中恢复过来(复位更安全)
0	VECTRESET	W	—	复位 Cortex-M3/M4 处理器(调试逻辑除外),但不会复位处理器外的电路,用于调试操作,且不能和 SYSRESETREQ 同时使用

优先级分组特性在 7.4 节中已经介绍过了。多数情况下,可以使用 CMSIS-Core 函数 NVIC_SetPriorityGrouping 和 NVIC_GetPriorityGrouping 来访问 PRIGROUP 域如表 7.20 所示。

VECTRESET 和 VECTCLRACTIVE 位域是为调试器设计的,尽管软件可以利用 VECTRESET 触发一次处理器复位,不过由于它不会复位外设等系统中的其他部分,因此多数应用程序是不大会用到它的。若想产生一次系统复位,多数情况下(取决于芯片设计和应用复位需求)应该使用 SYSRESETREQ(参见 9.6 节以了解更多信息)。

有一点需要注意,VECTRESET 和 VECTCLRACTIVE 位域不应同时置位,非要这么做的话会导致一些 Cortex-M3/M4 设备的复位电路出错,这是因为 VECTRESET 信号会复位 SYSRESETREQ。

根据微控制器的复位电路设计,将 1 写入 SYSRESETREQ 后,处理器可能会在复位实际产生前继续执行几条指令。因此,通常要在系统复位请求后加上一个死循环。

7.9.5 系统处理优先级寄存器(SCB->SHP[0~11])

SCB->SHP[0]到 SCB->SHP[11]的位域定义和中断优先级寄存器的定义相同,不同之处在于它们是用于系统异常的。这些寄存器并未全部实现,可以使用 CMSIS-Core 中的函数 NVIC_SetPriority 和 NVIC_GetPriority 来调整或访问系统异常的优先级,如表 7.21 所示。

表 7.21 系统处理优先级寄存器(SCB->SHP[0~11])

地址	名称	类型	复位值	描 述
0xE000ED18	SCB->SHP[0]	R/W	0(8 位)	存储器管理错误的优先级
0xE000ED19	SCB->SHP[1]	R/W	0(8 位)	总线错误的优先级
0xE000ED1A	SCB->SHP[2]	R/W	0(8 位)	使用错误的优先级
0xE000ED1B	SCB->SHP[3]	—	—	—(未实现)
0xE000ED1C	SCB->SHP[4]	—	—	—(未实现)
0xE000ED1D	SCB->SHP[5]	—	—	—(未实现)
0xE000ED1E	SCB->SHP[6]	—	—	—(未实现)

续表

地址	名称	类型	复位值	描　述
0xE000ED1F	SCB->SHP[7]	R/W	0(8位)	SVC的优先级
0xE000ED20	SCB->SHP[8]	R/W	0(8位)	调试监控的优先级
0xE000ED21	SCB->SHP[9]	—	—	—
0xE000ED22	SCB->SHP[10]	R/W	0(8位)	PendSV的优先级
0xE000ED23	SCB->SHP[11]	R/W	0(8位)	SysTick的优先级

7.9.6 系统处理控制和状态寄存器(SCB->SHCSR)

使用错误、存储器管理(MemManage)错误和总线错误异常的使能由系统处理控制和状态寄存器(0xE000ED24)控制。错误的挂起状态和多数系统异常的活跃状态也可以从这个寄存器中得到,如表7.22所示。

表7.22 系统处理控制和状态寄存器(SCB->SHCSR,地址0xE000ED24)

位	名称	类型	复位值	描　述
18	USGFAULTENA	R/W	0	使用错误处理使能
17	BUSFAULTENA	R/W	0	总线错误处理使能
16	MEMFAULTENA	R/W	0	存储器管理错误处理使能
15	SVCALLPENDED	R/W	0	SVC挂起,SVC已启动但被更高优先级异常抢占
14	BUSFAULTPENDED	R/W	0	总线错误挂起,总线错误已启动但被更高优先级异常抢占
13	MEMFAULTPENDED	R/W	0	存储器管理错误挂起,存储器管理错误已启动但被更高优先级异常抢占
12	USGFAULTPENDED	R/W	0	使用错误挂起,使用错误已启动但被更高优先级异常抢占
11	SYSTICKACT	R/W	0	若SYSTICK异常活跃则读出为1
10	PENDSVACT	R/W	0	若PendSV异常活跃则读出为1
8	MONITORACT	R/W	0	若调试监控异常活跃则读出为1
7	SVCALLACT	R/W	0	若SVC异常活跃则读出为1
3	USGFAULTACT	R/W	0	若使用错误异常活跃则读出为1
1	BUSFAULTACT	R/W	0	若总线错误异常活跃则读出为1
0	MEMFAULTACT	R/W	0	若存储器管理异常活跃则读出为1

多数情况下,该寄存器仅用于应用代码使能可配置的错误处理(MemManage错误、总线错误和使用错误)。

在写这个寄存器时应该多加小心,确保系统异常的活跃状态位不会被意外修改。例如,要使能总线错误异常,应该使用一次读—修改—写的操作:

```
SCB->SHCSR |= 1<<17;                    //使能总线错误异常
```

不然,若一个已经被激活的系统异常的活跃状态被意外清除,当系统异常处理产生异常退出时就会出现错误异常。

7.10 用于异常或中断屏蔽的特殊寄存器细节

7.10.1 PRIMASK

在许多应用中，可能都需要暂时禁止所有中断以执行一些时序关键的任务，此时可以使用PRIMASK寄存器。PRIMASK寄存器只能在特权状态访问。

PRIMASK用于禁止除NMI和HardFault外的所有异常，它实际上是将当前优先级改为0(最高的可编程等级)。如用C编程，可以使用CMSIS-Core提供的函数来设置和清除PRIMASK：

```
void _enable_irq();                        //清除 PRIMASK
void _disable_irq();                       //设置 PRIMASK
void _set_PRIMASK(uint32_t priMask);       //设置 PRIMASK 为特定值
uint32_t _get_PRIMASK(void);               //读取 PRIMASK 的数值
```

对于汇编编程，可以利用CPS(修改处理器状态)指令修改PRIMASK寄存器的数值。

```
CPSIE I ;清除 PRIMASK (使能中断)
CPSID I ;设置 PRIMASK (禁止中断)
```

PRIMASK寄存器还可通过MRS和MSR指令访问。例如：

```
MOVS R0, #1
MSR PRIMASK, R0                        ;将 1 写入 PRIMASK 禁止所有中断
```

以及：

```
MOVS R0, #0
MSR PRIMASK, R0                        ;将 0 写入 PRIMASK 以使能中断
```

当PRIMASK置位时，所有的错误事件都会触发HardFault异常，而不论相应的可配置错误异常(如MemManage、总线错误和使用错误)是否使能。

7.10.2 FAULTMASK

从行为来说，FAULTMASK和PRIMASK很类似，只是它实际上会将当前优先级修改为−1，这样甚至是HardFault处理也会被屏蔽。当FAULTMASK置位时，只有NMI异常处理才能执行。

从用法来说，FAULTMASK用于将配置的错误处理(如MemManage、总线错误和使用错误)的优先级提升到−1，这样这些处理就可以使用HardFault的一些特殊特性。其中包括：

- 旁路MPU(参见MPU控制寄存器中的HFNMIENA，表11.3)
- 忽略用于设备/存储器探测的数据总线错误(参见配置控制寄存器中的BFHFNMIGN，9.8.3节)

将当前优先级提升到−1后，FAULTMASK可在可配置的错误处理执行期间，阻止其他异常或中断处理的执行。若要了解错误处理的进一步信息，可以参考第12章的内容。

FAULTMASK寄存器只能在特权状态访问，不过不能在NMI和HardFault处理中设置。若在C编程中使用符合CMSIS的设备驱动，则可以使用下面的CMSIS-Core函数来设置

和清除 FAULTMASK：

```
void _enable_fault_irq(void);               //清除 FAULTMASK
void _disable_fault_irq(void);              //设置 FAULTMASK 以禁止中断
void _set_FAULTMASK(uint32_t faultMask);
uint32_t _get_FAULTMASK(void);
```

对于汇编语言用户，可以利用 CPS 指令修改 FAULTMASK 的当前状态：

```
CPSIE F ;清除 FAULTMASK
CPSID F ;设置 FAULTMASK
```

还可以利用 MRS 和 MSR 指令访问 FAULTMASK 寄存器：

```
MOVS R0, #1
MSR FAULTMASK, R0                      ;将 1 写入 FAULTMASK 禁止所有中断
```

以及：

```
MOVS R0, #0
MSR FAULTMASK, R0                      ;将 0 写入 FAULTMASK 使能中断
```

FAULTMASK 会在退出异常处理时被自动清除，从 NMI 处理中退出时除外。由于这个特点，FAULTMASK 就有了一个很有趣的用法：若要在低优先级的异常处理中触发一个高优先级的异常(NMI 除外)，但想在低优先级处理完成后再进行高优先级的处理，可以：

- 设置 FAULTMASK 禁止所有中断和异常(NMI 异常除外)
- 设置高优先级中断或异常的挂起状态
- 退出处理

由于在 FAULTMASK 置位时，挂起的高优先级异常处理无法执行，高优先级的异常就会在 FAULTMASK 被清除前继续保持挂起状态，低优先级处理完成后才会将其清除。因此，可以强制让高优先级处理在低优先级处理结束后开始执行。

7.10.3 BASEPRI

有些情况下，可能只想禁止优先级低于某特定等级的中断，此时，就可以使用 BASEPRI 寄存器。要实现这个目的，只需简单地将所需的屏蔽优先级写入 BASEPRI 寄存器。例如，若要屏蔽优先级小于等于 0x60 的所有异常，则可以将这个数值写入 BASEPRI：

```
_set_BASEPRI(0x60);  //利用 CMSIS-Core 函数禁止优先级在 0x60～0xFF 间的中断
```

若使用汇编编程，可将同一操作写为：

```
MOVS R0, #0x60
MSR BASEPRI, R0                       ;禁止优先级在 0x60～0xFF 间的中断
```

还可以读回 BASEPRI 的数值：

```
x = _get_BASEPRI(void);               //读出 BASEPRI 的数值
```

或者用汇编实现：

```
MRS R0, BASEPRI
```

要取消屏蔽，只需将 BASEPRI 寄存器写 0：

```
_set_BASEPRI(0x0);                          //取消 BASEPRI 屏蔽
```

或用汇编实现：

```
MOVS R0, #0x0
MSR BASEPRI, R0                             ;取消 BASEPRI 屏蔽
```

BASEPRI 寄存器还可通过另一个名称访问，也就是 BASEPRI_MAX。它们实际上是同一个寄存器，不过当用这个名称访问时，会得到一个条件写操作。BASEPRI 和 BASEPRI_MAX 在硬件上是一个寄存器，不过在汇编代码中的编码不同。在使用 BASEPRI_MAX 时，处理器会自动比较当前值和新的数值，不过只有新的优先级更高时才会允许修改。例如，考虑下面的指令序列：

```
MOVS R0, #0x60
MSR BASEPRI_MAX, R0;                        禁止优先级为 0x60, 0x61 等的中断
MOVS R0, #0xF0
MSR BASEPRI_MAX, R0;                        由于数值低于 0x60,本次写操作不起作用
MOVS R0, #0x40
MSR BASEPRI_MAX, R0;                        本次写操作会将屏蔽数值修改为 0x40
```

要修改为更低的屏蔽值或禁止屏蔽，应该使用寄存器名 BASEPRI。BASEPRI/BASEPRI_MAX 寄存器无法在非特权状态设置。

与其他的优先级寄存器类似，BASEPRI 寄存器的格式受实际的优先级寄存器宽度影响。例如，若优先级寄存器只实现了 3 位，BASEPRI 可被设置为 0x00、0x20、0x40、…、0xC0 和 0xE0。

7.11 设置中断的步骤示例

7.11.1 简单情况

在多数应用中，包括向量表在内的程序代码位于 Flash 等只读存储器中，而且在运行过程中无须修改向量表。这样可以只依赖于存储在 ROM 中的向量表，无须进行向量表重定位。要设置中断，只需执行以下步骤：

(1) 设置优先级分组。优先级分组默认为 0（优先级寄存器中只有第 0 位用于子优先级），这一步是可选的。

(2) 设置中断的优先级。中断的优先级默认为 0（最高的可编程优先级），这一步也是可选的。

(3) 在 NVIC 或外设中使能中断。

下面的例子为设置中断的步骤：

```
//将优先级分组设置为 5
NVIC_SetPriorityGrouping(5);
//将 Timer0_IRQn 优先级设置为 0xC0 (4 位优先级)
NVIC_SetPriority(Timer0_IRQn, 0xC); //CMSIS 函数将其移至 0xC0
//使能 NVIC 中的 Timer 0 中断
NVIC_EnableIRQ(Timer0_IRQn);
```

向量表默认位于存储器的开头处(地址 0)。不过,有些微控制器具有 Boot loader,而且在存储在 Flash 中的程序开始执行前,Boot loader 可能已经将向量表重定位到了 Flash 存储器的开头(软件开发人员定义的向量表)。在这种情况下,由于 Boot loader 已经设置了 VTOR 且重定位了向量表,就不用自己处理了。

若存在大量的嵌套中断,除了使能中断外,还应该确保栈空间足够。由于在处理模式中,中断处理总是使用主栈指针(MSP),主栈应该有足够应对最坏情况的栈空间(最大数量的嵌套中断/异常)。计算栈空间时应该考虑中断处理使用的栈以及每级栈帧使用的栈(参见第 8 章对栈帧的介绍)。

7.11.2 向量表重定位时的情况

若需要将向量表重定位,如到 SRAM 中以便能在应用的不同阶段更新部分异常向量,则需要多执行几步:

(1) 系统启动时,需要设置优先级分组,这一步是可选的。优先级分组默认为 0(优先级寄存器的第 0 位用于子优先级,第 7～1 位则用于抢占优先级)。

(2) 若需要将向量表重定位到 SRAM,则复制当前向量表到 SRAM 中的新位置。

(3) 设置向量表偏移寄存器(VTOR)指向新的向量表。

(4) 若有必要,更新异常向量。

(5) 设置所需中断的优先级。

(6) 使能中断。

7.5 节中有一个向量表重定位的实例。将向量表复制到 SRAM 后,可以利用下面的代码更新异常向量:

```
//字访问的宏
#define HW32_REG(ADDRESS) (*((volatile unsigned long *)(ADDRESS)))
void new_timer0_handler(void); //新的 Timer 0 中断处理
unsigned int vect_addr;
//计算异常向量的地址
//假定向量即将被替换的中断为 Timer0_IRQn
vect_addr = SCB->VTOR + ((((int) Timer0_IRQn) + 16) << 2);
//将向量表的地址更新为 new_timer0_handler()
HW32_REG(vect_addr) = (unsigned int) new_timer0_handler;
```

7.12 软件中断

可以利用软件代码触发异常或中断,之所以要这么做,最常见的原因为,允许多任务环境中处于非特权状态的应用任务,可以访问一些需要在特权状态下才能执行的系统服务。根据要触发的异常或中断的类型,应该使用不同的方法。

若要触发一个中断(异常类型 16 或之上),最简单的方法为使用 CMSIS-Core 函数 NVIC_SetPendingIRQ:

```
NVIC_SetPendingIRQ(Timer0_IRQn);
//Timer0_IRQn 为定义在设备相关头文件中的枚举
```

上面的代码设置了中断的挂起状态,若中断已使能且优先级高于当前等级,中断就会被触发。注意，即便优先级高于当前等级，中断处理也会延迟几个时钟周期。若要在下一步操作前执行中断处理，则需要插入存储器屏障指令：

```
NVIC_SetPendingIRQ(Timer0_IRQn);
_DSB();                                    //使能传输已完成
_ISB();                                    //确保写的副作用可见
```

这方面的更多细节可以参考 ARM 应用笔记 321"ARM Cortex-M 存储器屏障指令编程指南"(参考文献 9)。

除了使用 CMSIS-Core 函数，还可以写中断设置挂起寄存器(见 7.8.3 节)或软件触发中断寄存器(见 7.8.6 节)。不过该代码的可移植性会降低，在用于其他 Cortex-M 处理器上时可能需要修改。

若要触发 SVC 异常，则需要执行 SVC 指令。用 C 语言实现的方法是和编译器相关的，10.3 节将会介绍这方面的内容，20.5 节将会介绍内联/嵌入汇编的方法，它一般用于 OS 环境。

对于其他如 NMI、PendSV 以及 SysTick 等异常，可以设置中断控制和状态寄存器中的挂起状态来进行触发(见 7.9.2 节中的 ICSR)。与中断类似，设置这些异常的挂起状态并不总能保证会立即执行。

剩下的系统异常为错误异常，不应用作软件中断。

7.13 要点和提示

若正在开发要同时用在 ARMv7-M(如 Cortex-M3、Cortex-M4)和 ARMv6-M(如 Cortex-M0、Cortex-M0+)上的应用程序，下面是一些需要注意的特性：

- 包括 NVIC 和 SCB 在内的系统控制空间(SCS)寄存器在 ARMv6-M 上只支持字访问，而对于 ARMv7-M，这些寄存器则支持字、半字或字节访问。因此，中断优先级寄存器 NVIC->IP 的定义在这两个架构上是不同的。为了确保软件可移植性，应该使用 CMSIS-Core 函数处理中断配置。
- ARMv6-M 中没有软件触发中断寄存器(NVIC->STIR)。要设置中断的挂起状态，需要使用中断设置挂起寄存器(NVIC->ISPR)。
- Cortex-M0 中不存在向量表重定位特性。该特性在 Cortex-M3 和 Cortex-M4 中存在，在 Cortex-M0+中是可选的。
- ARMv6-M 中没有中断活跃状态寄存器，因此 NVIC->IABR 寄存器和对应的 CMSIS-Core 函数 NVIC_GetActive 在 ARMv6-M 中是不可用的。
- ARMv6-M 中没有优先级分组，CMSIS-Core 函数 NVIC_EncodePriority 和 NVIC_DecodePriority 是不可用的。

对于 ARMv7-M，中断的优先级可以在运行时动态修改，而 ARMv6-M 的中断优先级只能在禁止时修改。

FAULTMASK 和 BASEPRI 特性在 ARMv6-M 中不存在。

表 7.23 列出了各种 Cortex-M 处理器间 NVIC 特性的比较。

表 7.23 各个 Cortex-M 处理器间 NVIC 差异一览

	Cortex-M0	Cortex-M0+	Cortex-M1	Cortex-M3	Cortex-M4
中断数量	1～32	1～32	1、8、16、32	1～240	1～240
NMI	Y	Y	Y	Y	Y
优先级宽度	2	2	2	3～8	3～8
寄存器访问	字	字	字	字、半字、字节	字、半字、字节
PRIMASK	Y	Y	Y	Y	Y
FAULTMASK	N	N	N	Y	Y
BASEPRI	N	N	N	Y	Y
向量表偏移寄存器	N	Y(可选)	N	Y	Y
动态修改优先级	N	N	N	Y	Y
中断活跃状态	N	N	N	Y	Y
错误处理	硬件错误	硬件错误	硬件错误	硬件错误+3个其他错误异常	硬件错误+3个其他错误异常
调试监控异常	N	N	N	Y	Y

第8章 深入了解异常处理

8.1 简介

8.1.1 关于本章

在上一章中，谈到了异常和中断的多种信息，其中包括可用的异常类型、异常处理流程概述以及如何设置 NVIC。

在本章中，来看一下异常处理流程的细节，其中包括压栈和出栈操作、用于异常返回的 EXC_RETURN 的详细介绍以及系统控制块(SCB)中和这些操作相关的可编程寄存器。

本章中的许多话题都会介绍得比较深入，大多数软件开发人员无须了解。不过，它们对异常和中断方面的调试很有用，而且这些内容大多可以给实时操作系统(RTOS)编程人员提供很大的帮助。

8.1.2 C实现的异常处理

对于 Cortex-M 处理器，可以将异常处理或中断服务程序(ISR)实现为普通的 C 程序/函数，这一点在前面已经提到过了。为了详细了解这种机制，先来看一下 C 函数在 ARM 架构上是如何工作的。

用于 ARM 架构的 C 编译器遵循 ARM 的一个名为 AAPCS(ARM 架构过程调用标准，参考文献 13)的规范。根据这份标准，C 函数可以修改 R0～R3、R12、R14(LR)以及 PSR。若 C 函数需要使用 R4～R11，就应该将这些寄存器保存到栈空间中，并且在函数结束前将它们恢复，如图 8.1 所示。

R0～R3、R12、LR 以及 PSR 被称作"调用者保存寄存器"，若在函数调用后还需要使用这些寄存器的数值，在进行调用前，调用子程序的程序代码需要将这些寄存器的内容保存到内存中(如栈)。函数调用后不需要使用的寄存器数值则不用保存。

R4～R11 为"被调用者保存寄存器"，被调用的子程序或函数需要确保这些寄存器在函数结束时不会发生变化(与进入函数时的数值一样)。这些寄存器的数值可能会在函数执行过程中变化，不过需要在函数退出前将它们恢复为初始值。

若 Cortex-M 处理器具有浮点单元，则浮点单元中的寄存器也有类似的需求：

- S0～S15 为"调用者保存寄存器"。
- S16～S31 为"被调用者保存寄存器"。

一般来说，函数调用将 R0～R3 作为输入参数，R0 则用作返回结果。若返回值为 64 位，则 R1 也会用于返回结果如图 8.1 所示。

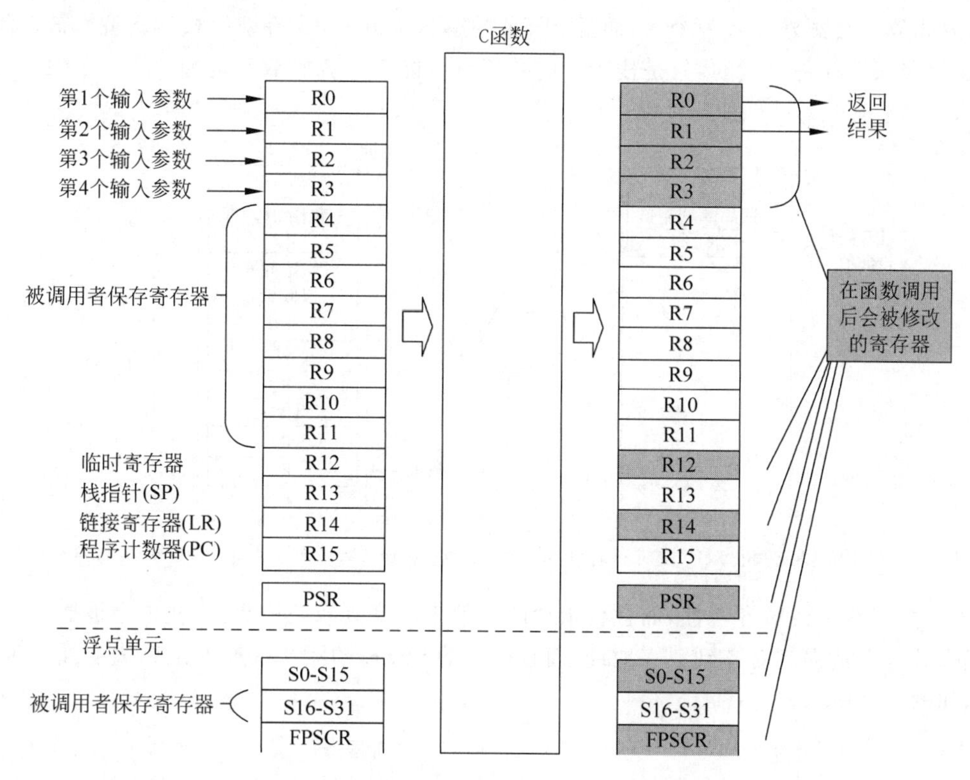

图 8.1 AAPCS 规定的函数调用中的寄存器使用

要使 C 函数可以用作异常处理，异常机制需要在异常入口处自动保存 R0～R3、R12、LR 以及 PSR，并在异常退出时将它们恢复，这些都要由处理器硬件控制。这样，当返回到被中断的程序时，所有寄存器的数值都会和进入中断时相同。另外，与普通的 C 函数调用不同，返回地址(PC)的数值并没有存储在 LR 中(异常机制在进入异常时将 EXC_RETURN 代码放入了 LR 中，该数值将会在异常返回时用到)，因此，异常流程也需要将返回地址保存。这样对于 Cortex-M3 或不具有浮点单元的 Cortex-M4 处理器，需要在异常处理期间保存的寄存器共有 8 个。

对于具有浮点单元的 Cortex-M4 处理器，若用到了浮点单元，则异常机制还需要保存 S0～S15 及 FPSCR。CONTROL 寄存器中的 FPCA(浮点上下文活跃)位表示这一操作的执行情况。

8.1.3 栈帧

在异常入口处被压入栈空间的数据块为栈帧。对于 Cortex-M3 或不具有浮点单元的 Cortex-M4 处理器，栈帧都是 8 个字大小的，如图 8.2 和图 8.3 所示。对于具有浮点单元的 Cortex-M4，栈帧则可能是 8 或 26 个字。

AAPCS 的另外一个要求为，栈指针的数值在函数入口和出口处应该是双字对齐的。因此，若在中断产生时栈帧未对齐到双字地址上，Cortex-M3 和 Cortex-M4 处理器会自动插入一个字。这样，可以保证栈指针位于异常处理的开始处。“双字栈对齐”特性是可编程的，若异常未完全符合 AAPCS，则可以将该特性关闭。

压栈的 xPSR 中的第 9 位表示栈指针的数值是否调整过。在图 8.2 中，栈指针为双字对齐的，因此就不会额外插入一个字，而且 xPSR 的第 9 位也为 0。在双字栈对齐特性被关闭后，栈帧还是会保持这种方式的，只是栈指针的数值有可能未对齐到双字地址。

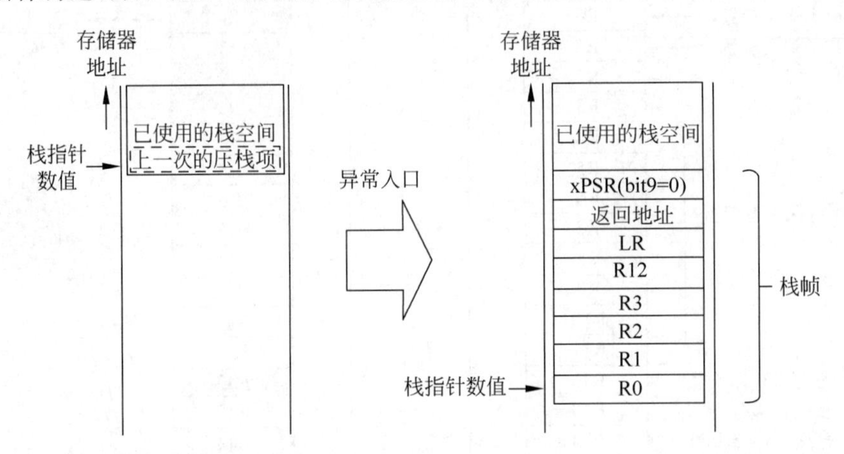

图 8.2　在不需要或禁止双字栈对齐时，Cortex-M3 或 Cortex-M4（无浮点单元）处理器的异常栈帧

若使能了双字栈对齐特性，而且栈指针的数值未对齐到双字边界上，栈中会被插入一段空间，栈指针也会被强制对齐到双字地址，而且压栈的 xPSR 的第 9 位被置为 1，表明插入了一段区域，如图 8.3 所示。

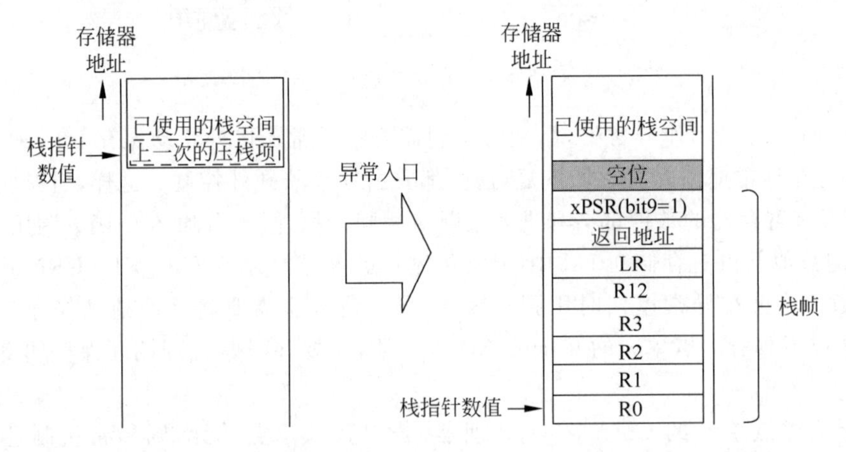

图 8.3　在需要或使能双字栈对齐时，Cortex-M3 或 Cortex-M4（无浮点单元）处理器的异常栈帧

压栈的 xPSR 的第 9 位在异常退出流程中用于确定是否需要调整 SP 的数值。

对于具有浮点单元的 Cortex-M4，若浮点单元已使能且使用，栈帧还会包括浮点单元寄存器组中的 S0～S15，如图 8.4 所示。

通用目的寄存器 R0～R3 的数值位于栈帧底部，可以很方便地由 SP 相关寻址访问。有些情况下，这些压栈的寄存器可用于往软件触发中断或 SVC 服务传递信息。

可以通过系统控制块（SCB）中配置控制寄存器（CCR，地址 0xE000ED14）的一个控制位来使能双字栈对齐特性。可以在初始化期间利用下面的 C 代码使能该特性：

```
SCB->CCR |= SCB_CCR_STKALIGN_Msk;    //设置 CCR 中的 STKALIGN 位(第 9 位)
```

双字栈对齐为：

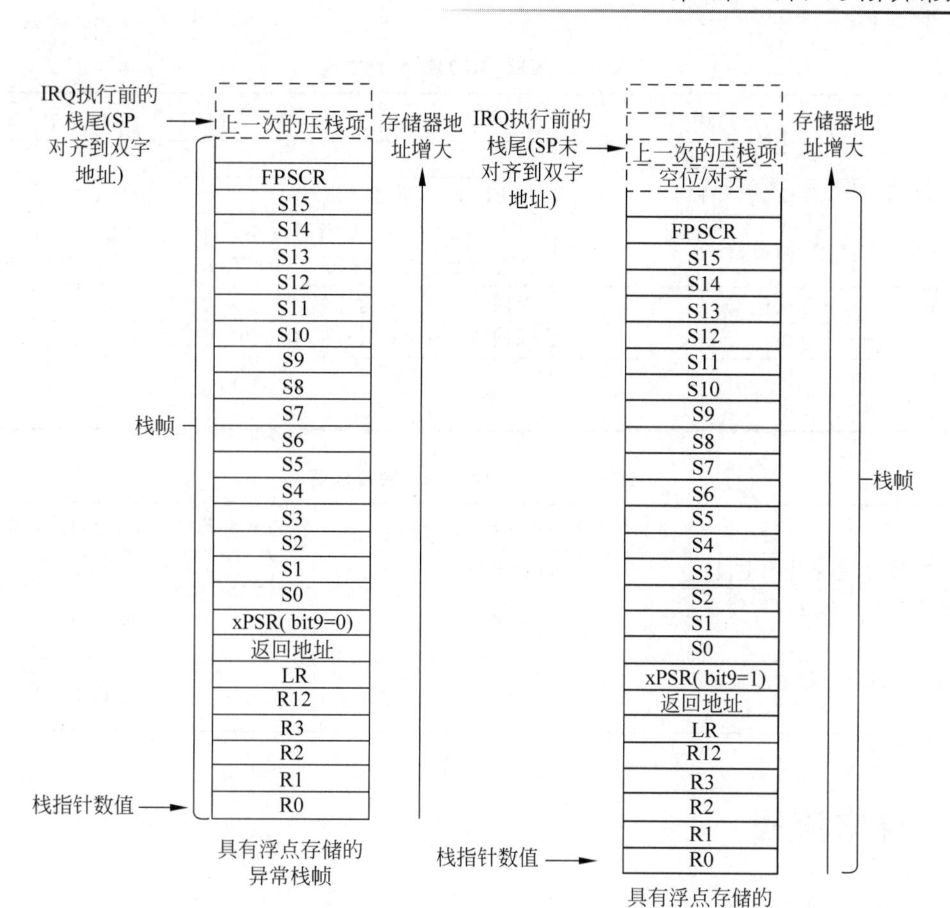

图 8.4　具有浮点上下文的栈帧格式

- Cortex-M4 处理器中默认使能。
- Cortex-M3 r2p0 及之后版本默认使能。
- Cortex-M3 r1p0 和 r1p1 默认禁止。
- Cortex-M3 r0p0 中不可用。

强烈建议用户使能本特性，尽管它会稍微加大栈空间的使用。异常处理内部不应修改该位。

8.1.4　EXC_RETURN

处理器进入异常处理或中断服务程序(ISR)时，链接寄存器(LR)的数值会被更新为 EXC_RETURN 数值。当利用 BX、POP 或存储器加载指令(LDR 或 LDM)被加载到程序寄存器中时，该数值用于触发异常返回机制。

EXC_RETURN 中的一些位用于提高异常流程的其他信息。EXC_RETURN 数值的定义如表 8.1 所示，EXC_RETURN 的合法值则如表 8.2 所示。

由于 EXC_RETURN 的编码格式，在地址区域 0xF0000000～0xFFFFFFFF 中是无法执行中断返回的。不过，由于系统空间中的地址区域已经被架构定义为不可执行的，因此这样不会带来什么问题。

表 8.1 EXC_RETURN 的位域

位	描述	数　值
31:28	EXC_RETURN 指示	0xF
27:5	保留(全为 1)	0xEFFFFF(23 位都是 1)
4	栈帧类型	1(8 字)或 0(26 字)。当浮点单元不可用时总是为 1，在进入异常处理时，其会被置为 CONTROL 寄存器的 FPCA 位
3	返回模式	1(返回线程)或 0(返回处理)
2	返回栈	1(返回线程栈)或 0(返回主栈)
1	保留	0
0	保留	1

表 8.2 EXC_RETURN 的合法值

	浮点单元在中断前使用(FPCA=1)	浮点单元未在中断前使用(FPCA=0)
返回处理模式(总是使用主栈)	0xFFFFFFE1	0xFFFFFFF1
返回线程模式并在返回后使用主栈	0xFFFFFFE9	0xFFFFFFF9
返回处理模式并在返回后使用进程栈	0xFFFFFFED	0xFFFFFFFD

8.2 异常流程

8.2.1 异常进入和压栈

当异常产生且被处理器接受时，压栈流程会将寄存器压入栈中并组织栈帧，如图 8.5 所示。

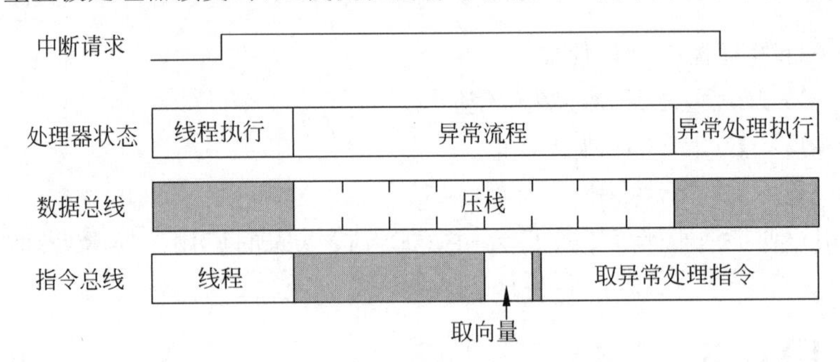

图 8.5 压栈和取向量

Cortex-M3 和 Cortex-M4 处理器具有多个总线接口(如图 6.2 所示)。在压栈操作的同时(通常为系统总线)，处理器还可以开始取向量(一般通过 I-CODE 总线)和取指。这样，由于压栈操作可以和 Flash 存储器访问同时进行，哈佛总线架构可以降低中断等待时间。若向量表位于 SRAM 或异常也位于 SRAM，中断等待会稍微增加。

需要注意的是，压栈期间的栈访问顺序和栈帧中寄存器的顺序不同。例如，如图 8.6 所示，Cortex-M3 会在其他寄存器前首先将 PC 和 xPSR 压栈，这样在取向量时会尽快更新 PC。由于 AHB Lite 接口的流水线特性，数据传输会至少落后地址一个时钟周期。

压栈操作中用的栈可以为主栈(使用主栈指针，MSP)或进程栈(使用进程栈，PSP)。

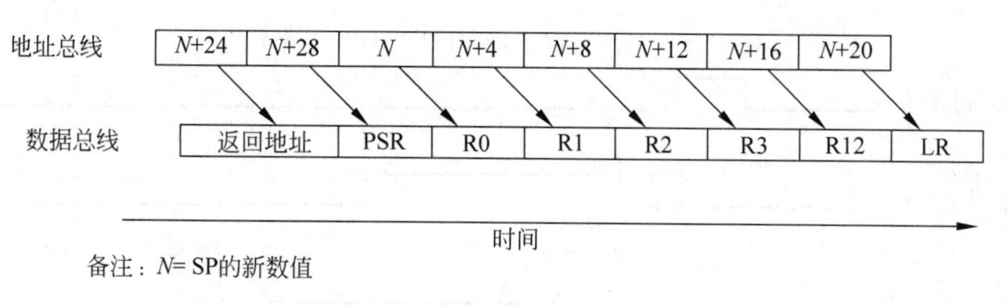

图 8.6 Cortex-M3 处理器的 AHB Lite 总线上的压栈流程

若处理器运行在线程模式且使用 MSP(CONTROL 寄存器的第 0 位为 0,默认配置),则压栈操作在执行时使用主栈 MSP,如图 8.7 所示。

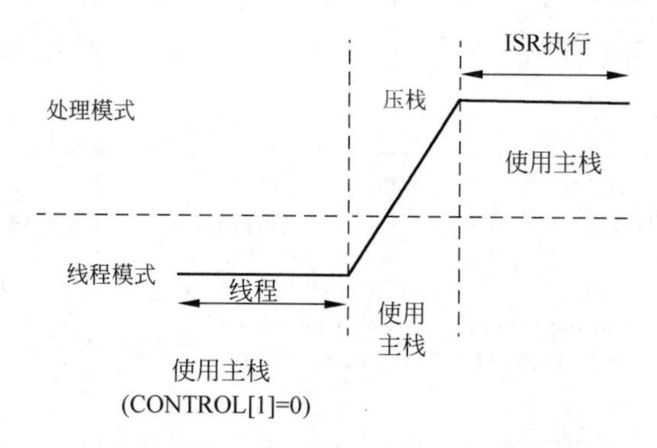

图 8.7 使用主栈的线程模式的异常栈帧

若处理器运行在线程模式且使用进程栈(CONTROL 寄存器的第 1 位为 1),则压栈操作执行时使用进程栈 PSP。在进入处理模式后,处理器必须使用 MSP,所有嵌套中断的压栈操作执行时都使用主栈 MSP,如图 8.8 所示。

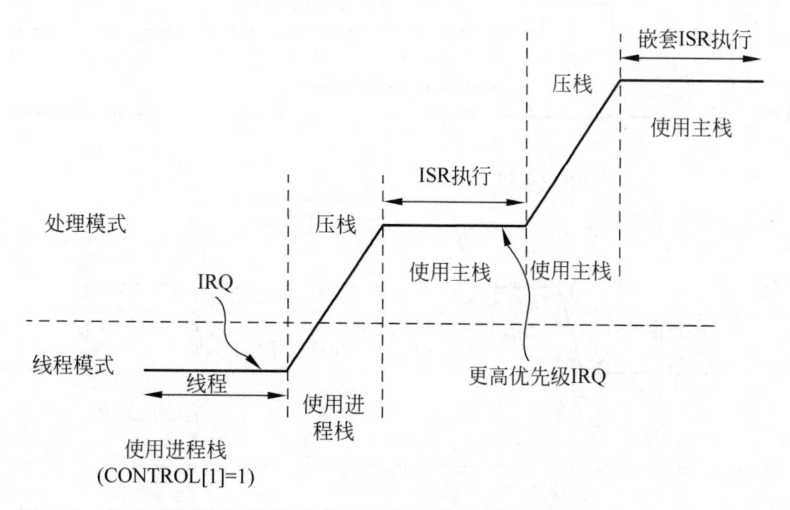

图 8.8 使用进程栈的线程模式的异常栈帧,以及使用主栈的嵌套中断压栈

8.2.2 异常返回和出栈

在异常处理结束时,异常入口处生成的 EXC_RETURN 数值的第 2 位用于确定提取栈帧时所用的栈指针。若第 2 位为 0,则处理器会知道之前压栈时使用的是主栈,如图 8.9 所示。

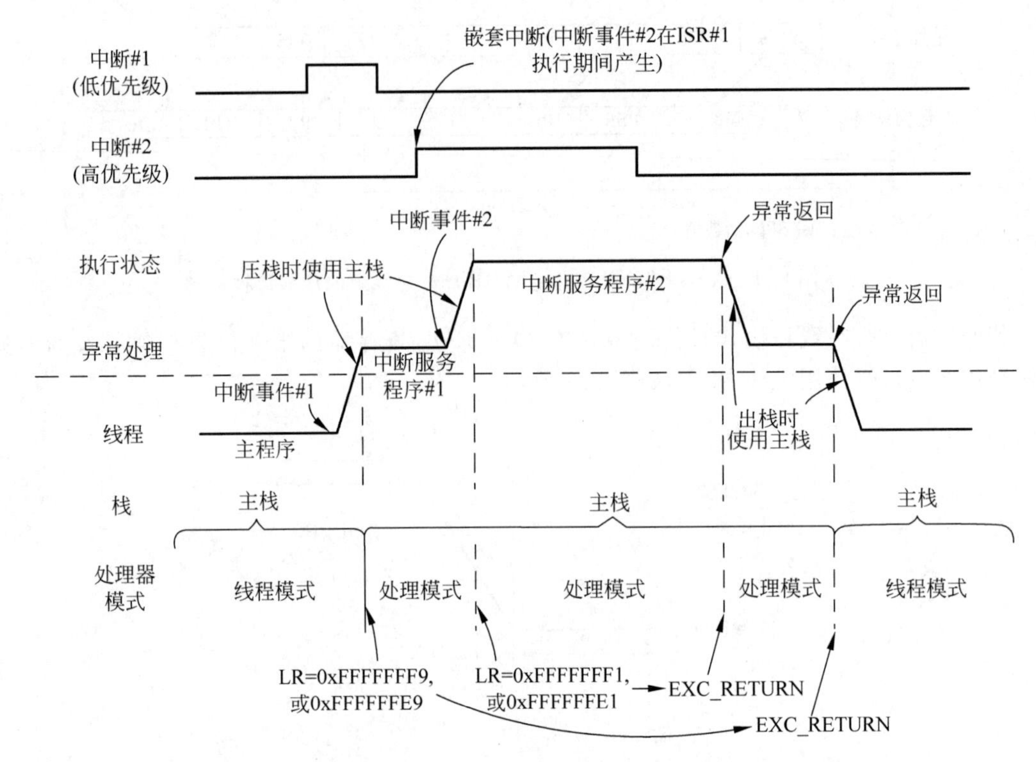

图 8.9 LR 在异常时被设置为 EXC_RETURN(线程模式使用主栈)

若第 2 位为 1，处理器就会知道压栈时使用的是进程栈，这种情况可以参见图 8.10 中的第二个出栈操作。

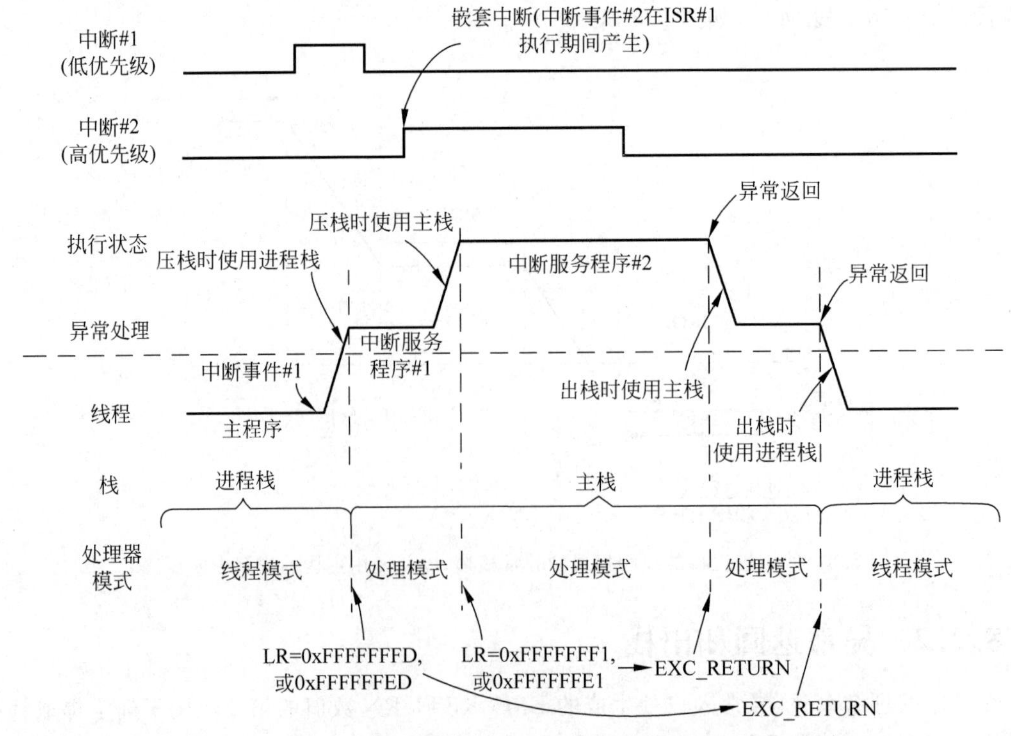

图 8.10 LR 在异常时被设置为 EXC_RETURN(线程模式使用进程栈)

在每次出栈操作结束时，处理器还会检查出栈 xPSR 数值的第 9 位，并且若压栈时插入了额外的空间则会将其去除，如图 8.11 所示。

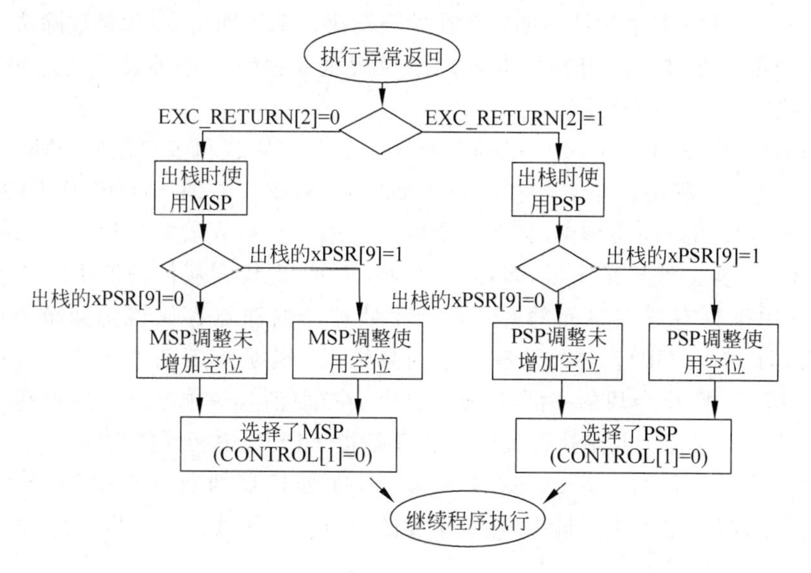

图 8.11 出栈操作

为了降低出栈所需的时间，处理器会首先取出返回地址（压栈的 PC），因此取指可以和剩下的出栈操作同时进行。

8.3 中断等待和异常处理优化

8.3.1 什么是中断等待

中断等待表示从中断请求开始到中断处理开始执行间的时间。对于 Cortex-M3 和 Cortex-M4 处理器，若中断系统为零等待的，而且假定系统设计允许取向量和压栈同时执行，则中断等待为 12 个周期，其中包括寄存器压栈、取向量以及取中断处理的指令。不过，许多情况下，由于处理器系统中的等待状态，中断等待时间可能会更大。若处理器在执行一次包括缓冲写操作在内的存储器传输，传输要在异常流程开始前完成。执行流程的持续时间还要取决于存储器访问速度。

除了存储器设备或外设产生的等待状态外，其他情况也可能会加大中断等待时间：

- 处理器正处理另外一个相同或更高优先级的异常。
- 调试器访问存储器系统。
- 处理器正执行非对齐传输。从处理器的角度来看，它可能是单次传输，不过由于总线接口需要将非对齐传输转换为多个对齐传输，从总线等级来看它可能会占用几个周期。
- 处理器正在执行对位段别名的写操作。内部总线系统会将其转换为读—修改—写流程，这样会花费两个周期。
- Cortex-M3 和 Cortex-M4 处理器使用多种方式来降低中断处理的等待时间。例如，嵌套中断处理等多种操作都是由处理器硬件自动处理的。另外，还需要利用软件代码来确定要服务的中断或定位 ISR 的起始地址。

8.3.2 多周期指令执行时的中断

有些指令需要执行多个时钟周期。若在处理器执行多周期指令（如整数除法）时产生了中断请求，该指令可能会被丢弃且在中断处理结束后重新执行。这种设计还适用于加载双字（LDRD）和存储双字（STRD）指令。

另外，Cortex-M3 和 Cortex-M4 处理器允许中断在多加载和多存储（LDM/STM）以及压栈和出栈指令执行过程中产生。若在中断产生时 LDM/STM/PUSH/POP 中的一个指令正在执行，当前的存储器访问会结束，且下一个寄存器编号会被存放在压栈的 xPSR 中（中断继续指令[ICI]位）。异常处理结束后，多加载/存储/压栈/出栈会从传输停止的位置继续执行。这种方式还适用于具有浮点单元的 Cortex-M4 处理器的浮点存储器访问指令（如 VLDM、VSTM、VPUSH 和 VPOP）。另外还有一个边界情况：若被打断的多加载/存储/压栈/出栈指令为 IF-THEN（IT）指令块的一部分，则该指令会被取消且等中断结束后重新执行，这是因为 ICI 位和 IT 执行状态位共用执行程序状态寄存器（EPSR）中相同的空间。

对于具有浮点单元的 Cortex-M4 处理器，若在处理器执行 VSQRT（浮点平方根）或 VDIV（浮点除法）时产生了中断请求，浮点单元的执行会和压栈操作同步进行。

8.3.3 末尾连锁

若某个异常产生时处理器正在处理另一个具有相同或更高优先级的异常，该异常就会进入挂起状态。在处理器执行完当前的异常处理后，它可以继续执行挂起的异常/中断请求。处理器不会从栈中恢复寄存器（出栈）然后再将它们存入栈中（压栈），而是跳过出栈和压栈过程并会尽快进入挂起异常的异常处理，如图 8.12 所示。这样，两个异常处理间隔的时间就会降低很多。对于无等待状态的存储器系统，末尾连锁的中断等待时间仅为 6 个时钟周期。

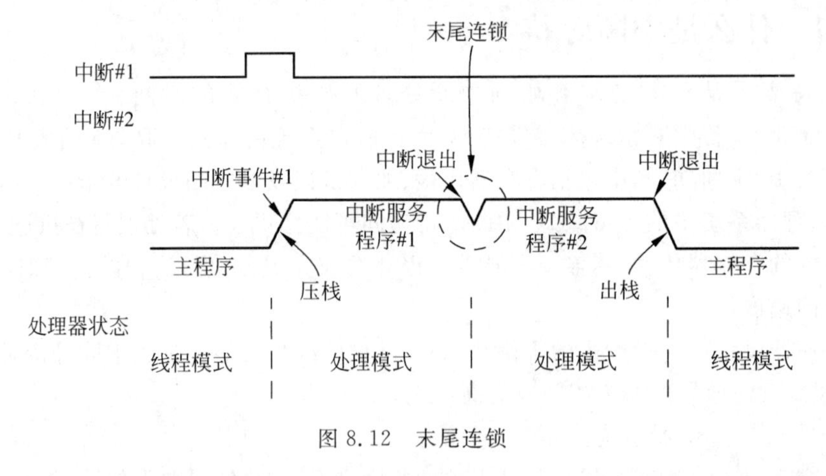

图 8.12 末尾连锁

末尾连锁优化还给处理器带来了更佳的能耗效率，这是因为栈存储器访问的总数少了，而每次存储器传输都会消耗能量。

8.3.4 延迟到达

当异常产生时，处理器会接受异常请求并开始压栈操作。若在压栈操作期间产生了另外一个更高优先级的异常，则更高优先级的后到异常会首先得到服务。

例如，若异常＃1(低优先级)在异常＃2(高优先级)几个周期前产生，处理器的执行情况如图 8.13 所示，处理＃2 会在压栈结束时尽快执行。

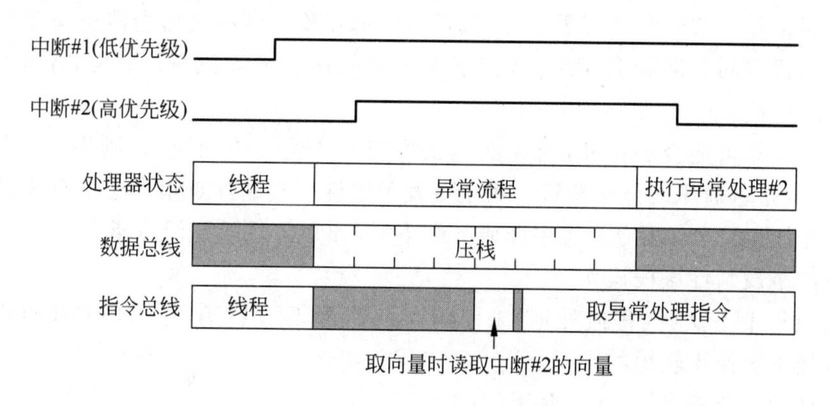

图 8.13 延迟到达异常行为

8.3.5 出栈抢占

若某个异常请求在另一个刚完成的异常处理出栈期间产生，处理器会舍弃出栈操作且开始取向量以及下一个异常服务的指令。该优化被称作出栈抢占，如图 8.14 所示。

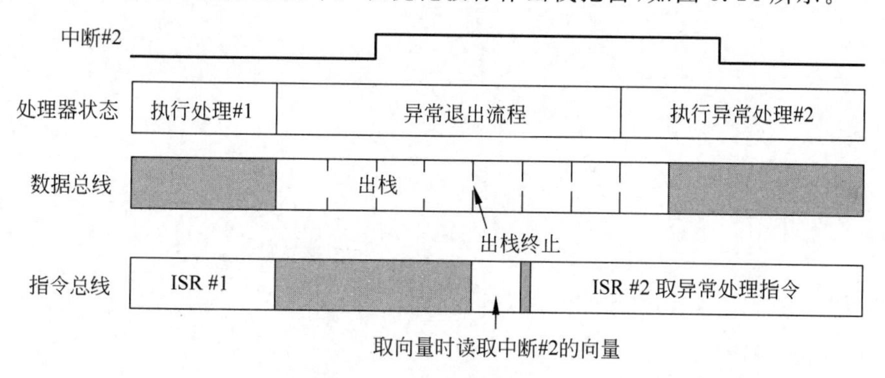

图 8.14 出栈抢占行为

8.3.6 惰性压栈

惰性压栈是和浮点单元寄存器压栈相关的一种特性，因此它只同具有浮点单元的 Cortex-M4 设备有关。Cortex-M3 和不具备浮点单元的 Cortex-M4 则不需要该特性。

若浮点单元存在且已使能，在其被使用时，浮点单元的寄存器组中的寄存器可能会包含需要保存的数据。如图 8.4 所示，若要将每个异常所需的浮点单元寄存器压栈，则每次都需要额外执行 17 次存储器压栈操作，这样会将中断等待时间增加 12～29 个周期。

为了减少中断等待时间，Cortex-M4 处理器实现了一种名为惰性压栈的特性，该特性默认使能。若在浮点单元使能且使用(CONTROL 寄存器中的第 2 位，名为 FPCA)的情况下产生了异常，则栈帧的长度会增加(见图 8.4)。不过，这些浮点寄存器的数值实际上是不会写入栈帧中的。惰性压栈机制只会为这些寄存器保留一定的栈空间，不过只有 R0～R3、R12、LR、返回地址和 xPSR 被压栈。这样，中断等待时间还会保持 12 个时钟周期。当出现惰性压栈时，一个名为 LSPACT(惰性压栈保持活跃)的寄存器被置位且浮点单元上下文地址寄存器

(FPCAR)则存放浮点寄存器预留栈空间的地址。

若异常处理不需要任何浮点运算，浮点单元寄存器在异常处理期间会保持不变，而且不会在异常退出时恢复。若异常处理需要浮点运算，处理器检测到冲突后会停止处理器，将浮点寄存器存到保留栈空间并清除 LSPACT，接下来异常处理会继续执行。这样，浮点单元寄存器只会在必要时压栈。

惰性压栈操作可能会被打断，当在惰性压栈期间产生了中断请求，则惰性压栈操作会停止，取而代之的是普通压栈开始执行。由于触发了惰性压栈的浮点指令还没有执行，压入栈中的 PC 值会指向那条浮点指令。当中断服务结束时，异常会返回到浮点指令，而且重新执行这条指令会再次触发惰性压栈操作。

若当前执行上下文(线程或处理)未使用浮点单元，则 FPCA 为 0(CONTROL 寄存器的第 2 位)，且栈帧会使用较短的形式。

惰性压栈的细节将在第 13 章介绍(参见 13.3 节)。

第9章 低功耗和系统控制特性

9.1 低功耗设计

9.1.1 低功耗对微控制器有什么意义

许多嵌入式系统产品需要低功耗的微控制器，特别是使用电池供电的可移动产品。另外，低功耗特性可以给产品设计带来许多好处，其中包括：

- 更小的电池体积(降低了大小和成本)或更长的电池寿命。
- 电磁干扰(EMI)更小，可以提高无线通信质量。
- 电源设计更简单，无须考虑散热问题。
- 有时甚至使得系统可以通过其他能源供电(太阳能板、从周围环境收集的能量)。

Cortex-M微控制器的一个主要优势在于能耗效率和低功耗特性。能耗效率一般由一定的能量可以完成的工作来衡量，可以为DMIPS/μW或CoreMark/μW等形式，不过，低功耗的测量只会注重动态电流和休眠电流，其中动态电流的单位为μA/MHz，休眠电流则为μA(时钟停止)。

多年以前，低功耗微控制器主要是8位机和16位机，这是因为它们中多数都具有很低的动态电流和休眠电流。不过，低功耗微控制器市场已经发生了很大的变化，仅仅具有低动态电流和休眠电流对于低功耗系统一般是不够的。例如，要完成一个处理任务，这些微控制器中的许多部分可能都需要执行较长的时间，这样会提高整体功耗。近年来，Cortex-M微控制器在具有低动态电流和休眠电流的同时，还可以提供比8位和16位微控制器高得多的性能，如图9.1所示。因此，Cortex-M微控制器对低功耗系统设计人员越来越有吸引力。

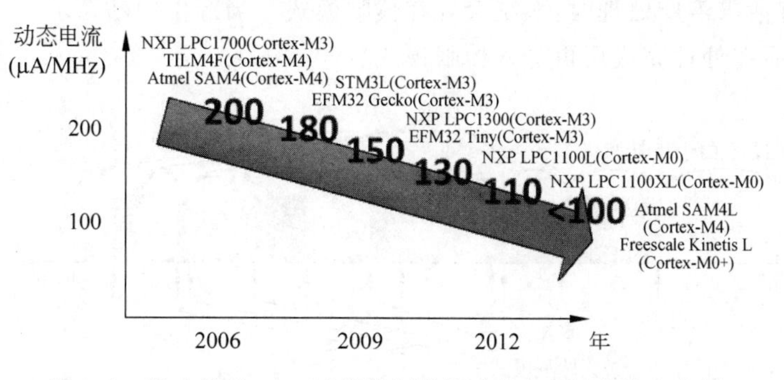

图9.1 低功耗Cortex-M微控制器的动态功率的变化和实例

目前,许多 Cortex-M 微控制器都具有许多可以提高电池寿命的系统特性。例如:

- 多种运行模式和休眠模式。
- 超低功耗实时时钟(RTC)、看门狗和掉电检测(BOD)。
- 在处理器处于休眠模式时仍可以运行的智能外设。
- 灵活的时钟系统控制特性,设计中不活跃的部分可被关闭。

尽管无法在此处详细介绍单个微控制器的所有低功耗特性,还是要在本章中简单介绍一下 Cortex-M3 和 Cortex-M4 处理器具有的一些相关特性。由于不同微控制器具有的低功耗特性不同,若要了解它们的全部低功耗特性,需要查看微控制器供应商提供的参考资料或实例中的相关内容。许多情况下,可以从生产厂家的网站下载一些实例代码。

9.1.2 低功耗系统需求

不同系统对低功耗的需求也不一样。一般来说,可以将它们归纳为表 9.1 所示的内容。

表 9.1 典型的低功耗需求和相关考虑

需求	典型的低功耗考虑
动态电流	通常以 μA/MHz 衡量。动态电流主要是指存储器、外设以及处理器所需的动态功耗。为了简化计算,经常要假定微控制器的功耗和时钟频率直接成比例(严格说来是不对的)。另外。所使用的实际程序代码也可以影响结果
休眠模式电流	通常以 μA 衡量。这是因为最低功耗休眠模式下所有的时钟信号一般都会停止,其主要由晶体管的漏电流和一些模拟电路及 I/O 板组成。一般来说,在测量这类电流时多数外设都是关闭的。不过,在实际应用中,可能需要一些外设处于活动状态
能耗效率	测量时一般会基于 Dhrystone (DMIPS/μW)或 CoreMark (CoreMark/μW)等常见的测试平台,不过,这些平台可能和自己应用中实际的数据处理行为不同
唤醒等待	通常以时钟周期数来衡量,有时则是以微秒为单位。一般来说,它是硬件请求(如外设中断)到处理器继续执行程序的时间。若单位为微秒,则时钟频率会直接影响结果。在一些设计中,可以使用非常低功耗的休眠模式,不过唤醒所需的时间可能会更长(例如,PLL 等时钟回路可能会被关闭,继续正常的时钟输出则会花费较长的时间)。产品设计人员需要确定应用中要使用哪种休眠模式

对于一个特定的应用,有些因素可能会比其他的更重要。例如,对于一些电池供电的产品,能耗效率为最重要的因素,而对于一些工控应用,唤醒等待时间可能会非常关键。

低功耗系统的设计方法也有多种。目前许多嵌入式系统都是中断驱动的,如图 9.2 所示。这就意味着没有请求需要处理时,系统会处在休眠模式。当产生中断请求后,处理器会被唤醒并处理请求,然后在处理完成后再进入休眠模式。

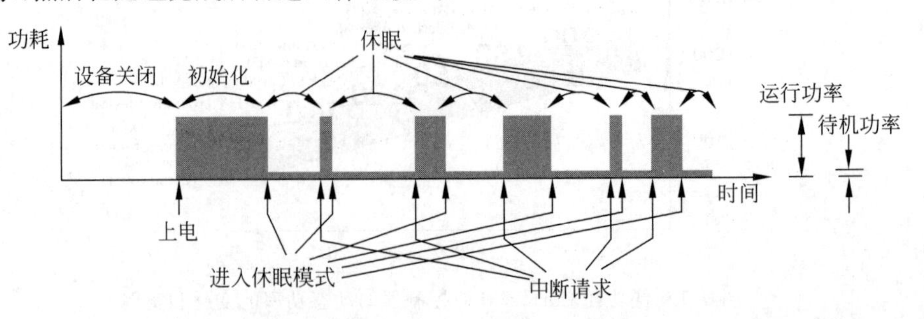

图 9.2 中断驱动系统的工作流程

另外，若数据处理请求为周期性的，且每次的持续时间都相同，在无须考虑数据处理等待时间的情况下，可以在尽可能低的时钟频率下运行以降低功耗。至于哪种方式更好，这个问题的答案也不是固定的，这是因为它要取决于几个因素，其中包括应用的数据处理需求、实际使用的微控制器以及可用电源的类型等其他因素。

9.1.3　Cortex-M3 和 Cortex-M4 处理器的低功耗特点

Cortex-M3 和 Cortex-M4 处理器之所以能在低功耗微控制器市场取得成功，其原因是多方面的。接下来的几节将会对其进行讨论。

1. 低功耗设计

与其他多数 32 位处理器相比，Cortex-M3 和 Cortex-M4 的硅片面积更小。尽管其面积比 8 位处理器以及部分 16 位处理器要大，不过由于 Cortex-M3 和 Cortex-M4 处理器设计中具有的多种低功耗优化，其实际功耗并不会大太多。

2. 高性能

由于 Cortex-M3 和 Cortex-M4 处理器具有很高的性能，因此微控制器可以运行在较低的时钟频率下，或者更快地完成处理任务以便可以在休眠模式中多待些时间。

3. 高代码密度

由于 Thumb 指令集提供了卓越的代码密度，对于同一个应用任务，可以使用具有较小 Flash 存储器的微控制器以降低功耗和成本。另外，这样还可以减小微控制器芯片的封装，这对于需要小的设备体积的应用非常重要，如传感器和医用植入材料等。

9.2　低功耗特性

9.2.1　休眠模式

休眠对于多数微控制器设计都是很常见的特性。Cortex-M 处理器支持两种休眠模式：休眠和深度休眠，如图 9.3 所示。通过相关设备的电源管理特性，这些休眠可被进一步扩展。有些情况下，深度休眠模式可利用状态保持功率门(SRPG)等高级芯片设计技术进一步降低功耗。

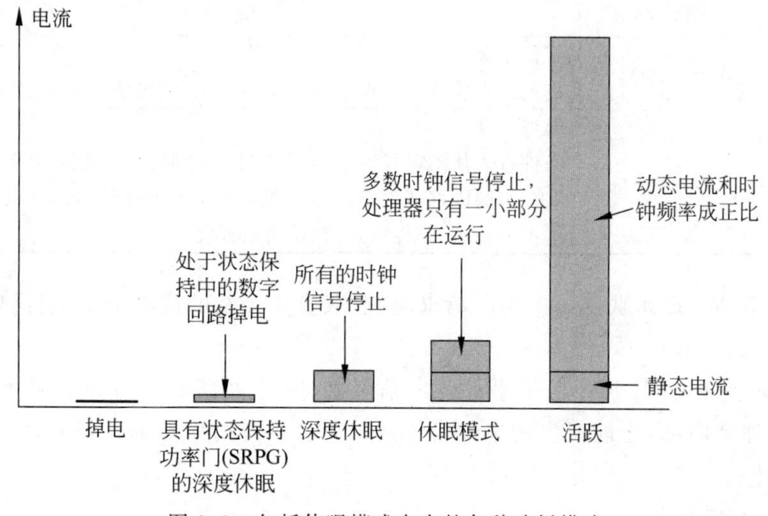

图 9.3　包括休眠模式在内的各种功耗模式

休眠模式期间发生的情况是取决于芯片设计的。多数情况下，可以停止部分时钟信号以降低功耗。不过，芯片也可被设计为部分可关掉。有些情况下，还可以将整芯片全部掉电，将处于这种掉电模式下的系统唤醒的唯一方法为系统复位。

9.2.2 系统控制寄存器（SCR）

Cortex-M 处理器中存在一个名为系统控制寄存器（SCR）的寄存器，可以在这个寄存器中选择休眠模式和深度休眠模式。其位于地址 0xE000ED10 处，在 C 编程中可以通过 SCB->SCR 访问。表 9.2 中列出了 SCR 位域的详细描述。与系统控制块（SCB）中的其他多数寄存器类似，SCR 只能在特权状态中访问。

要使能深度休眠模式，需要设置 SLEEPDEEP 位（第 2 位）。该寄存器还可用于其他低功耗特性的控制，如退出时休眠及 SEV-On-Pend。本章稍后将会介绍这些特性（参见 9.2.5 和 9.2.6 两节）。

表 9.2 系统控制寄存器（SCB->SCR，0xE000ED10）

位	名称	类型	复位值	描　述
4	SEVONPEND	R/W	0	每次挂起都会发送事件。如果使用 WFE 进入了休眠，不管中断的优先级是否比当前的高或是否使能，它都能唤醒处理器
3	保留	—	—	—
2	SLEEPDEEP	R/W	0	设置为 1 时，选择深度休眠模式，否则为休眠模式
1	SLEEPONEXIT	R/W	0	设置为 1 时，使能退出时休眠特性，当从异常处理中退出并返回线程时处理器会自动进入休眠模式
0	保留	—	—	—

9.2.3 进入休眠模式

处理器提供了两个用于进入休眠模式的指令：WFI 和 WFE，如表 9.3 所示。

表 9.3 进入休眠模式用的指令

指令	CMSIS-Core	描　述
WFI	void _WFI(void)；	等待中断 进入休眠模式。处理器可由中断请求、调试请求或复位唤醒
WFE	void _WFE(void)；	等待事件 条件进入休眠模式。若内部事件寄存器为 0，则处理器会进入休眠模式。否则内部事件寄存器会被清除，且处理器会继续执行。处理器可由中断请求、事件输入、调试请求或复位唤醒

WFI 休眠和 WFE 休眠都可由中断请求唤醒（取决于中断的优先级、当前优先级和中断屏蔽设置，参见 9.2.4 节）。

WFE 可由事件唤醒，其中包括事件输入信号脉冲（在处理器中名为 RXEV）及之前产生的事件。在处理器内部，之前产生的事件会体现在只有一位的事件寄存器中，该事件寄存器可由下列情况置位：

- 异常进入和退出。

- 在使能 SEV-On-Pend 特性后，当中断挂起状态由 0 变为 1 时，事件寄存器会置位。
- 片上硬件的外部事件信号（RXEV）（设备相关）。
- SEV（发送事件）指令的执行。
- 调试事件（如暂停请求）。

与 WFI 休眠类似，在 WFE 休眠期间，若中断的优先级高于当前等级，该中断可以将处理器唤醒，而不管其优先级是否被 BASEPRI 屏蔽掉，或者 SEV-On-Pend 是如何设置的。

9.2.4　唤醒条件

多数情况下，中断（包括 NMI 和 SysTick 定时中断）可以将 Cortex-M3 或 Cortex-M4 处理器从休眠模式中唤醒。不过，有些休眠模式可能会关掉 NVIC 或外设的时钟信号，还需要仔细查看微控制器的参考手册，以免中断（或其中一部分）无法唤醒处理器。

若利用 WFI 或退出时休眠进入休眠模式，要想将处理器唤醒，则需要使能中断请求，且中断优先级要大于当前等级，如表 9.4 所示。例如，若处理器在执行某个异常处理时进入了休眠模式，或者若在进入休眠模式前设置了 BASEPRI 寄存器，则新产生中断的优先级要高于当前等级才能唤醒处理器。

表 9.4　WFI 或退出时休眠的唤醒条件

WFI 行为	PRIMASK	唤醒	IRQ 执行
新的 IRQ 大于当前等级： （IRQ 优先级 ＞当前等级） AND（IRQ 优先级＞ BASEPRI）	0	Y	Y
新的 IRQ 不大于当前等级： （IRQ 优先级 ＝＜当前等级） OR （IRQ 优先级＝＜ BASEPRI）	0	N	N
新的 IRQ 大于当前等级： （IRQ 优先级 ＞ 当前等级） AND（IRQ 优先级＞ BASEPRI）	1	Y	N
新的 IRQ 不大于当前等级： （IRQ 优先级 ＝＜当前等级） OR（IRQ 优先级＝＜ BASEPRI）	1	N	N

PRIMASK 唤醒条件是一个特殊的特性，软件代码可以通过这种方式恢复唤醒和 ISR 执行间的某些系统资源。例如，微控制器可以在休眠期间关掉锁相环（PLL）的时钟以降低功耗，并且在执行 ISR 前将其恢复：

（1）在进入休眠模式前，设置 PRIMASK，将时钟源切换为石英晶体时钟，然后关掉 PLL。

（2）关掉 PLL 后，微控制器在休眠模式下会节省功耗。

（3）中断请求产生，唤醒微控制器，并且从 WFI 指令后的位置继续执行程序。

（4）软件代码重新使能 PLL 后切换回使用 PLL 时钟，然后清除 PRIMASK 并处理中断请求。

9.4.3 节和图 9.14 将会进一步介绍这方面的内容。

若休眠模式由 WFE 指令触发，则唤醒条件会稍微有些不同，如表 9.5 所示。当中断请求产生且设置了挂起条件后，一个名为 SEVONPEND 的特性可用于唤醒事件的产生，而不管中断是否使能或优先级是否大于当前等级。

表 9.5 WFE 的唤醒条件

WFI 行为	PRIMASK	SEVONPEND	唤醒	IRQ 执行
新的 IRQ 大于当前等级： (IRQ 优先级 ＞当前等级)AND(IRQ 优先级＞ BASEPRI)	0	0	Y	Y
新的 IRQ 不大于当前等级： (IRQ 优先级 ＝＜当前等级)OR (IRQ 优先级＝＜ BASEPRI)	0	0	N	N
新的 IRQ 大于当前等级： (IRQ 优先级 ＞ 当前等级)AND(IRQ 优先级＞ BASEPRI)	1	0	N	N
新的 IRQ 不大于当前等级： (IRQ 优先级 ＝＜当前等级)OR(IRQ 优先级＝＜ BASEPRI)	1	0	N	N
新的 IRQ 大于当前等级： (IRQ 优先级 ＞当前等级)AND(IRQ 优先级＞ BASEPRI)	0	1	Y	Y
新的 IRQ 不大于当前等级： (IRQ 优先级 ＝＜当前等级)OR (IRQ 优先级＝＜ BASEPRI)	0	1	Y	N
新的 IRQ 大于当前等级： (IRQ 优先级 ＞ 当前等级)AND(IRQ 优先级＞ BASEPRI)	1	1	Y	N
新的 IRQ 不大于当前等级： (IRQ 优先级 ＝＜当前等级)OR(IRQ 优先级＝＜ BASEPRI)	1	1	Y	N

注意，SEVONPEND 特性只会在挂起状态从 0 变为 1 时才会产生唤醒事件，若新产生中断的挂起状态已经置位，那么就不会再产生唤醒事件了。

9.2.5 退出时休眠特性

退出时休眠特性可用于中断驱动的应用，其中所有操作都在中断处理内执行。该特性是可编程的，可通过系统控制寄存器（SCR，参见 9.2.2 节）中的第 1 位进行使能或禁止。使能后，Cortex-M 处理器会在退出异常并返回到线程模式时自动进入休眠（此时没有中断请求等待处理）。

例如，利用退出时休眠的一个可能的程序流程如图 9.4 所示，这样的一个系统的运行情况如图 9.5 所示。与普通的中断处理流程不同，压栈和出栈过程会尽可能地少执行，以降低处理器和存储器的功耗（除了第一次必须的压栈）。

有一点需要注意，图 9.4 中的“循环”是必需的，这时因为当连接调试器时，处理器仍可能会被调试请求唤醒。

退出时休眠特性应在初始化阶段结束时使能，否则，若在初始化阶段产生了中断事件且退出时休眠特性已使能，则处理器会在初始化阶段还没有完成时就进入休眠。

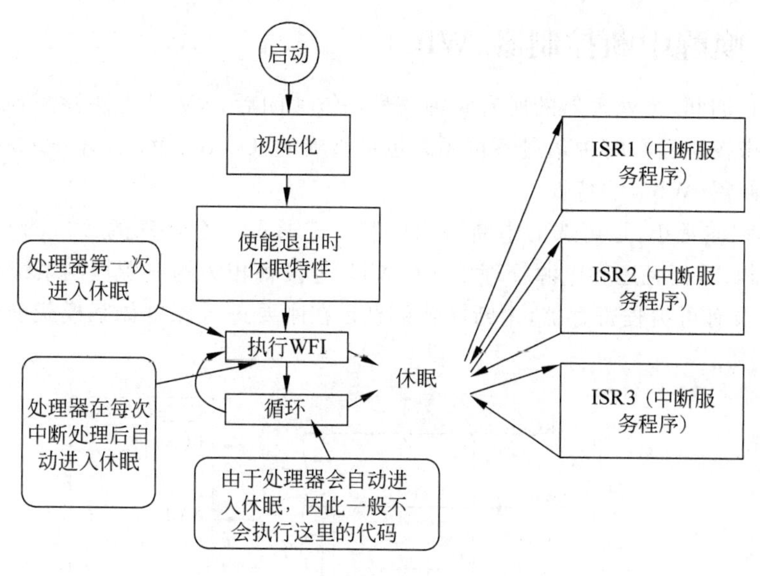

图 9.4 退出时休眠的程序流程

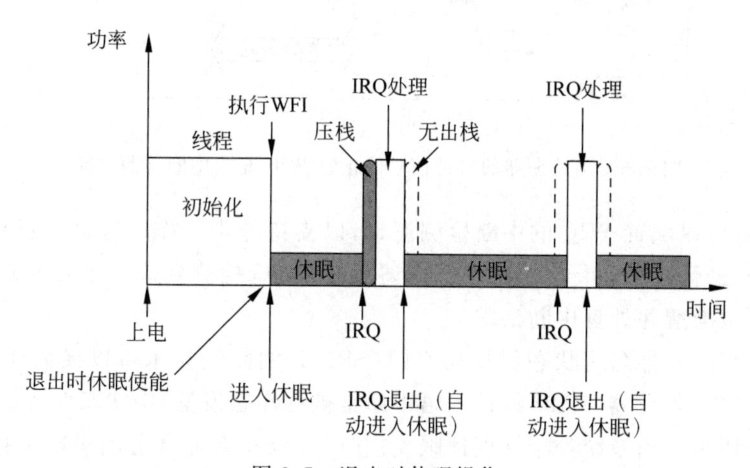

图 9.5 退出时休眠操作

9.2.6 挂起发送事件(SEVONPEND)

系统控制寄存器(SCR)中有一个可编程的控制位 SEVONPEND，该特性用于 WFE 休眠操作。当该位为 1 时，新设置的中断挂起状态会触发一个事件并唤醒处理器。中断不必是使能的，不过挂起状态在进入 WFE 前需要为 0 才能触发唤醒事件。

9.2.7 休眠扩展/唤醒延迟

对于一些微控制器，有些低功耗模式可能会通过某种手段极大地降低功耗，如减小对 SRAM 的供电并关掉 Flash 存储器的供电。有些情况下，在产生中断请求后，这些硬件电路要再次运行可能得花费更多的时间。Cortex-M3 和 Cortex-M4 处理器提供了一组握手信号，利用这些信号，只有在系统的其他部分准备好以后，处理器才会被唤醒。该特性仅对芯片设计者可见，对软件则不可见。不过，在使用该特性时，微控制器用户可能会发现中断等待时间变长了。

9.2.8 唤醒中断控制器(WIC)

在深度休眠期间，当处理器的所有时钟信号都被关闭后，NVIC无法检测到新产生的中断请求。为了使微控制器在时钟信号不可用时也可被唤醒，Cortex-M3版本r2p0引入了一个名为唤醒中断控制器(WIC)的特性。

WIC的体积非常小，是可选的中断检测电路。它通过一个特殊的接口同Cortex-M处理器中的NVIC相连，而且还和电源管理单元(PMU)等设备相关的电源控制系统相连，如图9.6所示。WIC中没有可编程寄存器，中断屏蔽信息是在刚要进入深度休眠模式前由NVIC送到WIC的。

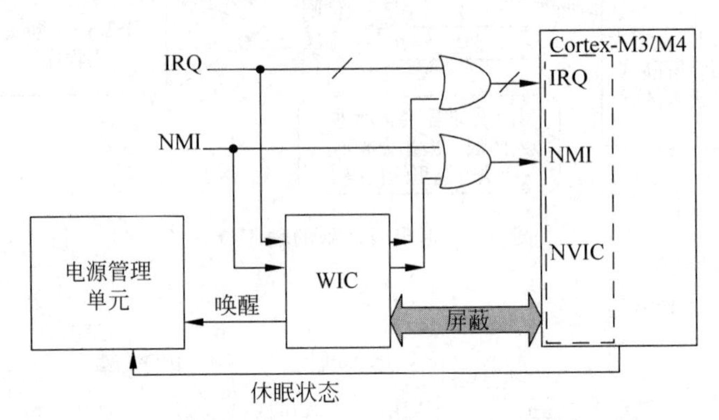

图9.6 当处理器的时钟信号停止时WIC充当中断检测功能

芯片设计者可以配置WIC的中断检测逻辑，以支持异步操作。这也就意味着WIC可以在没有时钟信号的情况下运行。当产生中断请求时，WIC检测到该请求并通知PMU恢复时钟，然后处理器被唤醒并处理中断请求。

对于一些设计，一种名为状态保持功率门(SRPG)的高级技术可以极大地降低芯片的漏电流。在SRPG中，寄存器(在IC设计术语中通常被称作触发器)中状态保持单元的供电是独立的，如图9.7所示。当系统处于深度休眠模式时，可以将普通部分的供电关掉，只保留状态保持单元的。由于组合逻辑、时钟缓冲以及寄存器中的大部分都已掉电，因此这种方式可以将漏电流降低很多。

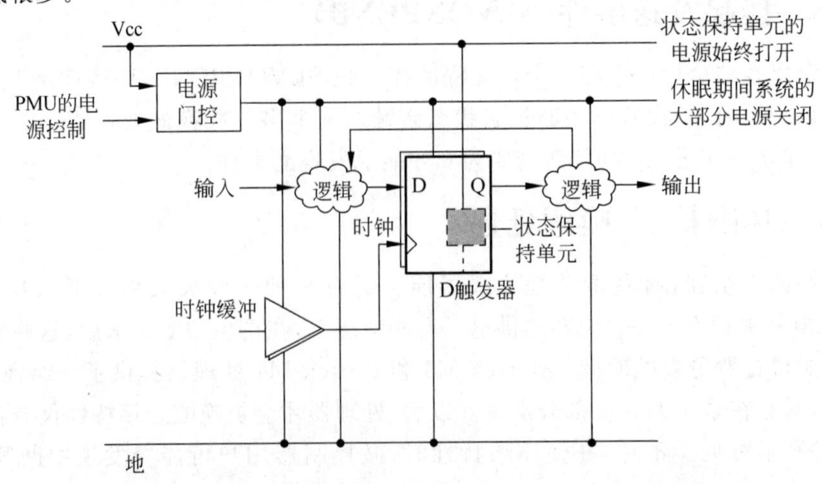

图9.7 SRPG技术使得数字系统中的大部分都可以被关闭

尽管 SRPG 掉电状态可以极大降低休眠模式的电流，但处于掉电状态的处理器也无法检测到中断请求，因此当微控制器应用了 SRPG 技术后，也就需要 WIC 了。SRPG 存在时的休眠操作，如图 9.8 所示。

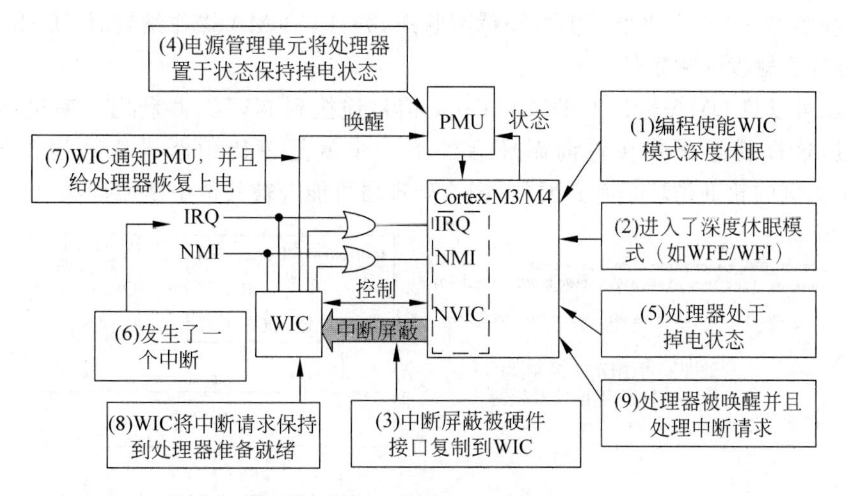

图 9.8 WIC 模式深度休眠操作说明

对于 SRPG 设计，由于处理器的状态得到了保留，它可以从程序暂停的地方继续执行，因此就可以立即处理中断请求，这一点和普通的休眠模式类似。在实际操作中，上电流程需要花费一定的时间，因此会加大中断等待时间。实际的等待时间取决于半导体技术、存储器、时钟以及电源系统设计等(如电源电压需要多长时间才能稳定)。

对于 Cortex-M3 和 Cortex-M4 处理器，WIC 只会用于深度休眠模式(此时系统控制寄存器中的 SLEEPDEEP 置位)。普通的休眠模式不会使能 WIC 操作，也不应触发 SRPG 掉电操作。根据实际使用的微控制器，可能还需要设置设备相关的电源管理单元(PMU)中的其他控制寄存器，才能使能 WIC 特性。

并非所有的 Cortex-M3 和 Cortex-M4 微控制器都支持 WIC 特性，早期的 Cortex-M3 产品(r1p1 及之前版本)就不支持 WIC 特性。注意，若在深度休眠时关闭了所有的时钟信号，Cortex-M3 或 Cortex-M4 处理器中的 SysTick 定时器也会停止，因此也就无法产生 SysTick 异常。

另外还有一点需要注意，当使用调试器连接系统时，调试器可能会禁止一些低功耗操作。例如，微控制器可能会被设计为，当连接调试器时时钟会在深度休眠模式继续运行，这样即使应用代码试图使用深度休眠模式，调试器也可以检查系统状态。

9.2.9 事件通信接口

在前面已经介绍过了，WFE 指令可由 Cortex-M 处理器中一个名为 RXEV(接收事件)输入信号唤醒。该信号属于事件通信接口特性的一部分。处理器中还存在一个名为 TXEV(发送事件)的输出信号，当执行 SEV(发送事件)指令时，TXEV 会输出一个周期的脉冲信号。

事件通信接口的主要设计目标为，在一个特定事件发生前让处理器一直处于休眠模式。事件通信接口具有多种用法。例如，它可以：

- 允许外设和处理器之间的通信
- 允许多个处理器间的通信

例如，对于具有DMA控制器的单处理器设计，处理器会利用DMA控制器进行存储器复制操作以提高性能。不过，若处理器利用轮询循环检查DMA是否完成，它会浪费能量且由于部分带宽被处理器占用而降低了性能。若在DMA操作完成后，DMA控制器可以产生一个脉冲，则可以利用WFE指令将处理器置于休眠状态，并且当DMA操作结束时，DMA控制器输出的信号脉冲会触发唤醒事件。

当然，还可以将DMA输出的DMA_Done信号连接到NVIC，并利用中断机制来唤醒处理器。不过，这样就意味着在轮询循环后的下一步就是等待中断进入和退出流程结束。图9.9所示实例的轮询循环是有必要的，因为处理器可能会被其他中断或调试事件唤醒。

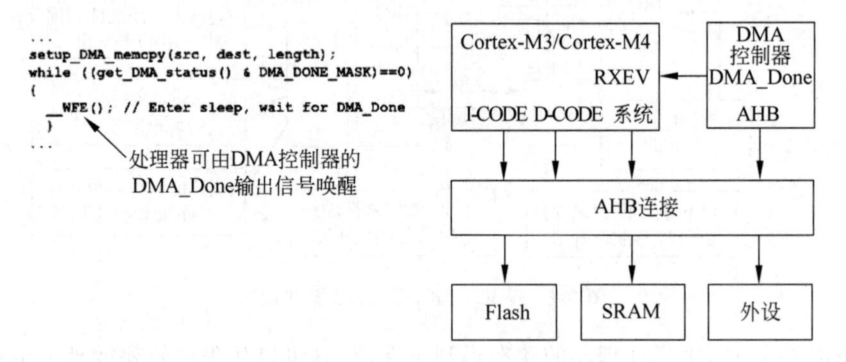

图9.9 事件输入使用示例

事件通信在多处理器设计中也非常重要。例如，若处理器A为了确定处理器B的任务处理是否结束，需要查询共用存储器空间中的一个变量，处理器A可能要等待较长的时间，而且这样还会浪费能量，如图9.10所示。

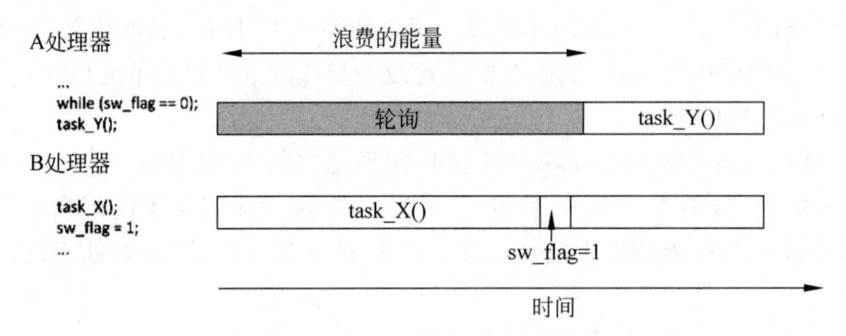

图9.10 多处理器通信在简单的轮询循环中浪费能量

为了降低功耗，如图9.11所示，可以将两个Cortex-M处理器的事件通信接口连在一起。这种连接方法可被扩展到更多的处理器上。

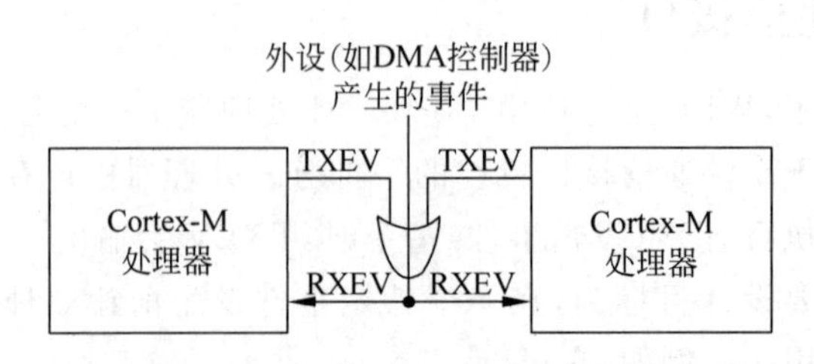

图9.11 双处理器系统中的事件通信连接

在这种设计中，可以利用SEV指令将一个事件发送到另一个处理器中，将那个处理器从WFE休眠中唤醒。因此，如图9.12所示，可对轮询循环进行一定的修改，将休眠操作包含进来。

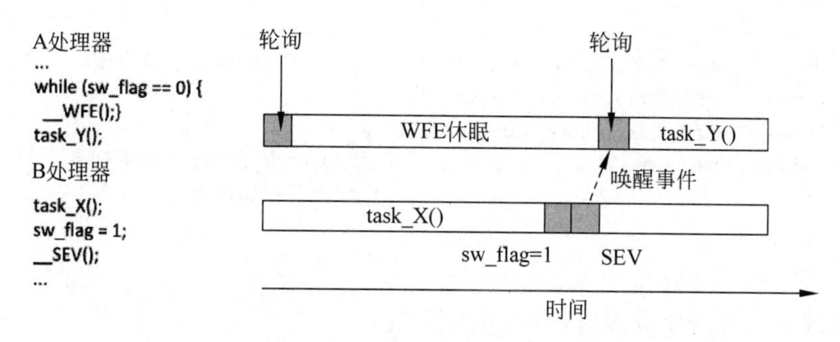

图9.12　事件通信程序中加入了WFE休眠模式以降低功耗

另外，由于处理器可能会被其他中断或调试事件唤醒，因此轮询循环仍是必需的。

利用这种方法，事件通信接口特性可以降低任务同步和信号量等各种多处理器通信中的功耗。

对于任务同步的情形，其流程如图9.13所示。图中的多个处理器都处于休眠模式，且都在等待能产生事件脉冲的"主控制器"的事件。当事件信号被触发后，处理器可以同时开始执行下一个任务。

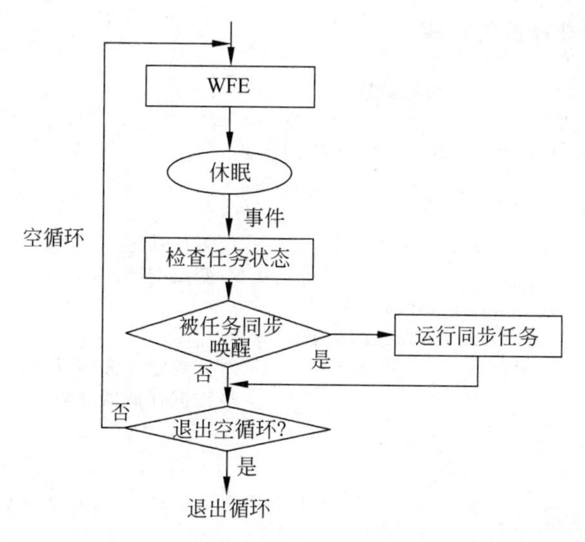

图9.13　在多核系统中利用WFE进行任务同步的示例代码

有一点需要注意，这种任务同步无法保证系统中的多个处理器开始任务执行时的精确同步。由于处理器可被其他事件唤醒，因此就需要对任务状态进行检查，这样就可能会引起每个处理器定时的变化。另外，芯片设计中的事件发送通路及存储器系统等其他因素也可能会影响同步任务的执行。

事件通信接口的另一个应用为信号量和MUTEX(互斥体，也是一种信号量操作)。例如，若信号量操作未使用事件通信特性，处理器可能会轮询检测锁定变量是否空闲，这样会浪费不少能量。

```
//获取 MUTEX (互斥体)/信号量中锁定的函数
void get_lock(volatile int * Lock_Variable)
{ //备注: _LDREXW 和_STREXW 为 CMSIS - Core 中的函数
    int status;
    do {
        while ( _LDREXW(&Lock_Variable) != 0);    //循环等待锁定变量空闲
        status = _STREXW(1, &Lock_Variable);
        //利用 STREXW,尝试将 Lock_Variable 设置为 1
        } while (status != 0);                    //若锁定失败则反复重试
    _DMB();                                       //数据存储器屏障
    return;
}
```

另外，当进程不再需要资源时，应将其解除锁定：

```
void free_lock(volatile int * Lock_Variable)
{
    _DMB();                                       //数据存储器屏障
    Lock_Variable = 0;                            //解除锁定
    return;
}
```

轮询循环（有时也被称作自旋锁）可能会带来高能耗，且由于占用存储器总线带宽而降低了系统性能。因此，可以在信号量操作中增加 WFE 和 SEV 指令，这样等待锁定的处理器可以进入休眠，且可在锁被释放时唤醒。

```
//获取 MUTEX (互斥体)/信号量中锁的函数
void get_lock_with_WFE(volatile int * Lock_Variable)
{//备注: _LDREXW 和_STREXW 为 CMSIS - Core 中的函数
    int status;
    do {
    while ( _LDREXW(&Lock_Variable) != 0){        //等待锁定
    _WFE();}                                      //变量空闲,否则进入休眠等待事件
    status = _STREXW(1, &Lock_Variable);
    //利用 STREXW,尝试将 Lock_Variable 设为 1
    } while (status != 0);                        //若锁定失败则反复尝试
    _DMB();                                       //数据存储器屏障
    return;
}
```

释放锁的函数就变成了：

```
void free_lock(volatile int * Lock_Variable)
{
    _DMB();                                       //数据存储器屏障
    Lock_Variable = 0;                            //释放锁
    _SEV();                                       //发送事件以唤醒其他处理器
    return;
}
```

这些例子只描述了事件通信如何降低简单信号量操作的功耗。对于具有嵌入式 OS 的系统，信号量操作可能会有很大的不同，这是因为在 OS 等待一个信号量时，它可能会将当前任务暂停并转而执行其他任务。

9.3 在编程中使用 WFI 和 WFE

在本章前面已经介绍过了，只使用 WFI 和 WFE 指令，无法全面发挥 Cortex-M3 或 Cortex-M4 微控制器中的低功耗特性/优化。多数情况下，微控制器供应商会提供有助于充分利用他们产品的示例代码或设备驱动库。不过，首先要确保 WFI 和 WFE 指令的用法正确。

9.3.1 何时使用 WFI

WFI 指令会无条件触发休眠模式，它一般用于中断驱动的应用。例如，中断驱动的应用可能会有下面所示的程序流程：

```
int main(void)
{
    setup_Io();
    setup_NVIC();
    ...
    SCB->SCR |= 1 << 1;                    //使能退出时休眠特性
    while(1) {
        _WFI();                            //保持在休眠模式
    }
}
```

对于其他的情况，WFI 可能就不适用了，这是因为若中断事件的时序不可控，就无法确定是否能唤醒处理器。下面的代码就表示这种情况：

```
setup_timer0();                            //配置定时器产生定时器中断
NVIC_EnableIRQ(Timer0_IRQn);               //在 NVIC 中使能定时器 0 中断
_WFI();                                    //进入休眠并等待定时器 0 中断
Toggle_LED();
```

若定时器中断需要较长时间才能触发，则可以在定时中断产生前确认处理器是否已进入了休眠模式，然后代码会在一段时间延迟后翻转 LED。不过，若定时器在几个周期内就会产生中断或者在配置定时器后产生了另外一个中断，且另一个中断处理的执行时间足够长，则定时器中断会在 WFI 执行前产生。因此，若在定时器中断处理完成前停止执行 WFI，处理器可能会永远处于等待状态。

即使将代码修改为下面的形式：

```
volatile int timer0irq_flag;               //timer0 的 ISR 会设置为 1
...
setup_timer0();                            //设置定时器产生定时中断
NVIC_EnableIRQ(Timer0_IRQn);               //在 NVIC 中使能定时中断
if (timer0irq_flag == 0) {                 //定时器 0 的 irq_flag 在定时器 0 的 ISR 中置位
    _WFI();                                //进入休眠模式且等待定时器 0 中断
}
Toggle_LED();
```

这样也并非是 100%安全的。若定时器 0 的中断正好在比较软件标志后和 WFI 执行前产生，则处理器仍会进入休眠模式且等待一个已经错过的定时器中断。

若无法对时序十分确定，则需要利用 WFE 将休眠操作变为有条件的。

9.3.2 使用 WFE

WFE 指令常用于空循环，其中包括 RTOS 设计中的空循环。由于 WFE 是有条件的，因此若只是将代码中的 WFI 替换为 WFE，则有可能无法进入休眠。利用上一个翻转 LED 的例子，可以将代码修改为：

```
volatile int timer0irq_flag;
…
timer0irq_flag = 0;                          //清除标志
set_timer0();
NVIC_EnableIRQ(Timer0_IRQn);
while (timer0irq_flag == 0) {
    _WFE();                                  //进入休眠模式并等待定时器 0 的中断
};
Toggle_LED();
```

在这里将休眠操作修改成了空循环。若由于之前的中断等事件，处理器第一次没进入休眠，循环会再次执行且在第一次 WFE 执行后事件锁存会被清除。因此，只要定时器 0 中断未被触发，则处理器还会进入休眠模式。

若定时器 0 中断在进入 while 循环前已被触发，则由于软件标志已置位 while 循环会被跳过。

若定时器 0 中断恰好在比较和 WFE 之间产生，则中断会设置内部事件寄存器，且 WFE 会被跳过。因此，循环会重复执行且条件会被再次确认，这样会导致循环退出且翻转 LED。

注意，对于 Cortex-M3 的 r0p0～r2p0 版本，处理器自身的缺陷会影响运行时内部事件寄存器的设置。要解决这个问题，可以在中断处理中插入一个 SEV 指令（_SEV();），这样中断可以正确地设置事件寄存器。

内部事件寄存器的状态无法在软件代码中读出。不过，可以通过执行 SEV 指令将其置为 1。若要清除事件寄存器，则可以依次执行 SEV 和 WFE：

```
_SEV();                                      //设置内部事件寄存器
_WFE();                                      //由于事件寄存器已置位，本次的 WFE 不会触发
                                               休眠，而只是清除事件寄存器
```

多数情况下，可以利用下面的流程让处理器进入休眠模式：

```
_SEV();                                      //设置内部事件寄存器
_WFE();                                      //清除事件寄存器
_WFE();                                      //进入休眠
```

不过，若中断恰好在第一次 WFE 指令后产生，则由于事件寄存器已经由中断事件置位，第二次 WFE 无法进入休眠。

若需要 SEVONPEND 特性，也应该使用 WFE 指令。

9.4 开发低功耗应用

几乎所有的 Cortex-M 微控制器都有各种低功耗操作和休眠模式，产品设计人员可以利用它们降低产品的功耗并延长电池寿命。由于每种微控制器产品都存在差异，设计人员应该

花费一定的时间了解实际使用的微控制器的低功耗特性。若要获得最佳的能耗效率，必须得正确地设置微控制器的低功耗特性。

由于微控制器类型多样，介绍所有的低功耗设计方法是不现实的。这里只介绍一些在低功耗嵌入式系统中需要考虑的一般信息。

9.4.1　降低动态功耗

1. 选择合适的微控制器

很显然，选择合适的微控制器对降低功耗具有很重要的意义。除了典型的电气特性，还应该考虑项目所需的存储器大小。若实际使用的微控制器的 Flash 或 SRAM 比所需的要大，那么存储器会带来更多的功耗。

2. 运行在合适的时钟频率

多数应用并不需要很高的时钟频率，因此可以通过降低时钟频率来降低系统的功耗。不过，若将时钟频率降得太多，则可能会削弱系统的响应能力或无法满足应用任务的时间需求。

多数情况下，应该让微控制器运行在合适的时钟频率下，以保证系统具有良好的响应速度，且还可以在没有处理任务时将系统置于休眠模式。有时，可能需要衡量一下是应该让系统运行得快些然后进入休眠，还是运行慢些以降低动态功耗。

3. 选择合适的时钟源

有些微控制器提供了多个时钟源，它们的频率和精确性存在差异。在实际应用中，由于外部石英晶体振荡器可能会带来比较大的功耗，因此使用可以降低功耗的内部时钟源有时可能会更好。另外，还可以根据不同的条件在不同时钟源间切换。

4. 关闭未使用的时钟信号

许多现代微控制器都允许关闭未使用外设的时钟，或者多数情况是，在使用前再将时钟信号打开。另外，对于一些设备来说，可以将这些外设关掉以节能。

5. 利用时钟系统特性

有些微控制器为系统的不同部分提供了各种时钟分频器，可以利用它们降低外设或外设总线等的速度。

6. 供电设计

一个良好的电源设计是提高能耗效率的另一个关键因素。例如，若电源的电压高于实际需要，就可以降低电压，避免转换带来的损耗。

7. 在 SRAM 中运行程序

这一点看起来有些奇怪，不过对于一些微控制器，可以在 SRAM 中运行整个应用，而且还可以关闭内部 Flash 存储器的供电以节能。为了实现这个目的，微控制器开始时运行 Flash 中的程序代码，复位处理将程序映像复制到 SRAM 中并从此处开始执行，之后关掉 Flash 存储器以节能。

不过，许多微控制器只有很小的 SRAM 空间，将整个程序复制到这里是不可能的。在这种情况下，仍然可以只将程序中常用的部分复制到 SRAM，而且只在执行程序中剩余部分时打开 Flash 存储器。

8. 使用正确的 I/O 端口配置

有些微控制器具有可配置的 I/O 端口，可以为它们设置不同的驱动电流和转换速率。根据连接 I/O 引脚的设备，可以利用低驱动电流和更慢的转换速率配置来降低 I/O 接口逻辑的功耗。

9.4.2 降低活跃周期

1. 使用休眠模式

最明显的一点为尽可能利用微控制器的休眠模式特性,即便空闲状态仅持续很短的时间。另外,退出时休眠等特性对降低活跃周期也很有帮助。

2. 降低运行时间

若Flash存储器中还有空闲空间,则可以优化程序(或者其中的一部分)的执行速度。这样,任务可以更快完成,系统待在休眠模式的时间也就更长。

9.4.3 减小休眠模式电流

1. 使用合适的休眠模式

有些微控制器提供了多种休眠模式,而且外设可以在不唤醒处理器的情况下执行。通过在应用中使用合适的休眠模式,功耗能够得到显著降低。不过,有些情况下,唤醒等待时间会受到影响。

2. 使用电源控制特性

有些微控制器允许在不同活跃和休眠状态下对电源管理进行精确调整。例如,可以在某些休眠模式期间关掉PPL、部分外设或Flash存储器。不过,有些情况下,唤醒等待时间会受到影响。

3. 休眠期间关掉Flash存储器

对于许多Cortex-M微控制器,Flash存储器可在某些休眠模式期间自动关闭,而且还可以手动关闭。这样可以显著降低休眠模式的电流,而且用户可以只在SRAM中执行程序以降低功耗。

不过,若要使用的休眠模式不支持自动关闭Flash存储器,且SRAM不足以保存整个应用,那么可以只复制处理休眠进入和休眠退出的函数到SRAM,并且在此处执行该函数。这样,Flash存储器可在休眠期间被手动关闭。

在9.2.4节中已经提到了,若在执行WFI前设置PRIMASK,处理器可由中断唤醒但不会处理这些中断。可以按照图9.14所示利用该特性。

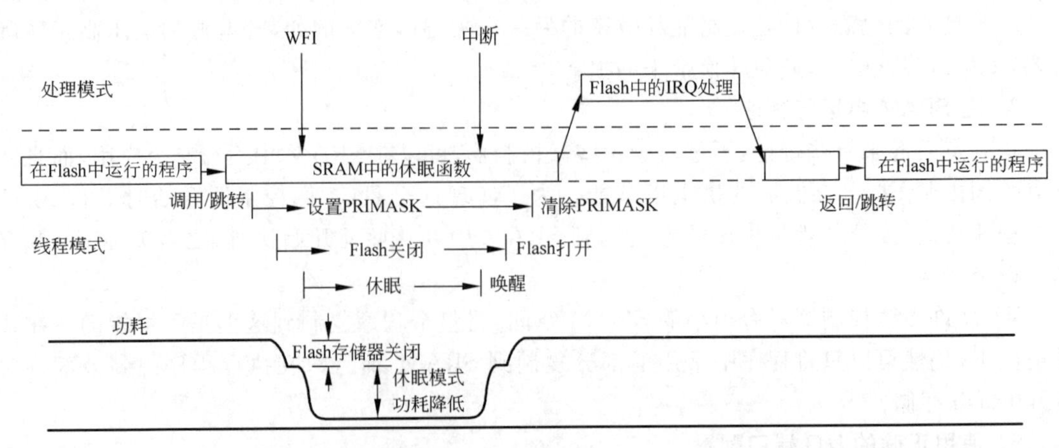

图9.14 在休眠模式中可以关掉Flash存储器并利用PRIMASK延迟ISR的执行

9.5 SysTick 定时器

9.5.1 为什么要有 SysTick 定时器

Cortex-M 处理器内集成了一个小型的名为 SysTick(系统节拍)的定时器，它属于 NVIC 的一部分，且可以产生 SysTick 异常(异常类型#15)。SysTick 为简单的向下计数的 24 位计数器，可以使用处理器时钟或外部参考时钟(通常是片上时钟源)。

在现代操作系统中，需要一个周期性的中断来定期触发 OS 内核，如用于任务管理和上下文切换，处理器也可以在不同时间片内处理不同任务。处理器设计还需要确保运行在非特权等级的应用任务无法禁止该定时器，否则任务可能会禁止 SysTick 定时器并锁定整个系统。

之所以在处理器内增加一个定时器，是为了提高软件的可移植性。由于所有的 Cortex-M 处理器都具有相同的 SysTick 定时器，为一种 Cortex-M3/M4 微控制器实现的 OS 也能适用于其他的 Cortex-M3/M4 微控制器。

若应用中不需要使用 OS，SysTick 定时器可用作简单的定时器外设，用以产生周期性中断、延时或时间测量。

9.5.2 SysTick 定时器操作

如表 9.6 所示，SysTick 定时器中存在 4 个寄存器。CMSIS-Core 头文件中定义了一个名为 SysTick 的结构体，方便对这些寄存器的访问。

表 9.6 SysTick 寄存器一览

地址	CMSIS-Core 符号	寄存器
0xE000E010	SysTick->CTRL	SysTick 控制和状态寄存器
0xE000E014	SysTick->LOAD	SysTick 重装载值寄存器
0xE000E018	SysTick->VAL	SysTick 当前值寄存器
0xE000E01C	SysTick->CALIB	SysTick 校准值寄存器

SysTick 内部包含一个 24 位向下计数器，如图 9.15 所示。它会根据处理器时钟或一个参考时钟信号(在 ARM Cortex-M3 或 Cortex-M4 技术参考手册中也被称作 STCLK)来减小计数。参考时钟信号取决于微控制器的实际设计，有些情况下，它可能会不存在。由于要检测上升沿，参考时钟至少得比处理器时钟慢两倍。

在设置控制和状态寄存器的第 0 位使能该计数器后，当前值寄存器在每个处理器时钟周期或参考时钟的上升沿都会减小。若计数减至 0，它会从重加载寄存器中加载数值并继续运行。

另外一个寄存器为 SysTick 校准值寄存器。它为软件提供了校准信息。由于 CMSIS-Core 提供了一个名为 SystemCoreClock 的软件变量(CMSIS 1.2 及之后版本可用，CMSIS 1.1 或之前版本则使用变量 SystemFrequency)，因此它就未使用 SysTick 校准值寄存器。系统初始化函数 SystemInit()函数设置了该变量，而且每次系统时钟配置改变时都要对其进行更新。这种软件手段比利用 SysTick 校准值寄存器的硬件方式更灵活。

SysTick 寄存器的细节如表 9.7～表 9.10 所示。

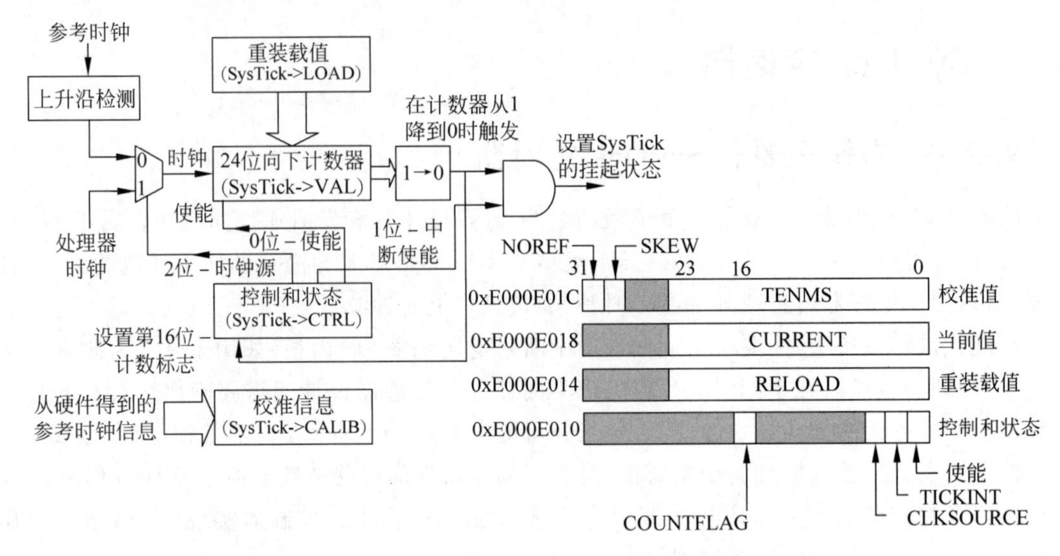

图 9.15 SysTick 定时器简单框图

表 9.7 SYSTICK 控制和状态寄存器(0xE000E010)

位	名称	类型	复位值	描 述
16	COUNTFLAG	RO	0	当 SYSTICK 定时器计数到 0 时，该位变为 1，读取寄存器或清除计数器当前值时会被清零
2	CLKSOURCE	R/W	0	0＝外部参考时钟(STCLK) 1＝使用内核时钟
1	TICKINT	R/W	0	1＝ SYSTICK 定时器计数减至 0 时产生异常 0＝不产生异常
0	ENABLE	R/W	0	SYSTICK 定时器使能

表 9.8 SYSTICK 重装载值寄存器(0xE000E014)

位	名称	类型	复位值	描 述
23:0	RELOAD	R/W	未定义	定时器计数为 0 时的重装载值

表 9.9 SYSTICK 当前值寄存器(0xE000E018)

位	名称	类型	复位值	描 述
23:0	CURRENT	R/Wc	0	读出值为 SYSTICK 定时器的当前数值。写入任何值都会清除寄存器，SYSTICK 控制和状态寄存器中的 COUNTFLAG 也会清零

表 9.10 SYSTICK 校准值寄存器(0xE000E01C)

位	名称	类型	复位值	描 述
31	NOREF	R	—	1＝没有外部参考时钟(STCLK 不可用) 0＝有外部参考时钟可供使用
30	SKEW	R	—	1＝校准值并非精确的 10ms 0＝校准值准确
23:0	TENMS	R/W	0	10 毫秒校准值。芯片设计者应通过 Cortex-M3 的输入信号提供该数值，若读出为 0，则表示校准值不可用

9.5.3 使用 SysTick 定时器

若只想产生周期性的 SysTick 中断，最简单的方法就是使用 CMSIS-Core 函数 SysTick_Config：

```
uint32_t SysTick_Config(uint32_t ticks);
```

该函数将 SysTick 中断间隔设置为 ticks，使能计数器使用处理器时钟，然后设置 SysTick 异常为最低优先级。

例如，若要在 30MHz 的时钟频率下产生 1kHz 的 SysTick 异常，则可以使用：

```
SysTick_Config(SystemCoreClock / 1000);
```

变量 SystemCoreClock 应该存放正确的时钟频率数值，也就是 30×10^6。另外，只需使用：

```
SysTick_Config(30000);                          //30MHz / 1000 = 30000
```

SysTick_Handler(void)的触发频率就变成了 1kHz。

若 SysTick_Config 函数的输入参数不满足 24 位重加载数值寄存器(大于 0xFFFFFF)，SysTick_Config 函数返回 1，否则会返回 0。

许多情况下，可能会使用参考时钟或者不想使能 SysTick 中断，那么就不要使用 SysTick_Config 函数。此时需要直接操作 SysTick 寄存器，推荐使用下面的流程：

(1) 将 0 写入 SysTick->CTRL 禁止 SysTick 定时器。这个操作是可选的。若重用了其他代码，则由于 SysTick 之前可能已经使能过了，因此本操作是推荐使用的。

(2) 将新的重加载值写入 SysTick->LOAD，重加载值应该为周期数减 1。

(3) 将任何数值写入 SysTick 当前值寄存器 SysTick->VAL，该寄存器会被清零。

(4) 写入 SysTick 控制和状态寄存器 SysTick->CTRL 启动 SysTick 定时器。

由于 SysTick 定时器向下计数到 0，因此，若要设置 SysTick 周期为 1000，则应该将重加载值(SysTick->LOAD)设置为 999。

若要在轮询模式中使用 SysTick 定时器，则可以利用 SysTick 控制和状态寄存器(SysTick->CTRL)中的计数标志来确定定时器何时变为 0。例如，可以将 SysTick 定时器设置为特定数值，然后等它变为 0，并以此实现延时：

```
SysTick->CTRL = 0;                          //禁止 SysTick
SysTick->LOAD = 0xFF;                       //计数范围 255～0 (256 个周期)
SysTick->VAL = 0;                           //清除当前值和计数标志
SysTick->CTRL = 5;                          //使能 SysTick 定时器并使用处理器时钟
while ((SysTick->CTRL & 0x00010000) == 0);  //等待计数标志置位
SysTick->CTRL = 0;                          //禁止 SysTick
```

若要将 SysTick 中断用作在一定时间后触发的单发操作，则可以将重加载值减小 12 个周期，以补偿中断等待时间。例如，要使 SysTick 定时器在 300 个时钟周期后执行：

```
volatile int SysTickFired;                  //全局软件标志,表示 SysTickAlarm 已执行
…
SysTick->CTRL = 0;                          //禁止 SysTick
SysTick->LOAD = (300 - 12);                 //设置重加载值,由于异常等待减去 12
```

```
SysTick->VAL = 0;                     //将当前值清为 0
SysTickFired = 0;                     //将软件标志设为 0
SysTick->CTRL = 0x7;                  //使能 SysTick,使能 SysTick 异常且使用处理器时钟
while (SysTickFired == 0);            //等待 SysTick 处理将软件标志置位
```

在单发 SysTick 处理中，需要禁止 SysTick，以防 SysTick 异常再次产生。若由于所需的处理任务花费的时间太长而导致挂起状态再次置位，则可能还需要清除 SysTick 的挂起状态：

```
void SysTick_Handler(void)            //SYSTICK 异常处理
{
    SysTick->CTRL = 0x0;              //禁止 SysTick
    ...;                              //执行所需任务
    SCB->ICSR |= 1<<25;               //清除 SYSTICK 挂起位,防止再次挂起
    SysTickFired++;                   //更新软件标志,主程序据此可以知道 SysTick 定时任
务已执行
    return;
}
```

若同时产生了另一个异常，则 SysTick 异常可能会延迟。

SysTick 定时器可用于时间测量。例如，可以用下面的代码测量一个短函数的持续时间：

```
unsigned int start_time, stop_time, cycle_count;
SysTick->CTRL = 0;                    //禁止 SysTick
SysTick->LOAD = 0xFFFFFFFF;           //将重加载值设置为最大
SysTick->VAL = 0;                     //将当前值清为 0
SysTick->CTRL = 0x5;                  //使能 SysTick, 使用处理器时钟
while(SysTick->VAL != 0);             //等待 SysTick 重加载
start_time = SysTick->VAL;            //获取开始时间
function();                           //执行要测量的函数
stop_time = SysTick->VAL;             //获取停止时间
cycle_count = start_time - stop_time;
```

由于 SysTick 定时器向下计数，start_time 的数值比 stop_time 要大。可能还需要在时间测量的结尾检查一下 count_flag。若 count_flag 置位时测试的时间大于 0xFFFFFF，还得使能 SysTick 异常且在 SysTick 处理中计算 SysTick 计数器溢出的次数。时钟周期的总数还要考虑 SysTick 异常。

SysTick 定时器还提供了一个校准值寄存器。若该信息存在，则 SysTick->CALIB 寄存器的最低 24 位表示要得到 10ms SysTick 间隔所需的重加载值。不过，许多微控制器中并没有这个信息，TENMS 位域读出为 0。CMSIS-Core 方案则提供了一个表示频率信息的软件变量，这种方式更加灵活且得到了多数微控制器供应商的支持。

可以利用 SysTick 校准值寄存器的第 31 位确定参考时钟是否存在。

9.5.4 其他考虑

在使用 SysTick 定时器时需要考虑以下几点：

- SysTick 定时器中的寄存器只能在特权状态下访问。
- 参考时钟在一些微控制器设计中可能会不存在。
- 若应用中存在嵌入式 OS，SysTick 定时器会被 OS 使用，因此就不能再被应用任务使用了。

- 当处理器在调试期间暂停时，SysTick 定时器会停止计数。
- 根据微控制器的实际设计，SysTick 定时器可能会在某些休眠模式中停止计数。

9.6 自复位

Cortex-M 处理器提供了一种利用软件方式触发自复位的机制。在 7.9.4 节中，介绍了应用中断和复位控制寄存器(AIRCR)，该寄存器中有两个控制位用于复位。

SYSRESETREQ 位(第 2 位)可以产生到微控制器系统复位控制逻辑的系统复位请求。由于系统复位控制逻辑不属于处理器的设计，因此复位的实际时序是同设备相关的(系统实际进入复位状态所需的时钟周期可能会不同)。一般情况下，它不会复位调试逻辑。

要使用 SYSRESETREQ 特性(或者对 AIRCR 的任何形式的访问)，程序必须得运行在特权状态。最简单的方法为使用 CMSIS-Core 头文件提供的名为 NVIC_SystemReset(void)的函数。

除了使用 CMSIS-Core，还可以直接访问 AIRCR 寄存器：

```
//执行 DMB,等待之前所有的存储器访问完成
_DMB();
//读回 PRIGROUP 同时执行 SYSRESETREQ
SCB->AIRCR = 0x05FA0004 | (SCB->AIRCR & 0x700);
while(1);                                    //等待复位产生
```

为了确保复位前已执行完所有的存储器访问，需要使用数据存储器屏障(DMB)指令。在写入 AIRCR 时，写数据的高 16 位应该置为 0x05FA，它可以避免意外复位系统。

第二个复位特性为 VECTRESET 控制位(第 0 位)，它主要是供调试器使用的。将该位写 1 后，会复位 Cortex-M3/Cortex-M4 处理器中除调试逻辑外的所有部分，但该复位特性不会复位微控制器中的外设。有些情况下，该特性可能会对多处理器内核非常有用，这是因为可能只想复位一个处理器而不是整个系统。

写 VECTRESET 和设置 SYSRESETREQ 类似：

```
//执行 DMB,等待之前所有的存储器访问完成
_DMB();
//读回 PRIGROUP 同时执行 SYSRESETREQ
SCB->AIRCR = 0x05FA0001 | (SCB->AIRCR & 0x700);
while(1);                                    //等待复位产生
```

与 SYSRESETREQ 不同，VECTRESET 可能会立即生效，这是因为微控制器中的复位通路不依赖于其他逻辑电路。不过，由于 VECTRESET 不会复位外设，因此不推荐在应用编程中使用。

不要同时设置 SYSRESETREQ 和 VECTRESET，因为这种做法可能会使一些芯片设计的复位系统中出现毛刺(SYSRESETREQ 保持一小段时间后被 VECTRESET 产生的复位清除)，其结果是不可知的。

有些情况下，可能要在自复位操作前设置 PRIMASK 以禁止处理。不然，若系统复位需要一段时间才能触发，中断可能会在延时期间产生而系统复位则可能会在中断处理过程中产生。多数情况下，这不会是一个问题，不过有些应用需要避免这种操作。

9.7 CPU ID 基本寄存器

系统控制块(SCB)中存在一个名为 CPU ID 基本寄存器的寄存器，它是只读的，其中包括处理器类型和版本号。该寄存器的地址为 0xE000ED00(只支持特权访问)。在 C 语言编程时，可以利用 SCB->CPUID 访问该寄存器。表 9.11 列出了所有现有的 Cortex-M 处理器的版本。

表 9.11 CPU ID 基本寄存器(SCB->CPUID，0xE000ED00)

处理器和版本	设计者 Bit[31:24]	变量 Bit[23:20]	常量 Bit[19:16]	产品编号 Bit[15:4]	版本 Bit[3:0]
Cortex-M0-r0p0	0x41	0x0	0xC	0xC20	0x0
Cortex-M0+-r0p0	0x41	0x0	0xC	0xC60	0x0
Cortex-M1 -r0p1	0x41	0x0	0xC	0xC21	0x0
Cortex-M1 -r0p1	0x41	0x0	0xC	0xC21	0x1
Cortex-M1 -r1p0	0x41	0x1	0xC	0xC21	0x0
Cortex-M3 -r0p0	0x41	0x0	0xF	0xC23	0x0
Cortex-M3 -r1p0	0x41	0x0	0xF	0xC23	0x1
Cortex-M3 -r1p1	0x41	0x1	0xF	0xC23	0x1
Cortex-M3 -r2p0	0x41	0x2	0xF	0xC23	0x0
Cortex-M3 -r2p1	0x41	0x2	0xF	0xC23	0x1
Cortex-M4 -r0p0	0x41	0x0	0xF	0xC24	0x0
Cortex-M4 -r0p1	0x41	0x0	0xF	0xC24	0x1

Cortex-M 处理器内的每个调试部件也都有自己的 ID 寄存器，而不同版本间的版本域则可能会不同。

9.8 配置控制寄存器

9.8.1 CCR 简介

系统控制块(SCB)中存在一个名为配置控制寄存器(CCR)的寄存器，它可以调整处理器的某些行为以及控制高级特性。该寄存器的地址为 0xE000ED14(只支持特权访问)，表 9.12 列出了 CCR 位域的细节内容。若使用 C 编程，则可以利用 SCB->CCR 访问该寄存器。

表 9.12 配置控制寄存器(SCB->CCR，0xE000ED14)

位	名称	类型	复位值	描　述
9	STKALIGN	R/W	0 或 1	强制异常压栈从双字对齐地址开始。对于 Cortex-M3 版本 1，该位复位为 0，版本 2 则复位为 1，版本 0 不具备该特性
8	BFHFNMIGN	R/W	0	在硬件错误和 NMI 处理期间忽略数据总线错误
7:5	保留	—	—	保留

续表

位	名称	类型	复位值	描　述
4	DIV_0_TRP	R/W	0	被零除陷阱
3	UNALIGN_TRP	R/W	0	非对齐访问陷阱
2	保留	—	—	保留
1	USERSETMPEND	R/W	0	若设为1，用户可以写软件触发中断寄存器
0	NONBASETHRDENA	R/W	0	非基本线程使能。若设为1，异常处理可以通过控制返回值在任何等级下返回到线程状态

9.8.2 STKALIGN 位

当 STKALIGN 位为 1 时，它会强制将栈帧放到双字对齐的存储器位置处。若中断产生时栈指针未指向双字对齐的位置，则会在压栈过程中插入一个字，且压入栈的 xPSR 的第 9 位为 1 表示栈进行过调整，出栈时则会进行反向调整。

若正在使用的 Cortex-M3 的版本为 r1p0 或 r1p1，那么强烈建议在程序开头处使能双字栈对齐特性，以确保中断处理机制完全符合 AAPCS 的要求（参见 8.1.3 节）。可以利用下面的代码使能该特性：

```
SCB->CCR |= SCB_CCR_STKALIGN_Msk;      /* 设置 STKALIGN */
```

若该特性未使能，栈帧会对齐到字地址边界处。对于一些应用来说，若 C 编译器或运行时库函数已经做了栈帧为双字对齐的假定，则在计算指针等情况时可能就会有问题了。

9.8.3 BFHFNMIGN 位

当设置该位时，优先级为－1（如 HardFault）或－2（如 NMI）的异常处理会忽略加载和存储指令引起的数据总线错误。它还可用于可配置异常处理（如总线错误、使用错误或存储器管理错误）在 FAULTMASK 置位时执行的情形。

若该位没有置位，则 NMI 或 HardFault 中的数据总线错误会导致系统进入锁定状态（参见第 12 章中的 12.7 节）。

当该位用在错误处理中时，一般需要检测各个存储器位置以确定系统总线或存储器控制器问题。

9.8.4 DIV_O_TRP 位

当设置该位时，若 SDIV（有符号除法）或 UDIV（无符号除法）中出现被零除，则使用错误异常会被触发，否则，运算只会得到商为 0 的结果。

若未使能使用错误处理，HardFault 异常会被触发（参见第 12 章 12.1 节和图 12.1）。

9.8.5 UNALIGN_TRP 位

Cortex-M3 和 Cortex-M4 处理器支持非对齐数据传输（参见 6.6 节）。不过，非对齐传输的产生可能就意味着程序代码中出现了错误（如使用了错误的数据类型），而且由于每次执行非对齐传输都需要更多的时钟周期而导致性能下降。因此，处理器实现了一种陷阱机制以检测是否存在非对齐传输。

若 UNALIGN_TRP 位为 1，则当产生非对齐传输时会触发使用错误异常，否则(UNALIGN_TRP 为 0，也是默认情况)，非对齐传输只支持单加载和存储指令，其中包括 LDR、LDRT、LDRH、LDRSH、LDRHT、LDRSHT、STR、STRH、STRT 和 STRHT。

若地址是非对齐的，则不管 UNALIGN_TRP 为什么数值，LDM、STM、LDRD 和 STRD 等多加载指令总会触发异常。

字节大小的传输总是对齐的。

9.8.6 USERSETMPEND 位

按照默认情况，软件触发中断寄存器(NVIC->STIR)只能在特权状态下访问。若 USERSETMPEND 为 1，则也能在非特权等级下访问该寄存器(其他的 NVIC 或 SCB 寄存器则不允许非特权访问)。

设置 USERSETMPEND 可能会导致另外一个问题。在其置位后，非特权任务可以触发系统异常外的任意软件中断。因此，若使用了 USERSETMPEND 且系统中存在不受信任的用户任务，则由于正在处理的异常有可能是由这些不受信任的程序触发的，中断处理需要确认是否应该执行该异常。

9.8.7 NONBASETHRDENA 位

若当前没有在处理其他异常，则正在执行异常处理的处理器默认只能返回线程模式。否则，Cortex-M3 或 Cortex-M4 处理器会触发一次使用错误，以表明有错误发生。即使从嵌套异常中退出，NONBASETHRDENA 位也会使处理器返回到线程模式。若要了解 NONBASETHRDENA 的更多细节，可以参考 23.5 节的内容。

本特性很少用在应用软件开发中，多数情况下它应该被禁止，这是因为 NVIC 状态的正确性检查在检测栈破坏或异常处理等情况时非常有用。

9.9 辅助控制寄存器

Cortex-M3 和 Cortex-M4 处理器中还存在另外一个控制寄存器，也就是辅助控制寄存器，可以控制其他的处理器相关的行为。它一般用于调试，在一般的应用编程中不会用到。该寄存器从 Cortex-M3 版本 r2p0 开始加入到了处理器中，Cortex-M3 处理器的早期版本则没有这个寄存器。

该寄存器的地址为 0xE000E008(只支持特权访问)。在使用 C 进行编程时，可以利用 SCnSCB->ACTLR 来访问这个寄存器。

对于 Cortex-M3 及不具备浮点单元的 Cortex-M4 处理器，辅助控制寄存器的定义如表 9.13 所示。

对于具有浮点单元的 Cortex-M4 处理器，如表 9.14 所示，辅助控制寄存器还包含其他的位域。

表 9.13　Cortex-M3 处理器中的辅助控制寄存器(SCnSCB->ACTLR,地址 0xE000E008)

位	域	类型	复位值	描　述
2	DISFOLD	R/W	0	禁止 IT 重叠(防止 IT 指令执行时与下一条指令重叠)
1	DISDEFWBUF	R/W	0	禁止默认存储器映射的写缓冲(MPU 映射区域的存储器访问不受影响)
0	DISMCYCINT	R/W	0	禁止多周期指令的中断,如多加载指令(LDM)、多存储指令(STM)以及 64 位乘法和除法指令

表 9.14　具有浮点单元的 Cortex-M4 处理器中的辅助控制寄存器(SCnSCB->ACTLR,地址 0xE000E008)

位	域	类型	复位值	描　述
9	DISOOFP	R/W	0	禁止浮点指令和整数指令顺序错乱
8	DISFPCA	R/W	0	禁止 CONTROL 寄存器中的 FPCA 位自动更新
7:3	—	—	—	保留,当前设计中未使用
2	DISFOLD	R/W	0	禁止 IT 重叠(防止 IT 指令执行时与下一条指令重叠)
1	DISDEFWBUF	R/W	0	禁止默认存储器映射的写缓冲(MPU 映射区域的存储器访问不受影响)
0	DISMCYCINT	R/W	0	禁止多周期指令的中断,如多加载指令(LDM)、多存储指令(STM)及 64 位乘法和除法指令

1. DISFOLD(第 2 位)

有些情况下,当处理器还在执行 IT 指令时,就可以开始执行 IT 块中的第一条指令。这种设计被称作 IT 重叠,而且这种执行周期的重叠还可以提高性能。不过,IT 重叠可能会引起循环偏差。若某个任务要避免偏差,可以在执行任务前将 DISFOLD 位设置为 1 禁止 IT 重叠。

2. DISDEFWBUF(第 1 位)

Cortex-M3 和 Cortex-M4 处理器具有一个写缓冲特性,当执行对可缓冲的存储器区域的写操作时,处理器在传输完成前可以继续执行下一条指令。这对性能有很大帮助,不过在调试总线错误时可能会比较麻烦。

例如,考虑图 9.16 所示的程序流程。若在总线写过程中出现了错误且引发了总线错误,不过处理器却已经向前执行了几条包括跳转在内的指令,由于三个存储指令中的任何一个都会引发不精确的总线错误,因此确定错误指令的位置是非常困难的。若所使用的调试器不支持 ETM 指令跟踪,就很难看出来哪条指令引起的错误。

DISDEFWBUF 位会禁止在处理器接口上的写缓冲(若处理器中不存在 MPU 且 MPU 区域设置没有将其覆盖),这样处理器在写操作完成前不会继续执行下一条指令,这样会发现总线错误在 STR 指令(精确的总线错误)处立即产生,且可以很容易地从栈中的返回地址(压栈的程序计数器)确定引发错误的存储指令。它一般用于总线错误的调试(参见 12.3.2 节了解更详细的内容)。

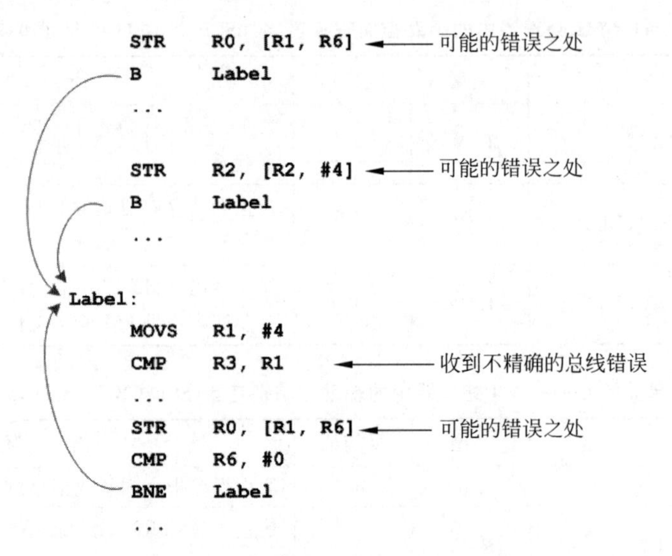

图 9.16 不精确总线错误的原因很难定位

3. DISMCYCINT(第 0 位)

设为 1 后,多加载和多存储指令将不会被打断,这样会增加处理器的中断等待时间,这是因为若处理器要将当前状态压栈并进入中断处理,首先必须完成 LDM 或 STM 等指令。

DISOOFP 和 DISFPCA 为保留位,用于 ARM 处理器设计组的测试,普通应用编程应该避免使用这些位。

9.10 协处理器访问控制寄存器

协处理器访问控制寄存器存在于具有浮点单元的 Cortex-M4 处理器中,用于浮点单元的使能,该寄存器位于地址 0xE000ED88 处(只支持特权访问),如表 9.15 所示。若使用 C 编程,则可以利用 SCB->CAPCR 访问本寄存器。为了降低功耗,浮点单元默认是关闭的。

表 9.15 协处理器访问控制寄存器(SCB->CPACR,0xE000ED88)

位	名称	类型	复位值	描　述
31:24	保留	—	—	保留。读出为 0,写忽略
23:22	CP11	R/W	0	浮点单元访问
21:20	CP10	R/W	0	浮点单元访问
19:0	保留	—	—	保留。读出为 0,写忽略

CP10 和 CP11 的编码如表 9.16 所示,要使用浮点单元,需要将其设置为 01 或 11。

表 9.16 CP10 和 CP11 设置

位	设　置
00	访问被拒绝。任何尝试访问都会产生使用错误(类型为 NOCP - 无协处理器)
01	只支持特权访问,非特权访问会产生使用错误
10	保留—结果不可预测
11	全访问

CP10 和 CP11 的设置必须相同。一般来说，在需要浮点单元时，可以使用下面的代码使能浮点单元：

```
SCB->CPACR|= 0x00F00000;                    //使能浮点单元的全访问
```

本操作一般是在设备相关软件包文件中的 SystemInit( )内完成的，由复位处理执行。

第 10 章

OS 支持特性

10.1 OS 支持特性简介

Cortex-M 处理器在设计之初就考虑了对 OS 的支持，目前可用于 Cortex-M 微控制器的嵌入式 OS 超过 30 种（包括许多实时 OS 或 RTOS），而且这个数字还在增加。处理器架构实现了多个特性，保证了 OS 设计的方便和高效。例如：

- 影子栈指针。有两个栈指针可用，MSP 用于 OS 内核以及中断处理，PSP 则用于应用任务。
- SysTick 定时器。位于处理器内部的简单定时器，使得同一个嵌入式 OS 可用在多种 Cortex-M 微控制器上。SysTick 的细节内容在 9.5 节中已经介绍过了。
- SVC 和 PendSV 异常。这两种异常对于嵌入式 OS 中的操作非常重要，如上下文切换的实现等。
- 非特权执行等级。可以利用其实现一种基本安全模型，限制某些应用任务的访问权限。特权和非特权等级的分离还可同存储器保护单元（MPU）一起使用，进一步提高嵌入式系统的健壮性。
- 排他访问。排他加载和存储指令用于 OS 中的信号量和互斥体（MUTEX）操作。

另外，低中断等待特性和指令集中的各种特性还有助于嵌入式 OS 的高效运行。例如，低中断等待带来了较小的上下文切换开销。而且，一个名为指令跟踪宏单元（ITM）的调试特性可在多种调试工具中用于 OS 调试。

10.2 影子栈指针

第 4 章就已经介绍过了，Cortex-M 处理器中存在两个栈指针：

- 主栈指针（MSP）为默认的栈指针。当 CONTROL 的 bit[1]（SPSEL）为 0 时用于线程模式，在处理模式中则总是使用。
- 进程栈指针（PSP），当 CONTROL 的 bit[1]（SPSEL）为 1 时用于线程模式。

PUSH 和 POP 指令实现的栈操作及使用 SP（R13）的多数指令都会使用当前选择的栈指针，还可以利用 MRS 和 MSR 指令直接访问 MSP 和 PSP。对于不具有嵌入式 OS 或 RTOS 的简单应用，可以在所有操作中只使用 MSP，而不用管 PSP。

对于具有嵌入式 OS 或 RTOS 的系统，异常处理（包括部分 OS 内核）使用 MSP，而应用任务则使用 PSP。每个应用任务都有自己的栈空间，如图 10.1 所示。OS 中的上下文切换代码在每次上下文切换时都会更新 PSP。

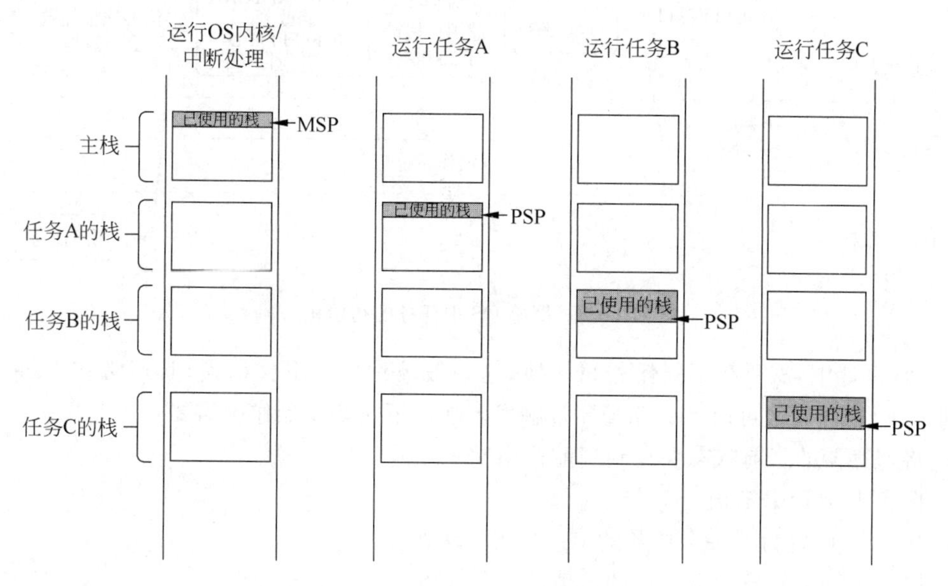

图 10.1 每个任务的栈和其他的相独立

这种设计有几个优点：

- 若应用任务遇到会导致栈破坏的问题，OS 内核使用的栈和其他任务的栈不会受到影响，因此可以提高系统的可靠性。
- 每个任务的栈空间只需满足栈的最大需求加上一级栈帧（对于 Cortex-M3 或无浮点单元的 Cortex-M4，最大 9 个字，包括额外插入的字，或者对于具有浮点单元的 Cortex-M4 则最大为 27 个字），用于 ISR 和嵌套中断处理的栈空间会被分配在主栈中。
- 有助于创建 Cortex-M 处理器用的高效 OS。
- OS 还可以利用存储器保护单元（MPU）定义可以访问某个栈区域的应用任务。若某应用任务具有栈溢出的问题，MPU 可以触发一次 MemManage 错误异常，并且避免该任务栈空间以外的存储器区域被覆盖。上电后，MSP 被初始化为向量表中的数值，这也是处理器复位流程的一部分。工具链添加的 C 启动代码也可以执行对主栈进行初始化的其他操作。之后还可以利用 MSR 指令初始化 PSP，并且写入 CONTROL 设置 SPSEL，不过一般不会这么做。

初始化并使用 PSP 的最简单方法为（对多数 OS 是不适用的）：

```
LDR R0, = PSP_TOP; PSP_TOP              为代表栈顶地址的常量
MSR PSP, R0;                            设置 PSP 为进程栈的顶部
MRS R0, CONTROL;                        读取当前的 CONTROL
ORRS R0, R0, #0x2;                      设置 SPSEL
MSR CONTROL, R0;                        写入 CONTROL
ISB;                                    更新 CONTROL 后执行 ISB,这也是架构推荐的处理方式
```

一般来说，要使用进程栈，需要将 OS 置于处理模式，直接编程 PSP 后利用异常返回流程“跳转”到应用任务。

例如，当 OS 从线程模式启动时，可以利用 SVC 异常进入处理模式，如图 10.2 所示。然

后可以创建进程栈中的栈帧,且触发使用 PSP 的异常返回。当加载栈帧时,应用任务就会启动。

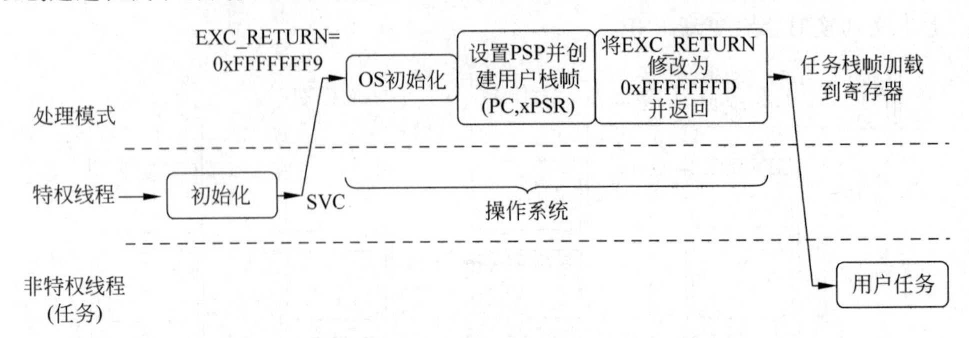

图 10.2 简单 OS 中任务的初始化

在 OS 设计中,需要在不同任务间切换,这一般被称作上下文切换,其通常在 PendSV 异常处理中执行,该异常可由 SysTick 异常触发。在上下文切换操作中需要:

- 将寄存器的当前状态保存到当前栈中
- 保存当前 PSP 数值
- 将 PSP 设置为下一个任务的上一次 SP 数值
- 恢复下一个任务的上一次的数值
- 利用异常返回切换任务

例如,如图 10.3 所示为一个简单的上下文切换操作。

需要注意的是,上下文切换在 PendSV 中执行,其异常优先级一般会被设置为最低。这样会避免在中断处理过程中产生上下文切换。在 10.4 节将会详细介绍这方面的内容。

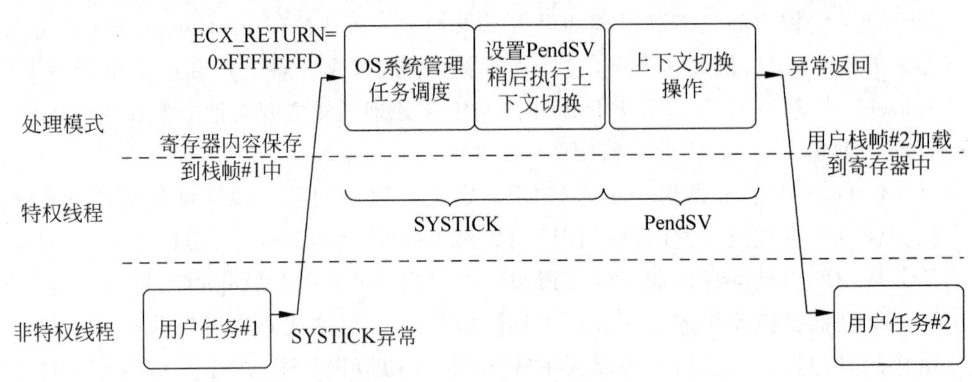

图 10.3 上下文切换简图

10.3 SVC 异常

SVC(请求管理调用)和 PendSV(可挂起的系统调用)异常对于 OS 设计非常重要。SVC 的异常类型为 11,且优先级可编程。

SVC 异常由 SVC 指令触发,尽管可以利用写入 NVIC 来触发一个中断(如软件触发中断寄存器 NVIC->STIR),不过处理器的行为有些不同,中断是不精确的。这就意味着在设置挂起状态后及中断实际产生前可能会执行多条指令。换句话说,SVC 是不精确的。SVC 处理必须得在 SVC 指令后执行,除非同时出现了另一个更高优先级的中断。

在许多系统中,SVC 机制可用于实现应用任务访问系统资源的 API,如图 10.4 所示。

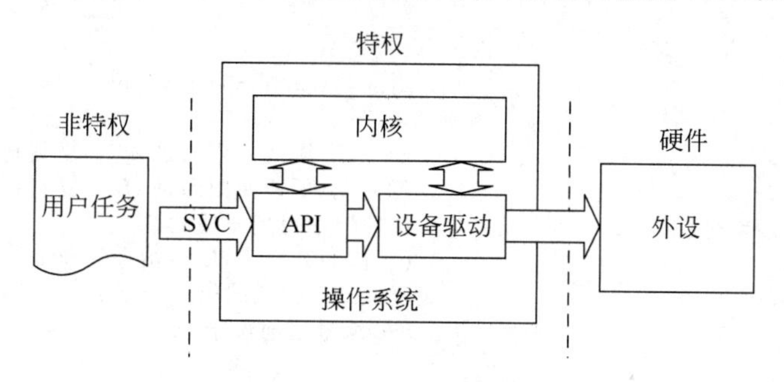

图 10.4 SVC 可作为 OS 系统服务的入口

对于需要高可靠性的系统,应用任务可以运行在非特权访问等级,而且有些硬件资源可被设置为只支持特权访问(利用 MPU),应用任务只能通过 OS 的服务访问这些受保护的硬件资源。按照这种方式,由于应用任务无法获得关键硬件的访问权限,嵌入式系统会更加健壮和安全。

有些情况下,这样会简化应用任务的编程,这是因为若 OS 提供了任务所需的服务,应用任务无须了解硬件的编程细节。

由于应用任务无须了解 OS 服务函数的确切地址,因此有了 SVC,应用任务可以单独开发。应用任务只需知道 SVC 服务编号以及 OS 服务所需的参数,实际的硬件级的编程由设备驱动处理,如图 10.4 所示。

SVC 异常由 SVC 指令产生,该指令需要一个立即数,这也是参数传递的一种方式。SVC 异常处理可以提取出参数并确定它需要执行的动作。例如:

```
SVC #0x3                                   ;调用 SVC 服务 3
```

ARM 工具链中传统的 SVC 语法也是可以使用的(没有“#”):

```
SVC 0x3                                    ;调用 SVC 服务 3
```

对于 ARM 工具链的 C 语言编程(KEIL Microcontroller Development for ARM 或 ARM Development Studio 5),SVC 可由_svc 函数生成。对于 gcc 和其他一些工具链,它可由内联汇编产生。

在执行 SVC 处理时,可以在读取压栈的程序计数器(PC)数值后从该地址读出指令并屏蔽掉不需要的位,以确定 SVC 指令中的立即数。不过,执行 SVC 的程序可以使用主栈也可以使用进程栈。因此,在提取压栈的 PC 数值前,需要确定压栈过程使用的是哪个栈,此时可以查看进入异常处理时链接寄存器的数值,如图 10.5 所示。

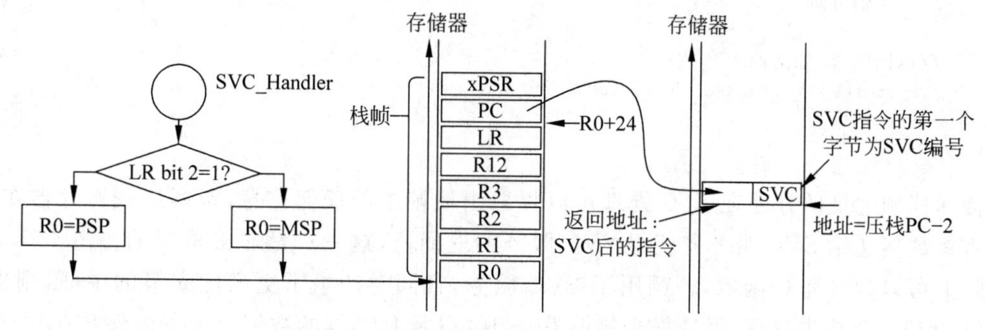

图 10.5 利用汇编语言提取 SVC 服务编号

对于汇编编程，可以确定实际使用的栈，并利用下面的代码提取出 SVC 服务编号：

```
SVC_Handler
    TST LR, #4                    ; 测试 EXC_RETURN 的第 2 位
    ITE EQ
    MRSEQ R0, MSP                 ; 若为 0, 压栈使用的是 MSP, 复制到 R0
    MRSNE R0, PSP                 ; 若为 1, 压栈使用的是 PSP, 复制到 R0
    LDR R0, [R0, #24]             ; 从栈帧中得到压栈的 PC
                                  ; (压栈的 PC = SVC 后指令的地址)
    LDRB R0, [R0, # - 2]          ; 读取 SVC 指令的第一个字节
                                  ; SVC 编号目前位于 R0 中
    …
```

对于 C 编程环境，需要将 SVC 处理分为两个部分：

- 第一部分提取栈帧的起始地址，并将其作为输入参数传递给第二部分。该处理要用汇编实现，这是因为需要检查 LR 的数值(EXC_RETURN)，而其无法用 C 实现。
- 第二部分从栈帧中提取压栈的 PC 数值，然后从程序代码中得到 SVC 编号。它还可以选择提取出压栈的寄存器数值等其他信息。

假定正在使用的是 Keil MDK-ARM 工具链，则可以如下创建该处理的第一部分：

```
_asm void SVC_Handler(void)
{
    TST LR, #4                    ; 测试 EXC_RETURN 的第 2 位
    ITE EQ
    MRSEQ R0, MSP                 ; 若为 0, 压栈使用的是 MSP, 复制到 R0
    MRSNE R0, PSP                 ; 若为 1, 压栈使用的是 PSP, 复制到 R0
    B _cpp(SVC_Handler_C)
    ALIGN 4
}
```

SVC_Handler 为 CMSIS-Core 中的标准函数名，在得到栈帧的起始地址后，它会被传递给 SVC 处理中的 C 程序部分 SVC_Handler_C。

```
void SVC_Handler_C(unsigned int * svc_args)
{
    uint8_t svc_number;
    uint32_t stacked_r0, stacked_r1, stacked_r2, stacked_r3;
    svc_number = ((char * ) svc_args[6])[ - 2];     //存储器[(压栈 PC) - 2]
    stacked_r0 = svc_args[0];
    stacked_r1 = svc_args[1];
    stacked_r2 = svc_args[2];
    stacked_r3 = svc_args[3];
    //… 其他处理
    …
    //返回结果(如前两个参数)
    svc_args[0] = stacked_r0 + stacked_r1;
    return;
}
```

传递栈帧地址的好处在于，C 处理可以提取出栈帧中的任何信息，包括压栈寄存器在内。若要将参数传递给 SVC 服务并获得 SVC 服务的返回值，这一点是非常重要的。由于异常处理实际上可以为普通 C 函数，若调用了 SVC 服务，且同时产生了更高优先级的中断，则更高优先级的 ISR 会首先执行，但这样会修改 R0～R3 以及 R12 等的数值。为了确保 SVC 处理能

够得到正确的参数，需要从栈帧中获取参数值。

若SVC服务要返回一个数值，则需要利用栈帧进行数值返回。否则，存储在寄存器组中的返回值会在异常返回过程中被出栈操作覆盖。传递参数且返回数值的一个SVC服务实例如下所示。

```
/* SVC 服务实例,且具有参数传递和返回值,基于 Keil MDK - ARM */
#include <stdio.h>
//定义 SVC 函数
int _svc(0x00) svc_service_add(int x, int y);        //服务#0 : 加法
int _svc(0x01) svc_service_sub(int x, int y);        //服务#1 : 减法
int _svc(0x02) svc_service_incr(int x);              //服务#2 : 增大
void SVC_Handler_main(unsigned int * svc_args);
//函数声明
int main(void)
{
    int x, y, z;
    x = 3; y = 5;
    z = svc_service_add(x, y);
    printf ("3+5 =  %d \n", z);
    x = 9; y = 2;
    z = svc_service_sub(x, y);
    printf ("9-2 =  %d \n", z);
    x = 3;
    z = svc_service_incr(x);
    printf ("3++ =  %d \n", z);
    while(1);
}
//SVC 处理 - 提取栈帧起始地址的汇编包装代码
_asm void SVC_Handler(void)
{
    TST LR, #4 ;检查 EXC_RETURN 的第 2 位
    ITE EQ
    MRSEQ R0, MSP ; 若为 0,压栈使用 MSP, 复制到 R0
    MRSNE R0, PSP ; 若为 1,压栈使用 PSP, 复制到 R0
    B _cpp(SVC_Handler_C)
    ALIGN 4
}
//SVC handler - 处理的主代码
//输入参数为从汇编包装中得到的栈帧的起始地址
void SVC_Handler_main(unsigned int * svc_args)
{
    //栈帧中包含: r0, r1, r2, r3, r12, r14, 返回地址和 xPSR
    //- 压栈 R0 = svc_args[0]
    //- 压栈 R1 = svc_args[1]
    //- 压栈 R2 = svc_args[2]
    //- 压栈 R3 = svc_args[3]
    //- 压栈 R12 = svc_args[4]
    //- 压栈 LR = svc_args[5]
    //- 压栈 PC = svc_args[6]
    //- 压栈 xPSR= svc_args[7]
    unsigned int svc_number;
```

```
    svc_number = ((char *)svc_args[6])[-2];
    switch(svc_number)
    {
        case 0: svc_args[0] = svc_args[0] + svc_args[1];
        break;
        case 1: svc_args[0] = svc_args[0] - svc_args[1];
        break;
        case 2: svc_args[0] = svc_args[0] + 1;
        break;
        default: //未知的 SVC 请求
        break;
    }
    return;
}
```

由于异常优先级模型的限制，无法在 SVC 处理内部使用 SVC（因为优先级和当前优先级相同）。非要这么做的话会导致使用错误异常，由于同样的原因，也无法在 NMI 处理或 HardFault 处理中使用 SVC。

若使用过 ARM7TDMI 等传统的 ARM 处理器，则可能就会知道这些处理器中存在一个名为 SWI 的软件中断指令。SVC 的功能类似，实际上 SVC 的二进制编码和 SWI 指令的一样。在较新的架构中，SWI 已经变成了 SVC。不过，由于 ARM7TDMI 和 Cortex-M 的异常模型间存在许多差异，因此两者的 SVC 处理代码也不同。

10.4 PendSV 异常

PendSV（可挂起的系统调用）异常对 OS 操作也非常重要，其异常编号为 14 且具有可编程的优先级。可以写入中断控制和状态寄存器（ICSR）设置挂起位以触发 PendSV 异常（参见 7.9.2 节）。与 SVC 异常不同，它是不精确的。因此，它的挂起状态可在更高优先级异常处理内设置，且会在高优先级处理完成后执行。

利用该特性，若将 PendSV 设置为最低的异常优先级，可以让 PendSV 异常处理在所有其他中断处理任务完成后执行。这对于上下文切换非常有用，也是各种 OS 设计中的关键。

首先来看一下上下文切换的几个基本概念。在具有嵌入式 OS 的典型系统中，处理时间被划分为了多个时间片。若系统中只有两个任务，如图 10.6 所示，这两个任务会交替执行。

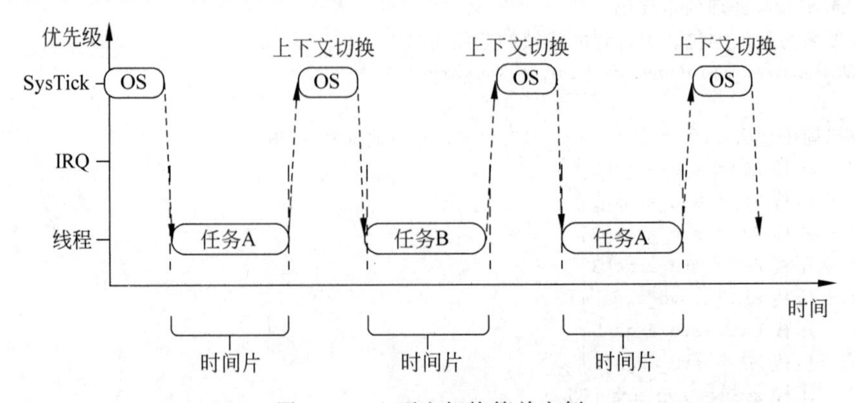

图 10.6　上下文切换简单实例

OS 内核的执行可由以下条件触发：

- 应用任务中 SVC 指令的执行。例如，当应用任务由于等待一些数据或事件被耽搁时，它可以调用系统服务以便切换到下一个任务。
- 周期性的 SysTick 异常。

在 OS 代码中，任务调度器可以决定是否应该执行上下文切换。图 10.6 所示的操作假定 OS 内核的执行由 SysTick 异常触发，每次它都会决定切换到一个不同的任务。

若中断请求(IRQ)在 SysTick 异常前产生，则 SysTick 异常可能会抢占 IRQ 处理。在这种情况下，OS 不应执行上下文切换。否则，IRQ 处理就会被延迟，如图 10.7 所示。对于 Cortex-M3 和 Cortex-M4 处理器，当存在活跃的异常服务时，设计默认不允许返回到线程模式(不过还是有例外情况的，参见 23.5 节中关于非基本线程使能的描述)。若存在活跃中断服务，且 OS 试图返回到线程模式，则使用错误异常会被触发。

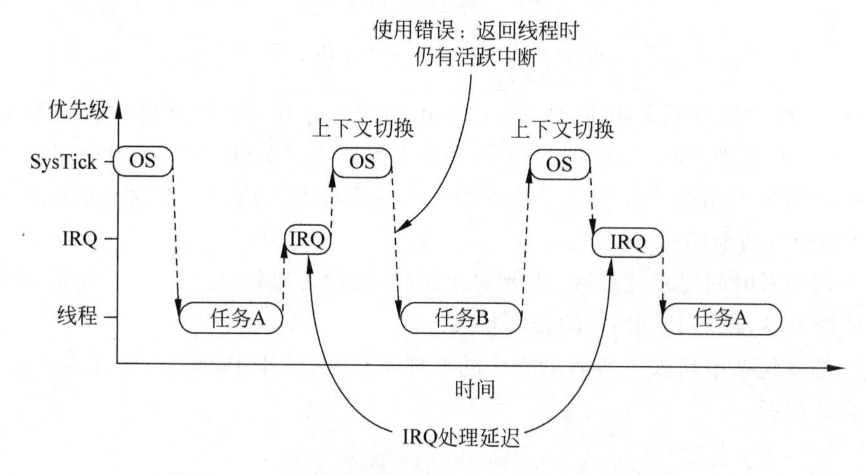

图 10.7 ISR 执行期间的上下文切换会延迟中断服务

在一些 OS 设计中，要解决这个问题，可以在运行中断服务时不执行上下文切换，此时可以检查栈帧中的压栈 xPSR 或 NVIC 中的中断活跃状态寄存器(参见 7.8.4 节)。不过，系统的性能可能会受到影响，特别是当中断源在 SysTick 中断前后持续产生请求时，这样上下文切换可能就没有执行的机会了。

为了解决这个问题，PendSV 异常将上下文切换请求延迟到所有其他 IRQ 处理都已经完成后，此时需要将 PendSV 设置为最低优先级。若 OS 需要执行上下文切换，它会设置 PendSV 的挂起状态，并在 PendSV 异常内执行上下文切换。图 10.8 所示为利用 PendSV 进行上下文切换的一个实例，它具有以下事件流程：

(1) A 任务调用 SVC 进行任务切换(例如，等待一些工作完成)。

(2) OS 收到请求，准备进行上下文切换，且挂起 PendSV 异常。

(3) 当 CPU 退出 SVC 时，会立即进入 PendSV 且进行上下文切换。

(4) 当 PendSV 完成并返回线程等级时，OS 会执行 B 任务。

(5) 中断产生且进入中断处理。

(6) 在运行中断处理程序时，SYSTICK 异常(用于 OS 节拍)会产生。

(7) OS 执行重要操作，然后挂起 PendSV 异常并准备进行上下文切换。

(8) 当 SYSTICK 异常退出时，会返回到中断服务程序。

(9) 当中断服务程序结束后，PendSV 开始执行实际的上下文切换操作。

(10) 当 PendSV 完成后，程序返回到线程等级，这次它会回到任务 A 并继续执行。

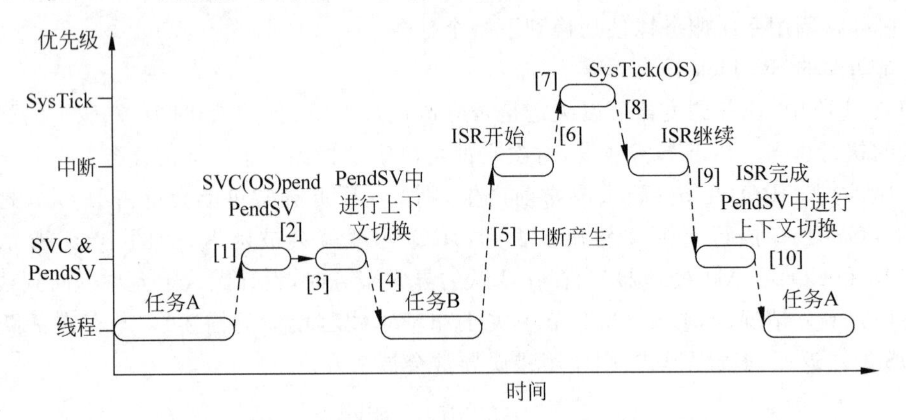

图 10.8　PendSV 上下文切换示例

除了 OS 环境中的上下文切换，PendSV 还可用于不存在 OS 的环境中。例如，中断服务程序可能需要一些处理时间，要处理的部分可能会需要高优先级，不过如若整个 ISR 都是在高优先级中执行的，其他的中断服务可能在很长时间内都无法执行。在这种情况下，可以将中断服务处理划分为两个部分(见图 10.9)：

- 第一部分对时间要求比较高，需要快速执行，且优先级较高。它位于普通的 ISR 内，在 ISR 结束时，设置 PendSV 的挂起状态。
- 第二部分包括中断服务所需的剩余的处理工作，它位于 PendSV 处理内且具有较低的异常优先级。

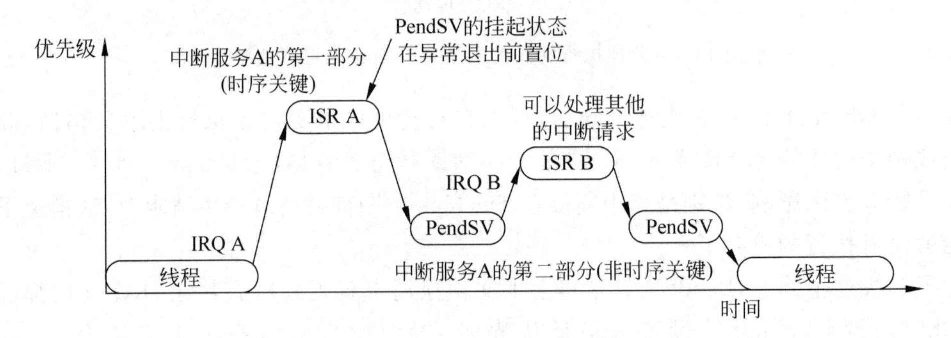

图 10.9　利用 PendSV 将中断服务分为两个部分

10.5 实际的上下文切换

为了在实际例子中介绍上下文切换操作，实现了一个在四个任务间切换的简单任务调度器。第一个例子假定浮点单元寄存器不存在，因此可以在 Cortex-M3 处理器以及不具有浮点单元的 Cortex-M4 处理器中使用。该例子是基于 STM32F4 Discovery Kit 开发的，具有 4 个 LED，每个任务都会以不同的速度翻转一个 LED。

上下文切换操作由 PendSV 异常处理执行，由于异常流程已经保存了寄存器 R0～R3、R12、LR、返回地址以及 xPSR，PendSV 只需将 R4～R11 保存到进程栈，如图 10.10 所示。

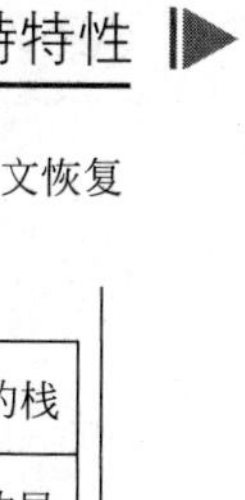

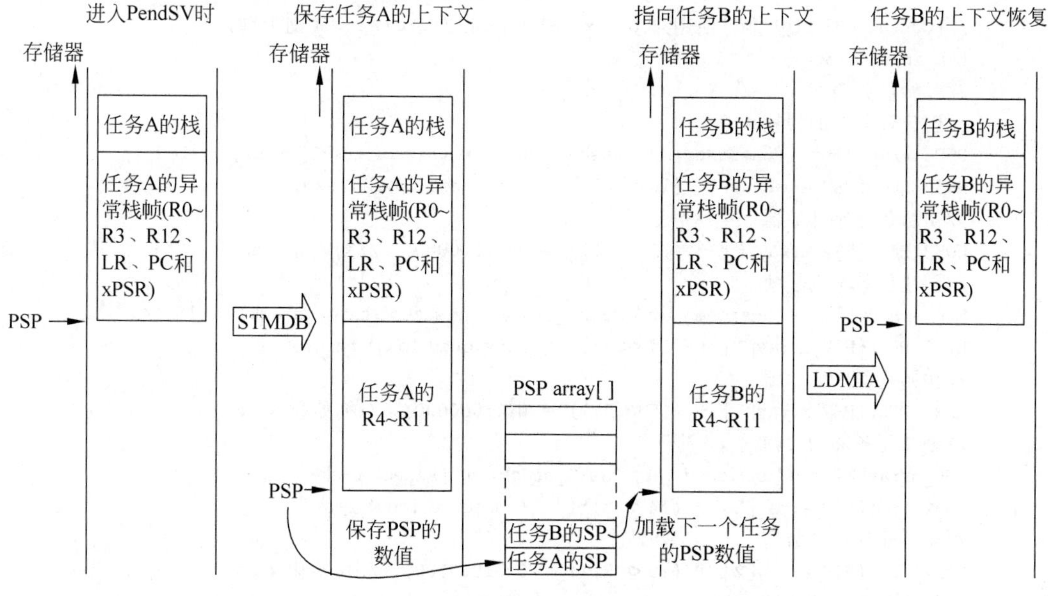

图 10.10 上下文切换

本工程的代码可以简单到：

具有 4 个任务的多任务系统的代码示例：

```
#include "stm32f4xx.h"
#define LED0 (1 << 12)
#define LED1 (1 << 13)
#define LED2 (1 << 14)
#define LED3 (1 << 15)
/* 字访问的宏定义 */
#define HW32_REG(ADDRESS) (*((volatile unsigned long *)(ADDRESS)))
/* 当检测到错误时利用断点停止执行(KEIL MDK 相关) */
/* 若有必要的话可以修改为 while(1) XX */
#define stop_cpu __breakpoint(0)
void LED_initialize(void);                    //初始化 LED
void task0(void);                             //翻转 LED0
void task1(void);                             //翻转 LED1
void task2(void);                             //翻转 LED2
void task3(void);                             //翻转 LED3
//任务事件
volatile uint32_t systick_count = 0;
//每个任务用的栈 (每个为 8KB - 1024×8 字节)
long long task0_stack[1024], task1_stack[1024],
task2_stack[1024], task3_stack[1024];
//OS 使用的数据
uint32_t curr_task = 0;                       //当前任务
uint32_t next_task = 1;                       //下一个任务
uint32_t PSP_array[4];                        //每个任务的进程栈指针
//-------------------------------------------------------------------
//主程序开始
int main(void)
{
    SCB->CCR |= SCB_CCR_STKALIGN_Msk;         //使能双字栈对齐
```

```
    //(Cortex - M3 r1p1 推荐使用, Cortex - M3 r2px 以及 Cortex - M4 则为默认)
    LED_initialize();
    //开始任务调度
    //创建任务 0 的栈帧
    PSP_array[0] = ((unsigned int) task0_stack) + (sizeof task0_stack) - 16 * 4;
    HW32_REG((PSP_array[0] + (14 << 2))) = (unsigned long) task0;
    //初始化程序计数器
    HW32_REG((PSP_array[0] + (15 << 2))) = 0x01000000;  //初始化 xPSR
    //创建任务 1 的栈帧
    PSP_array[1] = ((unsigned int) task1_stack) + (sizeof task1_stack) - 16 * 4;
    HW32_REG((PSP_array[1] + (14 << 2))) = (unsigned long) task1;
    //初始化程序计数器
    HW32_REG((PSP_array[1] + (15 << 2))) = 0x01000000;  //初始化 xPSR
    //创建任务 2 的栈帧
    PSP_array[2] = ((unsigned int) task2_stack) + (sizeof task2_stack) - 16 * 4;
    HW32_REG((PSP_array[2] + (14 << 2))) = (unsigned long) task2;
    //初始化程序计数器
    HW32_REG((PSP_array[2] + (15 << 2))) = 0x01000000;  //初始化 xPSR
    //创建任务 3 的栈帧
    PSP_array[3] = ((unsigned int) task3_stack) + (sizeof task3_stack) - 16 * 4;
    HW32_REG((PSP_array[3] + (14 << 2))) = (unsigned long) task3;
    //初始化程序计数器
    HW32_REG((PSP_array[3] + (15 << 2))) = 0x01000000;  //初始化 xPSR
    curr_task = 0;                                      //切换到 #0 (当前栈)
    _set_PSP((PSP_array[curr_task] + 16 * 4));          //设置 PSP 为任务 0 栈的栈顶
    NVIC_SetPriority(PendSV_IRQn, 0xFF);                //设置 PendSV 为最低的优先级
    SysTick_Config(168000);                    //168MHz 内核时钟下 SysTick 中断频率为 1000 Hz
    _set_CONTROL(0x3);                                  //切换到进程栈,非特权状态
    _ISB();                                             //修改 CONTROL 后执行 ISB(架构推荐)
    task0();                                            //开始任务 0
    while(1){
    stop_cpu;                                           //不应到此处
    };
}
//------------------------------------------------------------
void task0(void)                                        //翻转 LED #0
{
    while (1) {
    if (systick_count & 0x80) {GPIOD->BSRRL = LED0;}    //设置 LED 0
    else {GPIOD->BSRRH = LED0;}                         //清除 LED 0
    };
}
//------------------------------------------------------------
void task1(void) //翻转 LED #1
{
    while (1) {
    if (systick_count & 0x100){GPIOD->BSRRL = LED1;}    //设置 LED 1
    else {GPIOD->BSRRH = LED1;}                         //清除 LED 1
    };
}
//------------------------------------------------------------
void task2(void) //翻转 LED #2
```

```
{
    while (1) {
    if (systick_count & 0x200){GPIOD->BSRRL = LED2;}     //设置 LED 2
    else {GPIOD->BSRRH = LED2;}                          //清除 LED 2
    };
}
//-------------------------------------------------------------------
void task3(void)                                     //翻转 LED #3
{
    while (1) {
    if (systick_count & 0x400){GPIOD->BSRRL = LED3;} //设置 LED 3
    else {GPIOD->BSRRH = LED3;}                      //清除 LED 3
    };
}
//-------------------------------------------------------------------
_asm void PendSV_Handler(void)
{ //上下文切换代码
    //简单版本 - 假定不支持浮点单元
    //--------------------------
    //保存当前上下文
    MRS R0, PSP                                      //读取当前进程栈指针数值
    STMDB R0!,{R4 - R11}                             //将 R4～R11 保存到任务栈中(8 个寄存器)
    LDR R1, = _cpp(&curr_task)
    LDR R2,[R1]                                      //获得当前任务 ID
    LDR R3, = _cpp(&PSP_array)
    STR R0,[R3, R2, LSL #2]                          //将 PSP 数值保存到 PSP_array
    //--------------------------
    //加载下一个上下文
    LDR R4, = _cpp(&next_task)
    LDR R4,[R4]                                      //得到下一个任务 ID
    STR R4,[R1]                                      //设置 curr_task = next_task
    LDR R0,[R3, R4, LSL #2]                          //从 PSP_array 加载 PSP
    LDMIA R0!,{R4 - R11}                             //从任务栈中加载 R4～R11 (8 个寄存器)
    MSR PSP, R0                                      //设置 PSP 为下一个任务
    BX LR                                            //返回
    ALIGN 4
}
//-------------------------------------------------------------------
void SysTick_Handler(void)                           //1kHz
{
    //增加 LED 闪烁的 SysTick 计数
    systick_count++;
    //简单的任务调度器
    switch(curr_task) {
        case(0): next_task = 1; break;
        case(1): next_task = 2; break;
        case(2): next_task = 3; break;
        case(3): next_task = 0; break;
        default: next_task = 0;
            stop_cpu;
            break;                                   //不应到此处
    }
```

```
    if (curr_task!= next_task){                          //需要上下文切换
    SCB->ICSR |= SCB_ICSR_PENDSVSET_Msk;                 //设置 PendSV 挂起
    }
    return;
}
//------------------------------------------------------------
void LED_initialize(void)
{
    //配置 LED 输出
    RCC->AHB1ENR |= RCC_AHB1ENR_GPIODEN;                 //使能 D 端口的时钟
    //设置引脚 12, 13, 14, 15 为通用目的输出模式(推挽)
    GPIOD->MODER |= (GPIO_MODER_MODER12_0 |
    GPIO_MODER_MODER13_0 |
    GPIO_MODER_MODER14_0 |
    GPIO_MODER_MODER15_0 ) ;
    //GPIOD->OTYPER |= 0;                                //无须修改 - 使用推挽输出
    GPIOD->OSPEEDR |= (GPIO_OSPEEDER_OSPEEDR12 |         //100MHz
    GPIO_OSPEEDER_OSPEEDR13 |
    GPIO_OSPEEDER_OSPEEDR14 |
    GPIO_OSPEEDER_OSPEEDR15 );
    GPIOD->PUPDR = 0;                                    //无上拉, 无下拉
    return;
}
//------------------------------------------------------------
```

本例还使用了启动第一个任务的简单方法:

```
curr_task = 0;                                  //切换到任务#0(当前任务)
_set_PSP((PSP_array[curr_task] + 16 * 4));      //设置 PSP 为任务 0 栈的栈顶
…
_set_CONTROL(0x3);                              //切换使用进程栈,非特权状态
_ISB();                                         //在修改 CONTROL 后执行 ISB(架构推荐)
task0();                                        //开始任务 0
```

利用这种方式,在任务 0 执行前 PSP 被设置为了任务 0。初始化任务 0 的栈帧并不是必须的(在 LED_initialize( )后的栈设置阶段),不过在前面增加了任务 0 的初始化代码,这样所有的任务设置看起来是一样的。

利用这种简单设计,可以将 CONTROL 设置为 3 从而在非特权状态运行所有任务,或者将 CONTROL 设置为 2 在特权状态运行所有任务。从架构的角度来说,推荐使用 ISB。对于现有的 Cortex-M3 和 Cortex-M4 处理器,忽略 ISB 也不会有什么问题。

可以将本例进一步修改,使其支持 Cortex-M4 浮点单元寄存器的保存。为了实现这个目的,需要增加上下文切换流程中压栈寄存器的数量,使其包含 EXC_RETURN,因为该数值的第 4 位表示异常栈帧是否包括浮点寄存器。

为了进一步改进设计,还为每个任务增加了 CONTROL 寄存器,这样可以分别在特权状态和非特权状态执行一些任务。浮点单元寄存器的压栈是有条件的,任务是否为浮点运算会导致不同的结果,EXC_RETURN 数值的第 4 位表示这一情况,如图 10.11 所示。

在本例中,还介绍了启动第一个任务的其他方式。可以在 SVC 处理中运行 OS 初始化步骤并利用异常返回机制切换到第一个任务,而不是在线程中执行。本例中所示的 SVC 机制使用_svc 关键字,这是 ARM C 编译工具链的一个特性。

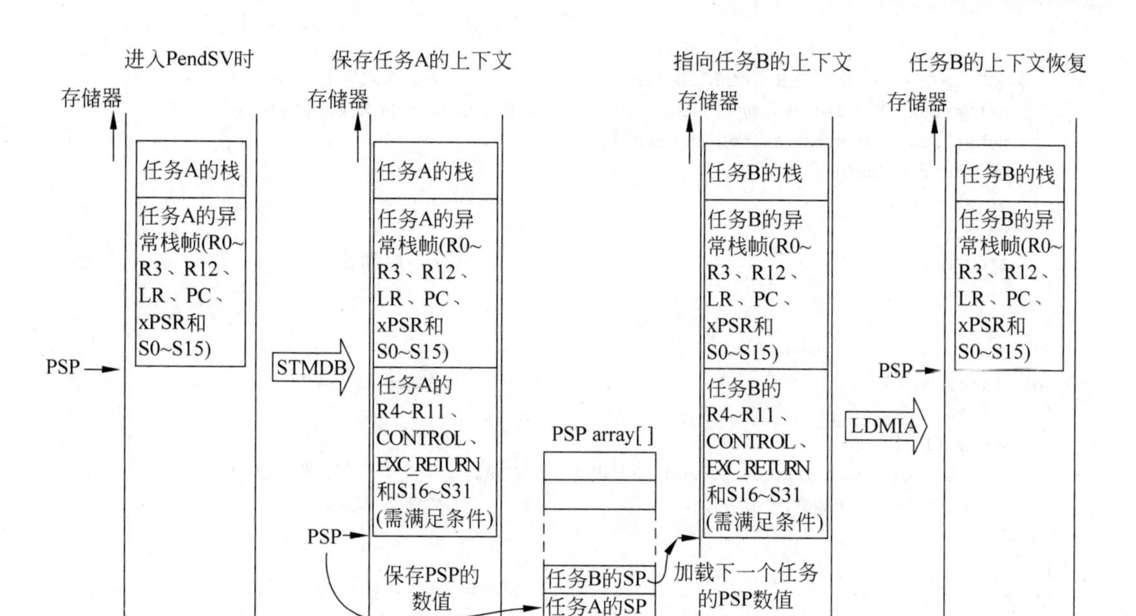

图 10.11 扩展上下文切换支持浮点寄存器并混用特权和非特权任务

```
/*具有 4 个任务的多任务系统的实例代码,支持浮点寄存器、特权和非特权执行等级,利用 SVC 进行 OS
初始化*/
#include "stm32f4xx.h"
#include "stdio.h"
#define LED0 (1 << 12)
#define LED1 (1 << 13)
#define LED2 (1 << 14)
#define LED3 (1 << 15)
/* 字访问的宏 */
#define HW32_REG(ADDRESS) (*((volatile unsigned long *)(ADDRESS)))
/* 检测到错误时使用断点停止 (KEIL MDK 内在功能) */
/* 有必要的话可以修改为 while(1) */
#define stop_cpu __breakpoint(0)
void LED_initialize(void);                          //初始化 LED
void task0(void);                                   //翻转 LED0
void task1(void);                                   //翻转 LED1
void task2(void);                                   //翻转 LED2
void task3(void);                                   //翻转 LED3
void __svc(0x00) os_start(void);                    //OS 初始化
void SVC_Handler_C(unsigned int * svc_args);
//发送给任务的事件
volatile uint32_t systick_count = 0;
//每个任务用的栈(每个 8KB - 1024 × 8 字节)
long long task0_stack[1024], task1_stack[1024], task2_stack[1024],
task3_stack[1024];
//OS 用的数据
uint32_t curr_task = 0;                             //当前任务
uint32_t next_task = 1;                             //下一个任务
uint32_t PSP_array[4];                              //每个任务的进程栈指针
uint32_t svc_exc_return;                            //SVC 用的 EXC_RETURN
//------------------------------------------------------------------
//主程序开始
int main(void)
```

```
{
    SCB->CCR |= SCB_CCR_STKALIGN_Msk;                   //使能双字栈对齐
    //(Cortex-M3 r1p1 推荐使用，Cortex-M3 r2px 和 Cortex-M4 默认启用)
    puts("Simple context switching demo");
    LED_initialize();
    os_start();
    while(1){
    stop_cpu;                                           //不应到这里
};
}
//------------------------------------------------------------------
void task0(void)                                        //翻转 LED #0
{
    while (1) {
    if (systick_count & 0x80) {GPIOD->BSRRL = LED0;}            //设置 LED 0
    else {GPIOD->BSRRH = LED0;}                         //清除 LED 0
    };
}
//------------------------------------------------------------------
void task1(void)                                        //翻转 LED #1
{
    while (1) {
    if (systick_count & 0x100){GPIOD->BSRRL = LED1;}            //设置 LED 1
    else {GPIOD->BSRRH = LED1;}                         //清除 LED 1
    };
}
//------------------------------------------------------------------
void task2(void)                                        //翻转 LED #2
{
    while (1) {
    if (systick_count & 0x200){GPIOD->BSRRL = LED2;}            //设置 LED 2
    else {GPIOD->BSRRH = LED2;}                         //清除 LED 2
    };
}
//------------------------------------------------------------------
void task3(void)                                        //翻转 LED #3
{
    while (1) {
    if (systick_count & 0x400){GPIOD->BSRRL = LED3;}            //设置 LED 3
    else {GPIOD->BSRRH = LED3;}                         //清除 LED 3
    };
}
//------------------------------------------------------------------
_asm void SVC_Handler(void)
{
    TST LR, #4                                          //提取栈帧位置
    ITE EQ
    MRSEQ R0, MSP
    MRSNE R0, PSP
    LDR R1, =_cpp(&svc_exc_return)                      //保存当前 EXC_RETURN
    STR LR,[R1]
    BL _cpp(SVC_Handler_C)                              //运行 SVC_Handler 的 C 部分
    LDR R1, =_cpp(&svc_exc_return)                      //载入新的 EXC_RETURN
    LDR LR,[R1]
    BX LR
```

```
    ALIGN 4
}
void SVC_Handler_C(unsigned int * svc_args)
{
    uint8_t svc_number;
    svc_number = ((char * ) svc_args[6])[-2];          //存储器[(压栈 PC) - 2]
    switch(svc_number) {
        case (0):                                        //OS 初始化
        //启动任务调度器
        //创建任务 0 的栈帧
        PSP_array[0] = ((unsigned int) task0_stack) + (sizeof task0_stack) - 18 * 4;
        HW32_REG((PSP_array[0] + (16 << 2))) = (unsigned long) task0;
        //初始化程序计数器
        HW32_REG((PSP_array[0] + (17 << 2))) = 0x01000000;
        //初始化 xPSR
        HW32_REG((PSP_array[0] )) = 0xFFFFFFFDUL;
        //初始 EXC_RETURN
        HW32_REG((PSP_array[0] + ( 1 << 2))) = 0x3;
        //初始化 CONTROL,无特权,PSP,无 FP
        //创建任务 1 的栈帧
        PSP_array[1] = ((unsigned int) task1_stack) + (sizeof task1_stack) - 18 * 4;
        HW32_REG((PSP_array[1] + (16 << 2))) = (unsigned long) task1;
        //初始化程序计数器
        HW32_REG((PSP_array[1] + (17 << 2))) = 0x01000000;
        //初始化 xPSR
        HW32_REG((PSP_array[1] )) = 0xFFFFFFFDUL;
        //初始化 EXC_RETURN
        HW32_REG((PSP_array[1] + ( 1 << 2))) = 0x3;     //初始化 CONTROL,无特权,
        //PSP,无 FP
        //创建任务 2 栈帧
        PSP_array[2] = ((unsigned int) task2_stack) + (sizeof task2_stack) - 18 * 4;
        HW32_REG((PSP_array[2] + (16 << 2))) = (unsigned long) task2;
        //初始化程序计数器
        HW32_REG((PSP_array[2] + (17 << 2))) = 0x01000000;
        //初始化 xPSR
        HW32_REG((PSP_array[2] )) = 0xFFFFFFFDUL;
        //初始化 EXC_RETURN
        HW32_REG((PSP_array[2] + ( 1 << 2))) = 0x3;   //初始化 CONTROL,无特权,
        //PSP,无 FP
        //创建任务 3 栈帧
        PSP_array[3] = ((unsigned int) task3_stack) + (sizeof task3_stack) - 18 * 4;
        HW32_REG((PSP_array[3] + (16 << 2))) = (unsigned long) task3;
        //初始化程序计数器
        HW32_REG((PSP_array[3] + (17 << 2))) = 0x01000000;
        //初始化 xPSR
        HW32_REG((PSP_array[3] )) = 0xFFFFFFFDUL;
        //初始化 EXC_RETURN
        HW32_REG((PSP_array[3] + ( 1 << 2))) = 0x3;   //初始化 CONTROL,无特权,
        //PSP,无 FP
        curr_task = 0;                                  //切换到 #0 (当前任务)
        svc_exc_return = HW32_REG((PSP_array[curr_task]));
        //返回到线程,使用 PSP
        __set_PSP((PSP_array[curr_task] + 10 * 4));
        //设置 PSP 为@R0(位于任务 0 栈帧中)
        NVIC_SetPriority(PendSV_IRQn, 0xFF);            //设置 PendSV 为最低优先级
```

```
        SysTick_Config(168000);           //1000Hz SysTick 中断,使用 168MHz 的内核时钟
        _set_CONTROL(0x3);                //切换到进程栈,非特权状态
        _ISB();                           //修改 CONTROL 后执行 ISB (架构推荐)
        break;
        default:
    puts ("ERROR: Unknown SVC service number");
    printf(" - SVC number 0x % x\n", svc_number);
    stop_cpu;
    break;
    }                                     //switch 结束
}
//--------------------------------------------------------------------
_asm void PendSV_Handler(void)
{
    //上下文切换代码
    //-------------------------
    //保存当前上下文
    MRS R0, PSP                           //读取当前进程栈指针数值
    TST LR, #0x10                         //测试第 4 位,若为 0,需要压栈浮点寄存器
    IT EQ
    VSTMDBEQ R0!, {S16 - S31}             //保存浮点寄存器
    MOV R2, LR
    MRS R3, CONTROL
    STMDB R0!,{R2 - R11}                  //保存 LR,CONTROL 及 R4～R11 到任务栈(10 个寄存器)
    LDR R1, = _cpp(&curr_task)
    LDR R2,[R1]                           //获取当前任务 ID
    LDR R3, = _cpp(&PSP_array)
    STR R0,[R3, R2, LSL #2]               //保存 PSP 数值到 PSP_array
    //-------------------------
    //加载下一个上下文
    LDR R4, = _cpp(&next_task)
    LDR R4,[R4]                           //获得下一个任务 ID
    STR R4,[R1]                           //设置 curr_task = next_task
    LDR R0,[R3, R4, LSL #2]               //从 PSP_array 中加载 PSP
    LDMIA R0!,{R2 - R11}                  //从进程栈加载 LR, CONTROL 以及 R4～R11(10 个寄存器)
    MOV LR, R2
    MSR CONTROL, R3
    ISB
    TST LR, #0x10                         //测试第 4 位,若为 0,则需要出栈浮点寄存器
    IT EQ
    VLDMIAEQ R0!, {S16 - S31}             //加载浮点寄存器
    MSR PSP, R0                           //设置 PSP 为下一个任务
    BX LR                                 //返回
    ALIGN 4
}
//--------------------------------------------------------------------
void SysTick_Handler(void)                //1kHz
{
    //增加 LED 闪烁的 systick 计数
    systick_count++;
    //简单的任务调度
    switch(curr_task) {
        case(0): next_task = 1; break;
        case(1): next_task = 2; break;
        case(2): next_task = 3; break;
```

```
        case(3): next_task = 0; break;
        default: next_task = 0;
            printf("ERROR:curr_task =  % x\n", curr_task);
            stop_cpu;
            break;                          //不应到此处
    }
    if (curr_task!= next_task){             //需要上下文切换
    SCB->ICSR |= SCB_ICSR_PENDSVSET_Msk;    //设置 PendSV 挂起
    }
    return;
}
//-------------------------------------------------------------------
void LED_initialize(void)
{
    //配置 LED 输出
    RCC->AHB1ENR |= RCC_AHB1ENR_GPIODEN;    //使能端口 D 的时钟
    //设置引脚 12, 13, 14, 15 为通用目的输出模式(推挽)
    GPIOD->MODER |= (GPIO_MODER_MODER12_0 |
    GPIO_MODER_MODER13_0 |
    GPIO_MODER_MODER14_0 |
    GPIO_MODER_MODER15_0 ) ;
    //GPIOD->OTYPER |= 0;                   //无须修改 - 使用推挽输出
    GPIOD->OSPEEDR |= (GPIO_OSPEEDER_OSPEEDR12 |
    GPIO_OSPEEDER_OSPEEDR13 |
    GPIO_OSPEEDER_OSPEEDR14 |
    GPIO_OSPEEDER_OSPEEDR15 );
    GPIOD->PUPDR = 0;                       //无上拉,无下拉
    return;
}
//-------------------------------------------------------------------
```

这个改进的例子要将更多的寄存器保存到进程栈,而且栈帧初始化时还要设置其他的数据。不过,上下文切换实现起来也是比较容易的。

由于需要控制 EXC_RETURN 数值,因此这个利用 SVC 启动小型 OS 的实例稍微有些复杂,这也是创建 svc_exc_return 变量的原因。在 SVC 异常处理结束时将这个变量设置为 0xFFFFFFFD 后,SVC 处理返回时会使用 PSP。因此,写入任务 0 的栈帧信息会被使用,这样会启动任务 0。注意:从 SVC 返回到任务 0 不会经过 PendSV,因此只有 8 个字会出栈,PSP 也不能被设置为所创建栈帧的最低字。

10.6 排他访问和嵌入式 OS

对于多任务系统,多个任务共享有限资源的情况是很常见的。例如,可能只会有一个控制台显示输出,而多个不同任务可能需要在上面显示信息。因此,几乎所有的 OS 都提供了一些方法,允许任务将资源"锁定",并在不需要时将其"释放"。锁定机制一般基于软件变量,若锁定变量置位,其他任务发现其被"锁定",则必须等待。

该特性一般被称作信号量。对于仅有一个资源可用的情况,它也被称作互斥体(MUTEX)。一般来说,信号量可以支持多个令牌。例如,通信栈可能会支持多达 4 个通道,此时信号量变量可被实现为"令牌计数器",初始值为 4,如图 10.12 所示。当某任务需要访问一个通道时,它就会利用信号量操作减小计数。当计数降为 0 时,所有通道都已被占用,在之

前得到信道的任务释放令牌并增加计数前，任何需要信道的任务都必须等待。

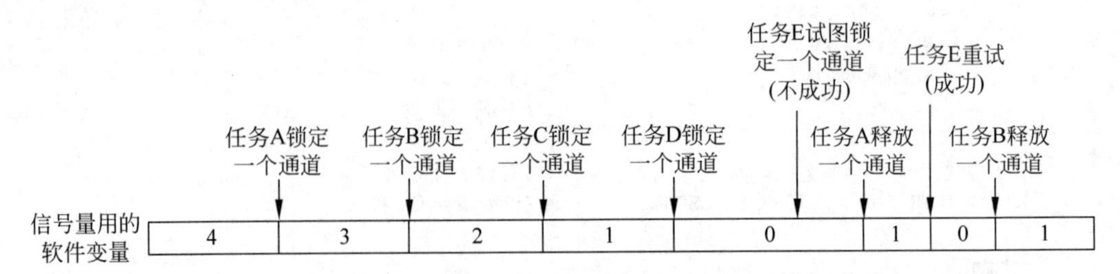

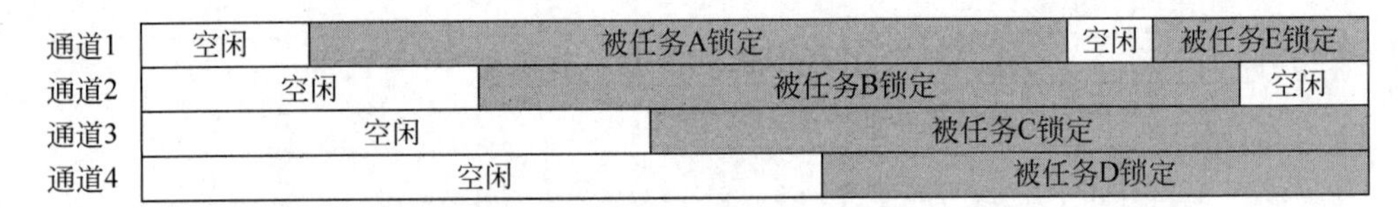

图 10.12　信号量操作示例

不过，计数变量的减小并非原子性的，这是因为需要：

- 一条指令来读取变量
- 一条指令将其减小
- 另外一条指令将其写回存储器

若上下文切换恰好在读和写之间产生，另外一个变量可以读出同一个数值，之后两个任务都可能会认为它们获得了上一个令牌，如图 10.13 所示。

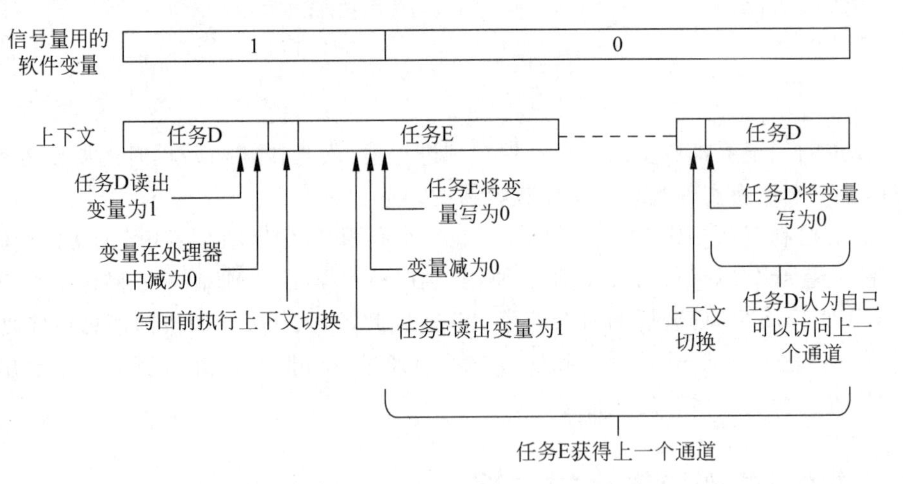

图 10.13　读—修改—写流程执行过程中产生上下文切换

避免这种情况的方法有多种。最简单的方法是在处理信号量时禁止上下文切换（如禁止异常），这样会加大中断等待时间，而且只能用于单处理器设计。对于多处理器设计，两个运行在不同处理器上的任务可能会同时尝试减小信号量变量。停止异常处理并不能解决这个问题。

为使信号量可以在单处理器和多处理器环境中都能工作，Cortex-M3 和 Cortex-M4 处理器支持一种名为排他访问的特性。信号量变量通过排他加载和排他存储进行读写。若在存储期间无法保证访问为排他的，排他存储会失败，而写操作则不会产生。处理器接下来应该重试排他访问流程。

处理器内部存在一个名为本地监控的小的硬件单元。一般情况下,它处于开放访问状态。在执行完排他加载指令后,它就会切换到排他访问状态。只有在本地监控处于排他访问状态且总线系统未响应排他失败时排他存储才能执行。

若满足以下任何一个条件,排他写(如 STREX)会失败:

- 执行了 CLREX 指令,本地监控切换到开放访问状态。
- 产生了上下文切换(如中断)。
- 前面没有执行 LDREX。
- 外部硬件通过总线接口上的边带信号向处理器返回排他访问状态。

若排他存储得到一个失败状态,则存储器中不会产生实际的写操作,这是因为它会被处理器内核或外部硬件阻止。

在多处理器环境中,总线系统架构需要使用一个名为全局排他访问监控的部件,才能监控来自多个处理器的访问,而且若检测到冲突,该部件还会向执行排他存储的部件返回排他失败状态。

若要了解排他加载和排他存储的更多内容,可以参考 5.6.2 节、6.10 节及 9.2.9 节的内容。

需要注意的是,对于 ARMv7-M 架构(包括 Cortex-M3 和 Cortex-M4),上下文切换(或任何异常流程)会自动清除本地监控的排他状态。这一点和 ARMv7-A/R 不同,它们的上下文切换代码必须得执行 CLREX 指令(或使用空的 STREX)才能确保本地监控被切换为开放监控状态。一般来说,CLREX 对 Cortex-M3 和 Cortex-M4 来说并不是必需的,不过为了保持连续性以及便于软件移植,架构中还是增加了这些部分。

第 11 章 存储器保护单元

11.1 MPU 简介

11.1.1 关于 MPU

Cortex-M3 和 Cortex-M4 处理器支持一种名为存储器保护单元(MPU)的特性。有些 Cortex-M3 和 Cortex-M4 微控制器具有这种特性,有些则没有。

MPU 是一种可编程的部件,用于定义不同存储器区域的存储器访问权限(如只支持特权访问或全访问)和存储器属性(如可缓冲、可缓存)。Cortex-M3 和 Cortex-M4 处理器中的 MPU 支持多达 8 个可编程存储器区域,每个都具有自己可编程的起始地址、大小及设置,另外还支持一种背景区域特性。

MPU 可以提高嵌入式系统的健壮性,可以使系统更加安全:

- 避免应用任务破坏其他任务或 OS 内核使用的栈或数据存储器。
- 避免非特权任务访问对系统可靠性和安全性很重要的外设。
- 将 SRAM 或 RAM 空间定义为不可执行的(永不执行,XN),防止代码注入攻击。

还可以利用 MPU 定义其他存储器属性,如可被输出到系统级缓存单元或存储器控制器的可缓存性。

若存储器访问和 MPU 定义的访问权限冲突,或者访问的存储器位置未在已编程的 MPU 区域中定义,则传输会被阻止且触发一次错误异常。触发的错误异常处理可以是 MemManage(存储器管理)错误或 HardFault 异常,实际情况取决于当前的优先级及 MemManage 错误是否使能。然后异常处理就可以确定系统是否应该复位或只是 OS 环境中的攻击任务。

在使用 MPU 前需要对其进行设置和使能,若未使能 MPU,处理器会认为 MPU 不存在。若 MPU 区域可以出现重叠,且同一个存储器位置落在两个 MPU 区域中,则存储器访问属性和权限会基于编号最大的那个区域。例如,若某传输的地址位于区域 1 和区域 4 定义的地址范围内,则会使用区域 4 的设置。

11.1.2 使用 MPU

MPU 的设置方法有多种。

对于没有嵌入式 OS 的系统,MPU 可以被编程为静态配置。该配置可用于以下功能:

- 将 RAM/SRAM 区域设置为只读,避免重要数据被意外破坏。

- 将栈底部的一部分 RAM/SRAM 空间设置为不可访问的，以检测栈溢出。
- 将 RAM/SRAM 区域设置为 XN，避免代码注入攻击。
- 定义可被系统级缓存(2 级)或存储器控制器使用的存储器属性配置。

对于具有嵌入式 OS 的系统，在每次上下文切换时都可以配置 MPU，每个应用任务都有不同的 MPU 配置。这样可以：

- 定义存储器访问权限，使得应用任务只能访问分配给自己的栈空间，因此可以避免因为栈泄露而破坏其他栈。
- 定义存储器访问权限，使得应用任务只能访问有限的外设。
- 定义存储器访问权限，使得应用任务只能访问自己的数据或自己的程序数据(设置起来可能会有些麻烦，因为多数情况下 OS 和程序代码是一起编译的，因此数据在存储器映射中也可能是混在一起的)。

如果需要的话，具有嵌入式 OS 的系统还可以使用静态配置。

11.2 MPU 寄存器

MPU 中存在多个寄存器。这些寄存器位于系统控制空间(SCS)。CMSIS-Core 头文件为 MPU 寄存器定义了一个数据结构体，方便对这些寄存器的访问。表 11.1 对这些寄存器进行了总结。

表 11.1　MPU 寄存器一览

地址	寄存器	CMSIS-Core 符号	功　能
0xE000ED90	MPU 类型寄存器	MPU->TYPE	提供 MPU 方面的信息
0xE000ED94	MPU 控制寄存器	MPU->CTRL	MPU 使能/禁止和背景区域控制
0xE000ED98	MPU 区域编号寄存器	MPU->RNR	选择待配置的 MPU 区域
0xE000ED9C	MPU 基地址寄存器	MPU->RBAR	定义 MPU 区域的基地址
0xE000EDA0	MPU 区域属性和大小寄存器	MPU->RASR	定义 MPU 区域的属性和大小
0xE000EDA4	MPU 别名 1 区域基地址寄存器	MPU->RBAR_A1	MPU->RBAR 的别名
0xE000EDA8	MPU 别名 1 区域属性和大小寄存器	MPU->RASR_A1	MPU->RASR 的别名
0xE000EDAC	MPU 别名 2 区域基地址寄存器	MPU->RBAR_A2	MPU->RBAR 的别名
0xE000EDB0	MPU 别名 2 区域属性和大小寄存器	MPU->RASR_A2	MPU->RASR 的别名
0xE000EDB4	MPU 别名 3 区域基地址寄存器	MPU->RBAR_A3	MPU->RBAR 的别名
0xE000EDB8	MPU 别名 3 区域属性和大小寄存器	MPU->RASR_A3	MPU->RASR 的别名

11.2.1 MPU 类型寄存器

第一个为 MPU 类型寄存器，可以利用它确定 MPU 是否存在。若 DREGION 域读出为 0，则说明 MPU 不存在，如表 11.2 所示。

表 11.2 MPU 类型寄存器（MPU->TYPE，0xE000ED90）

位	名称	类型	复位值	描 述
23:16	IREGION	R	0	本 MPU 支持的指令区域数。由于 ARMv7-M 架构使用统一的 MPU，其总为 0
15:8	DREGION	R	0 或 8	MPU 支持的区域数。在 Cortex-M3 中，其为 0（MPU 不存在）或 8（MPU 存在）
0	SEPARATE	R	0	由于 MPU 为统一的，其总为 0

11.2.2 MPU 控制寄存器

MPU 由多个寄存器控制。第一个为 MPU 控制寄存器，如表 11.3 所示。它具有 3 个控制位。复位后，该寄存器的数值为 0，表示 MPU 禁止。要使能 MPU，软件应该首先设置每个 MPU 区域，然后再设置 MPU 控制寄存器的 ENABLE 位。

表 11.3 MPU 控制寄存器（MPU->CTRL，0xE000ED94）

位	名称	类型	复位值	描 述
2	PRIVDEFENA	R/W	0	特权等级的默认存储器映射使能，当其为 1 且 MPU 使能时，特权访问时会将默认的存储器映射用作背景区域；若其未置位，则背景区域被禁止且对不属于任何使能区域的访问会引发错误
1	HFNMIENA	R/W	0	若为 1，则 MPU 在硬件错误处理和不可屏蔽中断（NMI）处理中也是使能的，否则，硬件错误及 NMI 中 MPU 不使能
0	ENABLE	R/W	0	若为 1 则使能 MPU

MPU 控制寄存器中的 PRIVDEFENA 位用于背景区域的使能（区域－1）。若未设置其他区域，那么通过 PRIVDEFENA，特权程序可以访问所有的存储器位置，且只有非特权程序会被阻止。不过，若设置并使能了其他的 MPU 区域，背景区域可能会被覆盖。例如，若具有类似区域设置的两个系统中只有一个的 PRIVDEFENA 置 1（图 11.1 右侧），则 PRIVDEFENA 为 1 的那个允许对背景区域的特权访问。

HFNMIENA 定义了 NMI、HardFault 异常执行期间或 FAULTMASK 置位时 MPU 的行为，MPU 在这些情况下默认被旁路（禁止）。即便 MPU 设置得不正确，它也可以使 HardFault 和 NMI 异常处理正常执行。

设置 MPU 控制寄存器中的使能位通常是 MPU 设置代码的最后一步，否则 MPU 可能会在区域配置完成前意外产生错误。许多情况下，特别是在具有动态 MPU 配置的嵌入式 OS 中，MPU 配置程序开头应该将 MPU 禁止，以免在 MPU 区域配置期间意外触发 MemManage 错误。

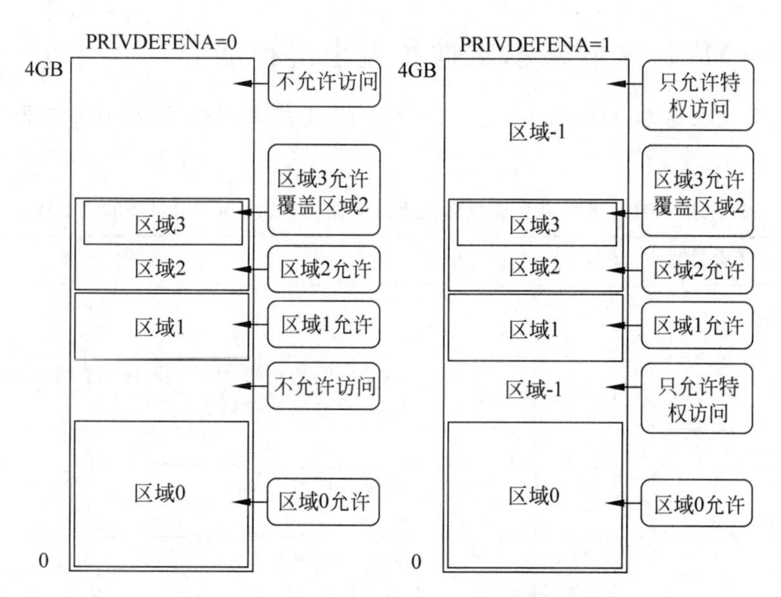

图 11.1　PRIVDEFENA 位(背景区域)的作用

11.2.3　MPU 区域编号寄存器

下一个 MPU 控制寄存器为 MPU 区域编号寄存器，如表 11.4 所示。在设置每个区域前，写入这个寄存器可以选择要编程的区域。

表 11.4　MPU 区域编号寄存器(MPU－>RNR，0xE000ED98)

位	名称	类型	复位值	描　述
7:0	REGION	R/W	—	选择待编程的区域，由于 MPU 支持 8 个区域，该寄存器只使用了 bit[2:0]

11.2.4　MPU 基地址寄存器

每个区域的起始地址在 MPU 区域基地址寄存器中定义，如表 11.5 所示。利用该寄存器中的 VALID 和 REGION 域，可以跳过设置 MPU 区域编号寄存器这一步。这样可以降低程序代码的复杂度，特别是整个 MPU 设置定义在一个查找表中时。

表 11.5　MPU 区域基地址寄存器(MPU->RBAR，0xE000ED9C)

位	名称	类型	复位值	描　述
31:N	ADDR	R/W	—	区域的基地址，N 取决于区域大小 － 例如，64K 大小的区域的基地址域为[31:16]
4	VALID	R/W	—	若为 1，则 bit [3:0]定义的 REGION 会用在编程阶段，否则就会使用 MPU 区域编号寄存器选择的区域
3:0	REGION	R/W	—	若 VALID 为 1，则该域会覆盖 MPU 区域编号寄存器，否则会被忽略。由于 Cortex-M3 和 Cortex-M4 的 MPU 支持 8 个区域，若 REGION 域大于 7，则不会进行区域编号覆盖

11.2.5 MPU区域基本属性和大小寄存器

还需要定义每个区域的属性，它是由MPU区域基本属性和大小寄存器来控制的，如表11.6所示。

表11.6 MPU区域基本属性和大小寄存器(MPU->RASR，0xE000EDA0)

位	名称	类型	复位值	描述
31:29	保留	—	—	—
28	XN	R/W	0	指令访问禁止(1=禁止该区域的取值，非要这么做会引发存储器管理错误)
27	保留	—	—	—
26:24	AP	R/W	000	数据访问允许域
23:22	保留	—	—	—
21:19	TEX	R/W	000	类型展开域
18	S	R/W	—	可共用
17	C	R/W	—	可缓存
16	B	R/W	—	可缓冲
15:8	SRD	R/W	0x00	子区域禁止
7:6	保留	—	—	—
5:1	REGIO大小	R/W	—	MPU保护区域大小
0	ENABLE	R/W	0	区域使能

MPU区域基本属性和大小寄存器中的REGION SIZE域决定区域的大小，如表11.7所示。

表11.7 不同存储器区域大小的REGION域编码

REGION大小	大小	REGION大小	大小
b00000	保留	b10000	128KB
b00001	保留	b10001	256KB
b00010	保留	b10010	512KB
b00011	保留	b10011	1MB
b00100	32B	b10100	2MB
b00101	64B	b10101	4MB
b00110	128B	b10110	8MB
b00111	256B	b10111	16MB
b01000	512B	b11000	32MB
b01001	1KB	b11001	64MB
b01010	2KB	b11010	128MB
b01011	4KB	b11011	256MB
b01100	8KB	b11100	512MB
b01101	16KB	b11101	1GB
b01110	32KB	b11110	2GB
b01111	64KB	b11111	4GB

子区域禁止域(MPU 区域基本属性和大小寄存器的 bit[15:8])用于将一个区域分为 8 个相等的子区域并定义每个部分为使能或禁止的。若一个子区域被禁止且和另一区域重叠,则另一区域的访问规则会起作用。若子区域禁止但未和其他区域重叠,则对该存储器区域的访问会导致 MemManage 错误。若区域大小为 128 字节或更小,则子区域无法使用。

数据访问权限(AP)域(bit[26:24])定义了区域的 AP,如表 11.8 所示。

表 11.8 各种访问权限配置的 AP 域编码

AP 数值	特权访问	用户访问	描　述
000	无访问	无访问	无访问
001	读/写	无访问	只支持特权访问
010	读/写	只读	用户程序中的写操作会引发错误
011	读/写	读/写	全访问
100	无法预测	无法预测	无法预测
101	只读	无访问	只支持特权读
110	只读	只读	只读
111	只读	只读	只读

XN(永不执行)域(bit[28])决定是否允许从该区域取指。若该域为 1,则所有从本区域取出的指令在进入执行阶段时都会触发 MemManage 错误。

TEX(类型展开)、S(可共享)、B(可缓冲)及 C(可缓存)域(bit[21:16])要复杂一些。这些存储器属性在每次指令和数据访问时都会被输出到总线系统,而且该信息可被写缓冲或缓存单元等总线系统使用,如图 11.2 所示。

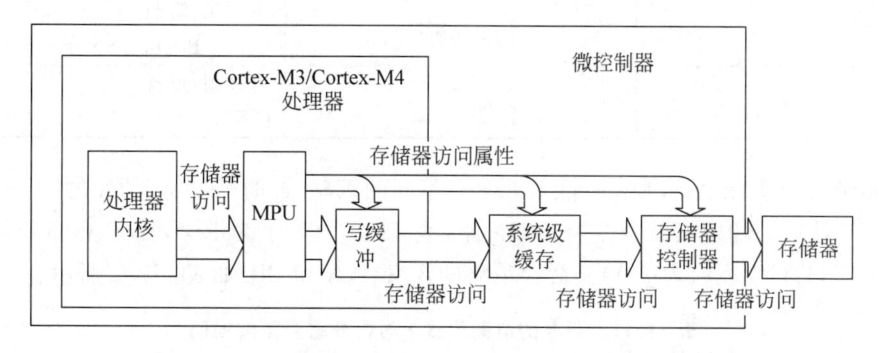

图 11.2 存储器属性可用在处理器内或总线系统上的部件

尽管 Cortex-M3 和 Cortex-M4 处理器中不存在缓存控制器,它们的设计遵循 ARMv7-M 架构,该架构支持系统总线级的外部缓存控制器,其中包括具有缓存能力的高级存储器系统。另外,受可缓冲属性影响的处理器内部总线系统中存在一个写缓冲。因此,为了支持不同类型的存储器或设备,应该正确地设置 TEX、S、B 和 C 等区域访问属性,这些位域的定义如表 11.9 所示。不过,对于许多微控制器来说,总线系统是不会使用这些存储器属性的,只有 B(可缓冲)属性会影响到处理器中的写缓冲。

存储器属性设置支持两个缓存等级:内部缓存和外部缓存。它们可以具有不同的缓存策略。若实现了系统级缓存,它可以使用内部缓存属性也可以使用外部缓存属性,实际选择由设备决定,因此需要参考芯片供应商提供的文档。多数情况下,存储器属性可以配置为表 11.10 所示的形式,且两个等级的属性相同。

表 11.9 ARMv7-M 存储器属性

TEX	C	B	描　述	区域可共享性
b000	0	0	强序（传输按照程序顺序执行后完成）	可共享
b000	0	1	共享设备（写可以缓冲）	可共享
b000	1	0	外部和内部写通，非写分配	[S]
b000	1	1	外部和内部写回，非写分配	[S]
b001	0	0	外部和内部不可缓存	[S]
b001	0	1	保留	保留
b001	1	0	由具体实现定义	—
b001	1	1	外部和内部写回，写和读分配	[S]
b010	0	0	不可共享设备	不可共享
b010	0	1	保留	保留
b010	1	X	保留	保留
b1BB	A	A	缓存存储器，BB=外部策略，AA=内部策略	[S]

备注：[S]表示可共享性由 S 位决定（多个处理器共用）

表 11.10 微控制器中常用的存储器属性

类型	存储器类型	常用的存储器属性
ROM，Flash（可编程存储器）	普通存储器	不可共用，写通 C=1，B=0，TEX=0，S=0
内部 SRAM	普通存储器	可共用，写通 C=1，B=0，TEX=0，S=1
外部 RAM	普通存储器	可共用，写回 C=1，B=1，TEX=0，S=1
外设	设备	可共用，设备 C=0，B=1，TEX=0，S=1

有些情况下内部和外部缓存可能需要具有不同的策略，此时需要将 TEX 的第 2 位设置为 1。这样，TEX[1:0]的定义就会变为外部策略（表 11.9 中表示为 BB），而 C 和 B 位则会变为内部策略（表 11.9 中表示为 AA）。缓存策略的定义（AA 和 BB）如表 11.11 所示。

表 11.11 TEX 的最高位置 1 时内外缓存策略编码

存储器属性编码（AA 和 BB）	缓存策略
00	不可共享
01	写回、写和读分配
10	写通，无写分配
11	写回，无写分配

若正在使用的微控制器具有缓存存储器，且在应用中利用 MPU 定义了访问权限，那么应该确认存储器属性配置是否和要使用的存储器类型及缓存策略相匹配（如缓冲禁止、写通缓存或写回缓存）。

可共享属性对于具有缓存的多处理器系统非常重要。在这些系统中，若传输被标记为可共享的，那么缓存系统可能需要做一些额外的工作以确保不同处理器间的数据一致性（见图 6.16）。对于单处理器系统，可共享属性则不会被用到。

11.2.6　MPU 别名寄存器

剩下的寄存器(MPU->RBAR_Ax 和 MPU->RASR_Ax)为别名寻址区域。在访问这些地址时，实际访问的是 MPU->RBAR 或 MPU->RASR。之所以要有这些寄存器别名，是为了能一次性设置多个 MPU 区域，如使用多存储(STM)指令。

11.3　设置 MPU

简单应用大多不需要使用 MPU。MPU 默认为禁止状态，而且系统运行时它就如同不存在一样。在使用 MPU 前，需要确定程序或应用任务要访问(以及允许访问)的存储器区域：

- 包括中断处理和 OS 内核在内的特权应用的程序代码，一般只支持特权访问。
- 包括中断处理和 OS 内核在内的特权应用使用的数据存储器，一般只支持特权访问。
- 非特权应用的程序代码，全访问。
- 非特权应用(应用任务)的栈等数据存储器，全访问。
- 包括中断处理和 OS 内核在内的特权应用使用的外设，只支持特权访问。
- 可用于非特权应用(应用任务)的外设，全访问。

在定义存储器区域的地址和大小时，注意区域的基地址必须要对齐到区域大小的整数倍上。例如，若区域大小为 4KB(0x1000)，起始地址必须为 $N \times 0x1000$，其中 N 为整数，如图 11.3 所示。

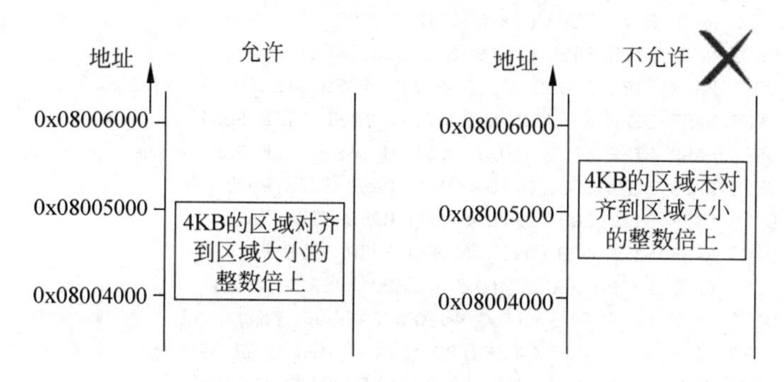

图 11.3　MPU 区域地址必须对齐到区域大小的整数倍上

若使用 MPU 的目的是防止非特权任务访问特定的存储器区域，则可以利用背景区域特性减少所需的设置步骤。只需设置非特权任务所用的区域，而利用背景区域，特权任务和异常处理则对其他存储器空间具有全访问权限。

对于私有外设总线(PPB)地址区域(包括系统控制空间和 SCS)和向量表，则无须设置存储器区域。特权状态中允许对 PPB(包括 MPU、NVIC、SysTick 和 ITM)的访问，而对于 MPU 来说，取向量总是允许的。

还需要定义 HardFault 和 MemManage(存储器管理)错误的错误处理。MemManage 异常默认禁止，可以设置系统处理控制和状态寄存器(SCB->SHCSR)中的 MEMFAULTENA 位对其进行使能：

```
SCB->SHCSR |= SCB_SHCSR_MEMFAULTENA_Msk;    //设置第 16 位
```

即使使能 MemManage 异常(void MemManage_Handler(void))，也应该定义 HardFault

处理(void HardFault_Handler(void))。启动代码中的向量表默认应该包含这些异常处理的向量定义。若使用了向量表重定位特性,则可能需要确认相应地设置了向量表。第12章将会介绍使用错误处理方面的内容。

为了方便MPU的设置,定义了多个常量:

```
#define MPU_DEFS_RASR_SIZE_32B (0x04 << MPU_RASR_SIZE_Pos)
#define MPU_DEFS_RASR_SIZE_64B (0x05 << MPU_RASR_SIZE_Pos)
#define MPU_DEFS_RASR_SIZE_128B (0x06 << MPU_RASR_SIZE_Pos)
#define MPU_DEFS_RASR_SIZE_256B (0x07 << MPU_RASR_SIZE_Pos)
#define MPU_DEFS_RASR_SIZE_512B (0x08 << MPU_RASR_SIZE_Pos)
#define MPU_DEFS_RASR_SIZE_1KB (0x09 << MPU_RASR_SIZE_Pos)
#define MPU_DEFS_RASR_SIZE_2KB (0x0A << MPU_RASR_SIZE_Pos)
#define MPU_DEFS_RASR_SIZE_4KB (0x0B << MPU_RASR_SIZE_Pos)
#define MPU_DEFS_RASR_SIZE_8KB (0x0C << MPU_RASR_SIZE_Pos)
#define MPU_DEFS_RASR_SIZE_16KB (0x0D << MPU_RASR_SIZE_Pos)
#define MPU_DEFS_RASR_SIZE_32KB (0x0E << MPU_RASR_SIZE_Pos)
#define MPU_DEFS_RASR_SIZE_64KB (0x0F << MPU_RASR_SIZE_Pos)
#define MPU_DEFS_RASR_SIZE_128KB (0x10 << MPU_RASR_SIZE_Pos)
#define MPU_DEFS_RASR_SIZE_256KB (0x11 << MPU_RASR_SIZE_Pos)
#define MPU_DEFS_RASR_SIZE_512KB (0x12 << MPU_RASR_SIZE_Pos)
#define MPU_DEFS_RASR_SIZE_1MB (0x13 << MPU_RASR_SIZE_Pos)
#define MPU_DEFS_RASR_SIZE_2MB (0x14 << MPU_RASR_SIZE_Pos)
#define MPU_DEFS_RASR_SIZE_4MB (0x15 << MPU_RASR_SIZE_Pos)
#define MPU_DEFS_RASR_SIZE_8MB (0x16 << MPU_RASR_SIZE_Pos)
#define MPU_DEFS_RASR_SIZE_16MB (0x17 << MPU_RASR_SIZE_Pos)
#define MPU_DEFS_RASR_SIZE_32MB (0x18 << MPU_RASR_SIZE_Pos)
#define MPU_DEFS_RASR_SIZE_64MB (0x19 << MPU_RASR_SIZE_Pos)
#define MPU_DEFS_RASR_SIZE_128MB (0x1A << MPU_RASR_SIZE_Pos)
#define MPU_DEFS_RASR_SIZE_256MB (0x1B << MPU_RASR_SIZE_Pos)
#define MPU_DEFS_RASR_SIZE_512MB (0x1C << MPU_RASR_SIZE_Pos)
#define MPU_DEFS_RASR_SIZE_1GB (0x1D << MPU_RASR_SIZE_Pos)
#define MPU_DEFS_RASR_SIZE_2GB (0x1E << MPU_RASR_SIZE_Pos)
#define MPU_DEFS_RASR_SIZE_4GB (0x1F << MPU_RASR_SIZE_Pos)
#define MPU_DEFS_RASE_AP_NO_ACCESS (0x0 << MPU_RASR_AP_Pos)
#define MPU_DEFS_RASE_AP_PRIV_RW (0x1 << MPU_RASR_AP_Pos)
#define MPU_DEFS_RASE_AP_PRIV_RW_USER_RO (0x2 << MPU_RASR_AP_Pos)
#define MPU_DEFS_RASE_AP_FULL_ACCESS (0x3 << MPU_RASR_AP_Pos)
#define MPU_DEFS_RASE_AP_PRIV_RO (0x5 << MPU_RASR_AP_Pos)
#define MPU_DEFS_RASE_AP_RO (0x6 << MPU_RASR_AP_Pos)
#define MPU_DEFS_NORMAL_MEMORY_WT (MPU_RASR_C_Msk)
#define MPU_DEFS_NORMAL_MEMORY_WB (MPU_RASR_C_Msk |
MPU_RASR_B_Msk)
#define MPU_DEFS_NORMAL_SHARED_MEMORY_WT (MPU_RASR_C_Msk |
MPU_RASR_S_Msk)
#define MPU_DEFS_NORMAL_SHARED_MEMORY_WB
(MPU_DEFS_NORMAL_MEMORY_WB | MPU_RASR_S_Msk)
#define MPU_DEFS_SHARED_DEVICE (MPU_RASR_B_Msk)
#define MPU_DEFS_STRONGLY_ORDERED_DEVICE (0x0)
```

对于只需要4个区域的简单情况,MPU设置代码可以写作简单循环的形式,而MPU->RBAR和MPU->RASR的配置则被编码为常量表:

```
//--------------------------------------------------------------------
int mpu_setup(void)
```

```
{
    uint32_t i;
    uint32_t const mpu_cfg_rbar[4] = {
    0x08000000,                         //STM32F4 的 Flash 地址
    0x20000000,                         //SRAM
    GPIOD_BASE,                         //GPIO D 基地址
    RCC_BASE                            //复位时钟 CTRL 基地址
};
uint32_t const mpu_cfg_rasr[4] = {
    (MPU_DEFS_RASR_SIZE_1MB | MPU_DEFS_NORMAL_MEMORY_WT |
    MPU_DEFS_RASE_AP_FULL_ACCESS | MPU_RASR_ENABLE_Msk), //Flash
    (MPU_DEFS_RASR SIZE_128KB | MPU_DEFS_NORMAL_MEMORY_WT |
    MPU_DEFS_RASE_AP_FULL_ACCESS | MPU_RASR_ENABLE_Msk), //SRAM
    (MPU_DEFS_RASR_SIZE_1KB | MPU_DEFS_SHARED_DEVICE |
    MPU_DEFS_RASE_AP_FULL_ACCESS | MPU_RASR_ENABLE_Msk), //GPIO D
    (MPU_DEFS_RASR_SIZE_1KB | MPU_DEFS_SHARED_DEVICE |
    MPU_DEFS_RASE_AP_FULL_ACCESS | MPU_RASR_ENABLE_Msk) //RCC
};
if (MPU->TYPE==0) {return 1;}           //错误时返回 1
_DMB();                                 //确保之前的传输结束
MPU->CTRL = 0;                          //禁止 MPU
for (i=0;i<4;i++) {                     //只配置 4 个区域
MPU->RNR = i;                           //选择待配置的区域
MPU->RBAR = mpu_cfg_rbar[i];            //配置区域的基地址寄存器
MPU->RASR = mpu_cfg_rasr[i];            //配置区域属性和大小寄存器
}
for (i=4;i<8;i++) {                     //禁止未使用的区域
    MPU->RNR = i;                       //选择待配置的区域
    MPU->RBAR = 0;                      //配置区域基地址寄存器
    MPU->RASR = 0;                      //配置区域属性和大小寄存器
}
MPU->CTRL = MPU_CTRL_ENABLE_Msk;        //使能 MPU
_DSB();                                 //存储器屏障,确保接下来的数据和指令正确
_ISB();                                 //利用更新的 MPU 设置的传输
return 0;                               //无错误
}
//--------------------------------------------------------------
```

函数的开始处添加了确认 MPU 是否存在的简单代码。若 MPU 不可用,则函数退出,返回 1 表示有错误出现,否则会返回 0 表明操作成功。

该示例代码还对未使用的 MPU 区域进行了设置,以确保未使用的 MPU 区域处于禁止状态。由于未使用的区域之前可能已经使能过了,因此这对于动态配置 MPU 的系统非常重要。

简单的 MPU 设置函数的流程如图 11.4 所示。

为了简化操作,待编程 MPU 区域的选择可被合并至 MPU->RBAR 中。代码如下所示:

```
//--------------------------------------------------------------
int mpu_setup(void)
{
uint32_t i;
uint32_t const mpu_cfg_rbar[4] = {
    //Flash 区域 0
    (0x08000000| MPU_RBAR_VALID_Msk | (MPU_RBAR_REGION_Msk & 0)),
```

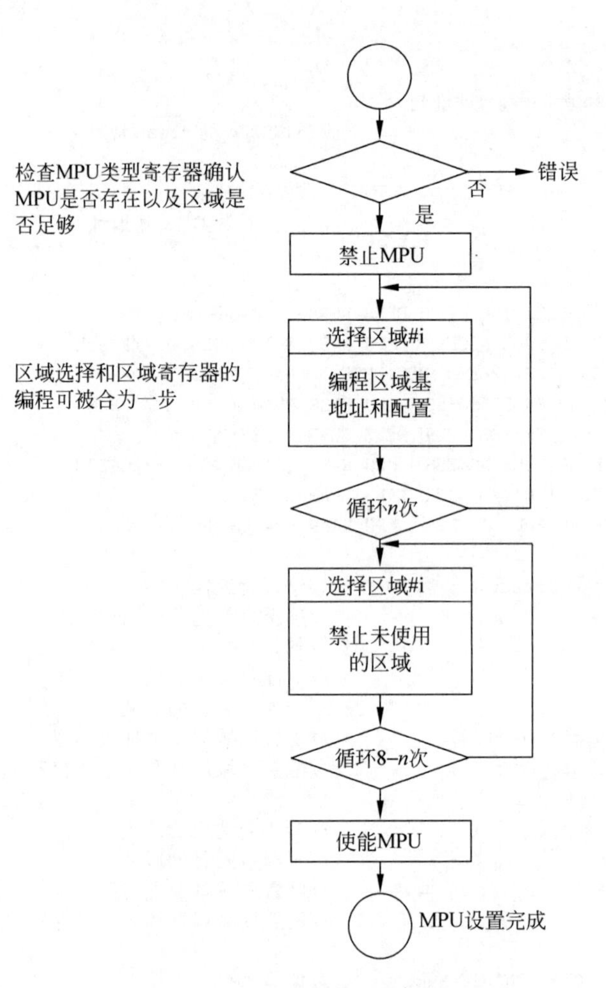

图 11.4　MPU 设置示例

```
    //SRAM 区域 1
    (0x20000000| MPU_RBAR_VALID_Msk | (MPU_RBAR_REGION_Msk & 1)),
    //GPIO D 基地址区域 2
    (GPIOD_BASE| MPU_RBAR_VALID_Msk| (MPU_RBAR_REGION_Msk & 2)),
    //复位时钟 CTRL 基地址区域 3
    (RCC_BASE|MPU_RBAR_VALID_Msk | (MPU_RBAR_REGION_Msk & 3))
};
uint32_t const mpu_cfg_rasr[4] = {
(MPU_DEFS_RASR_SIZE_1MB | MPU_DEFS_NORMAL_MEMORY_WT |
MPU_DEFS_RASE_AP_FULL_ACCESS | MPU_RASR_ENABLE_Msk), //Flash
(MPU_DEFS_RASR_SIZE_128KB | MPU_DEFS_NORMAL_MEMORY_WT |
MPU_DEFS_RASE_AP_FULL_ACCESS | MPU_RASR_ENABLE_Msk), //SRAM
(MPU_DEFS_RASR_SIZE_1KB | MPU_DEFS_SHARED_DEVICE |
MPU_DEFS_RASE_AP_FULL_ACCESS | MPU_RASR_ENABLE_Msk), //GPIO D
(MPU_DEFS_RASR_SIZE_1KB | MPU_DEFS_SHARED_DEVICE |
MPU_DEFS_RASE_AP_FULL_ACCESS | MPU_RASR_ENABLE_Msk), //RCC
};
if (MPU->TYPE == 0) {return 1;}                      //错误时返回 1
_DMB();                                              //确保之前传输完成
MPU->CTRL = 0;                                       //禁止 MPU
for (i=0;i<4;i++) {                                  //只配置 4 个区域
    MPU->RBAR = mpu_cfg_rbar[i];                     //配置区域基地址寄存器
```

```
        MPU->RASR = mpu_cfg_rasr[i];            //配置区域属性和大小寄存器
    }
    for (i=4;i<8;i++) {                         //禁止未使用的区域
        MPU->RNR = i;                           //选择待配置的 MPU 区域
        MPU->RBAR = 0;                          //配置区域基地址寄存器
        MPU->RASR = 0;                          //配置区域属性和大小寄存器
    }
    MPU->CTRL = MPU_CTRL_ENABLE_Msk;            //使能 MPU
    _DSB();                                     //存储器屏障,确保接下来的数据和指令正确
    _ISB();                                     //传输使用更新后的 MPU 设置
    return 0;                                   //无错误
}
//--------------------------------------------------------------------
```

为了加快 MPU 设置过程,可以将循环展开。不过,还可以利用 MPU 别名寄存器来进一步降低执行时间。为此,将 MPU 配置定义成了表格的形式:

```
//MPU 配置表
uint32_t const mpu_cfg_rbar_rasr[16] = {
//Flash 区域 0
(0x08000000 | MPU_RBAR_VALID_Msk | (MPU_RBAR_REGION_Msk & 0)),
//RBAR
(MPU_DEFS_RASR_SIZE_1MB | MPU_DEFS_NORMAL_MEMORY_WT | //RASR
MPU_DEFS_RASE_AP_FULL_ACCESS | MPU_RASR_ENABLE_Msk) ,
//SRAM 区域 1
(0x20000000|MPU_RBAR_VALID_Msk | (MPU_RBAR_REGION_Msk & 1)),
//RBAR_A1
(MPU_DEFS_RASR_SIZE_128KB | MPU_DEFS_NORMAL_MEMORY_WT| //RASR_A1
MPU_DEFS_RASE_AP_FULL_ACCESS | MPU_RASR_ENABLE_Msk) ,
//GPIO D 基地址区域 2
(GPIOD_BASE | MPU_RBAR_VALID_Msk | (MPU_RBAR_REGION_Msk & 2)),
//RBAR_A2
(MPU_DEFS_RASR_SIZE_1KB | MPU_DEFS_SHARED_DEVICE | //RASR_A2
MPU_DEFS_RASE_AP_FULL_ACCESS | MPU_RASR_ENABLE_Msk) ,
//复位时钟 CTRL 基地址区域 3
(RCC_BASE | MPU_RBAR_VALID_Msk | (MPU_RBAR_REGION_Msk & 3)),
//RBAR_A3
(MPU_DEFS_RASR_SIZE_1KB | MPU_DEFS_SHARED_DEVICE | //RASR_A3
MPU_DEFS_RASE_AP_FULL_ACCESS | MPU_RASR_ENABLE_Msk),
(MPU_RBAR_VALID_Msk | (MPU_RBAR_REGION_Msk & 4)), 0, //区域 4 未使用
(MPU_RBAR_VALID_Msk | (MPU_RBAR_REGION_Msk & 5)), 0, //区域 5 未使用
(MPU_RBAR_VALID_Msk | (MPU_RBAR_REGION_Msk & 6)), 0, //区域 6 未使用
(MPU_RBAR_VALID_Msk | (MPU_RBAR_REGION_Msk & 7)), 0, //区域 7 未使用
};
```

下面可以用汇编函数来实现(或包括 Keil MDK-ARM 在内的 ARM 编译工具链的嵌入汇编函数):

```
//--------------------------------------------------------------------
_asm void mpu_cfg_copy(unsigned int src)
{
    PUSH {R4 - R9}
    LDR R1, =0xE000ED9C                         //MPU->RBAR 地址
    LDR R2, [R1, # -12]                         //查询 MPU->TYPE
    CMP R1, #0                                  //若为 0
```

```
    ITT EQ                                  //If - Then
    MOVSEQ R0, #1                           //返回 1
    BEQ mpu_cfg_copy_end
    DMB 0xF                                 //确保之前的传输结束
    MOVS R2, #0
    STR R2, [R1, # - 8]                     //MPU - > CTRL = 0
    LDMIA R0!, {R2 - R9}                    //从表格中读取 8 个字(更新基地址)
    STMIA R1, {R2 - R9}                     //往 MPU 中写入 8 个字(基地址不更新)
    LDMIA R0!, {R2 - R9}                    //从表格中读取 8 个字(更新基地址)
    STMIA R1, {R2 - R9}                     //往 MPU 中写入 8 个字(基地址不更新)
    DSB 0xF                                 //存储器屏障确保后续的数据和指令正确
    ISB 0xF                                 //传输使用更新后的 MPU 设置
    MOVS R0, #0                             //无错误
    mpu_cfg_copy_end
    POP {R4 - R9}
    BX LR
    ALIGN 4
}
//-----------------------------------------------------------------
```

在 C 代码中，可以如下调用该 MPU 设置代码，将表格的起始地址传递给汇编函数：

```
//复制 MPU 设置表到 MPU
mpu_cfg_copy((unsigned int) &mpu_cfg_rbar_rasr[0]);
```

到目前为止，所看到的配置方法假定已经知道了所需的设置。否则，可能需要创建一些普通的函数以简化 MPU 配置。例如，可以实现下面的 C 函数：

```
//-----------------------------------------------------------------
//利用输入选项使能 MPU
//可能的选项为 MPU_CTRL_HFNMIENA_Msk 或 MPU_CTRL_PRIVDEFENA_Msk
void mpu_enable(uint32_t options)
{
    MPU - > CTRL = MPU_CTRL_ENABLE_Msk | options;  //禁止 MPU
    _DSB();                                 //确保 MPU 设置生效
    _ISB();                                 //后续的取指使用更新后的设置
    return;
}
//禁止 MPU
void mpu_disable(void)
{
    _DMB();                                 //确保之前的传输结束
    MPU - > CTRL = 0;                       //禁止 MPU
    return;
}
//禁止区域(0～7)的函数
void mpu_region_disable(uint32_t region_num)
{
    MPU - > RNR = region_num;
    MPU - > RBAR = 0;
    MPU - > RASR = 0;
    return;
}
//使能区域的函数
void mpu_region_config(uint32_t region_num, uint32_t addr, uint32_tsize, uint32_t attributes)
{
    MPU - > RNR = region_num;
```

```
    MPU->RBAR = addr;
    MPU->RASR = size1 attributes;
    return;
}
```

在实现了这些函数后，可以利用它们配置 MPU：

```
int mpu_setup(void)
{
    if (MPU->TYPE == 0) {return 1;} //错误时返回 1
    mpu_disable();
    mpu_region_config(0, 0x08000000, MPU_DEFS_RASR_SIZE_1MB, MPU_DEFS_NORMAL_MEMORY_WT | MPU_
DEFS_RASE_AP_FULL_ACCESS |
    MPU_RASR_ENABLE_Msk),                  //区域 0 - Flash
    mpu_region_config(1, 0x20000000, MPU_DEFS_RASR_SIZE_128KB,
    MPU_DEFS_NORMAL_MEMORY_WT | MPU_DEFS_RASE_AP_FULL_ACCESS | MPU_RASR_ENABLE_Msk),
                                                                        //区域 1 - SRAM
    mpu_region_config(2, GPIOD_BASE, MPU_DEFS_RASR_SIZE_1KB,
    MPU_DEFS_SHARED_DEVICE | MPU_DEFS_RASE_AP_FULL_ACCESS | MPU_RASR_ENABLE_Msk),
                                                                        //区域 2 - GPIO D
    mpu_region_config(3, RCC_BASE, MPU_DEFS_RASR_SIZE_1KB,
    MPU_DEFS_SHARED_DEVICE | MPU_DEFS_RASE_AP_FULL_ACCESS |
    MPU_RASR_ENABLE_Msk),                  //区域 3 复位时钟 CTRL
    mpu_region_disable(4);                 //禁止未使用的区域
    mpu_region_disable(5);
    mpu_region_disable(6);
    mpu_region_disable(7);
    mpu_enable(0);                         //使能 MPU,无须其他设置
    return 0;                              //无错误
}
```

11.4　存储器屏障和 MPU 配置

在前面的例子中，在 MPU 配置代码中添加了多个存储器屏障指令：

- DMB(数据存储器屏障)。在禁止 MPU 前使用，确保数据传输不会重新排序，若有未完成的传输，则会等到该传输完成后再写入 MPU 控制寄存器(MPU->CTRL)来禁止 MPU。
- DSB(数据同步屏障)。在使能 MPU 后使用，确保接下来的 ISB 指令只会在写入 MPU 控制寄存器结束后执行，还可以保证接下来的数据传输使用新的 MPU 设置。
- ISB(指令同步屏障)。用于 DSB 后，确保处理器流水线被清空，且接下来的指令利用更新后的 MPU 配置被重新取出。

建议使用这些存储器屏障。由于处理器流水线相对简单，处理器同一时刻只能处理一个数据，在 Cortex-M3 和 Cortex-M4 处理器中忽略这些存储器屏障并不会引起什么问题。唯一需要 ISB 的情况是，MPU 设置更新后接下来的指令访问只能利用新的 MPU 配置执行。

不过，从软件可移植性的角度来看，这些存储器屏障非常重要，因为这样使软件可以重用在所有的 Cortex-M 处理器上。

若 MPU 在嵌入式 OS 中使用，且 MPU 配置在上下文切换操作中完成(一般是 PendSV 异常处理)，则由于异常入口和退出流程具有 ISB 的效果，因此从架构的角度来看就不需要 ISB 指令。

若要了解 Cortex-M 处理器存储器屏障使用的其他信息，可以参考 ARM 应用笔记 321 “ARM Cortex-M 家族处理器存储器屏障指令编程指南”(参考文献 9)。

11.5 使用子区域禁止

子区域禁止(SRD)特性可以将一个 MPU 区域进行 8 等分，且单独设置每个部分为使能或禁止。该特性具有多种用途，下面将会一一介绍。

11.5.1 允许高效的存储器划分

SRD 在实现了存储器保护的同时还可以提高存储器的使用效率。例如，假定任务 A 需要 5KB 的栈，而任务 B 需要 3KB 的栈，若使用 MPU 进行栈空间的划分，则无 SRD 特性的存储器设计需要 8KB 的栈用于任务 A，任务 B 则需要 4KB，如图 11.5 所示。

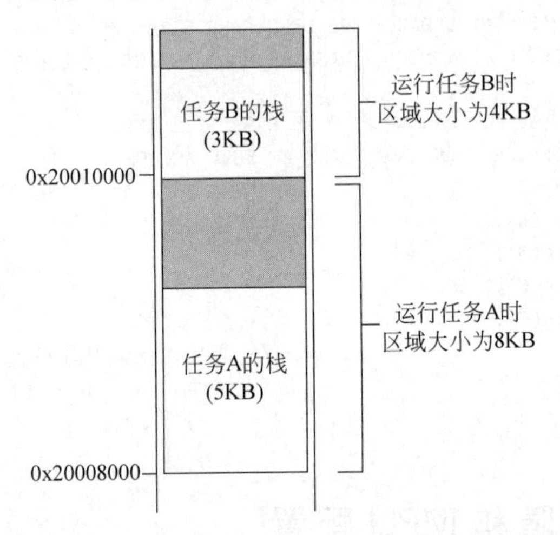

图 11.5 在没有 SRD 时，由于区域大小和对齐的需要可能会浪费更多的存储器空间

若使用 SRD，两个存储器区域可以重叠以降低存储器的使用，而且 SRD 可以避免应用任务访问其他任务的栈空间，如图 11.6 所示。

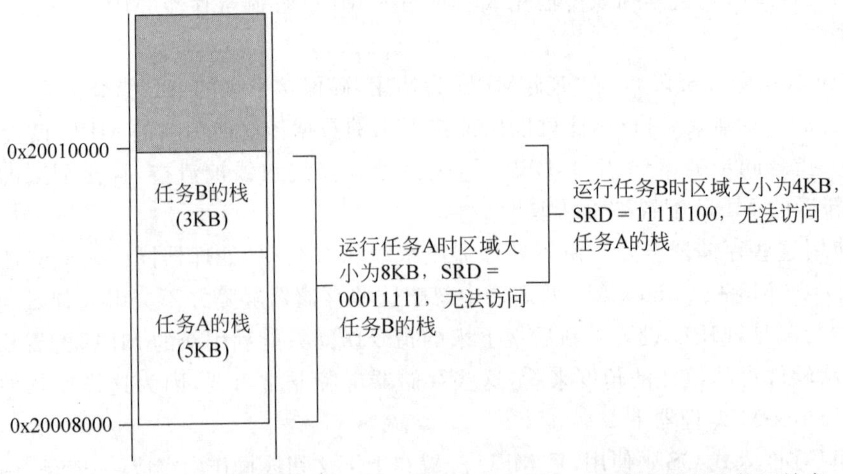

图 11.6 使用 SRD 时，区域可以重叠，但仍然相互独立以提高存储器的使用效率

11.5.2 减少所需的区域总数

在定义外设访问权限时，可能会经常发现有些外设可由非特权任务访问，而有些则需要保护，只支持特权访问。要在没有 SRD 时实现保护，则可能需要大量的区域。

由于外设通常都有相同的地址大小，可以很容易地用 SRD 来定义访问权限。例如，可以定义一个区域(或利用背景区域特性)来使能对所有外设的特权访问，然后定义一个编号更大且和外设地址区域重叠的区域为全访问(可由非特权任务访问)，利用 SRD 屏蔽掉只支持特权访问的外设。图 11.7 中有一个简单的例子。

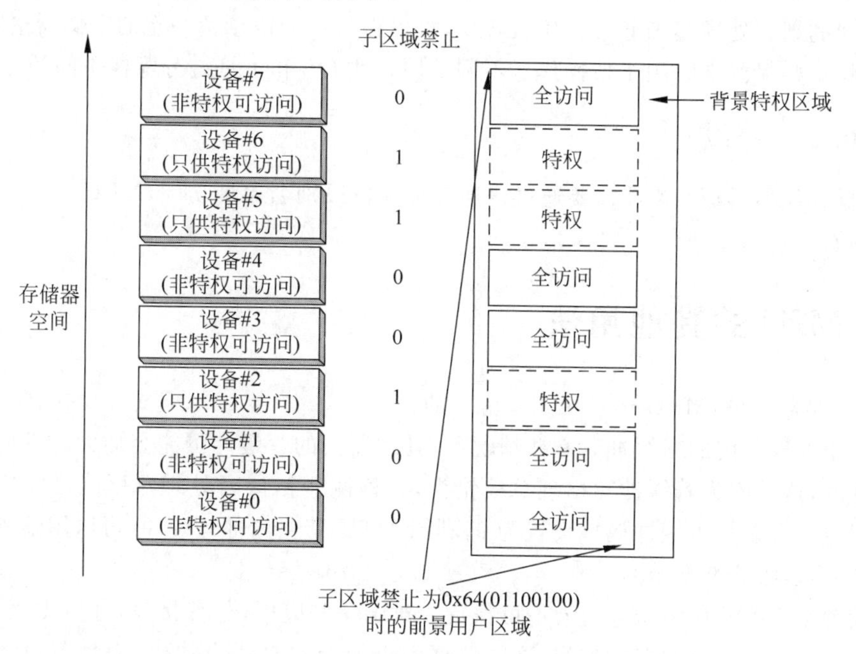

图 11.7 使用 SRD 控制分离外设的访问权限

11.6 使用 MPU 时的注意事项

在使用 MPU 时需要考虑几个方面的问题。许多情况下，当 MPU 在嵌入式 OS 中使用时，OS 需要具有对 MPU 的内在支持。例如，一个特殊版本的 FreeRTOS(名为 FreeRTOS-MPU，http://www.freertos.org)及 Wittenstein High Integrity Systems 的 OpenRTOS (http://www.highintegritysystems.com/)可以使用 MPU 特性。

11.6.1 程序代码

多数情况下，将程序存储器为不同任务划分不同的 MPU 区域是不现实的，这是因为任务共用许多函数，其中包括运行时库函数以及设备驱动库函数。另外，若将应用任务和 OS 一起编译，则每个应用任务和 OS 内核的地址边界可能不会那么明显，而这却是设置 MPU 区域所需要的。一般来说，程序存储器(如 Flash)会被定义为一个区域，而且可能会被配置为只读的访问权限。

11.6.2 数据存储器

若某 SRAM 位置可由普通地址及位段别名地址访问，则 MPU 配置需要涵盖两个地址区域。

若应用任务和 OS 是在一起编译的，则应用任务使用的部分数据可能会同 OS 用的数据混在一起，这样就无法为每个数据单元定义相应的访问权限。可能需要单独编译这些任务，然后利用链接脚本或其他手段手动将数据段放到 RAM 中。不过，堆存储器空间可能需要共用，因此无法利用 MPU 保护。

栈空间的划分处理起来通常会比较容易，可以在链接阶段预留一定的存储器空间，且强制应用任务将这些保留空间用于栈操作。不同的嵌入式 OS 和工具链分配栈空间的方法不同。

11.6.3 外设

与数据存储器类似：若外设要通过普通寻址和位段别名寻址访问，MPU 配置需要包含两个地址区域。

11.7 MPU 的其他用法

除了存储器保护，MPU 还可用于其他目的：

- 禁止处理器内的写缓冲。有些情况下，处理器内的写缓冲可能会加大软件问题分析的难度，这是因为若缓冲写出现总线错误，在检测到错误时处理器可能已经执行了几个指令。可以将可缓冲属性设置为 0，利用 MPU 禁止内部写缓冲（可以用辅助控制寄存器实现，参见 9.9 节）。
- 设置某 RAM 存储器空间为不可执行。对于一些应用，外部接口（如以太网）可以将数据放入 RAM 中的缓冲空间，这些数据中可能会包含恶意代码，而且若设计中存在其他缺陷，则系统中的恶意代码可能会执行。MPU 可以强制将 RAM 空间设置为永不执行（XN），这样可以防止注入缓冲的数据执行。

11.8 与 Cortex-M0＋处理器中的 MPU 间的差异

Cortex-M0＋处理器具有一个可选的 MPU，而且它和 Cortex-M3 和 Cortex-M4 中的几乎一模一样，不过还是存在一些差异的，因此若 MPU 配置软件要在 Cortex-M0＋及 Cortex-M3 和 Cortex-M4 上使用，需要注意表 11.12 所示的几个问题。

表 11.12 Cortex-M0＋和 Cortex-M3/M4 的 MPU 特性比较

	ARMv6-M(Cortex-M0＋)	ARMv7-M(Cortex-M3/M4)
区域数量	8	8
统一的 I&D 区域	Y	Y
区域地址	Y	Y
区域大小	256B～4GB(可以利用 SRD 得到 32B)	256B～4GB
区域存储器属性	S, C, B, XN	TEX, S, C, B, XN

续表

	ARMv6-M(Cortex-M0+)	ARMv7-M(Cortex-M3/M4)
区域访问权限	Y	Y
子区域禁止(SRD)	8位	8位
背景区域	Yes(可编程)	Yes(可编程)
NMI/HardFault的MPU旁路	Yes(可编程)	Yes(可编程)
MPU寄存器别名	N	Y
MPU寄存器访问	只支持字大小	字/半字/字节
错误异常	只有HardFault	HardFault/MemManage

ARMv6-M架构中的MPU存储器属性只支持一级缓存策略,因此Cortex-M0+处理器中的TEX域不可用。总体来说,MPU支持差不多同等级的存储器保护特性,这两种MPU间的软件移植应该比较简单。

第 12 章

错误异常和错误处理

12.1 错误异常简介

电子系统总是会时不时地出错，有时可能为软件中的错误，不过许多情况下可由外部因素引起。例如：

- 供电不稳
- 电气噪声（如电力线噪声）
- 电磁干扰（EMI）
- 静电放电
- 极端的运行环境（如温度、机械振荡）
- 反复编程或高低温交替导致的部件损耗（如 Flash/EEPROM 设备、晶体振荡器及电容）
- 辐射（如宇宙射线）
- 使用问题（如用户未读手册）或非法的外部输入

所有的这些问题可能都会引起处理器上运行的程序执行失败。对于许多简单的微控制器，可以看到看门狗定时器及掉电检测（BOD）等特性。看门狗可以被设置为计数器在一段时间内未被清除时被触发，可用于产生复位或不可屏蔽中断（NMI）。BOD 可在供电电压降到一定程度时产生复位。

许多 ARM 微控制器中也存在看门狗定时器和 BOD。不过，当失败的情况产生且处理器停止响应时，看门狗可能需要一段时间才能起作用。对于多数应用来说，这并不是一个问题，不过对于有些注重安全性的应用，1ms 的延时可能会非常关键。

为了能尽早检测到问题，Cortex-M 处理器增加了一种错误异常机制。若检测到错误，错误异常就会被触发且会执行错误异常处理。

所有的错误默认都会触发 HardFault 异常（异常类型编号为 3）。该错误异常在包括 Cortex-M0 和 Cortex-M0＋在内的所有 Cortex-M 处理器上都是可用的。Cortex-M3 和 Cortex-M4 处理器还有另外三个可配置的错误异常处理：

- MemManage（存储器管理）错误（异常类型 4）
- 总线错误（异常类型 5）
- 使用错误（异常类型 6）

要触发这些异常，需要将它们使能，且它们的优先级要大于当前的异常优先级，如图 12.1

所示。这些异常被称作可配置错误异常，而且具有可编程的异常优先等级(参见7.9.5节)。

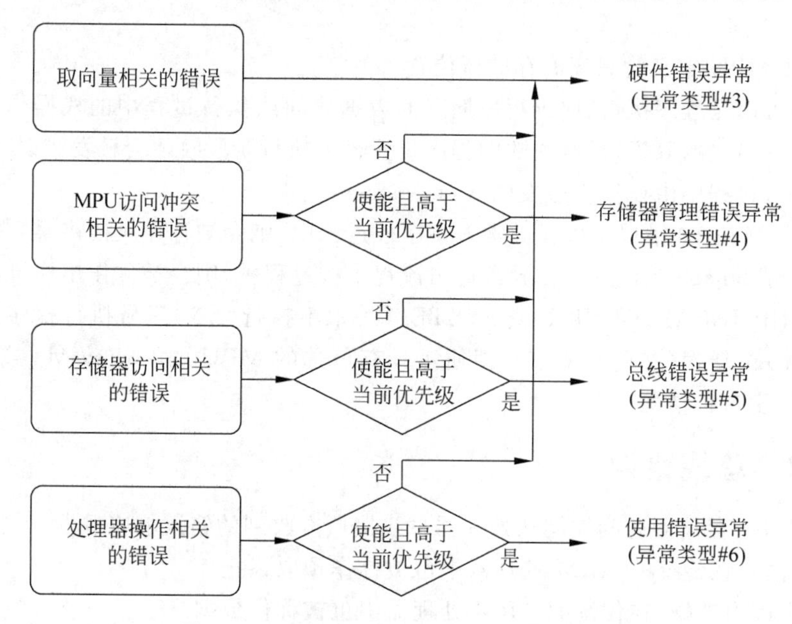

图12.1 ARMv7-M架构中可用的错误异常

错误处理具有以下用途：

- 安全关闭系统。
- 通知用户或其他系统有问题发生。
- 执行自复位。
- 对于多任务系统的情况，冲突的任务可被终止且重新启动。
- 如果可能的话，可以执行其他修复措施以修正问题(例如，浮点单元关闭时执行浮点指令会引起错误，而打开浮点单元就可以很简单地解决问题)。

有时，根据检测到的错误类型，系统可能会执行上面列出的多个不同操作。

为了方便检测错误处理中出现的错误类型，Cortex-M3和Cortex-M4处理器还提供了多个错误状态寄存器(FSR)。这些FSR中的状态位表示检测到的错误的种类。尽管它不能确切指出何时或何处出错，利用这些信息定位问题也更加容易。另外，有些情况下，错误地址还可被错误地址寄存器(FAR)捕获。FSR和FAR方面的其他信息将在12.4节中介绍。

在软件开发期间，程序错误也会导致错误异常。软件开发人员可以在调试期间利用FAR提供的信息确定软件方面的问题。

错误异常机制还提高了应用调试的安全性。例如，在开发马达控制系统时，可以在停止处理器进行调试前利用错误处理将马达关掉。

12.2 错误的原因

12.2.1 存储器管理(MemManage)错误

MemManage错误可由MPU配置定义的访问规则冲突引发。例如：

- 非特权任务试图访问只支持特权访问的存储器区域。

- 访问未在任何 MPU 区域中定义的存储器位置，私有外设总线(PPB)除外，其总可被特权代码访问。
- 写入被 MPU 定义为只读的存储器位置。

这些访问可以是程序执行、取出程序期间的数据访问或执行过程中的栈操作。对于触发了 MemManage 错误的取指，只有失败的程序位置进入执行阶段时才会触发错误。

对于在执行过程中由栈操作触发的 MemManage 错误：

- 若 MemManage 错误发生在异常入口压栈过程中，则会被称作压栈错误。
- 若 MemManage 错误发生在异常退出流程出栈过程中，则会被称作出栈错误。

当在 PERIPHERAL、DEVICE 或 SYSTEM 等永不执行(XN)区域执行程序代码时也会触发 MemManage 错误(参见 6.9 节)，即便不具有可选的 MPU 的 Cortex-M3 或 Cortex-M4 处理器，也会发生这种情况。

12.2.2 总线错误

总线错误可由存储器访问期间从处理器总线接口上收到的错误响应触发。例如：

- 取指(读)，在传统的 ARM 处理器中也被称作预取终止。
- 读数据或写数据，在传统的 ARM 处理器中也被称作数据终止。

另外，总线错误也可在异常处理流程的压栈和出栈过程中产生：

- 若总线错误发生在异常入口流程的压栈过程中，也被称作压栈错误。
- 若总线错误发生在异常退出流程的出栈过程中，也被称作出栈错误。

若取指令时产生了总线错误，只有错误的位置进入执行阶段时才会触发总线错误。若指令未进入执行阶段，则触发总线错误的跳转影子访问不会触发总线异常。

需要注意的是，若在取向量时返回了总线错误，则即便总线错误异常使能，HardFault 异常也会被触发。

存储器系统在以下条件下会返回错误响应：

- 处理器试图访问一个非法的存储器位置。此时，本次传输会被送到总线系统中一个名为默认从属的模块，该模块会返回错误响应并触发处理器中的总线错误异常。
- 设备未准备好接受某传输。例如，在未初始化 DRAM 控制器的情况下访问 DRAM 会触发总线错误，这是由设备决定的。
- 收到传输请求的总线从设备返回一个错误响应。例如，若总线从设备不支持传输的类型/大小或者外设不允许正在执行的操作，就会出现这种情况。
- 对私有外设总线(PPB)的非特权访问和默认的存储器访问权限相冲突(参见 6.8 节)。

总线错误可分为以下几类：

- 精确的总线错误。在存储器访问指令执行后错误异常立即产生。
- 不精确的总线错误。在存储器访问指令执行一段时间后才产生错误异常。

总线错误之所以会不精确，是因为处理器总线接口上存在写缓冲(见图 6.17)。当处理器将数据写到可缓冲的地址时(参见 6.9 节存储器访问属性以及 11.2.5 节 MPU 区域基本属性和大小寄存器等内容的描述)，即使本次传输需要几个周期才能完成，处理器也会继续执行下一条指令。

写缓冲可以提高处理器的性能，不过会给调试带来一定的难度，这是因为在总线错误异常被触发时，处理器可能已经执行了包括跳转指令在内的多条指令。若跳转目标可通过多条路径到达(见图 9.16),在没有指令跟踪的情况下(参见第 14 章相关知识),要确定错误的存储器访问发生的位置是非常困难的。为了方便这种情况下的调试,可以使用辅助控制寄存器中的 DISDEFWBUF 位禁止写缓冲(参见 9.9 节)。

对强序区域(如私有外设总线,PPB)的读操作和访问在 Cortex-M3 和 Cortex-M4 中总是精确的。

12.2.3 使用错误

使用错误异常可由多种情况引发:

- 未定义指令的执行(包括在浮点单元禁止时执行浮点指令)。
- 协处理器指令的执行。Cortex-M3 和 Cortex-M4 处理器不支持协处理器访问指令,不过可以利用使用错误机制来模拟对协处理器指令的支持。
- 试图切换至 ARM 状态。ARM7TDMI 等经典 ARM 处理器支持 ARM 和 Thumb 两种指令集,而 Cortex-M 处理器只支持 Thumb ISA。从经典 ARM 处理器移植过来的软件中可能会存在切换处理器到 ARM 状态的代码,软件可以利用该特性测试处理器是否支持 ARM 代码。
- 异常返回流程使用了非法的 EXC_RETURN 代码(参见 8.1.4 节了解 EXC_RETURN 代码的细节内容),如在异常仍然活跃时试图返回线程级(除了当前服务的异常)。
- 具有多加载或多存储指令的非对齐存储器访问(包括双字加载和双字存储,参见 6.6 节)。
- 在 SVC 的优先级不大于当前等级时执行 SVC。
- 异常返回时已出栈的 xPSR 具有中断可继续指令(ICI)位,不过异常返回后正在执行的指令并非多加载/存储指令。

可以设置配置控制寄存器(CCR,参见 9.8.4 节和 9.8.5 节)来为以下情况产生使用错误:

- 被零除
- 所有的非对齐访问

注意,Cortex-M4 支持的浮点指令不是协处理器指令(如 MCR 和 MRC,参见 5.6.15 节)。不过,让人不明白的是,使能浮点单元的寄存器叫作协处理器访问控制寄存器(CPACR,参见 9.10 节)。

12.2.4 HardFault

如图 12.1 所示,HardFault 异常可由可配置的错误异常触发。另外,HardFault 还可由以下情形触发:

- 在取向量期间收到总线错误。
- 连接了调试器(暂停调试未使能)且调试监控异常(参见 14.3 节)未使能时执行了断点(BKPT)指令。

注意 对于一些开发工具链,断点被调试器用来执行半主机的功能。例如,在执行 printf 操作时,处理器会执行 BKPT 指令并暂停,调试器检测到暂停后会检查寄存器状态和 BKPT 指令中的立即数。接下来调试器可以显示 printf 语句中的消息或消息中的字符。若未连接调试器,这种操作会导致 HardFault 并执行 HardFault 异常处理。

12.3 使能错误处理

可配置的错误异常默认是禁止的。可以通过系统处理控制和状态寄存器(SCB->SHCSR)来使能这些异常。注意，不要改变系统异常活跃状态的当前值，因为这样会引发错误异常。

12.3.1 MemManage 错误

可以按照下面的方式使能 MemManage 错误异常：

```
SCB->SHCSR |= SCB_SHCSR_MEMFAULTENA_Msk; //设置第 16 位
```

MemManage 错误异常处理的默认名称为(定义在 CMSIS-Core 中)：

```
void MemManage_Handler(void);
```

可以如下设置 MemManage 错误异常的优先级：

```
NVIC_SetPriority(MemoryManagement_IRQn, priority);
```

12.3.2 总线错误

可以按照下面的方式使能总线错误异常：

```
SCB->SHCSR |= SCB_SHCSR_BUSFAULTENA_Msk; //设置第 17 位
```

总线错误异常处理的默认名称为(定义在 CMSIS-Core 中)：

```
void BusFault_Handler(void);
```

可以如下设置总线错误异常的优先级：

```
NVIC_SetPriority(BusFault_IRQn, priority);
```

12.3.3 使用错误

可以按照下面的方式使能使用错误异常：

```
SCB->SHCSR |= SCB_SHCSR_USGFAULTENA_Msk; //设置第 18 位
```

使用错误异常处理的默认名称为(定义在 CMSIS-Core 中)：

```
void UsageFault_Handler(void);
```

可以如下设置使用错误异常的优先级：

```
NVIC_SetPriority(UsageFault_IRQn, priority);
```

12.3.4 HardFault

HardFault 处理无须使能，它总是可用的且具有固定的异常优先级－1。HardFault 的异常处理为(定义在 CMSIS-Core 中)：

```
void HardFault_Handler(void);
```

12.4 错误状态寄存器和错误地址寄存器

12.4.1 简介

Cortex-M3 和 Cortex-M4 处理器具有可用于错误分析的多个寄存器,它们可被错误异常处理代码使用。有些情况下,运行在调试主机上的调试器软件也可以用它们来显示错误状态。表 12.1 对这些寄存器进行了总结,且只能在特权状态访问这些寄存器。

表 12.1 错误状态寄存器

地址	寄存器	CMSIS-Core 符号	功 能
0xE000ED28	可配置错误状态寄存器	SCB->CFSR	可配置错误的状态信息
0xE000ED2C	硬件错误状态寄存器	SCB->HFSR	硬件错误的状态
0xE000ED30	调试错误状态寄存器	SCB->DFSR	调试事件的状态
0xE000ED34	MemManage 错误状态寄存器	SCB->MMFAR	如果存在,表示触发 MemManage 错误时访问的地址
0xE000ED38	总线错误状态寄存器	SCB->BFAR	如果存在,表示触发总线错误时访问的地址
0xE000ED3C	辅助错误状态寄存器	SCB->AFSR	设备定义的错误状态

可配置错误状态寄存器(CFSR)可被进一步分为三个部分,如表 12.2 和图 12.2 所示。除了可以按照 32 位字的形式访问 CFSR,每个部分还可以通过字和半字传输进行访问。CMSIS-Core 没有对拆分后的 MMSR、BFSR 和 UFSR 定义相应的符号。

表 12.2 可配置错误状态寄存器(SCB->CFSR)可分为三类

地址	寄存器	大小	功 能
0xE000ED28	MemManage 错误状态寄存器(MFSR)	字节	MemManage 错误的状态信息
0xE000ED29	总线错误状态寄存器(BFSR)	字节	总线错误的状态
0xE000ED2A	使用错误状态寄存器(UFSR)	半字	使用错误的状态

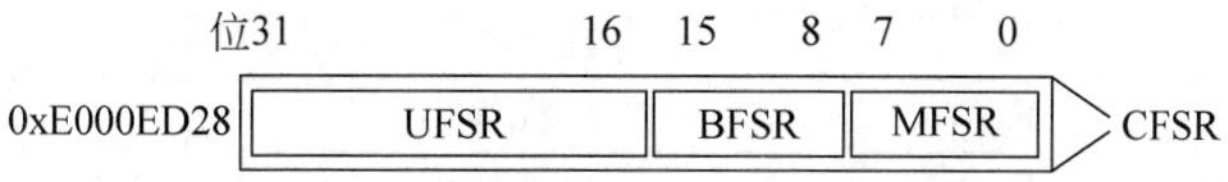

图 12.2 可配置错误状态寄存器的划分

12.4.2 MemManage 错误信息

MemManage 错误状态寄存器的编程模型如表 12.3 所示。

表 12.3 存储器管理错误状态寄存器(SCB->CFSR 的最低字节)

位	名称	类型	复位值	描 述
7	MMARVALID	—	0	表明 MMFAR 合法
6	—	—	—(读出为 0)	保留

续表

位	名称	类型	复位值	描　述
5	MLSPERR	R/Wc	0	浮点惰性压栈错误(只在具有浮点单元的 Cortex-M4 中存在)
4	MSTKERR	R/Wc	0	压栈错误
3	MUNSTKERR	R/Wc	0	出栈错误
2	—	—	—	—
1	DACCVIOL	R/Wc	0	数据访问冲突
0	IACCVIOL	R/Wc	0	指令访问冲突

当错误产生时，每个错误指示状态位(不包括 MMARVALID)都会置位，且在将 1 写入寄存器前都会保持为高。

若 MMFSR 表示错误为数据访问冲突(DACCVIOL 为 1)或指令访问冲突(IACCVIOL 为 1)，则产生错误的代码可由栈帧中的程序计数器定位。

若 MMARVALID 位为 1，则还可以利用 MemManage 错误地址寄存器(SCB->MMFAR)确定引发错误的存储器地址。

在压栈、出栈和惰性压栈期间(见 8.3.6 节和 13.3 节)出现的 MemManage 错误相应地由 MSTKERR、MUNSTKERR 和 MLSPERR 表示。

12.4.3 总线错误信息

总线错误状态寄存器的编程模型如表 12.4 所示。当错误产生时每个错误状态指示位(不包括 BFARVALID)都会置位，而且会在将 1 写入这个寄存器前一直保持为高。

表 12.4　总线错误状态寄存器(SCB->CFSR 的第二个字节)

位	名称	类型	复位值	描　述
15	BFARVALID	—	0	表明 BFAR 合法
14	—	—	—	—
13	LSPERR	R/Wc	0	浮点惰性压栈错误(具有浮点单元的 Cortex-M4 中存在)
12	STKERR	R/Wc	0	压栈错误
11	UNSTKERR	R/Wc	0	出栈错误
10	IMPRECISERR	R/Wc	0	不精确的数据访问冲突
9	PRECISERR	R/Wc	0	精确的数据访问冲突
8	IBUSERR	R/Wc	0	指令访问冲突

IBUSERR 表示总线错误由取指令期间的错误引发。PRECISERR 和 IMPRECISERR 都用于数据访问。PRECISERR 表示精确的总线错误(参见 12.3.2 节)，错误的指令地址可以通过栈中的程序计数器数值确定。错误的数据访问的地址也会被写入总线错误地址寄存器(SCB->BFAR)。不过，错误处理仍然应该在读取 BFAR 后检查 BFARVALID 是否依然为 1。

若总线错误不精确(IMPRECISERR 为 1)，则压栈的程序计数器无法反映错误指令的地址，而且错误传输的地址也不会显示在 BFAR 中。

在压栈、出栈和惰性压栈期间（见 8.3.6 节和 13.3 节）出现的总线错误相应地由 STKERR、UNSTKERR 和 LSPERR 表示。

12.4.4 使用错误信息

使用错误状态信息寄存器的编程模型如表 12.5 所示。

表 12.5　使用错误状态寄存器（SCB->CFSR 的高半字）

位	名称	类型	复位值	描　　述
25	DIVBYZERO	R/Wc	0	表明发生了被 0 除（只有 DIV_0_TRP 置位时才会置位）
24	UNALIGNED	R/Wc	0	表明产生了非对齐访问错误
23:20	—	—	—	—
19	NOCP	R/Wc	0	试图执行协处理器指令
18	INVPC	R/Wc	0	试图执行 EXC_RETURN 错误的异常
17	INVSTATE	R/Wc	0	试图切换到错误的状态（如 ARM）
16	UNDEFINSTR	R/Wc	0	试图执行未定义的指令

当错误产生时每个错误状态指示位都会置位，而且会在将 1 写入这个寄存器前一直保持为高。

附录 I 列出了每种使用错误的崩溃原因。

12.4.5 HardFault 状态寄存器

硬件错误状态寄存器的编程模型如表 12.6 所示。

表 12.6　硬件错误状态寄存器（0xE000ED2C，SCB->HFSR）

位	名称	类型	复位值	描　　述
31	DEBUGEVT	R/Wc	0	表明硬件错误由调试事件触发
30	FORCED	R/Wc	0	表明硬件错误由于总线错误、存储器管理错误或使用错误而产生
29:2	—	—	—	—
1	VECTBL	R/Wc	0	表明硬件错误由取向量失败引发
0	—	—	—	—

HardFault 处理可以使用这个寄存器确定 HardFault 是否由可配置错误引起，若 FORCED 置位，则表示 HardFault 是由一个可配置错误引起，并且应该检查 CFSR 的值以确定错误的原因。

与其他的错误状态寄存器类似，当错误产生时每个错误状态指示位都会置位，而且会在将 1 写入这个寄存器前一直保持为高。

12.4.6 调试错误状态寄存器（DFSR）

与其他错误状态寄存器不同，DFSR 是为运行在调试主机（如个人计算机）上的调试器软件等调试工具或运行在微控制器上的调试代理软件设计的，用于确定产生了何种调试事件。

调试错误状态寄存器的编程模型如表 12.7 所示。

表 12.7　调试错误状态寄存器(0xE000ED30，SCB->DFSR)

位	名称	类型	复位值	描　　述
31:5	—	—	—	保留
4	EXTERNAL	R/Wc	0	表示调试事件由外部信号引起(EDBGRQ 信号为处理器的输入，一般用于多处理器设计中的同步调试)
3	VCATCH	R/Wc	0	表示调试事件由取向量引起，且是可编程的，处理器可以在进入包括复位在内的特定系统异常时自动暂停
2	DWTTRAP	R/Wc	0	表示调试事件由监视点引起
1	BKPT	R/Wc	0	表示调试事件由断点引起
0	HALTED	R/Wc	0	表示处理器被调试器请求(包括单步)暂停

与其他的错误状态寄存器类似，当错误产生时每个错误状态指示位都会置位，而且会在将1写入这个寄存器前一直保持为高。

12.4.7　错误地址寄存器 MMFAR 和 BFAR

当 MemManage 错误或总线错误产生时，或许可以利用 MMFAR 或 BFAR 寄存器确定触发错误的传输地址。

MMFAR 寄存器的编程模型如表 12.8 所示。

表 12.8　存储器管理错误地址寄存器 MMFAR(0xE000ED34，SCB->MMFAR)

位	名称	类型	复位值	描　　述
31:0	ADDRESS	R/W	无法预测	当 MMARVALID 数据为 1 时，该域中存放产生存储器管理错误的地址值

BFAR 寄存器的编程模型如表 12.9 所示。

表 12.9　总线错误地址寄存器 BFAR(0xE000ED38，SCB->BFAR)

位	名称	类型	复位值	描　　述
31:0	ADDRESS	R	无法预测	当 BFARVALID 数据为 1 时，该域中存放产生总线错误的地址值

在 Cortex-M3 和 Cortex-M4 处理器中，MMFAR 和 BFAR 共用相同的物理硬件，这样可以减小处理器的硅片面积，所以在同一时刻，MMARVALID 和 BFARVALID 中只会有一个为 1。因此，若由于产生了新异常，一个错误异常被其他的抢占，MMFAR 或 BFAR 的数值可能会变非法。要确保错误处理获得准确的错误地址信息，应该首先读取 MMFAR(用于 MemManage 错误)或 BFAR(用于总线错误)的数值，然后读取 MMFSR(用于 MemManage 错误)或 BFSR(用于总线错误)的数值，确认 MMARVALID 或 BFARVALID 是否仍然为 1，若为 1，则错误地址合法。

注意，若为非对齐访问错误，则 MMFAR 中的地址为产生错误的实际地址。非对齐传输会被处理器拆分为多个对齐传输，而且 MMFAR 可能会为这些对齐传输地址区域内的任意值。对于 BFARVALID 置位的总线错误，BFAR 表示指令请求的地址，不过可能会和实际错误的地址不同。例如，对于具有合法 64KB SRAM 地址 0x20000000～0x2000FFFF 的系统，对 0x2000FFFF 的字访问可能会在第二个半字地址 0x20010000 处出错。在这种情况下，

BFAR 为 0x2000FFFE,仍然处于合法的地址区域。

12.4.8 辅助错误状态寄存器

Cortex-M3 处理器从 r2p0 版本开始具有 AFSR,允许芯片设计者增加自己的错误状态信息。AFSR 寄存器的编程模型如表 12.10 所示。

表 12.10 辅助错误状态寄存器(0xE000ED3C,SCB->AFSR)

位	名称	类型	复位值	描述
31:0	供应商控制	R/W	0	供应商的错误状态

与其他的错误状态寄存器类似,当错误产生时每个错误状态指示位都会置位,而且会在将 1 写入这个寄存器前一直保持为高。

处理器接口上存在一个 32 位的输入(AUXFAULT),芯片设计者可将其连接到多种设备以产生错误事件,如图 12.3 所示。

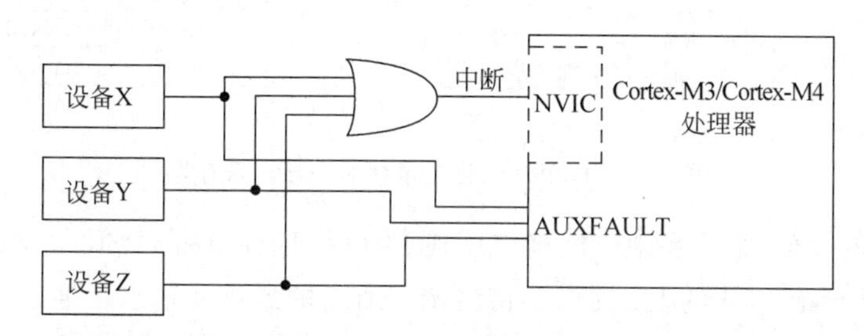

图 12.3 其他的错误源通过 AUXFAULT 和中断连接到处理器

当错误事件在这些设备中产生时,它会触发中断,而且中断处理可以利用 AFSR 确定产生错误的设备。虽然该功能不是针对普通中断处理设计的,利用软件确定错误的原因也不会有什么问题。

12.5 分析错误

在软件开发阶段也可能会碰上错误异常。有些情况下,查找错误的原因可能会比较麻烦。多数情况下,错误状态寄存器和错误地址寄存器提供的信息非常有用。另外,利用各种技术和工具可以获取到更多信息,其中包括:

- 栈跟踪。在触发错误异常后,可以利用断点硬件或手动插入断点指令,来暂停处理器并检查处理器的状态和存储器内容。除了当前寄存器的数值,还可以查看包括程序计数器在内的压栈寄存器。通过压栈 PC 和错误状态寄存器的数值,一般很快就可以确定问题的原因。
- 事件跟踪。通过 Cortex-M3 和 Cortex-M4 处理器中的事件跟踪,可以利用低成本的调试器收集异常的历史信息。异常跟踪可以通过单针串行线输出引脚(参见第 14 章)输出。若程序运行失败和异常处理有关,则事件跟踪特性会在失败前让你看到产生了哪个异常,因此可以更快地定位问题。
- 指令跟踪。使用嵌入式跟踪宏单元(ETM)来收集已执行指令方面的信息,并且供调试器使用以确定失败前的处理器操作。这要求调试器具有跟踪端口捕捉功能。

对于典型的栈跟踪操作，可以在 HardFault 处理（或者其他正在使用的可配置处理）开头处添加一个断点。当错误发生时，处理器会进入错误处理并暂停。

首先，需要确定产生错误时正在使用的是哪个栈指针。对于未使用 OS 的多数应用，只会用到主栈指针（MSP）。不过，若应用使用了 PSP，如图 12.4 所示，则需要检查链接寄存器（LR）的第 2 位来确定实际使用的 SP。

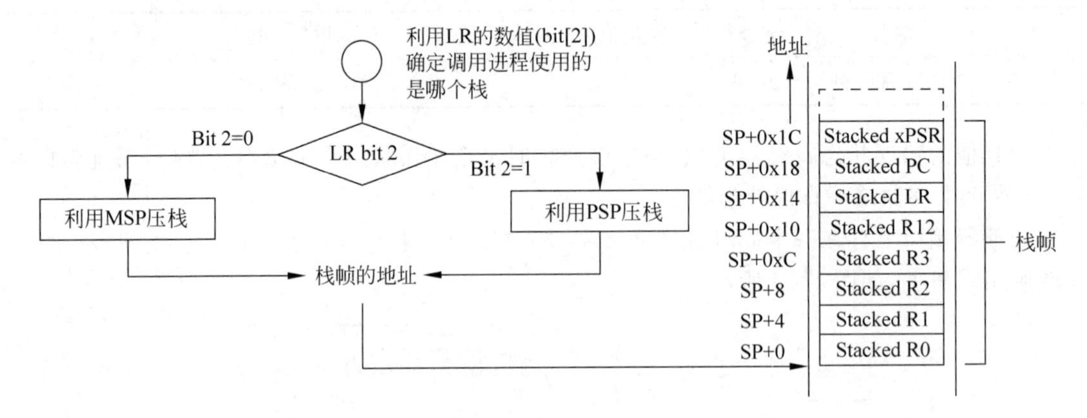

图 12.4 栈跟踪流程定位栈帧和压栈寄存器

利用栈指针的数值，很容易地就能确定压栈 PC（返回地址）和 xPSR 等寄存器：

- 许多情况下，已压栈的 PC 提供了错误调试所需的最重要信息。通过工具链中由程序映像生成的反汇编代码，可以很轻松地找出错误产生的位置，并且从错误状态寄存器和当前及压栈的寄存器中获得失败的信息。
- 已压栈的 xPSR 可用于确定错误产生后处理器是否处于处理模式，以及是否存在往 ARM 状态的切换（若 EPSR 中的 T 位清零，则试图切换至 ARM 状态）。

最后，进入处理模式时的 LR 数值可能也会提供错误原因方面的信息。若错误是由非法的 EXC_RETURN 数值引起，则进入错误处理时的 LR 为错误产生时的 LR 数值。错误处理可以显示出错误时的 LR 数值，这样编程人员可以利用该信息确定返回值是否合法。

对于一些调试工具，调试器软件中存在一些可以方便用户访问错误状态信息的特性。例如，若使用 Keil MDK-ARM，如图 12.5 所示，则可以利用“错误报告”窗口查看错误状态寄存器。要使用这个功能，可以选择“Peripherals（外设）”→“Core Peripherals（内核外设）”→“Fault Reports（错误报告）”。

调试器的各种跟踪特性也可以提供应用代码中问题原因的信息，第 14 章有这方面更多的信息。Keil 网站上还有调试错误异常方面的应用笔记：应用笔记 209“使用 Cortex-M3 和 Cortex-M4 的错误异常”（http://www.keil.com/appnotes/docs/apnt_209.asp）。

其他的调试工具也会提供有助于错误分析的调试特性。例如，Atollic TrueStudio 的调试器具有一种错误分析器特性，它会从处理器中提取错误状态寄存器等信息，以确定错误的原因。

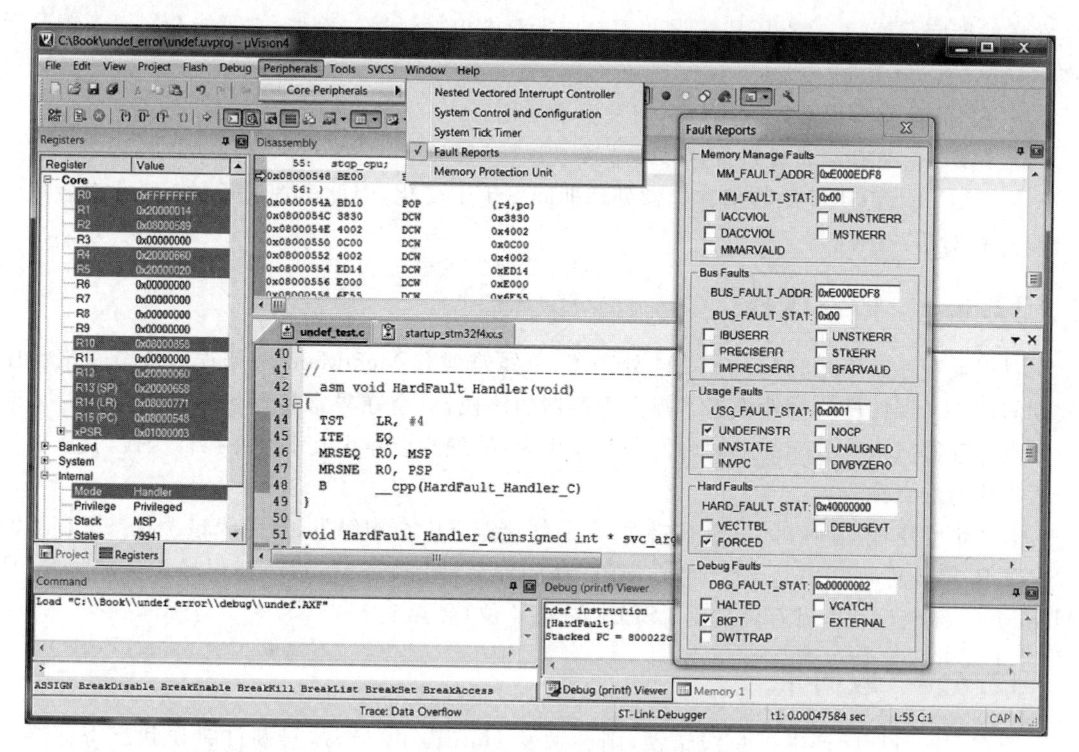

图 12.5 Keil MDK-ARM 中显示错误状态寄存器的错误报告窗口

12.6 异常处理相关的错误

有些情况下，错误可能会在异常处理期间产生。最常见的是栈设置不正确。例如，预留的栈空间太小导致栈空间溢出。本节将会介绍可能出现的问题情况以及可能触发的异常。

12.6.1 压栈

在进入异常期间，多个寄存器被压入栈中，此时若存储器系统返回了一个错误的响应，则会触发总线错误，或者若设置了 MPU 且栈超出了分配的存储器空间，则会触发 MemManage 错误。

若收到了总线错误，总线错误状态寄存器(BFSR)中的 STKERR 位(第 4 位)会置位。若检测到 MPU 冲突，MemManage 错误状态寄存器中的 MSTKERR(第 4 位)会指示出本次错误。

12.6.2 出栈

在异常退出期间，处理器通过读回栈帧中的数值将寄存器恢复。若存储器系统返回了错误的响应，则也可能会触发总线错误，或者若 MPU 检测到访问冲突则是 MemManage 错误。

若收到了总线错误，总线错误状态寄存器(BFSR)中的 UNSTKERR 位(第 3 位)会置位。若检测到 MPU 冲突，MemManage 错误状态寄存器中的 MUNSTKERR(第 3 位)会指示出本次错误。

没有压栈错误则一般是不会有出栈错误的。若栈指针(SP)的数值不对，则错误大多会发生在压栈期间。不过，没有压栈错误并不一定就没有出栈错误。例如，它可能会在以下情况下产生：

- SP 的数值在异常处理执行期间发生了变化。
- MPU 配置在异常处理期间发生了变化。
- EXC_RETURN 的数值在异常处理期间发生了变化，因此出栈时用的 SP 可能会和压栈时用的不同。

12.6.3 惰性压栈

对于具有浮点单元的 Cortex-M4 处理器，总线错误和 MemManage 错误可能会在惰性压栈期间产生。惰性压栈特性推迟了浮点寄存器的压栈，只会在异常处理使用浮点单元时才会将浮点寄存器压入已分配的空间中。当其发生时，处理器会停止流水线并执行压栈，在压栈完成后再执行浮点指令。

若在惰性压栈期间收到了总线错误，则总线错误异常会被触发，且总线错误状态寄存器的 LSPERR（第 5 位）会置 1。若产生了 MPU 访问冲突，则 MemManage 错误异常会被触发，且 MemManage 错误状态寄存器的 MLSPERR（第 5 位）会置 1。

12.6.4 取向量

若在取向量期间产生了总线错误，则会触发 HardFault 异常，且硬件错误状态寄存器的 VECTTBL（第 1 位）会指示出本次错误。MPU 总是允许取向量，因此也就不会造成 MPU 访问冲突。若取向量时产生了错误，则需要查看 VTOR 的数值，确认向量表是否位于正确的地址区域。

若异常向量的 LSB 为 0，则其表示试图切换至 ARM 状态（使用 ARM 指令而不是 Thumb 指令），而这在 Cortex-M 处理器中是不支持的，若非要这么做，处理器会在异常处理器的第一条指令处触发使用错误，同时使用错误状态寄存器的 INVSTATE 位（第 1 位）置 1 以指示本次错误。

12.6.5 非法返回

若 EXC_RETURN 数值非法或同处理器的状态不匹配（如利用 0xFFFFFFF1 返回线程模式），则会触发使用错误。根据错误的实际原因，使用错误状态寄存器的 INVPC（第 2 位）或 INVSTATE 位（第 1 位）会置位。

12.6.6 优先级和压栈或出栈错误

可配置错误处理具有可编程的优先级。若错误产生时，当前优先级大于等于相应的可配置错误处理，则错误事件会被提升为 HardFault 异常，其优先级固定为－1。

若在异常流程中产生了压栈或出栈错误，则当前优先级取决于被打断进程/任务的优先级，如图 12.6 所示。

若总线错误或 MemManage 错误异常的优先级不大于当前优先级，则会首先执行 HardFault 异常。

若总线错误或 MemManage 错误异常已使能且优先级大于当前等级以及待处理异常的优先级，则总线错误或 MemManage 错误异常会首先执行。

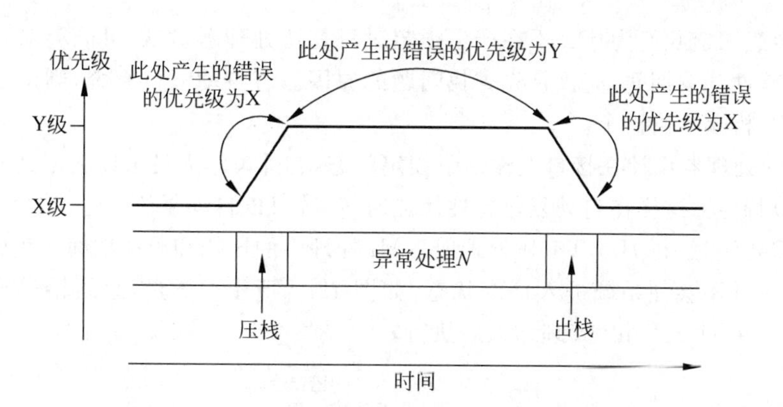

图 12.6　压栈和出栈时的优先级

若总线错误或 MemManage 错误异常已使能且优先级介于当前等级和待处理异常的优先级之间，则待处理异常会首先执行，总线错误或 MemManage 错误异常稍后执行。

12.7　锁定

12.7.1　什么是锁定

当出现错误时，就会有一个错误处理被触发。若另一个错误发生在某可配置错误处理中，则或者触发另一个可配置的错误处理（若本错误和另一个错误处理不同，且优先级大于当前等级）或者触发 HardFault 并执行。不过，若在 HardFault 处理中产生了另外一个错误呢（这种情况非常不幸，不过有可能会发生）？此时，锁定就会出现。

锁定会在以下情形中产生：

- 在 HardFault 或 NMI（不可屏蔽中断）异常处理期间产生了错误。
- 在 HardFault 或 NMI 异常取向量期间产生了总线错误。
- 试图在 HardFault 和 NMI 异常处理中执行 SVC 指令。
- 启动流程中取向量。

在锁定期间，处理器停止程序执行并输出一个名为 LOCKUP 的信号。这个信号的实际使用取决于微控制器的设计，有时它会被用于自动产生复位。若锁定由总线系统的错误响应引起，则处理器可能会连续地重试访问，或者若错误是不可恢复的，则它可能会强制将程序计数器置为 0xFFFFFFFX 并从此处取指。

若锁定由 HardFault 处理中的错误事件引发（双重错误的情形），则处理器的优先级会处于－1，此时处理器还可能会响应 NMI（优先级为－2）并执行 NMI 处理。不过在 NMI 处理结束后，它还会返回锁定状态并将优先级重置为－1。

退出锁定状态的方法有多种：

- 系统复位或上电复位。
- 调试器暂停处理器并清除错误（例如，复位或清除当前异常处理状态、将程序计数器更新为新的起点等）。

一般来说，系统复位是最好的办法，因为它可以确保外设和所有的中断处理逻辑返回到复位状态。

你可能会想知道我们为什么不在产生锁定时只复位处理器，这样可能会对自生系统很有帮助，不过在软件开发期间，应该首先查找问题的原因。若自动复位系统，则由于硬件状态的变化，就无法分析哪里出错了。

Cortex-M 处理器设计往接口上输出了锁定状态，芯片设计人员可以利用其实现一种可编程的自动复位特性。这样在自动复位特性使能时，系统可以自动复位。

有一点需要注意，在 HardFault 处理或 NMI 处理中的压栈和出栈期间产生的总线错误或 MPU 访问冲突并不会使系统进入锁定状态，如图 12.7 所示。不过，总线错误异常可能会进入挂起状态，并在 HardFault 处理结束后执行。

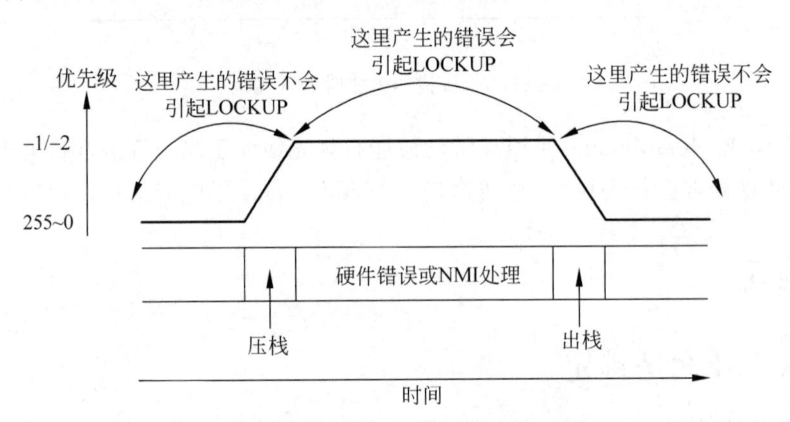

图 12.7　只有在硬件错误或 NMI 处理期间产生的错误才会引起锁定

12.7.2　避免锁定

对于一些应用，避免锁定是很重要的，因此在开发 HardFault 处理和 NMI 处理时应该格外小心。例如，除非确认栈指针处于合法的存储器范围内，就不要进行栈存储器的访问。例如，若 HardFault 处理的开头有压栈操作且 MSP(主栈指针)被破坏并指向了非法的存储器位置，则可能会在 HardFault 处理刚开始时就进入了锁定状态：

```
HardFault_Handler
    PUSH {R4 - R7,LR};没确认安全就不要使用栈
    ...
```

即使栈指针指向合法的地址区域，若可用的栈比较少，则仍需减少 HardFault 和 NMI 处理对栈的使用。

由于 C 代码中可能会被 C 编译器插入栈操作，在注重安全性的系统中，在调用 C 代码实现的错误处理前，可以利用错误处理的汇编包装代码来检查 MSP 是否指向合法的区域，如图 12.8 所示。

开发 HardFault 和 NMI 处理的一种方法为，只在异常处理内执行关键任务，错误报告等其他任务则可以在 PendSV 等异常挂起后处理。这样可以确保 HardFault 和 NMI 处理的体积小且健壮。

另外，还应确保 NMI 和 HardFault 处理代码中没有使用 SVC 指令。由于 SVC 的优先级总是低于 HardFault 和 NMI，在这些异常处理中使用 SVC 会导致锁定。这看起来可能很简单，不过当应用变得复杂后，可能会在 NMI 和 HardFault 处理中调用不同文件里的函数，这些

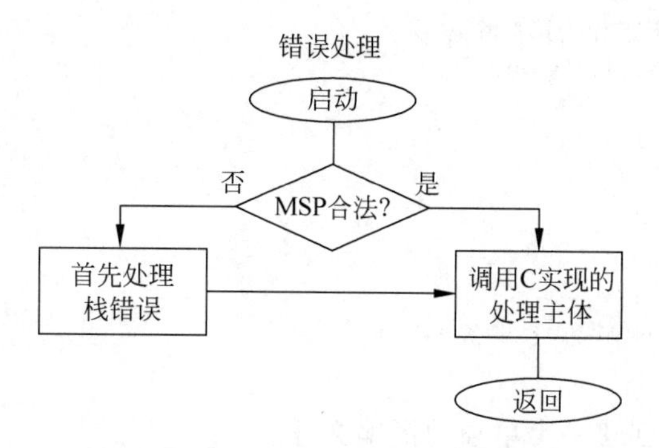

图 12.8　错误处理中增加对 SP 数值的检查

函数中可能就会有 SVC 指令。因此，在开发带有 SVC 的软件前，需要仔细规划 SVC 服务的设计。

12.8　错误处理

12.8.1　用于调试的 HardFault

错误处理中可以执行多个功能。例如：

- 安全关闭系统。
- 报告错误。
- 自复位。
- 执行修复措施（如果可能的话）。
- 对于 OS 环境，触发错误的任务可被终止并重启。
- 可以选择清除错误状态寄存器中的错误状态。若错误处理执行修复措施并继续正常操作，则其应被包含在错误处理中。

这些任务的实现大多是和应用相关的。自复位操作已经在 9.6 节中介绍过了，下面来看一下错误信息的报告。最常见的方法为创建如下所述的 HardFault 处理：

- 报告 HardFault 的出现。
- 报告错误状态寄存器和错误地址寄存器的数值。
- 报告栈帧中的其他信息。

下面为一个 HardFault 处理的例子。它假定已经有了显示 C 函数 printf 打印消息的方法（参见第 18 章以了解更多细节）。在 12.5 节中已经介绍过了，需要检查 EXC_RETURN 的数值以确定压栈使用的是 MSP 还是 PSP。

为了从 LR 中提取出 EXC_RETURN 的数值并从 MSP/PSP 定位栈帧的起始地址，需要一段简短的汇编包装代码。它会提取出栈帧的起始地址并将其传递给 HardFault 的第二部分，那部分是用 C 实现的。该包装还将 EXC_RETURN 数值传递为第二个参数：

```
/* 汇编包装代码,用于 Keil MDK,ARM 编译工具链
(包括 DS - 5 Professional 和 RealView Development Suite) */
//------------------------------------------------------------------------
//汇编实现的硬件错误处理包装
//提取栈帧的位置并将其作为指针传递给 C 实现的处理
```

```
//还会将 LR 数值提取出来作为第二个参数
_asm void HardFault_Handler(void)
{
    TST         LR, #4
    ITE         EQ
    MRSEQ       R0, MSP
    MRSNE       R0, PSP
    MOV         R1, LR
    B           _cpp(HardFault_Handler_C)
}
```

对于 gcc 用户，可以创建一个单独的汇编文件：

```
/* gcc 的汇编文件 */
.text
.syntax unified
.thumb
.type HardFault_Handler, %function
.global HardFault_Handler
.global HardFault_Handler_c
HardFault_Handler:
  tst          lr, #4
  ite          eq
  mrseq        r0, msp /* 压栈使用 MSP */
  mrseq        r0, psp /* 压栈使用 PSP */
  mov          r1, lr /* 第二个参数 */
  ldr          r2, = HardFault_Handler_c
  bx           r2
  .end
```

对于 IAR Embedded Workbench 的用户（感谢 Cortex-M 用户将本例移植到 IAR 并传到了网上）：

```
//IAR Embedded Workbench 用的汇编包装
//-----------------------------------------------------------------------
//汇编实现的硬件错误处理包装
//提取栈帧的位置并将其作为指针传递给 C 实现的处理
//还会将 LR 数值提取出来作为第二个参数
void HardFault_Handler(void)
{
    _asm("TST LR, #4");
    _ASM("ITE EQ");
    _ASM("MRSEQ R0, MSP");
    _ASM("MRSNE R0, PSP");
    _ASM("MOV R1, LR");
    _ASM("B HardFault_Handler_C");
}
```

HardFault 处理的第二部分是用 C 实现的，它将错误状态寄存器、错误地址寄存器和栈帧中的内容显示了出来：

```
//C 实现的 HardFault 的第二部分
void HardFault_Handler_C(unsigned long * hardfault_args, unsigned int lr_value)
{
    unsigned long stacked_r0;
    unsigned long stacked_r1;
```

```
    unsigned long stacked_r2;
    unsigned long stacked_r3;
    unsigned long stacked_r12;
    unsigned long stacked_lr;
    unsigned long stacked_pc;
    unsigned long stacked_psr;
    unsigned long cfsr;
    unsigned long bus_fault_address;
    unsigned long memmanage_fault_address;
    bus_fault_address = SCB->BFAR;
    memmanage_fault_address = SCB->MMFAR;
    cfsr = SCB->CFSR;
    stacked_r0 = ((unsigned long) hardfault_args[0]);
    stacked_r1 = ((unsigned long) hardfault_args[1]);
    stacked_r2 = ((unsigned long) hardfault_args[2]);
    stacked_r3 = ((unsigned long) hardfault_args[3]);
    stacked_r12 = ((unsigned long) hardfault_args[4]);
    stacked_lr = ((unsigned long) hardfault_args[5]);
    stacked_pc = ((unsigned long) hardfault_args[6]);
    stacked_psr = ((unsigned long) hardfault_args[7]);
    printf ("[HardFault]\n");
    printf ("- Stack frame:\n");
    printf (" R0 = %x\n", stacked_r0);
    printf (" R1 = %x\n", stacked_r1);
    printf (" R2 = %x\n", stacked_r2);
    printf (" R3 = %x\n", stacked_r3);
    printf (" R12 = %x\n", stacked_r12);
    printf (" LR = %x\n", stacked_lr);
    printf (" PC = %x\n", stacked_pc);
    printf (" PSR = %x\n", stacked_psr);
    printf ("- FSR/FAR:\n");
    printf (" CFSR = %x\n", cfsr);
    printf (" HFSR = %x\n", SCB->HFSR);
    printf (" DFSR = %x\n", SCB->DFSR);
    printf (" AFSR = %x\n", SCB->AFSR);
    if (cfsr & 0x0080) printf (" MMFAR = %x\n", memmanage_fault_address);
    if (cfsr & 0x8000) printf (" BFAR = %x\n", bus_fault_address);
    printf ("- Misc\n");
    printf (" LR/EXC_RETURN= %x\n", lr_value);
    while(1); //死循环
}
```

需要注意的是,若栈指针未指向合法的存储器区域(如由于栈溢出等),则本处理可能无法正常工作,并会影响所有的C代码,因为基本上所有的C函数都需要栈空间。为了方便这种情况的调试,还可以生成反汇编代码列表文件以定位问题所在。

若BFARVALID或MMARVALID为1,则BFAR和MMFAR的数值可能会保持不变。不过,若在本次错误处理期间产生了新的错误,则BFAR和MMFAR的数值可能会被清除。为了确保所访问的错误地址的合法性,应该使用下面的步骤:

(1) 读取BFAR/MMFAR。

(2) 读取CFSR以获取BFARVALID或MMARVALID。若数值为0,则所访问的BFAR或MMFAR的数值可能是非法的,因此可以丢弃。

(3) 可以选择清除BFARVALID或MMARVALID。

不过，若执行了下面的流程，则可能会得到不正确的错误地址：

(1) 读取 BFARVALID/MMARVALID。

(2) 检查合法标志是否置位，然后读取 BFAR 或 MMFAR。

(3) 刚好在读取 BFAR 或 MMFAR 前产生了一个更高优先级的异常处理，则更高优先级的异常处理会产生另一个错误。

(4) 另一个错误处理被触发，这样会清除 BFARVALID 或 MMARVALID，这就意味着 BFAR 和 MMFAR 中的数值不会保持不变，而是会丢失。

(5) 在返回到最初的错误处理后，BFAR 或 MMFAR 中的数值被读出，现在该数值是非法的，会导致错误报告中的信息错误。

因此，首先读取 BFAR 或 MMFAR，然后读取 CFSR 中的 BFARVALID 和 MMARVALID 是很重要的。

12.8.2 错误屏蔽

在可配置的错误处理中，若有必要，可以设置 FAULTMASK：

- 禁止所有中断，以便处理器在不被打断的情况下执行修复措施（注意处理器仍可能会被 NMI 异常打断）。
- 禁止/使能可配置错误处理以旁路 MPU，并忽略总线错误（参见 9.8.3 节中配置控制寄存器中的 BFHFNMIGN 位）。

利用这些特点，不管存储器位置是否合法，都可以试着访问可配置的错误处理。

FAULTMASK 还可以在错误处理外使用。例如，若某软件需要运行在具有不同 SRAM 大小的多个微控制器上，则可以使用 FAULTMASK 禁止总线错误，然后执行 RAM 读—写测试以检测运行时可用的 RAM 大小。

12.9 其他信息

12.9.1 运行具有两个栈的系统

在第 10 章介绍了可用于 OS 的影子栈指针特性。对于没有嵌入式 OS 的系统，双栈设计还有另外一种用途：线程模式和处理模式使用的栈的分离有助于栈问题的调试，而且即使线程模式的栈指针被破坏且指向非法的位置，异常处理（其中包括错误处理）也可以正常运行，这对于注重安全性的系统非常关键。

要实现这个目的，需要让线程模式代码从 MSP（主栈指针）切换为使用 PSP（进程栈指针），在复位处理中实现的话相对简单些。例如，对于 Keil MDK-ARM，可以在启动代码中为处理模式预留额外的栈空间，并在复位处理中相应设置 MSP、PSP 和 CONTROL 寄存器。可能还需要在启动代码结束时更新_user_initial_stackheap 函数。

```
; 修改启动代码文件(用于 Keil MDK - ARM) 使线程模式切换使用 PSP
Handler_Stack_Size EQU 0x00000200
Thread_Stack_Size EQU 0x00000400
AREA STACK, NOINIT, READWRITE, ALIGN = 3
Handler_Stack_Mem SPACE Handler_Stack_Size
_initial_handler_sp
```

```
Thread_Stack_Mem SPACE Thread_Stack_Size
_initial_sp
...
; 复位处理
Reset_Handler PROC
    EXPORT Reset_Handler [WEAK]
    IMPORT SystemInit
    IMPORT _main
    LDR R0, = _initial_sp
    MSR PSP, R0
    LDR R0, = _initial_handler_sp
    MSR MSP, R0
    MOVS R0, #2; 设置 SPSEL 位
    MSR CONTROL, R0 ;目前线程模式使用 PSP
    ISB
    LDR R0, = SystemInit
    BLX R0
    LDR R0, = _main
    BX R0
    ENDP
...
_user_initial_stackheap
    LDR R0, = Heap_Mem
    LDR R1, = (Thread_Stack_Mem + Thread_Stack_Size)
    LDR R2, = (Heap_Mem + Heap_Size)
    LDR R3, = Thread_Stack_Mem
    BX LR
```

这段代码还可以用C实现,不过切换栈指针会稍微复杂些,这是因为栈中可能存在已经初始化且稍后会使用的局部变量,最好不要在C程序启动后修改当前栈指针。要解决这个问题,需要将PSP修改为栈的当前位置(如MSP的当前值),在切换CONTROL寄存器中的SPSEL位后将MSP移到为处理栈预留的存储器空间。例如,可以将处理栈用的存储器空间声明为静态存储器数组。

使能线程模式使用进程栈PSP的C代码示例

```
uint64_t Handler_Stack[128];                                     //处理栈 = 128×8 = 1024 字节
int main(void) {
uint32_t tmp;
...
tmp = (uint32_t)(Handler_Stack) + (sizeof Handler_Stack); //获得栈顶
_set_PSP(_get_MSP());                                    //将 PSP 设置为 MSP 数值
_set_CONTROL(_get_CONTROL()|0x2);                        //设置 SPSEL, 不要修改其他位
_ISB();                                                  //CONTROL 改变后执行 ISB(架构推荐)
_set_MSP(tmp);                                           //将 MSP 指向处理栈
...
```

对于具有浮点单元的Cortex-M4,由于浮点单元可能已经被激活且使用了,CONTROL寄存器的第2位有可能已经置位。因此,在设置CONTROL寄存器中的SPSEL位时,需要执行读—修改—写的流程,避免意外清除FPCA位。

12.9.2 检测栈溢出

软件失败的一个常见原因为栈溢出。一般来说,要避免这种情况,软件开发人员应该用一

种预定义的数据格式(如 0xDEADBEEF)填充 SRAM,然后执行一会儿程序,停止目标设备后查看使用了多少栈。这种方法会起到一定作用,不过由于可能未满足栈最大使用的条件而不准确。

对于一些工具链,可以从工程编译后生成的报告文件中估计出所需的栈大小。例如,若使用:

- Keil MDK-ARM ,编译后可以在工程目录中找到一个 HTML 文件,该文件提供的信息中包括函数最多使用的栈。
- IAR Embedded Workbench,需要使能两个工程选项:链接器“列表”标签中的“生成链接器映射文件”以及“高级”标签中的“使能栈使用分析”选项。编译完成后,可以在 Debug\List 子目录中的链接器报告文件里找到“栈使用”节。

有些软件工具不但可以提供栈使用方面的信息,还有其他的许多信息,它们有助于改进程序代码的质量。不过,若软件中存在栈泄露等栈问题,编译报告文件可能就帮不上你了,因此需要掌握一些检测栈泄露的方法。

一种方法为将栈放在 SRAM 空间接近底部的区域。当栈被全部使用时,由于传输位于合法的存储器区域以外,因此处理器会收到一次总线错误,也就会执行错误处理。若错误处理未使用双栈设计,则需要在错误处理开始时将栈重新指向合法的存储器地址,这样错误处理的其他部分才能正确执行。

另外一种方法为利用 MPU 在栈空间尾部定义一个小的、不可访问或只读的存储器区域。若产生了栈溢出,MemManage 错误异常会被触发且 MPU 可能会被暂时关闭以便错误处理执行时可以使用其他的栈空间。

若将系统和调试器相连,则可以在栈空间尾部设置一个数据监视点(一种调试特性),这样在用完所有的栈空间时处理器会暂停。在脱机测试环境中,若未连接调试器,数据监视点特性还可以用于触发调试监控异常(若连接了调试器,调试器可能会覆盖应用代码编程的数据监视点设置)。

对于具有 OS 的应用,OS 内核还可以在每次上下文切换期间检查 PSP 的数值,确保应用任务只使用已分配的栈空间。尽管没有 MPU 可靠,它仍然是一种有用的方法,且在许多 RTOS 设计中实现起来都很容易。

第 13 章 浮点运算

13.1 关于浮点数

13.1.1 简介

在 C 编程中,可以将数据定义为浮点数。例如,可以将数据声明为单精度的:

```
float pi = 3.141592F;
```

或者双精度:

```
double pi = 3.14159265358979323846264338327955;
```

有了浮点数据,处理器不但能处理小数,也可以处理范围宽得多的数据(与整数和定点数据相比)。另外,还有一个 16 位的半精度浮点数据格式,不过有些 C 编译器是不支持的。对于 gcc 或 ARM C 编译器,可以利用__fp16 数据类型将数据声明为半精度(需要其他的命令选项,参见 13.4.5 节)。

13.1.2 单精度浮点数

单精度数据格式如图 13.1 所示。通常情况下,指数的范围为 1～254,单精度数据的数值由图 13.2 所示的公式表示。

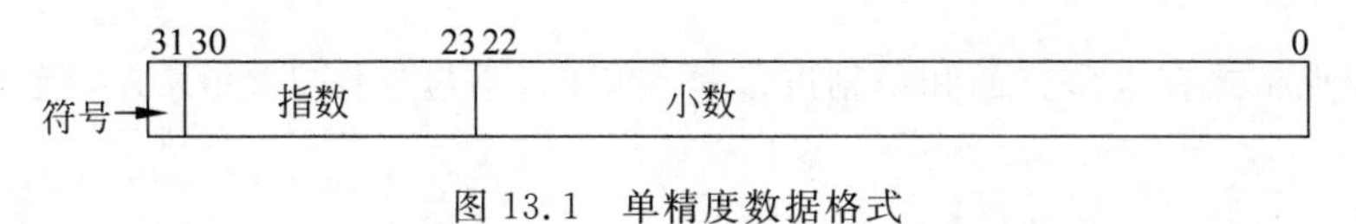

图 13.1 单精度数据格式

$$\text{Value} = (-1)^{\text{Sign}} \times 2^{(\text{exponent} - 127)} \times (1 + (½ * \text{Fracion}[22]) + (¼ * \text{Fraction}[21]) + (1/8 * \text{Fraction}[20]) \ldots (1/(2^{23}) * \text{Fraction}[0]))$$

图 13.2 单精度格式的标准数据格式

要将数据转换为单精度浮点类型,如表 13.1 所示,需要将其表示为 1.0 和 2.0 范围内的数值。

若指数为 0,则存在几种可能性:

- 若小数为 0 且符号位也为 0,则其为零值(+0)。
- 若小数为 0 且符号位为 1,则其为零值(−0)。+0 和 −0 在运算时行为一般相同。例如，有些情况下，当出现被零除时，则无穷数的符号取决于除数为+0还是−0。

- 若小数为0，则其为非标准数据，是−(2^(−126))和(2^(−126))之间非常小的数。

表 13.1　浮点数示例

浮点数	符号	指数	小数	十六进制数值
1.0	0	127 (0x7F)	000_0000_0000_0000_0000_0000	0x3F800000
1.5	0	127 (0x7F)	100_0000_0000_0000_0000_0000	0x3FC00000
1.75	0	127 (0x7F)	110_0000_0000_0000_0000_0000	0x3FE00000
0.04→1.28 * 2^(−5)	0	127 − 5 =122 (0x7A)	010_0011_1101_0111_0000_1010	0x3D23D70A
−4.75→−1.1875 * 2^2	1	127 + 2 = 129 (0x81)	001_1000_0000_0000_0000_0000	0xC0980000

非标准化数据可由图13.3中的公式表示。

$$\text{Value} = (-1)^{\text{Sign}} \times 2^{(-126)} \times ((½ * \text{Fracion}[22]) + (¼ * \text{Fraction}[21]) + (1/8 * \text{Fraction}[20]) \ldots (1/(2^{23}) * \text{Fraction}[0]))$$

图 13.3　单精度格式的非标准数据

若指数为0，则可能还会有几种可能性：

- 若小数为0且符号位也为0，则为无穷大数据(+∞)。
- 若小数为0且符号位为1，则为负无穷大数据(−∞)。
- 若小数非0，则其表示浮点数非法的特殊代码，一般被称作NaN(非数值)。

NaN有两种：

- 若小数的第22位为0，则其为信号NaN，小数中的剩余位可以是全零之外的任意数据。
- 若小数的第22位为1，则其为沉寂NaN，小数中的剩余位可以是任意数据。

这两种NaN在和浮点指令(如VCMP和VCMPE)一同使用时可能会导致不同的浮点异常行为。

对于一些浮点运算，若结果非法则会返回“默认NaN”数据，其数值为0x7FC00000(符号=0，指数=0xFF，小数的第22位为1，其余部分为0)。

13.1.3　半精度浮点数

半精度浮点格式在很多方面和单精度都是类似的，不过如图13.4所示，指数和小数域使用的位更少。

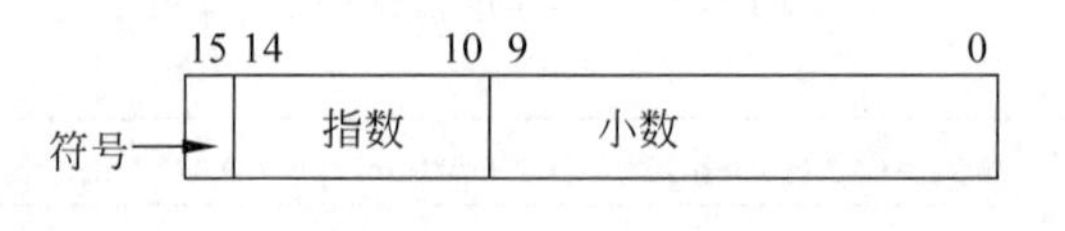

图 13.4　半精度格式

当0<指数<0x1F时，数据为标准数据。半精度数据的数值由图13.5所示的公式表示。

$$\text{Value} = (-1)^{\text{Sign}} \times 2^{(\text{exponent} - 15)} \times (1 + (½ * \text{Fracion}[9]) + (¼ * \text{Fraction}[8]) + (1/8 * \text{Fraction}[7]) \ldots (1/(2^{10}) * \text{Fraction}[0]))$$

图 13.5　半精度格式的标准数据格式

若指数为 0，则存在几种可能性：

- 若小数为 0 且符号位也为 0，则其为零值（+0）。
- 若小数为 0 且 Sign 位为 1，则其为零值（−0）。+0 和−0 在运算时行为一般相同。例如，有些情况下，当出现被零除时，无穷数的符号取决于除数为+0 还是−0。
- 若小数为 0，则其为非标准数据，是−(2^(−14))和(2^(−14))之间非常小的数。

非标准数据可由图 13.6 中的公式表示。

$$\text{Value} = (-1)^{\text{Sign}} \times 2^{(-14)} \times ((½ * \text{Fracion}[9]) + (¼ * \text{Fraction}[8]) + (1/8 * \text{Fraction}[7]) \ldots (1/(2^{10}) * \text{Fraction}[0]))$$

图 13.6　半精度格式的非标准数据

若指数值为 0x1F，则情况会稍微复杂一些。ARMv7-M 架构中的浮点特性支持两种半精度数据的运算模式：

- IEEE 半精度。
- 交替半精度，不支持无穷大或 NaN，但数据范围更大，而且有些情况下性能会更高。不过，若应用必须要符合 IEEE 754 标准，则不应使用这种运算模式。

IEEE 半精度模式，当指数值等于 0x1F 时：

- 若小数为 0 且符号位也为 0，则为无穷大数据（+∞）。
- 若小数为 0 且符号位为 1，则为负无穷大数据（−∞）。
- 若小数非 0，则其表示浮点数非法的特殊代码，一般被称作 NaN（非数值）。

与单精度类似，NaN 可以为信号或沉寂的：

- 若小数的第 9 位为 0，则其为信号 NaN，小数中的剩余位可以是全零之外的任意数据。
- 若小数的第 9 位为 1，则其为沉寂 NaN，小数中的剩余位可以是任意数据。

对于一些浮点运算，若结果非法，则会返回“默认 NaN”数据，其数值为 0x7E00（符号=0，指数=0x1F，小数的第 9 位为 1，其余部分为 0）。

对于交替半精度模式，当指数等于 0x1F 时，则数据为标准化的数值且可由图 13.7 所示的公式表示。

$$\text{Value} = (-1)^{\text{Sign}} \times 2^{16} \times (1 + (½ * \text{Fracion}[9]) + (¼ * \text{Fraction}[8]) + (1/8 * \text{Fraction}[7]) \ldots (1/(2^{10}) * \text{Fraction}[0]))$$

图 13.7　半精度格式的交替标准数据

13.1.4　双精度浮点数

尽管 Cortex-M4 中的浮点单元不支持双精度浮点运算，仍然可以在程序中使用双精度数据，此时 C 编译器和链接器会插入合适的运行时库函数来处理这些计算。

双精度数据格式如图 13.8 所示。

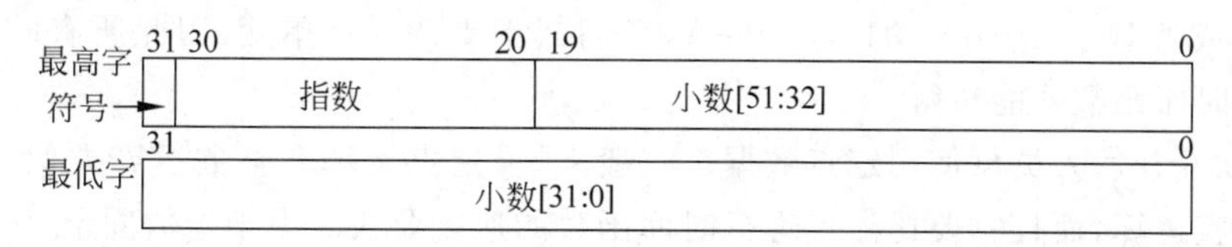

图 13.8　双精度数据格式

对于小端存储器系统，最低字位于 64 位地址的低地址处，最高字则位于高地址。大端存储器系统的情况则相反。

当 0＜指数＜0x7FF 时，数据为标准化数据。双精度数据的数值由图 13.9 所示的公式表示。

Value = (-1) ^{Sign} x 2$^{(exponent - 1023)}$ x (1 + (½ * Fracion[51]) + (¼ * Fraction[50]) + (1/8 * Fraction[49]) ... (1/(2^{52}) * Fraction[0]))

图 13.9 双精度格式的标准数据格式

若指数为 0，则存在几种可能性：

- 若小数为 0 且符号位也为 0，则其为零值(＋0)。
- 若小数为 0 且符号位为 1，则其为零值(－0)。＋0 和－0 在运算时行为一般相同。例如，有些情况下，当出现被零除时，则无穷数的符号取决于除数为＋0 还是－0。
- 若小数为 0，则其为非标准数据，是－(2 ^(－1022))和(2 ^(－1022))之间非常小的数。

非标准化数据可由图 13.10 中的公式表示。

Value = (-1) ^{Sign} x 2$^{(-1022)}$ x ((½ * Fracion[51]) + (¼ * Fraction[50]) + (1/8 * Fraction[49]) ... (1/(2^{52}) * Fraction[0]))

图 13.10 双精度格式的非标准数据

若指数为 0x7FF，则还存在几种可能性：

- 若小数为 0 且符号位也为 0，则为无穷大数据(＋∞)。
- 若小数为 0 且符号位为 1，则为负无穷大数据(－∞)。
- 若小数非 0，则其表示浮点数非法的特殊代码，一般被称作 NaN(非数值)。

NaN 有两种：

- 若小数的第 51 位为 0，则其为信号 NaN，小数中的剩余位可以是全零之外的任意数据。
- 若小数的第 51 位为 1，则其为沉寂 NaN，小数中的剩余位可以是任意数据。

13.1.5 Cortex-M 处理器中的浮点支持

Cortex-M4 处理器可以选择增加一个单精度浮点单元。若浮点单元可用，则可以利用其加快单精度浮点运算。双精度计算仍然需要由 C 运行时库函数处理。

即使浮点单元可用且运算为单精度的，可能仍然需要运行时库函数，如在用到 sinf()和 cosf()等函数时，这些函数需要一系列的计算而且无法通过一条或几条指令实现。

对于所有完善的工具链，可以在编译应用程序时选择不使用浮点单元，这样编译出来的代码可以用在其他不支持浮点单元的 Cortex-M4 微控制器产品中。

对于不具有浮点单元的 Cortex-M4 微控制器，基于 Cortex-M3、Cortex-M0、Cortex-M0＋的微控制器或者基于 Cortex-M1 的 FPGA，它们都不支持浮点单元，因此所有的浮点计算都要通过运行时库函数才能执行。

另外，软件开发人员可使用定点数据。一般来说，定点运算和整数运算类似，不过具有额外的移位调整运算，而且它要比浮点运算时库函数的速度要快。由于指数固定，因此它能处理的数据范围有限。

13.2 Cortex-M4 浮点单元(FPU)

13.2.1 浮点单元简介

在 ARMv7-M 架构中,浮点数据和运算基于 IEEE Std 754-2008,IEEE 二进制浮点运算标准。Cortex-M4 处理器中的浮点单元(FPU)是可选的且支持单精度浮点计算、一些转换操作和存储器访问功能。FPU 设计符合 IEEE 754 标准,不过没有实现全部内容。例如,硬件无法实现下面的操作:

- 双精度数据计算。
- 浮点余数。例如,z=fmod(x, y)。
- 舍入浮点数,转换为整数浮点数。
- 二进制到十进制以及十进制到二进制的转换。
- 单精度和双精度数据的直接比较。

这些运算需要由软件处理。Cortex-M4 处理器中的 FPU 是 ARMv7-M 的扩展,名为 FPv4-SP(浮点版本 4-单精度),它是 ARMv7-A 以及 ARMv7-R 架构中 VFPv4-D16 扩展的子集(VFP 表示向量浮点)。由于许多指令对两个版本都是通用的,因此一般将浮点运算称为 VFP,而且浮点指令的助记符都是以字母 V 开头。

浮点设计支持:

- 具有 32 个 32 位寄存器的浮点寄存器组,它们可用作 32 位寄存器,也可成对用作 16 个双字寄存器。
- 单精度浮点计算。
- 用于下列情况的转换指令:“整数↔单精度浮点”、“定点↔单精度浮点”、“半精度↔单精度浮点”。
- 浮点单元寄存器组和存储器间单精度和双精度数据的数据传输。
- 浮点单元寄存器组和整数寄存器组间的单精度数据传输。

从架构的角度来看,FPU 可被看作协处理器。为了保持和其他 ARM 架构的一致性,浮点单元在 CPACR 编程模型(参见 13.2.3 节)中被定义为协处理器#10 和#11。普通的处理流水线和浮点单元共用同一个取指阶段,不过译码和执行阶段是分开的,如图 13.11 所示。

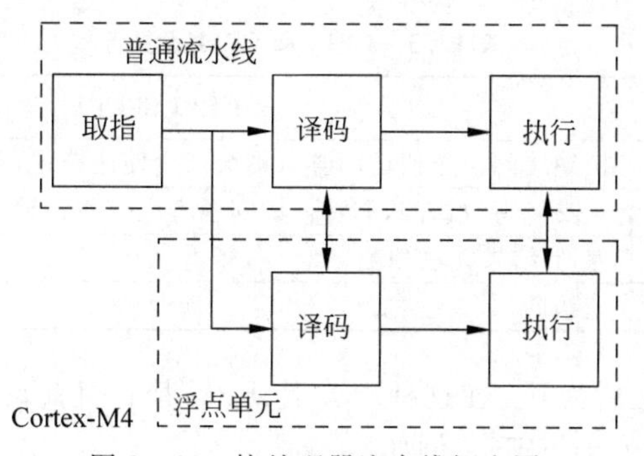

图 13.11 协处理器流水线概念图

有些经典 ARM 处理器的编程模型允许多个协处理器,且支持协处理器寄存器访问指令。不过,对于 Cortex-M4 处理器中的浮点运算和浮点数据传输,用的则是一组浮点指令,而不是协议处理器访问指令。

13.2.2 浮点寄存器简介

FPU 为处理器系统增加了多个指令：

- SCB（系统控制块）中的 CPACR（协处理器访问控制寄存器）。
- 浮点寄存器组。
- 浮点状态和控制寄存器（FPSCR）。
- FPU 中用于浮点运算和控制的其他寄存器，如表 13.2 所示。

表 13.2 FPU 寄存器

地　址	寄　存　器	CMSIS-Core 符号	功　能
0xE000EF34	浮点上下文控制寄存器	FPU->FPCCR	FPU 控制数据
0xE000EF38	浮点上下文地址寄存器	FPU->FPCAR	存放栈帧中的空闲浮点寄存器空间
0xE000EF3C	浮点默认状态控制寄存器	FPU->FPDSCR	浮点状态控制数据（FPCCR）的默认值
0xE000EF40	介质和 FP 特性寄存器 0	FPU->MVFR0	表示 VFP 指令特性的只读信息
0xE000EF44	介质和 FP 特性寄存器 1	FPU->MVFR1	表示 VFP 指令特性的只读信息

13.2.3 CPACR 寄存器

利用 CPACR 寄存器，可以使能或禁止 FPU。它位于地址 0xE000ED88 处，可通过 CMSIS-Core 中的 SCB->CPACR 来访问。第 0～19 位以及第 24～31 位未实现，为保留位，如图 13.12 所示。

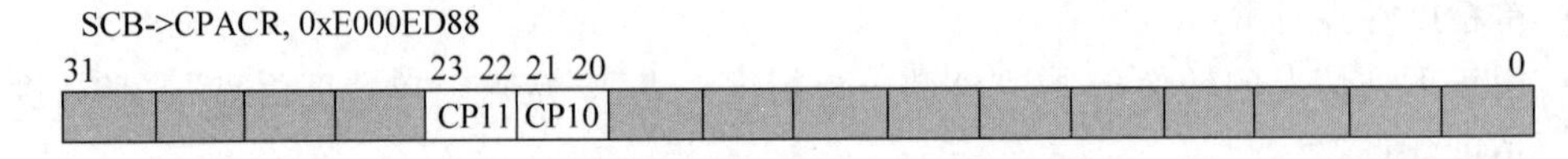

图 13.12　协处理器访问控制寄存器（SCB->CPACR，0xE000ED88）

该寄存器的编程模型提供了最多 16 个协处理器的使能控制。对于 Cortex-M4 处理器，FPU 被定义为协处理器 10 和 11。由于其他的协处理器不存在，只有 CP10 和 CP11 可用且都用于 FPU。在设置这个寄存器时，CP10 和 CP11 的设置必须得相同。CP10 和 CP11 的编码如表 13.3 所示。

表 13.3 CP10 和 CP11 设置

位	CP10 和 CP11 设置
00	拒绝访问。任何访问尝试都会产生使用错误（类型为 NOCP-无协处理器）
01	只支持特权访问，非特权访问会产生使用错误
10	保留-结果无法预测
11	全访问

CP10 和 CP11 在复位后为 0。在这种配置下，FPU 禁止且允许低功耗。在使用 FPU 前，需要首先编程 CPACR 以使能 FPU。例如：

```
SCB->CPACR|= 0x00F00000;        //使能浮点单元为全访问
```

本步骤一般在 SystemInit()函数内执行，由设备相关的软件包提供。SystemInit()函数由复位处理执行。

13.2.4 浮点寄存器组

浮点寄存器组包含 32 个 32 位寄存器，也可用作 16 个 64 位双字寄存器，如图 13.13 所示。

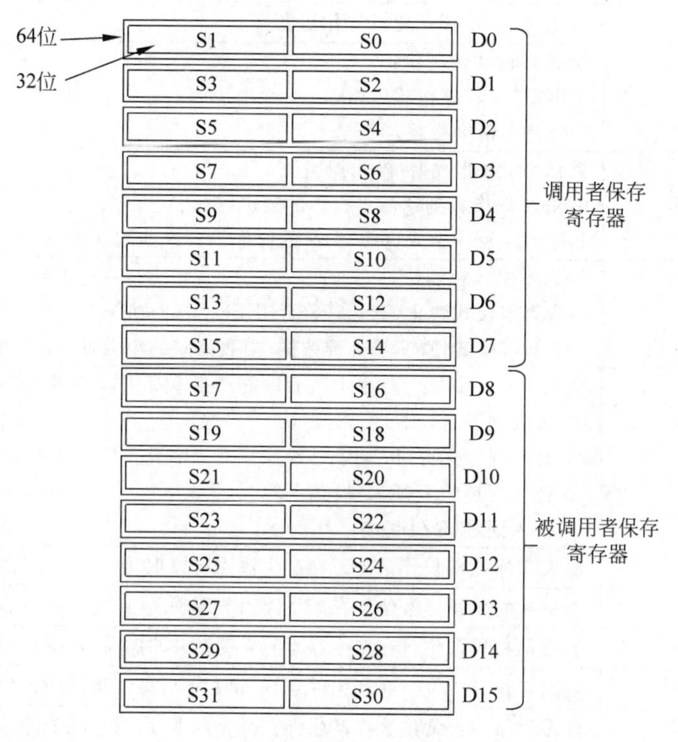

图 13.13 浮点寄存器组

S0～S15 为调用者保存寄存器。因此若函数 A 调用了函数 B，由于这些寄存器可能会被函数调用改变（如返回结果），函数 A 在调用函数 B 之前必须保存这些寄存器的内容。

S16～S31 为被调用者保存寄存器。因此，若函数 A 调用了函数 B，且函数 B 在计算时需要使用的寄存器超过 16 个，则其必须保存这些寄存器的内容（如保存在栈中），而且必须在返回到函数 A 前将这些寄存器从栈中恢复。

这些寄存器的初始值未定义。

13.2.5 浮点状态和控制寄存器（FPSCR）

FPSCR 存放算术结果标志、状态标志以及控制浮点单元行为的位域（见图 13.14 和表 13.4）。如表 13.5 所示，浮点比较运算会更新 N、Z、C 和 V 标志。

	31	30	29	28	27	26	25	24	23:22	21:8	7	6:5	4	3	2	1	0
FPSCR	N	Z	C	V		AHP	DN	FZ	RMode	保留	IDC	保留	IXC	UFC	OFC	DZC	IOC

保留（位 27）

图 13.14 FPSCR 的位域

表 13.4 FPSCR 的位域

位	描述
N	负标志(由浮点比较操作更新)
Z	零标志(由浮点比较操作更新)
C	进位/借位标志(由浮点比较操作更新)
V	溢出标志(由浮点比较操作更新)
AHP	交替半精度控制位： 0-IEEE 半精度格式(默认) 1-交替半精度格式，见 13.1.3 节
DN	默认 NaN(非数据)模式控制位： 0-NaN 操作数到达浮点操作的输出(默认) 1-任何涉及一个或更多 NaN 的操作都会返回默认的 NaN
FZ	清为零模式控制位： 0-清为零模式禁止(默认)(符合 IEEE 754 标准) 1-清为零模式使能，非标准数据(指数为 0 的小数据)被清为 0
RMode	舍入模式控制域。基本上所有的浮点指令都可以使用此处指定的舍入模式： 00-舍入到最近(RN)模式(默认) 01-舍入到正无穷(RP)模式 10-舍入到负无穷(RM)模式 11-舍入到零(RZ)模式
IDC	输入非标准累积异常位。在产生浮点异常时为 1，写 0 将清除该位
IXC	不精确的累积异常位。在产生浮点异常时为 1，写 0 将清除该位
UFC	下溢累积异常位。在产生浮点异常时为 1，写 0 将清除该位
OFC	溢出累积异常位。在产生浮点异常时为 1，写 0 将清除该位
DZC	被零除累积异常位。在产生浮点异常时为 1，写 0 将清除该位
IOC	非法操作累积异常位。在产生浮点异常时为 1，写 0 将清除该位

表 13.5 FPSCR 中的 N、Z、C 和 V 标志

比较结果	N	Z	C	V
等于	0	1	1	0
小于	1	0	0	0
大于	0	0	1	0
无序	0	0	1	1

可以将浮点比较结果得到的标志复制到 APSR 中用于条件跳转/条件执行：

```
VMRS APSR_nzcv, FPSCR ;将标志从 FPSCR 复制到 APSR
```

位域 AHP、DN 和 FZ 为特殊运算模式用的控制寄存器位，所有的这些位默认都为 0 且它们符合 IEEE 754 单精度运算。对于普通的应用，浮点运算控制的配置是无须修改的。若应用需要符合 IEEE 754，则不要修改这些位。

RMode 位域用于控制计算结果的舍入模式，如表 13.6 所示，IEEE 754 标准定义了几种舍入模式。

表 13.6 Cortex-M4 的 FPU 中可用的舍入模式

舍入模式	描述
舍入到最近	舍入到最近的数值。默认配置，IEEE 754 将该模式分为： (1) 舍入到最近的偶数。舍入到 LSB 为偶数(0)的最近的数值，这是二进制浮点数的默认情况，十进制浮点数则推荐使用 (2) 舍入到最近，远离 0。向上舍入到最近(正数)或向下舍入到最近(负数)，十进制浮点数可以选择使用 由于浮点单元只使用二进制浮点，"舍入到最近，远离 0"模式是不可用的
舍入到+∞	也被称作向上舍入
舍入到−∞	也被称作向下舍入
舍入到 0	也被称作截取

IDC、IXC、UFC、OFC、DZC 和 IOC 状态位表示浮点运算期间是否有异常(浮点异常)。软件可以在浮点运算后检查这些位，并可通过对它们写零将它们清除。13.5 节中有浮点异常方面的更多信息。

13.2.6 浮点上下文控制寄存器(FPU->FPCCR)

浮点上下文控制寄存器(FPCCR)用于控制惰性压栈特性等异常处理行为，如表 13.7 所示。还可以通过该寄存器访问一些控制信息。

表 13.7 浮点单元上下文控制寄存器(FPU->FPCCR，0xE000EF34)

位	名称	类型	复位值	描述
31	ASPEN	R/W	1	使能/禁止 FPCA(CONTROL 寄存器的第 2 位)自动设置。当其置位时(默认)，就会使能 S0～S15&FPSCR 在异常入口和退出时的状态自动保存和恢复 当其被清零时，FPU 寄存器的自动保存会被禁止。使用 FPU 的软件可能需要手动管理上下文保存
30	LSPEN	R/W	1	使能/禁止 S0～S15&FPSCR 的惰性压栈(状态保存)。当其置位时(默认)，异常流程使用惰性压栈特性以保证中断等待
29:9	—	—	—	保留
8	MONRDY		0	0 =调试监控禁止，或在分配浮点栈帧时优先级不允许设置 MON_PEND 1 =调试监控使能，且在分配浮点栈帧时优先级允许设置 MON_PEND
7	—	—	—	保留
6	BFRDY	R	0	0 =总线错误禁止，或在分配浮点栈帧时优先级不允许设置总线错误处理为挂起状态 1 =总线错误使能，且在分配浮点栈帧时优先级允许设置总线错误处理为挂起状态
5	MMRDY	R	0	0 =存储器管理错误禁止，或在分配浮点栈帧时优先级不允许设置存储器管理错误处理为挂起状态 1 =存储器管理错误使能，且在分配浮点栈帧时优先级允许设置存储器管理错误处理为挂起状态

续表

位	名称	类型	复位值	描　述
4	HFRDY	R	0	0 =硬件错误禁止,或在分配浮点栈帧时优先级不允许设置硬件错误处理为挂起状态 1 =硬件错误使能,且在分配浮点栈帧时优先级允许设置硬件错误处理为挂起状态
3	THREAD	R	0	0 =在分配浮点栈帧时为非线程模式 1 =在分配浮点栈帧时为线程模式
2	—	—	—	保留
1	USER	R	0	0 =在分配浮点栈帧时为非线程模式 1 =在分配浮点栈帧时为线程模式
0	LSPACT	R	0	0 =不支持惰性状态保存 1 =支持惰性状态保存 浮点栈帧已分配,但对其状态的保存被延迟了

对于多数应用,寄存器中的设置是无须修改的。为了降低中断等待时间,自动 FPU 上下文保存、恢复以及惰性压栈默认使能。可以设置表 13.8 所示配置中的 ASPEN 和 LSPEN。

表 13.8　可用的上下文保存配置

ASPEN	LSPEN	配　置
1	1	自动状态保存使能,惰性压栈使能(默认) 在使用浮点时 CONTROL. FPCA 会被自动设置为 1。若在异常入口处 CONTROL. FPCA 为 1,则处理器会在栈帧中预留空间并设置 LSPACT 为 1,不过只有在中断处理中使用 FPU 时才会进行实际的压栈
1	0	惰性压栈禁止,自动状态保存使能 在使用浮点时 CONTROL. FPCA 会被自动设置为 1。在异常入口处,若 CONTROL. FPCA 为 1,则浮点寄存器 S0～S15 和 FPSCR 会被压入栈中
0	0	无自动的状态保存。在下面的条件下,可以使用这种配置: (1) 在没有嵌入式 OS 或多任务调度器的应用中,若没有中断或异常处理使用 FPU (2) 应用代码中只有一个异常处理使用 FPU 且线程没有使用。若多个中断处理使用 FPU,则它们不允许嵌套,此时可以将它们设置为相同的优先级 (3) 另外,可以在异常处理中用软件手动管理上下文保存
0	1	非法配置

13.2.7　浮点上下文地址寄存器(FPU->FPCAR)

在第 8 章中简要介绍了惰性压栈特性(参见 8.3.6 节)。在异常产生时若当前上下文为活跃的浮点上下文(使用了 FPU),那么异常栈帧就会包含整数寄存器组(R0～R3、R12、LR、返回地址和 xPSR)以及 FPU 寄存器(S0～S15 以及 FPSCR)中的寄存器。为了降低中断等待,惰性压栈默认使能,这就意味着压栈机制会为 FPU 寄存器预留栈空间,不过若非实际需要,这些寄存器是不会被压入栈中的。

FPCAR 寄存器为惰性压栈机制的一部分。它会将 FPU 寄存器的地址放在栈帧中,这样惰性压栈机制稍后就会知道将 FPU 寄存器放在何处。由于栈帧为双字对齐的,因此第 2～0 位未使用,如图 13.15 所示。

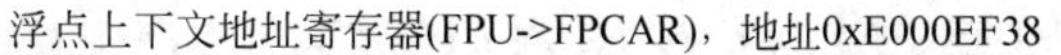

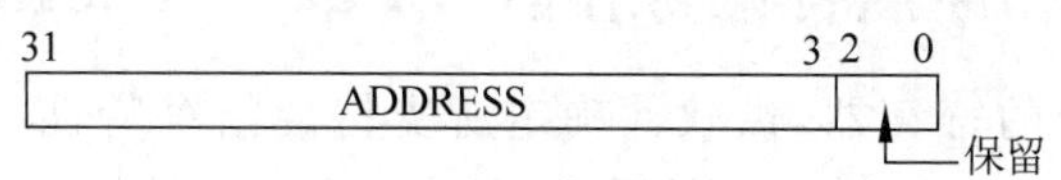

图 13.15 浮点上下文地址寄存器(FPCAR)的位

若在惰性压栈过程中产生了异常，则 FPCAR 会被更新为栈帧中 FPU 的 S0 寄存器所在的地址，如图 13.16 所示。

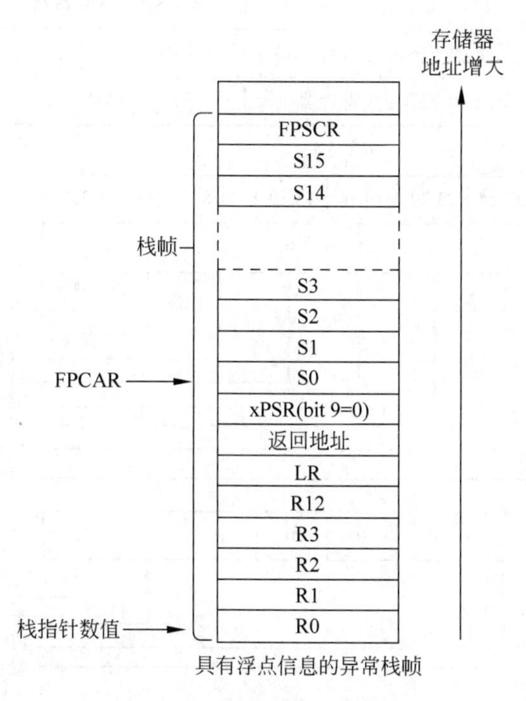

图 13.16 FPCAR 指向栈帧中预留的 FPU 寄存器存储器空间

13.2.8 浮点默认状态控制寄存器(FPU->FPDSCR)

FPDSCR 寄存器存放默认浮点状态控制数据的配置信息(运算模式)，这些数据在异常入口处被复制到了 FPSCR，如图 13.17 所示。

	31	30	29	28	27	26	25	24	23:22	21:8	7	6:5	4	3	2	1	0
FPDSCR	保留					AHP	DN	FZ	RMode	保留							

图 13.17 浮点默认状态控制寄存器(FPDSCR)的位

对于复杂的系统，可能会有不同类型的应用并行执行，且每一个的 FPU 配置都不同(如舍入模式)。为了满足这种需要，FPU 配置需要在异常入口和异常返回处自动切换。在异常处理开始时，FPFSCR 定义了 FPU 配置，其中包括 OS 内核，这是因为 OS 的大部分运行在处理模式。

对于应用任务，每个任务在启动时都得设置 FPSCR，在这之后的上下文切换期间都要对这些配置和 FPSCR 进行保存和恢复。

13.2.9 介质和浮点特性寄存器(FPU->MVFR0、FPU->MVFR1)

FPU 具有两个只读的寄存器，供软件确定所支持的指令特性。MVFR0 和 MVFR1 为硬编码的，如表 13.9 所示。软件可以利用这些寄存器确定哪些浮点特性可用，如图 13.18 所示。

表 13.9 介质和 FP 特性寄存器

地址	名称	CMSIS-Core 符号	数值
0xE000EF40	介质和 FP 特性寄存器 0	FPU->MVFR0	0x10110021
0xE000EF44	介质和 FP 特性寄存器 1	FPU->MVFR1	0x11000011

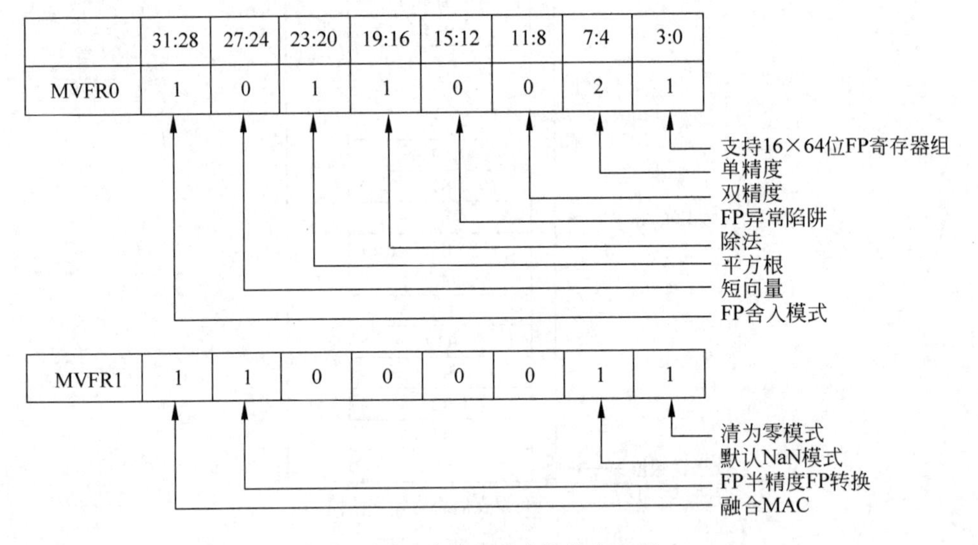

图 13.18 介质和浮点特性寄存器

若位域为 0，那就表示该特性不可用，1 或 2 则表示支持。单精度域为 2 表示除了普通的单精度计算，它还可以处理浮点除法和开方根功能。

13.3 惰性压栈详解

13.3.1 惰性压栈特性的关键点

惰性压栈为 Cortex-M4 的一个重要特性。在 FPU 可用且已启用时，若没有这个特性，每次异常所需的时间都会增加 29 个周期：它要压栈的不是 8 个寄存器，而是 25 个。即使有了惰性压栈特性，异常等待时间仍然是 12 个时钟周期(对于零等待状态的存储器系统)，与 Cortex-M3 处理器一样。

惰性压栈特性默认使能，软件开发人员无须修改任何东西就能利用该特性。另外，在异常处理期间也无须设置任何寄存器，这是因为所需的操作都是由硬件自动完成的。

惰性压栈机制有几个关键点。

1. CONTROL 寄存器中的 FPCA 位

CONTROL.FPCA 表示当前上下文(如任务)是否具有浮点运算，它会：

- 在处理器执行浮点指令时被设为 1。
- 在异常处理的开始处被清为零。
- 在异常返回时被设置为 EXC_RETURN 第 4 位取反后的值。
- 复位后被清为零。

2. EXC_RETURN

若被打断的任务中存在浮点上下文(FPCA 为 1)，则 EXC_RETURN 的第 4 位在异常入口处会被清零，它表示压栈时使用的是长栈帧(包含 R0～R3、R12、LR、返回地址、xPSR、S0～S15 和 FPSCR)；否则，该位会被置 1，表示栈帧较短(包含 R0～R3、R12、LR、返回地址和 xPSR)。

3. FPCCR 中的 LSPACT 位

若在惰性压栈使能的情况下处理器进入了异常处理且被打断的任务具有浮点上下文(FPCA 为 1)，压栈时就会使用长栈帧且 LSPACT 为 1。这表明浮点寄存器的压栈被推迟了，且 FPCAR 会指明栈帧中已分配了空间。若处理器在 LSPACT 为 1 时执行了浮点指令，则处理器会停止流水线并开始浮点寄存器的压栈，在完成这些工作后继续之前的操作，同时 LSPACT 被清零以表示目前没有延迟的浮点寄存器压栈。若 EXC_RETURN 的第 4 位为 0，则该位也会被清零。

4. FPCAR 寄存器

FPCAR 寄存器存放浮点寄存器 S0～S15 及 FPSCR 压栈使用的地址。

13.3.2 第 1 种情况：被打断的任务中没有浮点上下文

若在中断前没有浮点上下文，则 FPCA 为零且使用较短的栈帧，如图 13.19 所示。Cortex-M3 和 Cortex-M4 在这个方面是一样的。若异常处理或 ISR 使用了 FPU，则 FPCA 位会被置 1，不过在异常返回期间，它会在 ISR 的结尾处被清零。

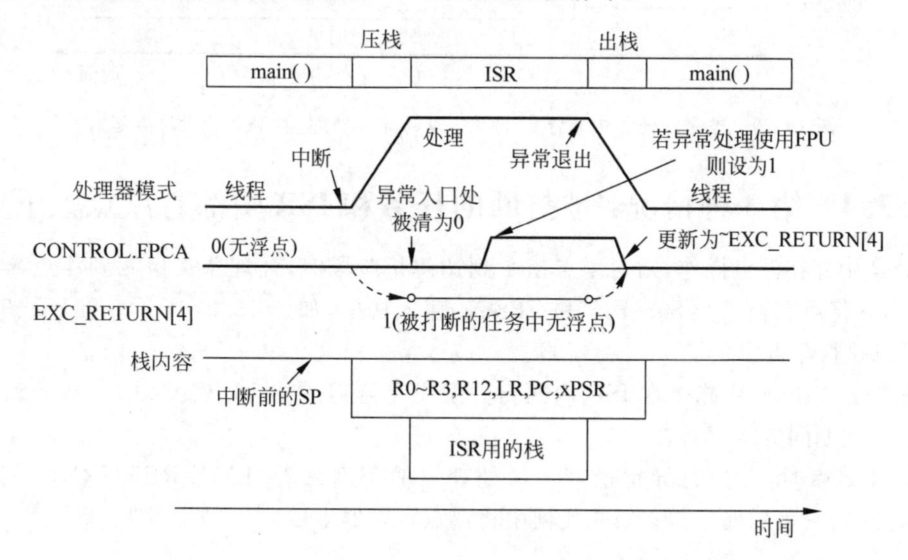

图 13.19 被中断任务中没有浮点上下文时的异常处理

13.3.3 第2种情况：被打断的任务中有浮点上下文，ISR中没有

若在中断前存在浮点上下文，则FPCA为1且使用较长的栈帧，如图13.20所示。不过，栈帧中存在S0～S15以及FPSCR的空间，但这些寄存器的数值不会被压到栈中。LSPACT置1表示浮点寄存器的压栈被推迟。

在异常返回时，从处理器的角度来看，尽管EXC_RETURN[4]为0，但LSPACT为1，表示浮点寄存器没有被压入栈中，因此S0～S15和FPSCR的出栈也不会执行，它们会保持不变。

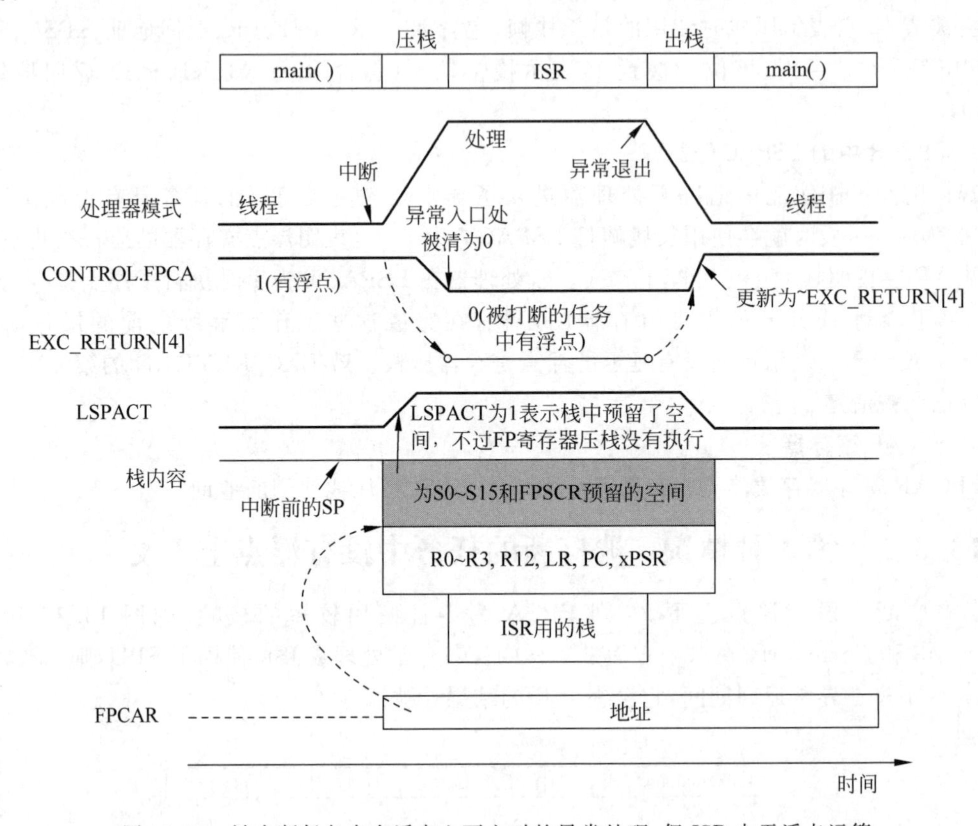

图13.20 被中断任务中有浮点上下文时的异常处理，但ISR中无浮点运算

13.3.4 第3种情况：被打断的任务和ISR中都有浮点上下文

若ISR中存在浮点操作，则当浮点指令到达解析阶段时，处理器在检测到浮点操作后会停止执行，并将浮点寄存器S0～S15和FPSCR存入栈中，如图13.21所示。在压栈完成后，ISR就可以执行浮点指令了。

在图13.21中，浮点指令在ISR内执行并触发了延迟压栈。FPCAR中存放的地址用于存放惰性压栈期间的寄存器。

在ISR结束时，会执行异常返回。从处理器的角度来看，EXC_RETURN[4]为0，且LSPACT为0，它表示处理器必须从栈帧中将浮点寄存器出栈。

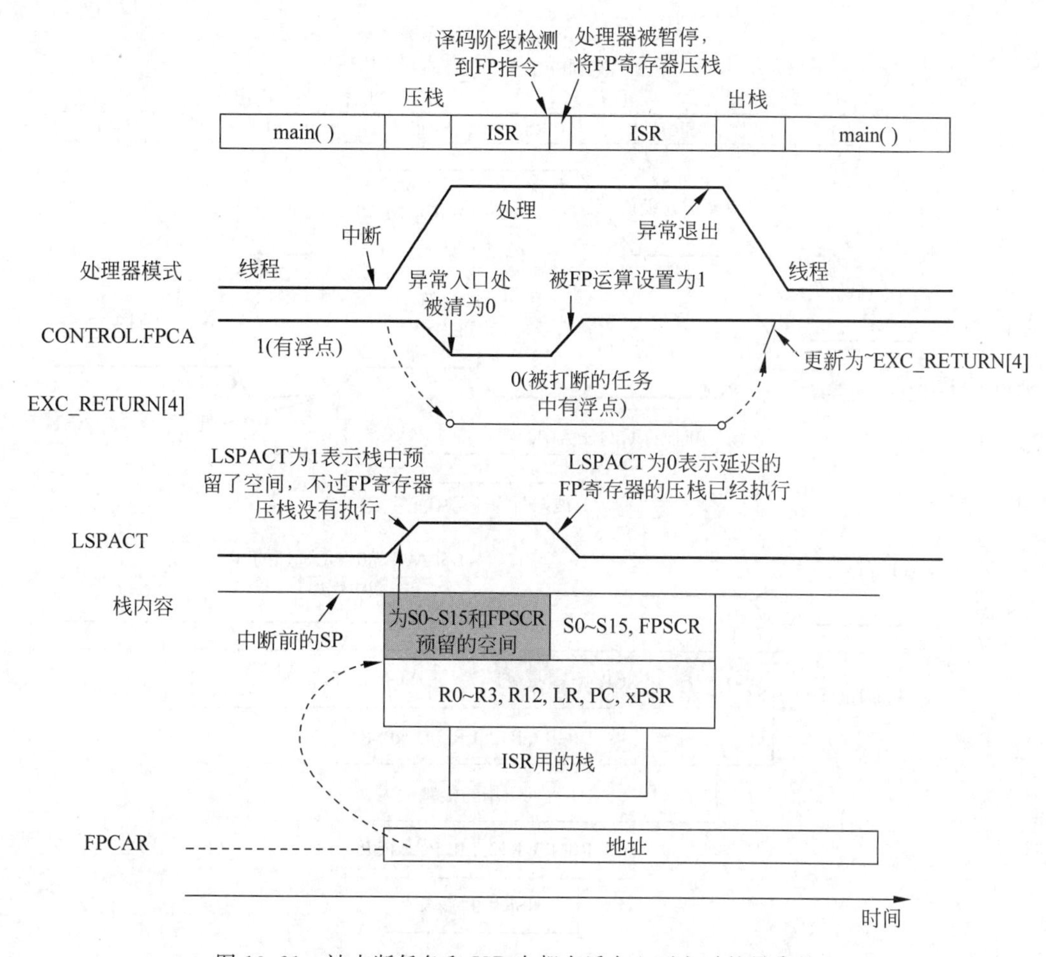

图 13.21 被中断任务和 ISR 中都有浮点上下文时的异常处理

13.3.5 第 4 种情况：中断嵌套，且第 2 个中断处理中存在浮点上下文

惰性压栈在工作时会跨过多级嵌套中断。例如，若某线程具有浮点上下文，低优先级 ISR 无任何浮点上下文但高优先级 ISR 具有浮点上下文，则可以看到延迟的惰性压栈会将浮点寄存器存放到 FPCAR 指向的第一级栈帧，如图 13.22 所示。

13.3.6 第 5 种情况：中断嵌套，且两个中断处理中都存在浮点上下文

惰性压栈还适用于嵌套 ISR 且低优先级和高优先级的 ISR 中都有浮点上下文的情况。在这种情况下，处理器会为浮点寄存器预留几倍的栈空间，如图 13.23 所示。

对于每次异常返回，EXC_RETURN 的第 4 位为 0，且 LSPACT 也为 0，它表示使用的是长栈帧且处理器必须从每个栈帧中将浮点寄存器出栈。

13.3.7 惰性压栈的中断

若在惰性压栈期间产生了一个新的更高优先级的中断，则惰性压栈会被打断。触发了惰

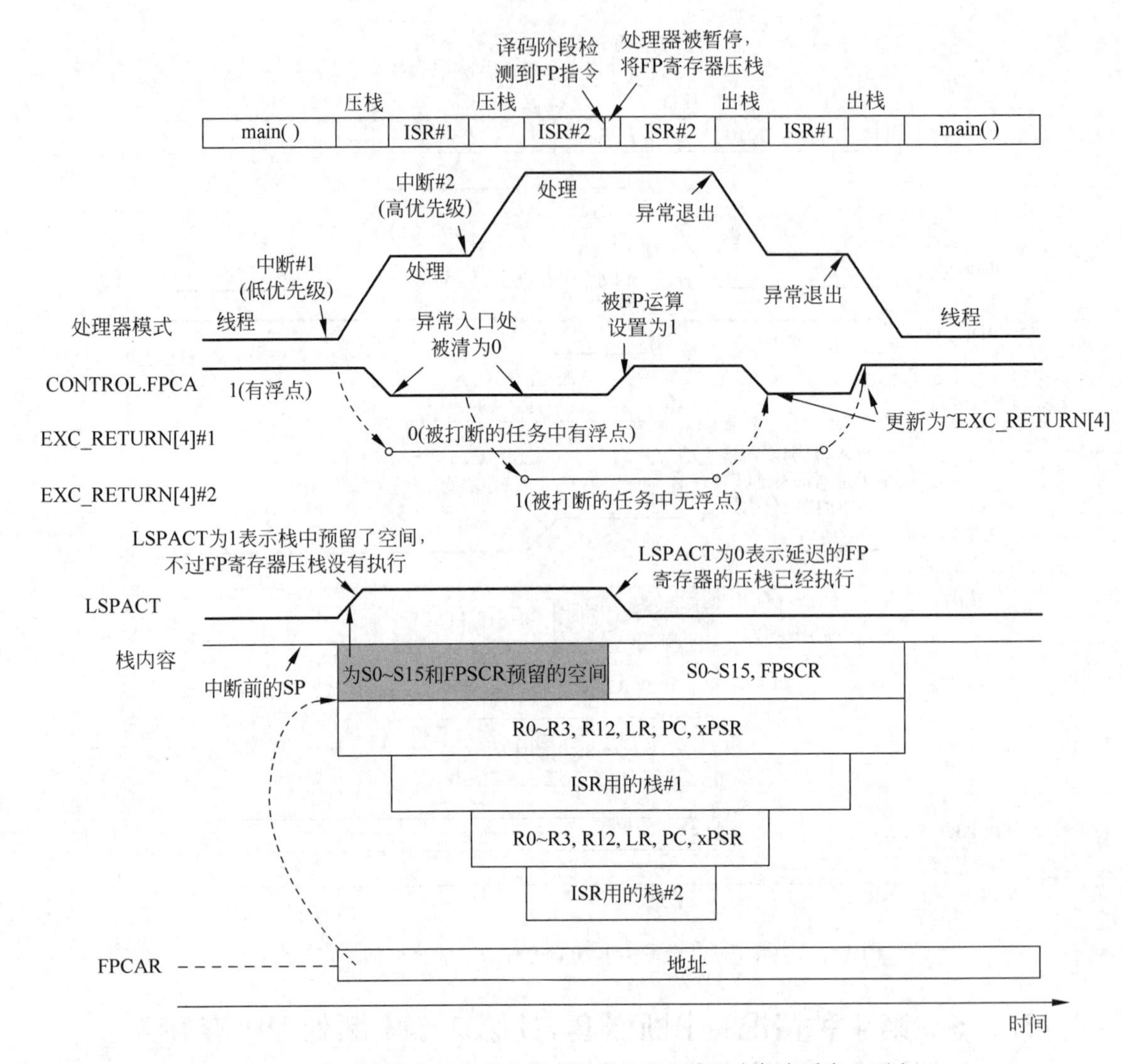

图 13.22 更高优先级中断的嵌套异常处理和线程中都有浮点上下文

性压栈的浮点指令仍处于解析阶段，还没有执行，因此栈中的返回 PC 指向该指令的地址。若更高优先级的中断未使用任何浮点运算，则在其返回后，第一次触发了惰性压栈的浮点指令会再次进入处理器流水线且再次触发惰性压栈。

13.3.8 浮点指令的中断

许多浮点指令需要占用多个执行周期，若在 VPUSH、VPOP、VLDM 或 VSTM 指令（多次存储器传输）执行期间产生了中断，处理器会暂停当前指令并使用 EPSR 中的 ICI 位来存储这些指令的状态，然后执行异常处理，最后基于恢复后的 ICI 位从暂停处继续执行这些指令。

若中断在 VSQRT 和 SDIV 执行期间产生，则处理器会在压栈操作的同时继续执行这些指令。

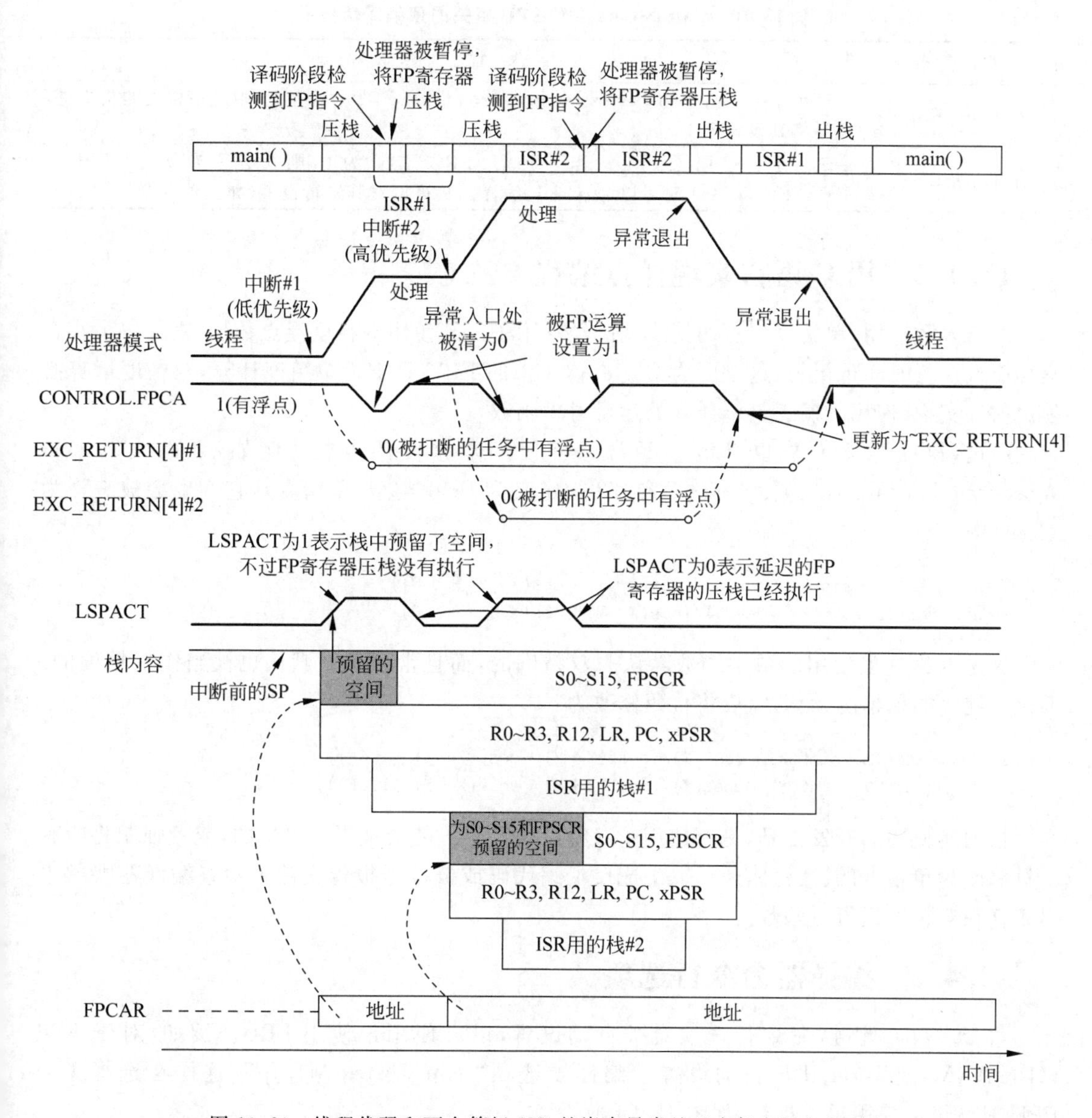

图 13.23 线程代码和两个等级 ISR 的嵌套异常处理中都有浮点上下文

13.4 使用浮点单元

13.4.1 CMSIS-Core 中的浮点支持

要使用浮点单元，首先需要将其使能。CMSIS-Core 具有两个和 FPU 配置相关的预处理伪指令/宏，如表 13.10 所示。

只有__FPU_PRESENT 为 1 时 FPU 的数据结构才可用。若__FPU_USED 为 1，则 SystemInit()函数会在执行复位时通过写 CPACR 来使能 FPU。

表 13.10 CMSIS-Core 中和 FPU 相关的预编译伪指令

预编译伪指令	描 述
__FPU_PRESENT	表示微控制器中的 Cortex-M 处理器是否具有 FPU。若存在，则设备相关的头文件会将其设置为 1
__FPU_USED	表示是否使用了 FPU。若 __FPU_PRESENT 为 0，则其必须为 0。__FPU_PRESENT 为 1 时可以为 0 或 1，编译工具可以对其进行设置（如工程设置）

13.4.2 用 C 语言实现浮点编程

对于多数应用，单精度浮点的精度就已经够用了。若使用双精度浮点数据，则代码大小会增加而且执行时间也更长，这是因为 Cortex-M4 中的 FPU 只支持单精度计算，双精度运算必须由软件实现（使用开发工具链插入的运行时库函数）。

不过，软件开发人员也可能会经常意外使用双精度浮点数。例如，下面代码来自 Whetstone benchmark，即使 X、Y、T 和 T2 被定义为 float 类型（单精度），它们也会被编译为双精度的：

```
X = T * atan(T2 * sin(X) * cos(X)/(cos(X + Y) + cos(X - Y) - 1.0));
Y = T * atan(T2 * sin(Y) * cos(Y)/(cos(X + Y) + cos(X - Y) - 1.0));
```

这是因为这里使用的数学函数默认为双精度的，而且常量 1.0 默认也被当作双精度的。要进行纯粹的单精度计算，需要将代码修改为：

```
X = T * atanf(T2 * sinf(X) * cosf(X)/(cosf(X + Y) + cosf(X - Y) - 1.0F));
Y = T * atanf(T2 * sinf(Y) * cosf(Y)/(cosf(X + Y) + cosf(X - Y) - 1.0F));
```

根据所使用的开发工具，是否使用了双精度运算是可能会被报告出来的，或者强制将所有计算修改为单精度的。另外，还可以生成反汇编代码或链接器报告文件来检查编译器映像中是否存在双精度运行时函数。

13.4.3 编译器命令行选项

对于多数工具链，命令行选项会被自动设置，以方便用户使用 FPU。例如，对于 Keil MDK-ARM，μVision IDE 自动设置了编译器选项“-cpu Cortex-M4.fp”，这样在选择 Use FPU 时就可以使用浮点指令，如图 13.24 所示。

对于 ARM DS-5 或较老版本的 RealView Development Suite（RVDS）用户，可以利用下面的命令行选项使能 FPU：

```
" -- cpu Cortex - M4F"
```

或

```
" -- cpu = 7E - M  -- fpu = fpv4 - sp"
```

对于 gcc 用户，可以利用下面的命令行选项使能 FPU：

```
" - mcpu = cortex - m4  - mfpu = fpv4 - sp - d16  - mfloat - abi = hard"
```

或

```
" - mcpu = cortex - m4  - mfpu = fpv4 - sp - d16  - mfloat - abi = softfp"
```

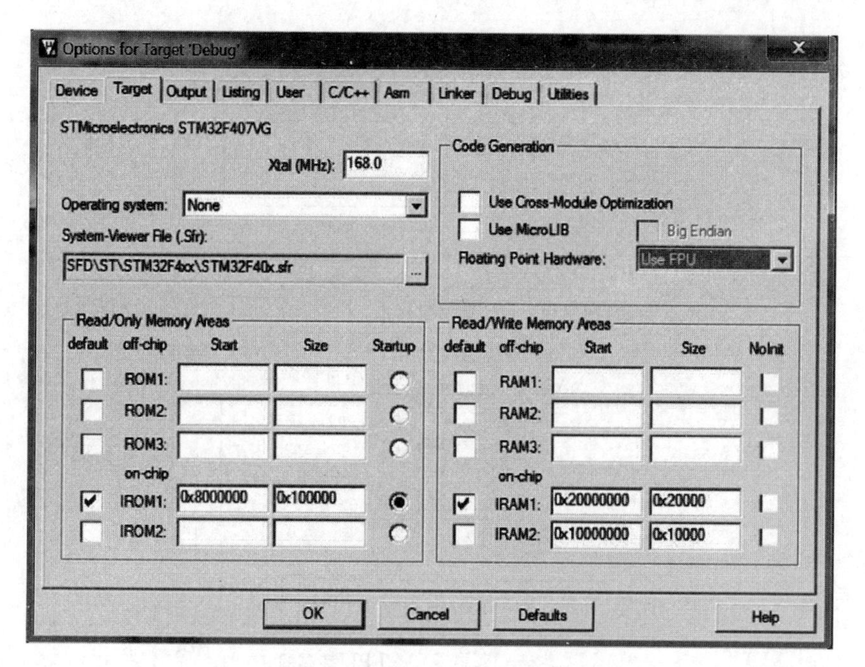

图 13.24　Keil MDK-ARM 中的 FPU 选项

注意　有些免费版的 gcc 可能未提供处理浮点计算的数学运行时库函数。

13.4.4　ABI 选项：Hard-vfp 和 Soft-vfp

对于多数 C 编译器，可以指定不同 ABI（应用程序二进制接口）下如何处理浮点计算。多数情况下，即使处理器中存在 FPU，仍然需要使用多个运行时库函数，这是因为数学函数需要一系列的计算。ABI 选项影响：

- 是否使用浮点单元
- 调用函数和被调用函数间如何传递参数

对于多数开发工具链，可以使用三个不同选项，如表 13.11 所示。图 13.25 列出了这些选项操作间的差异。

表 13.11　各种浮点 ABI 配置的命令行选项

ARM C 编译器浮点 ABI 选项	Gcc 浮点 ABI 选项	描　述
-fpu＝softvfp	-mfloat-abi＝soft	无 FPU 硬件的软件 ABI。所有的浮点运算都由运行时库函数实现，数据通过整数寄存器组传递
-pu＝softvfp＋fpv4-sp	-mfloat-abi＝softfp	具有 FPU 硬件的软件 ABI。编译后的代码可以直接访问 FPU，不过若计算需要使用运行时库函数，就会使用软件浮点调用规则（使用整数寄存器组）
-fpu＝fpv4-sp	-mfloat－abi＝hard	硬件 ABI。编译后的代码可以直接访问 FPU，并且在调用运行时库函数时使用 FPU 相关的调用规则

例如，若软件库编译后要用在不同 Cortex-M4 产品上，在这些产品中，有些可能具有 FPU 而有些则没有，此时可以使用软件 ABI 选项。在链接阶段，若目标处理器支持 FPU，则链接器

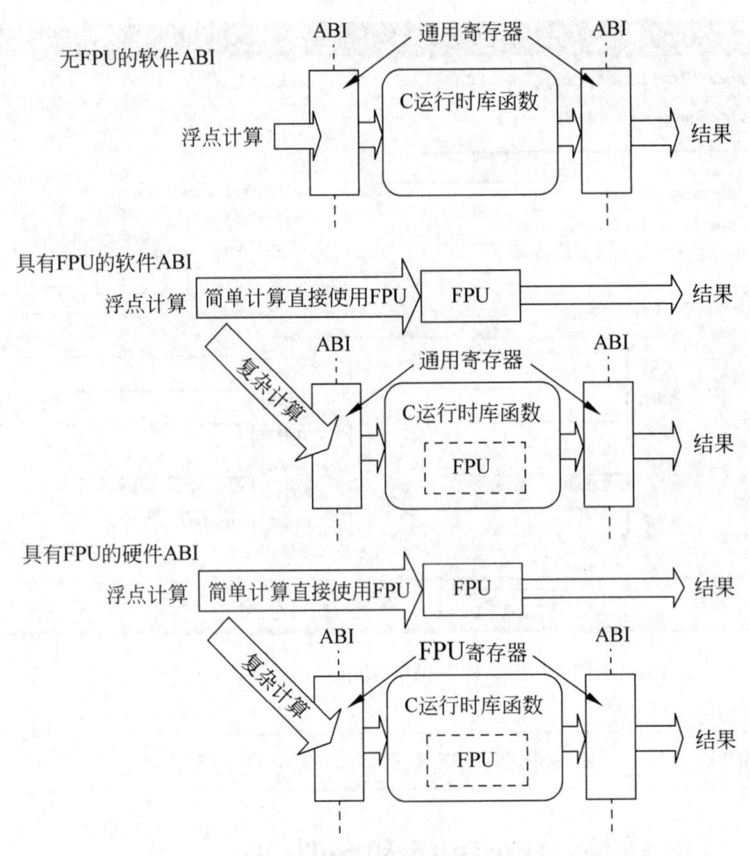

图 13.25 各种常用的浮点 ABI 选项

插入的运行时库函数可以利用 FPU 以获得最优性能。

若所有浮点计算都只是单精度的，则硬件浮点 ABI 可以帮助用户获得最佳性能。不过，若应用中的计算基本都是双精度的，则硬件 ABI 比软件 ABI 的效果要差。这是因为在使用硬件 ABI 时，待处理的数值经常要使用浮点寄存器组传输。由于 Cortex-M4 的 FPU 不支持双精度的浮点计算，这些数值需要被复制回整数寄存器组后由软件进行处理。这样会带来额外的开销，而且在 FPU 存在时使用软件 ABI 可能会更好。

对于多数应用，若浮点运行时函数访问非常少，则硬件 ABI 和软件 ABI 的性能可能会差不多。

13.4.5 特殊的 FPU 模式

Cortex-M4 中的 FPU 默认符合 IEEE 754。多数情况下不需要修改模式设置。若要在自己的应用中使用这些模式中的一种，一般来说，需要设置 FPSCR 和 FPDSCR，否则异常处理可能会符合默认的 IEEE 754，而应用中的剩余部分则使用其他的模式，这样会带来不一致性。

在下面的几节中，将会简要地介绍这些操作模式。

1. 清零模式

清零模式无须计算非标准数值范围内的结果（指数=0），这样就加快了一些浮点计算。当数值太小无法在标准数值范围内表示时（0<指数<0xFF），则其会被 0 代替。设置 FPSCR 和 FPDSCR 中的 FZ 位可以使能清零模式。

2. 默认 NaN 模式

在默认 NaN(非数值)模式中，若某计算的任一个输入都为 NaN，或者运算结果非法，则计算会返回默认的 NaN(非信号 NaN 或沉寂 NaN)。这一点和默认配置稍有不同。根据默认配置，默认 NaN 模式是禁止的且其行为符合 IEEE 754 标准：

- 产生非法运算浮点异常的运算会得到一个沉寂 NaN 结果。
- 若运算具有沉寂 NaN 操作数，而没有信号 NaN 操作数，则会将输入 NaN 作为返回结果。

默认 NaN 模式可以通过设置 FPSCR 和 FPDSCR 中的 DN 位来进行使能。有些情况下，它会加快对计算结果中 NaN 数值的检查。

3. 交替半精度模式

该模式只会影响具有半精度数据__fp16(参见 13.1.3 节)的应用。FPU 默认符合 IEEE 754 标准，若半精度浮点数的指数为 0x1F，则数值为无穷大或 NaN。在交替半精度模式，数据为标准化的。交替半精度模式具有较大的数据范围，不过不支持无穷大数值和 NaN。

可以通过设置 FPSCR 和 FPDSCR 中的 AHP 位来使能交替半精度模式。要使用半精度数据，还需要相应地设置编译器命令行选项，如表 13.12 所示。

表 13.12 半精度数据(__fp16)用的命令行选项

	IEEE 半精度	交替半精度	无(默认)
ARM C 编译器	-fp16_format=ieee	-fp16_format=alternative	-fp16_format=none
Gcc	-mfp16-format=ieee	-mfp16-format=alternative	-mfp16-format=none

4. 舍入模式

FPU 支持 IEEE 754 标准定义的 4 种舍入模式，可以在运行时修改舍入模式。如表 13.13 所示，对于 C99，fenv.h 中定义了几种可用的模式。

表 13.13 C99 定义的浮点舍入模式

fenv.h 宏	描 述
FE_TONEAREST	舍入到最近(RN)模式(默认)
FE_UPWARD	舍入到正无穷(RP)模式
FE_DOWNWARD	舍入到负无穷(RM)模式
FE_TOWARDZERO	舍入到零(RZ)模式

可以使用下面这些定义在 fenv.h 中的 C99 函数：

- int fegetround(void)。返回当前选择的舍入模式，由已定义的舍入模式宏数值表示。
- int fesetround(int round)。修改当前选择的舍入模式，若修改成功，则 fesetround()返回零，返回非零则表示未修改成功。

若为确保 C 运行时库函数调整方式同 FPU 一样而需要调整舍入模式，则应该使用这些 C 库函数。

13.5 浮点异常

在 13.2.5 节和表 13.4 中看到了一些浮点异常状态位，这里说的异常和 NVIC 中的异常或中断不同。浮点异常指的是浮点处理中的情况，IEEE 754 定义了如表 13.14 所示的异常。

表 13.14　IEEE 754 标准定义的浮点异常

异　常	FPSCR 位	示　例
非法运算	IOC	平方根或负数(默认返回沉寂 NaN)
被零除	DZC	被零除或 log(0)(默认返回±∞)
溢出	OFC	结果太大，无法正确表示(默认返回±∞)
下溢	UFC	结果太小(默认返回非标准数值)
不精确	IXC	结果已进行舍入(默认返回舍入结果)

除此之外，Cortex-M4 中的 FPU 还支持如表 13.15 所示的"输入异常"。

表 13.15　Cortex-M4 FPU 额外提供的浮点异常

异　常	FPSCR 位	示　例
舍入非标准	IDC	清为零模式的结果是，非标准的输入数据在计算中被 0 替换

FPSCR 提供了 6 个位，软件代码可以通过检查这些位的值查看计算是否已执行成功。多数情况下，软件会忽略这些位(编译器生成的代码不会检查这些数值)。

若所设计的软件需要很高的安全性，则可以增加检查 FPSCR 的代码。不过，有些情况下，并不是所有的浮点计算都由 FPU 执行，有些可能是由 C 运行时库函数执行。C99 定义了多个检查浮点异常状态的函数：

```
#include <fenv.h>
//检查浮点异常标志
int fegetexceptflag(fexcept_t *flagp, int excepts);
//清除浮点异常标志
int feclearexcept(int excepts);
```

另外，可以使用下面的函数检查并修改浮点运行时库函数的配置：

```
int fegetenv(envp);
int fesetenv(envp);
```

若要了解这些函数的详细信息，请参考 C99 的文档或工具链供应商的手册。

另外，有些开发组件还提供了用于 FPU 控制的其他函数。例如，对于 ARM C 编译器，可以使用__ieee_status( )函数配置 FPSCR：

```
//修改 FPSCR (__ieee_status()的早期版本为__fp_status())
unsigned int __ieee_status(unsigned int mask, unsigned int flags);
```

在使用__ieee_status( )时，掩码参数决定了要修改的位，而标志参数则指定了掩码代表的位的新数值。为方便这些函数的使用，fenv.h 定义了下面的宏：

```
#define FE_IEEE_FLUSHZERO (0x01000000)
#define FE_IEEE_ROUND_TONEAREST (0x00000000)
#define FE_IEEE_ROUND_UPWARD (0x00400000)
#define FE_IEEE_ROUND_DOWNWARD (0x00800000)
#define FE_IEEE_ROUND_TOWARDZERO (0x00C00000)
#define FE_IEEE_ROUND_MASK (0x00C00000)
#define FE_IEEE_MASK_INVALID (0x00000100)
#define FE_IEEE_MASK_DIVBYZERO (0x00000200)
#define FE_IEEE_MASK_OVERFLOW (0x00000400)
```

```
#define FE_IEEE_MASK_UNDERFLOW (0x00000800)
#define FE_IEEE_MASK_INEXACT (0x00001000)
#define FE_IEEE_MASK_ALL_EXCEPT (0x00001F00)
#define FE_IEEE_INVALID (0x00000001)
#define FE_IEEE_DIVBYZERO (0x00000002)
#define FE_IEEE_OVERFLOW (0x00000004)
#define FE_IEEE_UNDERFLOW (0x00000008)
#define FE_IEEE_INEXACT (0x00000010)
#define FE_IEEE_ALL_EXCEPT (0x0000001F)
```

例如，要清除下溢位，可以使用：

```
__ieee_status(FE_IEEE_UNDERFLOW, 0);
```

在 Cortex-M4 硬件设计中，这些异常状态位被输出到处理器的最高层级。如图 13.26 所示，这些信号可被用于触发 NVIC 中的异常。

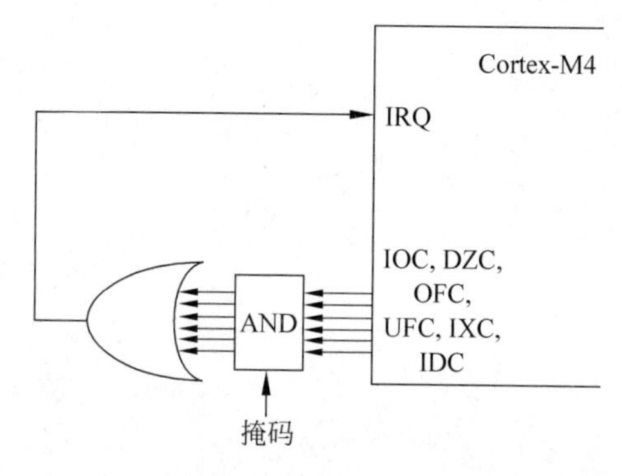

图 13.26 利用浮点异常状态位产生硬件异常

不过，由于中断事件是不精确的，即使没有被屏蔽，产生的异常也可能会延迟几个周期。因此，无法确定是哪个浮点指令触发了异常。若处理器正在执行一个更高优先级的中断处理，那么在这个中断处理完成前，浮点异常的中断处理无法开始执行。不过，若系统需要检测被零除或溢出等情况，则可以利用这种机制。

若使用 FPU 状态触发 NVIC 中的异常，注意异常处理在异常返回前需要清除 FPSCR 以及压栈的 FPSCR 中的异常状态位，否则异常会被再次触发。

13.6 要点和提示

13.6.1 微控制器的运行时库

有些开发组件提供了为微控制器应用优化的特殊运行时库，它们具有较小的存储器封装。例如，对于 Keil MDK-ARM、ARM DS-5 或 ARM RVDS，可以选择使用 MicroLIB(见图 13.24，在使用 FPU 选项上面)。多数情况下，这些库可以提供和标准 C 库相同的浮点功能，不过无法完全支持 IEEE 754。

例如，MicroLIB 在 IEEE 754 浮点支持方面具有以下限制：

- 涉及 NaN、无穷大数值或输入异常的运算会产生不确定的结果，结果为非零但很小的运算会返回零。

- MicroLIB 无法表示 IEEE 异常，MicroLIB 中不存在__ieee_status()/__fp_status()寄存器。
- MicroLIB 不会将最高位当作零的符号，MicroLIB 浮点运算得到的零的符号不确定。
- 只支持默认舍入模式。

对于多数嵌入式应用，这些限制不会引起任何问题，而且 MicroLIB 还降低了应用编译后的大小。

13.6.2 调试操作

惰性压栈可能会给调试带来一些难度，当处理器暂停在异常处理中时，栈帧中可能不会包含浮点寄存器的内容。当单步调试代码且处理器执行一个浮点指令时，就会产生延迟的压栈。

第 14 章 调试和跟踪特性

14.1 调试和跟踪特性简介

14.1.1 什么是调试特性

Cortex-M3 和 Cortex-M4 处理器支持多种调试特性。对于新接触微控制器的读者，首先介绍调试方面的一些基本信息。

在第 2 章谈到了在微控制器和调试主机（个人计算机）间可能需要连接调试适配器，图 14.1 中就有一个这样的例子。有些情况下，调试适配器位于开发板中。调试适配器将调试通信从 USB 转换为 JTAG 或串行线调试协议，然后调试通信协议会再一次被片上硬件转换，以便访问多种调试部件和调试特性。

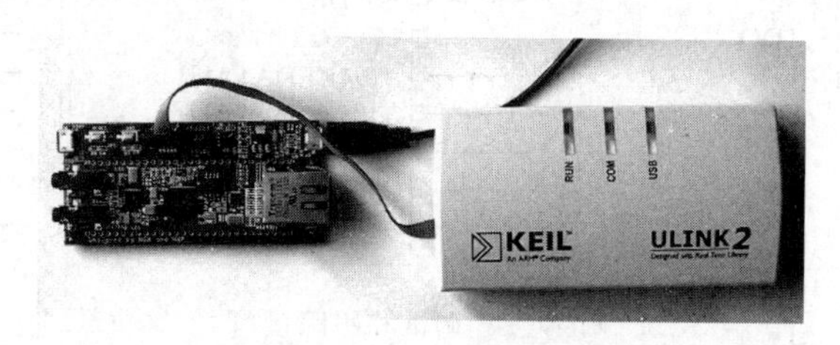

图 14.1　连接到 Keil ULINK2 调试适配器上的 LPC4330-Xplorer 开发板

有些读者可能想知道，既然目前 USB 这么流行而且许多微控制器都有 USB 接口，为什么不把 USB 直接用于调试操作呢？

尽管 USB 非常通用而且应用广泛，USB 通信需要相对复杂的片上硬件，而且具有各种系统需求（如时钟、电压和电源等）。因此，USB 不适宜直接用于调试通信协议，因为它会加大设计的功耗和成本。从另一方面来看，串行线和 JTAG 接口具有较小的硅片面积，而且所用的时钟频率范围相当宽泛。JTAG 调试协议使用 JTAG 调试接口，多个芯片都可以连接到一个简单的菊花链设计，这对于复杂的系统设计非常有用。

在调试主机和微控制器间建立连接后，可以：

- 将编译好的程序映像下载到微控制器中。
- 控制微控制器执行复位。
- 启动程序执行，也可以按行执行（单步）。
- 停止处理器（暂停）。
- 插入/移除断点。通过断点特性，可以定义指令地址，这样当处理器执行到那条指令时，就会停止运行（进入暂停，在 ARM 文献中有时也被称作调试状态）。

- 插入/移除监视点。通过监视点特性，可以定义数据地址，这样当处理器访问到定义的地址时，就会触发可用于暂停处理器的调试事件。
- 可以在任何时候检查或修改存储器或外设的内容，即使处理器运行时也一样。该特性也被称作即时存储器访问。
- 还可以检查或修改处理器内的数值，不过只有处理器停止（暂停）时才可以这么做。

所有这些特性在所有的 Cortex-M 处理器中都是存在的，其中包括低成本的 Cortex-M0 和 Cortex-M0＋微控制器。

14.1.2 什么是跟踪特性

Cortex-M3 和 Cortex-M4 处理器中的跟踪特性在程序执行期间使用单独的接口输出信息，它是实时的（延时很短），而且可以在无须停止处理器的情况下提供许多有用的信息。

支持的跟踪接口模式有两种：名为串行线查看（SWV）的单针模型（使用串行线输出信号 SWO）或多针跟踪接口（一般为 4 个数据引脚＋1 个时钟引脚）。尽管调试和跟踪特性独立运行，它们通常都是和同一个接头相连。图 14.2 所示为典型的调试和跟踪连接配置。请参考附录 H 了解常见的调试和跟踪接头。

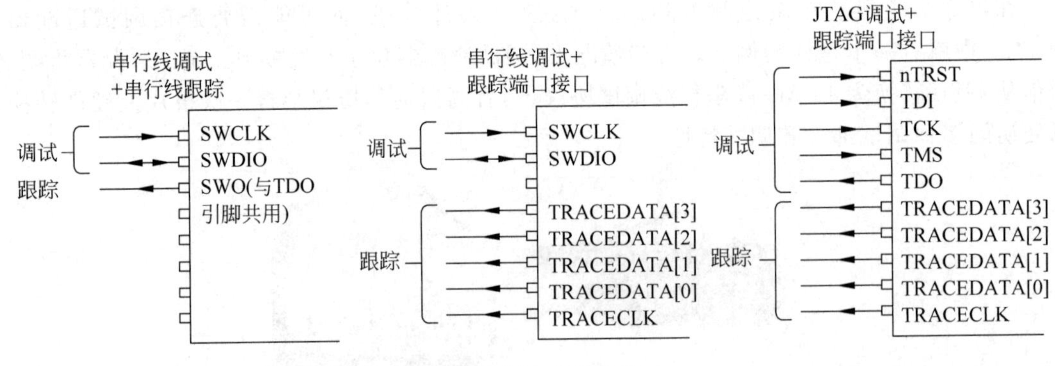

图 14.2 调试和跟踪接口

SWV 提供了一种低引脚数量的跟踪解决方案，而且在使用串行线调试协议时，SWO 输出信号可以和 TDO 引脚共用，SWO 的波特率一般被限制在 2Mb/s 以下（受调试适配器硬件所限，实际的带宽可能会更低）。不过，输出下面列出的这些信息是非常有用的。

1. 异常事件

和数据监视点事件相关的信息，如数据值、程序计数器值、地址值或其中两者的组合。

2. 概况计数的事件

- 软件生成的跟踪数据（指令跟踪，如程序代码中 printf 语句输出的消息）。
- 时间戳信息：对于每个跟踪数据，可以让它们都带着时间戳，这样调试主机可以根据时间重组事件。

跟踪端口接口提供的跟踪数据带宽更大，不过，需要更加复杂的（通常也会更贵）的跟踪适配器才能利用跟踪端口接口捕获跟踪信息。利用跟踪端口输出提供的高带宽，除了从 SWO 得到的信息外，还能收集到其他的跟踪信息：指令跟踪。指令跟踪端口需要名为嵌入式跟踪宏单元（ETM）的可选片上硬件部件，它可以提供程序执行的信息，这样程序执行的整个过程就可以在调试主机上重建出来了。该特性非常适合用于调试复杂的软件 bug、代码覆盖测量及性能分析。ETM 指令跟踪还支持时间戳信息。

指令跟踪在 Cortex-M0+处理器上是可选部件，不过它们的设计不同。Cortex-M0+处理器中的微跟踪缓冲(MTB)将微控制器 SRAM 的一小部分用作了跟踪缓冲，一般运行在环形缓冲模式且存储程序流变化的信息。在程序停止后，调试器可以利用调试连接提取出 SRAM 中的数据。表 14.1 对 MTB 和 ETM 指令跟踪的优势进行了比较。

表 14.1 ETM 跟踪和 MTB 跟踪的比较

ETM 的优势(Cortex-M3 和 Cortex-M4 中存在)	MTB 的优势(Cortex-M0+中存在)
跟踪历史信息不受限限制	只须一个低成本的调试适配器，并使用和 JTAG 或串行线调试相同的接口
通过时间戳包提供了时序信息	
实时-处理器工作时也可以收集信息	硅片封装面积小(典型配置的门数只有 1.5K)，因此功耗也低

目前，ULink Pro 等调试适配器支持流跟踪，因此跟踪历史的长度仅受限于调试主机的存储空间。

14.1.3 调试和跟踪特性总结

Cortex-M3 和 Cortex-M4 处理器中有许多不同的调试和跟踪特性。这些特性中的许多在 Cortex-M0 和 Cortex-M0+处理器中也是可用的。表 14.2 总结了当前 Cortex-M 处理器中的这些特性。

表 14.2 各种 Cortex-M 处理器中的调试和跟踪特性

特　　性	Cortex-M0	Cortex-M0+	Cortex-M3/Cortex-M4
JTAG 或串行线调试协议	一般只支持一种调试协议	一般只支持一种调试协议	一般支持两种，并允许动态切换
内核调试-暂停、单步、继续、复位和寄存器访问	Yes	Yes	Yes
即时存储器和外设访问	Yes	Yes	Yes
硬件断点比较器	最多 4 个	最多 4 个	最多 8 个(6 个指令地址和 2 个常量地址)
软件断点(断点指令)	无限制	无限制	无限制
硬件监视点比较器	最多 2 个	最多 2 个	最多 4 个
指令跟踪	No	MTB(可选)	ETM(可选)
数据跟踪	No	No	Yes
软件跟踪(指令跟踪)	No	No	Yes
调试监控异常	No	No	Yes
概况计数器	No	No	Yes
PC 采样	只支持通过调试器的读访问	只支持通过调试器的读访问	支持通过调试器或跟踪的读访问
Flash 补丁逻辑	No	No	Yes
符合 CoreSight 架构	Yes	Yes	Yes

这些调试特性中的许多都是由芯片设计人员配置的。例如，基于 Cortex-M 处理器的超低功耗传感器设备可以减少断点和监视点比较器的数量以降低功耗。ETM 等一些部件是可

选的，有些 Cortex-M3 或 Cortex-M4 微控制器中可能会不存在 ETM 指令跟踪。

从另外一个角度来看，调试和跟踪特性可被分为两类。

1. 侵入调试

需要停止或显著改变程序执行流程的特性。

- 内核调试特性——程序暂停、单步、复位和继续
- 断点
- 配置为暂停处理器的数据监视点
- 处理器内部寄存器的访问（读或写，只有在处理器暂停时才能执行）
- 调试监控异常
- 利用 Flash 补丁逻辑的 ROM 基本调试

2. 非侵入调试

对程序流程影响很小的特性。

- 即时存储器/外设访问
- 指令跟踪（通过 Cortex-M3/M4 ETM 或 Cortex-M0+ MTB）
- 数据跟踪（使用和数据监视点相同的比较器，不过被配置为数据跟踪）
- 软件生成的跟踪（或被称作指令跟踪，需要执行一些软件代码，不过时序影响相对较小）
- 概况（使用概况计数或 PC 采样特性）

多数情况下，侵入调试使用起来稍微简单些，因为可以控制程序执行的每个步骤。不过，侵入调试对于一些应用可能会不合适。例如，在一些马达控制应用中，在操作期间停止马达控制器可能会非常危险，因此，必须用非侵入调试技术来收集程序执行的信息。

14.2 调试架构

14.2.1 CoreSight 调试架构

Cortex-M 处理器中的调试和跟踪特性是基于 CoreSight 调试架构设计的。该架构涵盖了多个方面，包括调试接口协议、调试访问的片上总线、调试部件控制、安全特性以及跟踪数据接口等。

对于普通的软件开发，深入了解 CoreSight 架构是没有必要的。若要大致了解这方面的内容，可以参考 CoreSight 技术系统设计指南（参考文献 16），其中对架构进行了简要的介绍。若要了解 CoreSight 调试架构和 Cortex-M 调试系统设计的详细内容，可以参考下面的文献：

- CoreSight 架构规范（ARM IHI 0029）。
- ARM 调试接口 v5.0/5.1（如 ARM IHI 0031A），其中包括调试连接部件和编程模型方面的内容（本章稍后介绍的调试端口和访问端口，以及串行线和 JTAG 通信的细节）。
- 嵌入式跟踪宏单元架构规范（ARM IHI 0014Q），其中包括 ETM 跟踪端口包格式和编程模型方面的细节。
- ARMv7-M 架构参考手册（参考文献 1）也介绍了 Cortex-M3 和 Cortex-M4 处理器中可用的调试特性。

Cortex-M 处理器调试支持的一个重要特点为支持多处理器设计。CoreSight 架构允许共用调试连接和跟踪连接。Cortex-M3 和 Cortex-M4 处理器默认具有一个用于单核环境的预先

配置的处理器系统，而且增加额外的 CoreSight 调试和跟踪部件后就可以支持多处理器。

这一点和许多经典的 ARM 处理器不同，如 ARM7TDMI 和 ARM9 处理器，它们的调试系统不是基于 CoreSight 的，而且调试和跟踪接口同处理器集成在一起。对于近年利用 CoreSight 架构设计的 ARM 处理器，它们利用了模型化的方法，调试接口可以和处理器分离，而且可以利用灵活的总线系统将它们连在一起，如图 14.3 所示。

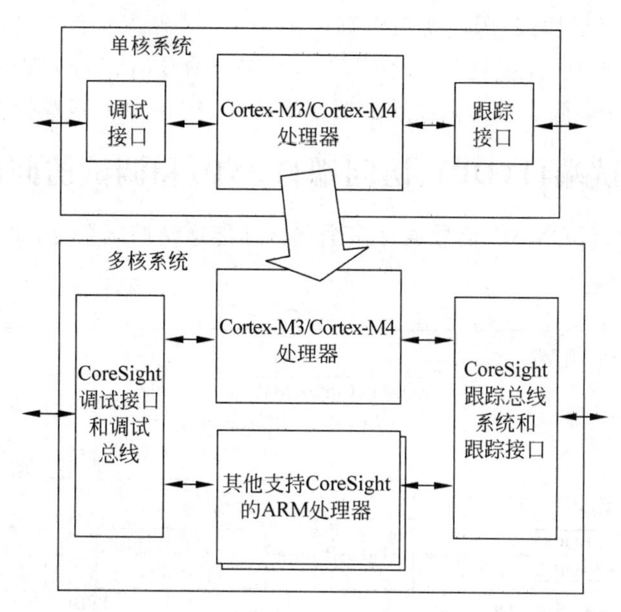

图 14.3 调试与跟踪接口和处理器分离的设计使得处理器可用在单核及多核系统

Cortex-M 处理器用的调试部件是专门为低门数系统设计的，因此可能和标准的 CoreSight 调试部件有些不同。不过，它们在设计上符合 CoreSight，因此可以和其他的 CoreSight 调试和跟踪部件无缝配合。

14.2.2 处理器调试接口

下面来看一下调试接口的详细内容。

调试器要访问多个调试特性，需要使用调试接口。许多微控制器支持一个名为 JTAG（联合测试行动小组）的串行协议。JTAG 协议是一种工业标准协议（IEEE 1149.1），具有片上或 PCB 级测试等多种用途，还可以提供访问微控制器内的调试特性的入口。

JTAG 足以应对许多调试场景，它需要至少 4 个引脚：TCK、TDI、TMS 和 TDO。复位脚 nTRST 是可选的。对于具有引脚数量较少的微控制器来说（如 28 脚封装），4 个引脚用于调试就太多了。因此，ARM 开发了串行线调试协议，它只须两个引脚：SWCLK 和 SWDIO。串行线调试协议提供了相同的调试访问特性，并且还支持校验错误检测，在电气噪声较高的系统中可以提供更高的可靠性。因此，串行线调试协议对微控制器供应商和用户都很有吸引力。

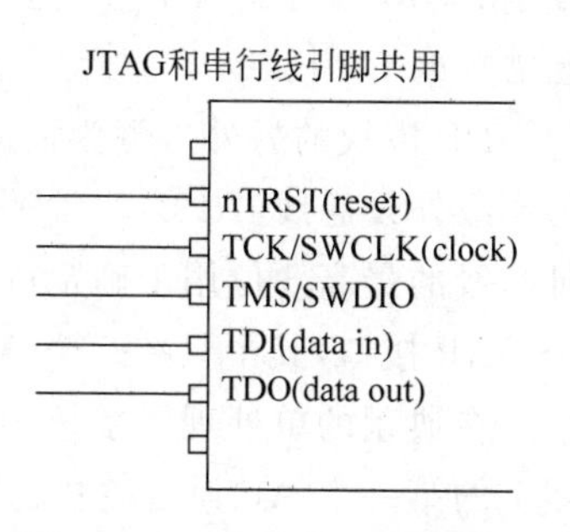

图 14.4 JTAG 和串行线调试协议的引脚共用

一般来说，串行线调试和 JTAG 调试系统共用相同的连接：TCK 和 SWCLK 使用相同的引脚，而 TMS 和 SWDIO 共用相同的引脚，如图 14.4 所示。

许多 Cortex-M3 和 Cortex-M4 微控制器同时支持 JTAG 和串行线调试协议，利用 TMS/SWDIO 引脚上的特殊位序列，可以在两个模式间动态切换。为了降低功耗，有些微控制器没有实现 JTAG 调试协议，只支持串行线调试协议。

一般来说，为了降低功耗，Cortex-M0 和 Cortex-M0＋微控制器只会支持这些调试协议中的一种：多为串行线调试协议，因其所需引脚较少。

前面在 14.1.2 节中已经提到了，在使用串行线调试协议时，TDO 脚可用于 SWO（串行线输出）的跟踪操作。许多低成本的调试适配器都支持通过 SWO 的跟踪捕获。

14.2.3 调试端口（DP）、访问端口（AP）和调试访问端口（DAP）

在芯片内部，串行线/JTAG 信号通过多个部件才能连到调试系统，如图 14.5 所示。

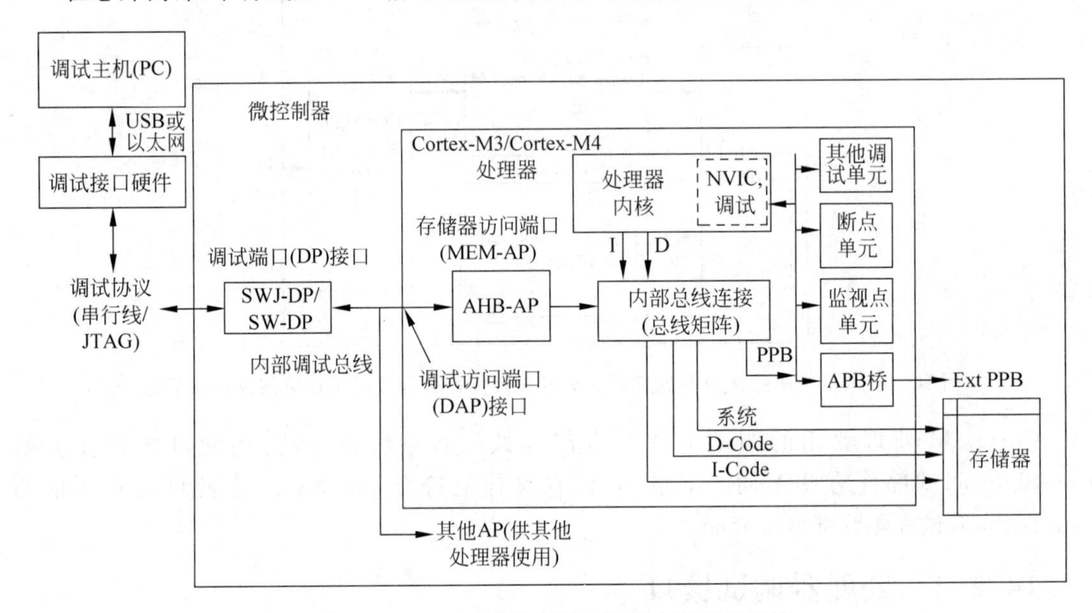

图 14.5 Cortex-M 处理器和调试主机间的连接

第一个为调试端口（DP）部件，它将调试接口协议转换为内部调试总线的协议。对于 Cortex-M3 和 Cortex-M4 设计，它通常为一个名为 SWJ-DP（串行线 JTAG DP）的模块，同时支持串行线和 JTAG 协议。有些情况下，系统可能会使用支持串行线协议的 SW-DP。有些早期的 ARM 微控制器中可能会存在支持 JTAG 协议的 JTAG-DP，芯片生产商可以使用适合自己需要的 DP 模块。

DP 模块的另外一侧为内部调试总线，这是一种 32 位的总线且协议和 AMBA 3.0 规范中的高级外设总线（APB）非常类似。内部调试总线支持最多 256 个访问端口（AP）设备，而且地址总线的最高 8 位用于确定待访问的 AP。每个 Cortex-M3 或 Cortex-M4 处理器中都存在一个 DAP 接口，其中只有一个 AP 设备，因此从理论上来说，上百个处理器可以共用一个调试连接。在典型的单处理器系统中，Cortex-M3 或 Cortex-M4 处理器中的 AP 模块为内部调试总线上的第一个 AP 设备（也就是说，当地址的高 8 位为 0 时就会选择 AP）。

调试总线地址的中间 16 位没有使用，而且每个 AP 只有 64 个字的地址空间。因此，为使调试器可以访问整个 4GB 的地址空间，需要使用另外一个等级的地址重映射。AHB-AP 模块是一种存储器访问端口模块，它将调试器发来的命令转换为基于高级高性能总线(AHB)协议的存储器访问。AHB-AP 模块和 Cortex-M3 或 Cortex-M4 处理器中的内部总线系统相连，可以看到整个存储器映射，因此调试器可以访问所有的存储器、外设、调试部件和处理器内的调试寄存器。

除了 AHB-AP，CoreSight 产品系列中还有其他形式的 AP 模块。例如，APB-AP 可用于将调试器访问转换为 CoreSight 调试部件的 APB 访问，JTAG-AP 模块则可用于控制传统的基于 JTAG 的测试接口，如 ARM7TDMI 上的调试接口。

14.2.4　跟踪接口

CoreSight 架构的另外一部分涉及跟踪数据处理。在 Cortex-M3 和 Cortex-M4 处理器中，存在三种类型的跟踪源：

- 嵌入式跟踪宏单元(ETM)。可选部件，产生指令跟踪。
- 数据监视点和跟踪(DWT)单元。可产生数据跟踪、事件跟踪和概况跟踪信息。
- 指令跟踪宏单元(ITM)。允许 printf 等软件方式生成调试信息，还可生成时间戳信息。

在跟踪期间，可以利用一组名为高级跟踪总线(ATB)的片上跟踪数据总线，将跟踪数据以信息包的形式从跟踪源输出出来。基于 CoreSight 架构，可以利用名为 CoreSight 跟踪通道的 ATB 合并器硬件将多个跟踪源(如多个处理器)的跟踪数据合并起来。如图 14.6 所示，利用另一个名为跟踪端口接口单元(TPIU)的模块，可以将合并后的数据转换并输出到芯片的跟踪接口上。转换后的数据被输出后，就可以被跟踪捕获设备捕获并由调试主机(如个人计算机)进行分析。此时可以将数据流转换回多个数据流。

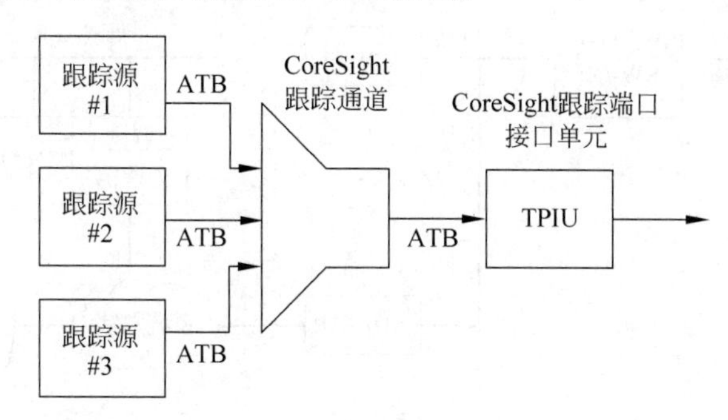

图 14.6　CoreSight 系统中典型的跟踪流合并

在 Cortex-M3 和 Cortex-M4 设计中，为了降低整体的硅片大小，跟踪系统的设计有些不同，如图 14.7 所示。Cortex-M3/M4 的 TPIU 模块在设计上具有两个 ATB 端口，因此无须使用单独的跟踪通道模块。另外，它还同时支持跟踪端口模式和 SWV 模式(使用 SWO 输出信号)，而在 CoreSight 系统中，SWV 操作需要一个独立的模块。

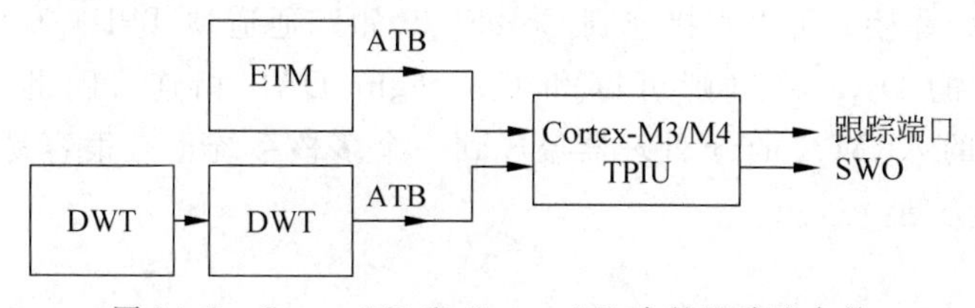

图 14.7　Cortex-M3 和 Cortex-M4 中的跟踪流合并

14.2.5 CoreSight 的特点

基于 CoreSight 的设计具有以下优势：

- 即使在处理器运行时也可以查看存储器内容和外设寄存器。
- 利用单个调试器硬件可以控制多个处理器调试接口。例如，若使用了 JTAG，即使芯片中有多个处理器，也只需要一个测试访问端口（TAP）控制器。
- 内部调试接口基于简单的总线设计，很容易为芯片或 SoC 上的其他部分开发额外的测试逻辑。
- 一个跟踪捕获设备可以采集多个跟踪数据流，并可在调试主机上将数据流拆分。
- 可以开发新的调试端口、访问端口以及 TPIU 设计并用于现有的处理器和 CoreSight 部件中，因此在出现新的技术后，也可能会有不同类型的调试接口。

Cortex-M3 和 Cortex-M4 处理器使用的调试系统与通常的 CoreSight 设计有些许不同：

- Cortex-M3/M4 中的跟踪部件是经过特殊设计的。Cortex-M3/M4 中有些 ATB 接口为 8 位宽，而 CoreSight 部件的 ATB 则为 32 位宽。
- Cortex-M3/M4 中的调试设计不支持 TrustZone。
- 调试部件为系统存储器映射的一部分，而在标准的 CoreSight 系统中，调试部件是由一个单独的总线（可能具有独立的存储器映射）控制的。例如，图 14.8 所示为 Cortex-R 处理器中的 CoreSight 调试系统的连接示意图，而如图 14.9 所示，Cortex-M3/M4 中的调试部件则为系统存储器空间的一部分。

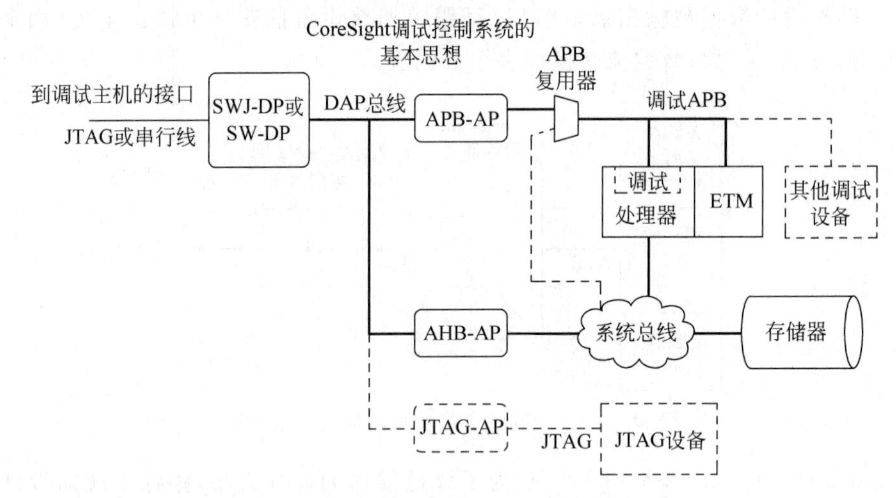

图 14.8 CoreSight 系统的设计思想

虽然 Cortex-M3 和 Cortex-M4 中的调试部件设计与通常的 CoreSight 系统不同，Cortex-M3 的通信接口和协议是符合 CoreSight 架构的，可以直接连到 CoreSight 系统上。例如，Cortex-M3/M4 的跟踪接口可以直接连到 CoreSight 跟踪通道和 TPIU 等 CoreSight 部件上，而 Cortex-M3/M4 的 DAP 接口则可以和 CoreSight DAP 相连。因此，将 Cortex-M3 和 Cortex-M4 同其他的 ARM Cortex 处理器集成到一个多核系统也是很容易的，而且调试和跟踪系统的连接也很方便。

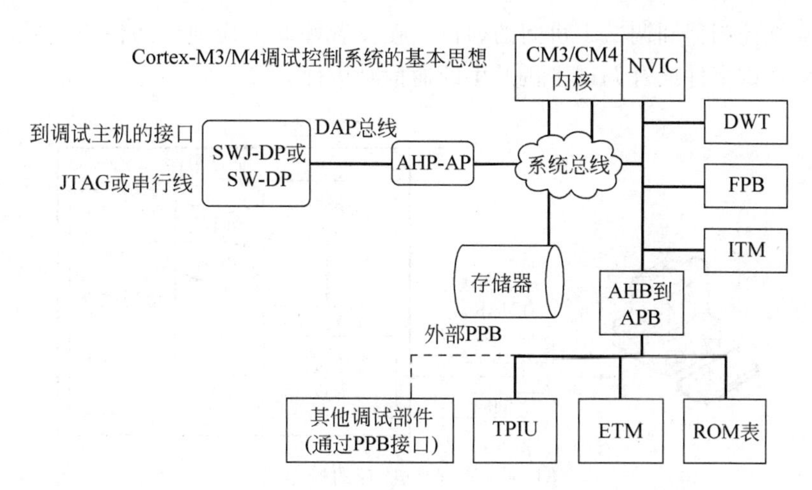

图 14.9 Cortex-M3 和 Cortex-M4 处理器中的调试系统

14.3 调试模式

Cortex-M3 和 Cortex-M4 处理器具有两种调试模式：

- 第一个为暂停。当调试事件产生或用户请求暂停时，处理器会完全停止程序执行。这也是最常用的调试手段。
- 第二个为调试监控异常。当调试事件产生或用户请求暂停应用程序(除了调试监控异常以外的应用程序代码)的执行时，处理器会执行一个特殊的异常处理。然后，调试监控异常处理会通过某通信接口外设(如 UART 等)和调试主机通信。调试监控的异常类型为 12 且优先级是可编程的，因此在执行调试任务时更高优先级的异常还是可以产生的。

这两种调试机制都可以被调试事件以及手动设置调试控制寄存器中的控制位来触发。

利用串行线或 JTAG 连接的暂停模式调试使用起来非常方便且功能强大，无须额外的程序和数据存储器。你可以：

- 利用调试器或在调试事件(如断点)产生时停止程序执行。
- 单步执行每条指令或每行 C 代码(取决于所使用的调试器)。
- 在暂停处理器后查看和修改处理器中所有寄存器的值。
- 在任何时候查看和修改存储器或外设中的数值，不管处理器是否在运行。

不过，在运行期间停止处理器进行调试可能会不合适甚至非常危险。例如，若用微控制器控制引擎或马达，在暂停模式调试时停止微控制器可能会意味着将失去对引擎或马达的控制，或者有些情况下，突然停止控制器可能会引起物理损伤。

为了解决这个问题，使用了调试监控方案。要停止程序执行，处理器会执行调试监控异常处理。调试监控异常具有可编程的优先级，因此其他优先级高于调试监控异常的中断和异常还可以执行。这样，马达控制等关键操作可由更高优先级的中断进行处理，即使主程序停止执行它也会继续运行。

要在调试中使用调试监控特性，需要在微控制器的程序映像中增加一段调试代理代码，如图 14.10 所示。该代码可被调试监控异常以及通信接口的中断处理触发，程序执行的初始化阶段需要建立微控制器和调试主机间的通信。在设置好调试代理和通信连接后，调试代理代码可以在产生调试事件或有调试主机产生的通信时执行。

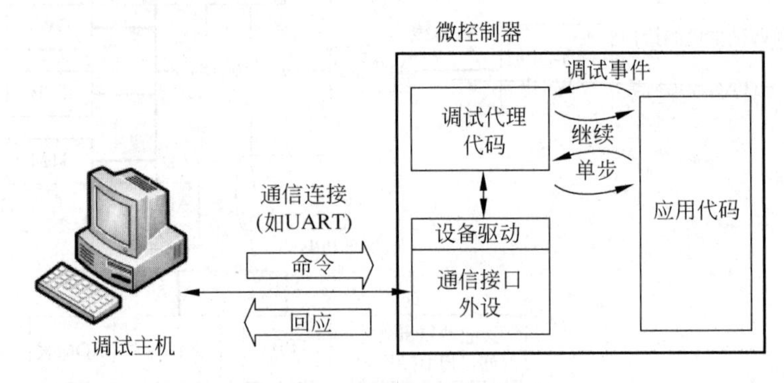

图 14.10 调试监控的概念图

调试监控异常方案具有一些局限性。例如，它无法用于不可屏蔽中断(NMI)、HardFault或其他优先级不低于调试监控异常的异常处理中的调试操作。另外，它可被PRIMASK等异常屏蔽寄存器屏蔽。最后，它需要额外的资源，其中包括存储器、执行时间和通信外设。

下面总结了暂停模式调试和调试监控模式调试间的其他区别。

暂停模式：

- 指令停止执行。
- 系统节拍定时器(SYSTICK)停止计数。
- 支持单步操作。
- 中断可被挂起并可在单步被唤醒，或被屏蔽，这样可以在步进调试期间忽略掉外部中断。

调试监控模式：

- 处理器执行编号为12的异常处理(调试监控)。
- SYSTICK计数器继续运行。
- 根据调试监控和新中断的优先级比较，新产生的中断可能会抢占，也可能不抢占。
- 若在更高优先级中断执行时产生了调试事件，则调试事件会被忽略。
- 支持单步操作。
- 在压栈和异常处理执行期间，存储器内容(如栈存储)可被调试监控处理修改。

14.4 调试事件

Cortex-M3/M4处理器会由于多种原因进入调试模式(暂停或调试监控异常)。对于暂停模式调试，若满足图14.11所示的条件之一，处理器会进入暂停模式，处理器的行为受到调试控制寄存器中的多个可编程位控制。如表14.4所示，调试暂停控制和状态寄存器(DHCSR，地址为0xE000EDF0)中C_DEBUGEN就是其中一位，它用于使能暂停模式调试，而且只能由同微控制器相连的调试器编程。该寄存器中的另外一位为C_HALT，可被调试器用于手动暂停处理器。

外部调试请求信号为调试事件的一种，在Cortex-M3/M4处理器中被称作EDBGREQ。该信号的实际连接情况取决于微控制器或SoC的设计。有些情况下，它可能会被连到低电

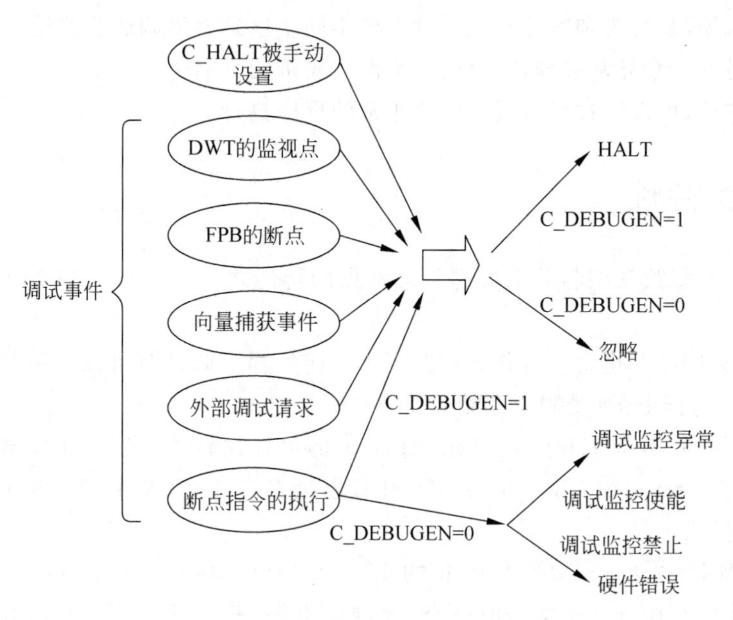

图 14.11 暂停模式调试用的调试事件

平，因此总是无效的。不过，也可以将其与其他的调试部件(芯片生产商可能在SoC上增加额外的调试部件)相连，或者若是多处理器系统，则可能会被连到其他处理器的调试事件。

另外一个可用的调试事件为向量捕捉，它是可编程的特性。在使能时，它可以在系统复位后或者出现特定的错误异常时暂停处理器，并由调试异常和监控控制寄存器(DEMCR，地址为0xE000EDFC)控制，如表14.5所示。向量捕捉机制通常被调试器使用，它可以在调试会话开始后，在下载完程序以及处理器复位后立即暂停处理器。

在完成调试后，可以通过清除DHCSR中的C_HALT位使程序回到正常执行。

类似地，若使用调试监控异常，则多个事件可以引发调试监控，如图14.12所示。

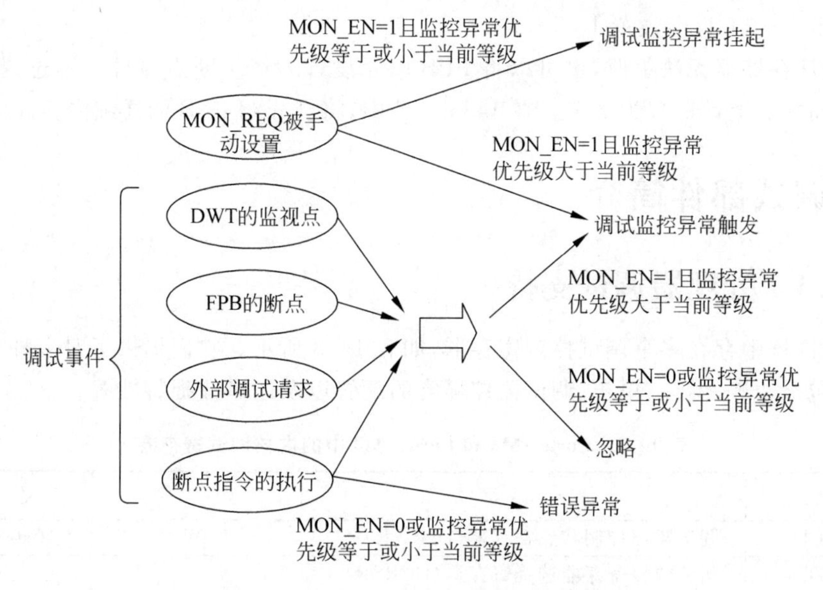

图 14.12 调试监控异常用的调试事件

对于调试监控，其行为和暂停模式调试有些不同。这是因为调试监控是异常的一种，若处理器正在执行另外一个异常处理，它会受到当前优先级的影响。

在完成调试后，可以通过异常返回继续正常的程序执行。

14.5 断点特性

调试特性对于多数微控制器来说都是最常见的特性之一。Cortex-M 处理器支持下面两种断点机制：

- 断点指令 BKPT 也常被称作软件断点。在应用程序调试时可以使用的 BKPT 指令的数量是没有限制的(受限于存储器大小)。
- 断点使用 Flash 补丁和断点单元(FPB)中的地址比较器。硬件比较器的数量是有限的。对于 Cortex-M3 和 Cortex-M4，比较器最多有 8 个(其中只有 6 个可以产生指令地址断点)。

断点指令(BKPT #immed8)为 16 位的 Thumb 指令，编码为 0xBExx，低 8 位取决于指令后跟着的立即数。在执行这条指令时，会产生调试事件，若 C_DBGEN 置位处理器也会被暂停，或者若调试监控使能，调试监控异常会被触发。由于调试监控异常具有可编程的优先级，因此可用于异常优先级低于自己的线程或异常处理中。若在调试中使用了调试监控，不可屏蔽中断(NMI)或 HardFault 等异常处理中就不应使用 BKPT 指令。

若处理器未被暂停或调试监控异常已返回，则处理器会回到 BKPT 指令所在的地址，而不是 BKPT 指令后的地址。这是因为在断点指令的一般使用中，BKPT 用于替换普通指令，当命中断点且执行调试动作时，指令存储器会被恢复到最初的指令，而指令存储器的剩余部分则不受影响。

若 BKPT 指令执行时 C_DEBUGEN＝0 且 MON_EN＝0，则它会引发处理器进入 HardFault 异常，同时硬件错误状态寄存器(HFSR)被置为 1，而且调试错误状态寄存器(DFSR)中的 BKPT 也会被置 1。

即使程序存储器无法更改，也可以将 FPB 单元设置为产生断点事件。不过，指令地址最多为 6 个，而常量地址最多为 2 个。在 14.6.2 节中，将会介绍 FPB 的详细内容。

14.6 调试部件简介

14.6.1 处理器调试支持

处理器内核中存在多个调试控制寄存器，如表 14.3 所示。它们提供了对多种调试操作的控制，其中包括暂停、继续、单步、调试监控异常的配置以及向量捕捉特性等。

表 14.3 Cortex-M3 和 Cortex-M4 中的内核调试寄存器

地　址	名　称	类　型	复 位 值
0xE000EDF0	调试暂停控制状态寄存器(DHCSR)	R/W	0x00000000
0xE000EDF4	调试内核寄存器选择寄存器(DCRSR)	W	—
0xE000EDF8	调试内核寄存器数据寄存器(DCRDR)	R/W	—
0xE000EDFC	调试异常和监控控制寄存器(DEMCR)	R/W	0x00000000

DHCSR 的细节如表 14.4 所示。注意，对于 DHCSR，第 5、3、2 和 0 位只能被上电复位清除，第 1 位可被上电复位(冷复位)和系统复位(包括利用 SCB->AIRCR 的 VECTRESET)清除。

表 14.4 调试暂停控制和状态寄存器(CoreDebug->DHCSR，0xE000EDF0)

位	名称	类型	复位值	描 述
31:26	KEY	W	—	调试键值。写寄存器时该域要为 0xA05F，否则写操作会被忽略
25	S_RESET_ST	R	—	内核已复位或正在复位，该位读出清零
24	S_RETIRE_ST	R	—	由于上次读操作，指令已经完成，该位读出清零
19	S_LOCKUP	R	—	该位置 1 时，内核处于锁定状态
18	S_SLEEP	R	—	该位置 1 时，内核处于休眠模式
17	S_HALT	R	—	该位置 1 时，内核处于暂停状态
16	S_REGRDY	R	—	寄存器读/写操作已完成
15:6	保留	—	—	保留
5	C_SNAPSTALL	R/W	0*	破坏已延迟的存储器访问
4	保留	—	—	保留
3	C_MASKINTS	R/W	0*	步进时屏蔽中断，在处理器暂停时才能修改
2	C_STEP	R/W	0*	单步运行处理器，只有 C_DEBUGEN 置位时有效
1	C_HALT	R/W	0*	暂停处理器内核，只有 C_DEBUGEN 置位时有效
0	C_DEBUGEN	R/W	0*	使能暂停调试

要进入暂停模式，调试暂停控制和状态寄存器(DHCSR)中的 C_DEBUGEN 位必须得置位。该位只能由调试器(通过调试访问端口，DAP)编程，因此若不借助调试器，Cortex-M3/M4 处理器是无法被暂停的。在 C_DEBUGEN 置位后，可以通过设置 DHCSR 中的 C_HALT 来暂停内核，调试器或处理器自身运行的软件都可以将该位置 1。

DHCSR 的读操作和写操作的位域定义是不同的。写操作需要在 31～16 位设置调试键值，而读操作则不需要调试键值，而且返回值的高半字中包含状态位，如表 14.4 所示。

一般情况下，DHCSR 只能被调试器访问。为了避免引起调试器工具的问题，应用代码不应修改 DHCSR 的内容。

DEMCR 的细节如表 14.5 所示。注意，对于 DEMCR，16～19 位可由系统复位及上电复位清除，其他位只能被上电复位清除。

表 14.5 调试异常和监控控制寄存器(CoreDebug->DEMCR，0xE000EDFC)

位	名称	类型	复位值	描 述
24	TRCENA	R/W	0*	跟踪系统使能。要使用 DWT、ETM、ITM 和 TPIU，该位需要置 1
23:20	保留	—	—	保留
19	MON_REQ	R/W	0	表示调试监控由手动挂起请求引起，而不是硬件调试事件
18	MON_STEP	R/W	0	单步运行处理器，只在 MON_EN 置位时有效
17	MON_PEND	R/W	0	挂起调试异常请求，优先级允许时内核会进入监控异常
16	MON_EN	R/W	0	使能调试监控异常
15:11	保留	—	—	保留
10	VC_HARDERR	R/W	0*	硬件错误的调试陷阱
9	VC_INTERR	R/W	0*	中断/异常服务错误的调试陷阱

续表

位	名称	类型	复位值	描　述
8	VC_BUSERR	R/W	0*	总线错误的调试陷阱
7	VC_STATERR	R/W	0*	使用错误的调试陷阱
6	VC_CHKERR	R/W	0*	使用错误使能时错误检查的调试陷阱（如非对齐、被0除）
5	VC_NOCPERR	R/W	0*	使用错误的调试陷阱，无协处理器错误
4	VC_MMERR	R/W	0*	存储器管理错误的调试陷阱
3:1	保留	—	—	保留
0	VC_CORERESET	R/W	0*	内核复位的调试陷阱

DEMCR寄存器用于控制向量捕捉特性、调试监控异常以及跟踪子系统的使能。在使用任何跟踪特性（如指令跟踪、数据跟踪）或访问任何跟踪部件（如DWT、ITM、ETM和TPIU）前，TRCENA位必须为1。

另外两个寄存器提供了对处理器内寄存器的访问，它们为调试内核寄存器选择寄存器（DCRSR）和调试内核寄存器数据寄存器（DCRDR），如表14.6和表14.7所示。只有处理器暂停时才能使用寄存器传输特性。对于调试监控模式调试，调试代理代码可以用软件访问所有的寄存器。

表14.6　调试内核寄存器选择寄存器（CoreDebug->DCRSR，0xE000EDF4）

位	名称	类型	复位值	描　述
16	REGWnR	W	—	数据传输方向： 写=1，读=0
15:5	保留	—	—	—
4:0	REGSEL	W	—	要访问的寄存器： 00000 = R0 00001 = R1 … 01111 = R15 10000 = xPSR/标志 10001 =主栈指针（MSP） 10010 =进程栈指针（PSP） 10100 =特殊寄存器： [31:24] Control [23:16] FAULTMASK [15:8] BASEPRI [7:0] PRIMASK 0100001 = 浮点状态和控制寄存器（FPSCR） 1000000 = 浮点寄存器S0 … 1011111 = 浮点寄存器S31 其他值保留

表14.7　调试内核寄存器数据寄存器（CoreDebug->DCRDR，0xE000EDF8）

位	名称	类型	复位值	描　述
31:0	数据	R/W	—	存放读寄存器结果或写入选择寄存器数值的数据寄存器

要使用这些寄存器读取寄存器内容，应该遵循以下步骤：

(1) 确认处理器已暂停。

(2) 写 DCRSR 寄存器，第 16 位为 0 表示这是一次读操作。

(3) 等待 DHCSR(0xE000EDF0)中的 S_REGRDY 位置 1。

(4) 读取 DCRDR 获得寄存器内容。

写寄存器的操作也类似：

(1) 确认处理器已暂停。

(2) 将数据值写入 DCRDR。

(3) 写 DCRSR 寄存器，第 16 位为 1 表示这是一次写操作。

(4) 等待 DHCSR(0xE000EDF0)中的 S_REGRDY 位置 1。

DCRSR 和 DCRDR 寄存器只能在暂停模式调试期间传送寄存器的数值，若利用调试监控处理进行调试，可以从栈空间访问一些寄存器的内容，其他的则可以直接在监控异常处理中访问。

若有合适的函数库和调试器，DCRDR 还可用于半主机。例如，若应用执行了一条 printf 语句，则可用多个 putc(字符输出)函数调用来实现消息的输出。putc 函数将输出字符和状态存储在 DCRDR 后触发调试模式，调试器随后可以检测到内核暂停并在收集输出字符后显示。不过，这个操作需要暂停内核，而利用 ITM(参见 18.2 节)的 printf 方案则没有这个限制。

Cortex-M3 和 Cortex-M4 处理器中还有支持调试操作的其他多个特性：

- 外部调试请求信号。处理器提供的一个外部调试请求信号，Cortex-M3/M4 处理器可以利用这个信号，通过多处理器系统中其他处理器的调试状态等外部事件来进入调试模式。该特性尤其适用于多处理器系统，而对于简单的微控制器，该信号可能会被连接至低电平。
- 调试重启接口。处理器提供的一个硬件握手信号接口，处理器可以利用其他的片上硬件解除暂停。该特性一般用于多处理器系统中调试状态的同步，而单处理器系统中的握手信号则一般不会使用。
- DFSR。由于 Cortex-M3/M4 处理器中存在多个调试事件，调试器需要使用 DFSR(调试错误状态寄存器)确定产生的是哪个调试事件(见 12.4.6 节)。
- 复位控制。在调试期间，可以利用应用中断和复位控制寄存器(0xE000ED0C)中的 SYSRESETREQ 控制位来重启处理器内核。利用该复位控制寄存器，无须影响系统中的调试部件，可以将处理器复位(见 9.6 节)。
- 中断屏蔽。单步调试期间很有用的特性。例如，若在单步调试时不想进入中断复位程序，则可以将该中断请求屏蔽，此时，需要设置 DHCSR(0xE000EDF0)中的 C_MASKINTS 位(见表 14.4)。
- 搁置总线传输终止。若总线传输被搁置了很长时间，调试器可以利用一个调试控制寄存器终止该传输，此时，需要设置 DHCSR(0xE000EDF0)中的 C_SNAPSTALL 位。该特性只能在暂停期间由调试器使用(见表 14.4)。

14.6.2　Flash 补丁和断点(FPB)单元

1. FPB 的用途

Flash 补丁和断点(FPB)单元具有两个功能：

- 提供硬件断点特性。提供处理器内核的断点事件，触发暂停模式或调试监控异常等调试模式。

- 通过将 CODE 区域内的存储器访问映射到 SRAM 区域(存储器空间的下一个 0.5GB)实现对指令或数据的补丁。

断点功能理解起来相对简单：在调试期间，可以在程序地址或数据地址处设置一个或多个断点。若执行了断点地址处的程序代码，则会触发断点调试事件并暂停程序执行(暂停模式调试)或触发调试监控异常(若使用调试监控)。之后就能检查寄存器的内容、存储器和外设，并可以利用单步进行调试等。

Flash 补丁功能利用系统中的一小块可编程存储器为无法修改的程序存储器打上补丁。对于大量生产的产品，使用掩膜 ROM 或可单次编程的 ROM 会降低产品的成本。不过，若在设备编程后发现了软件问题，要重置这些设备可能需要很高的成本。若增加一小块可编程的存储器(如 Flash 或可电擦除可编程只读存储器 EEPROM)，则可以修改设备中编程的软件。若微控制器只会将软件存放在 Flash 存储器中，由于整个 Flash 存储器可以很容易地被擦除并重新编程，因此，无须使用 Flash 补丁。

FPB 可用于断点的生成，也可用于 Flash 补丁，不过无法同时使用。若某设备的 FPB 被配置为 Flash 补丁，则在运行时连接调试器后 Flash 补丁的配置会被调试器覆盖。

2. FPB 比较器

Cortex-M3 和 Cortex-M4 处理器的 FPB 中存在最多 8 个比较器：

- 比较器 #0～#5 为指令地址比较器。每个都可被设置为产生断点事件，或者将指令访问重映射到 SRAM(不过不是同时)。
- 比较器 #6～#7 为字符比较器。它们可以将 CODE 区域中的字符数据重映射到 SRAM。

什么是字符加载

在使用汇编编程时，经常需要在寄存器中设置一个立即数。当立即数较大时，指令空间就无法容纳下这个操作了。例如

```
LDR R0, = 0xE000E400 ;外部中断优先级寄存器起始地址
```

由于没有指令能有足够的空间放下 32 位的立即数，因此，就需要将这个立即数放到其他的存储器空间中，通常位于程序代码之后，然后使用 PC 相关的加载指令将这个立即数读到寄存器中。那么最后编译的二进制代码就类似于以下形式：

```
LDR R0, [PC, #<immed_8>*4]
; immed_8 = (字符地址 - PC)/4
...
; 文字池
...
DCD 0xE000E400
...
```

或者若字符数据距离较远，则可以使用 32 位 PC 相关的 LDR 指令：

```
LDR.W R0, [PC, #+/-<offset_12>]
; offset_12 = 字符地址 - PC
...
; 文字池
...
DCD 0xE000E400
...
```

> 由于代码中使用的字符数据可能会不止一个，汇编器或编译器通常会生成一个字符数据块，其一般被称作文字池。
>
> 在 Cortex-M3 和 Cortex-M4 处理器中，字符加载一般为数据总线上执行的数据读操作(D-CODE 总线或基于存储器位置的系统总线)。

FPB 中存在一个 Flash 补丁控制寄存器，其中包括可以使能 FPB 的位。另外，每个比较器在自己的比较器控制寄存器中都具有一个独立的使能位，要使比较器正常工作，两个使能位都要置 1。

可以对比较器进行编程，将 CODE 空间的地址重映射到 SRAM 存储器区域。在使用该功能时，需要编程 REMAP 寄存器提供重映射内容的基地址。REMAP 寄存器的高 3 位(bit[31:29])被硬连接至 b001，这样就将重映射的基地址限制在 0x20000000 和 0x3FFFFF80 之间，也总是位于 SRAM 存储器区域。

存放重映射数值的数据被放置在 SRAM 区域的连续 8 个字中，且必须要对齐到 8 字边界，起始地址由 REMAP 寄存器表示。若指令地址或字符地址和比较器定义的地址匹配，且比较器被配置为了重映射功能，则读访问会被重映射为 REMAP 寄存器指向的表格，如图 14.13 所示。

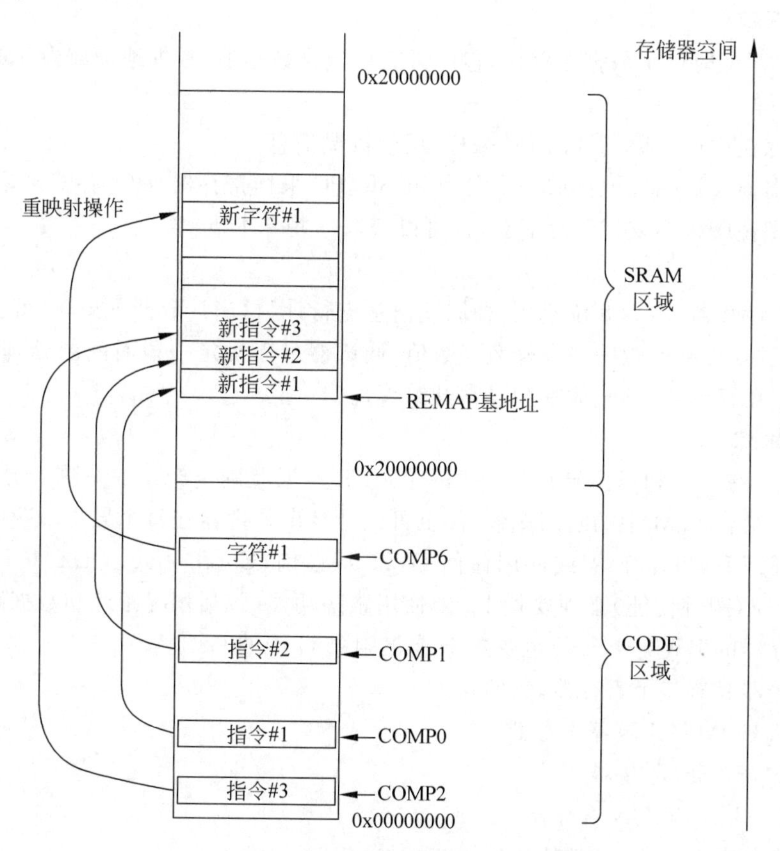

图 14.13　Flash 补丁-指令和读字符的重映射

可以将重映射地址表示为{3'b001，REMAP，COMP[2:0]，ADDR[1:0]}，其中 COMP[2:0]为对应比较器的编号，ADDR[1:0]则为访问的原始地址数值的最低两位。

利用重映射功能，可以将函数调用指令修改为指向不同存储器(如一小块可编程的 Flash 或 EEPROM)中的函数，而不论程序代码是否为 ROM 或是否可修改。

还可以创建一些 what-if 测试语句，将一些指令或数据替换为其他数值。

另外一个用法是将测试函数或子程序放到 SRAM 区域，替换 CODE 区域的程序 ROM，这样执行时就会跳转到这个测试函数或子程序。这些功能使得基于 ROM 的设备调试成为了可能(要了解更多信息，可以参考 23.10 节)。

另外，6 个指令地址比较器在触发暂停模式调试或调试监控异常外还可以生成断点。

14.6.3 数据监视点和跟踪(DWT)单元

DWT 中存在最多 4 个可产生数据监视点、数据跟踪和多个概况计数器的硬件比较器。DWT 具有多个不同功能，稍后将会一一介绍。

1. 产生调试事件

- 产生可以暂停处理器或触发调试监控异常的调试事件(如数据监视点事件和 PC 匹配事件)。
- ETM 还可用调试事件控制跟踪的启动/停止或产生 ETM 触发(引起 ETM 在指令跟踪流中发送触发包)。

2. 数据跟踪

当比较器匹配时产生数据跟踪包，包中可能会包含数据值、数据地址或当前 PC 值。

3. PC 采样

- 在跟踪流中产生周期性的 PC 采样，用于概况信息。
- 调试器通过周期性地读取一个名为 PCSR(PC 采样寄存器)的寄存器来采样 PC 数值，这样即使硬件不支持跟踪捕获，也可以获取一些基本概况。

4. 概况

利用多个计数器(多为 8 位)对各种周期信息进行计数，当计数器下溢时，就会生成一个跟踪包，这样通过收集到的跟踪包和计数器数值，调试器可以确定一段时间内处理器的动作(如有多少时间用在存储器访问、休眠和异常开销等)。

5. 异常跟踪

DWT 可以在进入和退出异常时产生一个跟踪包，据此确定产生的是哪个异常，这对于调试非常有用。结合 ITM 中的时间戳包，甚至可以计算出处理器在每个异常所花费的时间。

在访问任何 DWT 寄存器或使用任何 DWT 特性前，CoreDebug->DEMCR(见表 14.5)中 TRCENA 位(跟踪使能)必须要置 1。要使用跟踪功能(包括概况跟踪和数据跟踪等)，ITM 跟踪控制寄存器的 DWTENA 位也要置 1(参见附录 G 中的 G.27)。

每个比较器具有三个寄存器，它们是：

- DWT_COMP(比较器寄存器)
- DWT_MASK 寄存器
- DWT_FUNCTION 寄存器

比较器中存在一个 32 位的比较值，比较对象包括：

- 数据地址
- PC 数值
- DWT_CYCCNT 数值(仅指比较器 0)

• 数据值(仅指比较器 1)

DWT_MASK 寄存器决定了比较时待比较的位,通过比较期间对地址最低位的屏蔽,比较器可以产生对一定数据地址范围内的数据跟踪。DWT_MASK 寄存器为 4 位宽,默认值 0 表示比较所有位。若设置为 1,则会在比较时忽略第 0 位。若将 DWT_MASK 设置为 15,则可以跟踪最大 32KB 地址范围内的数据访问,如表 14.8 所示。不过,由于跟踪系统中 FIFO 大小的限制,跟踪大量的数据传输是不现实的,因为这样会引起跟踪溢出并导致跟踪数据的丢失。

表 14.8 DWT_MASK 寄存器编码

掩 码	忽 略 位
0	比较所有位
1	忽略 bit [0]
2	忽略 bit [1:0]
3	忽略 bit [2:0]
…	…
15	忽略 bit [14:0]

DWT_FUNCTION 寄存器决定比较器的功能。要避免无法预期的情况,MASK 和 COMP 寄存器要先于该寄存器设置。若要改变比较器的功能,则应该将 FUNCTION 设置为 0(禁止)以禁止比较器,并在设置 MASK 和 COMP 寄存器后在最后一步设置 FUNCTION 寄存器。

对于多处理器系统,比较器产生的调试事件可被连接到其他的处理器系统,以触发其他处理器中的调试操作。

其他的 DWT 计数器一般用于应用代码的概况。经过设置,它们可以在计数器溢出时发送事件(以跟踪包的形式)。一个典型的应用为利用 CYCCNT 寄存器计算特定任务所需的时钟周期数。尽管这些概况计数器多数为 8 位宽,将计数值和跟踪包信息组合一起使用时,计数范围是没有限制的。

例如,Keil μVision 开发工具可以利用这些概况计数器产生统计信息,如图 14.14 所示,调试器可以通过串行线输出(SWO)收集这些触发数据包。

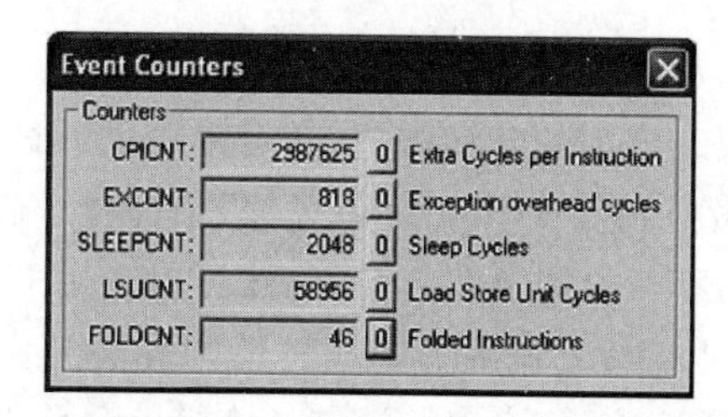

图 14.14 Keil μVision 中使用 DWT 计数器的程序执行统计

计数器还可用于 CPI(周期指令比)的计算。例如,一段时间内执行的指令数可以利用下面的方式计算:

总共执行的指令=周期总数-CPICNT-EXCCNT-SLEEPCNT-LSUCNT + FOLDCNT

注意 FOLDCNT 指令为重叠指令的周期，它表示 IT 等指令执行时和另外一个指令执行的周期产生了重叠。

处理器被暂停后概况计数器会停止计数。

PC 采样为获取简要概况的一个简单方法。DWT 支持两种方式的 PC 采样：

- 通过跟踪接口周期性地输出 PC 采样。
- 调试器可以周期性地读取 PC 采样寄存器(DWT->PCSR)。

通过一段时间内对 PC 数值的采样，可以知道：

- 执行的是哪个函数(短函数可能会丢失，不过有些可以通过执行路径分析确定)，这样有助于确定无法测试的部分。
- 哪个函数耗费多长时间。经过长时间的采样，可以统计出一个给定函数所需的执行时间。

14.6.4 指令跟踪宏单元

1. 简介

ITM 具有多种功能：

- 软件跟踪。软件可以直接往 ITM 激励端口寄存器写入消息，ITM 会将数据放在跟踪包并通过跟踪接口输出。
- ITM 还具有跟踪包合并的功能，会将 DWT、激励端口和时间戳包生成器产生的跟踪包合并，如图 14.15 所示。ITM 中还有一个小的 FIFO，它可以降低跟踪包溢出的概率。

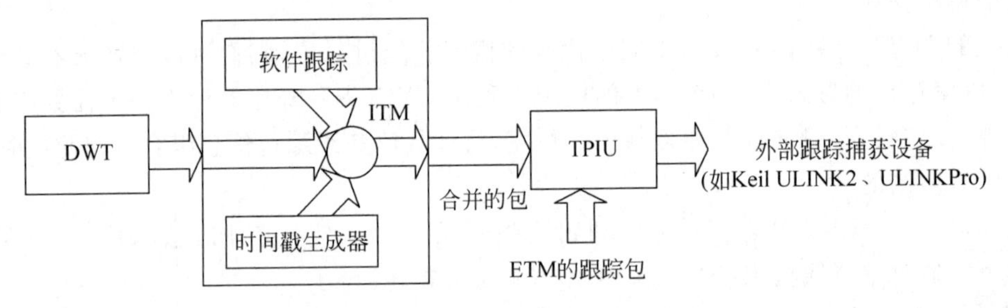

图 14.15 ITM 上的跟踪包合并

- ITM 能产生插入到跟踪流中的时间戳包，其可以帮助调试器重建事件的时序信息。

要在调试中使用 ITM，微控制器或 SoC 设备必须要有跟踪端口接口。若所使用的设备不具备跟踪接口，或者调试适配器不支持跟踪特性，仍然可以利用 UART 或 LCD 等其他的外设接口来输出控制台消息。不过，DWT 概况等其他特性则无法工作。若将内核调试寄存器(如 CoreDebug->DCRDR)当作通信信道，有些调试器还支持 printf(以及其他的半主机特性)。

在访问任何 ITM 寄存器或使用 ITM 特性前，CoreDebug->DEMCR(见表 14.5)中的 TRCENA 位(跟踪使能)必须置 1。

另外，ITM 中还存在一个锁定寄存器。在设置 ITM 跟踪控制寄存器前需要首先写入访问键值 0xC5ACCE55(CoreSight 访问)(调试器可能会自动处理)，否则后续写操作会被忽略：

```
ITM->LAR = 0xC5ACCE55;     //使能对 ITM 寄存器的访问
```

对于CoreSight跟踪系统，每个跟踪源都要被分配一个跟踪源ID数值。它是可编程的，且为ITM跟踪控制寄存器中的一个位域(ATBID)。一般来说，调试器会自动设置该跟踪ID数值。所有跟踪源的ID数值都应该是唯一的，这样调试主机在收到跟踪包后就可以将ITM跟踪包和其他的跟踪包区分开来。

2. 使用ITM的软件跟踪

ITM的一个主要用途为对调试消息输出的支持(如printf)。ITM具有32个激励端口，不同软件的进程可以输出到不同的端口上，调试器主机稍后可以将这些消息拆分开。每个端口都可以通过跟踪使能寄存器来进行使能或禁止，而且经过设置后可以允许或禁止用户(非特权)进程对其的写操作。

与基于UART的消息输出不同，使用ITM的输出不会给应用带来太多的延迟。ITM内存在一个FIFO缓冲，因此，写入的输出消息可能会被缓冲起来。不过，在写入前最好是检查FIFO是否已满。

可以通过TPIU上的串行线查看(SWV)接口或跟踪端口接口采集输出消息。从最终代码中移除产生调试消息的代码是没有必要的，这是因为若TRCENA控制位为低，ITM就不会被激活而且调试消息也不会输出。还可以控制实际系统中消息输出的开关，并且利用ITM中的跟踪使能寄存器限制哪些端口可以使能，这样可以只输出需要的消息。

例如，Keil μVision开发工具可以利用图14.16所示的ITM查看器采集并显示输出的消息。

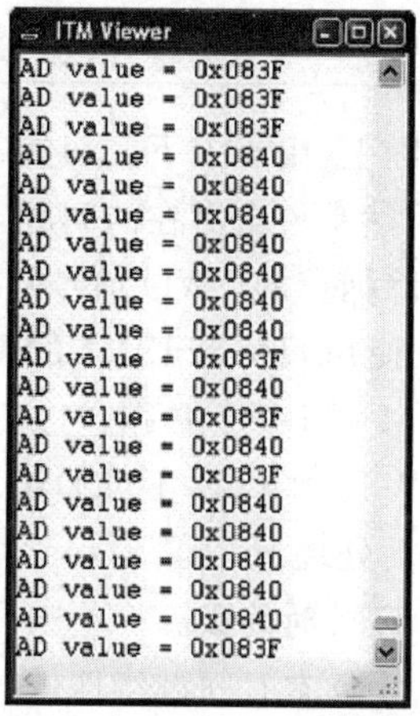

图14.16 μVision ITM查看器显示软件生成的ITM信息输出

CMSIS-Core利用ITM激励端口实现了一个处理文字消息的函数：

```
unit32_t ITM_SendChar (uint32_t ch)
```

该函数使用激励端口#0，返回ch输入的数值。一般来说，调试器会设置跟踪端口和ITM，因此只需调用这个函数以显示每个要输出的字符。要使用这个函数，还需要设置调试器使能跟踪捕获。例如，若使用了SWO信号，调试器要使用正确的波特率进行跟踪捕获。调试器GUI通常会允许用户配置处理器频率和串行线查看器(SWV)的波特率分频比。另外，若SWO输出和TDO引脚共用，必须要选择串行线调试通信协议。

尽管ITM只允许数据输出，CMSIS-Core还提供了一个函数，用于调试器往运行在微控制器上的应用输出一个字符。该函数为：

```
int32_t ITM_ReceiveChar (void)
```

实际的通信由调试接口处理(如串行线或JTAG)。若没有数据要接收，则函数返回-1；若数据可用，则它会返回收到的字符。若收到了字符，则可以使用另外一个函数进行确认：

```
int32_t ITM_CheckChar (void)
```

若字符存在，则ITM_CheckChar( )会返回1，否则返回0。

ITM激励端口#31一般用于RTOS的调试。OS会输出状态信息，调试器可据此得知上下文切换何时产生以及正在运行的是哪个任务。

注意 ITM FIFO 由多个激励端口信道共用。若在多任务环境中 ITM 激励端口被多个不同任务使用，则应该利用 OS 中的信号量特性确保同一时刻只有一个任务在访问 ITM 激励端口。当线程模式和异常处理中的程序代码可以同时使用 ITM 端口时，也需要使用信号量。否则，可能会出现下面的流程：

(1) 任务 A 查询 FIFO 状态并确认 FIFO 未满。

(2) 上下文切换产生，任务 B(或另一个异常处理)会查询其他的 ITM 激励端口并发现 FIFO 未满，因此，它将数据输出到该激励端口，现在 FIFO 是满的。

(3) 执行上下文切换并返回到任务 A。由于任务已经查询了激励端口的状态，它认为 FIFO 是未满的并往激励端口写入数据，这样会触发跟踪溢出。

实际上，由于上下文切换需要一段时间才能结束，产生这种情况的可能性是很低的。不过，这仍然是一个潜在的问题，特别是跟踪带宽较低时(例如，利用串行线查看器特性，也就是用于跟踪捕获的 SWO 信号)。

3. 使用 ITM 和 DWT 的硬件跟踪

ITM 对 DWT 数据包进行合并处理，要使用 DWT 跟踪，需要设置 ITM 跟踪控制寄存器中的 DWTENA 位，不过 DWT 跟踪设置的其他部分仍然需要处理。所有这些可能都会由调试器自动处理。

4. ITM 时间戳

ITM 具有时间戳特性，在新的跟踪包进入 ITM 中的 FIFO 时，会被插入时间戳，这样跟踪捕获工具就可以得到跟踪包的时序信息。在时间戳计数器溢出时也会生成时间戳包。

时间戳包根据之前的事件提供了时间偏差(增量)，利用增量时间戳包，跟踪捕获工具可以得知每个报文是何时产生的，因此可以重建各调试事件的时序。Cortex-M4 和 Cortex-M3 r2p1 还有一种全局的时间戳机制，不同跟踪源的跟踪信息可以具有相关性(例如，ITM 和 ETM 之间，或者甚至多处理器间)。

综合 DWT 和 ITM 的跟踪功能，可以采集到许多有用的信息。例如，Keil μVision 开发工具的异常跟踪窗口可以显示发生的是哪个异常以及异常花费的时间，如图 14.17 所示。

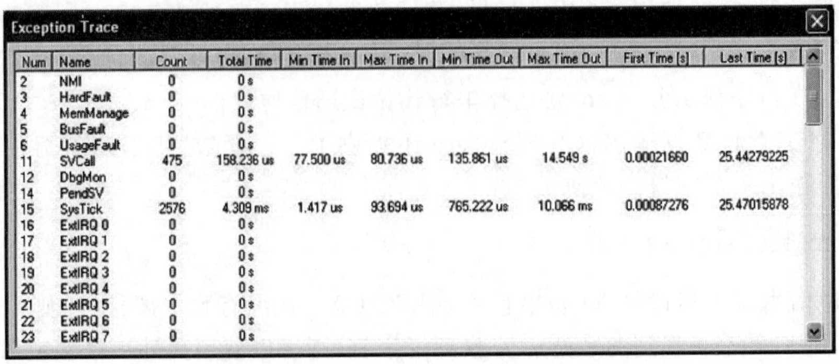

Exception Trace

Num	Name	Count	Total Time	Min Time In	Max Time In	Min Time Out	Max Time Out	First Time [s]	Last Time [s]
2	NMI	0	0 s						
3	HardFault	0	0 s						
4	MemManage	0	0 s						
5	BusFault	0	0 s						
6	UsageFault	0	0 s						
11	SVCall	475	158.236 us	77.500 us	80.736 us	135.861 us	14.549 s	0.00021660	25.44279225
12	DbgMon	0	0 s						
14	PendSV	0	0 s						
15	SysTick	2576	4.309 ms	1.417 us	93.694 us	765.222 us	10.066 ms	0.00087276	25.47015878
16	ExtIRQ 0	0	0 s						
17	ExtIRQ 1	0	0 s						
18	ExtIRQ 2	0	0 s						
19	ExtIRQ 3	0	0 s						
20	ExtIRQ 4	0	0 s						
21	ExtIRQ 5	0	0 s						
22	ExtIRQ 6	0	0 s						
23	ExtIRQ 7	0	0 s						

图 14.17 μVision 调试器异常跟踪输出

14.6.5　嵌入式跟踪宏单元(ETM)

ETM 块用于提供指令跟踪，它是可选的，在一些 Cortex-M3 和 Cortex-M4 产品中可能会不存在。在其使能并开始跟踪操作后，它会生成指令跟踪包。FIFO 位于 ETM 中，由于它的存在，跟踪端口接口单元(TPIU)可以在捕获跟踪流时获得足够的处理时间并对跟踪数据进行串行化处理。图 14.18 所示为 Keil μVision 调试器的指令跟踪显示的信息。

Trace Data

Display: Execution

Index	Address	Opcode	Instruction
3,417	X:0x0000106E	4281	CMP r1,r0
3,418	X:0x00001070	D303	BCC 0x0000107A
3,419	X:0x00001072	6800	LDR r0,[r0,#0x00]
3,420	X:0x00001074	4904	LDR r1,[pc,#16] ; @0x0000
3,421	X:0x00001076	4288	CMP r0,r1
3,422	X:0x00001078	D002	BEQ 0x00001080
3,423	X:0x00001080	BD10	POP {r4,pc}
3,424	X:0x000004DA	BC0C	POP {r2-r3}
3,425	X:0x000004DC	601A	STR r2,[r3,#0x00]
3,426	X:0x000004DE	3220	ADDS r2,r2,#0x20
3,427	X:0x000004E0	6853	LDR r3,[r2,#0x04]
3,428	X:0x000004E2	3310	ADDS r3,r3,#0x10
3,429	X:0x000004E4	CBF0	LDM r3!,{r4-r7}
3,430	X:0x000004E6	46A0	MOV r8,r4
3,431	X:0x000004E8	46A9	MOV r9,r5
3,432	X:0x000004EA	46B2	MOV r10,r6
3,433	X:0x000004EC	46BB	MOV r11,r7
3,434	X:0x000004EE	F3838809	MSR PSP,r3
3,435	X:0x000004F2	3B20	SUBS r3,r3,#0x20
3,436	X:0x000004F4	CBF0	LDM r3!,{r4-r7}
3,437	X:0x000004F6	7850	LDRB r0,[r2,#0x01]
3,438	X:0x000004F8	2800	CMP r0,#0x00
3,439	X:0x000004FA	D003	BEQ 0x00000504
3,440	X:0x000004FC	7810	LDRB r0,[r2,#0x00]
3,441	X:0x000004FE	F3EF8309	MRS r3,PSP
3,442	X:0x00000502	6018	STR r0,[r3,#0x00]
3,443	X:0x00000504	2302	MOVS r3,#0x02
3,444	X:0x00000506	43DB	MVNS r3,r3
3,445	X:0x00000508	4718	BX r3

图 14.18　ETM 的指令跟踪

为了降低 ETM 产生的数据量，ETM 并不总是输出处理器已经到达/执行的地址，它一般会输出程序流的信息，只会在需要时才输出整个地址(如产生了跳转)。由于调试主机应该会有二进制映像的一份备份，它可以根据 ETM 提供的信息重建处理器执行过的指令流。

ETM 还可以同 DWT 等其他调试部件交互，DWT 中的比较器可用于触发 ETM 中的事件或控制跟踪的启动/停止。

与传统 ARM 处理器中的 ETM 不同，Cortex-M3 和 Cortex-M4 的 ETM 已经进行了低功耗的优化，因此，没有自己的地址比较器，ETM 的比较可以由 DWT 执行。进一步来说，由于数据跟踪功能由 DWT 执行，Cortex-M3 和 Cortex-M4 的 ETM 设计中也没有数据跟踪，而在其他一些 ARM 处理器的 ETM 中可能会存在。

要使用 Cortex-M3 和 Cortex-M4 中的 ETM,需要执行以下步骤：

(1) DEMCR 中的 TRCENA 位必须置 1(参考表 14.5)。

(2) 只有将 ETM 解锁才能编程它的控制寄存器,此时需要将 0xC5ACCE55 写入 ETM 的 LOCK_ACCESS 寄存器。

(3) ATB 寄存器应被设置为一个唯一的数值,可以据此通过 TPIU 将跟踪包输出和其他的跟踪源产生的数据包区分开。

(4) 必须要将 ETM 中的非侵入调试使能(NIDEN)输入信号置为高。该信号的实际实现是和设备相关的,可以参考芯片生产商的数据手册以了解更多的细节。

(5) 编程 ETM 控制寄存器以产生跟踪。

(6) Cortex-M3 r0p0 到 r2p0 中的 ETM 基于 ETM 架构 v3.4,Cortex-M3 r2p1 和 Cortex-M4 基于 ETM 架构 v3.5,Cortex-M3/M4 的 ETM v3.5 的区别在于其包含一个全局时间戳特性,其他所有的跟踪包都是兼容的。

14.6.6 跟踪端口接口单元(TPIU)

TPIU 用于将 ITM、DWT 和 ETM 的跟踪包输出到外部捕获设备(如 Keil ULINK2/ULINKPro)。Cortex-M3 和 Cortex-M4 的 TPIU 支持两种输出模式：

- 记录模式,使用最多 4 位并行数据输出端口。
- 串行线查看(SWV)模式,使用串行线输出(SWO),且只占用 1 位。

在记录模式,数据输出端口使用的实际位数可被设置为不同数值,这取决于芯片封装和应用的跟踪输出可用的信号引脚数。芯片支持的最大跟踪端口可通过 TPIU 中的寄存器来确定。另外,跟踪数据输出的速度还可被设置预分频。

SWV 模式使用了 1 位的串行协议,这样会将输出信号的数量降为 1,不过跟踪端口可用的最大带宽也会降低。结合 SWV 和串行线调试协议,通常用于联合测试行动小组(JTAG)协议的测试数据输出(TDO)引脚可以同 SWO 共用,如图 14.19 所示。例如,可以利用 Keil ULINK2 模块通过 JTAG 的标准调试接头采集 SWV 模式的跟踪输出。

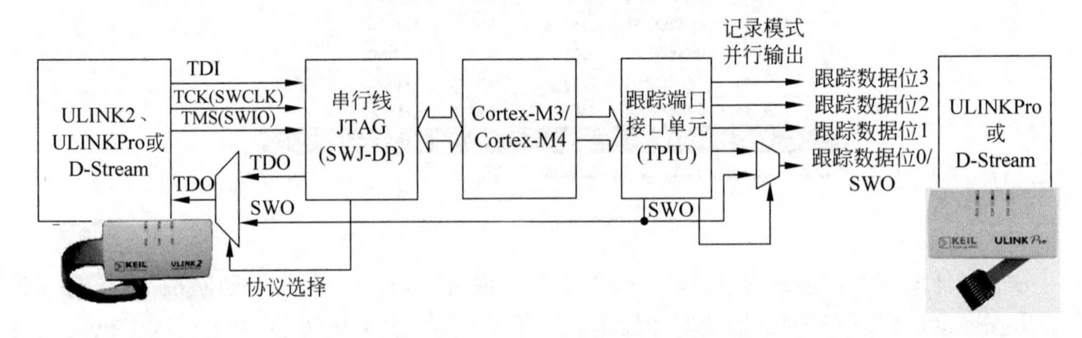

图 14.19 串行线输出(SWO)和跟踪连接的引脚共用

另外,SWV 输出模式还可以同记录模式的跟踪输出共用引脚。跟踪数据(记录模式或 SWV 模式)可以被 ARM D-Stream 或 Keil ULINKPro 等外部跟踪端口分析仪(TPA)采集。

若需要指令跟踪(使用 ETM),由于记录模式可以提供更大的跟踪带宽,因此,它比 SWV 模式更加合适。对于简单的数据跟踪和事件跟踪(如异常事件的跟踪),SWV 模式通常是足够的,而且使用的引脚更少。

TPIU 支持跟踪接口上的异步时钟，如图 14.20 所示。跟踪端口接口或 SWO 输出运行的时钟可以和处理器的时钟频率不同。这样，为了提供更大的跟踪带宽，跟踪端口可以运行在更大的时钟频率下。

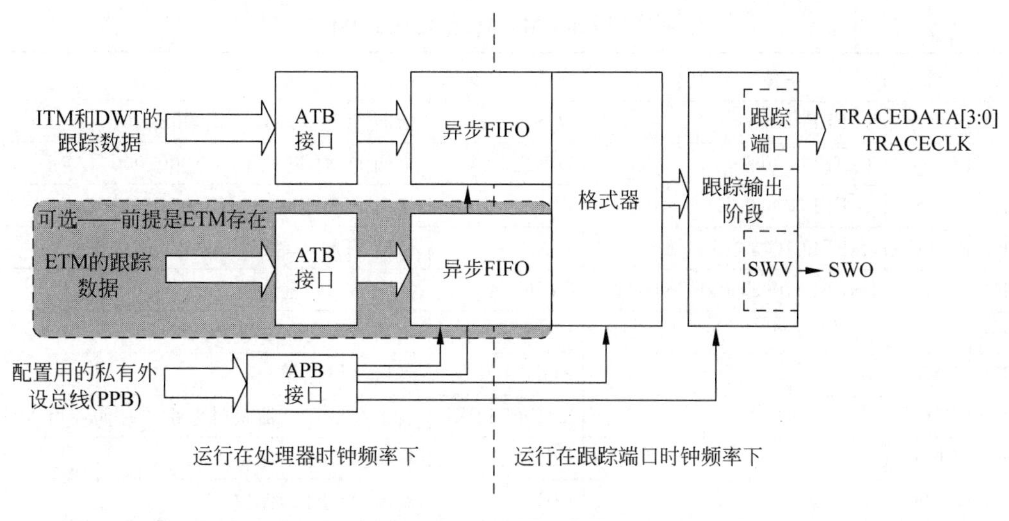

图 14.20 TPIU 框图

TPIU 上另外一个可用的选项为格式器的使用。格式器将数据和跟踪总线 ID 组成跟踪数据，调试主机可以将跟踪流合并和拆分。在没有 ETM 的情况下使用 SWV 模式跟踪，只会有一个活跃的跟踪总线，此时可以将格式器关掉以获得更大的数据吞吐量。

要使用 TPIU，DEMCR 中的 TRCENA 位必须要置 1，协议(模式)选择寄存器和跟踪端口大小控制寄存器需要由跟踪捕获软件设置。

14.6.7 ROM 表

CoreSight 调试架构非常灵活，可用于具有多个调试部件的复杂片上系统设计。为了支持多种系统配置，CoreSight 设计架构提供了一种机制，调试器可以据此自动确定系统中的调试部件，ROM 表就是该机制的一部分。

Cortex-M3 和 Cortex-M4 处理器具有预定义的存储器映射并包含多个调试部件。不过，芯片设计人员可以选择忽略某些调试部件或增加其他的。为了帮助调试工具确定调试系统中的调试部件，ROM 表被加入进来，它提供了系统控制块(SCB)和调试块地址。

ROM 表只是一个简单的查找表，其中包括一些地址信息的入口以及 ID 寄存器，调试器可以据此将其识别为 ROM 表设备。在典型的 Cortex-M3 或 Cortex-M4 系统中，ROM 表位于地址 0xE00FF000 处。当调试器和系统相连时，它可以通过 AHB-AP 模块中的一个寄存器得到这个主 ROM 表的地址数值。

利用 ROM 表中的内容，可以计算系统的存储器位置和调试部件，调试工具接下来可以检查已发现部件的 ID 寄存器并确定系统中可用的部件。

对于 Cortex-M3 或 Cortex-M4 处理器，ROM 表(0xE00FF000)的第一个入口应该包含到 SCS(系统控制空间)存储器地址的偏移。ROM 表的第一个入口默认为 0xFFF0F003，bit[1:0]表示设备是否存在且 ROM 表接下来还有另外一个入口。SCS 偏移的计算方法为 0xE00FF000 + 0xFFF0F000 = 0xE000E000。

Cortex-M3 和 Cortex-M4 中的默认 ROM 表如表 14.9 所示。不过，由于芯片生产商可以增加、移除一些可选部件或替换为其他的 CoreSight 调试部件，会发现自己的 Cortex-M3 或 Cortex-M4 设备可能会有所不同。

表 14.9　Cortex-M3/M4 的默认 ROM 表

地　址	数　值	名　称	描　述
0xE00FF000	0xFFF0F003	SCS	指向 SCS 基地址 0xE000E000
0xE00FF004	0xFFF02003	DWT	指向 DWT 基地址 0xE0001000
0xE00FF008	0xFFF03003	FPB	指向 FPB 基地址 0xE0002000
0xE00FF00C	0xFFF01003	ITM	指向 ITM 基地址 0xE0000000
0xE00FF010	0xFFF41003/ 0xFFF41002	TPIU	指向 TPIU 基地址 0xE0040000
0xE00FF014	0xFFF42003/ 0xFFF42002	ETM	指向 ETM 基地址 0xE0041000
0xE00FF018	0	End	表格结尾标记
0xE00FFFCC	0x1	MEMTYPE	表示在该存储器映射上系统存储器可以访问
0xE00FFFD0	0 / 0x04	PID4	外设 ID 空间，保留
0xE00FFFD4	0 / 0x00	PID5	外设 ID 空间，保留
0xE00FFFD8	0 / 0x00	PID6	外设 ID 空间，保留
0xE00FFFDC	0 / 0x00	PID7	外设 ID 空间，保留
0xE00FFFE0	0 / 0xC3	PID0	外设 ID 空间，保留
0xE00FFFE4	0 / 0xB4	PID1	外设 ID 空间，保留
0xE00FFFE8	0 / 0x0B	PID2	外设 ID 空间，保留
0xE00FFFEC	0 / 0x00	PID3	外设 ID 空间，保留
0xE00FFFF0	0 / 0x0D	CID0	部件 ID 空间，保留
0xE00FFFF4	0 / 0x10	CID1	部件 ID 空间，保留
0xE00FFFF8	0 / 0x05	CID2	部件 ID 空间，保留
0xE00FFFFC	0 / 0xB1	CID3	部件 ID 空间，保留

数值的最低两位表示设备是否存在。一般情况下，SCS、DWT 和 FPB 应总是存在，因此最低两位总是 1。不过，TPIU 和 ETM 可能会被芯片生产商去除，也可能会被替换为其他的 CoreSight 调试部件。

数值的高位部分表示到 ROM 表基地址的地址偏移。例如：

```
SCS 地址 = 0xE00FF000 + 0xFFF0F000 = 0xE000E000(截取 32 位)
```

对于利用 CoreSight 技术的调试工具，有必要从 ROM 表中确定调试部件的地址。有些 Cortex-M3/M4 设备在调试部件连接方面可能具有不同的设置，也就会有其他的基地址。从 ROM 表计算出正确的设备地址后，调试器可以确定可用部件的基地址，然后调试器可以通过这些部件的 ID 确定可用调试部件的类型，如图 14.21 所示。

ROM 表可以具有多个等级，其中第二级 ROM 表的地址位于主 ROM 表的一个入口处。这种情况在一些 SoC 设备中是很常见的。

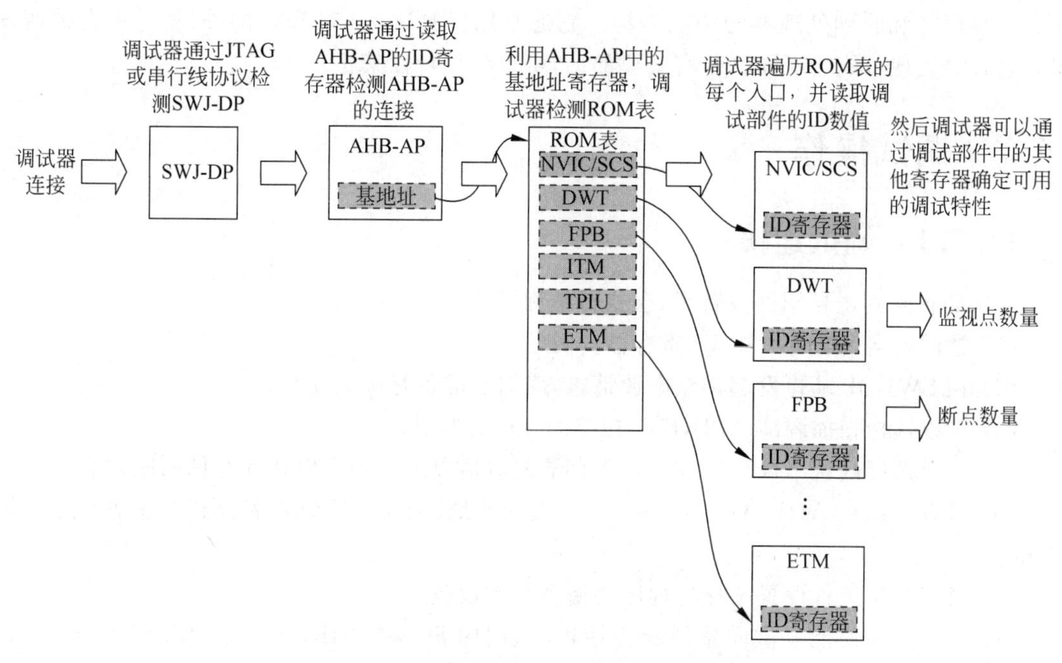

图 14.21 通过 CoreSight 架构自动检测部件

14.6.8 AHB 访问端口(AHB-AP)

高级高性能总线访问端口(AHB-AP)为调试接口模块(串行线 JTAG 调试端口或串行线调试端口)和 Cortex-M3/M4 存储器系统间的桥接,如图 14.5 所示。它的编程模型对运行在处理器上的软件不可见,只能由内部调试 APB 上的调试器访问。

对于调试主机和 Cortex-M3/M4 系统间的基本数据传输,会使用下面 AHB-AP 中的三个寄存器(附录 G 中的 G.6 中有更多细节):

- 控制和状态字(CSW)
- 传输地址寄存器(TAR)
- 数据读/写(DRW)

CSW 寄存器可以控制传输方向(读/写)、传输大小以及传输类型等。TAR 寄存器用于指定传输地址,DRW 寄存器则用于执行数据传输操作(访问该寄存器时传输开始)。

数据寄存器 DRW 表示总线上的确切信息。对于半字和字节传输,所需的数据必须得由调试器软件移到正确的字节通道。例如,若要执行到地址 0x1002 的半字大小的数据传输,数据要位于 DRW 寄存器的 bit[31:16]。AHB-AP 可以产生非对齐传输,不过它不会基于地址偏移将结果数值循环移位。因此,调试器软件或者要手动移位数据,或者若需要,将非对齐数据传输访问拆分为多次传输。

AHB-AP 的其他寄存器提供了更多的功能。例如,AHB-AP 提供了 4 个分组寄存器及一种自动地址增长功能,这样可以加快小范围内的访问或连续的传输。AHB-AP 还包括一个名为基地址的寄存器,表示主 ROM 表的地址。

CSW 寄存器中存在一个名为 MasterType 的位,它通常会被设置为 1,这样从 AHB-AP 收到传输的硬件就会知道它是调试器发起的。不过,调试器也可以将该位清零从而假装成内核(芯片设计人员可以选择禁止该特性)。在这种情况下,连接到 AHB 系统的设备收到的传输应该表现得和收到处理器的访问一样。它通常用于测试具有 FIFO 的外设，它们在被调试器访问时的表现可能会不同。若有必要的话，可以将该特性禁止。

14.7 调试操作

14.7.1 调试连接

调试器在连到微控制器设备后，会执行下面的流程：

(1) 尝试确定 SWJ-DP 中 ID 寄存器的数值。

(2) 在 SWJ-DP 端口发起调试电源请求，确保已准备好调试连接。

(3) 可以选择扫描调试 APB，确认连接的 AP 的类型。

(4) 可以选择确认 AHB-AP 中 ID 寄存器的数值以及是否可以访问存储器映射。

(5) 可以选择从 AHB-AP 获得主 ROM 表的地址，应通过 ROM 表检查系统中存在的调试部件。

(6) 可以基于工程设置选择将程序映像下载到设备中。

(7) 可以选择使能复位向量捕获特性，并且利用 SCB->AIRCR(SYSRESETREQ)复位系统。

现在处理器会在程序执行开始时暂停。

14.7.2 Flash 编程

Flash 编程一般以数据块为单位。调试器将 Flash 编程算法代码和程序映像块下载到 SRAM 中，然后执行 Flash 编程代码，这样处理器自己就可以进行 Flash 编程操作。由于 SRAM 每次只能存放一小块程序映像，要将整个程序映像写到 Flash 中需要多次重复整个步骤。

接下来调试器可以重复 14.7.1 节中的过程开始调试会话。

14.7.3 断点

由于处理器的断点比较器的数量有限，在设置断点时，调试器可能首先要尝试将断点指令写入程序位置处，确认程序是否运行在 SRAM 中(可修改)。若无法写成功，调试器就会使用 FPB 硬件比较器将断点设置到该存储器位置。若断点不在 CODE 区域，则调试器可以设置一个 DWT 比较器以使用 PC 匹配功能。由于处理器会在指令执行后暂停，因此它和断点机制不同，不过，它至少可用于简单的调试。

若程序在 SRAM 中运行且执行到断点处，在用户继续执行程序之前，调试器必须要将断点指令替换为最初的指令。

第 15 章 Keil ARM 微控制器开发套件入门

15.1 简介

许多商业开发平台都可用于 Cortex-M 处理器，其中最常用的是 Keil ARM 微控制器开发套件(MDK-ARM)。MDK-ARM 包括多个部件：

- μVision 集成开发环境(IDE)。
- ARM 编译工具，其中包括 C/C++编译器、汇编器、链接器和工具。
- 调试器。
- 模拟器。
- RTX 实时 OS 内核。
- 上千种微控制器的参考启动代码。
- Flash 编程算法。
- 程序示例。

要了解使用 MDK-ARM 进行 Cortex-M 微控制器编程方面的信息，没有必要使用实际的硬件。μVision 环境中存在一个指令集模拟器，方便简单程序在没有硬件情况下的测试。不过，很多低成本的开发套件都不超过 30 美元，非常适合初学者或评估用。

Keil MDK-ARM 可与多种不同的调试适配器配合使用，其中包括一些商业适配器。例如：

- Keil ULINK2、ULINKPro 和 ULINK-ME
- Signum Systems JTAGjet
- Segger 的 J-Link 和 J-Trace

另外，还有些调试适配器是和开发板集成在一起的：

- CMSIS-DAP
- ST-LINK 和 ST-LINK V2
- Silicon Labs UDA 调试器
- Stellaris ICDI (Texas Instrument)
- NULink 调试器

若存在第三方的调试器插件，也可以使用其他的调试适配器，如 CooCox(http://www.coocox.org)的 CoLink 和 CoLinkEx。这些硬件适配器的设计信息和体系结构是可以免费得到的，因此任何人都能以 DIY 的方式构建自己的调试适配器。

可以从 Keil 网站(http://www.keil.com)下载 Keil MDK-ARM 的 Lite 版本。该版本将程序大小限制在 32KB 以内(编译后的大小)，但没有时间限制，因此入门时也不用花费太多的钱。许多微控制器供应商提供的多个 Cortex-M 评估套件中也包含 Keil MDK-ARM 的 Lite 版本。

15.2 典型的程序编译流程

Keil MDK 工程的典型编译流程如图 15.1 所示。在建立好工程后，编译工作由 IDE 完成，因此只需几步就能将程序下载到微控制器并对其进行测试。

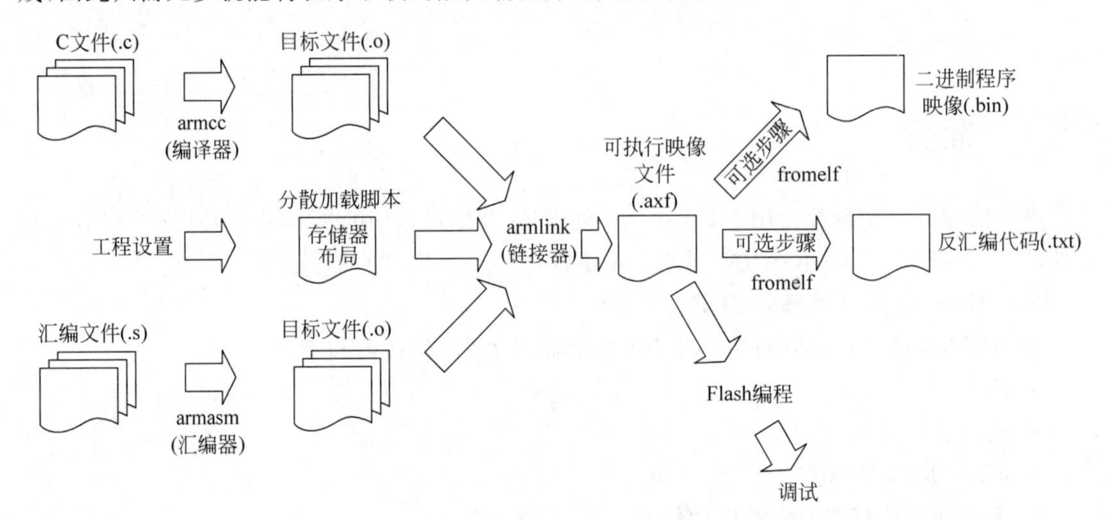

图 15.1 Keil MDK 的编译流程示例

尽管基本上可以用 C 语言实现整个程序，启动代码(位于 Keil MDK 安装包或微控制器供应商提供)一般是用汇编语言编写的。另外，还需要微控制器供应商提供的其他文件。如图 15.2 所示，要创建一个工程，最少需要一个应用程序文件以及微控制器供应商提供的几个文件。

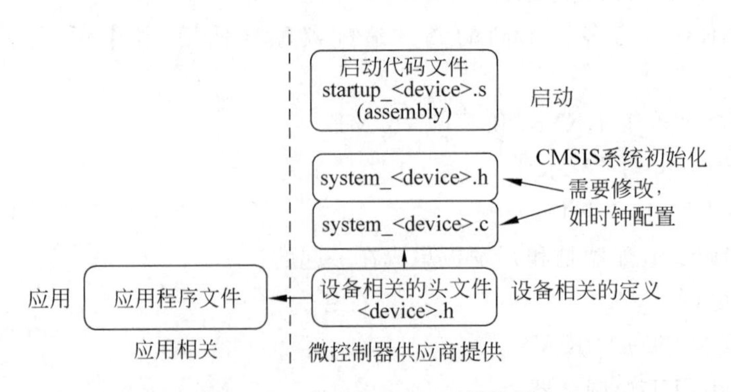

图 15.2 CMSIS-Core 工程示例

进一步来看，设备相关的头文件引入了一些 ARM 的 CMSIS-Core 头文件，其中还包括一些普通的 CMSIS-Core 文件，如图 15.3 所示。这些文件通常是工具链安装包的一部分，因此无须将它们显式包含在工程中。有些情况下，若要使用特定版本的 CMSIS-Core，可能还需要加入其他的文件。

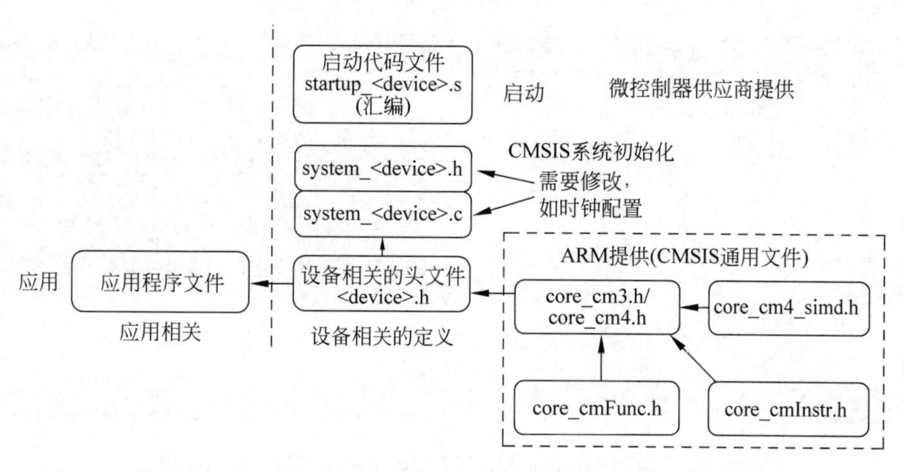

图 15.3 包含 ARM 提供的 CMSIS-Core 头文件的示例工程

若要使用早期版本的 CMSIS-Core(版本 2.0 或之前),可能会发现一些访问特殊寄存器的内核函数和几个内在函数需要 CMSIS-Core 包中的一个名为 core_cm3.c 或 core_cm4.c 的文件。由于这些文件中的函数已经被其他头文件实现,CMSIS-Core 的较新版本已经不需要这些文件了。

15.3 μVision 入门

许多开发套件供应商都在自己的软件包中提供了一些工程实例,而且 Keil MDK-ARM 安装目录中也有多种常见微控制器开发板的工程实例。可以双击打开工程文件(后缀为.uvproj)。

不过可能要从头开始创建新的工程。下面详细介绍了如何创建一个最小工程。本例基于 STM32F4 开发板,工程名称为 blinky,功能为翻转 LED,所需的文件如图 15.4 所示,板上存在一个名为 ST-LINK V2 的调试适配器。

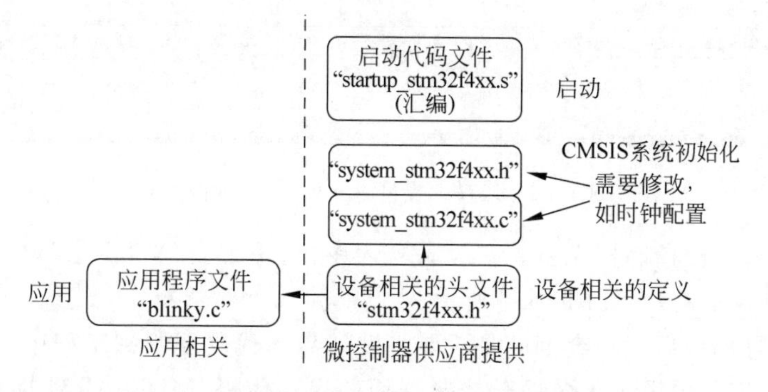

图 15.4 STM32F4 开发板的示例工程

在打开 μVision IDE 后,可能会看到图 15.5 所示的界面。

另外,IDE 在启动时可能会带有之前打开的工程。可以利用"选择工程"→"关闭工程"命令关闭之前的工程,然后打开一个新的工程。

对于第一个工程,如图 15.6 所示,将其放在文件夹 C:\Book\ch_15_blink_1\blinky.uvproj 中。

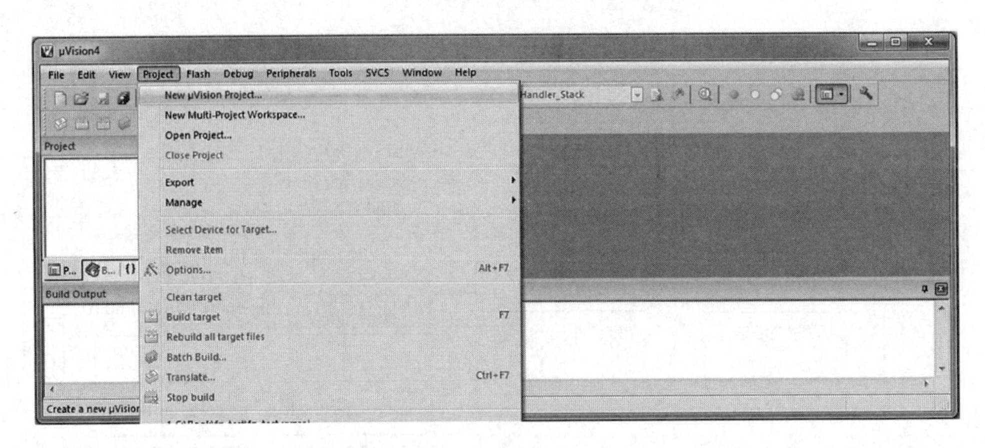

图 15.5　µVision IDE 的启动画面，并创建了一个新的工程

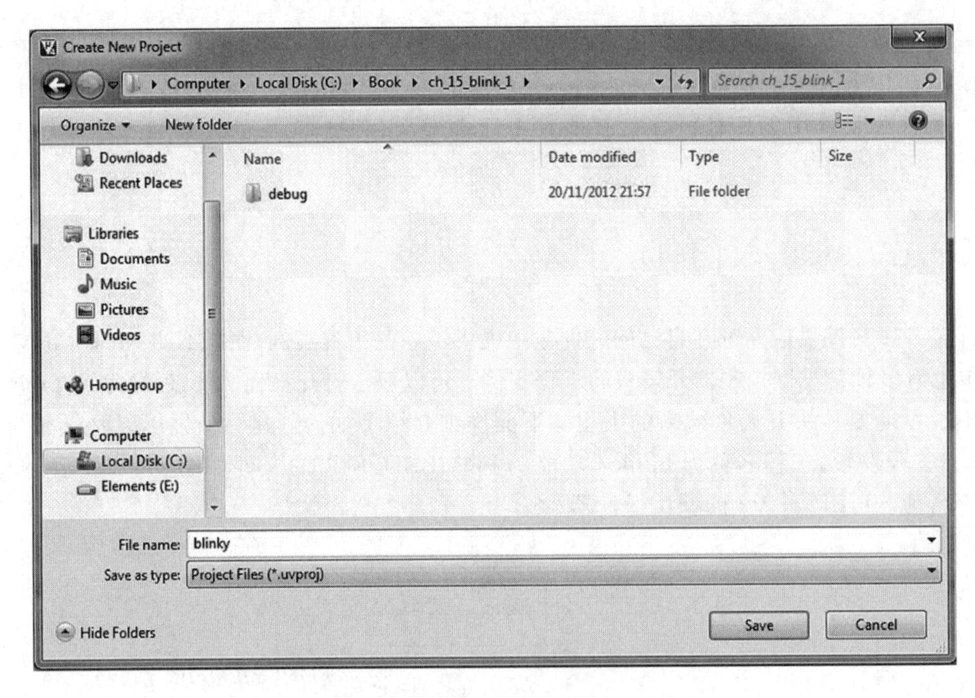

图 15.6　选择工程目录和工程名(blinky)

接下来需要选择微控制器设备。在设备列表中，选择了 STM32F417VG，这是 STM32F4 Discovery 板上使用的芯片，如图 15.7 所示。

工程创建向导的最后一步会询问是否要将默认启动代码复制到工程中，如图 15.8 所示。Keil MDK-ARM 安装包提供了多种微控制器用的启动代码，MDK-ARM 中的设备启动代码一般和微控制器供应商提供的相同。完成这一步后，工程就创建好了，如图 15.9 所示。

为了方便工程的管理，可以将工程文件分为几个组，默认的组名为 Source Group 1。可以将当前组重命名为 startup，表示其中包含启动代码，并为其他类型的源文件建立其他的组。

要将 Source Group 1 重命名为 startup，单击 Source Group 1，待其高亮显示后再次单击并编辑名称。

要添加其他的源文件组，右击 Target 1，从弹出的快捷菜单中选择 Add Group 命令。

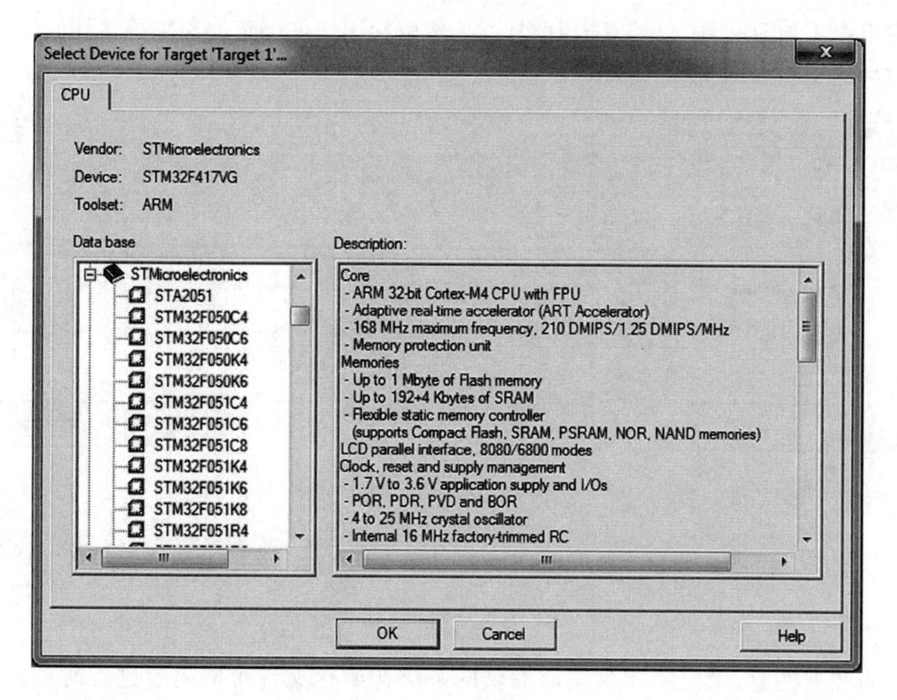

图 15.7　设备选择窗口

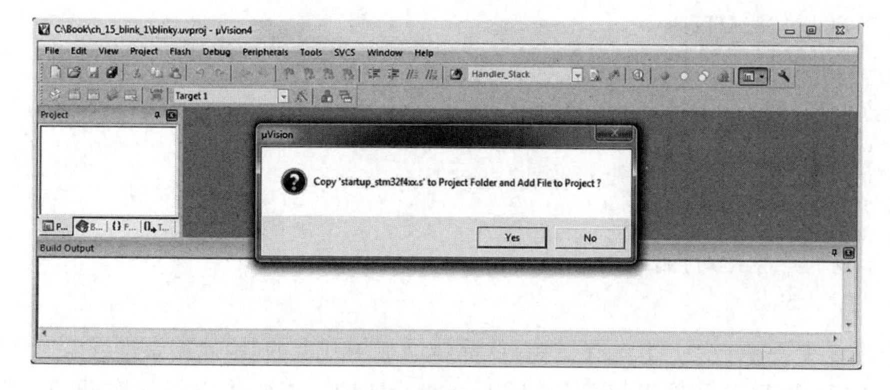

图 15.8　利用默认启动代码创建的工程

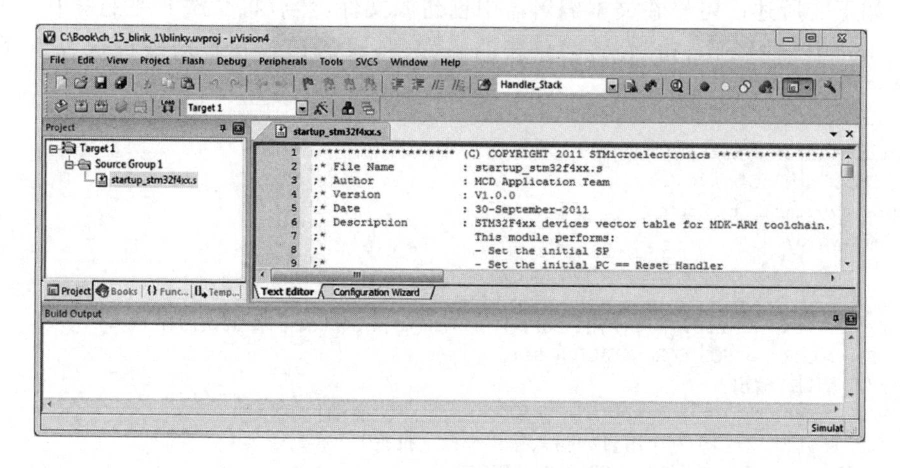

图 15.9　创建的 blinky 工程

要在组中添加源文件，只需双击源文件组，然后利用文件浏览器添加源文件。

修改后的工程如图 15.10 所示。

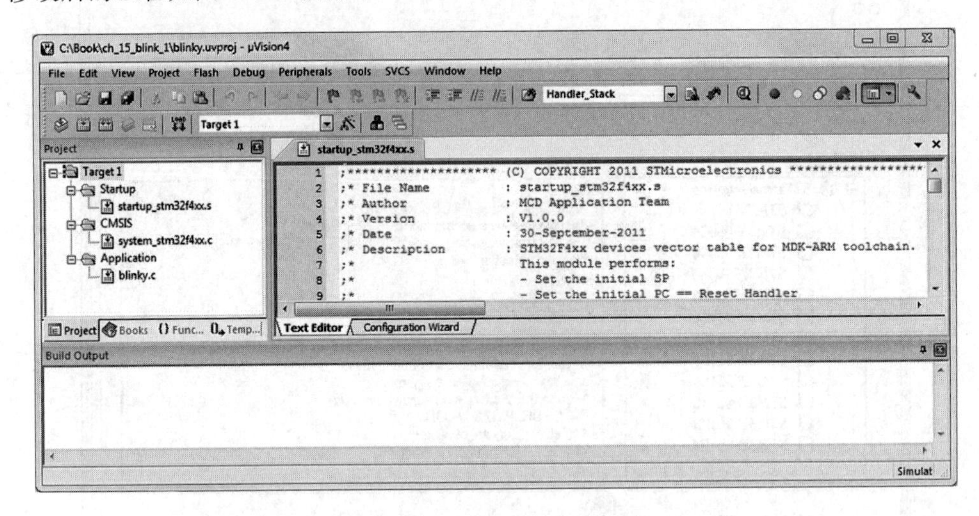

图 15.10 blinky 工程

有一点需要注意，微控制器供应商提供的系统初始化文件可能需要进行时钟频率调整。例如，在文件 system_stm32f4xx.c 中，进行了以下修改，使得处理器在 8MHz 石英晶体振荡器下运行的频率为 168MHz：

```
/****************** PLL 参数 ********************* **/
/* PLL_VCO = (HSE_VALUE 或 HSI_VALUE / PLL_M) * PLL_N */
#define PLL_M 8
#define PLL_N 336
/* SYSCLK = PLL_VCO / PLL_P */
#define PLL_P 2
/* USB OTG FS, SDIO 和 RNG Clock = PLL_VCO / PLLQ */
#define PLL_Q 7
```

由于源文件是基于另一个具有 25MHz 晶体的板子开发的，因此需要进行以上修改。

翻转 LED 的源代码是很简单的，板上有 4 个 LED，需要将它们依次开关。程序代码 blinky.c 如下文所述。可以在文本编辑器中创建源文件，然后将其添加到工程中。还可以直接在 μVision 中单击 File 和 New 创建新的源文件，只需记住在将新文件保存后添加到工程中。

```
/* blinky.c for STM32F4 Discovery board */
#include "stm32f4xx.h"
void Delay(uint32_t nCount);
int main(void)
{
    //使能双字栈对齐
    //( Cortex-M3 r1p1 推荐使用, Cortex-M3 r2px 和 Cortex-M4 默认启用)
    SCB->CCR |= SCB_CCR_STKALIGN_Msk;
    //配置 LED 输出
    RCC->AHB1ENR |= RCC_AHB1ENR_GPIODEN;     //使能端口 D 时钟
    //设置引脚 12~15 为通用目的输入输出模式 (推挽)
    GPIOD->MODER |= (GPIO_MODER_MODER12_0 |
    GPIO_MODER_MODER13_0 |
```

```
    GPIO_MODER_MODER14_0 |
    GPIO_MODER_MODER15_0 ) ;
    //GPIOD->OTYPER |= 0;                    //无须修改 - 使用推挽
    #define USE_2MHZ_OUTPUT
    #ifdef USE_2MHZ_OUTPUT
    //GPIOD->OSPEEDR |= 0;                   //无须修改 - 低速
    #endif
    #ifdef USE_25MHZ_OUTPUT
    GPIOD->OSPEEDR |= (GPIO_OSPEEDER_OSPEEDR12_0 |
    GPIO_OSPEEDER_OSPEEDR13_0 |
    GPIO_OSPEEDER_OSPEEDR14_0 |
    GPIO_OSPEEDER_OSPEEDR15_0 );
    #endif
    #ifdef USE_50MHZ_OUTPUT
    GPIOD->OSPEEDR |= (GPIO_OSPEEDER_OSPEEDR12_1 |
    GPIO_OSPEEDER_OSPEEDR13_1 |
    GPIO_OSPEEDER_OSPEEDR14_1 |
    GPIO_OSPEEDER_OSPEEDR15_1 );
    #endif
    #ifdef USE_100MHZ_OUTPUT
    GPIOD->OSPEEDR |= (GPIO_OSPEEDER_OSPEEDR12 |
    GPIO_OSPEEDER_OSPEEDR13 |
    GPIO_OSPEEDER_OSPEEDR14 |
    GPIO_OSPEEDER_OSPEEDR15 );
    #endif
    GPIOD->PUPDR = 0;                        //无上拉,无下拉
    #define LOOP_COUNT 0x3FFFFF
    while(1){
        GPIOD->BSRRL = (1<<12);              //设置第 12 位
        Delay(LOOP_COUNT);
        GPIOD->BSRRH = (1<<12);              //清除第 12 位
        GPIOD->BSRRL = (1<<13);              //设置第 13 位
        Delay(LOOP_COUNT);
        GPIOD->BSRRH = (1<<13);              //清除第 13 位
        GPIOD->BSRRL = (1<<14);              //设置第 14 位
        Delay(LOOP_COUNT);
        GPIOD->BSRRH = (1<<14);              //清除第 14 位
        GPIOD->BSRRL = (1<<15);              //设置第 15 位
        Delay(LOOP_COUNT);
        GPIOD->BSRRH = (1<<15);              //清除第 15 位
    };
}
/**
 * @简单的 Delay 函数
 * @参数 nCount: 指定延时长度
 * @返回值: 无
 **/
void Delay(uint32_t nCount)
{
    while(nCount--)
    {
    __NOP();
    }
}
```

由于 GPIO 可被配置为多种速率，加入了一些条件编译代码，方便修改 GPIO 引脚配置。

在准备好所有源文件后，可以按照以下步骤编译工程：通过下拉菜单，选择 Project→Build

Target 命令或者右击工程浏览器中的 Target 1，并选择 Build Target 命令或者使用 F7 键。

编译完工程后，可以看到图 15.11 所示的编译输出界面。

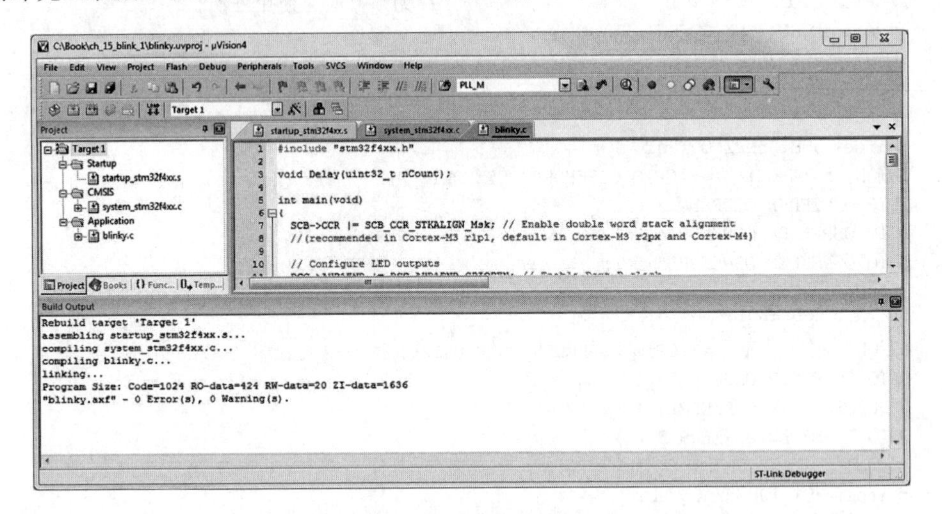

图 15.11　编译输出

若生成了程序映像 blinky.axf，在将程序下载到微控制器并测试前，需要多执行一些步骤：

(1) 安装板上 ST-Link V2 调试适配器所用的 USB 驱动。本步骤取决于实际使用的微控制器开发板。对于 STM32F4 Discovery 开发板的情况，调试接口需要 USB 设备驱动，其安装程序位于 C:\Keil\ARM\STLink\USBDriver。这一步只需执行一次。

(2) 可能需要执行 C:\Keil\ARM\STLink 中的 ST-Link 更新工具，这一步只需执行一次。

(3) 选择工程选项中的 ST-LINK V2 用于调试。

(4) 选择 ST-LINK V2 用于 Flash 下载。

要修改工程选项，可以：右击工程面板上的 Target 1，选择 Options for target 'Target 1' 命令，或者通过下拉菜单，选择 Project→Options for target 'Target 1'命令，或者使用 Alt+F7 键。

单击目标选项按钮 。

接下来可以看到图 15.12 所示的工程选项对话框，其中有 10 个不同标签。

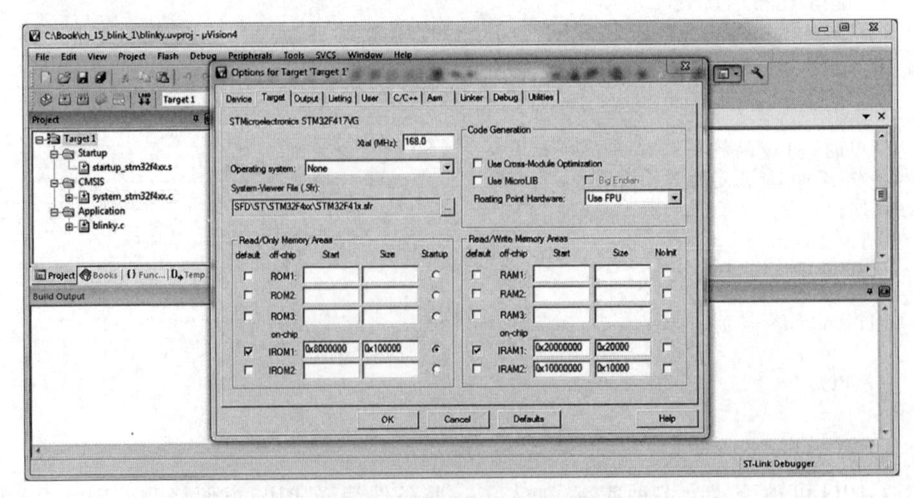

图 15.12　工程选项对话框

现在单击 Debug 标签，会看到可用的调试适配器种类。可能还会看到 ST-Link Debugger 的几个选项。不要忘了单击硬件的选项，而不是模拟器的，如图 15.13 所示。

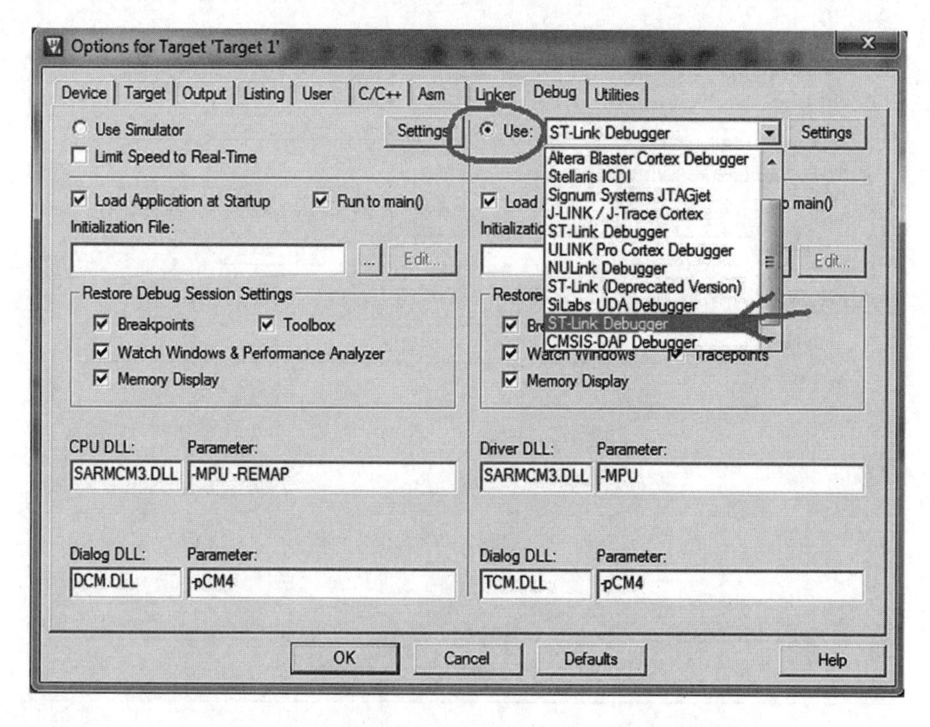

图 15.13 修改调试选项为使用 ST-LINK 调试器

在选择 ST-LINK 适配器后，单击旁边的 Settings 按钮，应该会看到图 15.14 所示的选项。若没有，则可能是选择了早期版本的 ST-Link 适配器，它只提供 JTAG 或串行线调试协议。

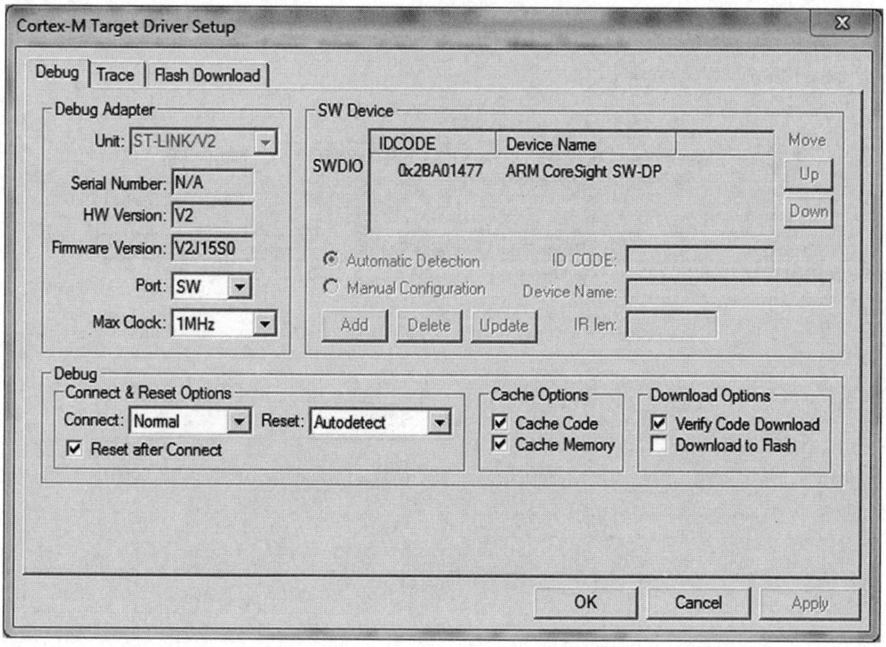

图 15.14 ST-LINK V2 选项

现在关掉这个窗口并在回到工程选项后单击 Utilities 标签。如图 15.15 所示，再次选择 ST-Link Debugger 用于 Flash 编程。

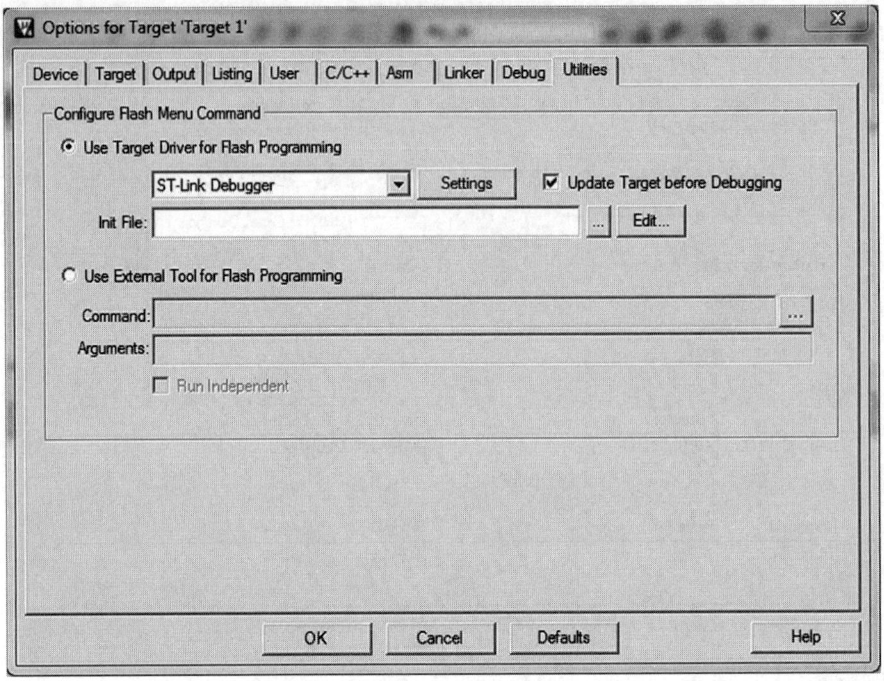

图 15.15　Flash 编程选项

若单击 Settings，则可以看到基于所选择的微控制器设备的 Flash 编程算法已经设置好了，如图 15.16 所示。

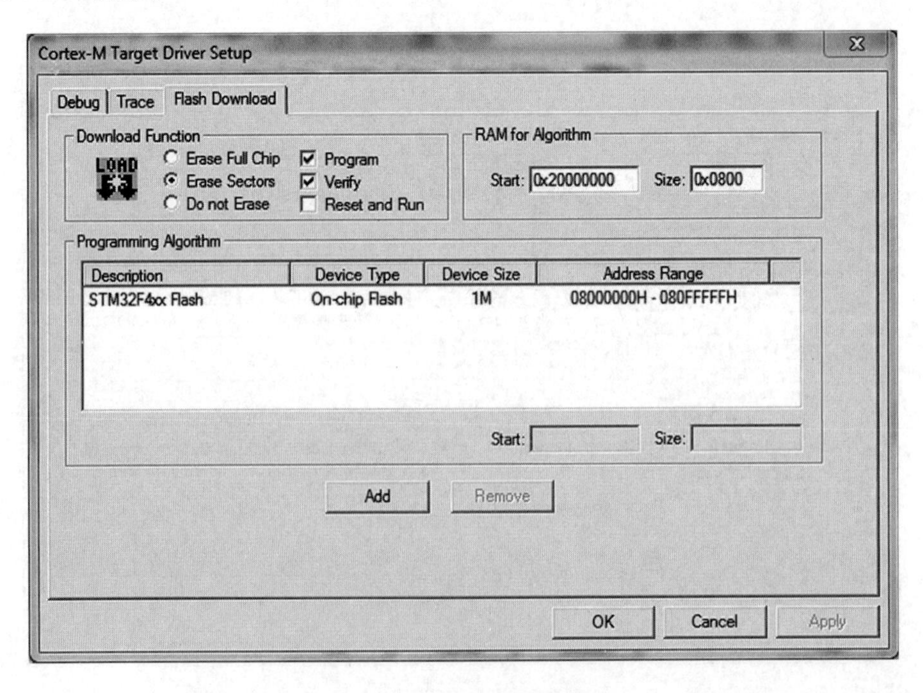

图 15.16　Flash 编程算法选项

完成这些配置后，可以关掉工程选项窗口并开始调试会话：利用下拉菜单 Debug→Start/Stop Debug Session，或者使用 Ctrl＋F5 键，或者单击 按钮。

现在应该可以看到调试器窗口，如图 15.17 所示。可以通过以下方式开始执行程序：选择下拉菜单 Debug→Run，或者使用 F5 键，或者单击运行按钮 。

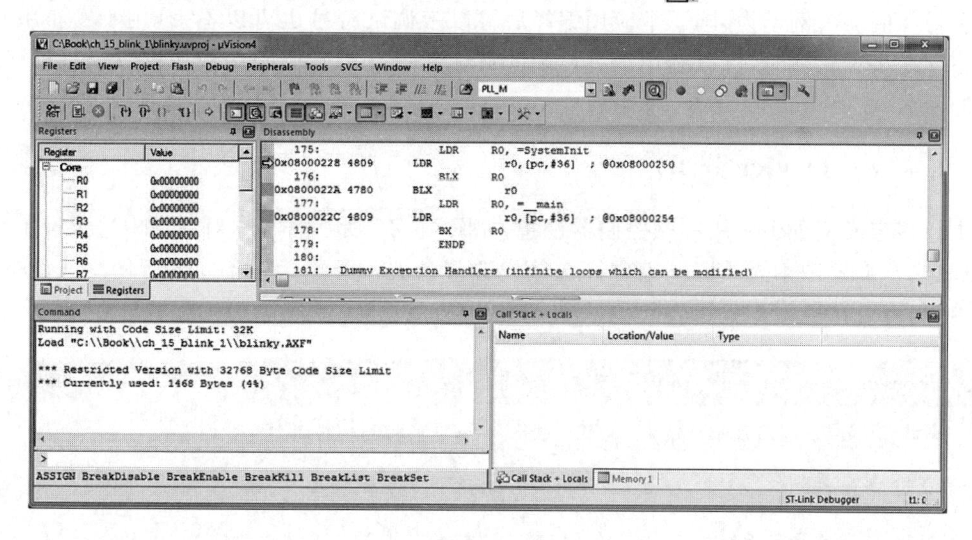

图 15.17 调试器窗口

若已正确设置了所有项，则板上的 LED 会开始闪烁。祝贺你！你已经创建了自己的第一个 Cortex-M 工程。

此时可以利用下面的方法停止调试会话(与启动调试会话相同)：利用下拉菜单 Debug→Start/Stop Debug Session，或者使用 Ctrl＋F5 键，或者单击 按钮。

15.4 工程选项

在图 15.12 中，可以看到工程选项有很多种。图 15.18 基于 Options 对话框中的标签列出了这些选项。

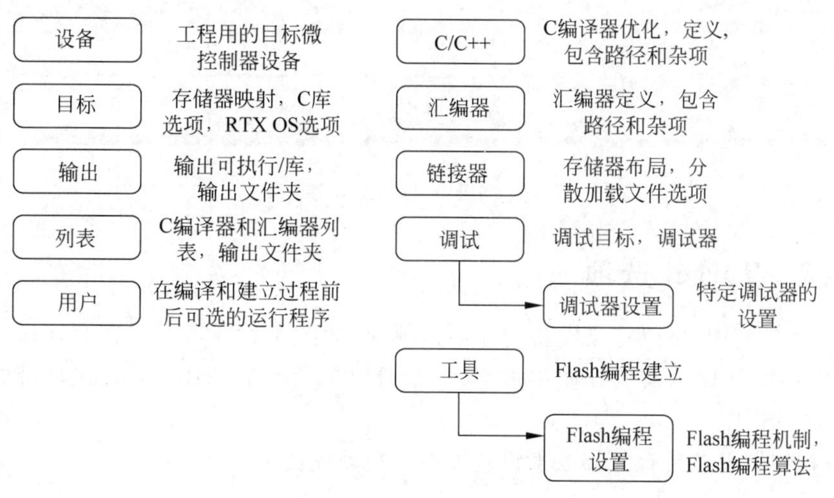

图 15.18 工程选项标签

注意，μVision 工程支持多个目标（多数简单应用只有一个目标），不同目标的编译器和调试设置也可以不同。创建多个目标后，可以在多套工程配置间轻松切换。

要添加目标，右击目标名并选择 Manage Components 命令，然后单击 New（Insert）按钮。

多目标的一个例子为，同一个应用编译后可以带调试符号也可以不带（用于发布版）。当工程中存在多个目标时，可以利用工具栏中的目标选择框在它们间切换。推荐给目标赋予有意义的命名，如 Debug 和 Release 等。

15.4.1 Device 选项

本标签定义工程中使用的微控制器设备，如图 15.19 所示。在本对话框中选择设备时，编译器标志、存储器映射及 Flash 编程算法等设置都会被预配置给设备。若所使用的设备未在列表中，则可以在 ARM 部分选择 Cortex-M3 或 Cortex-M4 并手动设置配置选项。

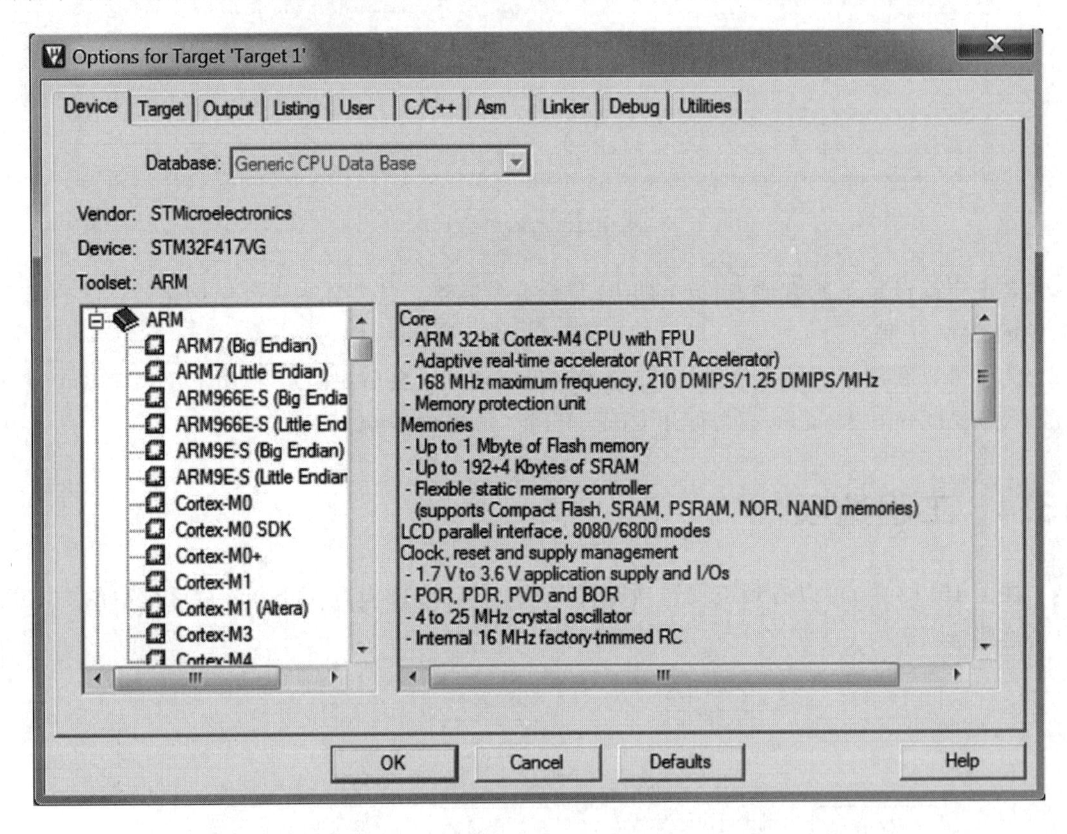

图 15.19 Device 标签

15.4.2 Target 选项

在 Target 标签中，可以定义设备的存储器映射，如图 15.20 所示。在 Cortex-M4 中存在 FPU 时选择使用 FPU 以及选择使用 RTX 内核等[Keil MDK-ARM 安装包自带的一种实时操作系统(RTOS)]。

选择微控制器设备后存储器映射设置一般会自动完成。

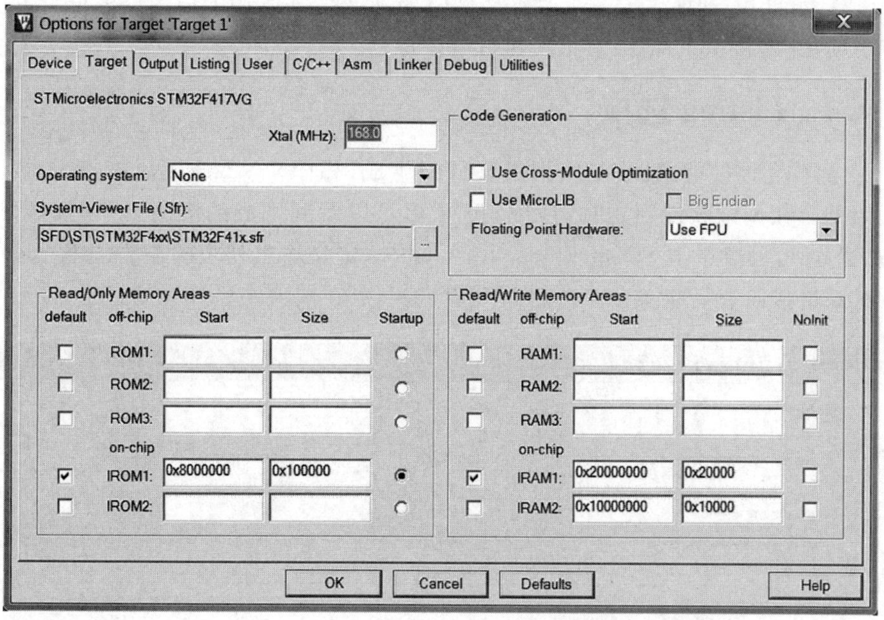

图 15.20　Target 标签

15.4.3　Output 选项

可以通过 Output 标签选择工程生成可执行映像还是生成库文件，还可以指定生成文件的目录，如图 15.21 所示。例如，可以在工程目录创建一个子目录，并利用 Select Folder for Objects 对话框将其设置为子目录。这个功能非常有用，有助于保持主工程目录的整洁，避免工程目录被大量的目标文件和生成文件占满。

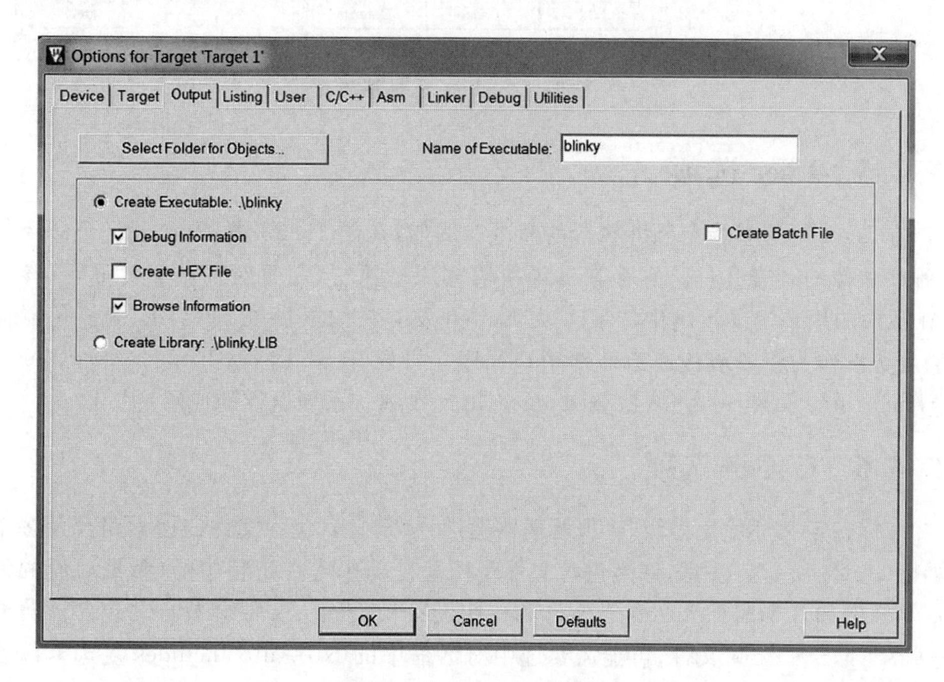

图 15.21　Output 标签

Create Batch File 选项生成一个脚本文件（Windows/DOS 用的命令提示符），可以利用这个文件在不使用 μVision 的情况下重新执行编译过程。

15.4.4 Listing 选项

Listing 标签允许使能/禁止汇编列表文件的生成，如图 15.22 所示。C 编译器列表文件默认是关闭的。在调试软件问题时，打开该选项后可以看到生成的汇编指令的确切顺序。与 Output 选项类似，可以单击 Select Folder for Objects 定义输出列表的存放位置。还可以利用其他的方式在链接阶段后生成一个反汇编列表，这一点在前文中已经介绍过了。

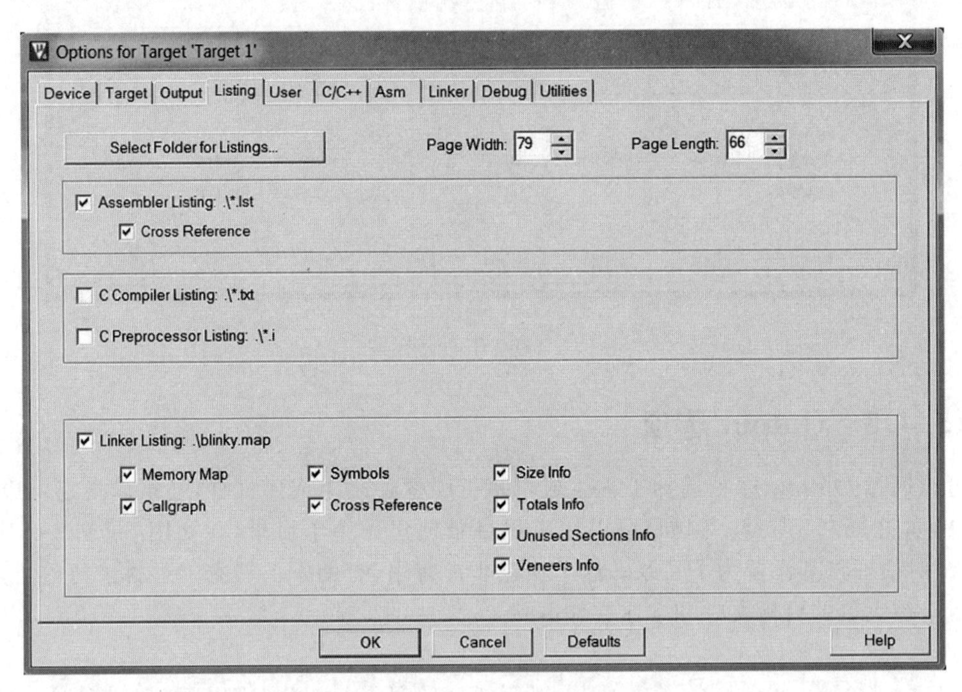

图 15.22　Listing 标签

15.4.5 User 选项

可以在 User 标签里指定额外执行的命令。例如，在图 15.23 中，添加了一个命令行以生成整个程序映像的列表文件。它会在编译阶段完成后执行，而且对调试非常重要（参见附录 I.5）。在下面的用户选项示例中，"$K"为 Keil 开发工具的根目录，而"#L"为链接器输出文件，它们还可以作为参数被传递给外部用户程序。可以在 Keil 网站 http://www.keil.com/support/man/docs/uv4/uv4_ut_keysequence.htm 找到一系列这样的代码。

15.4.6 C/C++ 选项

C/C++标签定义了优化等级、C 预处理器伪指令（定义）、包含文件的搜索路径及多个编译开关，如图 15.24 所示。注意，许多包含文件路径是自动包含在工程中的（参见后面的编译控制字符串）。例如，CMSIS-Core 包含文件和一些设备相关的头文件会被自动包含。若要使用特定版本的 CMSIS-Core 文件，可能需要选中对话框中的 No Auto Includes 复选框以禁止路径的自动包含特性。

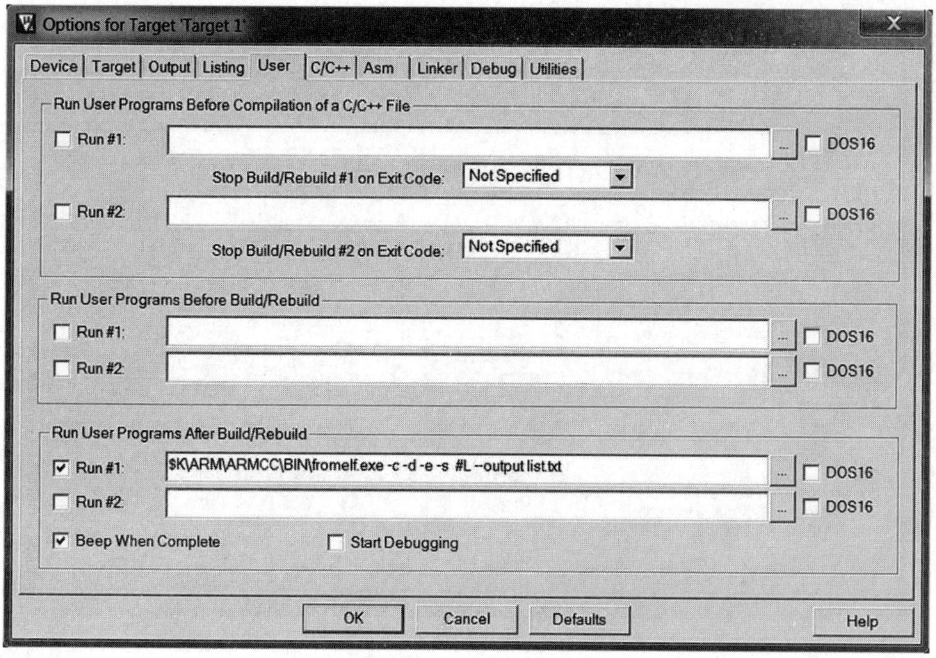

Options for Target 'Target 1'

Device | Target | Output | Listing | User | C/C++ | Asm | Linker | Debug | Utilities

Run User Programs Before Compilation of a C/C++ File

Run #1: DOS16

Stop Build/Rebuild #1 on Exit Code: Not Specified

Run #2: DOS16

Stop Build/Rebuild #2 on Exit Code: Not Specified

Run User Programs Before Build/Rebuild

Run #1: DOS16

Run #2: DOS16

Run User Programs After Build/Rebuild

Run #1: $K\ARM\ARMCC\BIN\fromelf.exe -c -d -e -s #L --output list.txt DOS16

Run #2: DOS16

Beep When Complete Start Debugging

OK Cancel Defaults Help

图 15.23 User 标签

Options for Target 'Target 1'

Device | Target | Output | Listing | User | C/C++ | Asm | Linker | Debug | Utilities

Preprocessor Symbols

Define:

Undefine:

Language / Code Generation

Strict ANSI C Warnings:

Optimization: Level 0 (-O0) Enum Container always int <unspecified>

Optimize for Time Plain Char is Signed Thumb Mode

Split Load and Store Multiple Read-Only Position Independent No Auto Includes

One ELF Section per Function Read-Write Position Independent

Include Paths

Misc Controls

Compiler control string: -c --cpu Cortex-M4.fp -g -O0 --apcs=interwork -I C:\Keil\ARM\RV31\INC -I C:\Keil\ARM\CMSIS\Include

OK Cancel Defaults Help

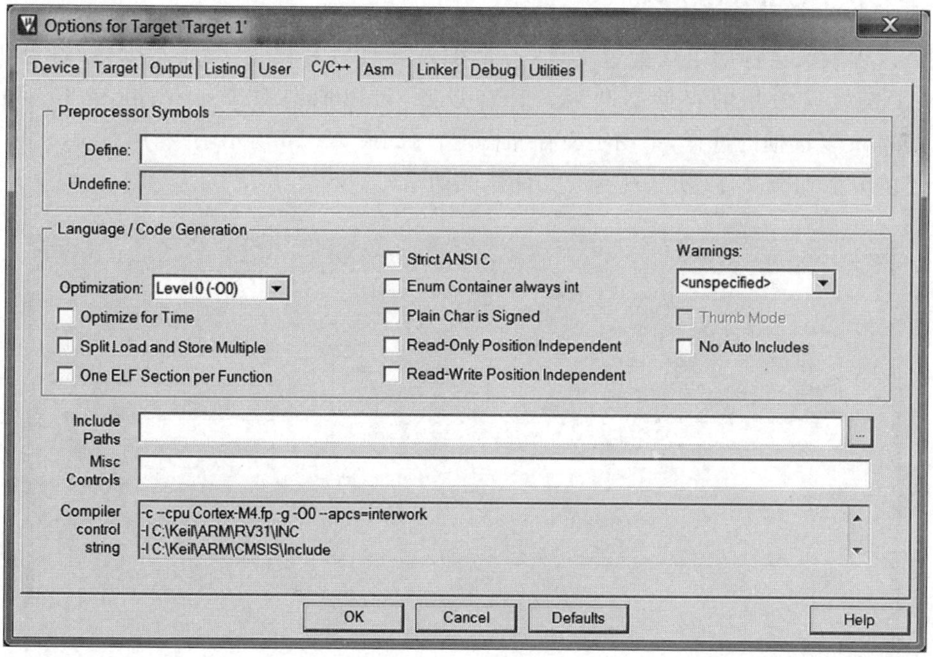

图 15.24 C/C++标签

15.4.7 Asm 选项

类似地，汇编器也有一个选项标签，如图 15.25 所示。可以在其中定义预处理伪指令、包含路径，而且若需要，还可以定义其他的汇编器命令开关。

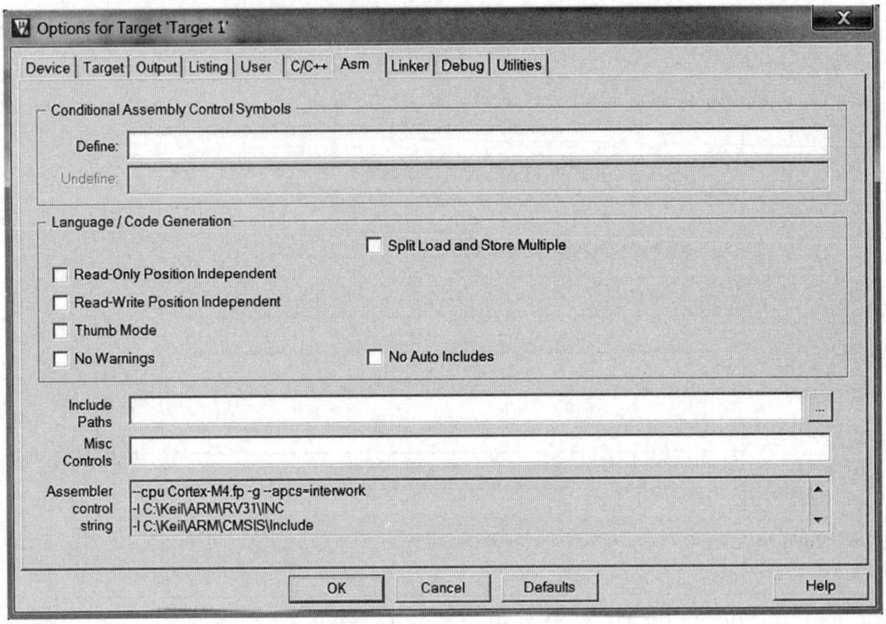

图 15.25　Asm 标签

15.4.8　Linker 选项

编译过程默认会自动生成配置文件(分散加载文件),其根据 Target 标签(参见 15.4.2 节)定义了链接阶段用的存储器映射。若有必要,可以取消对 Use Memory Layout from Target Dialog 复选框的选择,手动定义存储器配置,如图 15.26 所示,并利用 Scatter File 选项选择自己的分散加载文件(如从现有的文件修改而来)。

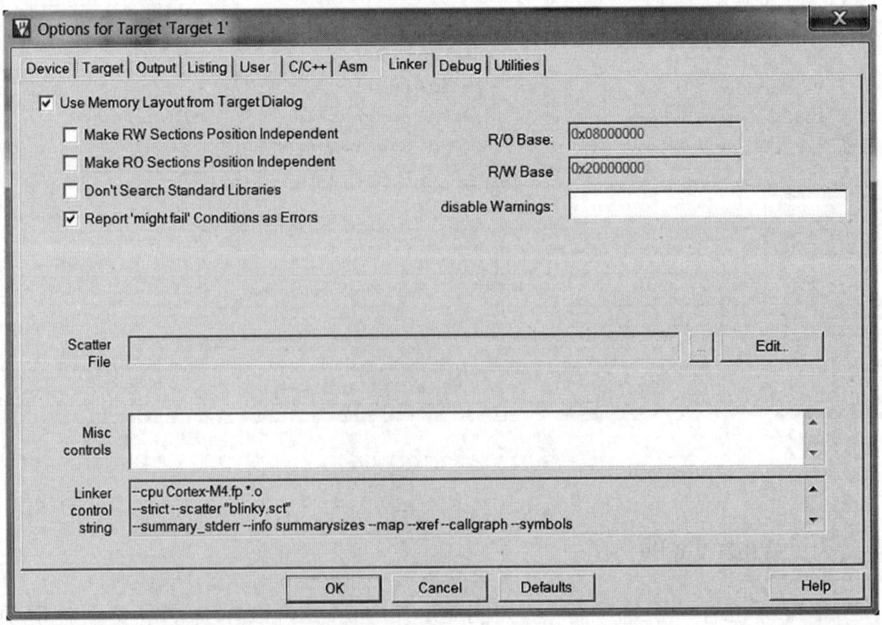

图 15.26　Linker 标签

15.4.9 Debug 选项

在 Debug 标签中,可以选择在指令集模拟器中运行代码(图 15.27 的左边),或者使用实际硬件和调试适配器运行代码(图 15.27 的右边)。而且还可以选择调试适配器的类型(如图 15.13 所示),以及查看特定调试适配器的子菜单。

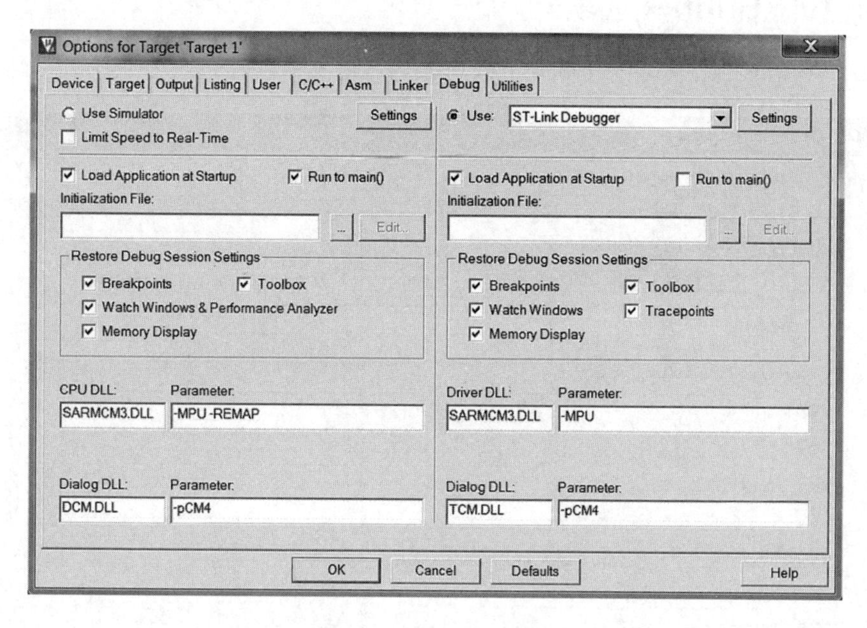

图 15.27 Debug 标签

还可以定义一个脚本文件(初始化文件),每次开始调试会话时都会执行。

在调试适配器的子菜单中,应该可以看到下面的三个标签:

• 调试(见图 15.14)
• 跟踪(见图 15.28)

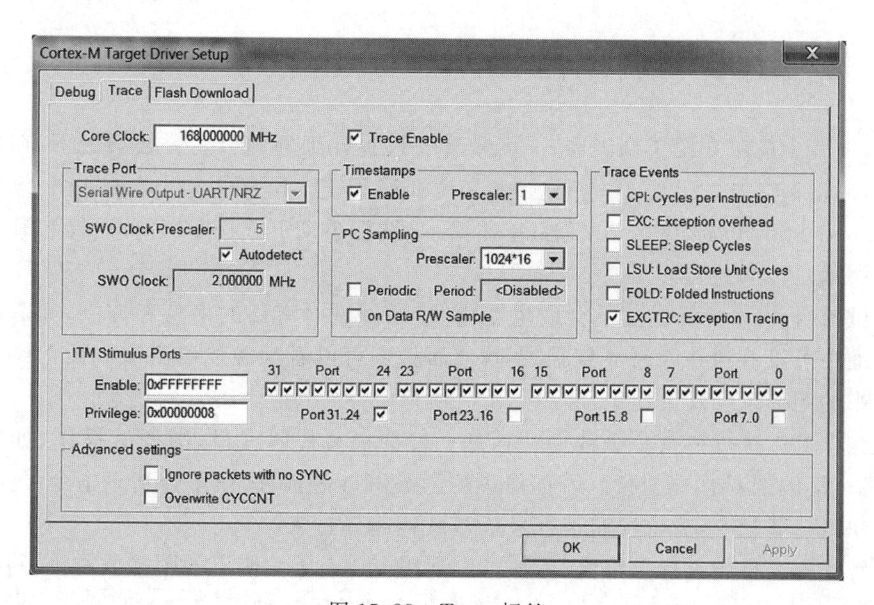

图 15.28 Trace 标签

- Flash 下载（见图 15.16）

若准备使用跟踪特性（例如，使用串行线查看 printf 消息显示，在第 18 章中的 18.2 节介绍），需要在此处设置时钟频率等跟踪选项（见图 15.28）。另外，可以选择使能 Trace Events 以获得更多的概况信息。

15.4.10 Utilities 选项

可以在 Utilities 标签中定义 Flash 下载用的调试适配器，如图 15.29 所示。

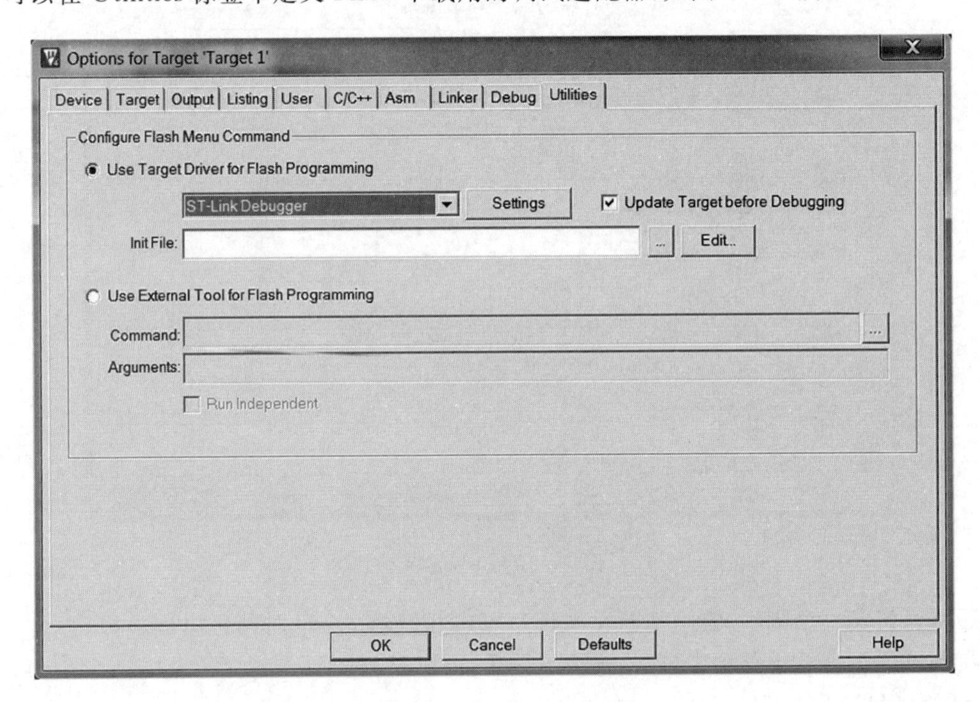

图 15.29 Utilities 标签

15.5 使用 IDE 和调试器

在 15.3 节中简单介绍了调试器，下面来看一些更详细的内容。多数情况下，在成功编译了工程后，启动调试器时程序代码就会被自动加载到 Flash 存储器中（参见图 15.27，Load Application at Startup 选项）。要不然，单击 Load 图标手动下载程序（各种图标和 IDE 界面如图 15.30 所示）。

当调试器启动后，IDE 的显示会发生变化，显示调试时有用的信息和控制，如图 15.31 所示。从界面中可以看到并修改寄存器（左侧），而且还可以看到源代码窗口和反汇编窗口。注意工具栏中的图标也会发生变化，如图 15.32 所示。

调试操作可以执行在指令级或源代码级：若选择源代码窗口，则调试操作（如单步和断点）基于每行汇编或 C 代码执行。若选择了反汇编窗口，则调试操作会基于指令级执行，因此可以单步执行每条指令，无论它们是否是从 C 代码编译过来的。

无论源代码窗口还是反汇编窗口，都可以利用窗口右上角附近的图标或右击源代码/指令行并选择 Insert/Remove Breakpoint 命令来插入/移除断点，如图 15.33 所示。

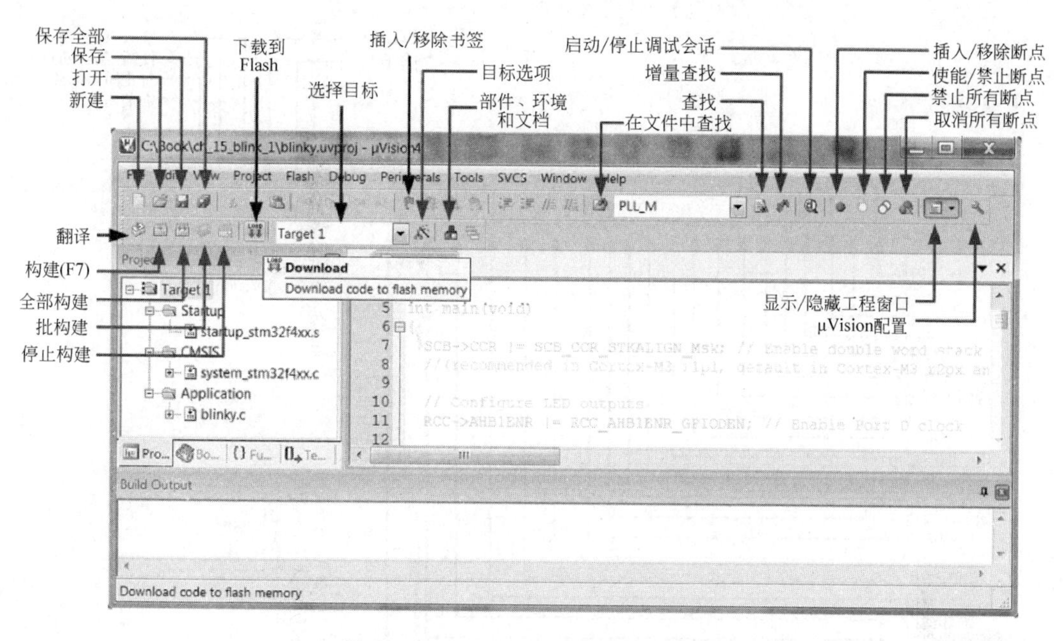

图 15.30 μVision IDE 中的各种图标

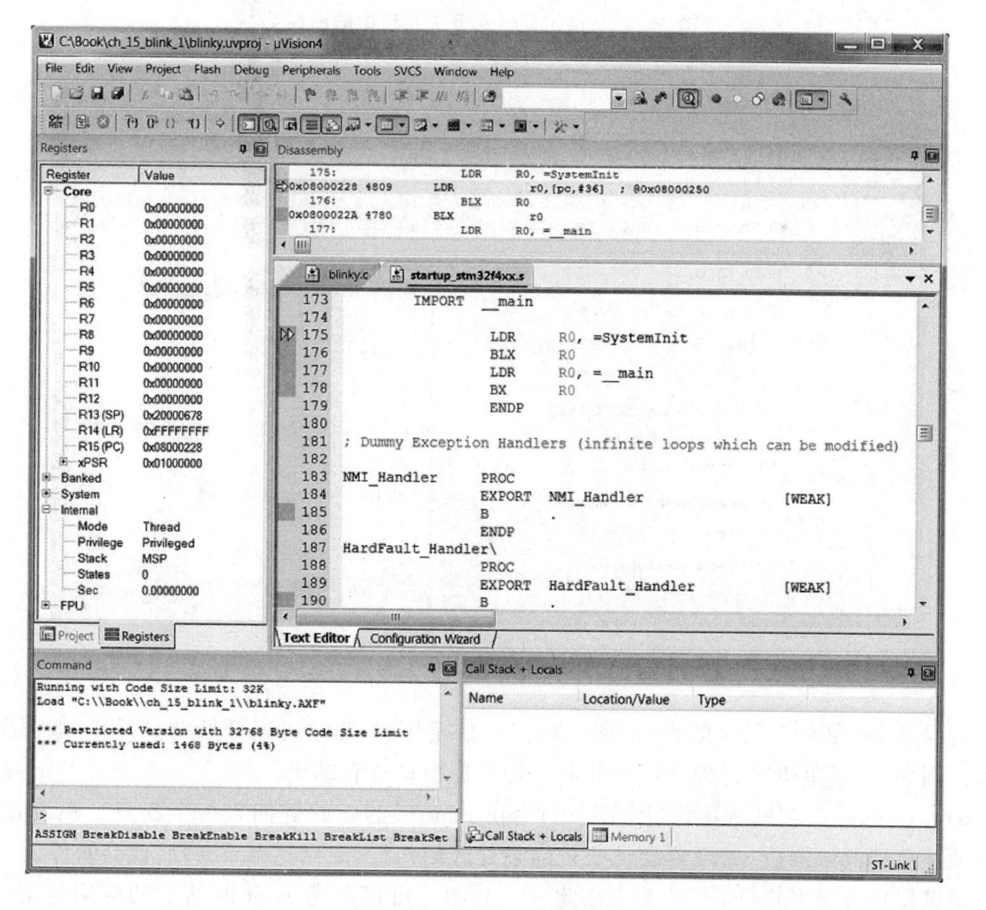

图 15.31 μVision 调试器

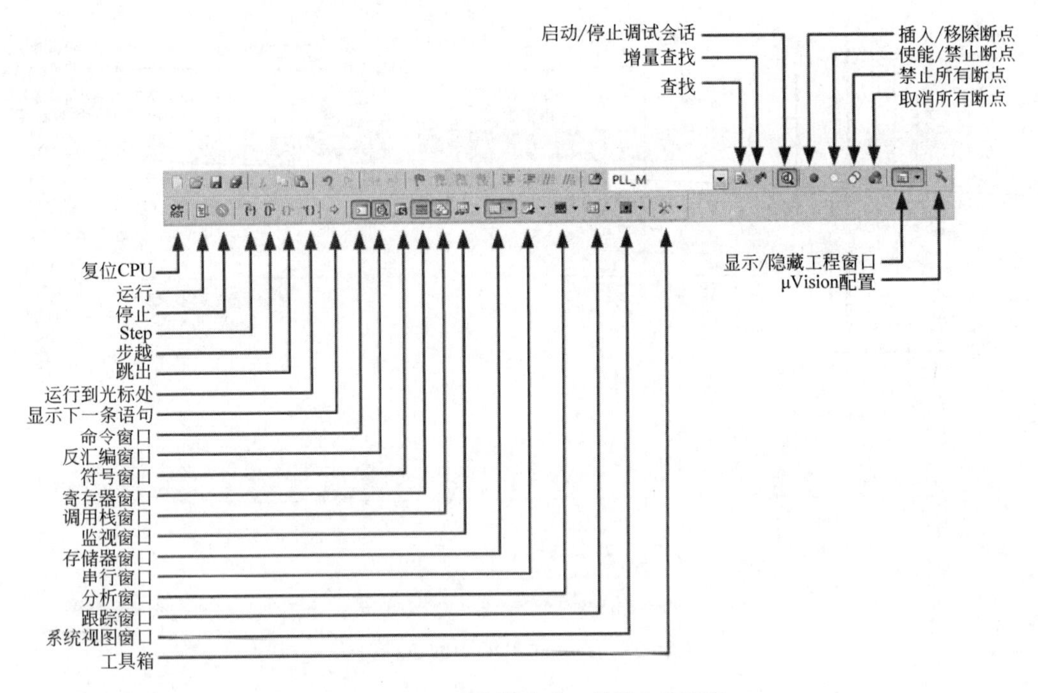

图 15.32　调试器模式下工具栏中的图标

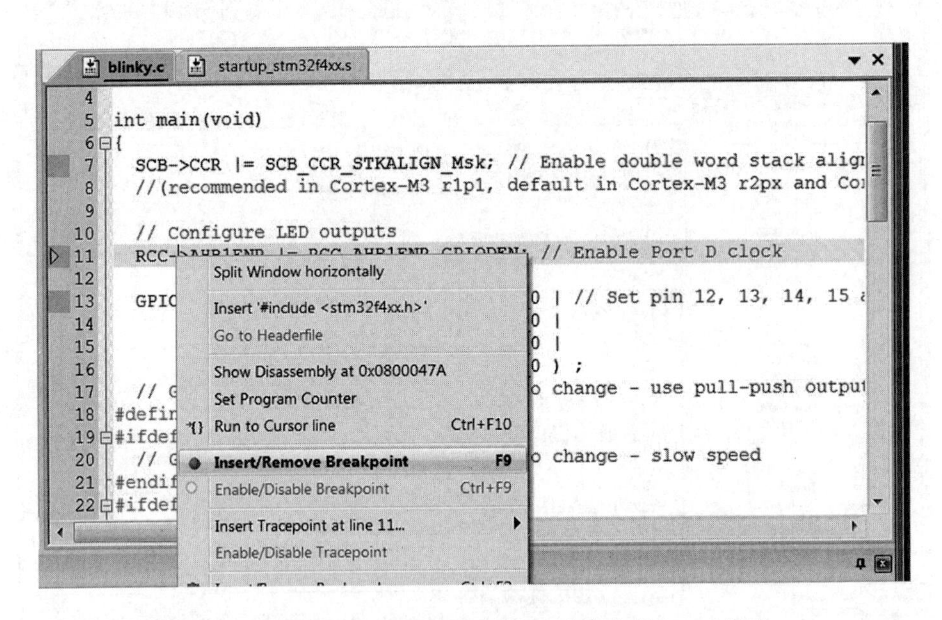

图 15.33　通过右击代码行并选择插入断点来插入一个断点

若程序执行暂停在某个断点处，那一行就会高亮显示，此时可以开始调试操作，如图 15.34 所示。例如，可以单步执行程序代码并利用寄存器窗口查看结果。

Run to main()调试选项(见图 15.27)会在 main()的开始处插入一个断点。在设置了这个选项并启动调试器后，处理器会从复位向量处开始执行，而到达 main()后就会暂停。

调试器具有很多特性，不过无法在此一一介绍。可以参考 Keil 网站上的应用笔记，查看如何使用各种 Cortex-M3/Cortex-M4 开发板上存在的调试器特性(http://www.keil.com/appnotes/list/arm.htm)。

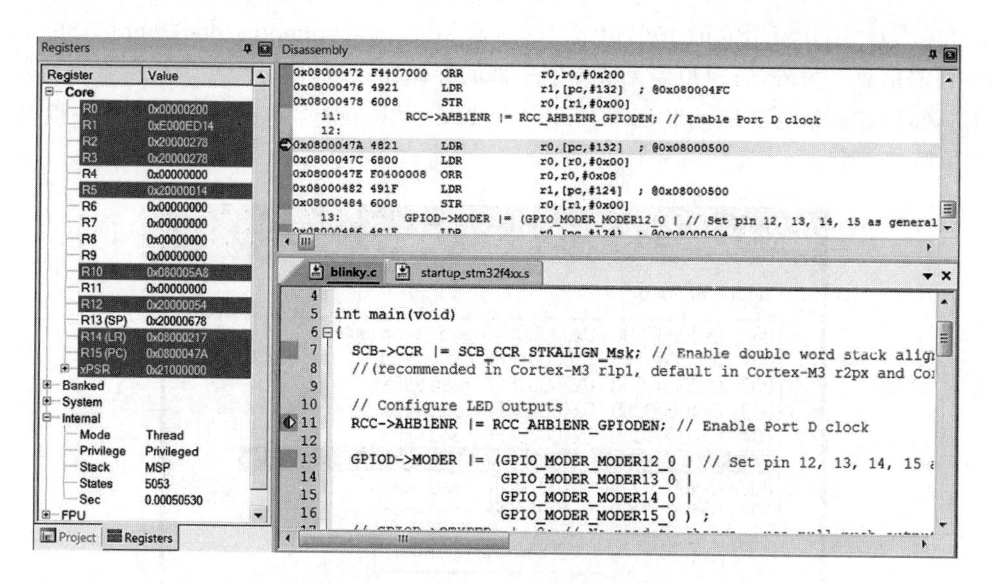

图 15.34　到达断点后处理器暂停

15.6 使用指令集模拟器

若没有实际硬件，则可以利用指令集模拟器测试自己的程序代码。要使用这个特性，需要将调试选项设置为 Use Simulator，如图 15.35 所示。

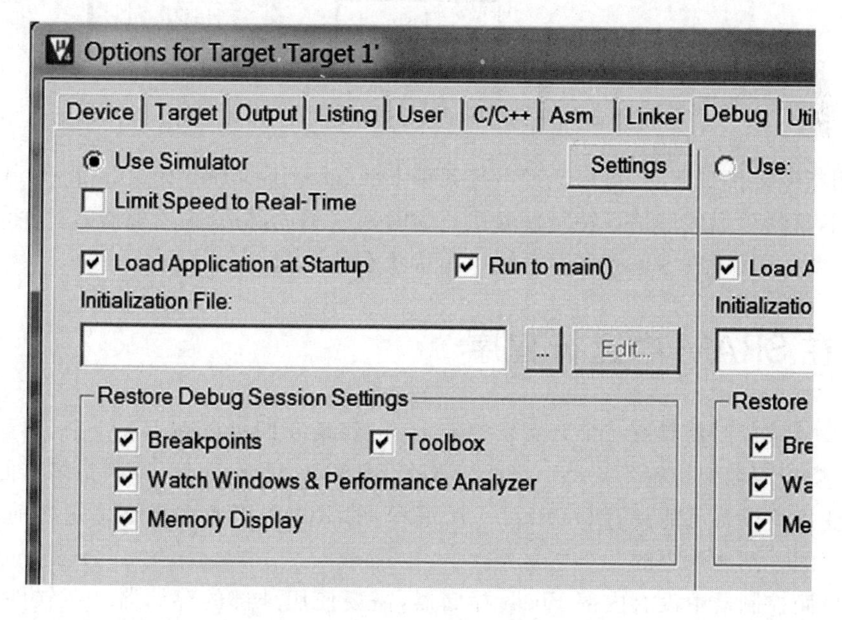

图 15.35　调试时选择指令集模拟器

使用模拟器的调试操作和使用实际硬件时类似，这种工具对于 Cortex-M 处理器指令集的学习非常有用。不过，指令集模拟器不支持一些 Cortex-M3 和 Cortex-M4 设备中的部分外设硬件。

有些情况下，若不支持所使用的微控制器的全设备模拟，则可以实现一个外设模拟 DLL

（动态链接库）。Keil 应用笔记 196（http://www.keil.com/appnotes/docs/apnt_196.asp）中有这方面的信息。另外，若模拟器无法识别全部的存储器区域，则可能还需要调整存储器的设置，此时，需要在调试会话期间利用下拉菜单 Debug→Memory Map 修改存储器映射配置菜单，如图 15.36 所示。

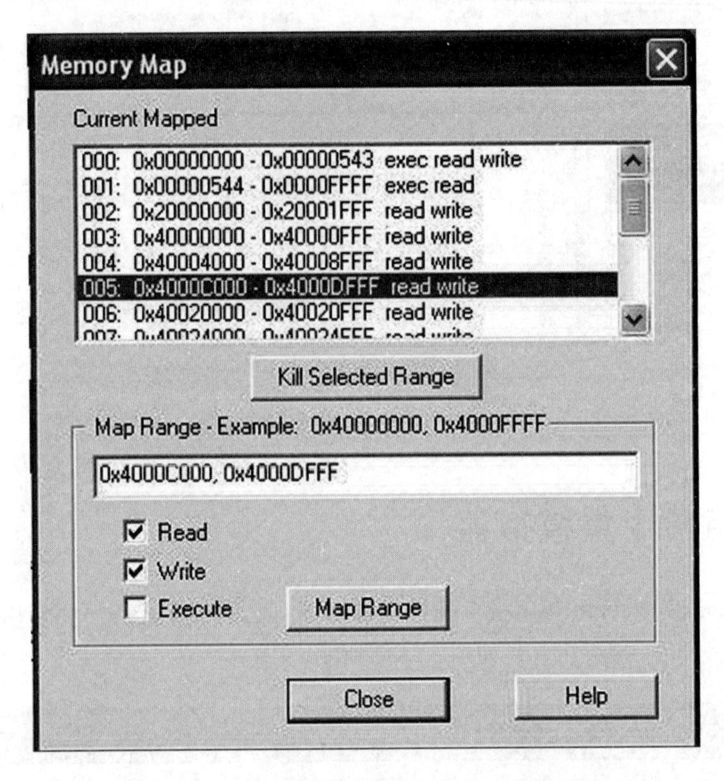

图 15.36 在模拟器设置中添加新的存储器区域

在使用指令集模拟器时，可以通过下拉菜单 Debug→Execution Profiling→Show Time 显示执行时间，这样可以大体估计特定任务执行的时间。不过，指令集模拟器的时序信息并没有精确到周期数，而且没有考虑存储器系统中等待状态的影响。

15.7 在 SRAM 中运行程序

Cortex-M 微控制器具有一个有意思的能力，也就是它们可以在 RAM 中执行程序，有些非 ARM 的微控制器架构则不支持。之所以要在 SRAM 中执行程序，原因是多方面的：

- 所使用的设备可能具有 OTP（可一次编程）的 ROM，因此在最终确定之前，是不会将程序编程到芯片中的。
- 有些微控制器中没有内部 Flash 存储器，需要使用外部的存储器。在软件开发期间，可能会想用内部 SRAM 进行测试。
- 对于产品测试或特定方面的测试，可能只想在不改变程序中已经编程的代码的前提下运行系统中的一些测试代码，此时可以将测试代码下载到 SRAM 中并测试。
- 对于 Flash 存储器比较小的系统，可能想在启动阶段将程序映像从 Flash 复制到 SRAM 中以提高性能，并在 SRAM 中执行程序以得到最佳性能。

例如，若正在使用 LPCXplorer 开发板（见图 14.1），由于 LPC4330 微控制器中并不存在内部 Flash 存储器，可能会在内部 SRAM 中运行并测试自己的程序。要使用这种开发板，最好是下载 Keil 应用笔记 233（http://www.keil.com/appnotes/docs/apnt_233.asp）中的一个例子。该应用笔记中的示例工程提供了两个目标：一个运行在外部 SRAM，另一个则执行外部 Flash 存储器中的代码。

要在 LPC4300 Xplorer 开发板的内部 SRAM 中运行下面的 blinky 工程，需要使用下面的存储器设置：

- 程序代码。起始地址 0x10000000，大小为 0x20000。
- 数据 RAM。起始地址 0x20000000，大小为 0x10000。

因此，存储器设置就变成了图 15.37 所示的形式。

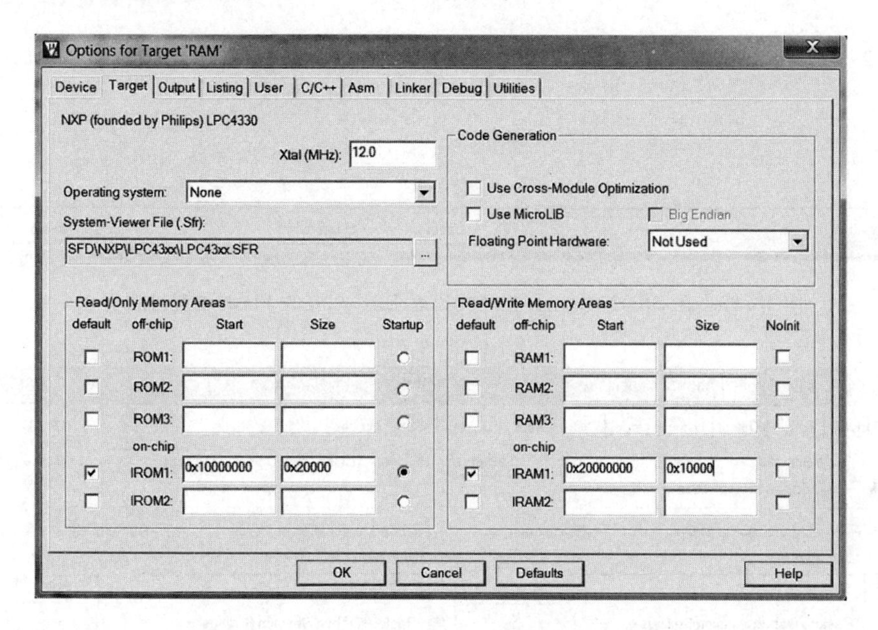

图 15.37 在 SRAM 中运行程序时的存储器配置

为了将程序加载到开发板并正确运行，还需要执行其他的一些调整：

- 禁止启动代码中的 CRP 键值段。对于 NXP LPC4330，地址 0x2FC 用于代码读保护（CRP）。启动代码可以条件定义这个键值，由于程序在 SRAM 中运行（地址为 0x10000000），CRP 特性不会被用到，因此在汇编器选项中添加了 NO_CRP 定义。
- 调试会话开始后，需要将程序加载到 SRAM 中，其中，不会涉及任何 Flash 编程算法，因此要将 Flash 编程选项置为空，如图 15.38 所示。
- 处理器默认从地址 0 处加载 PC 的初始值和 MSP。不过，本测试代码的初始 PC 和 MSP 位于地址 0x10000000 处（程序 SRAM 的起始地址），因此，需要添加一个简单的调试初始化脚本将 PC 和 MSP 设置为正确的数值。在调试选项中，添加了调试初始化文件选项中的 Dbg_RAM.ini，如图 15.39 所示。该文件是从 Keil 应用笔记 233 中复制的，除了设置 PC 和 MSP，它还会将处理器的 xPSR 强制置为合法值，并设置向量表偏移寄存器（VTOR，参见 7.5 节）以便可以使用存放在 SRAM 中程序映像的向量表。除了使用脚本外，还可以在调试器中手动修改这些寄存器的数值，不过使用脚本更加方便。

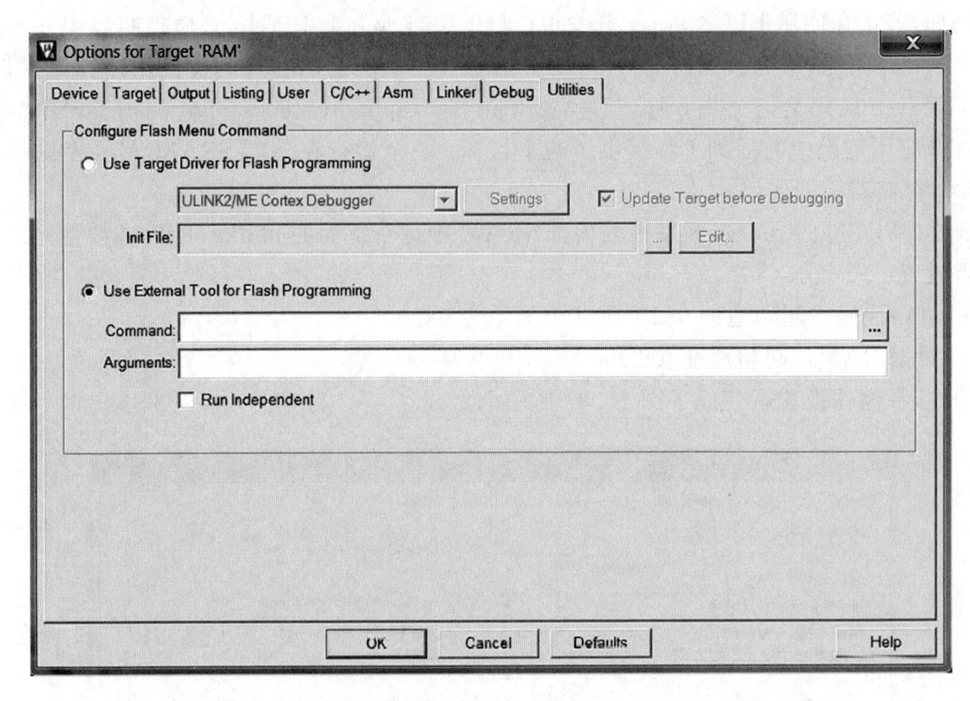

图 15.38　在 SRAM 中运行程序代码时 LPC4330 的 Flash 编程选项为空

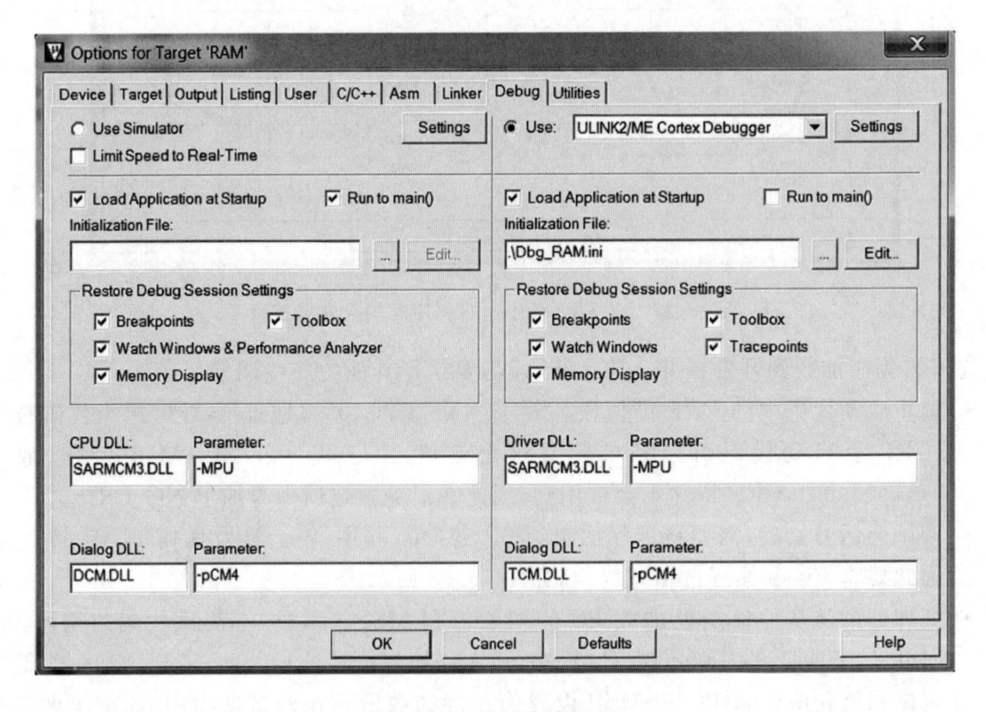

图 15.39　调试脚本选项

Dbg_RAM.ini 中的代码强制处理器将程序映像加载到 RAM 中，然后发起一次复位并设置栈指针(SP)、程序计数器数值(PC)、向量表偏移(VTOR)和其他设备相关的寄存器。接下来它使用 go("g")命令启动程序执行：

```
/* Dbg_RAM.ini — uVision 调试器脚本,本代码用于 NXP LPC4300. */
/* --------------------------------------------------------------
 * Name: Dbg_RAM.ini
 * Purpose: RAM Debug Initialization File
 * Note(s):
 * -------------------------------------------------------------- *
This file is part of the uVision/ARM development tools.
 * This software may only be used under the terms of a valid, current,
 * end user licence from KEIL for a compatible version of KEIL software
 * development tools. Nothing else gives you the right to use this software.
 *
 * This software is supplied "AS IS" without warranties of any kind.
 *
 * Copyright (c) 2012 Keil - An ARM Company. All rights reserved.
 * ------------------------------------------------------------ */
/* -----------------------------------------------------
Setup() 配置 RAM 调试的 PC & SP
 * ------------------------------------------------------ */

FUNC void Setup (void) {
  //复位外设: LCD, USB0, USB1, DMA, SDIO, ETHERNET, GPIO
  _WDWORD(0x40053100, 0x105F0000);              //发起复位
  _sleep_(1);
  SP = _RDWORD(0x10000000);                     //设置栈指针
  PC = _RDWORD(0x10000004);                     //设置程序计数器
  XPSR = 0x01000000;                            //设置 Thumb 位
  _WDWORD(0xE000ED08, 0x10000000);              //设置向量表偏移寄存器
  _WDWORD(0x40043100, 0x10000000);              //设置影子指针
}
LOAD %L INCREMENTAL                             //下载
Setup();                                        //运行所需的数值
g, main
```

进行完这些调整后,可以启动调试会话,它会将程序下载到 SRAM 并执行 blinky 程序。

```
/* NGX LPCXplorer 开发板上 LPC4330 用的 blinky 程序 */
#include <LPC43xx.h>
void Delay(uint32_t nCount);
const uint32_t led_mask[] = { 1UL << 11, /* GPIO1.11 */
1UL << 12 }; /* GPIO1.12                    */
/* 时钟控制单元寄存器位 */
#define CCU_CLK_CFG_RUN (1 << 0)
#define CCU_CLK_CFG_AUTO (1 << 1)
#define CCU_CLK_STAT_RUN (1 << 0)
#define LOOP_COUNT 0x3FFFFF
int main (void) {
    SCB->CCR| = SCB_CCR_STKALIGN_Msk;                          //使能双字栈对齐
    //( Cortex-M3 r1p1 推荐使用, Cortex-M3 r2px 和 Cortex-M4 默认启用)
    //配置 LED 输出
    //使能时钟并初始化 GPIO 输出 */
    LPC_CCU1->CLK_M4_GPIO_CFG = CCU_CLK_CFG_AUTO | CCU_CLK_CFG_RUN;
    while (!(LPC_CCU1->CLK_M4_GPIO_STAT & CCU_CLK_STAT_RUN));
    LPC_SCU->SFSP2_11 = 0;                                     /* GPIO1[11] */
    LPC_SCU->SFSP2_12 = 0;                                     /* GPIO1[12] */
    LPC_GPIO_PORT->DIR[1] | = (led_mask[0] | led_mask[1]);
    LPC_GPIO_PORT->SET[1] = (led_mask[0] | led_mask[1]);       /* 关闭 LED */
```

```
        while(1){
            LPC_GPIO_PORT->CLR[1] = led_mask[0];            //设置 LED 0
            Delay(LOOP_COUNT);
            LPC_GPIO_PORT->SET[1] = led_mask[0];            //清除 LED 0
            LPC_GPIO_PORT->CLR[1] = led_mask[1];            //设置 LED 1
            Delay(LOOP_COUNT);
            LPC_GPIO_PORT->SET[1] = led_mask[1];            //清除 LED 1
        };
    }
    void Delay(uint32_t nCount)
    {
        while(nCount--)
        {
            __NOP();
        }
    }
```

15.8 优化选项

为了实现不同的优化，IDE中存在多个编译器和代码生成选项。第一组为C编译器选项（见图15.24）。可以利用一个下拉菜单在C编译器选项中选择优化等级（0～3，见表15.1）。若没有设置Optimize for Time，优化会被设置为降低代码大小。

表15.1 C编译器的各优化等级

优化等级	描　述
-O0	使用最低优化。多数优化都被关闭，生成的代码具有最多的调试信息
-O1	使用有限优化。未使用的内联函数、未使用的静态函数及冗余代码都会被移除，指令会被重新排序以避免互锁的情况。生成的代码会被适度优化，并且比较适合调试
-O2	使用高度优化。根据处理器的特定行为优化程序代码，生成的代码为高度优化的，并且具有有限的调试信息
-O3	使用极端优化。根据时间/空间选项进行优化，默认为多文件编译，它可以提供最高等级的优化，但编译时间会稍微长些，软件调试信息也较少

第二组选项位于Target Options中（见图15.20）。可以在此处选择是否使用浮点单元，以及C运行时库为标准的C库或较小的MicroLIB。

MicroLIB C库对具有较小存储器封装的设备进行了优化。若该选项未使能，就会选择主要为性能进行优化的标准C库。MicroLIB运行时库从程序大小方面来说要小得多，不过同时也会更慢且具有一些限制。对于多数从8位或16位架构移植过来的应用，由于Cortex-M处理器的性能要比多数8位和16位微控制器高得多，MicroLIB的性能稍微低些也不会有什么问题。

交叉模块优化选项可以降低代码的大小，因为它会将未使用的函数放到ELF文件中的单独段中，而且，若它们未被引用就会被忽略掉，它还允许模块间共用内联代码。这些优化要求应用在编译阶段要构建两次，因为这样才能完成链接器反馈。

要了解优化选项的更多细节，可以参考Keil应用笔记202 — MDK-ARM编译器优化（参考文献20）。

15.9 其他信息和要点

15.9.1 栈和堆存储大小配置

栈存储大小和堆存储大小定义在启动代码中。例如,可以在 startup_stmf4xx.s 中找到下面的代码段:

```
; 分配给栈的内存大小(单位为字节)
; 根据自己的应用需求进行修改
; <h> 栈配置
; <o> 栈大小(字节) <0x0 - 0xFFFFFFFF:8>
; </h>
Stack_Size EQU 0x00000400
AREA STACK, NOINIT, READWRITE, ALIGN = 3
Stack_Mem SPACE Stack_Size
__ initial_sp
; <h> 堆配置
; <o> 堆大小(字节) <0x0 - 0xFFFFFFFF:8>
; </h>
Heap_Size EQU 0x00000200
AREA HEAP, NOINIT, READWRITE, ALIGN = 3
__ heap_base
Heap_Mem SPACE Heap_Size
__ heap_limit
```

需要根据自己的应用需求调整栈和堆存储的大小,可以从编译后生成的一个 HTML 文件中找到各函数需要的栈大小。

堆存储一般用于内存分配函数,在指定了特定数据格式的字符串时,也可被包括 printf 在内的其他 C 运行时函数使用。

15.9.2 其他信息

当 Keil MDK-ARM 同 Cortex-M 处理器中的多个调试部件配合工作时,可用的调试特性有许多种。在 ARM 网站的应用笔记栏目中,可以找到 Keil MDK-ARM 和多种常见 Cortex-M 开发板配合使用方面的许多应用笔记,它们可以帮助你更快地学习开发板及了解如何使用各种调试特性。

另外,第 18 章介绍了使用 ITM 进行 printf 消息输出等方面的内容。这对于软件开发来说是一个很有用的特性。

第 16 章 IAR Embedded Workbench for ARM 入门

16.1 IAR Embedded Workbench for ARM 简介

IAR Embedded Workbench for ARM 是一种常见的开发组件，用于基于 ARM 的微控制器。其中包括：

- 适用于多种 ARM 处理器的 C 和 C++编译器。
- 具有工程管理和编辑器的集成开发环境(IDE)。
- C-SPY 调试器，具有 ARM 模拟器，支持 JTAG 及硬件 RTOS 调试(可用的 RTOS 插件有多个)。调试器支持多种调试适配器，其中包括 I-Jet (IAR)、Segger J-Link/J-Link Ultra/J-Trace、Signum JtagJet/JtagJet-Trace、GDB server、ST Link/ST Link v2、Stellaris FTDI(一些 TI Stellaris 板上的调试适配器)、Stellaris ICDI(一些 TI Stellaris 板上的调试适配器)、SAM-ICE (Atmel)等。
- 其他部件，包括 ARM 汇编器、链接器和库工具以及 Flash 编程支持。
- 多个厂家提供的开发板工程示例。
- 文档。

IAR Embedded Workbench 的完全版还支持：

- 自动检查 MISRA C 规则(MISRA C：2004)。
- 运行时库的源代码。

IAR Embedded Workbench 为商业版工具，可用的版本有很多种，其中，包括一个名为 Kickstart 的免费版，它将代码大小限制在 32KB 以内且禁止了一些高级特性。还可以下载供 30 天评估用的完全版。

IAR Embedded Workbench 易于使用，且支持 Cortex-M 处理器可用的许多调试特性。本章中将会基于 STM32F4 Discovery 开发板介绍 IAR Embedded Workbench 的使用。

16.2 典型的程序编译流程

与多数商业版开发工具类似，编译过程由 IDE 自动处理，而且很容易地就能通过 GUI 启动。因此，多数情况下用户无须了解编程流程的细节。在创建好工程后，IDE 会自动调用多个工具来编译代码并产生可执行映像，如图 16.1 所示。

多数设备配置已经预安装了(如存储器布局和 Flash 编程细节的配置文件)，因此只需在

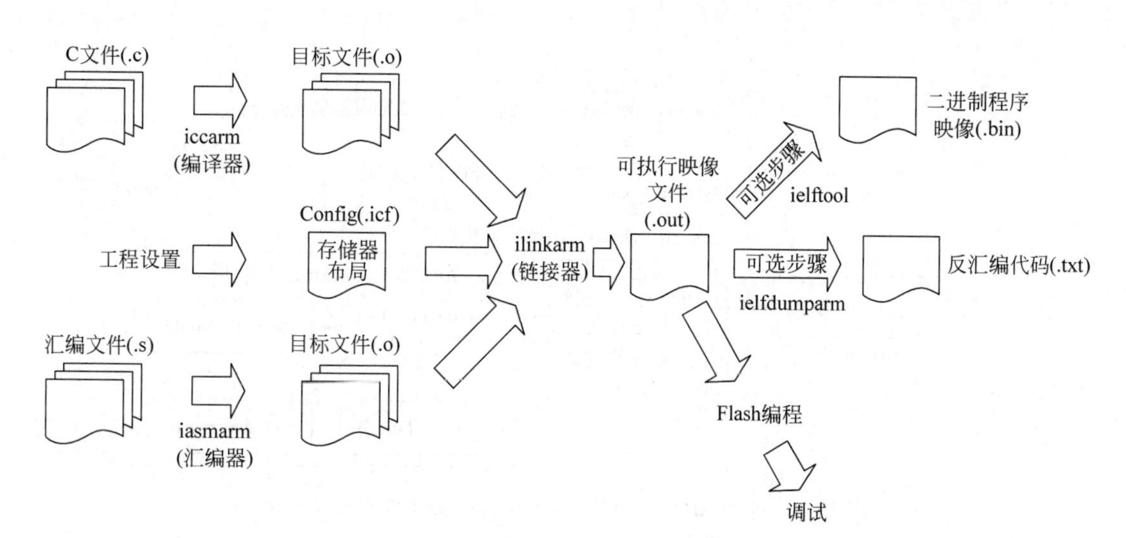

图 16.1 IAR Embedded Workbench 的编译流程示例

工程设置中选择正确的微控制器设备以使能正确的编译流程。

为了简化应用开发以及加快软件开发，多数情况下，需要使用微控制器供应商提供的多个文件，这样可以省去实现外设寄存器定义文件的时间。这些文件一般位于符合 CMSIS-Core 的设备驱动库中，由微控制器供应商提供。它们多被称作软件包，其中，可能还会包含实例、使用指南以及软件库等其他部件。

使用 CMSIS 设备库的一个简单例子如图 16.2 所示。

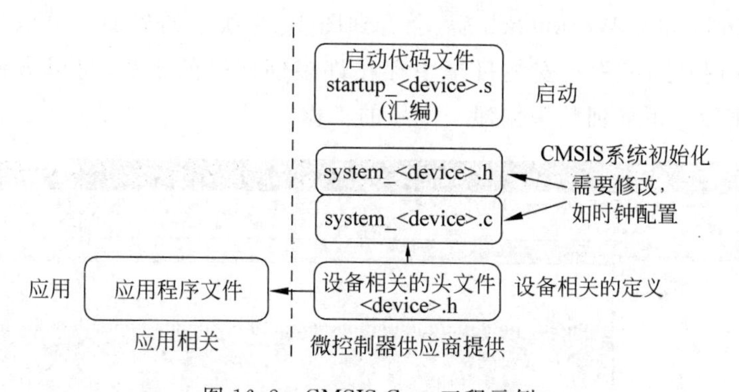

图 16.2 CMSIS-Core 工程示例

应用可能会只包含一个文件(图 16.2 的左边)，工程中还是会加入多个微控制器供应商提供的文件。尽管基本上可以用 C 语言实现整个应用，而包含向量表的启动代码一般是以汇编的形式出现的。启动代码是和工具链相关的，不过，工程中的其他文件则是独立于工具链的。实际上，将于 16.3 节中介绍的 blinky 实例中，除了汇编启动代码外，其他所有的程序文件和第 15 章中介绍的 Keil MDK-ARM 工程实例都是相同的。这是 CMSIS 的一个重要优势，因为它可以使多数软件部件独立于工具链，这样可以提高软件代码的可移植性和可重用性。

其他的 CMSIS-Core 文件可被这些 CMSIS-Core 文件中的部分文件引用，这些是 ARM 提供的通用 CMSIS-Core 文件(见图 16.3 的右下角)，集成在 IAR Embedded Workbench 安装包中。可以使用一个工程选项在编译阶段自动包含这些文件，如有必要，可以禁止该工程选项并手动添加这些 CMSIS-Core 文件。若要使用某个特定版本的 CMSIS-Core，则可能需要这么做。

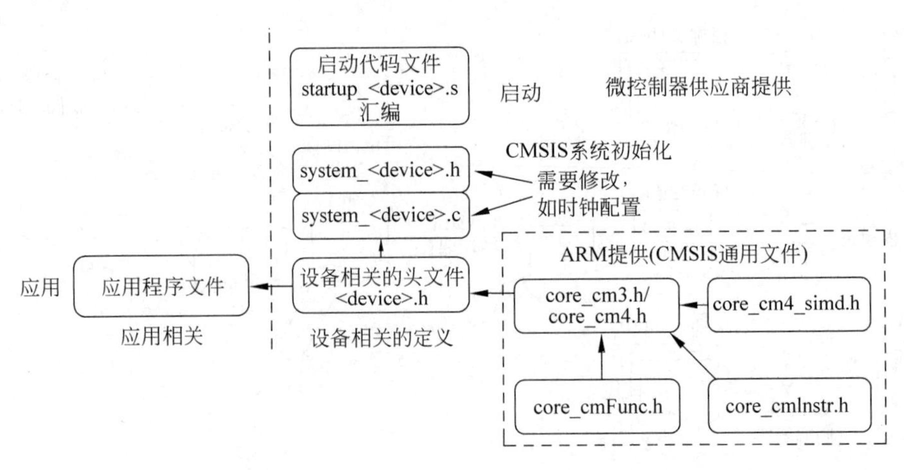

图 16.3　包含 ARM 提供的 CMSIS-Core 头文件的示例工程

若使用的 CMSIS-Core 的版本较老(版本 2.0 或更早)，可能还需要加入 CMSIS-Core 软件包中一个名为 core_cm3.c 或 core_cm4.c 的文件，其提供了访问特殊寄存器的一些内核函数以及多个内在函数。较新版本的 CMSIS Corc 已经不再需要这些文件了，而且 CMSIS-Core 函数和之前版本还是 100%兼容的。

16.3 创建简单的 blinky 工程

启动 IAR Embedded Workbench 后，会看到图 16.4 所示的界面。可以单击 EXAMPLE PROJECTS 打开现有的工程。安装目录中存在许多创建好的工程，可以方便应用程序的开发。在本节中，来看一下如何从头创建一个新的工程。

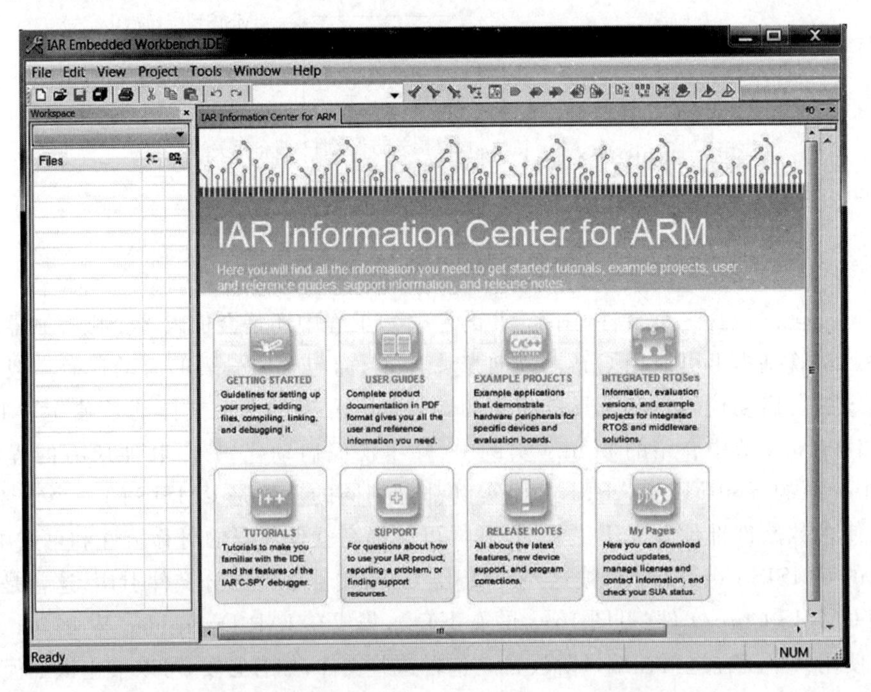

图 16.4　IAR Embedded Workbench for ARM 的启动画面

可以利用下拉菜单 Project→Create New Project 创建一个新的工程。

接下来会出现一个新的窗口,可以在其中选择待创建工程的类型,如图 16.5 所示。

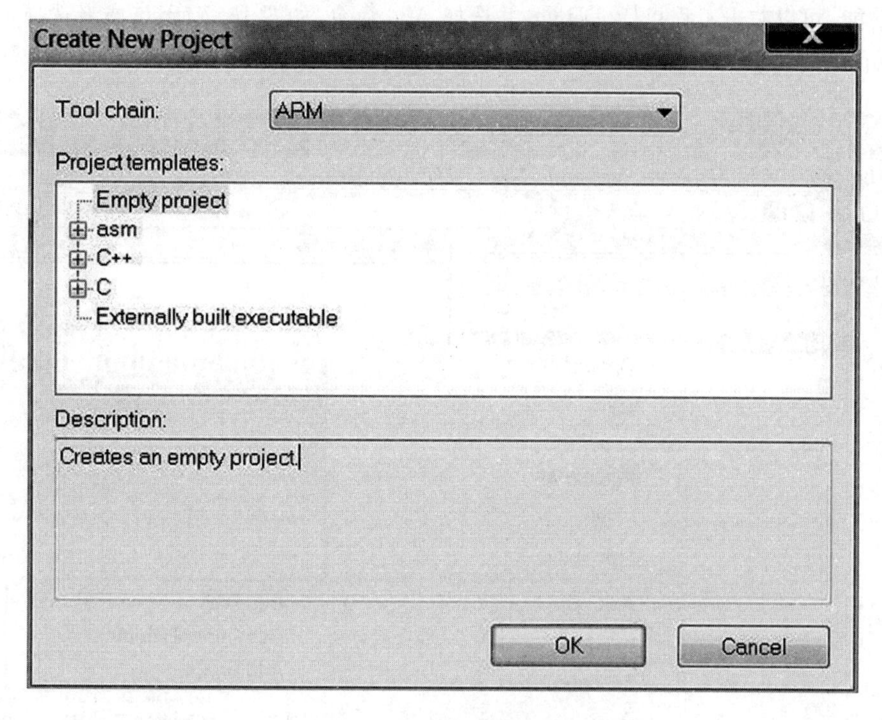

图 16.5 新建工程窗口

选择创建一个空的工程,接下来会被要求定义工程文件的位置。在本阶段创建了一个名为 blinky 的工程,如图 16.6 所示。

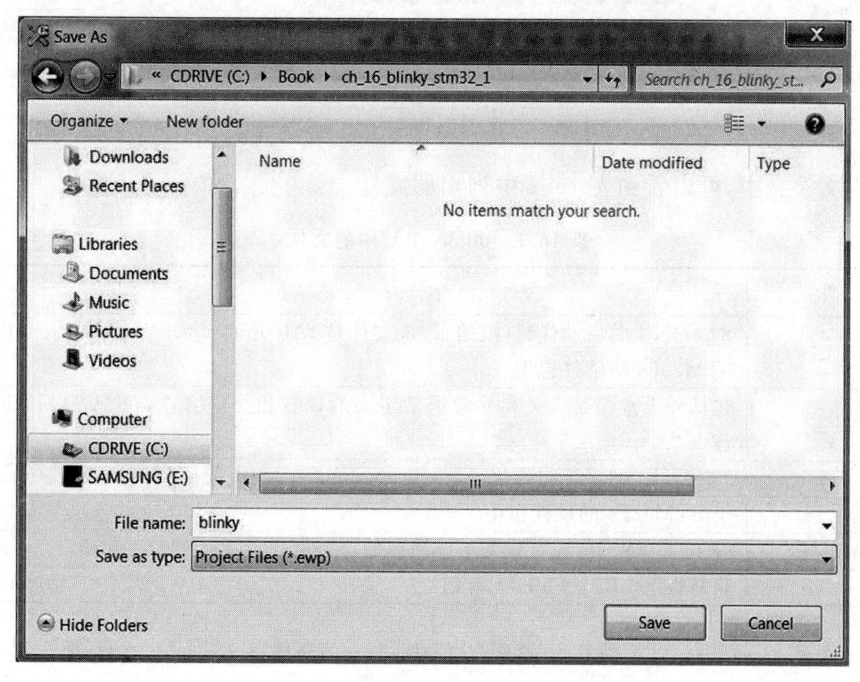

图 16.6 创建空的 blinky 工程文件

完成这一步后，就有了一个空的工程，可以开始往其中添加文件了。为了使工程文件的组织更加合理，可以在工程中增加几个文件组，并将不同类型的文件放到这些组中。要使用增加组/文件功能，可以右击工程目标(Debug)并选择 Add 命令，如图 16.7 所示，或者选择 Project→Add Group/Add File 命令。

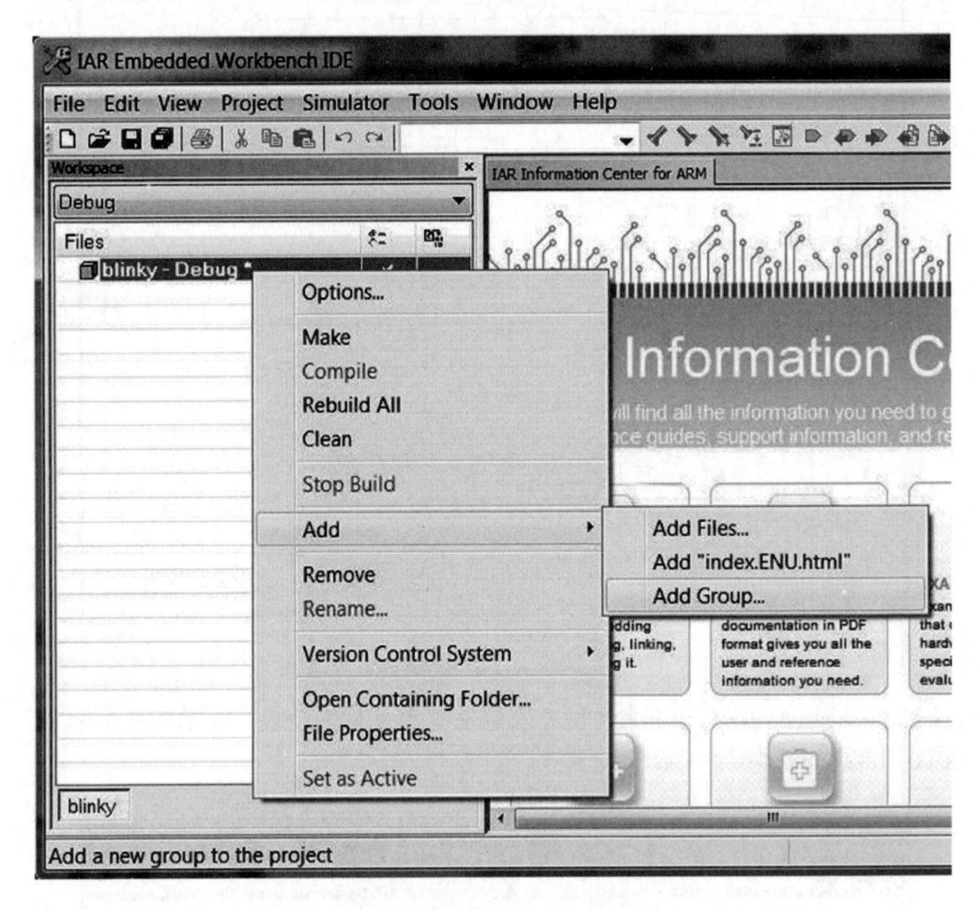

图 16.7 添加组和文件到工程中

在工程文件夹中，可以看到表 16.1 中列出的文件。

表 16.1 blinky 工程中的文件

文 件	描 述
startup_stm32f4xx.s	STM32F4 的启动代码(汇编)。该文件是 IAR Embedded Workbench 专用的，位于 STM32F4 的软件包中
stm32f4xx.h	包括外设寄存器定义和异常类型定义的设备相关的文件，位于 STM32F4 的软件包中
system_stm32f4xx.c	STM32F4 的系统初始化函数(SystemInit())，相关的函数由 CMSIS-Core 指定，位于 STM32F4 的软件包中
system_stm32f4xx.h	system_stm32f4xx.c 定义的函数原型，位于 STM32F4 的软件包中
blinky.c	翻转板上 LED 的 blinky 应用

将 blinky 程序和其他的文件添加到了工程中，其他 CMSIS-Core 头文件没有被显式包含进来，因为它们通过工程选项被自动包含到工程中(General Options，见表 16.2)。

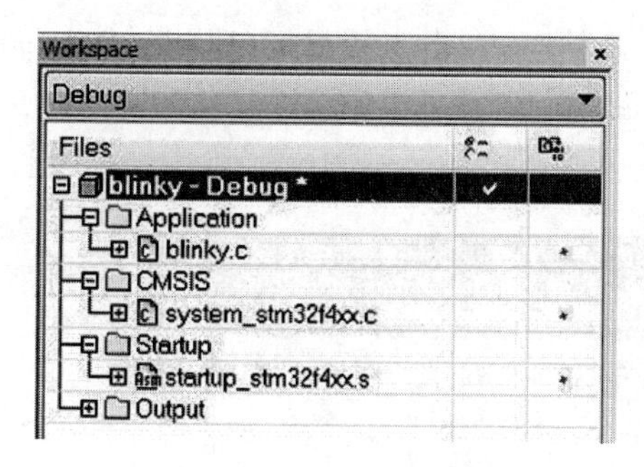

图 16.8 blinky 工程

下一步需要设置各种工程选项。此时可以右击工程目标(blinky - Debug,见图 16.8)、点击下拉菜单(Projects→选项)或使用快捷键 Alt+F7。可用的工程选项有很多种,对于左边的许多类别,可以发现多个标签。例如,在 General options 中可以看到目标、输出、库配置、库选项、MISRA-C:2004 及 MISRA-C:1999,如图 16.9 所示。

对于这个 blinky 工程,需要设置表 16.2 所示的多个选项。

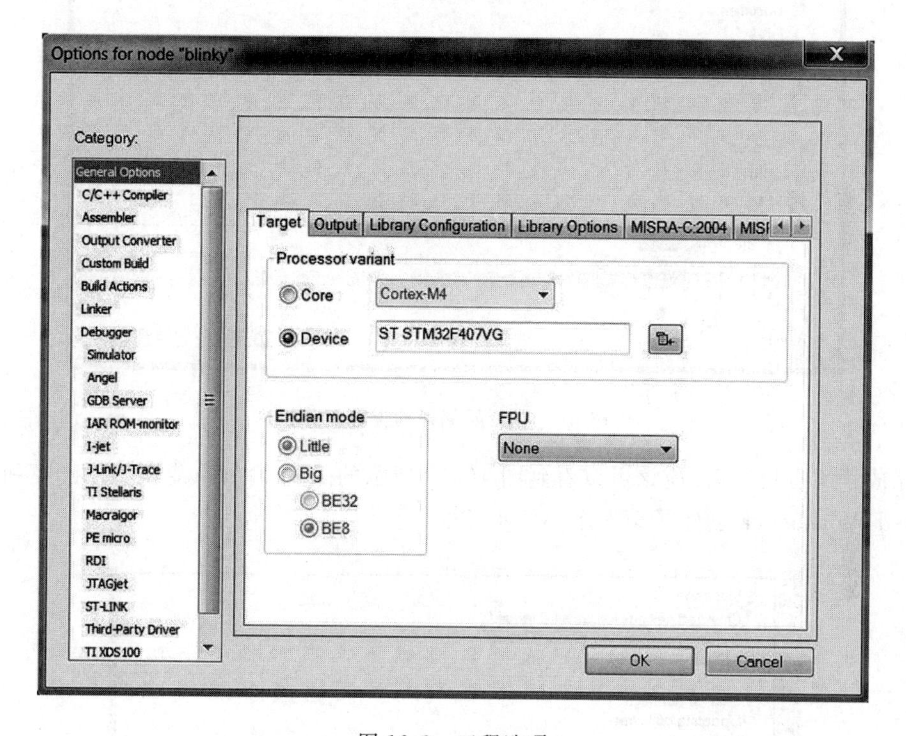

图 16.9 工程选项

表 16.2 blinky 工程正常工作所需的工程选项

类别	标签	说　明
一般选项	目标	设备→STM32F407VG
一般选项	目标	FPU:none 或 VFPv4 选项都可用于本工程
一般选项	库配置	使用 CMSIS,会自动包含工程中关键的 CMSIS-Core 头文件
C/C++编译器	列表	输出列表文件。该选项是可选的,不过对调试有用
链接器	配置	可选设置。若需要修改存储器映射就覆盖默认配置(如不同的栈和堆大小)
调试器	设置	ST-Link,使用片上调试适配器调试
调试器	下载	使用 Flash 加载器,这样可以使能 STM32F4 微控制器的 Flash 下载
ST-Link	ST-Link	选择 SWD 调试协议
ST-Link	ST-Link	可选设置: CPU 时钟→168MHz SWO 时钟自动

在设置工程选项后，可以对工程进行编译和测试。开始时，右击工程目标(Blinky-Debug)选择 Build，接下来 IDE 会要求保存当前的工作区。如图 16.10 所示，会把其保存在同一个工程目录中，名称为 blinky.eww。

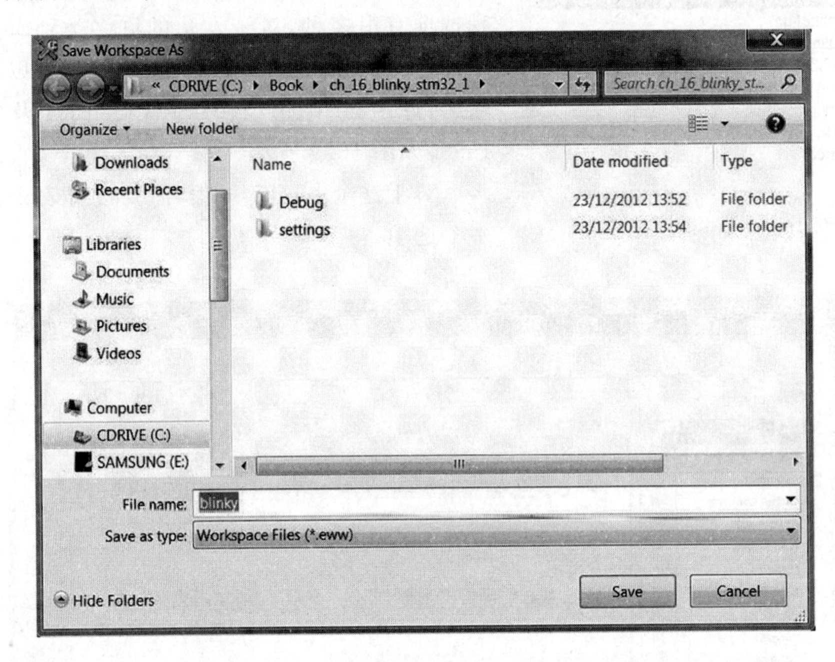

图 16.10　在开始编译前保存工作区

在完成了所有设置后，应该可以看到图 16.11 所示的 IDE 输出。恭喜！你已经利用 IAR Embedded Workbench 创建了第一个 ARM 工程。

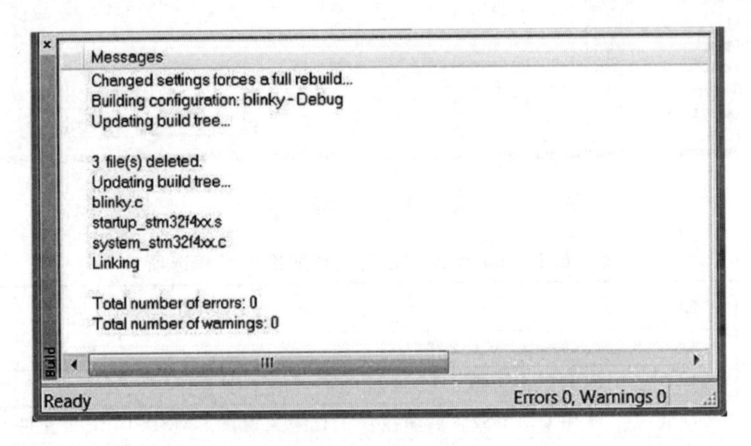

图 16.11　编译结果

现在需要将程序下载到微控制器板并测试。实现方法有三种：使用下拉菜单选择 Project→Download and Debug、单击工具栏中的 (下载和调试图标)或使用快捷键 Ctrl+D。

将程序下载到板子中后，调试器屏幕画面如图 16.12 所示。程序会恰好暂停在 main( )函数中的第一行 C 代码处。

在单击工具栏中的 go 图标 后，板上的 LED 会开始闪烁。可以利用调试器界面上的各个图标(参见图 16.13 左侧)暂停、继续、复位或单步执行程序。

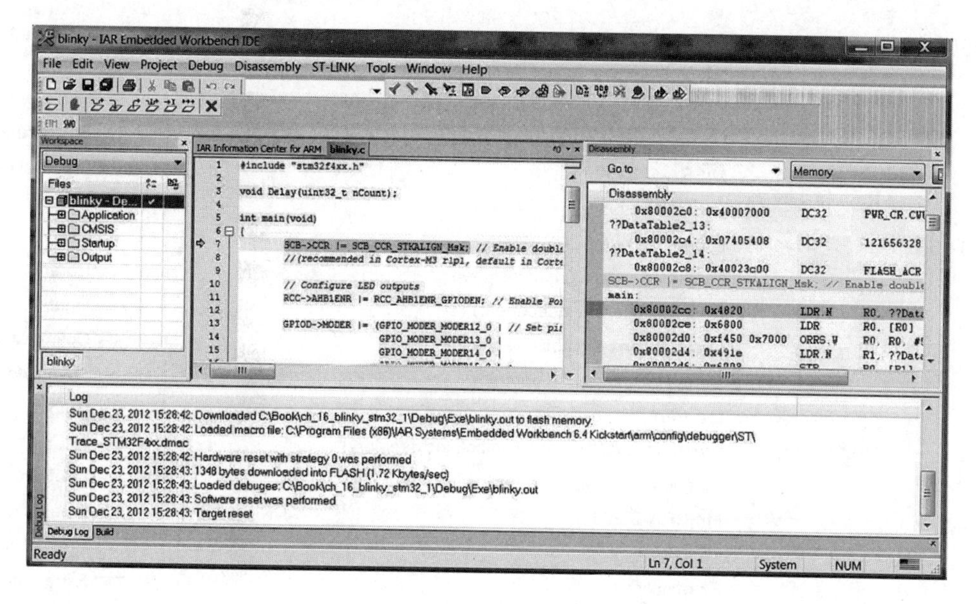

图 16.12　调试器画面

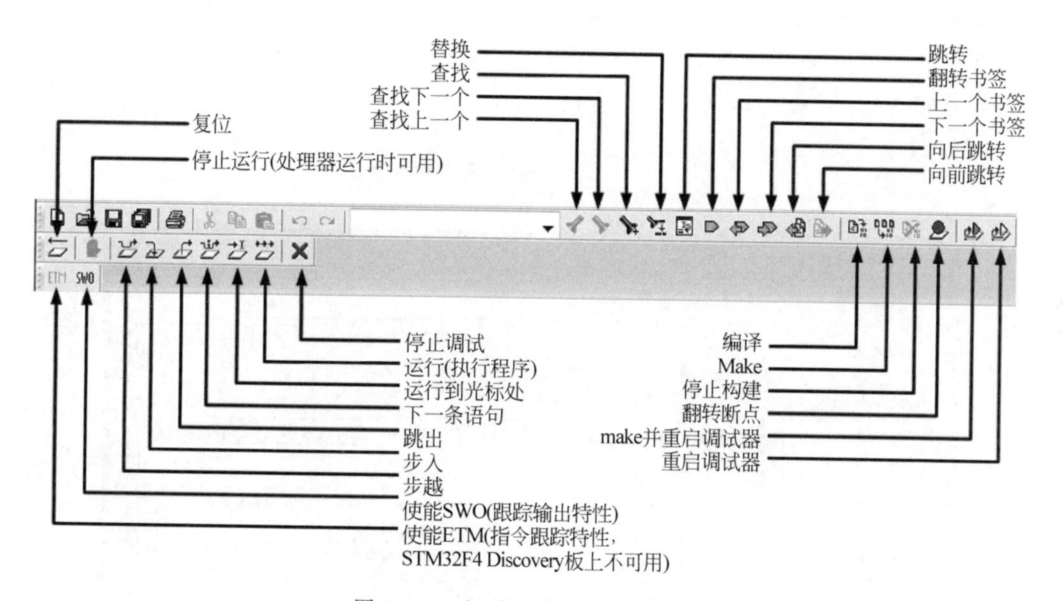

图 16.13　调试屏幕中工具栏图标

要插入或移除断点,可以右击源代码窗口中的一行并选择 toggle breakpoint。处理器暂停后,可以单击下拉菜单 View→Register 并在寄存器窗口中查看处理器的寄存器。

16.4　工程选项

IAR Embedded Workbench 的 IDE 提供了许多选项,主要的选项和标签如图 16.14 所示。

例如,IAR C 编译器支持多个优化等级,若设置为高优化等级,则可以在大小优化、速度优化和平衡优化间选择。而且还可以单独选择这些优化手段,如图 16.15 所示。

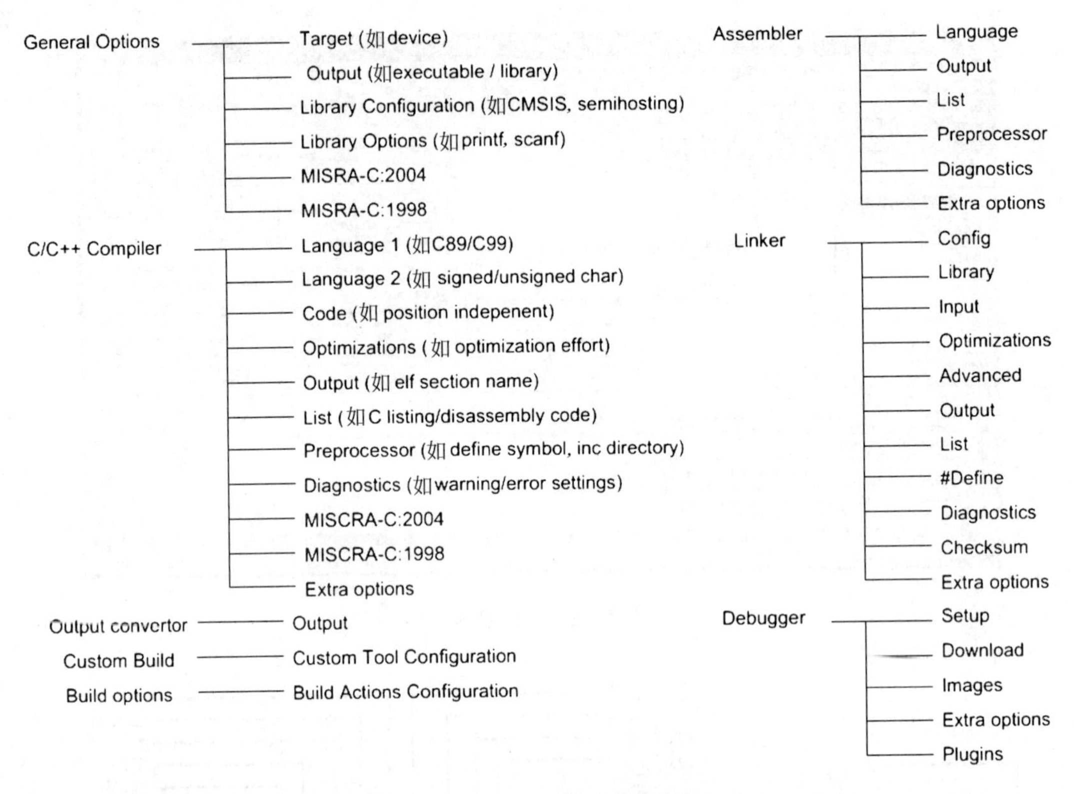

图 16.14　工程选项、类别和标签

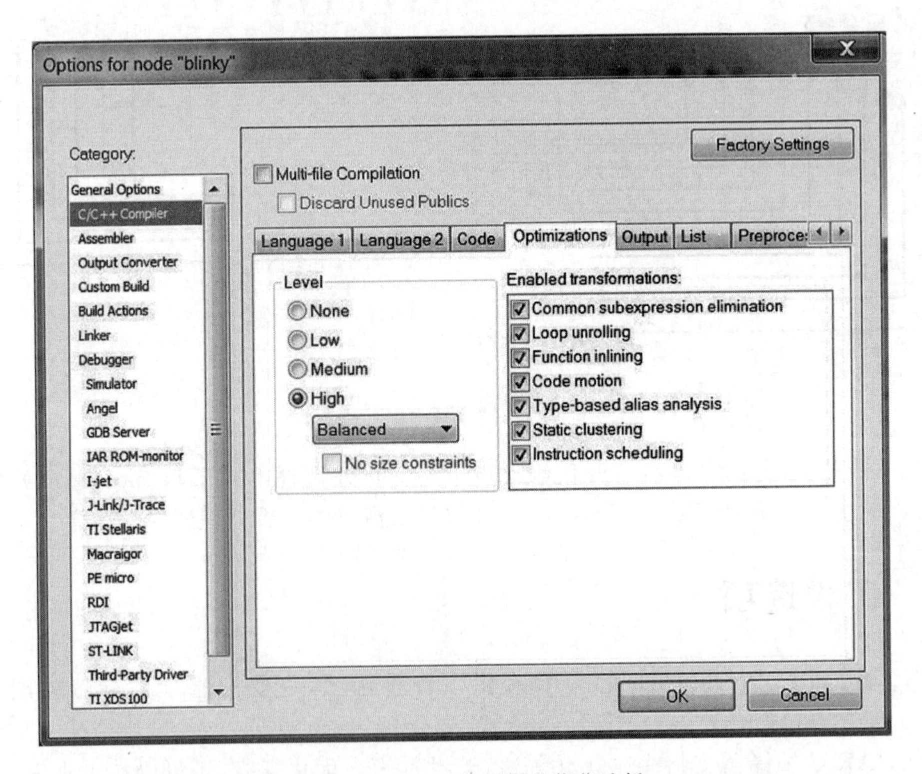

图 16.15　C/C++编译器的优化选择

每个支持的调试适配器还有许多可选的配置,若要使用指令跟踪(如 ITM)等高级调试特性,则一般需要进行这些调试适配器的设置。

16.5 提示和要点

工程所需的栈和堆的大小在 Linker 选项中定义,需要选择覆盖默认链接配置文件的选项、设置栈和堆的存储器大小并将这些设置保存到工程目录里新的配置文件中,如图 16.16 所示。

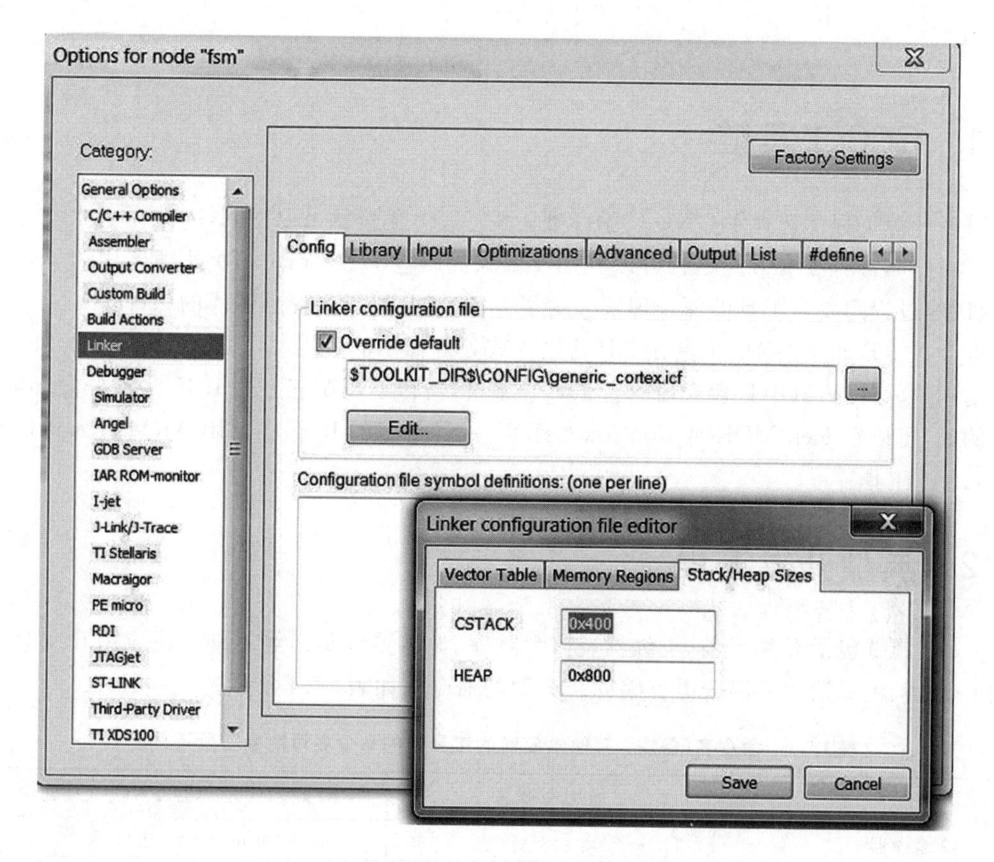

图 16.16 栈和堆大小设置

IAR Embedded Workbench 的许多有用信息都可以在安装目录里的文档中找到。一般来说,可以在 Help 菜单中找到这些文件。

在 IAR 网站 Resource 栏目中,可以找到很多有用的技术文章,其中的一个例子为"精通栈和堆,提高系统可靠性"(参考文献 24)。

第 17 章

GCC 入门

17.1 GCC 工具链

很多开源工程都选择了 GNU C 编译器。由于 gcc 免费就可以得到，因此对于业余爱好者和学校用户非常有吸引力。尽管可以利用 gcc 源代码包构建 Cortex-M 处理器用的 gcc 工具链，但构建过程需要对工具的深入理解。为了方便使用，可以选择预编译的软件包。

将会在本章介绍 GNU 工具在 ARM 嵌入式处理器中的应用。可以从 LaunchPad 网站下载预编译的软件包，其中只包含命令行工具。不过，可以使用第三方的 IDE(集成开发环境)工具。例如，可以在 Keil MDK 或 CooCox CoIDE(一种免费的 IDE)中使用 ARM 嵌入式处理器用的 GNU 工具。

17.2 典型开发流程

gcc 工具链包括 C 编译器、汇编器、链接器、库、调试器以及其他工具。在应用开发时可以使用 C 语言、汇编语言或混合语言编程。典型的命令名如表 17.1 所示。

表 17.1 命令名(备注：其他供应商的工具链的命令名可能会有所不同)

工　具	通用命令名	ARM 嵌入式处理器 GNU 工具的命令名
C 编译器	gcc	arm-none-eabi-gcc
汇编器	as	arm-none-eabi-as
链接器	ld	arm-none-eabi-ld
二进制文件生成	objcopy	arm-none-eabi-objcopy
反汇编器	objdump	arm-none-eabi-objdump

命令前缀反映了预构建工具链的类型，表 17.1 第 3 列中的命令是专门为 ARM EABI 预构建的，用于无特定目标 OS 的平台，因此前缀使用 none。有些 GNU 工具链可用于 Linux 平台的应用开发，此时的前缀为 arm-linux-。

利用 gcc 进行软件开发的典型流程如图 17.1 所示。与 ARM 编译工具链(如 armcc)的使用不同，编译和链接操作一般可以通过运行一次 gcc 实现。其操作简单而且不易出错误，这是因为编译器会自动触发链接器、产生所有需要的链接选项并传递所需要的库。

要编译一个典型的工程，需要表 17.2 中列出的文件。

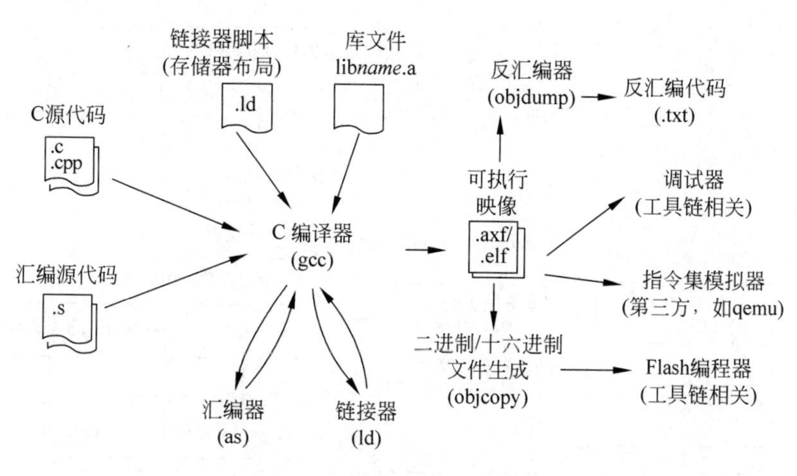

图 17.1 典型的程序开发流程

表 17.2 工程通常所需的文件

文件类型	描述
应用代码	应用的源代码
设备相关的 CMSIS 头文件	微控制器的定义头文件，由微控制器供应商提供
gcc 设备相关的启动代码	所使用的微控制器相关的启动代码，由微控制器供应商提供
设备相关的系统初始化文件	其中包括 SystemInit()函数(系统初始化)，由 CMSIS-Core 定义，另外，还有一些更新系统时钟的函数。由微控制器供应商提供
CMSIS 通用头文件	一般包含在设备驱动库软件包或工具安装包中，或者也可以从 ARM 网站下载(www.arm.com/cmsis)
链接器脚本	链接器脚本是设备相关的。一个工程所需的链接器脚本一般由几个文件组成，其中一个文件确定设备的存储器映射，其他文件则定义了 gcc 自身所需的设置。ARM 嵌入式处理器的 GNU 工具的安装包提供了一个链接器脚本的例子
库文件	其中包括工具链提供的运行时库(一般位于安装目录中)，如果有必要的话，还可以添加其他的库

为了方便软件开发，微控制器供应商一般会提供一些文件。这些文件的内容如表 17.2 所示。它们有时被称作符合 CMSIS 的设备驱动库或微控制器软件包，其中可能还会有工程实例或其他的设备库。

例如，对于 STM32F4 Discovery 板(基于 Cortex-M4 处理器)上翻转 LED 的简单工程，其中存在的文件如图 17.2 所示。

设备相关的头文件 stm32f4xx.h 中定义了所有的外设寄存器，它们省去了进行外设定义的麻烦。system_stm32f4xx.c 提供了初始化 PLL 和时钟控制寄存器等时钟系统的 SystemInit( )函数。

除了程序文件，还需要使用链接器脚本定义可执行映像的存储器布局。主链接器脚本 gcc.ld 引入了其他两个链接器脚本：

```
/* gcc.ld 的内容 */
INCLUDE "mem.ld"
INCLUDE "sections.ld"
```

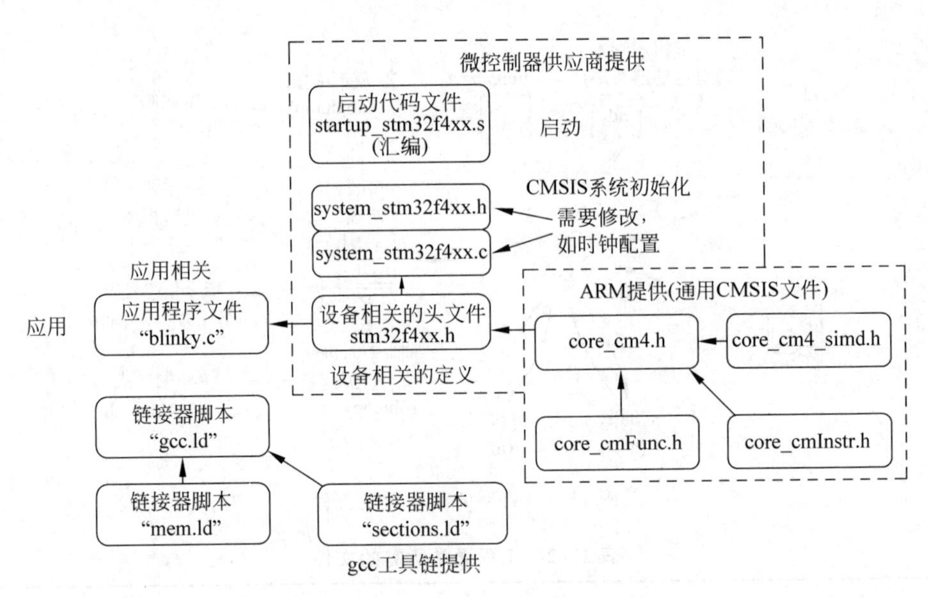

图 17.2　CMSIS-Core 工程示例

- mem. ld：该文件定义了正在使用微控制器的存储器映射(Flash 和 SRAM)。
- sections. ld：该文件定义了可执行映像中的段信息。

STM32F4xx 的 mem. ld 的定义如下：

```
/* 指定存储器区域 */
MEMORY
{
  FLASH (rx) : ORIGIN = 0x08000000, LENGTH = 1024K
  RAM (xrw) : ORIGIN = 0x20000000, LENGTH = 112K
}
```

sections. ld 文件在 ARM 嵌入式处理器安装时就已经存在了(如<安装目录>\share\gcc-arm-noneeabi\samples)，可以原样使用这个文件。

17.3　创建简单的 blinky 工程

ARM 嵌入式处理器用的 GNU 工具在安装后只支持命令行工具。可以利用命令行、Makefile(用于 Linux 平台)、批处理文件(用于 Windows 平台)或第三方 IDE 等启动编译过程。首先会介绍如何利用批处理文件创建工程。

假定将图 17.2 列出的文件放到了工程目录，而且 CMSIS 包含文件位于一个名为 CMSIS/Include 的子目录中，那么可以利用一个简单的批处理文件启动编译和链接过程：

```
rem Simple batch file for compiling the blinky project
rem Note the use of"^"symbol below is to allow multi - line commands
in Windows batch file.
set OPTIONS_ARCH =- mthumb  - mcpu = cortex - m4
set OPTIONS_OPTS =- Os
set OPTIONS_COMP =- g  - Wall
set OPTIONS_LINK =- Wl, -- gc - sections, - Map = map. rpt, - lgcc, - lc, - lnosys  - ffunction -
```

```
sections -fdata-sections
set SEARCH_PATH=CMSIS\Include
set LINKER_SCRIPT=gcc.ld
set LINKER_SEARCH="C:\Program Files (x86)\GNU Tools ARM Embedded\4.7
2012q4\share\gcc-arm-none-eabi\samples\ldscripts"

rem Compile the project
arm-none-eabi-gcc ^
 %OPTIONS_COMP% %OPTIONS_ARCH% ^
 %OPTIONS_OPTS% ^
 -I %SEARCH_PATH% -T %LINKER_SCRIPT% ^
 -L %LINKER_SEARCH% ^
 %OPTIONS_LINK% ^
startup_stm32f4xx.S ^
blinky.c ^
system_stm32f4xx.c ^
 -o blinky.axf
if %ERRORLEVEL% NEQ 0 goto end

rem Generate disassembled listing for debug/checking
arm-none-eabi-objdump -S blinky.axf > list.txt
if %ERRORLEVEL% NEQ 0 goto end

rem Generate binary image file
arm-none-eabi-objcopy -O binary blinky.axf blinky.bin
if %ERRORLEVEL% NEQ 0 goto end

rem Generate Hex file (Intel Hex format)
arm-none-eabi-objcopy -O ihex blinky.axf blinky.hex
if %ERRORLEVEL% NEQ 0 goto end

rem Generate Hex file (Verilog Hex format)
arm-none-eabi-objcopy -O verilog blinky.axf blinky.vhx
if %ERRORLEVEL% NEQ 0 goto end
```

注意，除了汇编启动代码文件，其他所有的源文件都和第15和16章的blinky实例相同。由于CMSIS-Core的存在，软件的可移植性和可重用性也提高了。若要了解源代码方面的详细信息，请参考15.3节的内容。

编译和链接过程由arm-none-eabi-gcc执行，剩下的编译过程则是可选的。为了演示如何创建二进制文件、十六进制文件和反汇编列表文件，将这些步骤添加了进来。

17.4 命令行选项简介

ARM嵌入式处理器用的GNU工具可用于多种ARM处理器，其中包括Cortex-M处理器和Cortex-R处理器。在17.2节所示的例子中，使用了Cortex-M4(无浮点单元)。可以指定要使用的目标处理器和/或要使用的架构。

表17.3列出了目标处理器命令行选项。

表 17.3　编译目标处理器命令行选项

处　理　器	GCC 命令行选项
Cortex-M0+	-mthumb-mcpu=cortex-m0plus
Cortex-M0	-mthumb-mcpu=cortex-m0
Cortex-M1	-mthumb-mcpu=cortex-m1
Cortex-M3	-mthumb-mcpu=cortex-m3
Cortex-M4（无 FPU）	-mthumb-mcpu=cortex-m4
Cortex-M4（软件 FP）	-mthumb-mcpu=cortex-m4-mfloat-abi=softfp -mfpu=fpv4-sp-d16
Cortex-M4（硬件 FP）	-mthumb-mcpu=cortex-m4-mfloat-abi=hard -mfpu=fpv4-sp-d16

表 17.4 列出了目标架构命令行选项。

表 17.4　编译目标架构命令行选项

架　　构	处　理　器	GCC 命令行选项
ARMv6-M	Cortex-M0+,Cortex-M0,Cortex-M1	-mthumb-march=armv6-m
ARMv7-M	Cortex-M3	-mthumb-march=armv7-m
ARMv7E-M（无 FPU）	Cortex-M4	-mthumb-march=armv7e-m
ARMv7E-M（软件 FP）	Cortex-M4	-mthumb-march=armv7e-m -mfloat-abi=softfp -mfpu=fpv4-sp-d16
ARMv7E-M（硬件 FP）	Cortex-M4	-mthumb-march=armv7e-m -mfloat-abi=hard -mfpu=fpv4-sp-d16

其他一些常用选项则列在了表 17.5 中。

表 17.5　常用编译开关

选　　项	描　　述
"-mthumb"	指定 Thumb 指令集
"-c"	编译或汇编源文件，但不链接。每个源文件都会产生目标文件，若工程被设置为编译和链接阶段相独立则需要使用该选项
"-S"	编译阶段后停止，但不进行汇编。每个非汇编文件都会输出一个汇编代码文件
"-E"	预处理阶段后停止。输出为预处理源代码的形式，它会被送至标准输出
"-Os"	优化等级。可以为优化等级 0("-O0")～3("-O3")，或者"-Os"进行大小优化
"-g"	包含调试信息
"-D<macro>"	用户定义的预处理宏
"-Wall"	使能所有警告
"-I<directory>"	包含目录
"-o<output file>"	指定输出文件
"-T<linker script>"	指定链接器脚本
"-L<ld script path>"	指定链接器脚本的搜索路径
"-Wl,option1,option2"	"-Wl"向链接器传递选项，并可提供多个选项，中间用逗号隔开

续表

选　　项	描　　述
“--gc-sections”	移除未使用的段。由于它还会移除未直接引用的段，因此使用时要非常小心。可以检查链接器映射报表确认哪些被去除了，并在链接器脚本中使用KEEP()函数确保特定的数据/代码不被移除
“-lgcc”	链接 libgcc. a
“-lc”	指定链接器搜索系统提供的标准 C 库，查找自己源文件中没有提供的函数，这也是默认选项，与强制链接器不搜索系统提供的库的“-nostdlib”选项相反
“-lnosys”	指定无半主机(链接时使用 libnosys. a)。若需要半主机，则可以使用 RDI 监控，指定“-- specs=rdimon. specs -lrdimon”选项
“-lm”	链接数学库
“-Map=map. rpt”	生成映射报表文件(文件名为 map. rpt)
“-ffunction-sections”	将每个函数放入自己的段中，使用“--gc-sections”降低代码的大小
“-fdata-sections”	将每个数据放入自己的段中，使用“--gc-sections”降低代码的大小
“--specs=nano. specs”	使用 Newlib-nano 运行时库(ARM 嵌入式处理器 GNU 工具版本 4.7 引入)
“-fsingle-precision-constant”	将浮点常量作为单精度常量处理，而不是默认转换为双精度

GNU C 编译器使用的运行时库为 Newlib，它具有优异的性能，不过同时代码体积也较大。ARM 嵌入式处理器用的 GNU 工具在 4.7 版本引入了一个名为 Newlib-nano 的特性，并对库的大小进行了优化，其二进制代码要小得多。例如，blinky 工程(二进制映像文件)使用 Newlib 时为 3700 字节，而使用 Newlib-nano 时则会降为 1536 字节。

在使用 Newlib-nano 时需要注意几个方面的问题：

- --specs=nano. specs 为链接器选项，在编译和链接阶段相互独立时，必须要使用这个选项。
- 浮点数的格式输入/输出被实现为虚符号，在 printf 或 scanf 中使用%f 时，需要通过显式指定“-u”命令选项将该符号引入：

```
- u _scanf_float
- u _printf_float
```

例如，要输出一个浮点数，命令行为：

```
$ arm - none - eabi - gcc  -- specs = nano.specs  - u _printf_float
$ (OTHER_OPTIONS)
```

17.5 Flash 编程

在生成程序映像后，需要将映像下载到测试用微控制器的 Flash 存储器中。不过，ARM 嵌入式处理器用的 GNU 工具不支持 Flash 编程，因此需要使用第三方的工具来进行 Flash 编程。编程选项有多个，后面将会进行讨论。

17.5.1 使用 Keil MDK-ARM

若已经安装了 Keil MDK-ARM 且有配套的调试适配器(如 ULINK2，或者开发板自带的调试适配器)，则可以使用 Keil MDK-ARM 的 Flash 编程特性将前面生成的映像下载到 Flash

存储器中。

要使用 Keil MDK-ARM 编程程序映像，可执行文件的扩展名需要改为.axf。

下一步为在同一目录下创建 μVision 工程（工程名一般和可执行文件名相同，如 blinky）。需要在工程创建向导中选择要使用的微控制器设备，工程中无须添加任何源文件。当工程向导询问是否应该复制默认启动文件时，应该选择 no，以免 gcc 的初始启动文件被覆盖。

为实际使用的调试适配器设置相应的选项（用于调试和 Flash 编程，参见第 15 章），Flash 编程算法一般是工程创建向导设置的。

在生成程序映像后，可以单击工具栏上的 Flash 编程按钮 LOAD，已编译的映像就会被下载到 Flash 存储器中。然后可以选择利用 μVision 调试器启动调试会话，并调试自己的程序。

17.5.2 使用第三方 Flash 编程工具

可用的 Flash 编程工具有很多种。coocox.org 的 CoFlash 就是其中常见的一个，它支持多家主要微控制器供应商的 Cortex-M 微控制器以及多种调试适配器。

启动 CoFlash 后，它首先会显示 Config 标签，可以根据需要设置微控制器设备和调试适配器。STM32F4 Discovery 板的配置如图 17.3 所示。

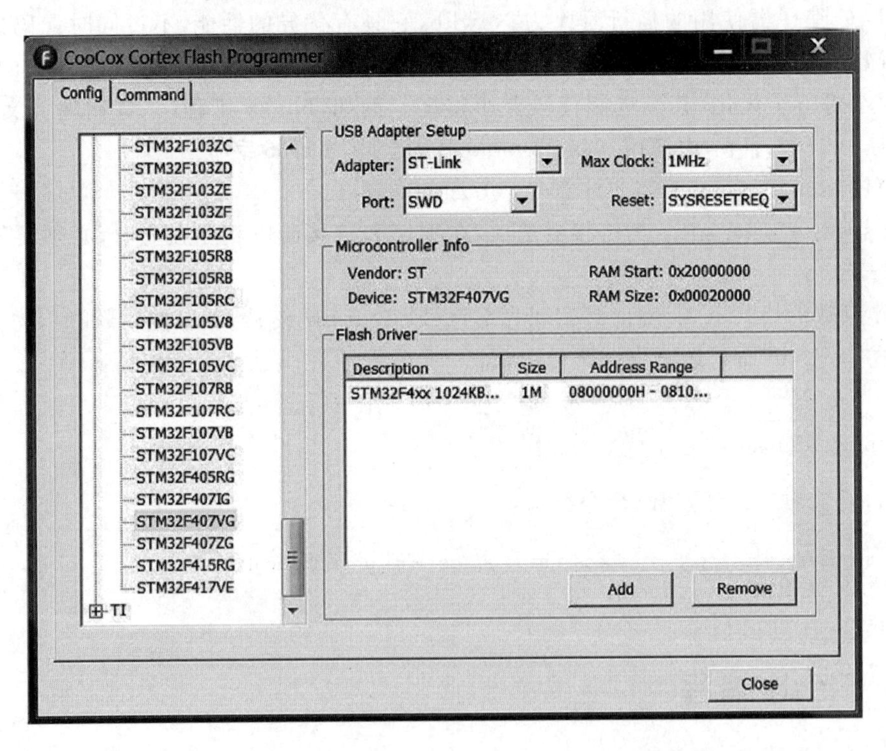

图 17.3 STM32F4 Discovery 板的 CoFlash 配置界面

下面切换到命令标签，如图 17.4 所示。可以在此处选择程序映像（二进制或可执行映像“.elf”）后单击 Program 按钮启动 Flash 编程。

ARM 嵌入式处理器 GNU 工具最好和第三方 IDE 一起使用，参见 17.6 和 17.7 节。

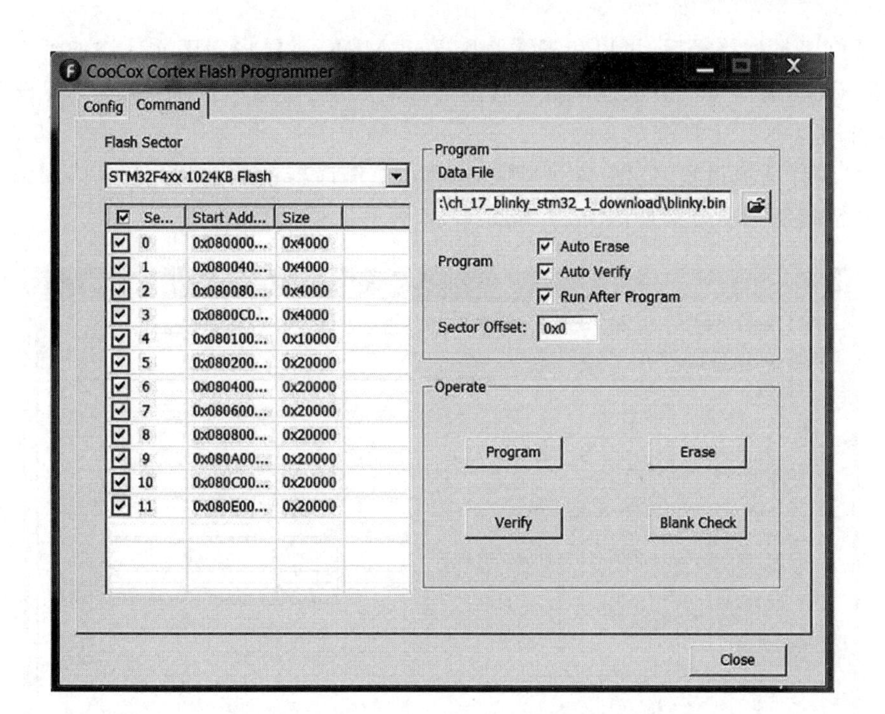

图 17.4 STM32F4 Discovery 板的 CoFlash 命令界面

17.6 Keil MDK-ARM 和 ARM 嵌入式处理器 GNU 工具一起使用

Keil MDK-ARM 中的 μVision IDE 可以同 gcc 一起使用，当单击工具栏上的按钮(部件、环境)并选择 Folders/Extensions 时，可以选择使用 ARM C 编译器或 GNU C 编译器，如图 17.5 所示。

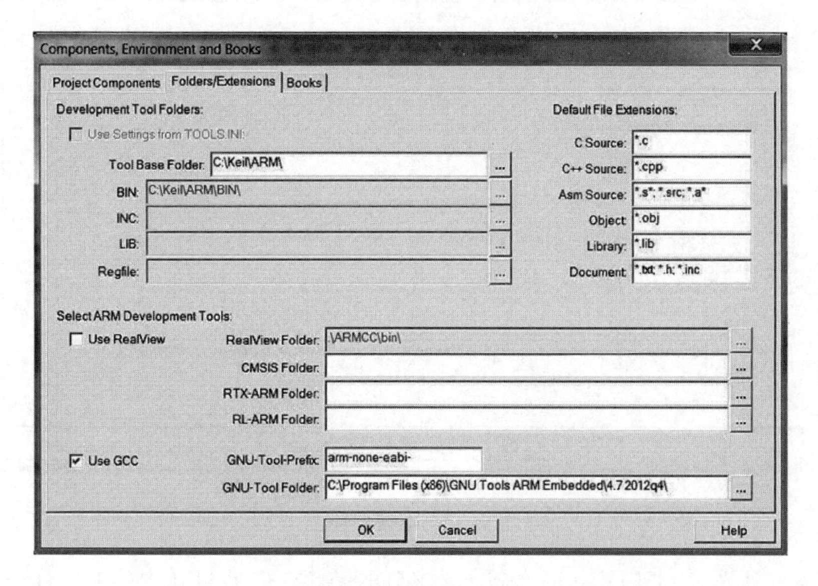

图 17.5 Keil MDK-ARM 对 GNU 工具链的支持

在设置好工具栏路径后，可以和正常使用 Keil MDK 一样将程序文件添加到工程中。调试、跟踪及 Flash 编程等一些工程设置和普通 MDK 环境一样，不过，其他的工程设置对话框会有些不同，是 GNU 工具链定义的。

例如，C 编译选项设置（见图 17.6）就和 ARM C 编译器中的选项（见图 15.24）不同。汇编器选项和链接器选项分别如图 17.7 和图 17.8 所示。

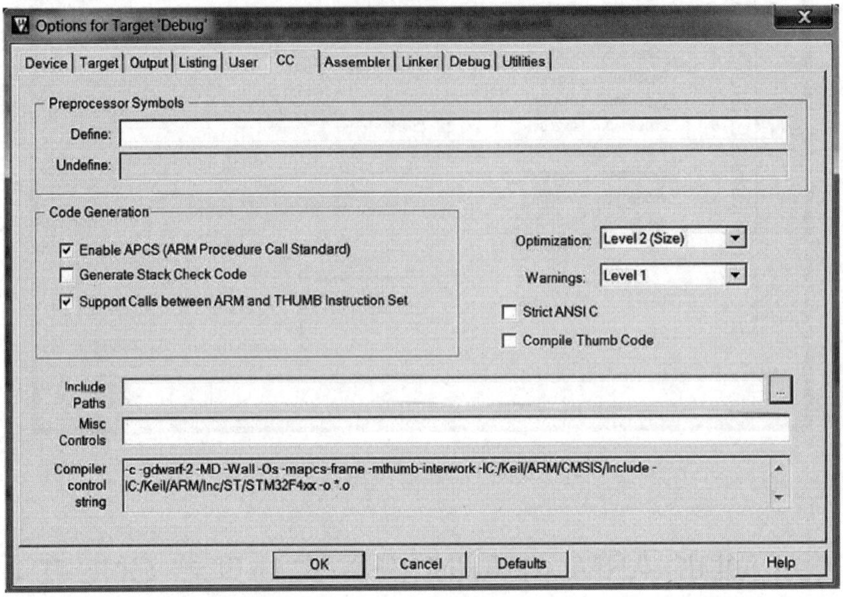

图 17.6　C 编译器设置

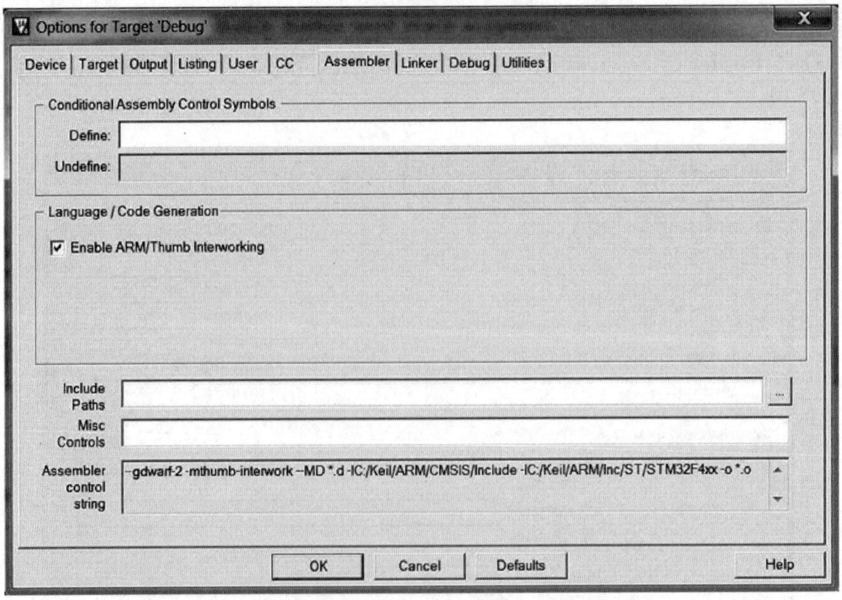

图 17.7　汇编器设置

有一点需要注意，由于 μVision 会将 Keil MDK-ARM 安装目录中的 CMSIS-Core 文件路径自动添加到包含路径中，因此无须将 CMSIS-Core 包含文件添加到工程中。

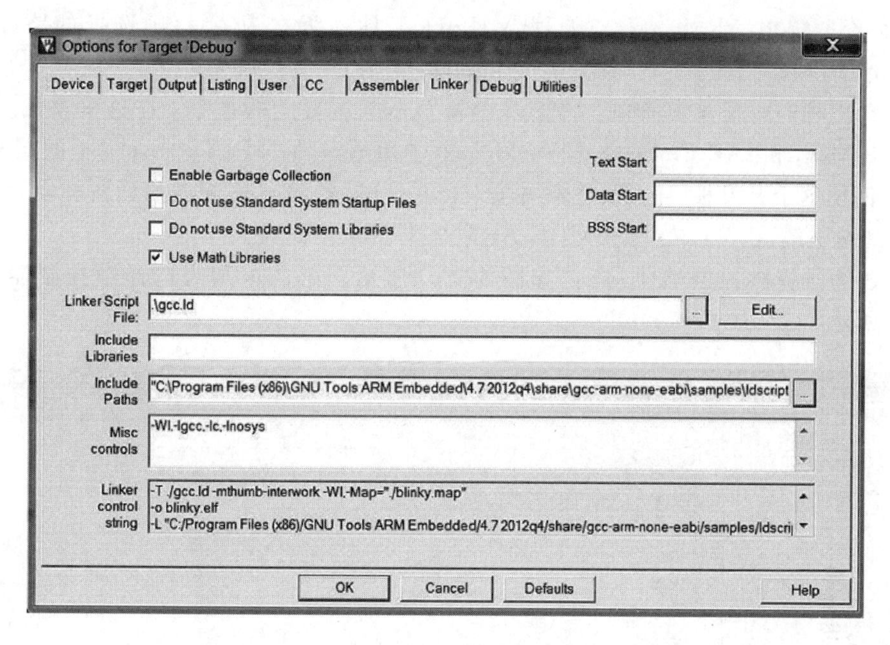

图 17.8　链接器设置

编译完工程后，可以下载并调试应用。注意，有些源代码级的调试特性可能无法在这个环境中使用。

17.7　CoIDE 和 ARM 嵌入式处理器 GNU 工具一起使用

许多 GNU 工具链的用户都选择使用 CoIDE，可以从 CooCox 网站(http://www.coocox.org)下载该 IDE，它支持市面上的许多 Cortex-M 微控制器。CoIDE 不包含 GNU 工具链，因此，GNU 工具链仍需单独安装和下载。

若先后安装了 GNU 工具链和 CoIDEbug，第一步要在 CoIDE 中设置 GNU 工具链的路径，此时需要单击下拉菜单中的 Select Toolchain Path(工程→选择工具链路径)，如图 17.9 所示。

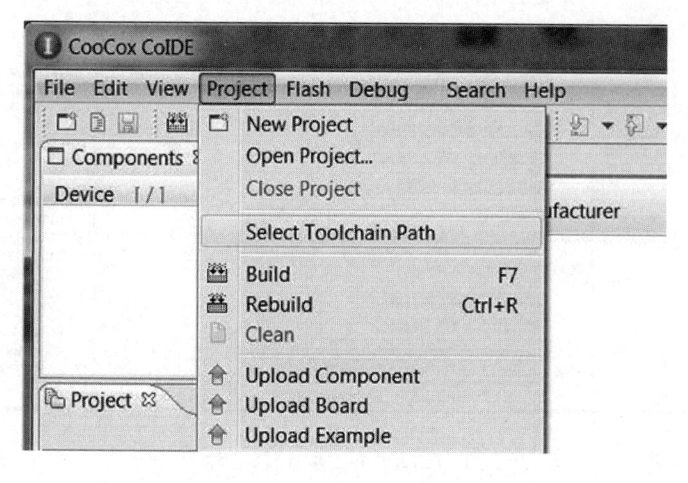

图 17.9　选择工具链路径

例如，若系统中 ARM 嵌入式处理器 GNU 工具的版本为 4.7，则选择的路径为 C:\Program Files (x86)\GNU Tools ARM Embedded\4.7 2012q4\bin。

设置新工程的过程非常简单。许多步都被显示为屏幕上的指令。在这里重用了前面在 Keil MDK-ARM 和 IAR Embedded Workbench 中用的 STM32F4 Discovery 板的例子。要在 CoIDE 中使用这个开发板，还需要下载并安装 ST-Link v2 调试适配器的设备驱动，该驱动可以从 ST 网站下载，也可以在 Keil MDK-ARM 安装目录中找到。

第一步为选择微控制器供应商，如图 17.10 所示。第二步则为选择微控制器设备，如图 17.11 所示。

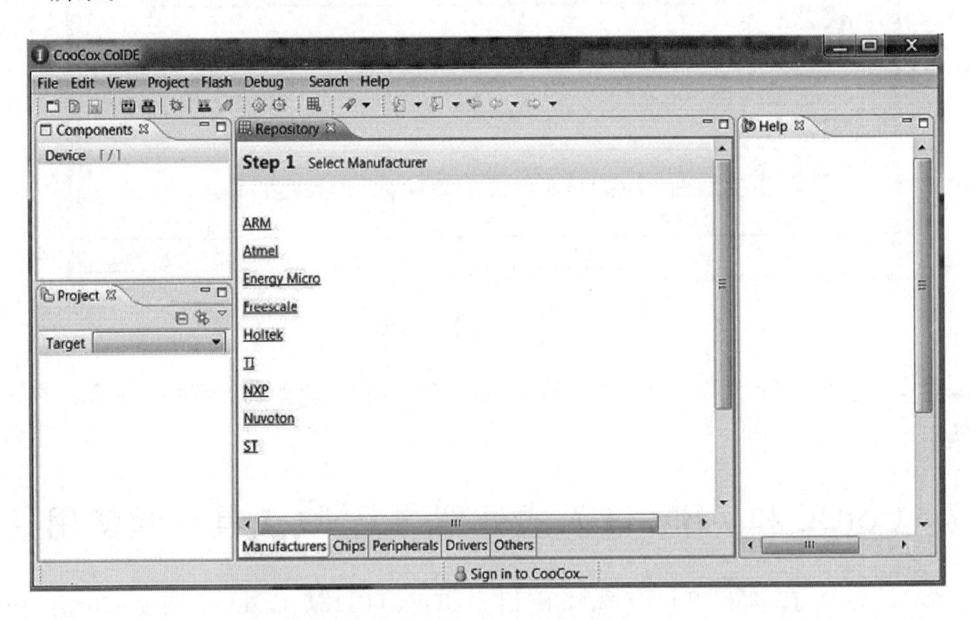

图 17.10　第一步-选择生产商

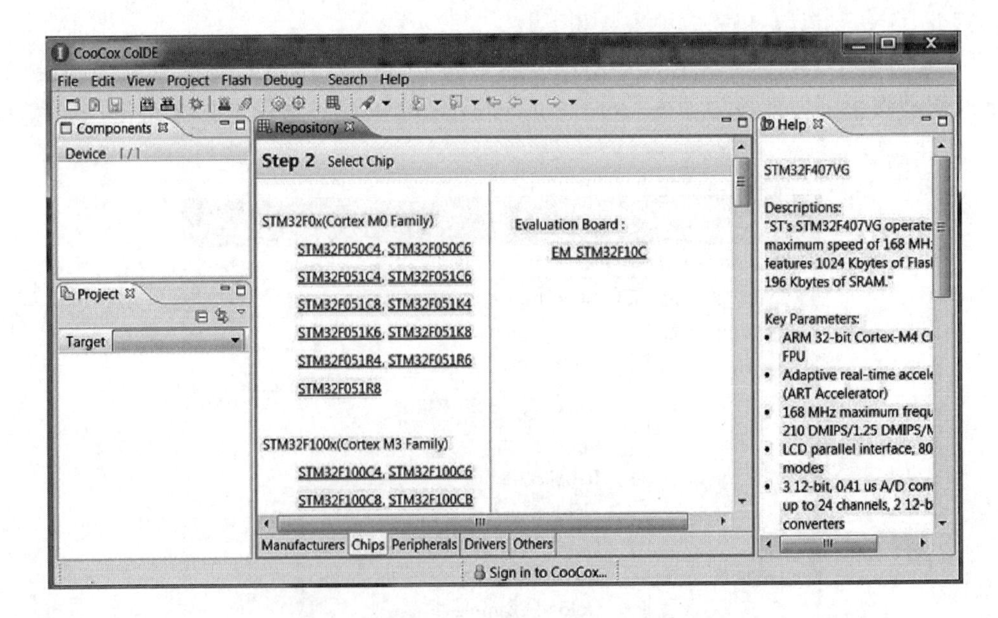

图 17.11　第二步-选择芯片

第三步要稍微复杂一些。GUI 中显示了一些可以添加到工程中的软件部件，最少也需要启动代码。当单击任一个部件时，会出现一个新的对话框并要求选择工程的存放位置和名称，如图 17.12 所示。

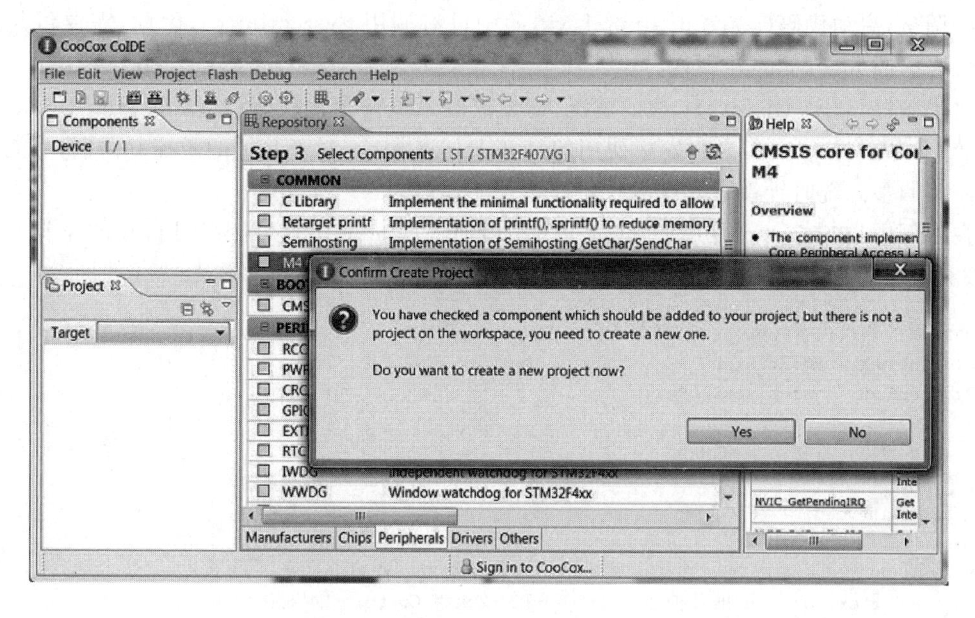

图 17.12　选择部件

单击 Yes 按钮并将工程创建在合适的文件夹内，然后可以为这个工程增加一些软件部件。对于 blinky 工程，我们选择了 C 库、Cortex-M4 CMSIS-Core 以及 CMSIS BOOT 部件（如图 7.13 所示）。

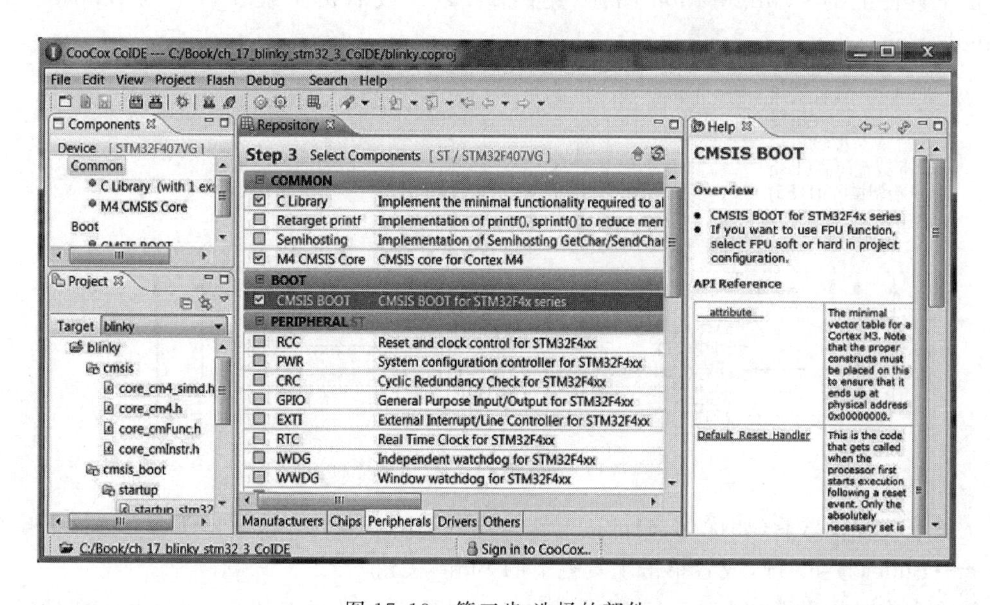

图 17.13　第三步-选择的部件

现在已经有了一个最小工程，而且 main.c 中只有一个死循环。工程中的其他部分，如启动代码、CMSIS-Core 头文件及设备相关的系统初始化代码，则已经被添加到了工程中。可以利用屏幕左下角的工程浏览器查看工程中的文件，还可以通过右击工程并选择 Add files 添加其他的文件。

到了这一步，可以将之前例子中 blink.c 的内容复制到 main.c 中。另外，还需要对源代码做一些调整，启动代码(startup_stm32f4xx.c)中没有调用 SystemInit()，因此，需要将其加到启动代码中或 main.c 的开头处。

对于 STM32F4 Discovery 板的情况，需要修改系统初始化代码(system_stm32f4xx.c)将 PLL_M 参数设置为 8(因为开发板使用的是 8MHz 晶振)。对于其他的微控制器板，可能还需要相应地调整系统时钟设置。

在本例中，在 main.c 的开头处(第 11 行)增加了 SystemInit()函数调用，并包含了 system_stm32f4xx.h(第 2 行)：

```
main.c 的修改内容 (第 2 行和第 11 行)
1:#include "stm32f4xx.h"
2:#include "system_stm32f4xx.h"
3:
4:void Delay(uint32_t nCount);
5:
6:int main(void)
7:{
8: SCB->CCR |= SCB_CCR_STKALIGN_Msk;    //使能双字栈对齐
9: //( Cortex-M3 r1p1 推荐使用, Cortex-M3 r2px 和 Cortex-M4 默认启用)
10:
11: SystemInit();
...
```

在编译工程前，可以检查并修改一些工程设置，如优化等级和调试适配器设置等。此时可以单击工具栏上的 Configuration 图标(见图 17.14)，或右击工程窗口中的 Blinky 并选择 Configuration。

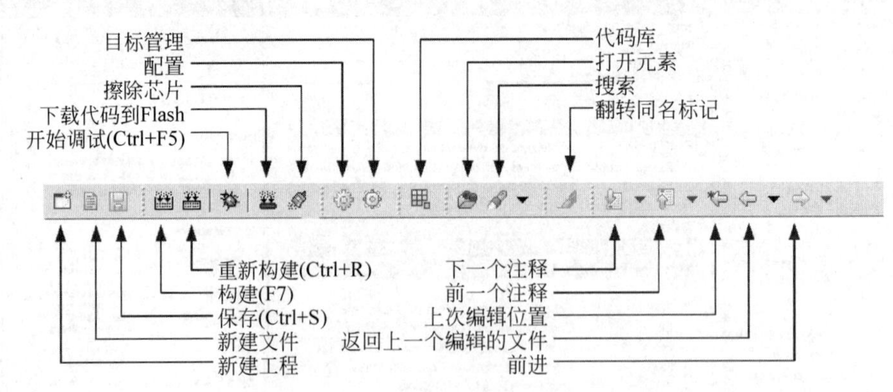

图 17.14　CoIDE 工具栏中的图标

调整完工程设置后(如优化、调试适配器)，可以使用下面的方法编译工程：选择下拉菜单 Project→Build，按 F7 键，或者单击工具栏上的 Build 按钮。

编译完成时的界面如图 17.15 所示。此时可以单击工具栏上的 Start Debug 图标启动调试会话，或者利用 Ctrl-F5 启动调试器，如图 17.16 所示。调试器窗口中还有调试操作用的其他图标，如图 17.17 所示。

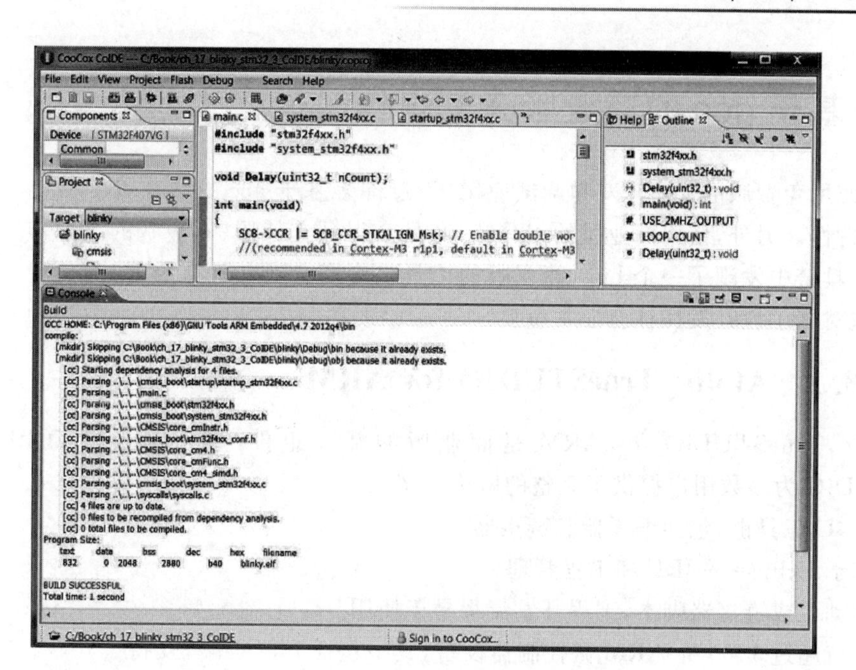

图 17.15 编译完成消息

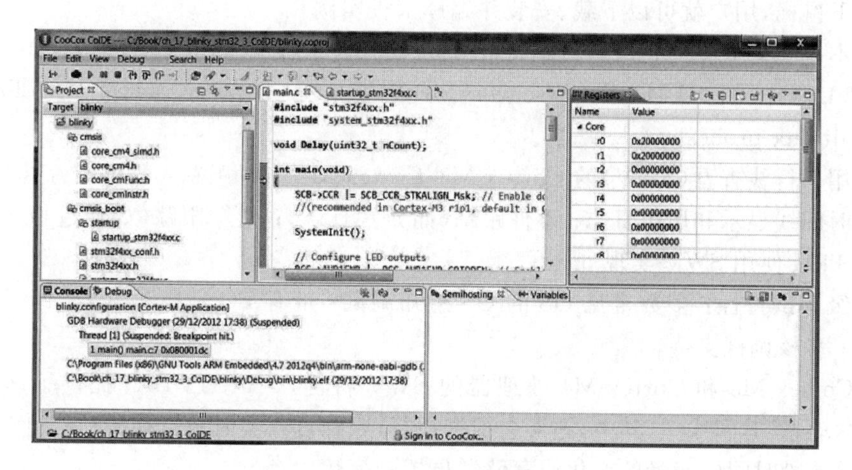

图 17.16 调试器界面

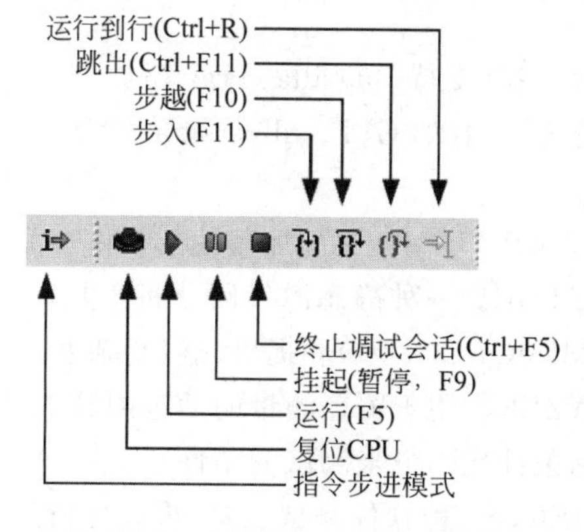

图 17.17 调试器工具栏上的图标

17.8 基于gcc的商业版开发组件

可以使用免费版的gcc开发和调试应用，不过许多基于gcc的商业版工具链一般会额外提供许多特性。另外，使用商业版的工具链，产品会得到支持服务，免费的工具链则不能。例如，若在工具链中发现了一个bug，商业版的工具供应商会对其进行修复，而免费的工具链则不会，而这对于工程开发往往会非常重要。

17.8.1 Atollic TrueSTUDIO for ARM

Atollic TrueSTUDIO for ARM 是商业版的开发组件，基于gcc和ECLIPSE IDE。TrueSTUDIO为多数用户提供了完整的解决方案：

- GNU工具链，包括编译器和链接器等。
- 基于Eclipse的IDE和工程管理。
- 自动生成链接器脚本，工程开发流程易于使用。
- 支持超过1100种ARM微控制器设备，其中包括Flash编程支持。
- 超过80种开发板的工程实例，超过1000个Atollic TrueSTORE工程实例，只需单击一下鼠标，用户就可以下载、安装并编译工程实例。
- 基本调试，可以同下列调试适配器配合使用：Segger J-Link、STMicroelectronics的ST-LINK（如STM32F4 Discovery开发板）、第三方gdbserver、OSJTAG、P&E Multilink probes。
- 使用串行线查看(SWV)的Cortex-M3/Cortex-M4实时跟踪：数据跟踪，具有实时数据时间线显示和历史日志；事件跟踪(如异常日志)；指令跟踪(如通过指令跟踪宏单元ITM使用SWV实现printf)。
- 高级调试特性：多数常见OS的OS感知调试；带有PC采样和SWV跟踪的概况执行；多核调试支持。

利用Cortex-M3和Cortex-M4处理器的SWV特性，TrueSTUDIO提供了多种调试特性，如实时“动态”时间线图(其中，图形会根据执行/跟踪过程实时地自动滚动)。例如，它可以图形化显示一段时间内变量的变化或存储器位置的变化。

另外，TrueSTUDIO还提供工程管理用的多种特性。例如：

- 集成的源代码查看
- 集成的bug数据库客户端(支持Bugzilla、Trac等)
- 集成的版本控制系统客户端(如GIT、subversion、CVS)
- 集成的错误分析

若有更多需求，可以在TrueSTUDIO中添加其他的插件产品。其中包括：

- Atollic TrueINSPECTOR。一种静态源代码分析工具，可检测出潜在的编码问题，还可以检查是否符合MISRA-C(2004)并提供代码复杂度分析。
- Atollic TrueANALYZER。用于覆盖测量的动态测试工具，它可以高亮显示待测试的程序部分，其中，包括条件代码中未测试的条件。
- Atollic TrueVERIFIER。一种软件测试工具，可以分析程序代码并产生代码中多个函数的测试组件，还会自动编译、下载并执行测试组件。

与其他的商业版开发组件供应商类似，Atollic还免费提供了一个精简版的TrueSTUDIO。Atollic TrueSTUDIO for ARM Lite将ARMv7-M的代码限制在32KB以内，而ARMv6-M的代码则为8KB以内（也就是Cortex-M0、Cortex-M0＋及Cortex-M1）。该免费版提供了专业版几乎所有的特性，包括IDE、编译器和调试器（包括SWV实时跟踪等高级特性）。

若想尝试一下Atollic TrueSTUDIO，可以参考Atollic网站上一个名为“使用GNU工具链进行ARM处理器的嵌入式开发”的白皮书。

17.8.2 Red Suite

Code Red Technologies的Red Suite（http://www.code-red-tech.com，已被NXP收购）为用于ARM微控制器的全特性开发组件，它所包含的工具有助于更快地开发高质量的软件。它提供了综合的C/C++编程环境，而且Red Suite IDE基于常见的Eclipse IDE，且具有许多易于使用、与微控制器相关的改进，如语法高亮、源代码格式化、函数收起、在线和离线帮助、自动工程管理以及集成的源代码库支持（CVS集成或下载的subversion）。

它具有以下特性：

- 创建所支持微控制器工程的向导。
- 自动生成链接器脚本，其中包括对微控制器存储器映射的支持。
- 调试时直接下载到Flash中。
- 内置的Flash编程器。
- 内置的数据手册浏览器。
- 支持基于Cortex-M、ARM7TDMI和ARM926-EJ的微控制器。

对于基于Cortex-M3和Cortex-M4的微控制器，Red Suite可以利用它们的高级特性，其中，包括通过一个名为Red Trace的特性对串行线查看（SWV）的完整支持。Red Trace提高了目标设备中所发生情况的可见性。

调试器中存在一个外设查看窗口，可以在一个简单的树形显示中查看所有目标外设的目标寄存器和位域。另外，调试器还提供了一个强大的处理器寄存器查看窗口，可以从中访问所有的处理器寄存器，而且标志和状态等复杂寄存器还进行了格式化处理。

另外，Code Red Technology还提供了GNU工具链的一个名为LPCXpresso的免费版本，它可以和NXP LPCXpresso开发板配套使用。

17.8.3 CrossWorks for ARM

CrossWorks for ARM为Rowley Associates的C、C++和汇编开发组件（http://www.rowley.co.uk/arm/index.htm），其中，包含一个名为CrossStudio的IDE并集成了GNU工具链。CrossStudio中源代码级的调试器可以和多个调试适配器一起使用，其中，包括CrossConnect for ARM（Rowley Associates）及SEGGER J-Link和Amontec JTAGkey等第三方在线调试器。

CrossWorks for ARM具有多种版本，其中，包括非商业版和低成本的软件包（个人和教育授权）。

第18章 输入和输出软件实例

18.1 产生输出

在前面几章列举了几个利用不同工具链翻转开发板上LED的例子。不过，仅仅翻转几个LED对于通信所传递的信息是不够的。若有更多的方法可以将微控制器与外部相连，那么学习嵌入式编程就更有意思了。在2.8节中简要介绍了微控制器与外部系统通信的几个方法，下面来看一下如何实现这些基本的通信方式。

初学者常见的一个任务为产生一个简单的输出消息"Hello world!"，C编程中一般用printf实现。在实际处理中，输出的消息可能会被送到不同形式的通信接口，这个过程一般被称作重定向，如在嵌入式软件开发中经常要将printf重定向到UART。

有些情况下，printf语句可以同连接到微控制器上的调试器直接交互，这种方式被称作半主机，它可能还支持对文件I/O和其他系统资源的访问。与重定向相比，借助一些工具，半主机使用起来会更加容易，不过也只能用于调试环境且还会对应用产生影响（如速度和代码大小）。

有些重定向和半主机方案支持双向通信（如UART），有些则是单向的（如LCD显示）。不过，多数情况下，可以创建直接同输入设备交互的应用，而不必依赖于重定向/半主机的数据输入。

18.2 重定向到指令跟踪宏单元（ITM）

18.2.1 简介

指令跟踪宏单元（ITM）为Cortex-M3和Cortex-M4处理器中一个非常有用的调试特性，ITM中存在32个激励端口寄存器，而对这些寄存器的写操作会产生通过单针串行线查看（SWV）接口或多针跟踪端口接口输出的跟踪包。利用ITM特性，可以通过SWV将printf重定向到ITM，并输出printf消息。注意，若调试适配器不支持跟踪，就无法使用ITM输出printf消息。

附录G中包含ITM的编程模型。不过，利用CMSIS-Core的三个函数，可以轻松访问ITM特性：

- uint32_t ITM_SendChar(uint32_t ch)，通过ITM激励端口#0输出一个字符。
- int32_t ITM_ReceiveChar(void)，接收一个字符，若无数据则返回-1。

• int32_t ITM_CheckChar(void),若字符存在则返回 1,否则返回 0。

ITM 通信通道只用于输出。为了进行双向通信,CMSIS-Core 增加了 ITM_ReceiveChar 和 ITM_CheckChar 函数,这样调试器和应用可以通过全局变量 ITM_RxBuffer 通信,若其为 0x5AA55AA5,就表示缓冲是空的。

当调试器控制台接口从用户输入收到一个字符时,会检查 ITM_RxBuffer 变量是否为空。若为空,则它会将字符放到缓冲中,否则就等待。

运行在微控制器上的程序代码可以利用 ITM_CheckChar()函数调用检查缓冲的状态,若字符存在,则该函数会进行接收。ITM_ReceiveChar()函数还会将 ITM_RxBuffer 设置回 0x5AA55AA5,表示缓冲已准备好接收下次数据。

为了在重定向中使用这些函数,需要一些工具链相关的其他函数。

18.2.2 Keil MDK-ARM

Keil MDK-ARM(或 DS-5 Professional 等其他 ARM 工具链)需要实现函数 fputc 以支持 printf。

```
/* retarget.c 的精简版 - 用于 Keil MDK - ARM 中的 printf */
/*************************************************************/
/* ARM DS - 5 Professional          / Keil MDK 用的重定向函数 */
/*************************************************************/
#pragma import(__use_no_semihosting_swi)
#include "stm32f4xx.h"
#include <stdio.h>
struct __FILE { int handle; /* 在此处增加自己需要的内容 */ };
FILE __stdout;
FILE __stdin;
int fputc(int ch, FILE *f) {
    return (ITM_SendChar(ch));
}
void _sys_exit(int return_code) {
    label: goto label;              /* 死循环 */
}
```

重定向代码中还需要增加几行代码(如_sys_exit())。将该文件命名为 retarget.c,并将其添加到 Hello World 工程中,如图 18.1 所示。

为保证消息的显示,需要确保调试和跟踪的设置的正确性。单击调试适配器设置的 Trace 标签,会看到类似于图 18.2 所示的界面。

在对 SWV 操作的跟踪进行设置时,要确认时钟设置的正确性。在本工程中,处理器的运行频率为 168MHz。注意:严格来讲,Cortex-M3/M4 TPIU(跟踪端口接口单元)运行的时钟可以和 CPU 时钟不同,因此,这里的说法应该是"TPIU 源时钟",而不是"内核时钟"。

还需要使能跟踪并再次确认 ITM 激励端口 #0 已使能(Keil MDK 默认使能所有的激励端口,但其他开发工具的情况可能会不同)。

若要利用 SWV 模式捕获跟踪(单针,使用 SWO 信号),则需要确认调试设置中选择了串行线调试协议。若使用了 JTAG 调试协议,则 SWO 引脚用于 JTAG 操作中的 TDO 但无法进行跟踪捕获。

在完成调试和跟踪设置以及正确编译程序后,接下来可以启动调试会话来测试程序。在调试会话中,需要在启动程序前使能调试(printf)窗口,此时可以单击下拉菜单 View→Serial

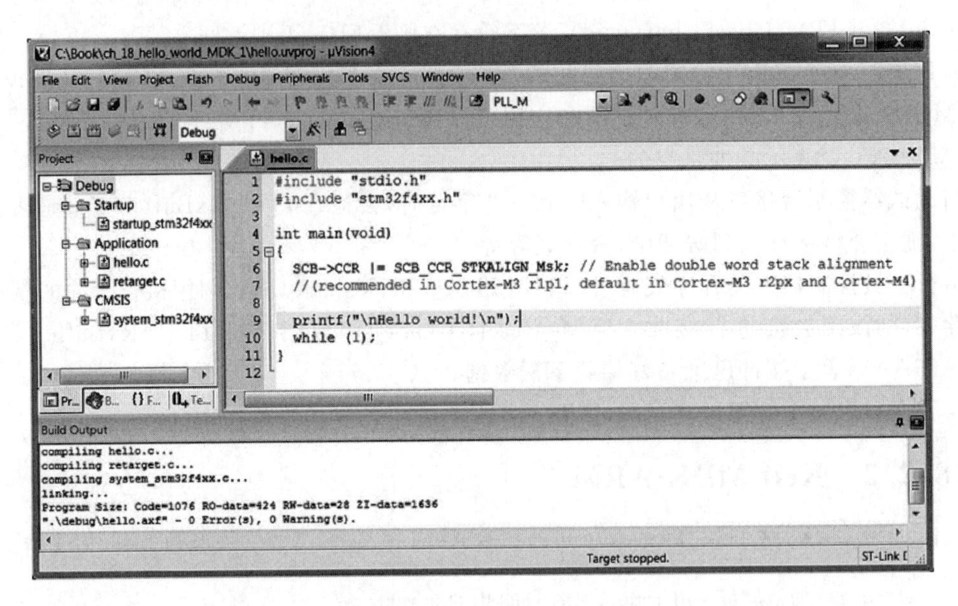

图 18.1　Keil MDK 中的简单 Hello World 工程

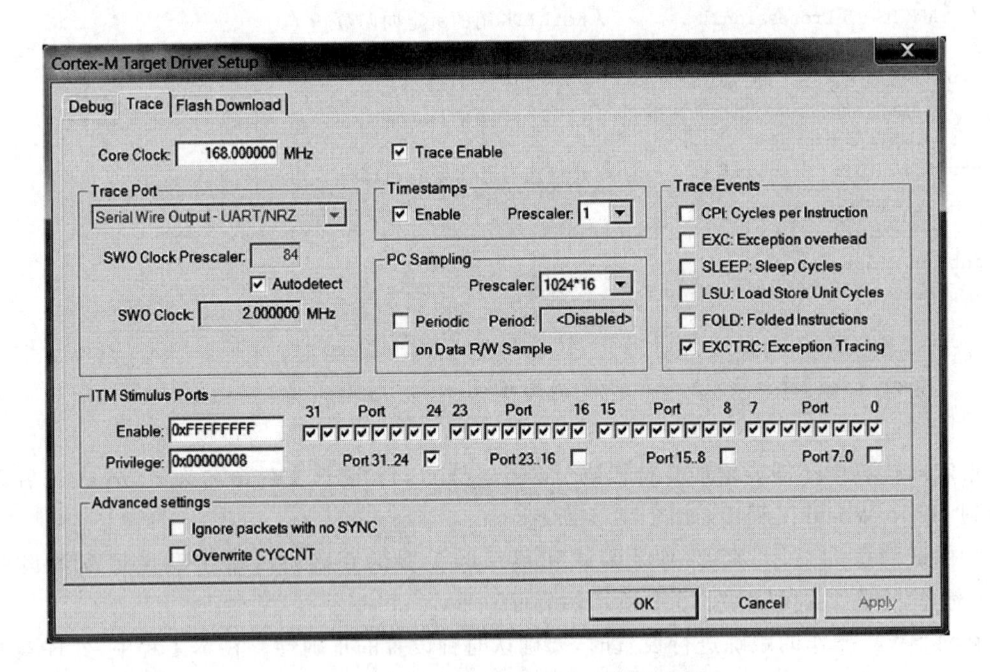

图 18.2　使能基本 SWV 操作的跟踪设置

Windows→Debug(printf) Viewer，如图 18.3 所示。

开始程序执行后，如图 18.3 的右下方所示，可以在调试(printf)窗口中看到"Hello world!"的消息显示。

Keil MDK-ARM 中的调试(printf)窗口支持双向通信。为了介绍这个特性，将 Hello World 程序做了以下扩展：

```
/* hello world 改进版，支持重定向中的双向通信 */
#include "stm32f4xx.h"
#include "stdio.h"
```

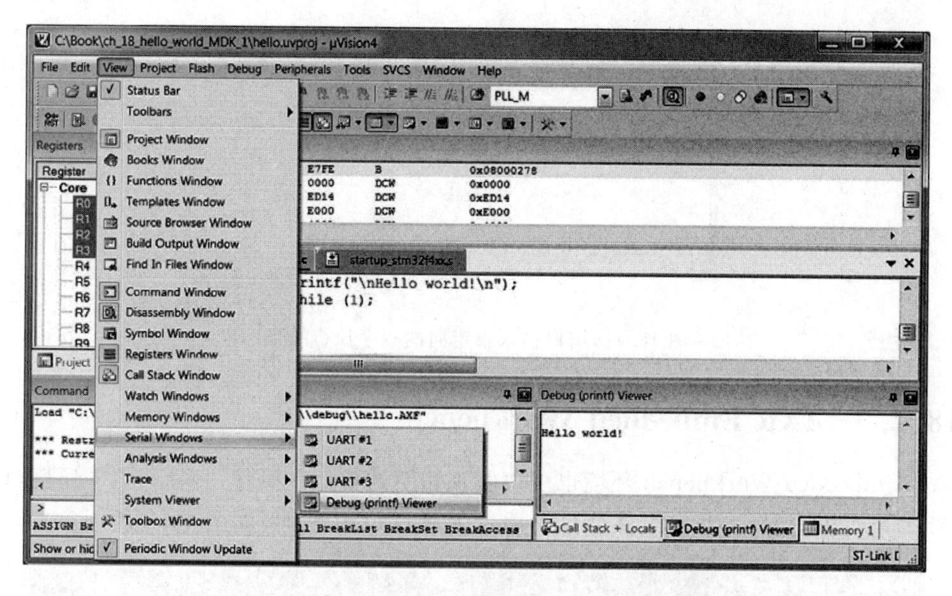

图 18.3 调试(printf)视图和 Hello World 消息显示

```
int main(void)
{
  char textbuffer[40];                          //消息缓冲
  SCB->CCR |= SCB_CCR_STKALIGN_Msk;             //使能双字栈对齐
  //(Cortex-M3 r1p1 推荐使用, Cortex-M3 r2px 和 Cortex-M4 默认启用)
  printf("\nHello world!\n");
  while (1) {
    printf("Please enter text:");
    fgets(textbuffer, (sizeof(textbuffer)-1), stdin);
    printf("\nYou entered : %s\n",textbuffer);
  }
}
```

fgets 读取用户输入(stdin)并存储在 textbuffer 中。还可以利用 scanf 替换该函数:

```
scanf ("%s,"&textbuffer[0]);
```

不过,一般的应用开发中是不推荐使用 scanf 的,因为该函数不会检查缓冲溢出,可以用自己的输入函数代替。

需要更新 retarget.c,增加 fgetc 函数和接收数据缓冲 ITM_RxBuffer 的定义:

```
/* retarget.c 中支持用户输入的代码 */
volatile int32_t ITM_RxBuffer = 0x5AA55AA5;     //初始化为 EMPTY
int fgetc(FILE *f) {
    char tmp;
    while (ITM_CheckChar() == 0);               //等到缓冲为空
    tmp = ITM_ReceiveChar();
    if (tmp == 13) tmp = 10;
    return (ITM_SendChar(tmp));
}
```

将这些代码添加到工程中后,如图 18.4 所示,程序可以接受用户输入。

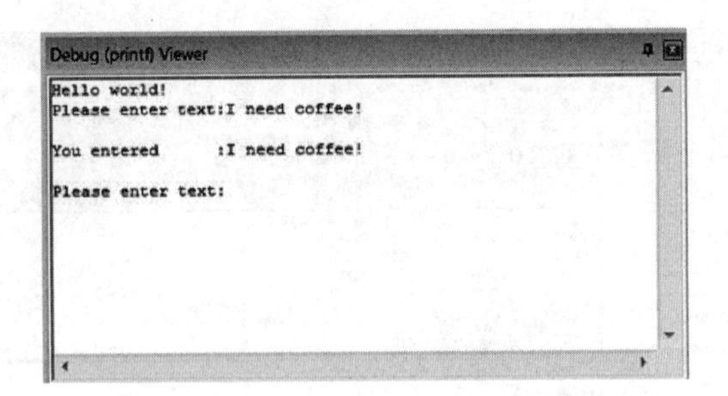

图 18.4 用户输入重定向的程序执行结果

18.2.3 IAR Embedded Workbench

IAR Embedded Workbench 环境也可以实现相同的重定向操作。对于 IAR 环境，设置通过 ITM 的半主机配置后，开发组件会自动插入所需的 ITM 代码，如图 18.5 所示。

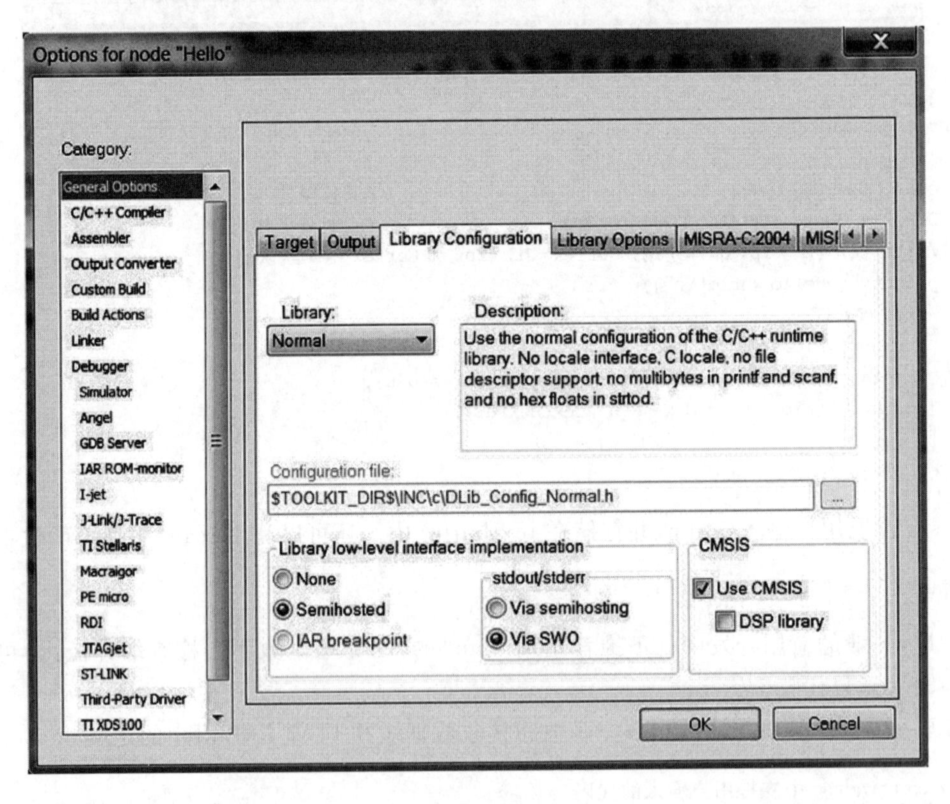

图 18.5 通过 SWO 实现的 IAR 半主机

应用代码也要稍微做些调整，将 fgets 替换为 gets(或 scanf)。注意，gets 和 scanf 不会检查缓冲长度，不过这对于调试环境没有什么影响。

```
/* IAR Embedded Workbench 的 Hello world 程序 */
#include "stm32f4xx.h"
#include "stdio.h"
int main(void)
{
  char textbuffer[40];                              //消息缓冲
```

```
    SCB->CCR| = SCB_CCR_STKALIGN_Msk;          //使能双字栈对齐
    //(Cortex-M3 r1p1 推荐使用, Cortex-M3 r2px 和 Cortex-M4 默认启用)
    printf("\nHello world!\n");
    while (1) {
      printf("Please enter text:");
      gets(textbuffer);
      printf("\nYou entered : %s\n",textbuffer);
    }
}
```

创建好程序后，可以启动调试会话并在下拉菜单中使能终端 I/O(View→Terminal I/O)。程序执行时，可以看到终端 I/O 屏幕中显示的消息(见图 18.6 的右上角)。用户输入需要被键入终端 I/O 屏幕下方的输入框中。

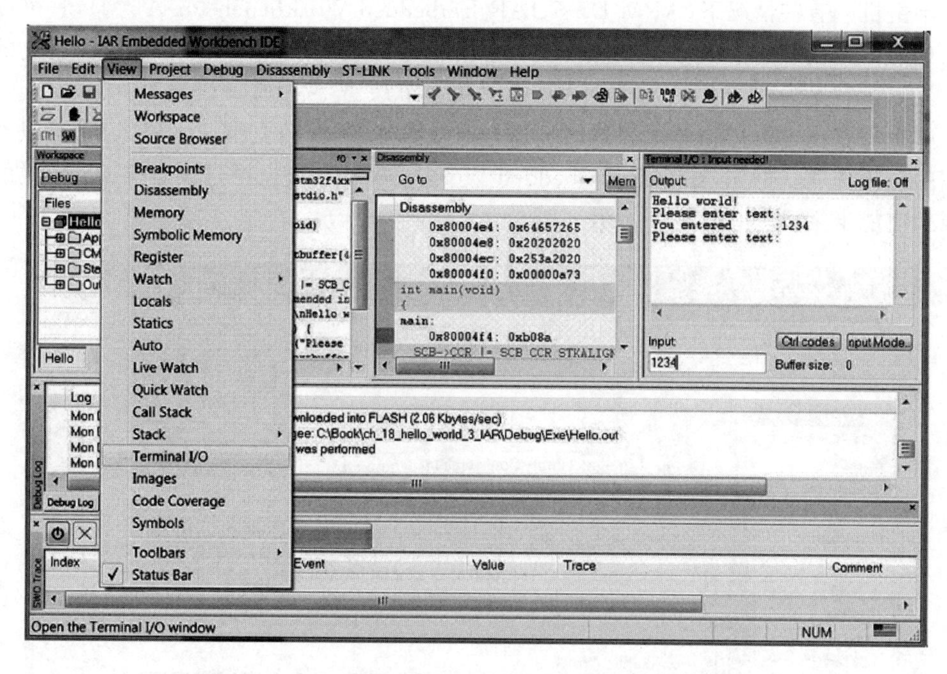

图 18.6 IAR Embedded Workbench 中的终端 I/O 界面

18.2.4 GCC

对于 GCC，理论上可以将 printf 重定向到 ITM，消息输出的重定向由“_write”函数实现。

```
/***************************************************************/
/* ARM 嵌入式处理器的 GNU 工具 */
/***************************************************************/
#include <stdio.h>
#include <sys/stat.h>
#include "stm32f4xx.h"
__attribute__ ((used)) int _write (int fd, char *ptr, int len)
{
  size_t i;
  for (i=0; i<len;i++) {
    ITM_SendChar(ptr[i]);                          //调用字符输出函数
  }
  return len;
```

```
}
/* 备注：used属性用于处理LTO(链接时优化)bug，而不使用时则会增加代码，因此不使用则不要链接这个文件 */
```

不过，对ITM和SWV特性的支持取决于实际的工具链、调试器和调试适配器。有些情况下，所使用的工具链可能会有某种半主机特性，但不支持ITM和SWV，可以参考工具链的文档以了解更多细节。

18.3 半主机

对于一些开发组件，printf消息可以通过调试而不是跟踪(ITM)连接传送，这种方法一般被称作半主机。有些情况下(ARM DS-5，IAR Embedded Workbench for ARM)，它可以执行文件I/O等其他功能(例如，运行在微控制器上的程序可以利用fopen访问调试主机上的某个文件)。不过，它无法代替Cortex-M3/M4中的数据跟踪、异常跟踪和概况等其他功能。

半主机需要在可执行映像中额外增加运行时代码库，因此若支持半主机，通常可以看到半主机用的工程选项。例如，在IAR Embedded Workbench中，可以通过设置General中的半主机选项来使能半主机，如图18.7所示。

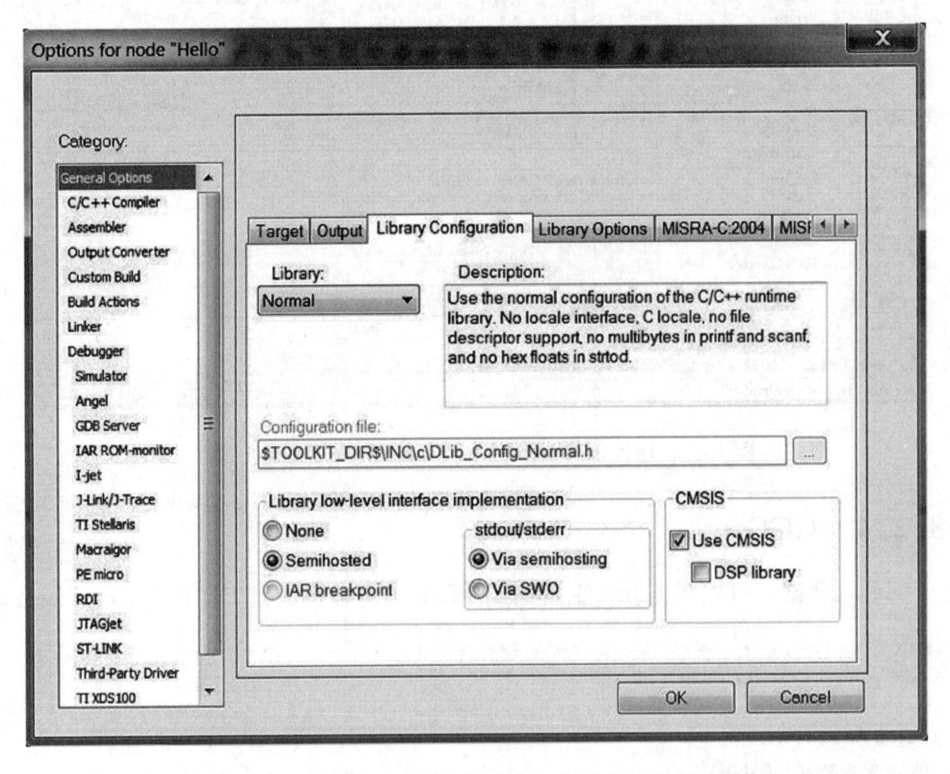

图18.7 IAR Embedded Workbench中的半主机选项

在调试期间，与ITM及SWV类似，可以在终端I/O屏幕中查看消息的输入输出(见图18.6)。

对于CoIDE，半主机特性也是可用的。不过，发现在CoIDE 1.6.2中用scanf/gets实现字符输入操作是有一些问题的，最后是用字符串输入函数实现的。要使能半主机特性，首先需要将半主机软件部件包含到工程中，如图18.8所示。

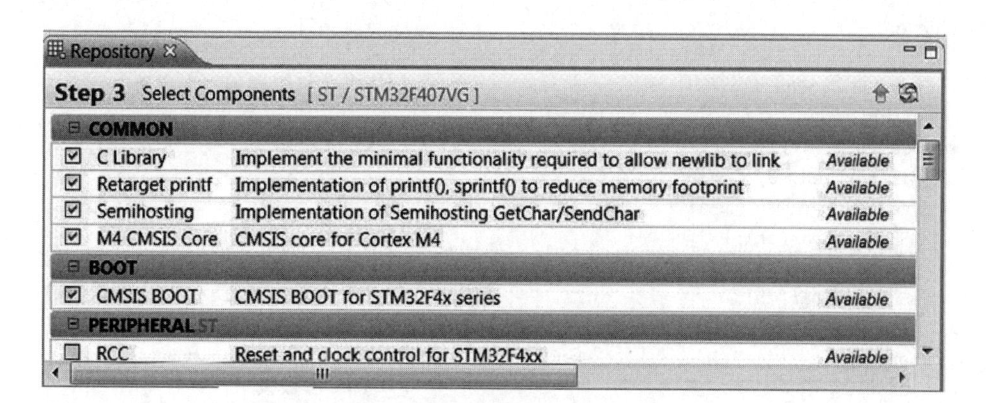

图 18.8　CoIDE 包含半主机软件部件

接下来，如图 18.9 所示，在工程配置的 Link 选项卡中，Library 选择 Semi hosting。

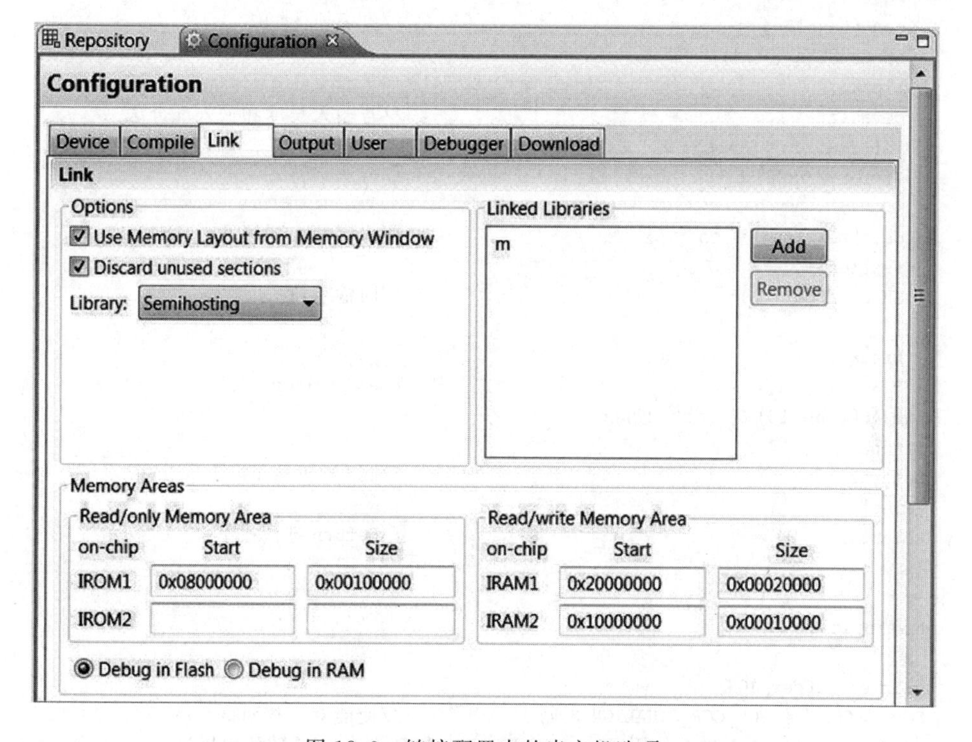

图 18.9　链接配置中的半主机选项

用来测试半主机特性的应用程序代码如下所示：

```
/* CoIDE 环境中半主机的测试代码 */
#include"stm32f4xx.h"
#include"stdio.h"
/* 半主机函数 */
extern char SH_GetChar();
extern void SH_SendChar(intch);
/* 简单的 gets 设计,且具有缓冲大小限制 */
int my_gets(chardest[],intlength)
{
  unsigned inttextlen = B;                          //当前消息长度
```

```
    char ch;                                    //当前字符
    do{
      ch = SH_GetChar();                        //从半主机中得到一个字符
      switch(ch) {
        case8:                                  //Backspace
        if(textlen>0) {
        textlen--;
        SH_SendChar(ch);                        //Backspace
        SH_SendChar('');                        //用空格替换控制台的上一个字符
        SH_SendChar(ch);                        //再次按 Backspace 键调整光标位置
        }
        break;
        case13:                                 //Enter 键被按下
        dest[textlen] = 0;                      //以 null 结束
        SH_SendChar(ch);                        //回输字符
        break;
        case27:                                 //Esc 键被按下
        dest[textlen] = 0;                      //以 null 结束
        SH_SendChar('\n');
        break;
        default:                                //若输入长度和输入都合法
        if((textlen<length) &
        ((ch>= 0x20) & (ch<0x7F)))              //合法字符
        {
        dest[textlen] = ch;                     //将字符加到缓冲
        textlen++;
        SH_SendChar(ch);                        //回输字符
        }
        break;
      }                                         //end switch
    }while((ch!= 13) && (ch!= 27));
    if(ch==27) {
    return1;                                    //Esc 键被按下
    }else{
    return0;                                    //Return 键被按下
    }
  }
  int main(void)
  {
    charTextBuffer[40];
    SCB->CCR |= SCB_CCR_STKALIGN_Msk;           //使能双字栈对齐
    //(Cortex-M3 r1p1 推荐使用, Cortex-M3 r2px 和 Cortex-M4 默认启用)
    printf("Hello world!\n");
    while(1){
      printf("\nEnter text:\n");
      my_gets(&TextBuffer[0],sizeof(TextBuffer) - 1);
      printf("\n%s\n", &TextBuffer[0]);
  }
}
```

如图 18.10 所示，在调试会话中，可以在半主机窗口中看到消息输出。

半主机实现的 printf 通常要比 SWV 或 UART 实现的慢得多，这是因为对于多数工具，半主机机制需要暂停处理器，这可能会给一些外设控制操作带来无法预料的后果(如增加中断等待周期)，不过，它可以应对多数应用的时钟频率变化，这也是一个优势。

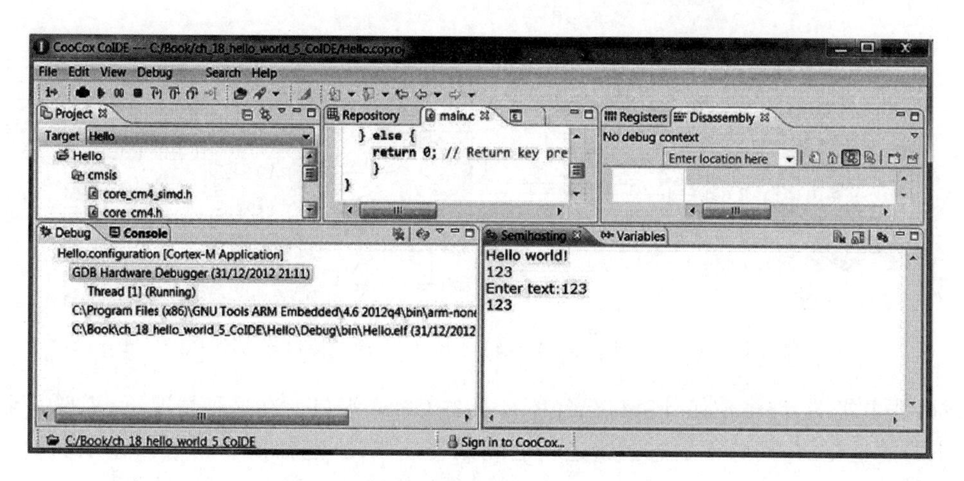

图 18.10　CoIDE 中的半主机窗口显示

18.4　重定向到外设

有些情况下，需要依靠外设进行新的输入和输出。例如，有些调试适配器可能不支持串行线查看(SWV)，因此也就无法采集 ITM 产生的信息，此时，可以使用低成本的 UART 等外设解决。

Cortex-M 处理器中没有 UART 接口，它是由芯片设计人员加入的。不同的 Cortex-M 微控制器的 UART 设计可能会不同，编程模型也会有所差异。

为了介绍用 UART 实现消息的输入和输出，使用 STM32VL(价值线)Discovery 板，如图 18.11 所示，其中的 STM32 微控制器基于 Cortex-M3。由于板上的调试适配器为老版本的 ST-LINK，因此不支持 SWV。

图 18.11　STM32VL Discovery

将微控制器上的 UART 接口连接到个人计算机的方法有很多种：

- 有些微控制器开发板中存在一个调试适配器，它可以将 USB 转换为 UART。这时需要在计算机上安装一个用 USB 虚拟 COM 端口的设备驱动，然后设置和虚拟 COM 端口通信的终端应用。设置过程和开发板有关，请参考开发板的文档以了解更多细节。
- 有些开发板中已经有了 UART 接头以及必要的电平转换电路。在这种情况下，可以将计算机的 UART 接口和板上的 UART 接头直接相连。
- 有些开发板中没有 UART 接头或电平转换器。为了测试 UART 功能，需要在板上增加一个简单的电平转换电路(如 MAX232)，将 CMOS 逻辑电平转换为 RS232 电平，如图 18.12 所示。可以在许多网店里找到可以使用的 RS232 转换模块。

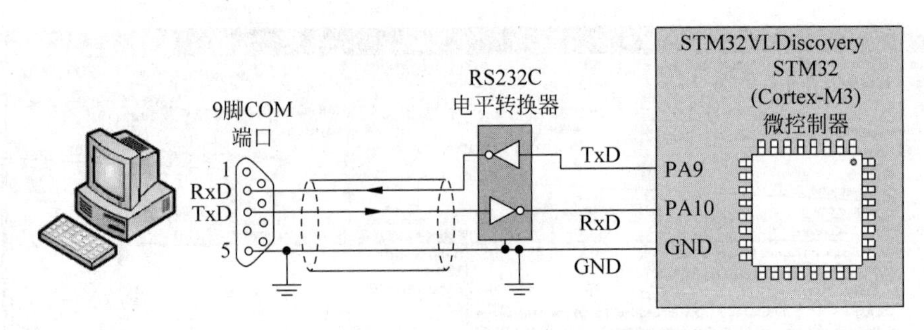

图 18.12 通过 RS232 电平转换器将 UART 接口连接至 PC

在调试主机端，许多现代计算机已经不再具备 COM 端口。在这种情况下，需要一个 USB 到 UART 的适配器，而且不要忘了给这些适配器安装驱动，还需要一个可以显示和输入消息的终端程序。若操作系统为 Windows XP，那么可以使用超级终端。从 Windows 7 开始，该程序已经不存在了，不过可以从网上找到很多这类的终端应用，其中很多都是免费的，如 Putty 和 TeraTerm。

在本例中，将 STM32 中的 USART1 初始化为 38 400bps、8 位数据、1 个停止位及无附加的流控制。为了使用 USART，还需要初始化一些 I/O 引脚（GPIO A 的 9 和 10 引脚），而且要将剩下未使用的引脚设置为模拟输入。测试用的应用代码如下所示：

```
/* uart_demo.c - 初始化 UART 和所需的 GPIO 引脚，然后显示 "Hello World"消息并返回给用户输入 */
#include "stm32f10x.h"
#include "stm32f10x_rcc.h"
#include "stm32f10x_gpio.h"
#include "stm32f10x_usart.h"
#include "stdio.h"
#define CFG_GPIO_PIN_MODE_INPUT                0
#define CFG_GPIO_PIN_MODE_OUTPUT_10MHZ         1
#define CFG_GPIO_PIN_MODE_OUTPUT_2MHZ          2
#define CFG_GPIO_PIN_MODE_OUTPUT_50MHZ         3
#define CFG_GPIO_PIN_CNF_INPUT_ANALOG          0x0
#define CFG_GPIO_PIN_CNF_INPUT_FLOATING_IN     0x4
#define CFG_GPIO_PIN_CNF_INPUT_PULL_UP_DOWN    0x8
#define CFG_GPIO_PIN_CNF_OUTPUT_GPO_PUSHPULL   0x0
#define CFG_GPIO_PIN_CNF_OUTPUT_GPO_OPENDRAIN  0x4
#define CFG_GPIO_PIN_CNF_OUTPUT_AFO_PUSHPULL   0x8
#define CFG_GPIO_PIN_CNF_OUTPUT_AFO_OPENDRAIN  0xC
//--------------------------------
//函数声明
void GPIO_start_setup(GPIO_TypeDef * GPIOx);
void GPIO_pin_config(GPIO_TypeDef * GPIOx, uint32_t pin_num, uint32_t cfg, uint32_t val);
void UART_config(USART_TypeDef * USARTx, uint32_t BaudDiv);
void UART1_putc(char ch);
char UART1_getc(void);

int main(void)
{
  SCB->CCR |= SCB_CCR_STKALIGN_Msk;            //使能双字栈对齐
  //(Cortex-M3 r1p1 推荐使用, Cortex-M3 r2px 和 Cortex-M4 默认启用)
  //使能所有 GPIO 端口的时钟,初始化 I/O 端口并使能 USART1 的时钟
  RCC->APB2ENR |= RCC_APB2Periph_GPIOA | RCC_APB2Periph_GPIOB|
```

```
    RCC_APB2Periph_GPIOC| RCC_APB2Periph_GPIOD|
    RCC_APB2Periph_GPIOE| RCC_APB2Periph_USART1;
    //设置所有 GPIO 端口引脚为模拟输入
    GPIO_start_setup(GPIOA);
    GPIO_start_setup(GPIOB);
    GPIO_start_setup(GPIOC);
    GPIO_start_setup(GPIOD);
    GPIO_start_setup(GPIOE);
    //禁止 GPIO 端口 B、C、D 和 E 的时钟,
    RCC->APB2ENR &= ~(RCC_APB2Periph_GPIOB| RCC_APB2Periph_GPIOC|
    RCC_APB2Periph_GPIOD | RCC_APB2Periph_GPIOE);
    //初始化 USART1
    UART_config(USART1, 625);                          //24MHz / 38400 = 625
    //设置 USART1 TXD (GPIOA.9)为输出，使用复用功能
    GPIO_pin_config(GPIOA, 9,(CFG_GPIO_PIN_MODE_OUTPUT_10MHZ|
    CFG_GPIO_PIN_CNF_OUTPUT_AFO_PUSHPULL), 1);
    //设置 USART1 RXD (GPIOA.10)为输入
    GPIO_pin_config(GPIOA, 10,
    (CFG_GPIO_PIN_MODE_INPUT| CFG_GPIO_PIN_CNF_INPUT_FLOATING_IN), 1);
    printf ("Hello World\n\r");
    while(1){                                          //返回用户输入
    UART1_putc(UART1_getc());
    }
  }
  //初始化 USART1 为简单的轮询模式(无中断)
  void UART_config(USART_TypeDef * USARTx, uint32_t BaudDiv)
  {
    USARTx->CR1 = 0;                                   //在重新设置期间禁止
    USARTx->BRR = BaudDiv;                             //设置波特率
    USARTx->CR2 = 0;                                   //1 个停止位
    USARTx->CR3 = 0;                                   //禁止中断和 DMA
    USARTx->CR1 = USART_WordLength_8b | USART_Parity_No |
    USART_Mode_Tx | USART_Mode_Rx | (1<<13);           //使能 UART
    return;
  }
  //输出一个字符到 USART1
  void UART1_putc(char ch)
  {                                                    /* 等待发送空标志置位 */
    while ((USART1->SR & USART_FLAG_TXE) == 0);
    USART1->DR = ch;                                   //发送一个字符
    return;
  }
  //从 USART 读取一个字符,若未接收到数据则等待
  char UART1_getc(void)
  {                                                    /* 等待接收未空标志置位 */
    while ((USART1->SR & USART_FLAG_RXNE) == 0);
    return USART1->DR;
  }
  void GPIO_start_setup(GPIO_TypeDef * GPIOx)
  {
    //设置所有引脚为模拟输入模式
    GPIOx->CRL = 0;                                    //Bit 0~7，都被设置为模拟输入
    GPIOx->CRH = 0;                                    //Bit 8~15，都被设置为模拟输入
    GPIOx->ODR = 0;                                    //默认输出值为 0
    return;
```

```
}
void GPIO_pin_config(GPIO_TypeDef * GPIOx, uint32_t pin_num, uint32_t
cfg, uint32_t val)
{
  uint32_t tmp_reg;                          //临时变量
  uint32_t shftval;                          //待移位的位数
  if (pin_num > 7) {                         //使用 CRH
    shftval = (pin_num - 8) << 2;
    /* 乘 4,因为每个引脚有 4 位配置信息 */
    tmp_reg = GPIOx -> CRH;                  //读取当前配置
    tmp_reg &= ~(0xF << shftval);            //清除旧的配置
    tmp_reg |= cfg << shftval;               //设置新配置
    if (val != 0){                           //若 val 非零,则设置输出数据位为 1
      GPIOx -> BSRR = 1 << pin_num;          //位设置
    }
    else {
      GPIOx -> BRR = 1 << pin_num;           //位清除
    }
    GPIOx -> CRH = tmp_reg;                  //写入配置寄存器
  }
  else {                                     //使用 CRL
    shftval = pin_num << 2;
    /* 乘 4,因为每个引脚有 4 位配置信息 */
    tmp_reg = GPIOx -> CRL;                  //读取当前配置
    tmp_reg &= ~(0xF << shftval);            //清除旧的配置
    tmp_reg |= ~(cfg << shftval);            //设置新配置
    if (val != 0){                           //若 val 非零,则设置输出数据位为 1
    GPIOx -> BSRR = 1 << pin_num;            //位设置
    }
    else {
    GPIOx -> BRR = 1 << pin_num;             //位清除
    }
    GPIOx -> CRL = tmp_reg;                  //写入配置寄存器
  }
  return;
}
```

还需要更新 retarget.c，以便将消息输出重定向到 UART：

```
/* retarget.c 用于 Keil MDK - ARM 中的 UART 消息输入/输出 */
#include <stdio.h>
#include <time.h>
#include <rt_misc.h>
#pragma import(__use_no_semihosting_swi)
extern void UART1_putc(char ch);
extern char UART1_getc(void);

struct __FILE { int handle; /* 此处添加自己所需的内容 */ };
FILE __stdout;
FILE __stdin

int fputc(int ch, FILE * f) {
  UART1_putc(ch);
  return (ch);
}
int fgetc(FILE * f) {
```

```
    return ((int) (UART1_getc()));
}
int ferror(FILE * f) {
  /* 自己的错误实现 */
  return EOF;
}
void _ttywrch(int ch) {
    UART1_putc(ch);
}
void _sys_exit(int return_code) {
    label: goto label;                    /* 死循环 */
}
```

在设置并编译完工程后，Hello World 会显示在个人计算机上运行的终端应用中，而且运行在微控制器上的程序也会回显按下的按键（“123”），如图 18.13 所示。

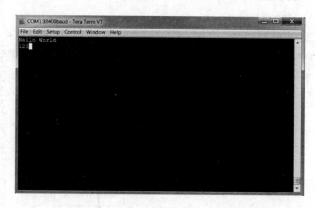

图 18.13 通过简单的 UART 接口可以将消息显示在调试主机上

一般来说，UART 通信速率（如 9600～115 200bps）一般要比 SWV 的低一些（超过 1Mbps），这就意味着应用代码在下次发送前可能需要等待数据传输结束。不过，可以利用一些 UART 外设中的 FIFO 特性来降低等待时间对程序的影响。

在实际的嵌入式应用中，LCD 模块等其他显示接口比 UART 更常见。有些微控制器具有内置的 LCD 控制器，可以直接和 LCD 相连，其他的则需要连接 LCD 模块，它们的接口可能是并行的也可能是串行的（如 SPI）。在本例中，利用一个低成本的字符 LCD 模块来显示输出消息。

本例中使用的 2×16 字符 LCD 模块具有内置的控制器（Hitachi HD44780），利用一个简单的 8 位数据和其他 3 个信号引脚的并行接口将该模块连接到微控制器上。为了控制 LCD 模块，使用 STM32VL Discovery 板端口 C 的 I/O 引脚连接 LCD 控制信号。I/O 端口的使用非常灵活，图 18.14 所示仅是个例子，可以将连接修改为其他形式。

该模块具有两个寄存器：指令寄存器（IR）和数据寄存器（DR）。LCD_RS 信号用于选择要访问的寄存器，而 LCD_RW 则决定了传输的方向。每次传输都由 LCD_E 信号（选通信号）使能。由于数据连接是双向的，需要根据数据传输操作使能和禁止数据引脚的三态缓冲。例如，当写 IR 寄存器时，需要执行以下步骤：

（1）查询 IR 寄存器，确认它为空闲状态。

（2）设置 LCD_RW 为 0，表示写操作；设置 LCD_RS 为 0 选择 IR。

（3）设置 D7～D0 输出寄存器的数值。

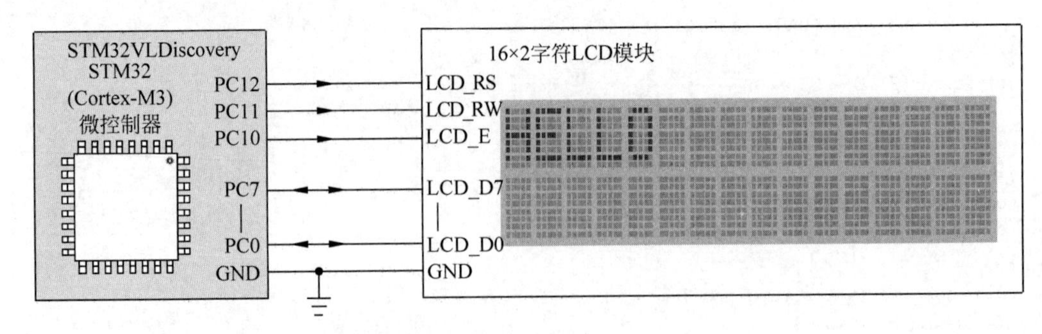

图 18.14 将字符 LCD 模块连接到 STM32VL Discovery 板

（4）设置 D7～D0 为输出。

（5）产生 LCD_E 上的高脉冲。

（6）设置 D7～D0 为输入。

为了提高程序代码的可移植性，控制 LCD 模块的函数是分层实现的，如图 18.15 所示。这样，只需修改控制 I/O 信号的函数就可以很容易地移植到另外一个微控制器上。

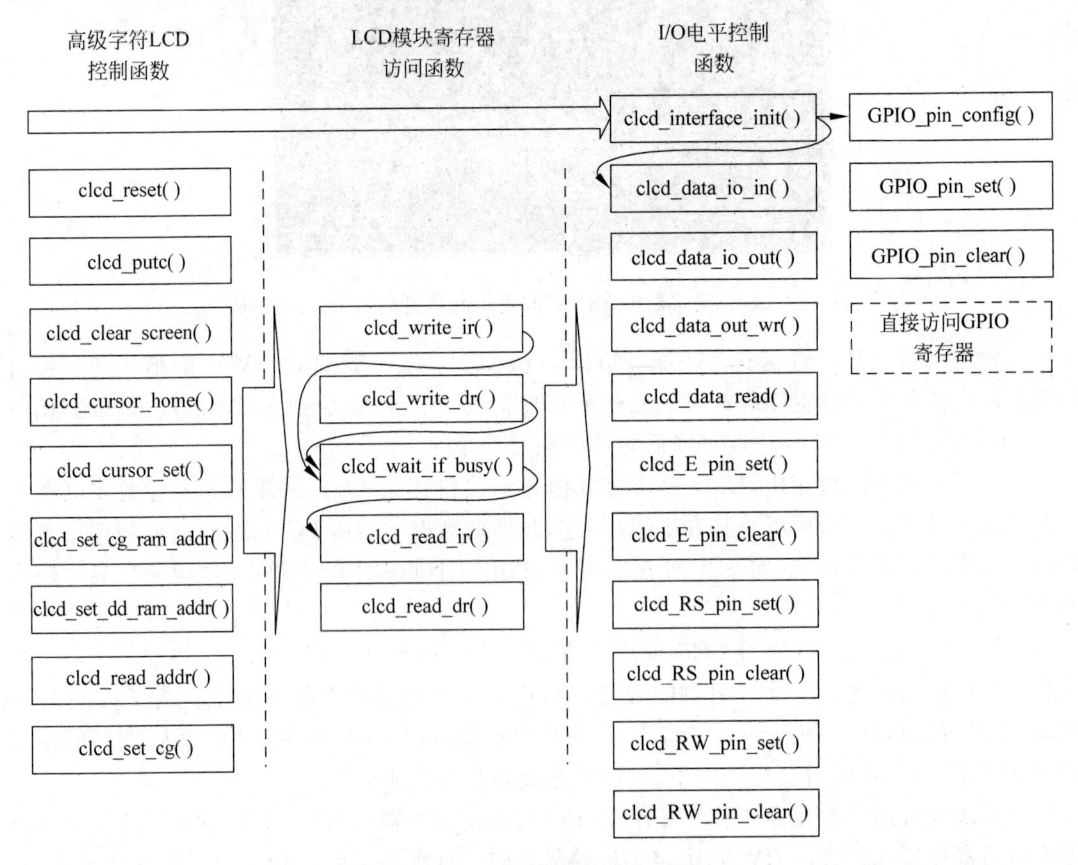

图 18.15 LCD 模块控制函数结构

在实现了这些函数后，可以使用更高层级的函数来控制字符 LCD 模块。代码如下：

```
初始化字符 LCD 模块并在屏幕上显示消息的程序代码
//用户字符的位序列，这里为笑脸
const char smiley[8] = {      0x00, //00000
```

```
                                    0x11, //10001
                                    0x00, //00000
                                    0x00, //00000
                                    0x11, //10001
                                    0x0A, //01010
                                    0x04, //00100
                                    0x00}; //00000
//初始化 I/O 端口 C,用于连接字符 LCD
clcd_interface_init();
//复位字符 LCD 模块
clcd_reset();
//清除屏幕
clcd_clear_screen();
//设置第一个用户字符以显示笑脸（最多 8 个用户字符）
clcd_set_cg(0, &smiley[0]);
//函数结束时自动切换回 DD RAM,且地址 = 0
printf ("Hello World ");
clcd_putc(0);  //显示之前创建的笑脸字符
//将光标设置为第一个字符和第二行
clcd_cursor_set(0,1);
printf ("0123456789012345");
```

在执行程序时，如图 18.16 所示，预想的消息就会显示在字符 LCD 模块上。

图 18.16 printf 消息输出至低成本的字符 LCD 模块

其他工具链也支持将 printf 消息重定向到硬件外设。对于 gcc，所需的函数为_write（参见 18.2.4 节）。

对于 IAR Embedded Workbench for ARM，输入和输出的底层函数为：

```
/* 底层 I/O 函数 */
输出
size_t __write(int handle,const unsigned char * buf,size_t bufSize)
    {
        size_t i;
        for (i = 0; i < bufSize;i++)
        {
            send_data(buf[i]);
        }
```

```
        return i;
    }
输入
size_t __read(int handle,unsigned char *buf,size_t bufSize)
    {
        size_t i;
        for (i = 0; i < bufSize;i++)
        {
            //等待字符可用
            while(data_ready() == 0);
            buf[i] = get_data();        //得到数据
        }
        return i;
    }
```

例如，为将 printf 消息显示在字符 LCD 模块上，可以使用下面的 retarget. c：

```
/* 将 Retarget.c 重定向到字符 LCD,用于 IAR Embedded Workbench for ARM 平台 */
#include <stdio.h>
extern void clcd_putc(char ch);
size_t __write(int handle,const unsigned char *buf,size_t bufSize)
{
    size_t i;
    for (i = 0; i < bufSize;i++)
    {
        clcd_putc(buf[i]);
    }
    return i;
}
```

第 19 章

使用嵌入式操作系统

19.1 嵌入式 OS 简介

19.1.1 什么是嵌入式 OS

在第 10 章谈到了 Cortex-M3 和 Cortex-M4 处理器支持嵌入式 OS 的多个特性。一般来说，嵌入式 OS 可以是一个简单的任务调度器，也可以是 Linux 等全特性 OS。目前，Cortex-M 处理器可用的嵌入式 OS 超过 30 种，它们多是支持多任务的简单 OS，不过有些还支持其他的软件特性，如通信协议栈（如 TCP/IP）、文件系统（如 FAT）或图形界面等。

许多嵌入式 OS 都是实时操作系统（RTOS），这就意味着当特定事件产生时，它可以在一定时间内触发相应的任务。RTOS 一般体积较小且可以进行快速的上下文切换（从一个任务切换到另一个任务所需的时间）。

与个人计算机或移动计算设备（如平板电脑）的 OS 不同，多数嵌入式 OS 没有用户界面，当然也可以将用户界面部件（如 GUI）作为应用任务添加到系统中。另外，Cortex-M 处理器无法支持 Linux 和 Windows 等全特性的 OS，因为它们需要虚拟存储器系统的支持。

存储器管理单元（MMU）和存储器保护单元（MPU）

对于 Cortex-A 等应用处理器，存储器管理单元（MMU）可以将每个进程的虚拟地址空间动态映射到系统中的物理地址空间。由于需要将地址映射信息在存储器（页表）中定位且传送到 MMU 的硬件（名为后援转换缓冲，或 TLB），虚拟存储器的管理会引入较大的延迟。因此，使用虚拟存储器的操作系统无法保证实时响应。

Cortex-M 处理器中的 MPU 只能提供存储器保护，无法进行存储器地址转换，因此，也就不适合实时应用。

Linux 有一个名为 μCLinux 的特殊版本，它不需要 MMU，而且可以在存储器资源较少的 Cortex-M 设备中运行。μCLinux 一般至少需要 2MB 的 SRAM，因此低成本的嵌入式系统很少用这个操作系统。

19.1.2 何时使用嵌入式 OS

嵌入式 OS 将可用的处理时间划分为了多个时间片，并在不同时间片内执行不同的任务。由于每秒可能会发生上百次或更多的时间片切换，因此从用户的角度来看，处理器在并行执行多个任务。

许多应用根本不需要嵌入式OS。使用嵌入式OS的最大好处在于它可以提供一个灵活的方法使得多任务可以并行运行。若任务都很短而且多数时间内不会重叠，则可以用中断驱动的方法来实现多任务。

在决定是否使用嵌入式OS时需要考虑多个因素：

- 嵌入式OS需要额外的存储器开销。例如，根据OS可用的特性，其占用的程序存储器空间可能会在5～100KB。
- 嵌入式OS需要额外的执行时间开销。例如，上下文切换和任务调度都需要一些处理时间。执行时间的开销一般比较小。
- 有些嵌入式OS需要授权费用和/或专利费用，而其他许多则是免费的。
- 有些嵌入式OS只能用于特定的微控制器设备或者同工具链相关。若软件代码注重可移植性，那么就需要选择支持多个平台的嵌入式OS。

总的来说，软件代码变得更加复杂时，嵌入式OS可以方便多任务的处理。另外，有些嵌入式OS还会增加一些安全特性（如栈空间检查、MPU支持），可以提高系统的稳定性。

19.1.3 CMSIS-RTOS的作用

CMSIS-RTOS是一种API规范，它自身并不是一种产品，不过厂家可以基于CMSIS-RTOS构建自己的RTOS。在第2章已经简要介绍了Cortex-M软件接口标准（CMSIS），CMSIS中的一个项目就是CMSIS-RTOS。CMSIS-RTOS是现有RTOS设计的扩展，它使得中间件可用于多个RTOS产品。

有些中间件产品相当复杂，需要利用OS中的任务调度特性才能运行。例如，TCP/IP协议栈就是作为多任务系统中的一个任务运行的，当接收到特定的任务请求时需要衍生出其他的子任务。这些中间件（如轻量级的IP、lwIP）一般会包含一个OS模拟层（见图19.1），在使用不同OS时，需要对其进行移植。

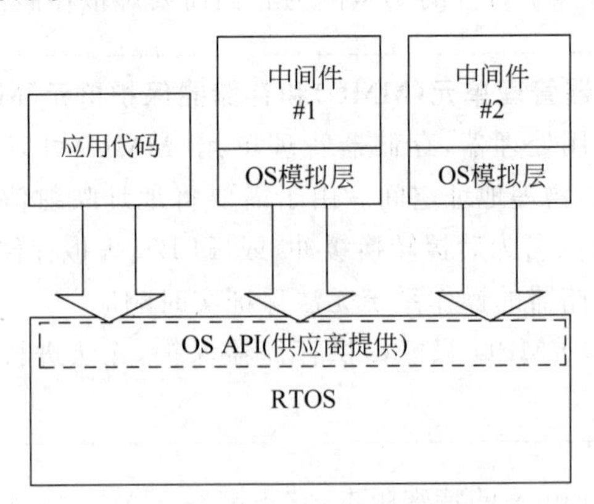

图19.1 中间件部件需要OS模拟层

移植OS模拟层为软件开发人员带来了额外的工作，而且中间件的设计可能会使任务变得更加困难。

CMSIS-RTOS就是为了解决这个问题而生的，它可以被实现为额外增加的API或现有OS API的包装代码。由于API是标准化的，中间件可以基于其开发，而且从理论上来说，这个产品可以适用于支持CMSIS-RTOS的任何嵌入式OS，如图19.2所示。

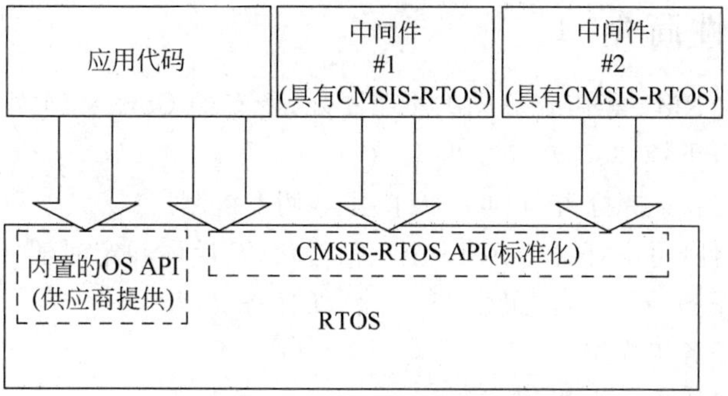

图 19.2 CMSIS-Core 可以避免每个中间件部件对 OS 模拟层的需要

RTOS 产品仍可以有它们自己的 API 接口,应用代码也可以直接使用这些 API 以获得其他的特性或更高的性能。这对于应用开发人员非常有利,因其可以减少移植中间件的时间并可以降低项目风险。它还对中间件供应商有利,因其使得他们的产品可以适用于更多的 OS。

CMSIS-RTOS 还给 RTOS 供应商带来了好处。由于基于 CMSIS-RTOS 的中间件越来越多,支持 CMSIS-RTOS 后就可以使用更多的中间件了。另外,随着嵌入式软件在复杂度上的增加,产品推向市场的时间也更加重要,中间件模拟层的移植对于一些项目已经不是太合适了,因其会带来额外的时间并加大项目风险。CMSIS-RTOS 使得 RTOS 更加接近这些领域,而之前只能由一些软件平台方案解决。

19.2 Keil RTX Real-Time Kernel

19.2.1 关于 RTX

Keil RTX Real-Time Kernel 为免专利费的 RTOS,面向微控制器应用。在 Keil MDK-ARM 的早期版本中,RTX 以编译好的全功能库的形式出现。在 Keil MDK-ARM 的较新版本中(2012 年中期),安装文件还提供了 RTX 内核的源代码。

预编译的库一般位于 C:\Keil\ARM\RV31\LIB,而源代码则一般位于 C:\Keil\ARM\RL\RTX\SRC。在 C:\Keil\ARM\Boards 目录中,还可以找到多个 Cortex-M 微控制器板的 RTX 实例。

注意,Keil RTX 目前是以一种简单、开源 BSD 授权发布的,因此可以根据 Keil MDK-ARM 安装文件(C:\Keil\ARM\Hlp\license.rtf)所述的条件重用或发布 RTX 源代码。

Keil RTX 内核可作为单独的 RTOS 或配合 Keil 实时库(RL-ARM,见图 19.3)使用,还可以配合通信协议栈、数据处理编解码器和其他中间件等第三方软件产品使用。

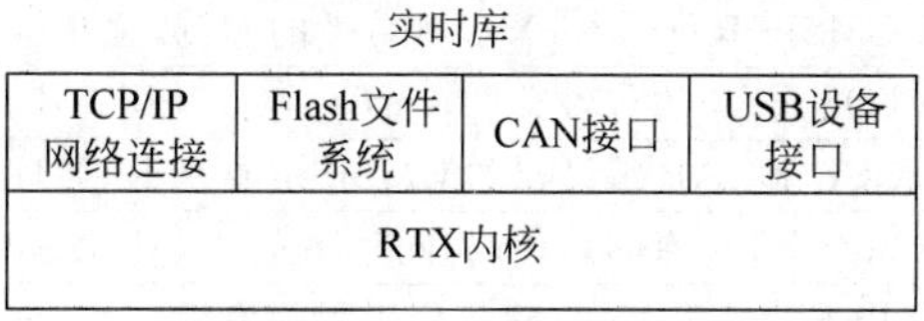

图 19.3 RL-ARM 产品

19.2.2 特性简介

除了 ARM7 和 ARM9 等传统 ARM 处理器外，所有的 Cortex-M 处理器都支持 RTX 内核。RTX 内核具有以下特性：

- 灵活的调度器：支持抢占、轮叫以及协作等调度机制。
- 支持邮件、事件（每个任务最多 16 个）、信号量、互斥体和定时器。
- 不限数量的任务，同一时间最多 250 个活跃任务。
- 最多 255 个任务优先级。
- 支持多线程和线程安全操作。
- 支持 Keil MDK 中的内核感知调试。
- 快速上下文切换。
- 小存储器封装（Cortex-M 版本小于 4KB，ARM7/ARM9 则小于 5KB）。

另外，RTX 内核的 Cortex-M 版本具有以下特性：

- 支持 SysTick 定时器。
- Cortex-M 版本的中断不会停止（OS 在任何时间都不会禁止中断）。
- 由于 RTX 占用的存储器较少，它还可用于具有较小存储器容量的 Cortex M 微控制器。

19.2.3 RTX 和 CMSIS-RTOS

2012 年，Keil 为 RTX 发布了 CMSIS-RTOS 的一个测试版，该设计在 2013 年最终确定，因此可以通过 CMSIS-RTOS API 访问 RTX。在本书写作期间（2013 年 1 月），CMSIS-RTOS 还没有最终完成，而且 Keil MDK 中的 RTX 也是老版本的，它并不支持 CMSIS-RTOS。Keil MDK 安装目录中的 RTX 示例代码也是基于之前的 API。目前，要使用 CMSIS-RTOS 和 RTX，需要从 Keil 网站单独下载为 CMSIS-RTOS 设计的 RTX，地址为 https://www.keil.com/demo/eval/rtx.htm。

由于写本书时 RTX 的源代码并不是最终版本，本章介绍的 CMSIS-RTOS RTX 实例有可能会需要进行一些修改。

CMSIS-RTOS 包由源代码、实例及文档组成。为了方便用户使用，CMSIS-RTOS 包还有以库的形式提供了预编译的 CMSIS-RTOS。表 19.1 列出了从 Keil 网站下载的 RTX CMSIS-RTOS 包的目录。

表 19.1 当前 CMSIS-RTOS 包的目录结构

目录	内容
Boards	多种开发板的 CMSIS-RTOS RTX 工程实例，这些例子一般可用于多种编译器
Doc	CMSIS-RTOS RTX 的文档
Examples	能够展示 CMSIS-RTOS RTX 多种特性的实例，这些例子一般可用于多种编译器
INC	CMSIS-RTOS RTX 的包含文件，cmsis_os.h 是用户应用的最核心包含文件
LIB	ARMCC、GCC 和 IAR 编译器的 CMSIS-RTOS RTX 库文件
SRC	CMSIS-RTOS RTX 库的源代码，同时还有 ARMCC、GCC 和 IAR 编译器的工程文件
Templates	利用 CMSIS-RTOS RTX 创建应用工程的模板

CMSIS-RTOS 包中的库文件包括各种 Cortex-M 处理器用的预编译版本，而且具有 ARM、gcc 和 IAR 工具链用的小端和大端版本，如表 19.2 所示。

表 19.2　CMSIS-RTOS 的预编译库

库　文　件	处理器配置
LIB\ARM\RT X_CM0. lib	ARMCC 编译器的 CMSIS-RTOS RTX 库,用于 Cortex-M0 和 M1,小端
LIB\ARM\RT X_CM0_B. lib	ARMCC 编译器的 CMSIS-RTOS RTX 库,用于 Cortex-M0 和 M1,大端
LIB\ARM\RT X_CM3. lib	ARMCC 编译器的 CMSIS-RTOS RTX 库,用于 Cortex-M3 和没有 FPU 的 M4,小端
LIB\ARM\RT X_CM3_B. lib	ARMCC 编译器的 CMSIS-RTOS RTX 库,用于 Cortex-M3 和没有 FPU 的 M4,大端
LIB\ARM\RT X_CM4. lib	ARMCC 编译器的 CMSIS-RTOS RTX 库,用于 Cortex-M3 和具有 FPU 的 M4,小端
LIB\ARM\RT X_CM4_B. lib	ARMCC 编译器的 CMSIS-RTOS RTX 库,用于 Cortex-M3 和具有 FPU 的 M4,大端

另外,可以直接使用 SRC 目录中的源代码。此时还需要 INC 目录和 SRC 目录中的其他几个文件,如表 19.3 所示。

表 19.3　工程所需的其他 CMSIS-RTOS 文件

文　　件	处理器配置
INC\cmsis_os. h	应用代码所需的 CMSIS-RTOS 头文件
Examples\ * \RTX_Conf_CM. c	RTX 内核系统配置文件-用户可编辑 该文件的注释中加入了特殊的标签,利用配置向导可以很容易地修改 RTX 参数
INC\RTX_CM_LIB. h	RT X_Conf_CM. c 所需的 RTX 内核系统配置代码
SRC\ARM\SVC_Tables. s	汇编文件,可以在该文件中添加 SVC 函数查找表,扩展可用的 SVC 服务,该文件是可选的

19.2.4　线程

在 CMSIS-RTOS 中,将每个并发执行(并行处理)的程序称为“线程”。从学术的角度来看,一个任务或进程可能包含多个线程。不过此处只会看一些相对简单的情况,其中每个任务只包含一个线程。

每个线程都具有一个可编程的优先级。在 RTX 设计中,线程优先级为枚举值。CMSIS-RTOS 为线程优先级预定义了多个枚举值,它们在文件 cmsis_os. h 中被映射为有符号整数优先级:

```
///用于线程控制的优先级
///\注意,不能修改!!!: \b osPriority 在每个 CMSIS - RTOS 中都应保持一致
typedef enum {
  osPriorityIdle = -3,                ///< 优先级: 空闲(最低)
  osPriorityLow = -2,                 ///<优先级: 低
  osPriorityBelowNormal = -1,         ///<优先级: 低于正常
  osPriorityNormal = 0,               ///<优先级: 正常 (默认)
  osPriorityAboveNormal = +1,         ///<优先级: 高于正常
  osPriorityHigh = +2,                ///<优先级: 高
  osPriorityRealtime = +3,            ///<优先级: 实时 (最高)
  osPriorityError = 0x84              ///< 系统无法确定优先级或线程的优先级非法
} osPriority;
```

注意，线程优先级和中断优先级是完全独立的。

在 RTX 环境中，每个线程都可以处于表 19.4 所示的状态之一。

表 19.4 RTX 内核的线程状态

状 态	描 述
RUNNING	线程正在运行
READY	线程位于等待运行的线程队列中(等待时间片)。当前正在运行的线程完成后，RTX 会在就绪队列中选出下一个最高优先级的线程并启动执行
WAITING	线程之前执行了一个需要等待延时请求完成或另一个线程事件(signal/semaphore/mailbox/etc)的函数。当所需的事件发生后，它可以从等待状态切换为就绪/运行状态(取决于任务的优先级)
INACTIVE	线程未启动或线程已终止，终止的任务可以重新创建

线程状态转换如图 19.4 所示。

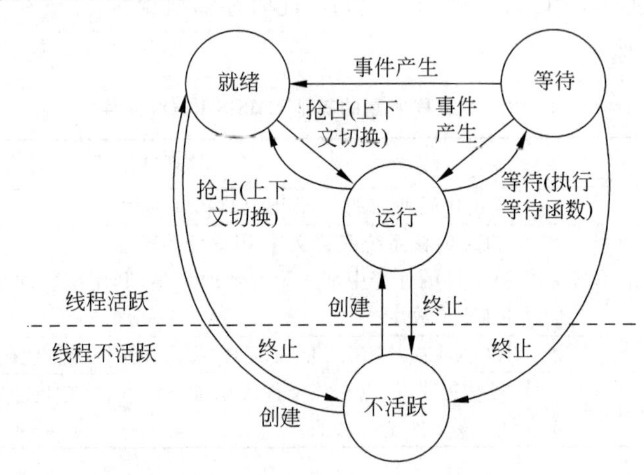

图 19.4 CMSIS-RTOS 中的线程状态

在简单的单核处理器系统中，同一时刻只会有一个线程处于 Running 状态。

与其他一些 RTOS 不同，根据 CMSIS-RTOS 的实际设计，main()可能会是一个线程。若是这种情况，那么可以在 main()中创建其他的线程。若 main()线程在某个阶段的任何时刻都不会用到，则可以执行一次 wait 函数将其置于 waiting 状态，或者为了避免其占用执行时间将其结束掉。

CMSIS-RTOS 允许线程在特权状态或非特权状态执行，请参考表 19.6 中的 OS_RUNPRIV 参数。注意，在当前的 RTX 设计中，若线程被配置为在非特权状态执行，则 main()也会在非特权状态启动。可以修改 SVC 处理服务以支持需要特权状态的操作(如访问 NVIC 或系统控制空间 SCS 中的任何寄存器)。

19.3 CMSIS-RTOS 实例

19.3.1 具有两个线程的简单 CMSIS-RTOS

下面的例子基于 Keil MDK-ARM 开发组件和 CMSIS-RTOS RTX，使用的是 STM32F4 Discovery 开发板。

在第一个例子中，将会看到具有两个线程的最低配置：main()和 blinky 线程。每个线程都会翻转开发板上的一个 LED。为了构建第一个工程，使用了 CMSIS-RTOS RTX 的预编译版本（库文件）以简化编译过程，如图 19.5 所示。

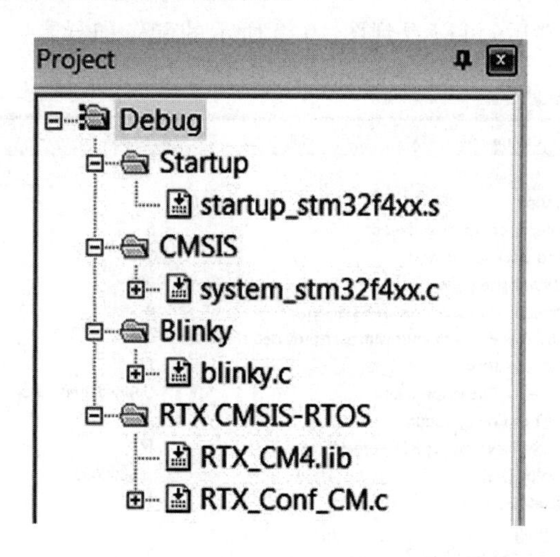

图 19.5 简单工程中的工程结构显示

如果愿意，还可以使用源代码版的 CMSIS-RTOS，而不是预编译的库。另外，还需要表 19.5 中列出的文件。

表 19.5 第一个 CMSIS-RTOS 例子所需的其他文件

文　件	描　述
RTX_Conf_CM. c	RTX 内核系统配置文件
cmsis_os. h	应用代码所需的 CMSIS-RTOS 头文件
RTX_CM_lib. h	RTX_Conf_CM. c 所需的 RTX 内核系统配置代码

如图 19.6 所示，还需要配置工程选项中的 RTX 内核选项。

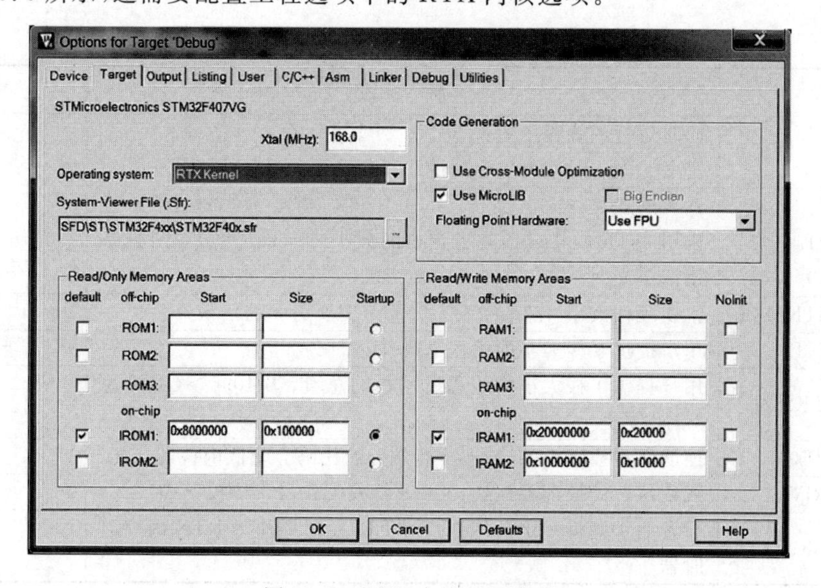

图 19.6 RTX 内核工程选项

在前面(表19.5)已经谈到了，文件RTX_Config_CM.c定义了RTX内核操作的一些配置，该文件可由用户配置。可以在程序文本编辑器中直接修改这个文件，或者使用配置向导。该文件是按照一定的方式进行编码的，配置向导可以识别。单击编辑器窗口底部的Configuration Wizard标签后，可以看到图19.7所示的配置向导。

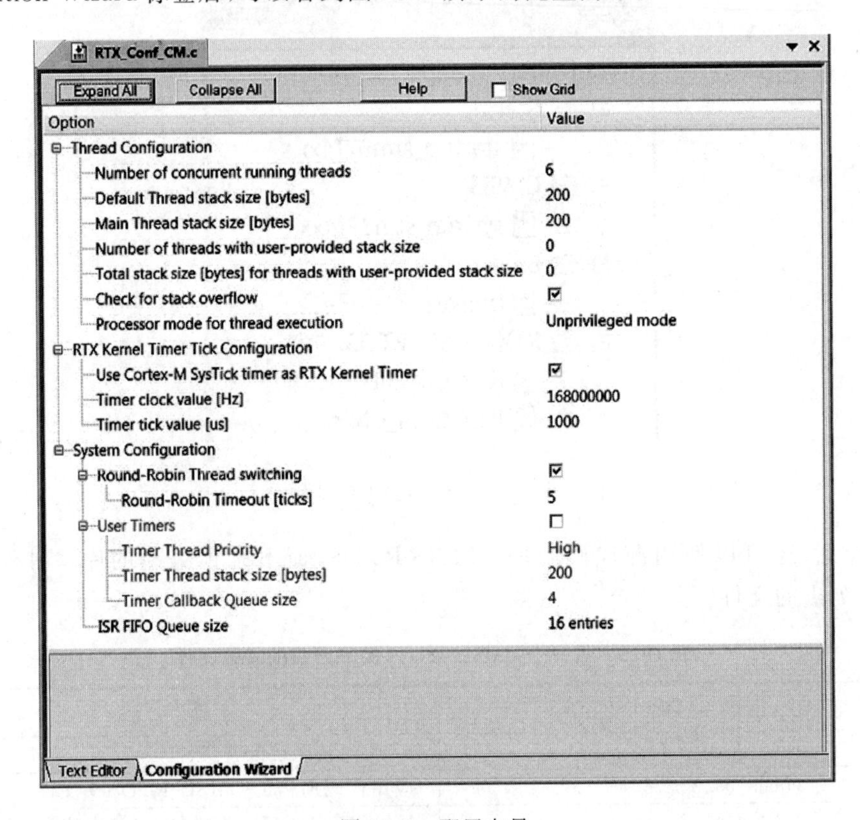

图19.7　配置向导

表19.6列出了RTX_Conf_CM.c中的多个选项。

表19.6　RTX_Conf_CM.c中的CMSIS-RTOS RTX选项

参数	描　述	默认值
OS_TASKCNT	同时运行的线程个数： 定义了同一时间可以运行的线程的最大数量	6
OS_STKSIZE	默认的线程栈大小[字节]<64-4096>(需要为8的倍数)，若未用osThreadDef语句指定栈的大小(stacksz为0)，则会启用该定义	200
OS_MAINSTKSIZE	主线程栈大小[字节]<64-4096>(需要为8的倍数)	200
OS_PRIVCNT	用户提供了栈大小的线程个数<0-250>	0
OS_PRIVSTKSIZE	用户提供了栈大小的线程所用栈的总量<0-4096>(需要为8的倍数)	0
OS_STKCHECK	使能线程栈溢出的检查，注意额外的代码会降低内核的性能	1
OS_RUNPRIV	线程执行的处理器模式：0=非特权模式，1=特权模式	0
OS_SYSTICK	设置为1则将Cortex-M的SysTick定时器作为RTX内核定时器	1

续表

参数	描 述	默认值
OS_CLOCK	定义了定时器时钟频率[Hz]< 1-1000000000>,若使用了SysTick 则一般和处理器的时钟频率相同	12 000 000(12MHz)
OS_TICK	定义 OS 定时器的定时间隔[μs]< 1-1000000>	1000(1ms)
OS_ROBIN	设置为 1 则使用轮叫线程切换	1
OS_ROBINTOUT	轮叫超时[tick]< 1-1000>(OS_ROBIN 为 1 时有效)	5
OS_TIMERS	使能用户定时器	0
OS_TIMERPRIO	定时器线程优先级(OS_TIMERS 为 1 时有效) 1—低；2——般之下；3——般；4——般之上；5—高；6—实时(最高)	5
OS_TIMERSTKSZ	定时线程栈大小[字节]<64-4096>(需要为 8 的倍数)	200
OS_TIMERCBQS	定时器回调队列大小-同时活跃定时器回调函数的个数	4
OS_FIFOSZ	ISR FIFO 队列大小(4=4 个入口,可以为 4、8、12、16、24、32、48、64、96),在中断处理中对它们进行调用时,ISR 函数存放对该缓冲的请求	16

第一个例子的实际代码非常简单。

```
/* 简单的 CMSIS - RTOS RTX 示例,利用两个线程(包括 main())翻转两个 LED */
#include "stm32f4xx.h"
#include <cmsis_os.h>
/* 线程 ID */
osThreadId t_blinky;                              //声明 blinky 的线程 ID
/* 函数声明 */
void blinky(void const * argument);               //线程
void LedOutputCfg(void);                          //LED 输出配置
//-----------------------------------------------------------
//Blinky
//- 翻转 LED 第 12 位
//- 非特权线程
void blinky(void const * argument) {
  while(1) {
    if (GPIOD->IDR & (1<<12)) {
    GPIOD->BSRRH = (1<<12);                       //清除第 12 位
    } else {
    GPIOD->BSRRL = (1<<12);                       //设置第 12 位
    }
    osDelay(500);                                 //延时 500ms
  }
}
//将 blinky_1 定义为线程函数
osThreadDef(blinky, osPriorityNormal, 1, 0);

//-----------------------------------------------------------  //- 翻转 LED,第
13 位
//- 非特权线程
int main(void)
{
  LedOutputCfg();                                 //初始化 LED 输出
  //创建任务 blinky
  t_blinky = osThreadCreate(osThread(blinky), NULL);
```

```
  //main()自身为另外一个线程
  while(1) {
    if (GPIOD->IDR & (1<<13)) {
    GPIOD->BSRRH = (1<<13);                    //清除第13位
    } else {
    GPIOD->BSRRL = (1<<13);                    //设置第13位
    }
    osDelay(1000);                             //延时1000ms
  }
}                                              //end main
//-------------------------------------------------------------
void LedOutputCfg(void)
{
  //配置LED输出
  RCC->AHB1ENR|= RCC_AHB1ENR_GPIODEN;          //使能端口D的时钟
  //设置引脚12、13、14、15为通用目的输出模式(推挽)
  GPIOD->MODER|= (GPIO_MODER_MODER12_0 |
  GPIO_MODER_MODER13_0 |
  GPIO_MODER_MODER14_0 |
  GPIO_MODER_MODER15_0 ) ;
  GPIOD->PUPDR = 0;                            //无上拉,无下拉
  return;
}
```

每个线程都有一个对应的ID值，且数据类型为osThreadId。该ID数值在创建任务时分配，用于任务间通信，这一点后面将会介绍。若无任务间通信，也不必分配ID值。

要创建一个新的线程，需要使用函数osThreadCreate。

对于每个线程（除了main），还需要利用osThreadDef将函数声明为线程。还可以利用osThreadDef定义函数的优先级。在运行期间，可以利用CMSIS-RTOS API动态切换线程的优先级。

在设置好工程后，可以编译并测试应用，开发板上的两个LED应该会以不同的频率闪烁。

对于其他的CMSIS-RTOS设计，在处理器进入main()时，OS内核可能不会启动。此时需要单独启动OS内核。CMSIS-RTOS提供了一个预定义的常量osFeature_MainThread，表示线程是否会随着函数main()启动。若其为1，则表示OS内核随着main()启动。

例如，可以使用下面的代码条件启动OS内核：

```
int main(void)
{
...
#if (osFeature_MainThread == 0)
    osKernelStart(osThread(blinky), NULL);     //显式启动OS内核
//RTX中不需要
#endif
...
```

或者

```
int main(void)
{
...
if (osFeature_MainThread == 0) {
    osKernelStart(osThread(blinky), NULL);     //显式启动OS内核
```

```
//RTX 中不需要
}
...
```

本例中的线程定义没有用到 osThread(name)宏。例如，若某函数的输入参数需要是一个线程(如 blinky)，则使用 osThread(blinky)来指定参数为一个线程。

在本例中，还使用了一个名为 osThreadDef(name, priority, instances, stacksz)的宏，它用于创建一个线程，且指定了线程的函数、优先级和栈大小。若栈大小被设置为 0，则使用 RTX_Config_CM.c 中定义的默认值 OS_STKSIZE。

表 19.7 列出了 OS 内核管理和线程管理常用的一些函数。

表 19.7 OS 内核和线程管理用的 CMSIS-RTOS 函数

函 数	描 述
osThreadID osThreadCreate (osThreadDef_t * thread_def, void * argument)	创建一个线程，并添加到活跃线程中，状态为 READY
osThreadID osThreadGetId(void)	返回当前运行线程的线程 ID
osStatus osThreadTerminate (osThreadId thread_id)	终止某个线程的执行并将其从活跃线程中移出
osStatus osThreadSetPriority (osThreadIdthread_id, osPriority priority)	修改活跃线程的优先级
osPriority osThreadGetPriority (osThreadIdthread_id)	获得某个活跃线程的当前优先级
osStatus osThreadYield (void)	将控制传递给下一个状态为 READY 的线程
osStatus osKernelStart (osThreadDef_t * thread_def, void * argument)	启动 RTOS 内核并执行指定的线程
int32_t osKernelRunning(void)	检查 RTOS 内核是否已经启动，若未启动返回 0，否则返回 1

这些函数中部分使用了一个名为 osStatus 的枚举值。osStatus 的定义如表 19.8 所示。这些函数多数都只会返回这些枚举值中的数值。

表 19.8 osStatus 枚举定义

osStatus 枚举	描 述
osOK	函数执行结束，无事件产生
osEventSignal	函数执行结束，信号事件产生
osEventMessage	函数执行结束，消息事件产生
osEventMail	函数执行结束，邮件事件产生
osEventTimeout	函数执行结束，超时产生
osErrorParameter	参数错误，缺少某个必需的参数或参数错误
osErrorResource	资源不可用，指定的资源不可用
osErrorTimeoutResource	资源在给定时间内不可用，在一定的超时时间内某个给定资源不可用
osErrorISR	不允许 ISR 上下文，中断服务程序中无法调用函数
osErrorISRRecursive	同一个函数在 ISR 中被调用了多次
osErrorPriority	系统无法确定优先级或线程的优先级非法
osErrorNoMemory	系统存储器用完，无法为操作分配或预留存储器空间
osErrorValue	参数值超出范围
osErrorOS	未指定的 RTOS 错误，运行时错误，但不符合其他的错误消息
os_status_reserved	预留的错误代码，防止枚举削弱编译器的优化

19.3.2 线程间通信简介

对于多数具有RTOS的应用，线程间会有大量的通信。为了提高操作效率，应该使用OS提供的线程间通信特性，而不是使用共享数据和轮询循环检查其他任务的状态或传递信息。否则，等待另一个线程输入的线程可能会在就绪队列里待很长时间，这样会浪费大量的处理时间。

现代RTOS一般会提供用于线程间通信的多个方法。CMSIS-RTOS支持的方法包括：

- 信号事件
- 信号量
- 互斥体
- 邮件/消息

另外，其他的一些特性也支持这些通信方式，如常用于邮件的内存池管理特性。

19.3.3 信号事件通信

在CMSIS-RTOS中，每个线程最多可以有31个信号事件（取决于RTX中名为osFeature_Signals的宏）。线程在执行函数osSignalWait时会进入等待状态，输入参数中有一个名为signals的32位数据，定义了将线程切换回就绪状态所需的信号事件。signals参数的每个位（除了MSB）定义了所需的信号事件，若该参数被设置为0，则任何信号都可以将这个线程置为就绪状态。表19.9列出了用于信号事件通信的CMSIS-RTOS函数。

表19.9 信号事件函数

函 数	描 述
osEvent osSignalWait (int32_t signals, uint32_t millisec)	等待一个或多个信号标志从当前运行的线程发出。若信号非零，则所有指定的信号标志需要被设置为返回就绪状态。若信号为0，则任何信号标志都可以将线程置回就绪。超时时间为“毫秒”，设置为osWaitForever表示未超时，或设置为0表示立即返回
int32_t osSignalSet (osThreadId thread_id, int32_t signal)	设置某个活跃线程的指定信号标志
int32_t osSignalClear (osThreadId thread_id, int32_t signal)	清除某个活跃线程的指定信号标志
int32_t osSignalGet (osThreadId thread_id)	获得某个活跃线程的指定信号标志

若参数错误，信号事件函数osSignalSet、osSignalClear和osSignalGet会返回0x80000000。

在RTX的cmsis_os.h中，osFeature_Signals默认为16，因此可以有16个信号事件（0x00000001～0x00008000）。

注意，用作事件的信号标志在将线程从等待状态唤醒时，会被自动清除。例如，在下面的例子中，main()线程可以利用事件标志0x0001给blinky事件发送信号，如图19.8所示。

```
/* 用于简单信号事件通信的代码示例 */
#include "stm32f4xx.h"
#include <cmsis_os.h>
/* 线程 ID */
osThreadId t_blinky;                            //声明 blinky 的线程 ID
/* 函数声明 */
```

```
void blinky(void const * argument);                      //线程
void LedOutputCfg(void);                                 //LED 输出配置

//------------------------------------------------------------
//Blinky
//- 翻转 LED,第 12 位
//- 非特权线程
void blinky(void const * argument) {
  while(1) {
    osSignalWait(0x0001, osWaitForever);
    if (GPIOD->IDR & (1<<12)) {
    GPIOD->BSRRH = (1<<12);                              //清除第 12 位
    } else {
    GPIOD->BSRRL = (1<<12);                              //设置第 12 位
    }
  }
}
//定义 blinky_1 为线程函数
osThreadDef(blinky, osPriorityNormal, 1, 0);
//------------------------------------------------------------
//- 翻转 LED,第 13 位
//- 非特权线程
int main(void)
{
  LedOutputCfg();                                        //初始化 LED 输出
  //创建任务 blinky
  t_blinky = osThreadCreate(osThread(blinky), NULL);
  //main()自身是另一个线程
  while(1) {
    if (GPIOD->IDR & (1<<13)) {
    GPIOD->BSRRH = (1<<13);                              //清除第 13 位
    } else {
    GPIOD->BSRRL = (1<<13);                              //设置第 13 位
    }
    osSignalSet(t_blinky, 0x0001);                       //设置信号
    osDelay(1000);                                       //延时 1000ms
  }
}                                                        //end main
```

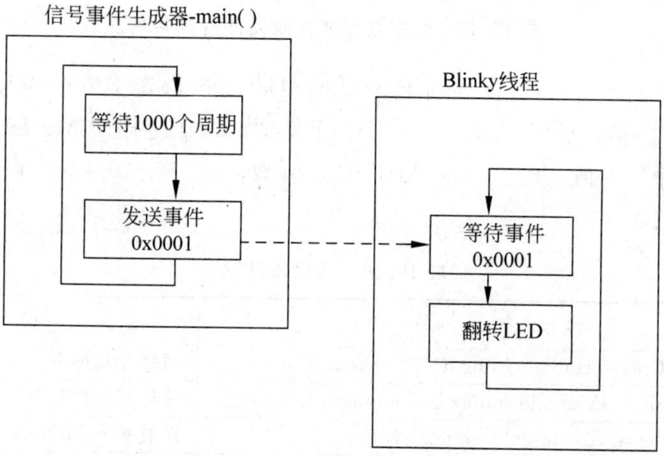

图 19.8 简单的信号事件通信

线程可以等待多个信号事件，并利用 osSignalGet( )确定返回到就绪状态后应该进行什么处理，如图 19.9 所示。

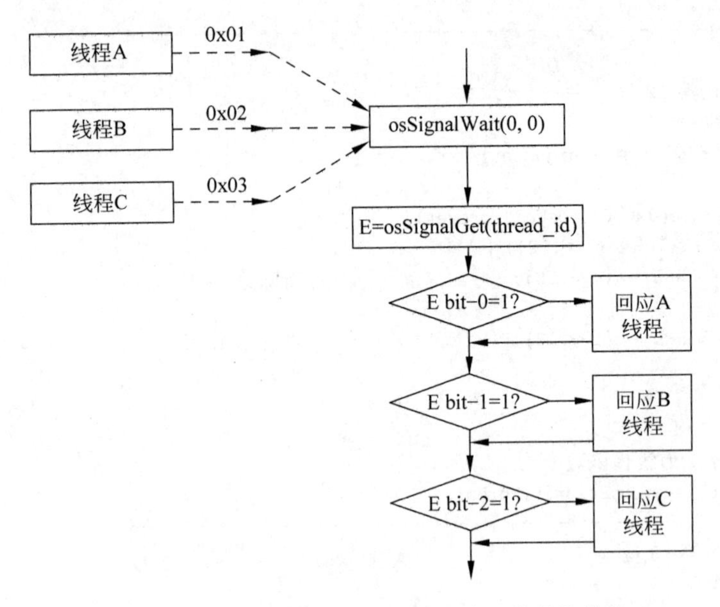

图 19.9　利用 osSignalGet 函数确定产生信号的线程

19.3.4　互斥体(MUTEX)

互斥体，也被称作 MUTEX，是所有 OS 中常见的资源管理特性。处理器中的许多资源同一时刻只能被一个线程使用，例如，printf 输出通道(见图 19.10)同一时刻只能被一个线程使用。

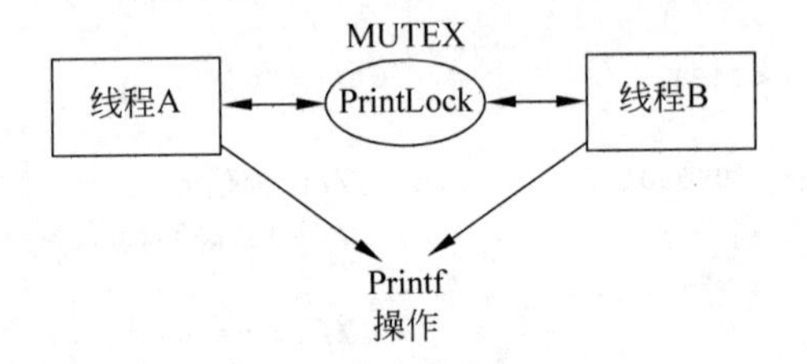

图 19.10　使用互斥体控制硬件资源共享

在使用 MUTEX 之前，首先需要利用 osMutexDef(name)定义一个 MUTEX 实体。在利用 CMSIS-RTOS 互斥体 API 访问一个 MUTEX 时，需要使用 osMutex(name)宏。每个 MUTEX 都有一个 ID 值，用于一些 MUTEX 函数。表 19.10 列出了 MUTEX 操作的 CMSIS-RTOS 函数。

表 19.10　互斥体函数

函　数	描　述
osMutexId osMutexCreate(const osMutexDef_t * mutex_def)	创建并初始化一个互斥体
osStatus osMutexWait (osMutexId mutex_id, uint32_t millisec)	等待互斥体可用
osStatus osMutexRelease (osMutexId mutex_id)	释放被 osMutexWait 得到的互斥体
osStatus osMutexDelete (osMutexId mutex_id)	删除被 osMutexCreate 创建的互斥体

下面例子中存在两个线程，它们都使用ITM输出文字消息：

```
/* 简单的互斥体实例，每个printf语句由互斥体保证不会和其他的同时执行 */
#include "stm32f4xx.h"
#include <cmsis_os.h>
#include "stdio.h"
/* 线程 ID */
osThreadId t_blinky_id;                              //声明 blinky 的线程 ID
/* 声明 MUTEX */
osMutexDef(PrintLock);                               //声明用于 printf 控制的 MUTEX
/* MUTEX ID */
osMutexId PrintLock_id;                              //声明用于 printf 控制的 MUTEX ID
/* 函数声明 */
void blinky(void const *argument);                   //线程
void LedOutputCfg(void);                             //LED 输出配置

//-----------------------------------------------------------------
//Blinky
//- 翻转 LED,第 12 位
//- 非特权线程
void blinky(void const *argument) {
  while(1) {
    if (GPIOD->IDR & (1<<12)) {
    GPIOD->BSRRH = (1<<12);                          //清除第 12 位
    } else {
    GPIOD->BSRRL = (1<<12);                          //设置第 12 位
    }
    osDelay(50);                                     //延时 50ms
    osMutexWait(PrintLock_id, osWaitForever);
    printf ("blinky is running\n");
    osMutexRelease(PrintLock_id);
  }
}
//定义 blinky_1 为线程函数
osThreadDef(blinky, osPriorityNormal, 1, 0);
//-----------------------------------------------------------------
//- 翻转 LED,第 13 位
//- 非特权线程
int main(void)
{
  LedOutputCfg();                                    //初始化 LED 输出
  //在启动 blinky 线程前创建 printf 控制 MUTEX
  PrintLock_id = osMutexCreate(osMutex(PrintLock));
  osMutexWait(PrintLock_id, osWaitForever);
  printf ("\nMutex Demo\n");
  osMutexRelease(PrintLock_id);
  //创建任务 blinky
  t_blinky_id = osThreadCreate(osThread(blinky), NULL);
  //main()自身就是另一个线程
  while(1) {
    if (GPIOD->IDR & (1<<13)) {
    GPIOD->BSRRH = (1<<13);                          //清除第 13 位
    } else {
    GPIOD->BSRRL = (1<<13);                          //设置第 13 位
    }
    osDelay(50);                                     //延时 50ms
```

```
        osMutexWait(PrintLock_id, osWaitForever);
        printf ("main() is running\n");
        osMutexRelease(PrintLock_id);
    }
}                                               //end main
```

19.3.5 信号量

有些情况下,想让一定数量的线程访问特定资源。例如,DMA 控制器可能会支持多个 DMA 通道,或者由于存储器大小的限制,一个简单的嵌入式服务器可能会支持一定数量的并行请求。在这些情况下,可以使用信号量来代替 MUTEX。

信号量特性和 MUTEX 非常类似。只是 MUTEX 在任意时刻只允许一个线程访问某个共享资源,而信号量则允许固定数量的线程访问某个共享资源池。因此 MUTEX 是信号量的特殊情况,其可用的最大令牌数为 1。

信号量实体需要被初始化为可用令牌的最大数量,每当线程需要使用共享资源时,它利用信号量取出一个令牌,并在不再使用资源时将其放回。若可用令牌的数量变成了 0,则所有可用的资源都已被分配出去,而且下一个请求共享资源的线程必须要等待可用的令牌出现。

在下面的例子中,创建了会翻转开发板上的 LED 的 4 个线程,而且利用信号量将可用 LED 的数量限制为 2。

信号量实体由 osSemaphoreDef(name)定义。在利用 CMSIS-RTOS 信号量 API 访问信号量实体时,需要使用 osSemaphore(name)宏。每个信号量都还有一个 ID 值,可用于一些信号量函数,如表 19.11 所示。

表 19.11 信号量函数

函　　数	描　　述
osSemaphoreId osSemaphoreCreate(const osSemaphoreDef_t * semaphore_def, int32_t count)	创建并初始化一个信号量实体
int32_t osSemaphoreWait (osSemaphoreId semaphore_id, uint32_t millisec)	等待信号量变为可用,返回可用令牌的个数,或者若参数错误则返回－1
osStatus osSemaphoreRelease(osSemaphoreId semaphore_id)	释放由 osSemaphoreWait 得到的信号量
osStatus osSemaphoreDelete(osSemaphoreId semaphore_id)	删除由 osSemaphoreCreate 创建的信号量

在下面的例子中,程序代码中存在包括 main()在内的 5 个线程,其中 4 个会翻转 LED。利用一个信号量将任意时刻可以被打开的 LED 的数量限制为 2 个或更少。

```
/* 信号量示例 */
#include "stm32f4xx.h"
#include <cmsis_os.h>
/* 线程 ID */
osThreadId t_blinky_id1;
osThreadId t_blinky_id2;
osThreadId t_blinky_id3;
osThreadId t_blinky_id4;
/* 声明信号量 */
osSemaphoreDef(two_LEDs);                  //声明 LED 控制用的信号量
/* 信号量 ID */
osSemaphoreId two_LEDs_id;                 //声明 LED 控制用的信号量 ID
/* 函数声明 */
```

```
void blinky(void const * argument);        //线程
void LedOutputCfg(void);                   //LED 输出配置
//---------------------------------------------------------------
//Blinky_1 - 翻转 LED,第 12 位
void blinky_1(void const * argument) {
  while(1) {
    //LED 开
    osSemaphoreWait(two_LEDs_id, osWaitForever);
    GPIOD->BSRRL = (1<<12);              //设置第 12 位
    osDelay(500);                        //延时 500ms
    GPIOD->BSRRH = (1<<12);              //清除第 12 位
    osSemaphoreRelease(two_LEDs_id);
    //LED 关
    osDelay(500);                        //延时 500ms
  }
}
//---------------------------------------------------------------
//Blinky_2 - 翻转 LED,第 13 位
void blinky_2(void const * argument) {
  while(1) {
    //LED 开
    osSemaphoreWait(two_LEDs_id, osWaitForever);
    GPIOD->BSRRL = (1<<13);              //设置第 13 位
    osDelay(600);                        //延时 600ms
    GPIOD->BSRRH = (1<<13);              //清除第 13 位
    osSemaphoreRelease(two_LEDs_id);
    //LED 关
    osDelay(600);                        //延时 600ms
  }
}
//---------------------------------------------------------------
//Blinky_3 - 翻转 LED,第 14 位
void blinky_3(void const * argument) {
  while(1) {
    //LED 开
    osSemaphoreWait(two_LEDs_id, osWaitForever);
    GPIOD->BSRRL = (1<<14);              //设置第 14 位
    osDelay(700);                        //延时 700ms
    GPIOD->BSRRH = (1<<14);              //清除第 14 位
    osSemaphoreRelease(two_LEDs_id);
    //LED 关
    osDelay(700);                        //延时 700ms
  }
}
//---------------------------------------------------------------
//Blinky_4 - 翻转 LED,第 15 位
void blinky_4(void const * argument) {
  while(1) {
    //LED 开
    osSemaphoreWait(two_LEDs_id, osWaitForever);
    GPIOD->BSRRL = (1<<15);              //设置第 15 位
    osDelay(800);                        //延时 800ms
    GPIOD->BSRRH = (1<<15);              //清除第 15 位
    osSemaphoreRelease(two_LEDs_id);
    //LED 关
    osDelay(800);                        //延时 800ms
  }
}
```

```
//-------------------------------------------------------------
//定义线程函数
osThreadDef(blinky_1, osPriorityNormal, 1, 0);
osThreadDef(blinky_2, osPriorityNormal, 1, 0);
osThreadDef(blinky_3, osPriorityNormal, 1, 0);
osThreadDef(blinky_4, osPriorityNormal, 1, 0);
//-------------------------------------------------------------
//- 翻转 LED,第 13 位
//- 非特权线程
int main(void)
{
  LedOutputCfg();                    //初始化 LED 输出
  //创建具有 2 个令牌的信号量
  two_LEDs_id = osSemaphoreCreate(osSemaphore(two_LEDs), 2);
  //创建 blinky 线程
  t_blinky_id1 = osThreadCreate(osThread(blinky_1), NULL);
  t_blinky_id2 = osThreadCreate(osThread(blinky_2), NULL);
  t_blinky_id3 = osThreadCreate(osThread(blinky_3), NULL);
  t_blinky_id4 = osThreadCreate(osThread(blinky_4), NULL);
  //main()自身为另一个线程
  while(1) {
    osDelay(osWaitForever);          //延时
  }
}                                    //end main
```

19.3.6 消息队列

消息队列可将一系列数据以 FIFO 之类的操作从一个线程传递到另一个线程，如图 19.11 所示。数据可以是整数或指针类型。

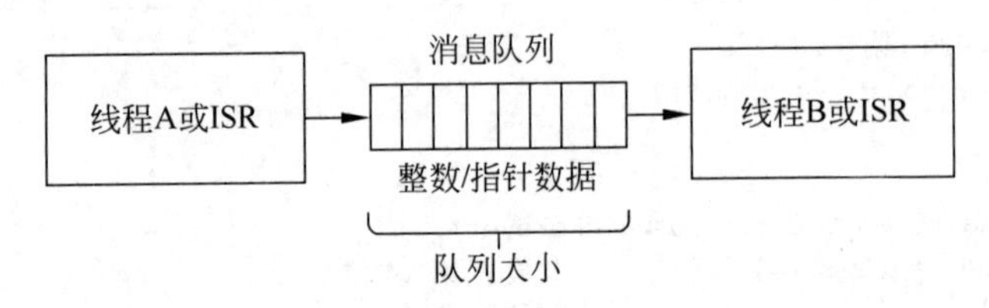

图 19.11 消息队列

消息队列实体由 osMessageQDef(name，queue_size，type)定义。当使用 CMSIS-RTOS API 访问消息队列实体时，需要使用 osMessageQ(name)宏。每个消息队列还有一个 ID 值，可被一些消息队列函数使用，如表 19.12 所示。

表 19.12 消息队列函数

	函 数	描 述
osMessageQId	osMessageCreate (const osMessageQDef_t * queue_def,osThreadId thread_id)	创建并初始化一个消息队列
osStatus	osMessagePut (osMessageQId queue_id, uint32_t info, uint32_t millisec)	将一个消息放入队列
os_InRegs osEvent	osMessageGet (osMessageQId queue_id, uint32_t millisec)	获得一个消息或在队列中等待一个消息

在下面的例子中，一串数字1、2、3…被main()发送到另外一个名为receiver的线程。

```
/* 简单的消息队列示例 */
#include "stm32f4xx.h"
#include "stdio.h"
#include <cmsis_os.h>
/* 声明消息队列 */
osMessageQDef(numseq_q, 4, uint32_t);        //声明消息队列
osMessageQId numseq_q_id;                    //声明消息队列 ID
/* 函数声明 */
void receiver(void const * argument);        //线程
/* 线程 ID */
osThreadId t_receiver_id;

//----------------------------------------------------------
//Receiver 线程
void receiver(void const * argument) {
  while(1) {
    osEvent evt = osMessageGet(numseq_q_id, osWaitForever);
    if (evt.status == osEventMessage) { //收到消息
    printf (" %d\n", evt.value.v);        //".v"表示消息为 32 位数值
    }
  }                                       //end while
}
//定义线程函数
osThreadDef(receiver, osPriorityNormal, 1, 0);
//----------------------------------------------------------
int main(void)
{
  uint32_t i = 0;
  //创建消息队列
  numseq_q_id = osMessageCreate(osMessageQ(numseq_q), NULL);
  //创建 receiver 线程
  t_receiver_id = osThreadCreate(osThread(receiver), NULL);
  //main()自身为发送消息的线程
  while(1) {
    i++;
    osMessagePut(numseq_q_id, i, osWaitForever);
    osDelay(1000);                        //延时 1000ms
  }
}                                         //end main
//----------------------------------------------------------
```

19.3.8节给出了利用消息队列传递指针的其他例子。

19.3.7 邮件队列

邮件队列(见图19.12)和消息队列很相似，不过传输的信息由内存块组成，这些内存块在放入数据前需要首先分配，在取出数据后要释放。内存块可以存放的信息很多，如数据结构等，而消息队列所传输的信息只能为32位数据或指针。

邮件队列由osMailQDef(name, queue_size, type)定义。在利用CMSIS-RTOS API访问邮件队列时，需要使用osMailQ(name)宏。每个消息队列还都具有一个ID值，可被一些邮件队列函数使用，如表19.13所示。

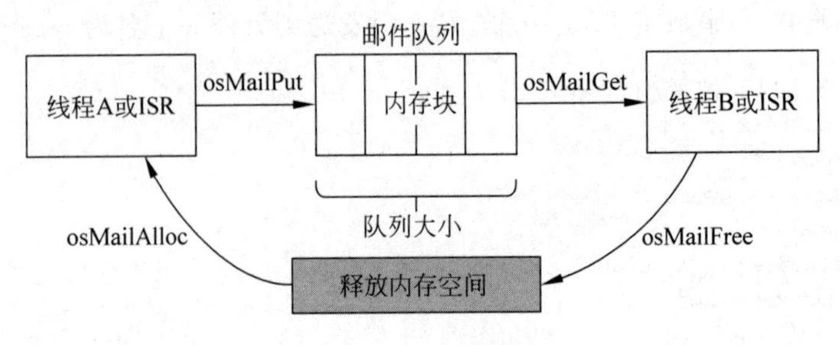

图 19.12　邮件队列

表 19.13　邮件队列函数

函　　数	描　　述
osMailQId osMailCreate (const osMailQDef_t * queue_def, osThreadId thread_id)	创建并初始化一个邮件队列
void * osMailAlloc (osMailQId queue_id,uint32_t millisec)	从邮件中分配一个内存块
void * osMailCAlloc (osMailQId queue_id,uint32_t millisec)	从邮件中分配一个内存块并将内存块设置为 0
osStatus osMailPut (osMailQId queue_id,void * mail)	将一个邮件放入队列中
os_InRegs osEvent osMailGet (osMailQId queue_id,uint32_t millisec)	从队列中接收一个邮件
osStatus osMailFree (osMailQId queue_id,void * mail)	释放一个邮件中的内存块

下面的例子使用邮件队列传递了一块包含一个数据结构体的内存块，其中的数据结构具有三个元素。

```
/* 邮件队列示例 */
#include "stm32f4xx.h"
#include "stdio.h"
#include <cmsis_os.h>
typedef struct {
  uint32_t length;
  uint32_t width;
  uint32_t height;
} dimension_t;
/* 声明邮件队列 */
osMailQDef(dimension_q, 4, dimension_t);//声明邮件队列
osMailQId dimension_q_id;                //声明邮件队列的 ID
/* 函数声明 */
void receiver(void const *argument);     //线程
/* 线程 ID */
osThreadId t_receiver_id;
//------------------------------------------------------------
//Receiver 线程
void receiver(void const *argument) {
  while(1) {
    osEvent evt = osMailGet(dimension_q_id, osWaitForever);
    if (evt.status == osEventMail) {    //收到邮件
      dimension_t *rx_data = (dimension_t *) evt.value.p;
      //".p"表示消息为指针
      printf ("Received data: (L) %d, (W), %d, (H) %d\n",
      rx_data->length,rx_data->width,rx_data->height);
```

```
        osMailFree(dimension_q_id, rx_data);
      }
    }                                          //end while
  }
  //定义消息函数
  osThreadDef(receiver, osPriorityNormal, 1, 0);
  //--------------------------------------------------------------
  int main(void)
  {
    uint32_t i = 0;
    dimension_t * tx_data;
    //创建消息队列
    dimension_q_id = osMailCreate(osMailQ(dimension_q), NULL);
    //创建 receiver 线程
    t_receiver_id = osThreadCreate(osThread(receiver), NULL);
    //main()自身为发出消息的线程
    while(1) {
      osDelay(1000);                           //延时 1000ms
      i++;
      tx_data = (dimension_t * ) osMailAlloc(dimension_q_id, osWaitForever);
      tx_data->length = i;                     //产生数据
      tx_data->width = i + 1;
      tx_data->height = i + 2;
      osMailPut(dimension_q_id, tx_data);
    }
  }                                            //end main
  //--------------------------------------------------------------
```

19.3.8 内存池管理特性

CMSIS-RTOS 具有一个名为内存池管理的特性,可以利用该特性定义具有特定数量内存块的内存池,并可在运行时分配这些内存块。

内存池实体由 osPoolDef(name, pool_size, type)定义。在利用 CMSIS-RTOS API 访问内存池时,需要使用 osPool(name)宏。每个内存池还都具有一个 ID 值,可被一些内存池函数使用,如表 19.14 所示。

表 19.14 内存池函数

函 数	描 述
osPoolQId osPoolCreate (const osPoolDef_t * pool_def)	创建并初始化一个内存池
void * osPoolAlloc (osPoolId pool_id)	从内存池中分配一个内存块
void * osPoolCAlloc (osPoolId pool_id)	从内存池中分配一个内存块并将内存块设置为 0
osStatus osPoolFree (osPoolId pool_id,void * block)	将已分配的内存块返回给指定内存池

例如,可以重用前面消息队列示例中的数据结构,并利用内存池管理信息传输中的数据块。

```
/* 利用内存池进行数据结构传递的实例 */
#include "stm32f4xx.h"
#include "stdio.h"
#include <cmsis_os.h>
typedef struct {
```

```
  uint32_t length;
  uint32_t width;
  uint32_t height;
} dimension_t;
/* 声明内存池 */
osPoolDef(mpool, 4, dimension_t);
osPoolId mpool_id;
/* 声明消息队列 */
osMessageQDef(dimension_q, 4, dimension_t);          //声明消息队列
osMessageQId dimension_q_id;                         //声明消息队列的 ID
/* 注意: 消息队列有 4 个入口,和内存池大小相同 */
/* 函数声明 */
void receiver(void const *argument);                 //线程
osThreadId t_receiver_id;                            /* 线程 ID */
//-----------------------------------------------------------------
//Receiver 线程
void receiver(void const *argument) {
  while(1) {
    osEvent evt = osMessageGet(dimension_q_id, osWaitForever);
    if (evt.status == osEventMessage) {              //收到消息
      dimension_t *rx_data = (dimension_t *) evt.value.p;
      //".p"表示消息为指针
      printf ("Received data: (L) %d, (W), %d, (H) %d\n",
      rx_data->length, rx_data->width, rx_data->height);
      osPoolFree(mpool_id, rx_data);
    }
  } //end while
}
//定义线程函数
osThreadDef(receiver, osPriorityNormal, 1, 0);
int main(void)
{
  uint32_t i = 0;
  dimension_t *tx_data;
  //创建消息队列
  dimension_q_id = osMessageCreate(osMessageQ(dimension_q), NULL);
  //创建内存池
  mpool_id = osPoolCreate(osPool(mpool));
  //创建 receiver 线程
  t_receiver_id = osThreadCreate(osThread(receiver), NULL);
  //main()自身为发出消息的线程
  while(1) {
    osDelay(1000);                                   //延时 1000ms
    i++;
    tx_data = (dimension_t *) osPoolAlloc(mpool_id);
    tx_data->length = i;                             //产生数据
    tx_data->width = i + 1;
    tx_data->height = i + 2;
    osMessagePut(dimension_q_id, (uint32_t)tx_data, osWaitForever);
  }
}                                                    //end main
//-----------------------------------------------------------------
```

19.3.9 通用等待函数和超时数值

在前面所有的例子中，都使用了一个名为 osDelay 的函数，如表 19.15 所示。

表 19.15　osDelay 函数

函　　数	描　　述
osStatus osDelay (uint32_t millisec)	等待一段时间

该函数可将线程置于等待状态，输入参数为 millisec(毫秒)。

另外还有一个 osWait 函数，如表 19.16 所示。不过，在写本书时，CMSIS-RTOS RTX 的当前版本还不支持该函数，因此无法做进一步的介绍。

表 19.16　osWait 函数

函　　数	描　　述
os_InRegs osEvent osWait (uint32_t millisec)	等待信号、消息、邮件或超时，返回包含信号、消息、邮件信息或错误代码的事件

许多 CMSIS-API 函数中都有一个指定等待时间的 millisec 输入参数，如 osSemaphoreWait 和 osMessageGet 等。在正常数值范围内，它定义了触发超时、引起函数返回的持续时间。该参数可被设置为常量 osWaitForever，其在 cmsis_os. h 中被定义为 0xFFFFFFFF。当 millisec 为 osWaitForever 时，该函数永不会超时。

若 millisec 被设置为 0，则函数不会等待，而是立即返回。可以利用函数返回值确定所需的操作是否执行成功。

在任何异常处理中进入等待状态是没有必要且不被允许的。因此，当使用具有毫秒输入参数的 CMSIS-RTOS API 时，毫秒参数应该被置为 0，这样会立即返回。任何中断处理都不应使用 osDelay 等试图延时的函数。

19.3.10　定时器特性

除了等待状态和等待函数，CMSIS-RTOS 还支持定时器。定时器可以触发函数的执行(注意：并非线程，尽管这个函数可以向线程发送事件)。

定时器可以运行在周期定时模式或单发模式。在周期定时模式中，定时器会在其被删除/停止前重复执行操作，而在单发模式中定时器只会触发一次动作。

定时器实体由 osTimerDef (name, type, * argument)定义。在利用 CMSIS-RTOS API 操作定时器时，需要使用 osTimer (name)宏。每个定时器还都具有一个 ID 值，可被一些定时器函数使用，如表 19.17 所示。

表 19.17　定时器函数

函　　数	描　　述
osTimerId osTimerCreate (const osTimerDef_t * timer_def, os_timer_type type, void * argument))	创建并初始化一个定时器
osStatus osTimerStart (osTimerId timer_id, uint32_t millisec)	启动或重启定时器
osStatus osTimerStop (osTimerId timer_id)	停止定时器
osStatus osTimerDelete (osTimerId timer_id)	删除由 osTimerCreate 创建的一个定时器

下面的例子使用了定时器的周期和单发这两种模式。

```
/* 定时器实例,4 个 LED 按照顺序依次打开 */
```

```
#include "stm32f4xx.h"
#include <cmsis_os.h>
/* 函数声明 */
void toggle_led(void const *argument);               //翻转 LED
void LedOutputCfg(void);                             //LED 输出配置
/* 声明信号量 */
osTimerDef(LED_1, toggle_led);                       //声明一个 LED 控制用的定时器
osTimerDef(LED_2, toggle_led);                       //声明一个 LED 控制用的定时器
osTimerDef(LED_3, toggle_led);                       //声明一个 LED 控制用的定时器
osTimerDef(LED_4, toggle_led);                       //声明一个 LED 控制用的定时器
osTimerDef(LED_5, toggle_led);                       //声明一个 LED 控制用的定时器
/* 定时器 ID */
osTimerId LED_1_id, LED_2_id, LED_3_id, LED_4_id,LED_5_id ;
//-----------------------------------------------------------
//本函数每轮执行 5 次,参数 = 1,2,3,4,5
void toggle_led(void const *argument)
{
  switch ((int)argument){
    case 1:
    GPIOD->BSRRL = (1<<12);                          //设置第 12 位
    osTimerStart(LED_2_id, 500);
    break;
    case 2:
    GPIOD->BSRRH = (1<<12);                          //清除第 12 位
    GPIOD->BSRRL = (1<<13);                          //设置第 13 位
    osTimerStart(LED_3_id, 500);
    break;
    case 3:
    GPIOD->BSRRH = (1<<13);                          //清除第 13 位
    GPIOD->BSRRL = (1<<14);                          //设置第 14 位
    osTimerStart(LED_4_id, 500);
    break;
    case 4:
    GPIOD->BSRRH = (1<<14);                          //清除第 14 位
    GPIOD->BSRRL = (1<<15);                          //设置第 15 位
    osTimerStart(LED_5_id, 500);
    break;
    default:
    GPIOD->BSRRH = (1<<15);                          //清除第 15 位
  }
}
//-----------------------------------------------------------
int main(void)
{
  LedOutputCfg();                                    //初始化 LED 输出
  //定时器
  LED_1_id = osTimerCreate(osTimer(LED_1), osTimerPeriodic, (void *)1);
  LED_2_id = osTimerCreate(osTimer(LED_2), osTimerOnce, (void *)2);
  LED_3_id = osTimerCreate(osTimer(LED_3), osTimerOnce, (void *)3);
  LED_4_id = osTimerCreate(osTimer(LED_4), osTimerOnce, (void *)4);
  LED_5_id = osTimerCreate(osTimer(LED_5), osTimerOnce, (void *)5);
  osTimerStart(LED_1_id, 3000);                      //启动第一个定时器
```

```
  //main()自身为另一个线程
  while(1) {
    osDelay(osWaitForever);                          //延时
  }
}                                                    //end main
```

若实际使用的系统为 CMSIS-RTOS RTX，则在使用定时器时，应该确认 RTX_Conf_CM.c 中的 OS_TIMERS 参数是否为 1，可能还需要修改定时器线程的设置。

19.3.11 访问非特权设备

根据 CMSIS-RTOS RTX 的设置，main()可能会在非特权状态启动。在这种情况下，就无法访问 NVIC 或系统控制空间(SCS)中的任何寄存器，或处理器内核中的一些寄存器。

要使 main()和各线程运行在特权状态，应该将 RTX_Conf_CM.c 中的 OS_RUNPRIV 参数设置为 1。不过，许多应用需要一些线程运行在非特权状态，如为使用存储器保护特性等。在这种情况下，可能仍想在特权状态执行一些操作，以便可以设置 NVIC 或访问 SCS 中的其他寄存器和处理器中的特殊寄存器。

为了解决这个问题，CMSIS-RTOS RTX 提供了一种可扩展的 SVC 机制。SVC #0 由 CMSIS-RTOS RTX 使用，而其他的 SVC 服务则可由用户定义的函数使用。应用代码可以使用 SVC 调用在 SVC 处理中执行用户定义的这些函数，而 SVC 处理是运行在特权状态的。

工程中需要加入 SVC 查表代码，它的作用是执行 SVC 服务查找并确定用户定义的 SVC 服务名称。

```
SVC_table.s：在这里只添加了一个用户定义的 SVC 服务，不过如有必要，还可以添加其他的。用户定义的 SVC 服务代码的名称为__SVC_1。
    AREA SVC_TABLE, CODE, READONLY
    EXPORT SVC_Count
SVC_Cnt          EQU      (SVC_End - SVC_Table)/4
SVC_Count        DCD      SVC_Cnt
; 在这里引入用户的 SVC 函数
    IMPORT __SVC_1
    EXPORT SVC_Table
SVC_Table
; 在这里插入用户 SVC 函数, SVC 0 被 RTL Kernel 占用
    DCD __SVC_1 ; 用户 SVC 函数
SVC_End
    END
```

在应用代码中，将 user_defined_svc(void)定义为 SVC #1，并实现了被 SVC 表引用的__SVC_1。

```
/* 使用 SVC 服务初始化一个 NVIC 寄存器的实例 */
#include "stm32f4xx.h"
#include <cmsis_os.h>
void __svc(0x01) user_defined_svc(void);      //将 SVC #1 定义为 user_defined_svc
/* 线程 ID */
osThreadId t_blinky;                          //声明 blinky 的线程 ID
/* 函数声明 */
void blinky(void const * argument);           //线程
void LedOutputCfg(void);                      //LED 输出配置
```

```
//------------------------------------------------------------------
//Blinky
//- 翻转 LED,第 12 位
//- 非特权线程
void blinky(void const * argument) {
  while(1) {
    if (GPIOD->IDR & (1<<12)) {
    GPIOD->BSRRH = (1<<12);                //清除第 12 位
    } else {
    GPIOD->BSRRL = (1<<12);                //设置第 12 位
    }
    osDelay(500);                          //延时 500ms
  }
}
//定义 blinky_1 为线程函数
osThreadDef(blinky, osPriorityNormal, 1, 0);
//------------------------------------------------------------------
//用户定义的 SVC 服务(#1)
//注意:名称必须要和 SVC_Table.s 中定义的 SVC 服务名相同
void __SVC_1(void)
{
  //在这里添加自己的 NVIC/SCS 初始化代码
  NVIC_EnableIRQ(EXTI0_IRQn);
  return;
}
//------------------------------------------------------------------
//- 翻转 LED,第 13 位
//- 非特权线程
int main(void)
{
  user_defined_svc();                      //用户定义的 SVC 服务(#1)
  LedOutputCfg();                          //初始化 LED 输出
  //创建任务 blinky
  t_blinky = osThreadCreate(osThread(blinky), NULL);
  //main()自身为另一个线程
  while(1) {
    if (GPIOD->IDR & (1<<13)) {
    GPIOD->BSRRH = (1<<13);                //清除第 13 位
    } else {
    GPIOD->BSRRL = (1<<13);                //设置第 13 位
    }
    osDelay(1000);                         //延时 1000ms
  }
}                                          //end main
```

19.4 OS 感知调试

为了方便具有 RTOS 的应用的调试，ITM 激励端口 #31(最后一个端口)一般用于调试器中的 OS 事件。这样调试器可以确定正在执行的是哪个任务以及发生的是哪个事件。

例如，Keil MDK-ARM μVision 调试器中存在 RTOS 任务和系统视图窗口以及事件查看窗口，可以利用下拉菜单 Debug→OS support→RTX Tasks and System Debug→OS support→Event Viewer 对它们进行操作。要使用这些功能，需要选择工程设置中 Target 标签的 RTX kernel 选项如图 19.13 所示。

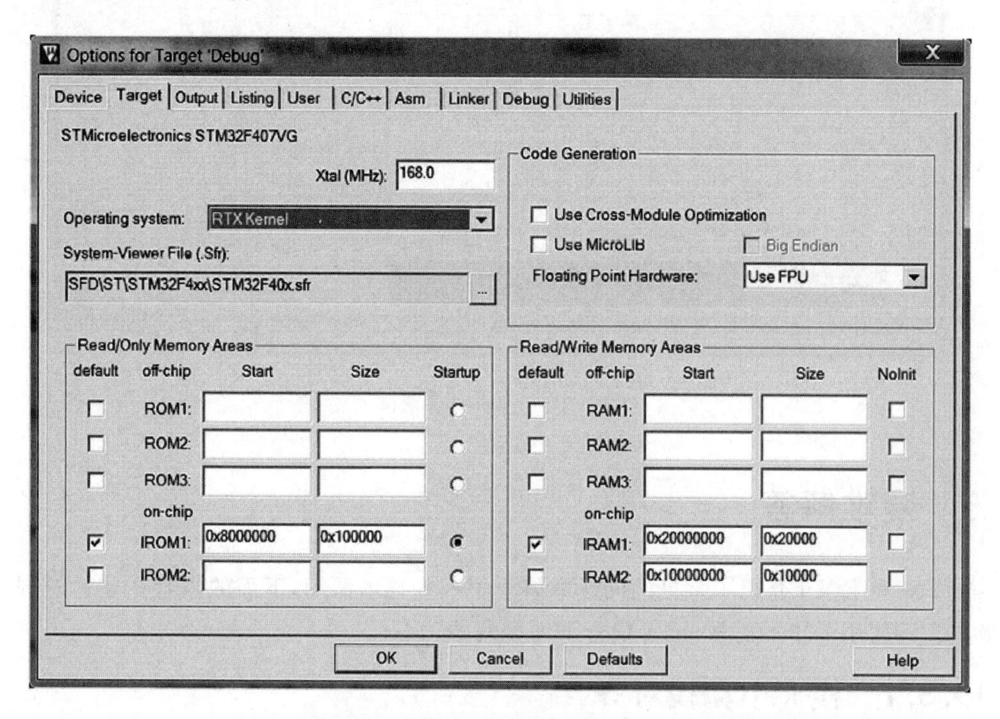

图 19.13　RTX 内核选项必须设置为使用 OS 感知调试特性

另外，调试适配器还要支持跟踪(串行线查看或跟踪端口接口)。

在调试期间，RTX 任务和系统视图提供了大量的有用信息，其中包括 OS 内核的当前状态和一些配置信息，如图 19.14 所示。

RTX Tasks and System

Property	Value
System	

Item	Value
Timer Number:	0
Tick Timer:	1.000 mSec
Round Robin Timeout:	5.000 mSec
Stack Size:	3200
Tasks with User-provided Stack:	1
Stack Overflow Check:	Yes
Task Usage:	Available: 6, Used: 2
User Timers:	Available: 0, Used: 0

Tasks

ID	Name	Priority	State	Delay	Event Value	Event Mask	Stack Load
255	os_idle_demon	0	Running				0%
2	blinky	4	Wait_DLY	254			2%
1	main	4	Wait_DLY	754			2%

图 19.14　RTX 任务和系统窗口

事件视图则提供了一个时间图，其中可以看出哪个线程正在执行，如图 19.15 所示。

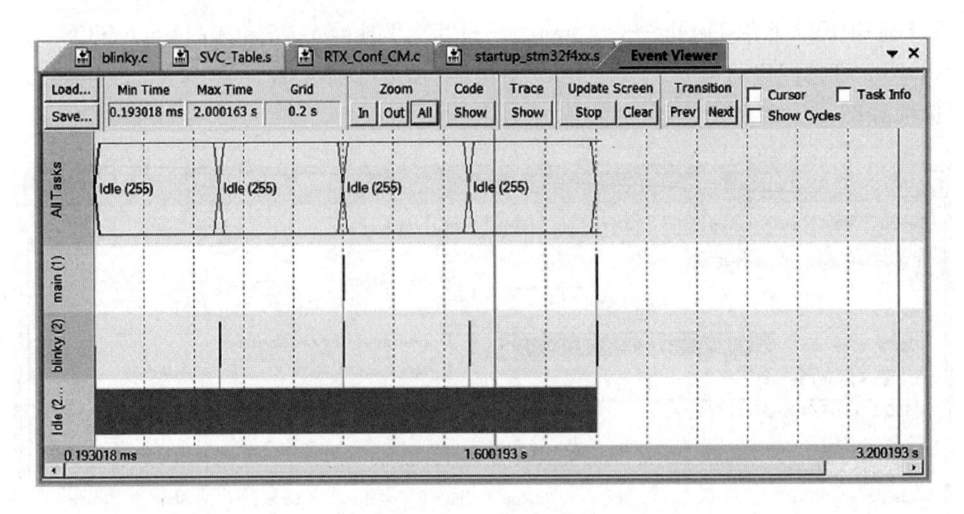

图 19.15　事件查看窗口

19.5　疑难解答

第 12 章和附录 I 介绍了常见的问题并解答了一些技术疑问，下面的内容主要针对嵌入式 OS 应用。若应用工作不正常，记着检查下面提到的几点。

19.5.1　栈大小和栈对齐

对于多个工具链，都能生成每个线程所需栈大小的报告。可以据此检查工程中的栈大小设置，其中包括启动代码（如 Keil MDK）或链接文件（如 IAR）中的栈大小设置、main 和线程的默认栈大小以及 osThreadDef 定义的栈大小选项。

另外，栈大小应该为 8 的倍数，可能还需要检查链接器报表或存储器映射报表以确定栈空间是否对齐到双字地址。

19.5.2　特权等级

若嵌入式 OS 在非特权状态运行所有（或部分）线程，那么这些线程就无法访问包括 NVIC 寄存器在内的 SCS 区域。这还会影响到对 ITM 的访问，这是因为 ITM 激励端口只能被配置为特权访问。请参考 19.3.11 节，其中介绍了如何扩展 CMSIS-RTOS RTX 中的 SVC 服务。

19.5.3　其他问题

在使用 CMSIS-RTOS 特性时，不要忘了首先要创建目标实体（利用 osXxxxCreate 函数等）。若忽略了某些创建函数，则程序代码在编译时不会有什么问题，不过运行结果则可能是无法预测的。

在开发上面的这些例子时，偶然发现 μVision 调试器中的 RTX 任务和系统窗口以及事件窗口可能会停止工作，此时只需拔下板子并重新上电就能解决这个问题。

第 20 章

汇编和混合语言工程

20.1 汇编代码在工程中的使用

对于小的工程，可以用汇编语言开发整个应用，不过这种情况并不常见。这是因为：

- 由于要对指令有很好的理解，因此也更加困难，而且当应用需要复杂的数据处理时也非常麻烦。
- 微控制器供应商的设备驱动(如头文件)是用 C 实现的，若要用汇编访问外设，则需要创建自己的头文件和驱动库。
- 定位和调试错误非常困难。
- 汇编程序代码可移植性差，不同工具链的伪指令和语法都不同。

不过，有些情况下，可能需要在工程的某些部分中使用汇编：

- 直接操作栈存储(如嵌入式 OS 中的上下文切换，参见 10.5 节)。
- 为特定任务进行最高速度/性能或最低程序大小的优化。
- 重用之前工程中的汇编代码。
- 学习处理器架构。

多数情况下，即使应用中的一部分需要用汇编实现，其他部分还是可以用 C 或其他高级语言编程的。这样就使得系统初始化更加容易，而且也提高了软件的可移植性。

将汇编代码添加到工程的方法有很多种：

- 汇编代码可能是汇编文件中的函数，而且这些函数可以从 C 代码中调用。
- 汇编代码可能是在 C 文件中利用编译器特有的特性实现的(如 ARM 工具链中的嵌入汇编，Keil MDK-ARM、ARM DS-5 和之前的工具链都支持)。
- 汇编代码可以是利用内联汇编插到 C 代码中的指令序列。
- 可以利用内在或 CMSIS-Core 函数将汇编指令插到 C 代码中。

另外，有些编译器还支持习语识别，可以识别特定的 C 结构并将其直接转换为一条或多条汇编指令。

20.2 C 和汇编间的交互

在深入了解汇编语言编程之前，首先来看一下汇编和 C 代码共存时需要注意的内容，如输入参数和返回值在调用函数和被调函数间传递的方式，如表 20.1 所示。一个名为 ARM 架构过程调用标准(AAPCS,参考文献 8)的 ARM 文档介绍了这方面的内容。

表 20.1 函数调用中的简单参数传递和值返回

寄存器	输入参数	返回值
R0	第 1 个输入参数	函数返回值
R1	第 2 个输入参数	—,或者返回值(64 位结果)
R2	第 3 个输入参数	—
R3	第 4 个输入参数	—

AAPCS 包括以下方面：

- 函数调用中的寄存器用法。函数或子程序应该保持 R4～R11、R13 和 R14(以及具有 FPU 的 Cortex-M4 中的 S16～S31)的数值。若这些寄存器在函数或子程序执行期间被修改,则其数值应被保存在栈中并在返回调用代码前恢复。
- 参数和返回值传递。对于简单的情况,输入参数可由 R0(第 1 个参数)、R1(第 2 个参数)、R2(第 3 个参数)和 R3(第 4 个参数)传递到函数中。对于具有 FPU 的 Cortex-M4,根据所选择的 ABI 的类型,还可能会用到 S0～S15(参见 13.4.4 节)。函数的返回值通常被存放在 R0 中,若传递给函数的参数超过 4 个,则需要使用栈(参考 AAPCS 以了解细节内容)。
- 栈对齐。若汇编函数需要调用 C 函数,就应该确保当前选择的栈指针指向了双字对齐的地址(如 0x20002000、0x20002008 和 0x20002010 等),这是 EABI 标准规定的。符合 EABI 的 C 编译器生成的程序代码会假定栈指针指向了双字对齐的位置,若汇编代码未调用任何 C 函数(直接或间接),则不必严格遵循这个要求。

若开发的汇编函数需要被 C 代码调用,则需要确保“被调用者保存寄存器”的内容不会改变。若使用了这些寄存器,则需要将它们的内容压入栈中并在函数结束时恢复。

类似地,调用 C 函数的汇编代码应该确保在函数调用前保存“调用者保存寄存器”的内容,这是因为调用函数可能会修改这些寄存器,如表 20.2 所示。

表 20.2 函数调用中的寄存器用法和要求

寄存器	函数调用行为
R0～R3,R12,S0～S15	调用者保存寄存器,这些寄存器的内容可以被函数修改。汇编代码如果在之后的操作中使用这些数值,就需要保存这些寄存器
R4～R11,S16～S31	调用者保存寄存器,函数必须保存这些寄存器的内容。如果函数要在处理中使用这些寄存器,就需要将它们保存到栈中,并且在函数返回前将它们恢复
R14(LR)	如果函数中包含 BL/BLX 指令,那么链接寄存器的内容就需要被保存到栈中,这是因为 LR 在 BL\BLX 执行时会被覆盖
R13(SP),R15(PC)	普通处理中不应使用

对于双字栈对齐,还需要格外小心。在 ARM/Keil 开发工具中,汇编器提供了 REQUIRE8 伪指令,表示函数要求双字栈对齐。汇编器可以利用该伪指令分析代码,若在函数需要双字对齐的栈帧时调用函数无法保证,汇编器会产生警告。根据应用的不同,这些伪指令可能会用不上,特别是整个工程都是用汇编代码构建时。

遵循 AAPCS 的要求可以提高软件的可重用性,而且在将自己的汇编代码和第三方的程序代码或中间件一起使用时也会避免潜在的问题。

20.3　汇编函数的结构

汇编函数可以非常简单。例如，将两个输入参数相加的函数可以简单到：

```
My_Add ADDS R0, R0, R1 ; R0 和 R1 相加,结果位于 R0 中
    BX LR ;返回
```

为了提高可读性，可以另外添加伪指令表示函数的开始和结束。在 ARM 工具链中（如 Keil MDK-ARM），FUNCTION 伪指令表示函数的开始，ENDFUNC 伪指令则表示函数的结束。

```
My_Add FUNCTION
    ADDS  R0, R0, R1 ; R0 和 R1 相加, 结果位于 R0 中
    BX    LR ; 返回
    ENDFUNC
```

伪指令对 PROC 和 ENDP 为 FUNCTION 和 ENDFUNC 的简写，每个 FUCNTION 都要有一个对应的 ENDFUNC，且不能嵌套。FUNCTION 和 ENDFUNC 以及 PROC 和 END 都是 ARM 工具链特有的。

对于 GNU 工具链，应该使用.type 将 My_Add 声明为函数：

```
    .type My_Add, %function
My_Add ADDS R0, R0, R1 ; R0 和 R1 相加,结果位于 R0
    BX LR ;返回
```

多数情况下，即使没有.type 声明，程序仍然可以工作，不过在引用 My_Addr 标号时，数值的最低位为 0。例如，若 My_Addr 未使用 type 声明，下面的代码不会正常运行：

```
LDR R0, = My_Add    /* 由于 R0 的 LSB 为 0,本代码会执行失败 */
BX R0               /* 这就意味着会切换到 ARM 状态 */
```

例如，在使用“.long”时，向量表中向量的 LSB 也会为 0，这样也会引起失败。

要将该函数放到汇编代码文件中（文件的后缀为.s），需要额外增加伪指令以表示程序代码的开始和要存放的存储器的类型。例如，在 ARM 工具链中，可能会编写以下代码：

```
    PRESERVE8 ; 表示这里的代码需要双字栈对齐
    THUMB ; 表示使用的是 THUMB 代码
    AREA |.text|, CODE, READONLY ; CODE 区域起始
My_Add FUNCTION
    ADDS R0, R0, R1 ; R0 和 R1 相加, 结果位于 R0
    BX LR ; 返回
    ENDFUNC
    END ; 文件结束
```

对于 GNU 工具链：

```
    .text /* text 段 */
    .syntax unified /* 统一汇编语法 - UAL */
    .thumb /* Thumb 指令集 */
    .type My_Add, %function
    .global My_Add /* 使 My_Add 从外部可见 */
My_Add
```

```
    ADDS R0, R0, R1 /* R0 和 R1 相加，结果位于 R0 */
    BX LR /* 结果 */
    .end /* 文件结束 */
```

对于更加复杂的汇编函数，所需要的步骤也更多。一般来说，函数结构可被分为以下阶段：

- 开始(若有必要将寄存器内容保存到栈中)。
- 为局部变量分配栈空间(SP 减小)。
- 将 R0～R3(输入参数)中的一部分复制到高寄存器(R8～R12)，以便后续使用(可选)。
- 执行处理/计算。
- 若返回结果则将结果放到 R0 中。
- 调整栈，释放局部变量占用的栈空间(SP 增大)。
- 结束(从栈中恢复寄存器的数值)。
- 返回。

这些步骤中大多是可选的。例如，若函数不会破坏 R4～R11 中的内容，则不需要开始和结束阶段。若处理所选的寄存器足够，则也不需要栈调整阶段。下面的汇编函数实现了其中的一些阶段：

```
My_Func FUNCTION
    PUSH {R4 - R6, LR} ; 4 个寄存器被压入栈中，需要双字栈对齐
    SUB SP, SP, #8 ; 为局部变量预留 8 个字节，
    ; 可以用 SP 相关的寻址模式访问局部变量
    ... ; 执行处理
    MOVS R0, R5 ; 结果存放在 R0 中，用作返回值
    ADD SP, SP, #8 ; 恢复 SP，释放栈空间
    POP {R4 - R6, PC} ; 结束并返回
    ENDFUNC
```

若该函数调用了另外一个汇编或 C 函数，则被调用函数可能会修改寄存器 R0～R3 和 R12 中的数值。因此，若不确定被调用函数是否会修改这些寄存器，且之后还会用到它们，则需要保存这些寄存器的内容。另外，可能需要避免在自己函数的数据处理中使用这些寄存器。

20.4 例子

20.4.1 ARM 工具链的简单例子(Keil MDK-ARM、DS-5)

在本部分中，将会实现一个简单的程序，将数值 10、9、…、1 相加。在这里重用了汇编启动代码以及 SystemInit 函数(C 语言)。由于不需要标准的 C 启动代码，可以将栈和堆的初始化代码从汇编启动代码中去掉。

在 simple_example.s 中，编写了以下代码：

```
    ; simple_example.s
    PRESERVE8 ; 表示这里的代码需要双字栈对齐
    THUMB ; 表示使用的是 THUMB 代码
    AREA |.text|, CODE, READONLY ; CODE 区域起始
    EXPORT __main
```

```
    ENTRY
_main FUNCTION
    ; 初始化寄存器
    MOV r0, #10 ; 初始化循环计数值
    MOV r1, #0 ; 初始化结果
    ; 计算 10 + 9 + 8 + … + 1
loop
    ADD r1, r0 ; R1 = R1 + R0
    SUBS r0, #1 ; 减小 R0, 更新标志("S"后缀)
    BNE loop ; 若结果非零,则跳到 loop,结果位于 R1 中
deadloop
    B deadloop ; 无限循环
    ENDFUNC
    END ; 文件结束
```

在链接器选项中,由于工程中没有 C 库,修改了链接器脚本。

```
; simple_example.sct
; *************************************************************
; ***************** uVision 生成的分散加载文件 *****************
; *************************************************************
LR_IROM1 0x08000000 0x00100000 { ; 加载区域 size_region
ER_IROM1 0x08000000 0x00100000 { ; 加载地址 = 执行地址
  *.o (RESET, +First)
  ; *(InRoot$$Sections) ; 本行被注释掉是因为没有使用 C 库
  .ANY (+RO)
  }
  RW_IRAM1 0x20000000 0x00020000 { ; RW 数据
    .ANY (+RW +ZI)
  }
}
```

在构建完工程后,可以和之前一样在调试器中进行测试。

同一个工程还可以用 ARM Development Studio 5 Professional(DS-5)构建。注意,DS-5 中的命令行选项和 Keil MDK 有些不同。对于 DS-5,汇编程序要使用:

```
$> armasm --cpu cortex-m4 -o simple_example.o simple_example.s
$> armasm --cpu cortex-m4 -o startup_stm32f4xx.o startup_stm32f4xx.s
```

-o 选项指定了输出文件名。例如,simple_example.o 就是一个目标文件,系统初始化文件(C 语言)则更加复杂。由于 system_stm32f4xx.c 需要 CMSIS-Core 头文件和 STM32F4 头文件,需要指定包含文件路径:

```
$> armcc -c -g -W --cpu cortex-m4 -I CMSIS/Include -I CMSIS/ST/STM32F4xx/Include -o
system_stm32f4xx.o system_stm32f4xx.c
```

接下来需要使用链接器创建一个可执行映像(ELF),此时可以输入:

```
$> armlink --rw_base 0x20000000 --ro_base 0x08000000 simple_example.o startup_stm32f4xx.o
system_stm32f4xx.o "--keep=startup_stm32f4xx.o(RESET)" "--first=startup_stm32f4xx.o
(RESET)" --entry Reset_Handler --map -o simple_example.elf
```

在这里,"-ro_base 0x08000000"指定只读区域(程序 ROM)从地址 0x08000000 开始(专用于本例中的 STM32F4),"-rw_base 0x20000000"则表示读/写区域(数据存储器)从地址

0x20000000 开始。

“--keep”确保链接器不会移除向量表(启动代码中的 RESET 区域)。

“--first”指定链接器将向量表放到映像的开始处。

“--map”选择创建映像映射表,有助于对编译映像存储器布局的理解。

最后,需要创建二进制映像：

```
$> fromelf --bin --output simple_example.bin simple_example.elf
```

为了检查映像是否达到了要求,还可以使用下面的命令生成反汇编列表文件：

```
$> fromelf -c --output simple_example.list simple_example.elf
```

若一切工作正常,则可以将 ELF 映像或二进制映像加载到硬件或指令集模拟器对程序进行测试。

20.4.2 ARM 嵌入式处理器 GNU 工具的简单例子

对于 gcc,由于存在一些差别,所以需要修改程序代码：GNU 汇编器的标号后为冒号(:)；注释由/*和*/表示；伪指令的前缀为(.)。

```
    /* simple_example.s for GCC */
    .text /* text 段 */
    .syntax unified /* 统一汇编语法 - UAL */
    .thumb /* Thumb 指令集 */
    .type _main, %function
    .global _START /* 使_START 从外部可见 */
_START:
    /* 初始化寄存器 */
    MOV r0, #10 /* 初始化循环计数值 */
    MOV r1, #0 /* 初始化结果 */
    /* 计算 10+9+8+...+1 */
loop:
    ADD r1, r0 /* R1 = R1 + R0 */
    SUBS r0, #1 /* 减小 R0,更新标志("S"后缀) */
    BNE loop /* 若结果非零则跳到 loop */
    /* 结果位于 R1 */
deadloop:
    B deadloop /* 无限循环 */
    .end /* 文件结束 */
```

接下来稍微修改一下启动代码,去掉预处理的定义并利用下面的批处理文件编译和链接工程：

```
rem Batch file to compile and link the simple assembly example for gcc
set OPTIONS_ARCH=-mthumb -mcpu=cortex-m4
set OPTIONS_OPTS=-Os
set OPTIONS_COMP=-g -Wall
set OPTIONS_LINK=--gc-sections -Map=map.rpt
set SEARCH_PATH_1=CMSIS\Include
set SEARCH_PATH_2=CMSIS\ST\STM32F4xx\Include
set LINKER_SCRIPT=gcc.ld
set LINKER_SEARCH="C:\Program Files (x86)\GNU Tools ARM Embedded\4.7 2012q4\share\gcc-arm-none-eabi\samples\ldscripts"
```

```
rem Newlib-nano feature is available for v4.7 and after
rem set OPTIONS_LINK=%OPTIONS_LINK% --specs=nano.specs

arm-none-eabi-as %OPTIONS_ARCH% startup_stm32f4xx.s -o startup_stm32f4xx.o
if %ERRORLEVEL% NEQ 0 goto end

arm-none-eabi-as %OPTIONS_ARCH% simple_example.s -o simple_example.o
if %ERRORLEVEL% NEQ 0 goto end

rem Compile the SystemInit
arm-none-eabi-gcc ^
%OPTIONS_COMP% %OPTIONS_ARCH% ^
%OPTIONS_OPTS% -c ^
-I %SEARCH_PATH_1% -I %SEARCH_PATH_2% ^
system_stm32f4xx.c ^
-o system_stm32f4xx.o
if %ERRORLEVEL% NEQ 0 goto end

rem Link
arm-none-eabi-ld -T %LINKER_SCRIPT% -L %LINKER_SEARCH% ^
%OPTIONS_LINK% -o simple_example.elf ^
system_stm32f4xx.o simple_example.o startup_stm32f4xx.o
if %ERRORLEVEL% NEQ 0 goto end

rem Generate disassembled listing for debug/checking
arm-none-eabi-objdump -S simple_example.elf > list.txt
if %ERRORLEVEL% NEQ 0 goto end

rem Generate binary image file
arm-none-eabi-objcopy -O binary simple_example.elf
simple_example.bin
if %ERRORLEVEL% NEQ 0 goto end

rem Generate Hex file (Intel Hex format)
arm-none-eabi-objcopy -O ihex simple_example.elf simple_example.hex
if %ERRORLEVEL% NEQ 0 goto end

rem Generate Hex file (Verilog Hex format)
arm-none-eabi-objcopy -O verilog simple_example.elf
simple_example.vhx
if %ERRORLEVEL% NEQ 0 goto end

:end
```

20.4.3 访问特殊寄存器

若使用 GNU 工具链，在用汇编代码访问特殊寄存器时，寄存器的名称要用小写。例如：

```
msr control, r1
mrs r1, control
msr apsr, R1
mrs r0, psr
```

而 ARM 工具链中的特殊寄存器名则是大小写都可以。

对于 C 编程，可以使用 CMSIS-Core API 访问特殊寄存器(参见附录 E 的 E.4)。

20.4.4 数据存储器

对于多数应用，需要一定数量的 SRAM 用于数据存储。在多数函数中，可以将栈用作局部变量。在本章的前一个例子中，在启动代码中进行栈的定义。例如，在 ARM 工具链中：

```
Stack_Size EQU 0x00000400
          AREA STACK, NOINIT, READWRITE, ALIGN = 3
Stack_Mem SPACE Stack_Size
_initial_sp ; 向量表中 MSP 的初始值
```

而对于 gcc：

```
.    section .stack
     .align 3
#ifdef _STACK_SIZE
     .equ Stack_Size, _STACK_SIZE
#else
.    equ Stack_Size, 0xc00
#endif
     .globl _StackTop
     .globl _StackLimit
_StackLimit:
     .space Stack_Size
     .size _StackLimit, . - _StackLimit
_StackTop:
     .size _StackTop, . - _StackTop
```

在函数内，可以修改 SP 的数值，为局部变量预留一定的空间。例如，在某个函数中，可能会定义三个数据变量 MyData1（字大小数据变量）、MyData2（半字大小数据变量）和 MyData3（字节大小数据变量），总共需要 7 个字节，而由于栈指针必须要对齐到字地址上，因此分配了两个字。

在下面的代码中，为了提高字节和半字传输的效率，在栈调整后将新的 SP 数值复制到一个通用寄存器中（R4）。接下来可以利用 R4 相关的寻址访问这些局部变量：

```
MyFunction
  PUSH {R4, R5}
  SUB SP, SP , #8 ; 为局部变量分配两个字
  MOV R4, SP ; 将 SP 复制到 R4
  LDR R5, = 0x00001234
  STR R5,[R4, #0] ; MyData1  =  0x00001234
  LDR R5, = 0x55CC
  STRH R5,[R4, #4] ; MyData2  =  0x55CC
  MOVS R5, #0xAA
  STRB R5,[R4, #6] ; MyData3  =  0xAA
  ...
  ADD SP, SP, #8 ; 将 SP 恢复到初始值以释放空间
  POP {R4, R5}
  BX LR
```

另外，可能还需要为全局或静态变量分配一定的空间。在 ARM 工具链中，可以添加一个名为 Data 的段：

```
; ------------------------------------------------------------
```

```
; 分配数据变量空间
        AREA | Header Data|, DATA ; Data 定义开始
        ALIGN 4
MyData4 DCD 0 ; 字大小数据
MyData5 DCW 0 ; 半字大小数据
MyData6 DCB 0 ; 字节大小数据
; -------------------------------------------------
```

Gcc 中则可以用.lcomm 实现：

```
/* Data 位于 LC,本地通用段 */
.lcomm MyData4 4 /* 名为 MyData4 的 4 字节数据 */
.lcomm MyData5 2 /* 名为 MyData5 的 2 字节数据 */
.lcomm MyData6 1 /* 名为 MyData6 的 1 字节数据 */
```

.lcomm 伪操作数用于创建一个 bss 段内未初始化的存储块,这样程序代码可以利用已定义的标号 MyData4、MyData5 和 MyData6 访问这个区域.

20.4.5 Hello world

如果连 Hello World 都没有试过,怎好意思谈编程？对于这个例子,汇编语言编程需要的工作更多,不过输出 Hello World 消息可能没有看起来那么难。在本例中,使用指令跟踪宏单元(ITM)输出 Hello World 消息。

在本程序中,实现了几个函数：

- Putc。将 R0 中一个字符输出到 ITM(和 ITM_SendChar 效果一样)。
- Puts。输出 R0 指向的一个字符串。

将 Hello World 定义成了一个以 null 结束且存放在程序存储器中的字符串。

```
  ; Hello World 程序
  PRESERVE8            ; 表示这里的代码使用 8 字节的栈对齐
  THUMB                ; 表示这里使用 THUMB 代码
  AREA |.text|, CODE, READONLY ; CODE 区域起始
  EXPORT _main
  ENTRY
  _main FUNCTION
  MOVS R0, #'\n'
  BL Putc
MainLoop
  LDR R0, = HELLO_TXT ; 得到字符串的地址
  BL Puts ; 显示字符串
  BL Delay ; 延时
  B MainLoop
  ENDFUNC
; -------------------------------------------------
Puts FUNCTION
  ; 发送待显示的字符串的子程序
  ; 输入 R0 = 字符串的起始地址
  ; 字符串应该以 null 结尾
  PUSH {R4, LR} ; 保存寄存器
  MOVS R4, R0
  ; 由于会用到 R0,因此将地址复制到 R1 中
PutsLoop ; 作为 Putc 的输入
  LDRB R0,[R4],#1
  ; 读取一个字符并增大地址(后序)
```

```
    CBZ R0, PutsLoopExit ; 若字符为 null, 则 goto end
    BL Putc ; 将字符输出到 UART
    B PutsLoop ; 下一个字符
PutsLoopExit
    POP {R4, PC} ; 返回
    ENDFUNC
;-----------------------------------------------------------
; 通过 ITM 发送一个字符
ITM_BASE EQU 0xE0000000
ITM_PORT0 EQU (ITM_BASE + 0x000)
ITM_TER EQU (ITM_BASE + 0xE00)
ITM_TCR EQU (ITM_BASE + 0xE80)
Putc FUNCTION
    ; 显示一个字符的函数
    ; 输入 R0 - 要显示的字符
    LDR R1, = ITM_TCR ; 0xE0000E80
    LDR R2,[R1]
    MOVS R3, #1 ; 检查 ITMENA 位,若为 0 则退出
    TST R2, R3
    BEQ PutcExit
    LDR R1, = ITM_TER ; 0xE0000E00
    LDR R2,[R1] ; 检查端口 0 是否使能,若为 0 则退出
    TST R2, R3
    BEQ PutcExit
    LDR R1, = ITM_PORT0 ; 0xE0000000
PutcWait
    LDR R2,[R1] ; 读取状态
    CMP R2, #0
    BEQ PutcWait
    STRB R0,[R1] ; 写一个字符
PutcExit
    BX LR
    ENDFUNC
;--------------------------------------------
Delay FUNCTION
    LDR R0, = 0x01000000
DelayLoop
    SUBS R0, R0, #1
    BNE DelayLoop
    BX LR
    ENDFUNC
;--------------------------------------------
; 待显示的消息
HELLO_TXT
    DCB "Hello world\n", 0 ; 以 Null 结束的字符串
    ALIGN 4
    END ; 文件结束
```

20.4.6 显示十六进制和十进制的数据

添加了加法函数后,可以显示十进制和十六进制的数据。首先来看一下稍微简单些的十六进制,函数首先显示 0x,将输入值循环移位后把每个数字都放在最低 4 位,并在掩码后转换为用以显示的 ASCII：

```
; 显示十六进制数据的函数
;------------------------------------------------
PutHex FUNCTION
    ; 输出十六进制格式的寄存器值
    ; 输入 R0 = 要显示的数据
    PUSH {R4 - R6, LR}
    MOV R4, R0 ; 由于 R0 已使用,将寄存器值保存到 R4 中,用于输入参数传递
    MOV R0,#'0' ; 开始时显示"0x"
    BL Putc
    MOV R0,#'x'
    BL Putc
    MOV R5, #8 ; 设置循环计数
    MOV R6, #28 ; 循环移位偏移
PutHexLoop
    ROR R4, R6 ; 将数据值循环左移 4 位(右移 28 位)
    AND R0, R4,#0xF ; 提取最低 4 位
    CMP R0, #0xA ; 转换为 ASCII
    ITE GE
    ADDGE R0, #55 ; 若大于或等于 10,则转换为 A~F
    ADDLT R0, #48 ; 否则转换为 0~9
    BL Putc ; 输出第一个十六进制字符
    SUBS R5, #1 ; 减小循环计数
    BNE PutHexLoop ; 若已显示了所有 8 个十六进制字符,则
    POP {R4 - R6,PC} ; 返回,否则返回下 4 位
    ENDFUNC
;------------------------------------------------
```

函数 PutDec 要稍微复杂些,计算从最小的数字开始,每次结果都会除 10,在将余数转换为 ASCII 后存入字符缓冲。

```
; 显示十进制数值的函数
;------------------------------------------------
PutDec FUNCTION
    ; 以十进制显示寄存器值的子程序
    ; 输入 R0 = 要显示的数值
    ; 由于其为 32 位数值,十进制数值的最大字符数为 11
    ; 根据 AAPCS, 函数会修改 R0~R3, R12,因此在处理中使用这些寄存器
    ; R0 - 输入值
    ; R1 - 除数(10)
    ; R2 - 除法的结果
    ; R3 - 余数
    ; R12 - 字符缓冲指针
    PUSH {R4, LR} ; 保存寄存器值
    MOV R12, SP ; 复制当前栈指针到 R4
    SUB SP, SP, #12 ;预留 12 字节用于字符缓冲
    MOVS R1, #0 ; Null 字符
    STRB R1,[R12, # - 1]! ; 将 null 字符放到字符缓冲末尾处,缓冲为前序
    MOVS R1, #10 ; 设置除数
PutDecLoop
    UDIV R2, R0, R1 ; R2 = R0 / 10 = 除法结果
    MUL R4, R2, R1 ; R4 = R2 * 10 = 数据 - 余数 (乘 10)
    SUB R3, R0, R4 ; R2 = R0 - (R2 * 10) = 余数
    ADDS R3, #48 ; 转换为 ASCII (R2 可以为 0~9)
    STRB R3,[R12, # - 1]!; 将 ASCII 字符放到缓冲中,前序
    MOVS R0, R2 ; 设置 R0 = 除法结果,R4 = 0 则设置 Z 标志
```

```
    BNE PutDecLoop ; 若 R0(R4)为 0, 则说明数字已全部处理
    MOV R0, R12 ; 将 R0 置为缓冲的起始地址
    BL Puts ; 利用 Puts 显示结果
    ADD SP, SP, #12 ; 恢复栈地址
    POP {R4, PC} ; 返回
    ENDFUNC
;------------------------------------------------------
```

在这些函数一起使用时，即使使用汇编语言，也可以很容易地输出消息显示。

20.4.7 NVIC中断控制

编写几个中断控制的函数也是很有用的。例如，要使能中断，可以使用下面的函数 EnableIRQ：

```
; 基于 IRQ 编号使能 IRQ 的函数
EnableIRQ FUNCTION
    ; 输入 R0 = IRQ 编号
    PUSH {R0 - R2, LR}
    AND R1, R0, #0x1F ; 产生 IRQ 使用的位
    MOV R2, #1
    LSL R2, R2, R1 ; 位 = (0x1 << (N & 0x1F))
    AND R1, R0, #0xE0 ; 若 IRQ 编号大于 31,则产生地址偏移
    LSR R1, R1, #3 ; 地址偏移 = (N/32) * 4 (每个字有 32 个 IRQ 使能)
    LDR R0, = 0xE000E100 ; 外部中断#31～#0 的 SETEN 寄存器
    STR R2, [R0, R1] ; 写 SETEN 寄存器
    POP {R0 - R2, PC} ; 恢复寄存器并返回
    ENDFUNC
```

类似地，可以实现函数 DisableIRQ 来禁止中断：

```
; 基于 IRQ 编号禁止 IRQ 的函数
DisableIRQ FUNCTION
    ; 输入 R0 = IRQ 编号
    PUSH {R0 - R2, LR}
    AND R1, R0, #0x1F ; 创建 IRQ 的使能位
    MOV R2, #1
    LSL R2, R2, R1 ; 位数据 = (0x1 << (N & 0x1F))
    AND R1, R0, #0xE0 ; 若 IRQ 编号大于 31,则产生地址偏移
    LSR R1, R1, #3 ; 地址偏移 = (N/32) * 4 (每个字有 32 个 IRQ 使能)
    LDR R0, = 0xE000E180 ; 外部中断#31～#0 的 CLREN 寄存器
    STR R2, [R0, R1] ; 写 SETEN 寄存器
    POP {R0 - R2, PC} ; 恢复寄存器并返回
    ENDFUNC
```

要配置中断的优先级，可以利用中断优先级可以字节寻址的特点，简化代码编写。例如，要将 IRQ#4 的优先级设置为 0xC0，可以使用下面的代码：

```
; 设置 IRQ #4 的优先级为 0xC0
LDR R0, = 0xE000E400 ; 外部中断优先级寄存器的起始地址
MOVS R1, #0xC0 ; 优先级
STRB R1, [R0, #4] ; 设置 IRQ #4 的优先级(字节写)
```

对于 Cortex-M3 和 Cortex-M4 处理器，中断优先级域的宽度由芯片生产商决定，最少为 3

位最多为 8 位。在 CMSIS-Core 中，优先级的宽度由参数_NVIC_PRIO_BITS 指定，该参数位于设备相关的头文件中。有些情况下，可能需要在运行时确定实际宽度，此时可以将 0xFF 写到其中一个优先级中并将其读回。对于汇编编程，可以用下面的代码实现：

```
; 确定实际的优先级宽度
LDR R2, = 0xE000E400 ; 外部中断#0 的优先级配置寄存器
LDR R1, = 0xFF
STRB R1,[R2] ; 写 0xFF (字大小)
LDRB R1,[R2] ; 读回(例如,0xE0 为 3 位)
RBIT R1, R1 ; 反转 R1 中的位 (例如,3 位的为 0x07000000)
CLZ R1, R1 ; 前导零计数(如 3 位的为 0x5)
MOV R0, #8
SUB R0, R0, R1 ; 得到实际的优先级宽度(如 3 位的为 8 - 5 = 3)
MOVS R1, #0x0
STRB R1,[R2] ; 恢复优先级为复位值 (0x0)
```

20.4.8 无符号整数平方根

平方根为嵌入式系统中常用的一种算术运算。由于平方根只能处理正数(除非使用复数)，下面的例子只能处理无符号整数，结果会被舍入到下一个较小的整数，如图 20.1 所示。

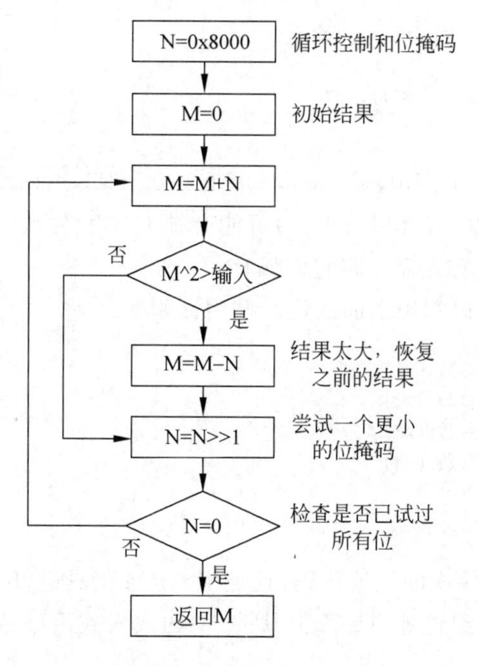

图 20.1 简单的平方根计算

对应的程序代码为：

```
simple_sqrt FUNCTION
    ; Input : R0
    ; Output : R0 (平方根结果)
    MOVW R1, #0x8000 ; R1 = 0x00008000
    MOVS R2, #0 ; 初始化结果
simple_sqrt_loop
    ADDS R2, R2, R1 ; M = (M + N)
    MULS R3, R2, R2 ; R3 = M^2
```

```
CMP R3, R0 ; 若 M^2 > 输入
IT HI ; 大于
SUBHI R2, R2, R1 ; M = (M - N)
LSRS R1, R1, #1 ; N = N >> 1
BNE simple_sqrt_loop
MOV R0, R2 ; 复制到 R0 并返回
BX LR ; 返回
ENDFUNC
```

20.5 混合语言工程

从一定的角度来看，本书中的大部分工程都是混合语言工程。多数工具链使用汇编语言作为启动代码，这样会给栈操作等低级控制带来更大的灵活性。

20.5.1 从汇编中调用 C 函数

在汇编代码内，可以调用外部的 C 函数。例如，下面的 C 函数具有 4 个输入参数并返回 32 位结果：

```
int my_add_c(int x1, int x2, int x3, int x4)
{
    return (x1 + x2 + x3 + x4);
}
```

根据 AAPCS 的定义，x1=R0，x2=R1，x3=R2，x4=R3，返回结果位于 R0 中。还需要注意调用者保存寄存器（如 R0～R3 以及 R12）可能会被 C 函数修改。因此，若这些寄存器中有些数据稍后还能用到，那么首先需要将它们保存。

对于 ARM 工具链，可以利用下面的代码调用该函数：

```
MOVS R0, #0x1 ; 第 1 个参数 (x1)
MOVS R1, #0x2 ; 第 2 个参数 (x2)
MOVS R2, #0x3 ; 第 3 个参数 (x3)
MOVS R3, #0x4 ; 第 4 个参数 (x4)
IMPORT my_add_c
BL my_add_c ; 调用 my_add_c 函数，结果位于 R0 中
```

若该代码是 C 程序文件中的汇编代码，且是用 ARM 工具链（Keil MDK-ARM、ARM DS-5 或早期的 RealView 开发组件等 ARM 工具链）中的嵌入式汇编或内联汇编实现，则应该使用_cpp 关键字代替 IMPORT。

```
MOVS R0, #0x1 ;第 1 个参数(x1)
MOVS R1, #0x2 ;第 2 个参数(x2)
MOVS R2, #0x3 ;第 3 个参数(x3)
MOVS R3, #0x4 ;第 4 个参数(x4)
BL _cpp(my_add_c) ;调用 my_add_c 函数，结果位于 R0 中
```

在访问 C 或 C++编译时变量表达式时，建议使用_cpp 关键字，其他工具链需要的伪指令可能会有所不同。

对于 GNU 工具链，可以使用“.global”使某个标号对其他文件可见。

20.5.2 从C中调用汇编函数

下面将整个过程反过来,用汇编实现 My_Add 函数,并在 C 代码中对其进行调用。在汇编代码内应该确认,若要修改被调用者保存寄存器(如 R4～R11),应该首先将它们保存到栈中,然后在退出函数前将它们恢复。

若这个函数还要调用另一个函数,则还需要保存 LR 的数值,这是因为在执行 BL 或 BLX 时 LR 的数值会有变化。

My_Add 函数可以如下实现:

```
    EXPORT My_Add
My_Add FUNCTION
    ADDS R0, R0, R1
    ADDS R0, R0, R2
    ADDS R0, R0, R3
    BX LR ;返回结果位于 R0 中
    ENDFUNC
```

在 C 程序代码内,需要利用 extern 声明 My_Add 函数:

```
extern int My_Add(int x1, int x2, int x3, int x4);
…
int y;
…
y = My_Add(1, 2, 3, 4); //调用 My_Add 函数
```

若汇编代码需要访问 C 代码中的一些数据变量,则还可以使用 IMPORT 关键字(用于 ARM 工具链)或“.global”(用于 GNU 工具链)。

20.5.3 嵌入汇编(Keil MDK-ARM /ARM DS-5 professional)

ARM 工具链(包括 Keil MDK-ARM 和 ARM DS-5 Professional)中有一个名为嵌入汇编的特性,若利用其在 C 文件中实现汇编函数/子程序,则需要在函数声明前增加_asm 关键字。例如,将 4 个寄存器相加的函数可以如下实现:

```
_asm int My_Add(int x1, int x2, int x3, int x4)
{
    ADDS R0, R0, R1
    ADDS R0, R0, R2
    ADDS R0, R0, R3
    BX LR ; 返回结果位于 R0
}
```

在嵌入汇编代码中,可以利用_cpp 关键字引入数据符号或地址值。例如:

```
_asm void function_A(void)
{
    PUSH {R0 - R2, LR}
    BL _cpp(LCD_clr_screen) ; 调用 C 函数 - 第一种方法
    LDR R0, = _cpp(&pos_x) ; 得到 C 变量的地址
    LDR R0, [R0]
    LDR R1, = _cpp(&pos_y) ; 得到 C 变量的地址
    LDR R1, [R1]
```

```
    LDR R2, = _cpp(LCD_pixel_set) ; 引入函数的地址
    BLX R2 ; 调用 C 函数
    POP {R0 - R2, PC}
}
```

20.5.4 内联汇编

ARM C 编译器中还有内联汇编特性，不过早期的 ARM C 编译器不支持 Thumb 状态的内联汇编。从 ARM C 编译器 5.01 和 Keil MDK-ARM 4.60 开始，内联汇编已经支持了 Thumb 状态代码，不过还是有些限制：

- 只能用于 v6T2、v6-M 和 v7/v7-M 内核。
- 不支持 TBB、TBH、CBZ 和 CBNZ 指令。
- 与之前的版本相同，不允许 SETEND 等一些系统指令。

例如，可以在 C 代码中使用内联汇编：

```
int qadd8(int i, int j)
{
  int res;
  _asm
  {
    QADD8 res, i, j
  }
  return res;
}
```

GNU C 编译器也支持内联汇编。其语法如下：

```
_asm (" inst1 op1, op2, . \n"
     " inst2 op1, op2, . \n"
     ...
     " instN op1, op2, . \n"
     : output_operands /* 可选 */
     : input_operands /* 可选 */
     : clobbered_operands /* 可选 */
);
```

在汇编指令不需要参数的简单情况下，代码还可以进一步简化：

```
void Sleep(void)
{ //使用 WFI 指令进入休眠
    _asm (" WFI\n");
    return;
}
```

若汇编代码需要输入和输出参数，那么就需要定义输入和输出操作数，而且若内联汇编操作会修改其他的寄存器，则还需要破坏寄存器列表。例如，将一个数值和 10 相乘的内联汇编代码可以写作：

```
unsigned int DataIn, DataOut;
...
_asm(" movs r0, %0\n"
     " movs r3, #10\n"
     " muls r0, r0, r3\n"
```

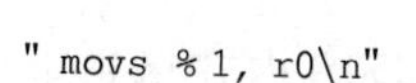

```
" movs %1, r0\n"
:"=r (DataOut) : "r" (DataIn) : "cc", "r0", "r3");
```

在上面的例子中，%0 为第 1 个输入参数，%1 则为第 1 个输出参数。由于操作数的顺序为输出操作数、输入操作数和破坏操作数，DataOut 被指定为%0，DataIn 则被指定为%1。由于代码会修改寄存器 R3，因此需要将其添加到破坏操作数列表中。

若要了解 GNU 编译器中内联汇编的更多细节，可以参考 GNU 工具链中的文档 GCC-Inline-Assembly-HOWTO。

20.6　内在函数

有些情况下，需要使用无法用普通 C 代码生成的一些指令。除了使用内联汇编、嵌入汇编或汇编语言编程外，生成这些特殊指令的另外一个方法为使用内在函数。

内在函数有两种：

- CMSIS-Core 内在函数，参见附录 E 的 E.5。
- 编译器相关的内在函数，参见表 20.3 中的一些例子。

一般来说，CMSIS-Core 内在函数更受欢迎，因为它们的可移植性更高。对于一些工具链，CMSIS 会直接支持 CMSIS-Core 内在函数。而在其他情况下，编译器的内在实现和 CMSIS-Core 是相互独立的。

表 20.3 列出了 ARM C 编译器(包括 Keil MDK-ARM 和 ARM DS-5 Professional)可用的一些内在函数。

表 20.3　ARM C 编译器提供的内在函数示例

汇编指令	ARM 汇编器内在函数
CLZ	unsigned char _clz(unsigned int val)
CLREX	void _clrex(void)
CPSID I	void _disable_irq(void)
CPSIE I	void _enable_irq(void)
CPSID F	void _disable_fiq(void)
CPSIE F	void _enable_fiq(void)
LDREX/LDREXB/LDREXH	unsigned int _ldrex(volatile void * ptr)
LDRT/LDRBT/LDRSBT/LDRHT/LDRSHT	unsigned int _ldrt(const volatile void * ptr)
NOP	void _nop(void)
RBIT	unsigned int _rbit(unsigned int val)
REV	unsigned int _rev(unsigned int val)
ROR	unsigned int _ror(unsigned int val, unsigned int shift)
SSAT	int _ssat(int val, unsigned int sat)
SEV	void _sev(void)
STREX/STREXB/STREXH	int _strex(unsigned int val, volatile void * ptr)
STRT/STRBT/STRHT	void int _strt(unsigned int val, const volatile void * ptr)
USAT	int _usat(unsigned int val, unsigned int sat)
WFE	void _wfe(void)
WFI	void _wfi(void)
BKPT	void _breakpoint(int val)

注意，对于一些编译器，有些编译器相关的内在函数可能和 CMSIS 内在函数非常类似。例如，有些函数在 CMSIS 中是大写的，而在 ARM/Keil C 编译器中则是小写的，如表 20.4 所示。

表 20.4 CMSIS-Core 内在函数和编译器相关的内在函数的相似性示例

指令	CMSIS 内在函数	ARM/Keil C 编译器内置的内在函数
WFI(等待中断)	_WFI(void)	_wfi(void)
WFE(等待事件)	_WFE(void)	_wfe(void)
SEV(发送事件)	_SEV(void)	_sev(void)

有些情况下，需要使用编译器相关的内在函数，而不是 CMSIS 内在函数。这些情况包括：

- 在使用 Cortex-M3 r3p1 或更老版本且要在程序代码中插入断点来进行调试时(_BKPT (value)是从 r3p2 版本开始出现的)，因此，若要在应用中插入断点且使用 ARM 的 C 编译器(如 Keil MDK-ARM 和 ARM DS-5 Professional)，则应该使用 void _breakpoint (int val)，即 ARM/Keil 工具链的 BKPT 指令。其他编译器的内在函数可能会不同。另外，还可以利用内联汇编插入断点。
- 在使用非特权存储器访问指令时(LDRT、LDRHT、LDRBT、STRT、STRHT 和 STRBT)，CMSIS-Core 中也没有这些指令的内在函数。

20.7 习语识别

有些 C 编译器还提供了一种名为习语识别的特性。若 C 代码是由一种特定方式实现的，C 编译器会自动将该操作转换为一条指令或一组指令。例如，ARM C 编译器支持多个习语识别格式，如表 20.5 所示。

表 20.5 Keil MDK 或 ARM C 编译器中的习语识别

指令	可被 Keil MDK 或 ARM C 编译器识别的 C 语言代码
BFC	x. b=0;
BFI	x. b = n;
MLA	x += y * z;
MLS	c=c-a * b;
PKHBT	(a & 0xFFFF0000) | (b&0x0000FFFF);
PKHTB	(a & 0xFFFF0000) | ((b >> 1) & 0x0000FFFF);
REV16	(((x&0xff)<<8)|((x&0xff00)>>8)|((x&0xff000000)>>8)|((x&0x00ff0000)<<8));
REVSH	((i<<24)>>16)|((i>>8)&0xFF);
SBFX	利用 C/C++中位域特性(参见 23.7 节)
SMLABB	x16 * y16 + z32;
SMLABT	x * (y>>16) + z32;
SMLATB	(x>>16) * y + z32;
SMLATT	(x>>16) * (y>>16) + z32;
SMLAWB	(((long long)x * y) >> 16)+ a);
SMLAWT	(((long long)x * (s16)(y>>16)) >> 16)+ a);

续表

指令	可被 Keil MDK 或 ARM C 编译器识别的 C 语言代码
SMLAD	z + ((short)(x>>16) * (short)(y>>16)) + ((short)x * (short)y);
SMLADX	z + ((short)(x>>16) * (short)(y)) + ((short)x * (short)(y>>16));
SMLAL	a += (s64)x * y; /* a 为 64 位数据 */
SMLALBB	a + x * (y>>16) ; /* a 为 long long, x 和 y 为 s16 */
SMLALBT	a + x * (y>>16) ; /* a 为 long long, x 为 s16, y 为 s32 */
SMLALTB	a + (x>>16) * y; /* a 为 long long, x 为 s32, y 为 s16 */
SMLALTT	a + (x>>16) * (y>>16) ; /* a 为 long long, x 和 y 为 s32 */
SMLAWB	(int)(((long long)x * y) >> 16) + z; /* x 和 z 为 int, y 为 short */
SMMLA	(int)((((long long)i * j) + ((long long)a<<32)) >>32);
SMMLAR	((((long long)a)<<32) + ((long long)i * j) + 0x80000000LL) >> 32;
SMMLS	(int)(((long long)a<<32 - ((long long)i * j))>>32);
SMMLSR	((((long long)a)<<32) - (((long long)i * j)) + 0x80000000LL) >> 32;
SMMUL	((int)(((long long)i * j)>>32));
SMMULR	(int)(((long long)i * j + 0x80000000LL) >> 32);
SMUAD	((x>>16) * (y>>16)) + (((x<<16)>>16) * ((y<<16)>>16)); /* x 和 y 为 s32 */
SMULBB	x16 * y16;
SMULBT	(x16>>16) * y16;
SMULTB	x16 * (y16>>16);
SMULTT	(x16>>16) * (y16>>16);
SMULWB	(((long long)x * y) >> 16);
SMULWT	(((long long)x * (y>>16))>>16);
SSAT	(x < -8) * -8: (x > 7 * 7: x);
SXTAB	((a<<24)>>24) + i;
SXTAH	((a<<16)>>16) + i;
UBFX	利用 C/C++ 中位域特性(参见 23.7 节)
UMAAL	(ull)u32 + u32 + ((ull)u32 * u32);
UMLAL	u64 a; a += ((u64)x * y);
USAT	a > 7 * 7: (a < 0 * 0: a);
UXTAB	((unsigned)(a<<24)>>24) + i;
UXTAH	((a<<16)>>16) + i;

若要将软件移植到另外一个编译器上，且两者的习语识别特性不同，则由于代码使用的是标准的 C 语法，仍可以将代码编译成功，只是所生成指令的效率会比使用习语识别时要低一些。

第21章 ARM Cortex-M4 和 DSP 应用

与之前的 Cortex-M 内核相比，Cortex-M4 处理器中关键的新特性为进行了 DSP 扩展。这些指令加速了数学运算，且使得 Cortex-M4 在没有外部数字信号处理器的情况下，具有了执行实时信号处理的能力。本章介绍 Cortex-M4 中的 DSP 特性以及如何利用这些新的扩展开发高效的代码。

本章开头会说明进行 DSP 扩展的原因，并以点积为例对这个特性做了简单的介绍。接下来会以 Analog Devices 的 SHARC 处理器为例，更加深入地了解现代 DSP 的特性和能力。并会继续介绍 Cortex-M4 指令集并为处理器上的 DSP 代码优化提供了要点和技巧。接下来的一章将会关注 CMSIS_DSP 库，该库由 ARM 提供且为 Cortex-M4 的应用进行了优化。

21.1 微控制器上的 DSP

数字信号处理(DSP)涵盖了多种数学算法，可用于音频、视频、测量和工业控制等方面的应用，当然这里也只是举几个例子。在寻找能够执行数字信号处理应用的处理器时，第一个能想到的选择为数字信号处理器，它的缩写也是 DSP。DSP 架构是为执行数学运算而设计的。不过，从某个角度来看，它们在执行特定操作时非常优秀，而在执行日常任务时则有些力不从心。

而从另一个方面来说，微控制器则是通用设计，在执行控制任务方面得心应手：外设的接口、处理用户接口和一般的连接。因此，微控制器具有多种外设，可以很方便地通过 RS-232、USB 和以太网同其他 IC 通信。微控制器在可移动产品中的应用已经有了很长时间，更加注重降低功耗。不过，微控制器在需要大量的数学运算时一般不会有很好的表现，这是因为它们缺少支撑这些计算的寄存器和指令集。

连接设备的兴起，也使得对微控制器和 DSP 特性的需求日益增强，这种情况在处理多媒体信息的设备中尤其明显，它们既需要外设连接，也需要一定的 DSP 处理能力。按照之前的做法，这些设备一般会有两个单独的处理器：一个微控制器和一个 DSP。不过，有了 DSP 扩展后，许多多媒体设备可以基于一个单独的 Cortex-M4 处理器来构建。因此，具有 DSP 扩展的 Cortex-M4 处理器同时解决了传统 DSP 和微控制器的局限性，并带来了低功耗、易于集成，以及最重要的一点，更低的系统整体成本。

21.2 点积实例

本节讨论 DSP 的主要特性，并关注如何改进整体性能。作为一个例子，来看一下点积运算，该运算将两个向量相乘，并将乘积逐个相加：

$$z = \sum_{k=0}^{N-1} x[k]y[k]$$

假定输入 $x[k]$和 $y[k]$为 32 位数组,使用一个 64 位数表示 z。点积的 AC 代码实现如图 21.1 所示。

```
int64 dot_product (int32 * x, int32 * y, int32 N) {
int32 xx, yy, int32 k;
int64 sum = 0;
        for( k = 0; k < N; k++) {
            xx = * x++;
            yy = * y++;
            sum += xx * yy;
        }
return sum;
}
```

图 21.1 C 代码实现的点积计算

点积由一系列乘法和加法组成,这种 MAC 运算的"乘累加"是许多 DSP 函数的核心。

下面考虑这个算法在 Cortex-M3 上的执行时间,从存储器中取出数据并增加指针需要 2 个周期:

```
xx = * x+ +; //2 周期
```

类似地,下一个取数据也需要 2 周期:

```
yy = * y+ +; //2 周期
```

乘法和加法是按照 32×32+64 的形式进行的,Cortex-M4 可以用一条指令实现。不过,对于 Cortex-M3,根据输入数据的特点,同样的运算需要花费 3～7 个周期。

```
sum + = xx * yy; //3～7 个周期
```

循环自身就引入了额外的开销,通常会包含减小循环计数并跳转到循环的开头。标准的循环开销为 3 个周期。因此,对于 Cortex-M3,点积内的循环需要占用 10～18 个周期,实际数值由数据决定。

下面来看一下同样的代码在 Cortex-M4 上的表现。代码和图 21.1 中所示一样,不过循环周期不同。Cortex-M4 上的周期为:

```
xx = * x+ +; //2 周期
yy = * y+ +; //1 周期
sum + = xx * yy; //1 周期
(循环开销) //3 周期
```

取数据的操作由一条类似的指令执行,只会花费一个周期。因此循环内的代码只会持续 7 个周期,这不但比 Cortex-M3 要低,而且运行时间的优势更加明显。

可以将循环展开以降低循环开销。例如,若已知向量的长度为 4 个样本点的倍数,则也可以以 4 为单位将循环展开。计算 4 个样本点需要 4×4+3=19 个周期。换句话说,点积运算在 Cortex-M4 上只需 4.75 个周期/样本点,而 Cortex-M3 则需要 7.75～11.75 周期。

21.3 传统DSP处理器的架构

下面来考虑一下如何在数字信号处理器(DSP)上实现点积运算，将会利用SHARC处理器来介绍现代处理器的架构和特性。之所以选择SHARC，是因为它是全特性的，而且指令集也比较简单。对于SHARC，点积运算可以用汇编实现：

```
/* 累加器置0 */
MRF = 0;

/* 预加载数据值 */
R4 = DM(i2,1), R2 = PM(i8,1);

/* 主循环 */
LCNTR = R0, DO (PC, loop_end) UNTIL LCE;
loop_end:
MRF = MRF + R2 * R4 (SSF), R4 = DM(i2,1), R2 = PM(i8,1);
/* 最后的处理 */
MRF = MRF + R2 * R4 (SSF);
```

内循环中只有一条指令，且可以在一个时钟周期内完成：

```
MRF = MRF + R2 * R4 (SSF), R4 = DM(i2,1), R2 = PM(i8,1);
```

该指令并行执行4个操作：2个取数据、乘法和加法。注意，SHARC可以同时取出两个字，这是因为它具有多块内部存储器和多个存储器总线，两个存储器访问可以同时进行。另外，SHARC的存储器取操作和计算同时进行，在取数据后不需要单独的指令。

在存储器访问和计算合并后，SHARC可以在单个周期内执行基本的点积运算。利用一种名为零开销的特性，循环开销也降低了。循环指令为：

```
LCNTR = R0, DO (PC, loop_end) UNTIL LCE;
```

它表示循环将执行R0次，这里的R0为寄存器。设置好后，循环就会执行R0次，而不会有额外的开销。需要注意的是，取出的数据值R4和R2，在下一条指令前是不可用的，因此乘累加MRF=MRF+R2 * R4使用的是上一条指令的数据。循环前的指令：

```
R4 = DM(i2,1), R2 = PM(i8,1);
```

会预加载下一条指令用的数据。循环的指令：

```
MRF = MRF + R2 * R4 (SSF);
```

会完成乘累加运算。要计算N个元素的点积，内循环需要执行$N-1$次。利用SHARC的所有特性，N个点的点积会执行大约$N+2$个周期，比Cortex-M要少得多。

在点积例子中，将结果存放在一个64位数中。理想情况是，$x[n]$和$y[n]$都是32位整数，因此结果就是64位的。由于将N个乘积相加，所需的位宽会增加$\log_2 N$位。因此，为了避免溢出，就需要一个更大的寄存器(超过64位)来存放结果。在点积的例子中已经提到了这一点，不过若处理器无法支持超过64位的变量(如Cortex-M)，计算时应小心处理。

为了避免溢出，SHARC示例中使用了一个提供保护位的累加器寄存器MRF。MRF寄存器具有80个位，在累加64位结果时提供了16个保护位。累加器在保持中间结果的全部精度的同时，还避免溢出的产生。

许多情况下，要100%地避免溢出是不现实的，应该考虑溢出的情况并将其影响最小化。为了处理这种情况，DSP提供了饱和运算。DSP可被配置为在最大正数和最小负数时进行饱和操作，而不是将溢出值舍弃的标准做法。如图21.2所示，波形由16位整数表示，范围被限制在－32 768～32 767。最上面的图为理想结果，但其超过了允许范围，中间的图表示在使用标准的二进制补码时的结果，下面的图则为使用了饱和的结果。信号稍微有些变化，不过还是保持了波形的形状。

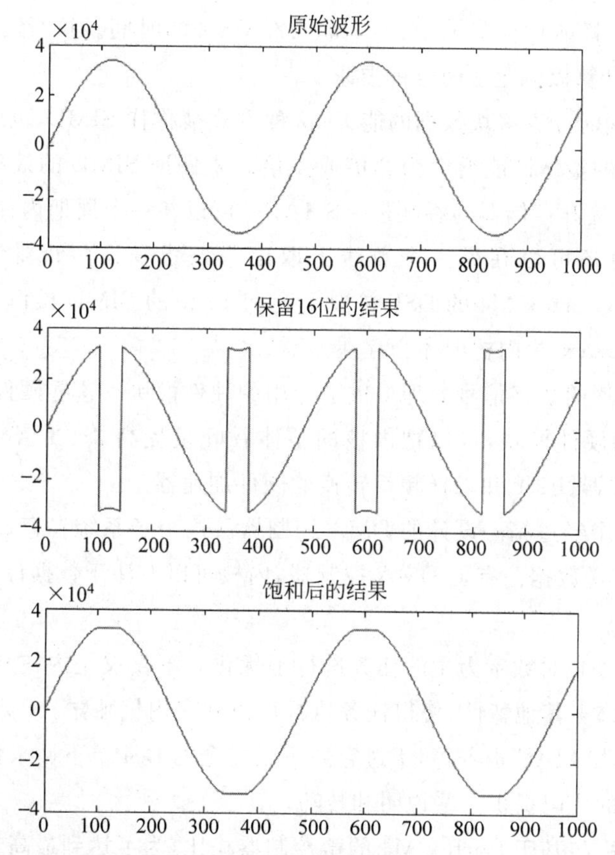

图21.2 有无饱和对处理的影响，上图为处理的理想结果，但超过了允许的16位范围；中间的图为强制转换为16位的情况，畸变非常严重；下面的图则为饱和至允许范围时的结果，畸变的程度比较小

Cortex-M4中包含基本的饱和运算，处理器支持饱和加法和减法指令，但不支持饱和MAC指令。要执行饱和MAC运算，必须得分别执行两个数据的乘法和饱和加法，这样只会花费一个周期。

SHARC中包含经过精心设计的地址产生器，重要的不仅是寄存器和存储器间的数据传递，更新地址指针操作的执行效率也很关键。在图21.1中，在每次读取存储器后都会增大地址指针。多数现代处理器可以在读取存储器的同时增大地址。DSP对其做了进一步处理，可以指定任何整数或负数增量。地址由特定的地址生成器计算，而且每个地址生成器都具有多个相关的寄存器。

地址生成器还简化了环形缓冲的编程。环形缓冲为一种FIFO（先入先出缓冲），其中的数据不会进行移位（太浪费）。取而代之的是，输入和输出指针在缓冲里线性增长，在到达末尾后就会重新开始。这种处理被称作环形寻址，DSP中的地址生成器可以在不带来任何开销的情况下自动进行这种操作。在后面的FIR滤波的例子中，还会看到环形寻址的使用。地址生成器还有一个特殊的寻址模式（叫作位翻转寻址），特别适用于FFT算法。

DSP具有强大的计算能力，这对于实时处理非常重要。在实时应用中，衡量性能的关键参数不是平均处理能力，而是峰值处理能力。例如，若处理的音频信号的采样频率为44.1kHz，在下一次采样前只会有1/44.1kHz＝22.67ms的时间。执行时间的变化是很麻烦的，需要相应地调整计算以满足实时性的要求。

有些DSP具有同时计算多块数据的能力，这种方式被称作SIMD，也就是单指令多数据。SIMD可以将处理器的整体性能增大为2倍或4倍。要保证SIMD的效率，处理器需要为数字处理能力的提高而提升存储器的吞吐量。SHARC可以在一个周期内往存储器加载或存储4个32位数据，同时还可以在另一个总线上取出一条指令。存储器访问一般不会降低SHARC的执行速度，Cortex-M4的DSP扩展了8和16位的SIMD操作，浮点SIMD只有在更高性能的ARM Cortex-A内核中才会存在。

SHARC还为普通的数字信号处理提供了专用的硬件模块。这些硬件加速器通过将任务从内核转移到单独的硬件模块，可以把内核的整体吞吐量提高2～3倍。SHARC具有用于FIR滤波器、IIR滤波器、FFT和采样频率转换的硬件加速器。

SHARC具有一个经过精心设计的DMA控制器。这个子系统在存储器块间或者存储器和串行口等外设间传送数据。有了DMA控制器，内核可以专注于数据计算，而不是数据传送等一般任务。

正如上面所述，DSP对数字为主的任务进行了优化。不仅仅是内核和指令集进行了并行设计，而且它们还有许多其他特性，使得任务执行可以和主内核独立。Cortex-M4中加入了一些基本的DSP特性，如MAC指令等，不过它还不是完全的DSP。下面来仔细看一下M4的指令集，并为编写高效的代码提供一些说明和技巧。

从另一方面来说，与基于Cortex-M4的微控制器相比，为了达到最高性能，传统的DSP大都进行了优化，同时也会消耗大量的能量。例如，为了在单周期内实现多个操作，许多传统的DSP都基于VLIW（超长指令字），需要在处理器的时钟频率下访问256位宽的指令存储器（或更宽）。为了达到所需的数据带宽，它们可能还需要双端口存储器或多块片上快速SRAM，而Cortex-M处理器的16位/32位指令宽度则给程序在存储器中的存放带来了更大的灵活性，而且处理任务也可以在更低功耗下执行。

另外，许多微控制器供应商还在自己的微控制器中加入了高性能的DMA控制器和多层AHB，以提高数据吞吐量和带宽。

与传统的DSP相比，Cortex-M4处理器的中断开销也相对较低。例如，ADI ADSP21160M DSP需要在ISR前后执行“中断分发”代码，这样可能会增加上百个时钟周期。即使有其他的处理器寄存器组（分组寄存器），如表21.1所示，开销仍可能会超过30个时钟周期。

表 21.1 ADI ADSP21160M 的 ISR 开销

	ISR 前的中断调度开销	ISR 后的中断调度开销
正常	183	109
快速	40	26
超快(利用替代寄存器集)	34	10
终极-使用用户写的汇编或 ISR 中存在上下文保存	24	15

21.4 Cortex-M4 的 DSP 指令

本节将会简要介绍 Cortex-M4 DSP 指令,目标并非面面俱到,而是重点介绍实际会用到的指令。这里会对整体情况做一个大致的介绍,但不会在每条指令上都花费太多的时间。要了解 Cortex-M4 的指令集,可以参考 Cortex-M4 设备普通用户指南(参考文献 3)和 Cortex-M4 技术参考手册(参考文献 5),特别是 3.3 节的内容。

还提出了一种用于 Cortex-M4 的编程模型。用 C 语言编程有很多优势,如可移植性、易于开发和方便维护等。许多情况下,C 编译器可以在无须额外帮助的情况下选择正确的指令,有时要利用可以直接转换为 Cortex-M4 指令的习语和小段 C 代码,习语的优势在于它们是完全可移植的。最后,在 SIMD 等许多情况下,编译器并不会高效地将 C 代码映射为指令,必须得利用内在函数告知编译器,这样会得到非 ANSI C 的代码,并会破坏处理器间的可移植性。不过,内在函数还是比汇编语言编程更受欢迎。

21.4.1 寄存器和数据类型

Cortex-M 处理器的寄存器组中包含 16 个 32 位寄存器,最低的 13 个寄存器 R0～R12 为通用目的寄存器,可以保存中间变量、函数参数和返回结果,高 3 个寄存器则用于 C 编译器。

R0～R12 —通用目的

R13 —栈指针[保留]

R14 —链接寄存器[保留]

R15 —程序计数器[保留]

在优化代码时,需要记着寄存器组只能存放 13 个中间数。若数据太多,编译器会将中间值放到栈中,这样会降低系统的性能。考虑图 21.1 中点积的例子,所需的寄存器为:

x —指针

y —指针

xx — 32 位整数

yy — 32 位整数

z — 64 位整数[需要两个寄存器]

k —循环计数

该函数共需要 7 个寄存器,点积是很简单的,不过已经使用了一半的寄存器。

Cortex-M4 的可选浮点单元(FPU)具有自己的一组寄存器,其中包括 32 个单精度寄存器(每个 32 位),标号为 S0～S31。浮点代码的一个明显优势在于可以访问这 32 个寄存器,不过 R0～R12 仍可用于存放整数变量(指针、计数值等),这样 C 编译器可以使用的寄存器就有 45 个。稍后会看到浮点运算的速度一般要比整数运算慢些,不过额外增加的寄存器会使代码更加高效，特别适用于 FFT 等更加复杂的功能。C 编译器在执行整数计算时会用到浮点寄存器，它们将中间数放在浮点寄存器中，而不是栈内，这是因为寄存器到寄存器的传输要执行一个周期，而寄存器到存储器间的传输则可能需要两个周期。

要使用 Cortex-M4 的 DSP 指令，首先要包含 CMSIS 文件 core_cm4.h，其中定义了如下面所示的多个整数、浮点和小数等数据类型。

1）有符号整数

```
int8_t 8 位
int16_t 16 位
int32_t 32 位
int64_t 64 位
```

2）无符号整数

```
uint8_t 8 位
uint16_t 16 位
uint32_t 32 位
uint64_t 64 位
```

3）浮点

```
float32_t 单精度 32 位
float64_t 双精度 64 位
```

4）小数

```
q7_t 8 位
q15_t 16 位
q31_t 32 位
q63_t 64 位
```

21.4.2 小数运算

小数类型一般用于信号处理，许多软件开发人员对此不是很熟悉。下面将会在本节中对其进行介绍。

N 位有符号整数用二进制补码表示，范围为$[-2^{(N-1)},2^{(N-1)}-1]$。小数的 N 位整数由 $2^{(N-1)}$ 表示，范围为$[-1,2^{-(N-1)}]$。若 I 为整数，则 $F=I/2^{-(N-1)}$ 表示相应的小数值。8 位小数的范围为

$$\left[\frac{-2^7}{2^7},\frac{-2^7-1}{2^7}\right]\text{或}[-1,\ 1-2^{-7}]$$

有些常见的有符号数可用二进制补码表示为：

最大	=	01111111	=	$1-2^{-7}$
最小正数	=	00000001	=	2^{-7}
零	=	00000000	=	0
最小负数	=	11111111	=	-2^{-7}
最小	=	10000000	=	-1

类似地，16 位小数范围为

$$[-1,1-2^{-15}]$$

注意，小数的范围基本上与8位和16位小数的相同，这样由于无须记着特定的整数范围而仅是简单的－1到大约＋1，计算过程也更加简单了。

你可能想知道为什么8位小数被命名为q7_t而不是q8_t，原因是数值中有1位符号位，实际的小数位只有7位。单独位的数值为

$$\left[S,\frac{1}{2},\frac{1}{4},\frac{1}{8},\frac{1}{16},\frac{1}{32},\frac{1}{64},\frac{1}{128}\right]$$

其中，S表示符号位。可以在数据中包含整数和小数位，Q$m.n$表示的小数具有1个符号位、$m-1$个整数位和n个小数位。例如，Q1.7和前面介绍的8位数据类型(q7_t)类似，具有1个符号位、7个小数位但没有整数位。Q9.7共有16位，其中包括1个符号位、8个整数位和7个小数位。位数据为

$$\left[S,128,64,32,16,8,4,2,1,\frac{1}{2},\frac{1}{4},\frac{1}{8},\frac{1}{16},\frac{1}{32},\frac{1}{64},\frac{1}{128}\right]$$

整数位可用作信号处理计算中的保护位。

小数可由整数表示，并可以被存放在整数变量或寄存器中。小数加法和整数加法相同，但乘法却有根本不同。将两个N位整数相乘会得到$2N$位的整数，若要将结果强制转换为N位，取的则一般是低N位。

由于小数值的范围为[－1，＋1)，两数相乘得到的结果的范围也一样。下面来看一下两个N位小数相乘的情况：

$$\frac{I_1}{2^{(N-1)}}\times\frac{I_2}{2^{(N-1)}}$$

最后得到的结果为$2N$位

$$\frac{I_1 I_2}{2^{(2N-2)}}$$

其中，$I_1 I_2$为标准的整数乘法。由于结果为$2N$位且分母为2^{2N-2}，其表示Q2.$(2N-2)$形式的数据。要转换为Q1.$(2N-1)$形式的小数，需要将其左移1位。另外，可以通过下面的两种方式将其转换为Q1.$(N-1)$的形式：

(1) 左移1位并取高N位。

(2) 右移$N-1$位并取出低N位。

这些操作描述真正的小数乘法，结果在[－1，＋1)范围内。

Cortex-M4在小数乘法时使用第一种方法并忽略了左移的1位，因此从理论上来说，结果会缩小1位，范围也就是[－1/2，＋1/2)。在编程实现时需要记着这一点，有时还要加上丢掉的位。

21.4.3 SIMD数据

Cortex-M4处理器的SIMD指令可以打包处理8位或16位整数，32位寄存器可以存放1个32位数、2个16位数或4个8位数：

32位			

16位	16位

8位	8位	8位	8位

处理 8 位或 16 位数据类型的指令可用于数据处理，如视频或音频，它们都不需要完整的 32 位精度。

要在 C 代码中使用 SIMD 指令，可以将数据存放在 int32_t 变量中，然后执行相应的 SIMD 内在指令。

21.4.4 加载和存储指令

加载和存储 32 位数据可以用标准的 C 结构实现。在 Cortex-M3 中，每条加载和存储指令都要执行两个周期。Cortex-M4 中的第一条加载或存储指令需要两个周期，而接下来的加载或存储则需要一个周期。在任何可能的情况下，将加载和存储组合使用，以利用单周期保存的优势。

在加载或存储打包的 SIMD 数据时，需要定义 int32_t 变量来存放数据，然后利用 CMSIS 库提供的_SIMD32 宏执行加载和存储。例如，要利用一条指令加载 4 个 8 位数，可以使用：

```
q7_t * pSrc * pDst;
int32_t x;
x = * _SIMD32(pSrc)++
```

这样还会将 pSrc 增加一个完整 32 位的字(因此会指向下 4 个 8 位数据)。要将数据存回存储器，应使用：

```
* _SIMD32(pDst) + +  = x;
```

该宏还适用于打包的 16 位数据：

```
q15_t * pSrc * pDst;
int32_t x;
x = * _SIMD32(pSrc)++;
* _SIMD32(pDst)++ = x;
```

21.4.5 算术指令

本节描述 Cortex-M 的算术运算，这也是 DSP 计算中最常用到的。目标并不是介绍所有的 Cortex-M 算术指令，而是重点说明实际中最常用到的指令。实际上，只会谈到一小部分可用的命令。重点关注：

有符号数	[忽略无符号]
浮点数	
小数	[忽略标准整数运算]
足够精度	[32 位或 64 位累加]

另外，还不会介绍带有舍入、加/减变量、进位和基于 32 位寄存器中高或低 16 位字的变量的小数运算。之所以不介绍这些指令，是因为它们很少使用，而且在学习了本节后，其他部分也就好理解了。

C 编译器在引入这些指令时所用的方法不同，编译器有时会基于标准 C 代码生成所需的指令。例如，小数加法如下所示：

```
z = x + y;
```

对于其他情况,必须得使用习语,它们是预定义的小端 C 代码,可以被编译器识别并映射为对应的一条指令。例如,要交换 32 位字中的字节 0 和 1 以及字节 2 和 3,可以使用习语:

```
(((x&0xff)<<8)|((x&0xff00)>>8)|((x&0xff000000)>>8)|((x&0x00ff0000)<<8));
```

编译器在识别出这条语句后会将其转换为一条 REV16 指令。

最后,有时 C 语句是没有对应的汇编指令的,这时可以使用内在函数。例如,要实现 32 位饱和加法,应该使用:

```
z = _QADD(x, y);
```

一般来说,使用习语会更好一些,因为它们是标准的 C 结构且在编译器和处理器间的可移植性更好。本章描述的习语适用于 Keil MDK,而且习语会被准确地映射为一条 Cortex-M 指令。有些编译器不完全支持这些习语,可能会生成多条指令,可以检查自己所用编译器的文档,确认支持的习语以及它们和 Cortex-M 指令的关系。

1. 32 位整数指令

1) ADD — 32 位加法

无饱和的标准 32 位加法,可能会产生溢出,且支持 int32_t 和 q31_t 数据类型。

支持的处理器: M3 和 M4 [1 个周期]。

C 代码示例:

```
q31_t x, y, z;
z = x + y;
```

2) SUB — 32 位减法

无饱和的标准 32 位减法,可能会产生溢出,且支持 int32_t 和 q31_t 数据类型。

支持的处理器: M3 和 M4[1 个周期]。

C 代码示例:

```
q31_t x, y, z;
z = x - y;
```

3) SMULL —有符号长整型乘法

两个 32 位整数相乘,返回 64 位结果。用于计算小数的乘积,且具有很高的精度。

支持的处理器: M3[3～7 个周期]和 M4[1 个周期]。

C 代码示例:

```
int32_t x, y;
int64_t z;
z = (int64_t) x * y;
```

4) SMLAL —有符号长整型累加

两个 32 位整数相乘后的结果和一个 64 位数相加,可用于计算小数的 MAC,且具有很高的精度。

支持的处理器: M3[3～7 个周期]和 M4[1 个周期]。

C 代码示例:

```
int32_t x, y;
int64_t acc;
```

```
acc + = (int64_t) x * y;
```

5）SSAT —有符号饱和

将有符号整数饱和至指定位 B，结果饱和后的范围为

$$-2^{B-1} \leqslant x \leqslant 2^{B-1}-1$$

其中，$B=1$、2、…、32，可以在 C 代码中利用内在函数实现该指令：

```
int32_t _SSAT(int32_t x, uint32_t B)
```

支持的处理器：M3 和 M4 [1 个周期]。

C 代码示例：

```
int32_t x, y;
y = _SSAT(x, 16); //饱和为 16 位精度
```

6）SMMUL — 32 位乘法且返回最高 32 位

q31_t 小数乘法(结果左移一位)。将两个 32 位整数相乘，在得到 64 位结果后返回结果的高 32 位。

支持的处理器：只有 M4 [1 个周期]。

可以利用下面的习语在 C 代码中实现该指令：

```
(int32_t) (((int64_t) x * y) >> 32)
```

C 代码示例：

```
//执行小数乘法但会丢失结果的最低位
int32_t x, y, z;
z = (int32_t) (((int64_t) x * y) >> 32);
z <<= 1;
```

与之相关的一条指令为 SMULLR，它会将乘法得到的 64 位结果做舍入处理，而不是简单的强制类型转换。舍入指令的精度要更高些，SMULLR 可以通过下面的习语实现：

```
(int32_t) (((int64_t) x * y + 0x80000000LL) >> 32)
```

7）SMMLA — 32 位乘法，最高 32 位累加

小数 q31_t 乘累加，将两个 32 位整数相乘，在产生 64 位结果后，将结果的最高位同 32 位数据相加。

支持的处理器：只有 M4 [1 个周期]。

可以利用下面的习语在 C 代码中实现该指令：

```
(int32_t) (((int64_t) x * y + ((int64_t) acc << 32)) >> 32);
```

C 代码示例：

```
//执行真正的小数 MAC
int32_t x, y, acc;
acc = (int32_t) (((int64_t) x * y + ((int64_t) acc << 32)) >> 32);
acc <<= 1;
```

相关的一条指令为具有舍入的 SMMLAR，以及执行减法而不是加法的 SMMLS。

8) QADD — 32 位饱和加法

将两个有符号整数(或小数)相加并对结果进行饱和。正数会被饱和为 0x7FFFFFFF,负数则会饱和为 0x80000000,且不会产生环绕。

只能利用下面的内在函数才能在 C 代码中实现该指令:

```
int32_t _QADD(int32_t x, uint32_t y)
```

支持的处理器:只有 M4 [1 个周期]。

C 代码示例:

```
int32_t x, y, z;
z = _QADD(x, y);
```

相关指令:

QSUB — 32 位饱和减法

SDIV — 32 位除法

两个 32 位数值相乘并返回 32 位结果。

支持的处理器:M3 和 M4[2~12 个周期]。

C 代码示例:

```
int32_t x, y, z;
z = x/y;
```

2. 16 位整数指令

1) SADD16 —双 16 位加法

利用 SIMD 将两个 16 位数值相加,若出现溢出则结果会环绕。

支持的处理器:只有 M4[1 个周期]。

C 代码示例:

```
int32_t x, y, z;
z = _SADD16(x, y);
```

相关指令:

SSUB16 —双 16 位减法

2) QADD16 —双 16 位饱和加法

利用 SIMD 将两个 16 位数据相加,若出现溢出则将结果做饱和处理。正数会被饱和为 0x7FFF,负数则会被饱和为 0x8000。

支持的处理器:只有 M4[1 个周期]。

C 代码示例:

```
int32_t x, y, z;
z = _QADD16(x, y);
```

相关指令:

QSUB16 —双 16 位饱和减法

SSAT16 —双 16 位饱和

将两个有符号 16 位数饱和到 B 位的位置,结果饱和后的范围为

$$-2^{B-1}\leqslant x\leqslant 2^{B-1}-1$$

其中，$B=1$、2、…、16，可以在C代码中利用内在函数实现该指令：

```
int32_t _ssat16(int32_t x, uint32_t B)
```

支持的处理器：只有M4[1个周期]。

C代码示例：

```
int32_t x, y;
y = _SSAT16(x, 12); //饱和到第12位
```

3）SMLABB — Q置位的16位有符号乘法，且具有32位累加

两个寄存器的低16位相乘，且结果同32位数相加。若在相加过程中出现溢出则结果会环绕。

支持的处理器：M4[1个周期]。

可以利用下面标准的算术运算实现该指令：

```
int16_t x, y;
int32_t acc1, acc2;
acc2 = acc1 + (x * y);
```

4）SMLAD — Q置位的双16位有符号乘法，且具有32位累加

两个有符号16位数相乘后，将两个结果同一个32位数相加。(高×高）+（低×低)。若在加法过程中出现溢出，则结果会环绕，这是SIMD版本的SMLABB。

支持的处理器：M4[1个周期]。

可以使用下面的内在函数实现该指令：

```
sum = _SMLAD(x, y, z)
```

一般来说，该函数执行下面的运算：

```
sum = z + ((short)(x>>16) * (short)(y>>16)) + ((short)x * (short)y)
```

相关的指令为：

SMLADX —双16位有符号乘法，且具有32位累加(高×低）+（低×高)

SMLADX — 16位有符号乘法，且具有64位累加，低位相加

两个寄存器的低16位相乘后结果同一个16位数相加。

支持的处理器：M4[1个周期]。

该指令可以通过下面C代码中标准的算术运算实现：

```
int16_t x, y;
int64_t acc1, acc2;
acc2 = acc1 + (x * y);
```

相关指令为SMLALBT、SMLALTB和SMLALTT。

5）SMLALD —双16位有符号乘法，且具有64位累加

执行两个16位乘法，且将两个结果同一个64位数相加(高×高）+（低×低)。若在累加过程中出现溢出，则结果会环绕。在C代码中只能利用下面的内在函数实现该指令：

```
uint64_t _SMLALD(uint32_t val1, uint32_t val2, uint64_t val3)
```

C代码示例：

```
//每个输入参数包含两个16位数值
//x[31:16] x[15:0], y[31:15] y[15:0]
uint32_t x, y;
//64位累加值
uint64_t acc;
//计算acc += x[31:15] * y[31:15] + x[15:0] * y[15:0]
acc = _SMLALD(x, y, acc);
```

相关的指令为：

SMLSLD —双16位有符号乘法，且同64位数相减

SMLALDX —双16位有符号乘法，且同64位数相加(高×低) +（低×高)。

3. 8位整数指令

1) SADD8 — 4个8位加法

利用SIMD将4个8位数据相加，若出现溢出则结果会环绕。

支持的处理器：只有M4[1个周期]。

C代码示例：

```
//每个输入参数中包含4个8位数:
//x[31:24] x[23:16] x[15:8] x[7:0]
//y[31:24] y[23:16] y[15:8] y[7:0]
int32_t x, y;
//结果中也包含4个8位数
//z[31:24] z[23:16] z[15:8] z[7:0]
int32_t z;
//无饱和的计算
//z[31:24] = x[31:24] + y[31:24]
//z[25:16] = x[25:16] + y[25:16]
//z[15:8] = x[15:8] + y[15:8]
//z[7:0] = x[7:0] + y[7:0]
z = _SADD8(x, y);
```

相关指令：

SSUB8 — 4个8位减法

2) QADD8 — 4个8位饱和加法

利用SIMD将4个8位数相加，若出现溢出则结果会被饱和。正数会被饱和为0x7F，而负数则会被饱和为0x80。

支持的处理器：只有M4[1个周期]。

C代码示例：

```
//每个输入参数包含4个8位数
//x[31:24] x[23:16] x[15:8] x[7:0]
//y[31:24] y[23:16] y[15:8] y[7:0]
int32_t x, y;
//结果中也有4个8位数
//z[31:24] z[23:16] z[15:8] z[7:0]
int32_t z;
//有饱和的计算
//z[31:24] = x[31:24] + y[31:24]
//z[25:16] = x[25:16] + y[25:16]
//z[15:8] = x[15:8] + y[15:8]
//z[7:0] = x[7:0] + y[7:0]
```

```
z = _QADD8(x, y);
```

相关指令：

QSUB8-4 个 8 位饱和减法

4. 浮点指令

Cortex-M4 中的浮点指令比较简单，而且多数都可以由 C 代码得到。若 Cortex-M4 中存在浮点协处理器，则这些指令会在本地执行。若下一条指令不需要本次执行的结果，则多数指令可以在一个周期内完成。若下一条指令需要本次的结果，则指令会在两个周期内完成。浮点指令符合 IEEE 754 标准。

若协处理器不存在，则这些指令需要由软件模拟，且执行速度要慢得多。在这里只会对浮点指令做简单介绍。

1）VABS. F32 —浮点绝对值

计算浮点数的绝对值。

支持的处理器：只有 M4F[1 或 2 个周期]。

```
float x, y;
y = fabs(x);
```

2）VADD. F32 —浮点加法

两个浮点数相加。

支持的处理器：只有 M4F[1 或 2 个周期]。

```
float x, y, z;
z = x + y;
```

3）VDIV. F32 —浮点除法

两个浮点数相除。

支持的处理器：只有 M4F[14 个周期]。

```
float x, y, z;
z = x/y;
```

4）VMUL. F32—浮点乘法

两个浮点数相乘。

支持的处理器：只有 M4F[1 或 2 个周期]。

```
float x, y, z;
z = x * y;
```

5）VMLA. F32 —浮点乘累加

两个浮点数相乘后结果同一个浮点数相加。

支持的处理器：只有 M4F[3 或 4 个周期]。

```
float x, y, z, acc;
acc = z + (x * y);
```

6）VFMA. F32 —融合乘累加

两个浮点数相乘后结果与一个浮点数相加，标准的浮点乘累加(VMLA)执行两次舍入操作，一个在乘法后，另一个则在加法后。融合乘累加保留了乘法结果的全部精度，且在加法后执行了一次舍入操作。这样得到结果的精度稍微高些,而且舍入误差也减半了。融合 MAC 主要用于除法和平方根等迭代运算。

支持的处理器:只有 M4F[3 或 4 个周期]。

```
float x, y, acc;
acc = 0;
_fmaf(x, y, acc);
```

7) VNEG.F32 —浮点负数

将浮点数与-1 相乘。

支持的处理器:只有 M4F[1 或 2 个周期]。

```
float x, y;
y = -x;
```

8) VSQRT.F32 —浮点平方根

计算浮点数的平方根。

支持的处理器:只有 M4F[14 个周期]。

```
float x, y;
y = _sqrtf(x);
```

9) VSUB.F32 —浮点减法

两个浮点数相减。

支持的处理器:只有 M4F[1 个或 2 个周期]。

```
float x, y, z;
z = x-y;
```

21.4.6 Cortex-M4 的一般优化策略

本节的内容建立在上一节指令集的介绍之上,介绍了可用于 Cortex-M4 上实现的 DSP 算法的常见优化策略。

1. 组合加载和存储指令

Cortex-M4 中的加载或存储指令需要执行 1 个或 2 个周期,单独的是 2 个周期,而若在另一个加载或存储指令之后则是 1 个周期。建议的方法是将多个加载和存储指令组合为连续的指令,N 个连续的加载或存储指令需要执行 $N+1$ 个周期,甚至在加载和存储指令混在一起时也具有这个特点。这种优化对整数和浮点运算都适用。

2. 检查中间汇编代码

有些 DSP 算法可能看起来非常简单而且容易优化,而编译器可能不会这么认为。仔细检查 C 编译器的中间汇编输出,确保使用了最合适的汇编指令,而且若中间结果要保存在栈中,还要确认寄存器的使用是否恰当。若有不对劲的地方,要仔细检查编译器设置或参考编译器文档。

要在 MDK 中产生中间汇编输出文件,需要在目标选项窗口的 Listings 标签中选择 Assembly Listing,然后重新构建工程。

3. 使能优化

这看起来可能非常简单,不过值得注意。若选择不同的调试模式和优化模式,编译器会生成不同的代码。调试模式生成的代码中有很多调试信息，执行起来可能不会太快。

编译器还提供了多个优化等级。Keil MDK 的优化选项包括：

（1）0 级。最小优化，关闭大部分优化，包含最多的调试信息，且是最低等级的优化。

（2）1 级。有限优化，移除了未使用的内联函数和静态函数，关闭了对内核调试影响大的优化。

（3）2 级。高优化，生成的代码很难调试，且是默认的优化等级。

（4）3 级。最高优化，优化措施包括高阶优化、循环展开、大量内联函数的使用、指令顺序重排以及源代码优化。

要得到最佳性能，一般可以使用最高的优化等级：－O3。不过，已经发现若使用－O3 优化，即使将加载和存储操作组合在一起，最终生成的指令顺序可能会被重新调整，从而降低了系统的性能。可能需要测试各个优化等级，确定适合特定算法的最佳性能。

4. 浮点 MAC 指令的性能考虑

从设计上来说，MAC 指令会在乘法计算后紧接着进行一次加法运算。由于加法需要乘法的结果，因此会有一个周期的延时，MAC 指令的最小周期数也就是 3。将 MAC 拆分为单独的乘法和加法后，通过合理的指令排列，浮点 MAC 可能会在 2 个周期内完成。若要为速度进行优化，最好是避免浮点 MAC 而只使用单独的浮点运算。这样带来的开销在于代码大小的增加，以及无法利用熔合 MAC 的稍微高些的精确度。不过代码大小的增加是可以忽略的，多数情况下不会影响结果。

5. 循环展开

Cortex-M4 每次循环会带来 3 周期的开销，将循环按照 N 展开会将循环开销降低为 $N/3$。若循环内只有几条指令，这么处理会节省不少的执行时间。利用循环展开，还可以将加载和存储指令组合在一起，而且对浮点指令重新排序后能够为这种运算减小 1 周期的延迟开销。

可以手动将一组指令重复多次来展开循环，或者让编译器自动处理。Keil MDK 编译器支持 pragma 语句，其定义了编译器的操作。例如，要让编译器展开循环，可以使用：

```
#pragma unroll
for(i = 0; i < L; i++)
    {
    …
    }
```

循环默认会被以 4 个一组展开，该 pragma 语句可用于 while 和 do-while 循环。指定#pragma unroll(N)会让循环展开 N 次。

应该检查生成的代码，确保循环展开有效。展开后，主要任务是检查寄存器的使用。若循环展开太多，则可能会超过可用寄存器的数量，而中间结果存放在栈中会导致性能降低。

6. 关注内循环

许多 DSP 算法中的循环嵌套有多级，内循环中的处理执行得最频繁，且应该是主要的优化对象。内循环中的处理会被放大循环次数倍，要想内循环处理良好，必须得考虑外循环的优化。许多工程师在优化时序要求不严格的代码时花费了太多的时间，而且性能也提高有限。

7. 内联函数

每次函数调用都会带来一些开销，若函数较小且执行得较频繁，则可以考虑以内联的方式直接插入函数代码，而不是减小函数调用开销。

8. 计数值寄存器

C编译器使用寄存器存放中间结果。若编译器用了全部的寄存器，则会将结果放在栈中，因此需要使用费时的加载和存储指令访问栈中的数据。在进行算法开发时，首先应该使用伪代码以计算所需的寄存器数量。在计算时，应该将指针、中间数值和循环计数包含在内。一般来说，使用最少中间寄存器的设计才称得上最好的设计。

在实现定点算法时应该特别注意寄存器的使用。Cortex-M3 中只有 13 个通用目的寄存器可用于整数变量的存放，而 Cortex-M4 则又增加了 32 个浮点寄存器。有了大量的浮点寄存器，循环展开以及加载和存储指令的组合也就更容易实现了。

9. 使用合适的精度

Cortex-M4 提供了多个乘累加指令，可以执行 32 位运算，有些还可以提供 64 位结果（如SMLAL），其他的则为 32 位结果（如 SMMUL）。尽管它们都只需执行一条指令，SMLAL 需要两个寄存器来存放 64 位结果，执行速度也可能更慢，特别是寄存器用完时。一般来说，中间结果最好是 64 位的，不过还是要检查一下生成的代码，以确认代码的执行效率。

21.4.7 指令限制

Cortex-M4 中的 DSP 是很容易理解的，不过它们和全特性的 DSP 处理器还是有些不同：

- 饱和定点运算只能用于加法和减法，MAC 指令是不能用的。出于性能的考虑，可能会经常用到定点 MAC 运算，因此应该尽量减少中间计算，以免出现溢出。
- 8 位数据不支持 SIMD MAC，应该使用 16 位代替。

21.5 为 Cortex-M4 编写优化的 DSP 代码

本节介绍如何利用 DSP 指令编写优化的代码。下面来看一下 Biquad 滤波器、FFT 蝶形运算和 FIR 滤波器。对于每一种情况，都会实现通用的 C 代码，并在使用一定的优化措施的同时，将其映射为 Cortex-M4 的 DSP 指令。

21.5.1 Biquad 滤波器

Biquad 滤波器为二阶递归滤波器，也叫 IIR 滤波器，用于音频均衡处理、音调控制、响度补偿以及图像均衡等。在许多应用中，Biquad 滤波器是整个处理过程中计算最多的环节，它们和控制系统中的 PID 控制器类似，本节利用的很多技术也可用于 PID 控制器。

Biquad 滤波器为线性时变系统，当滤波器输入为正弦波时，输出也是同样频率的正弦波，只是幅度和相位不同。输入和输出的强度及相位间的关系被称为滤波器的频率响应，Biquad 滤波器具有 5 个系数，且频率响应由这 5 个系数决定。修改系数可以实现低通、高通、带通、斜坡和陷波滤波器。例如，图 21.3 所示为一个音频“峰值滤波器”的幅度响应和系数间的关系。滤波器的系数可由设计公式或 MATLAB 等工具得到。

Biquad 滤波器在 Direct Form I 中的结构如图 21.4 所示。输入 $x[n]$用于两个采样延时线，标号为 z^{-1}的框表示一个采样延时，图的左侧为前馈处理，而右侧则为反馈处理。由于 Biquad 滤波器中包含反馈，因此也被称作递归滤波器。Direct Form I Biquad 滤波器具有 5 个系数、4 个状态变量，且每次输出采样需要 5 个 MAC。

由于图 21.4 所示的为线性时变系统，如图 21.5 所示，可以切换前馈和反馈部分。经过这

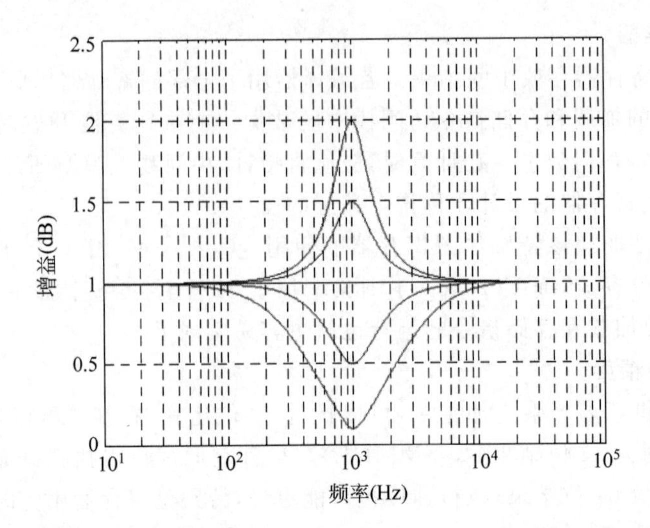

图 21.3 Biquad 滤波器的典型幅值响应，这种滤波器被叫作“峰值滤波器”，会将频率限制在 1kHz 附近，图中列出了中心增益为 0.1、0.5、1.0、1.5 和 2.0 的几种情况

种修改后，反馈和前馈的延时线可以使用相同的输入，因此可以合并在一起。这样就得到了图 21.6 所示的结构，将其称为 Direct Form Ⅱ。该滤波器具有 5 个系数、2 个状态变量，而且每次输出采样需要 5 个 MAC。从计算的角度来看，Direct Form Ⅰ和 Direct Form Ⅱ是等同的。

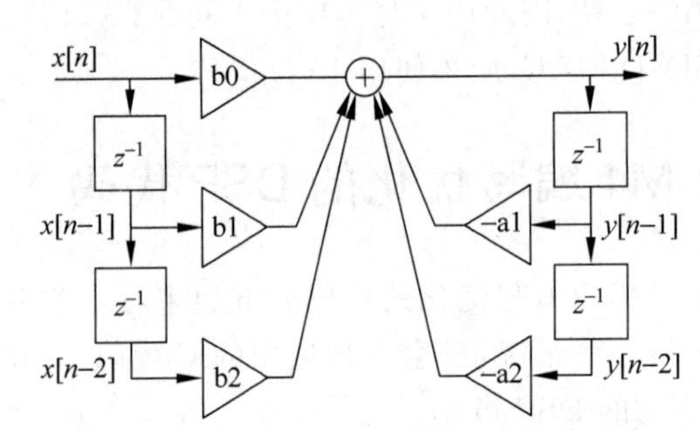

图 21.4 Direct Form I Biquad 滤波器，在更高阶滤波器中实现了一个二阶滤波器模块

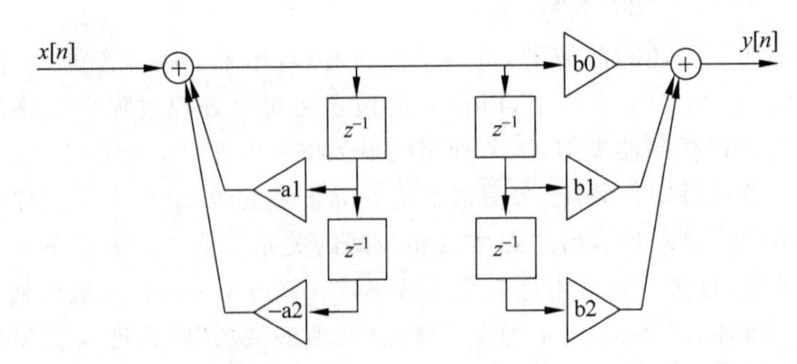

图 21.5 图中滤波器的前馈和反馈部分的位置进行了交换，两个延迟链的输入相同且被合并为下图

与 Direct Form Ⅰ相比，Direct Form Ⅱ滤波器的一个明显的优势为所需的状态变量只有一半，每个结构的其他优势就没有那么明显了。若仔细查看 Direct Form Ⅰ滤波器，会发现输入状态变量中的输入是具有延时的。类似的，输出状态变量中的输出也是延时版本的。因此，若滤波器的增益不超过 1.0，则 Direct Form Ⅰ中的状态变量永远也不会溢出。从另一个方面

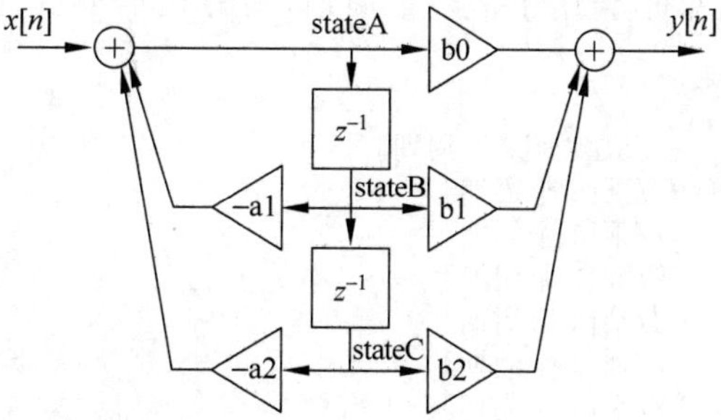

图 21.6 Direct Form Ⅱ结构，需要两次乘法，但只有两次延迟，浮点运算时更具效率

来说，Direct Form Ⅱ滤波器中的状态变量则和滤波器的输入或输出没有关系。在实际应用中，Direct Form Ⅱ状态变量的动态范围比滤波器的输入和输出要大得多。因此，即使滤波器的增益不超过 1.0，Direct Form Ⅱ的状态变量也可能会超过 1.0。由于这个特点，Direct Form Ⅰ更倾向于定点设计（具有更好的数字行为），而 Direct Form Ⅱ则最好用浮点设计实现（状态变量更少）。

计算 Biquad 滤波器中一个阶段的标准 C 代码如下所示，该函数共处理 blockSize 个采样。滤波器的输入位于 inPtr[]中，而输出则会被写入 outPtr[]，其中还使用了浮点计算：

```
//b0, b1, b2, a1 和 a2 为滤波器系数
//a1 和 a2 为负数
//stateA、stateB 和 stateC 表示中间状态变量
for (sample = 0; sample < blockSize; sample++)
{
    stateA = *inPtr++ + a1 * stateB + a2 * stateC;
    *outPtr++ = b0 * stateA + b1 * stateB + b2 * stateC;
    stateC = stateB;
    stateB = stateA;
}
//保存状态,用于下一次调用
state[0] = stateB;
state[1] = stateC;
```

中间状态变量 stateA、stateB 和 stateC 如图 21.6 所示。

下一步，来检查一下函数的内循环并计算所需的周期数。将运算拆分为 Cortex-M4 指令：

```
stateA = *inPtr++;          //取数据[2 个周期]
stateA += a1 * stateB;      //MAC 运算,结果用于下一条指令 [4 个周期]
stateA += a2 * stateC;      //MAC 运算,结果用于下一条指令 [4 个周期]
out = b0 * stateA;          //乘法运算,结果用于下一条指令 [2 个周期]
out += b1 * stateB;         //MAC 运算,结果用于下一条指令 [4 个周期]
out += b2 * stateC;         //MAC 运算,结果用于下一条指令 [4 个周期]
*outPtr++ = out;            //数据存储[2 个周期]
stateC = stateB;            //寄存器传送[1 个周期]
stateB = stateA;            //寄存器传送[1 个周期]
                            //循环开销[3 个周期]
```

总体而言，C 代码内循环每执行一次采样共需要 27 个周期。

优化这个函数的第一步为，将 MAC 指令拆分为单独的乘法和加法，然后对计算过程重新

排序。使得浮点运算的结果不会用于下一个周期，另外还需要其他的一些变量以存放中间结果：

```
stateA = * inPtr++          //取数据[2个周期]
prod1 = a1 * stateB;        //乘[1个周期]
prod2 = a2 * stateC;        //乘[1个周期]
stateA += prod1;            //加[1个周期]
prod4 = b1 * stateB;        //乘[1个周期]
stateA += prod2;            //加[1个周期]
out = b2 * stateC;          //乘[1个周期]
prod3 = b0 * stateA         //乘[1个周期]
out += prod4;               //加[1个周期]
out += prod3;               //加[1个周期]
stateC = stateB;            //寄存器传送[1个周期]
stateB = stateA;            //寄存器传送[1个周期]
* outPtr++ = out;           //数据存储[2个周期]
                            //循环开销[3个周期]
```

这些改动将内循环的执行时间从27个周期降低为18个周期，这一步的处理是正确的，不过还可以利用其他三种方法来进一步优化Biquad。

(1) 小心使用中间变量，减少寄存器传送，这个结构中的状态变量开始为：

```
stateA, stateB, stateC
```

计算得到第一个输出后，状态变量会被右移。没有进行实际的移位操作，而是改变了它们的顺序：

```
stateC, stateA, stateB
```

下一个过程后，状态变量被重新调整为：

```
stateB, stateC, stateA
```

经过第4个步骤后，变量最终为：

```
stateA, stateB, stateC
```

之后就会重复这个过程，若开始时为：

```
stateA, stateB, stateC
```

则计算到了3个输出采样后，还会回到：

```
stateA, stateB, stateC
```

(2) 按照3个一组展开循环以降低循环开销，3个采样可以减少3个周期的循环开销。

(3) 将加载和存储指令组合使用，在上面的代码中，加载和存储指令是分开的，每个都需要2个周期。若加载和存储多个结果，则第二个和后续的存储器访问只需要1个周期。

由于循环展开，修改后的代码要稍微长些：

```
in1 = * inPtr++;       //取数据 [2个周期]
in2 = * inPtr++;       //取数据 [1个周期]
in3 = * inPtr++;       //取数据 [1个周期]
prod1 = a1 * stateB;   //乘[1个周期]
prod2 = a2 * stateC;   //乘[1个周期]
```

```
stateA = in1 + prod1; //加[1 个周期]
prod4 = b1 * stateB;  //乘[1 个周期]
stateA += prod2;      //加[1 个周期]
out1 = b2 * stateC;   //乘[1 个周期]
prod3 = b0 * stateA;  //乘[1 个周期]
out1 += prod4;        //加[1 个周期]
out1 += prod3;        //加[1 个周期]
prod1 = a1 * stateA;  //乘[1 个周期]
prod2 = a2 * stateB;  //乘[1 个周期]
stateC = in2 + prod1; //加[1 个周期]
prod4 = b1 * stateA;  //乘[1 个周期]
stateC += prod2;      //加[1 个周期]
out2 = b2 * stateB;   //乘[1 个周期]
prod3 = b0 * stateC;  //乘[1 个周期]
out2 += prod4;        //加[1 个周期]
out2 += prod3;        //加[1 个周期]
prod1 = a1 * stateC;  //乘[1 个周期]
prod2 = a2 * stateA;  //乘[1 个周期]
stateB = in3 + prod1; //加[1 个周期]
prod4 = b1 * stateC;  //乘[1 个周期]
stateB += prod2;      //加[1 个周期]
out3 = b2 * stateA;   //乘[1 个周期]
prod3 = b0 * stateB;  //乘[1 个周期]
out3 += prod4;        //加[1 个周期]
out3 += prod3;        //加[1 个周期]
outPtr++ = out1;      //数据存储[2 个周期]
outPtr++ = out2;      //数据存储[1 个周期]
outPtr++ = out3;      //数据存储 [1 个周期]
                      //循环开销[3 个周期]
```

经过调整，计算 3 个输出采样需要 38 个周期，或者每个采样 12.67 个周期。这里的代码适用于向量数是 3 的倍数的情况。为了提高通用性，代码需要进一步修改，以处理剩下的 1 个或 2 个采样的情况，具体实现这里不再介绍。

代码还有没有优化的空间？应该将循环展开到什么程度？Biquad 滤波器的核心算术运算包括 5 个乘法和 4 个加法。为了避免延时而将这些运算合理排序后，在 Cortex-M4 中还会省去 9 个周期，每个加载和存储最多可以省去 1 个周期，这样 Biquad 所需的最低周期数为每个采样 11 个周期。这还要假定所有的数据加载和存储都是单周期的，而且没有循环开销。若将内循环进一步展开，会发现如表 21.2 所示的规律。

表 21.2 内循环展开规律

展开	周期总数	周期/采样点
3	38	12.67
6	71	11.833
9	104	11.55
12	137	11.41

进行到一定程度后，处理器会用完存放输入和输出变量的中间寄存器，因此无法进一步提高。展开 3 个或 6 个采样是最合理的选择，太多可能就起不到什么作用了。

21.5.2 快速傅里叶变换

快速傅里叶变换(FFT)是一种重要的信号处理算法，用于频域处理、压缩和快速滤波器算法。FFT 实际上是计算离散傅里叶变换(DFT)的快速算法,DFT 将 N 个点的时域信号 $x[n]$ 转换为 N 个单独的频率部分 $X[k]$,其中每个部分都是具有幅度和相位信息的复数。具有长度为 N 的有限长度序列的 DFT 被定义为

$$X[k]=\sum_{n=0}^{N-1}x[n]W_N^{kn},\quad k=0,1,2,\cdots,N-1$$

其中,W_N^k 为复数,表示 k 次方根。

$$W_N^k=\mathrm{e}^{-\mathrm{j}2\pi k/N}=\cos(2\pi k/N)-\mathrm{j}\sin(2\pi k/N)$$

将频域转换为时域的反向变换基本上也是相同的:

$$x[n]=\frac{1}{N}\sum_{k=0}^{N-1}X[k]W_N^{-kn},\quad n=0,1,2\cdots,N-1$$

在实现上面的公式时,计算所有 N 个采样的前向或反向变换的复杂度为 $O(N^2)$,而 FFT 的复杂度则会降为 $O(N\log_2 N)$。当 N 很大时,FFT 将会节省大量的执行时间,且使得许多新的信号处理应用成为了可能。FFT 最初由 Cooley 和 Tukey 在 1965 年提出。要了解 FFT 算法,可以参考 Cooley, James W.; Tukey, John W. "An algorithm for the machine calculation of complex Fourier series". Math. Comput. 19 (90): 297-301, 1965 以及 C. S. Burrus and T. W. Parks. "DFT/FFT and Convolution Algorithms". Wiley, 1984.

一般来说,FFT 最适用于长度 N 可被多个小的数值相乘得到的情况:

$$N=N_1\times N_2\times N_3\times\cdots\times N_m$$

N 为 2 的幂次方是最简单的情况,其被称作 radix-2 转换。FFT 遵循"分而治之"算法,N 点 FFT 可以通过两个独立的 $N/2$ 点转换和其他的一些操作实现。FFT 主要有两种:时域提取和频域提取。时域提取在计算 N 点 FFT 时会将偶数和奇数个时域采样的 $N/2$ 点 FFT 合并。频域提取的算法类似,利用两个 $N/2$ 点 FFT 计算偶数和奇数频域采样。这两种算法的复杂度差不多,CMSIS 库采用了频域提取算法,下面将对其做重点介绍。

第一步将实现图 21.7 所示的 8 点 radix-2 频域提取 FFT,该 8 点变换是用两个独立的 4 点变换实现的。

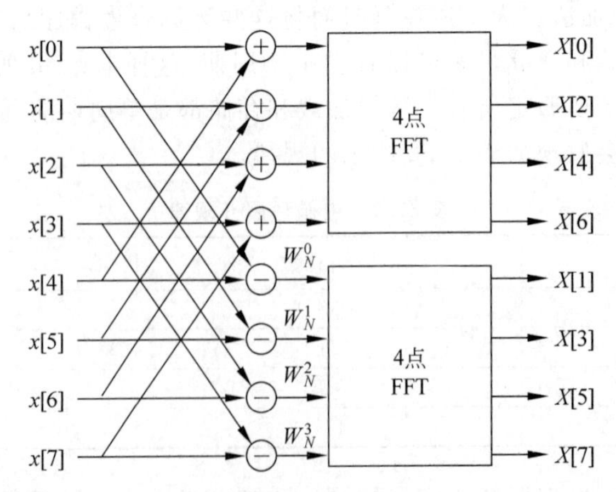

图 21.7 8 点 radix-2 频域提取 FFT 算法的第一个阶段

前面定义的乘数 W_N^k 被称作旋转因子。为提高执行速度,需要提前计算旋转因子并存放在一个数组中,而不是让 FFT 函数自身计算。

下面继续进行分解。每个 4 点 FFT 又能被拆分为两个 2 点 FFT,最后会计算 4 个 2 点

FFT。最终的结构如图 21.8 所示。注意，处理过程包含 $\log_2 8=3$ 个阶段。

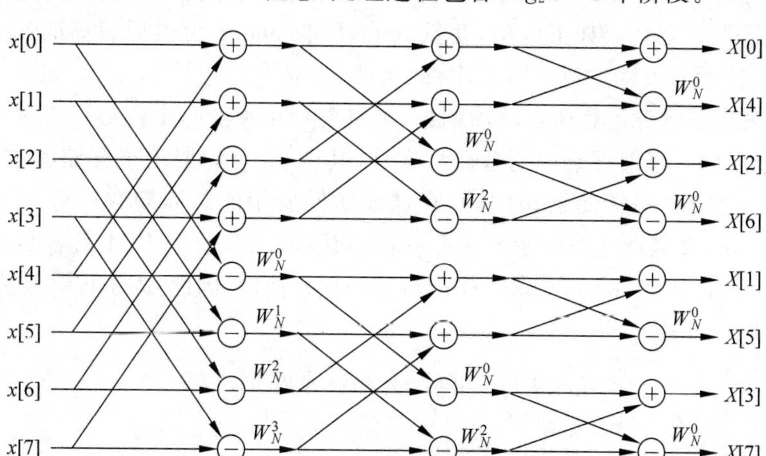

图 21.8　8 点 FFT 的整体结构，包括 3 个阶段，每个阶段由 4 个蝶形运算构成

每个阶段由 4 个蝶形运算组成，单独的一个蝶形运算如图 21.9 所示。

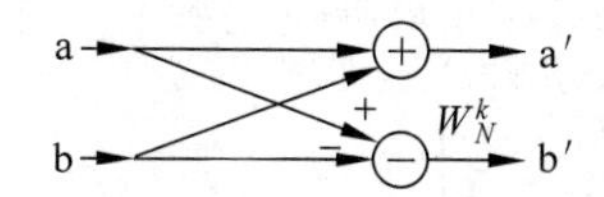

图 21.9　单次蝶形运算

每个蝶形运算由一次复数加法、一次减法和一次乘法组成。蝶形运算的一个特点在于它可以在存储器中完成。也就是说，可以取出复数 a 和 b，执行运算后将结果放回存储器中数组的同一位置。实际上，整个 FFT 产生的输出都可以位于输入用的同一个缓冲中。

图 21.8 中的输入为正常排列，按照 $x[0]$ 到 $x[7]$ 的顺序处理。处理后的输出则是乱序的，其顺序被称作位反转序。为了理解这种顺序，可以写出序号 0～7 的二进制代码，反转位后转换回十进制：

0	→	000	→	000	→	0
1	→	001	→	100	→	4
2	→	010	→	010	→	2
3	→	011	→	110	→	6
4	→	100	→	001	→	1
5	→	101	→	101	→	5
6	→	110	→	011	→	3
7	→	111	→	111	→	7

位反转序是同位置处理带来的副作用，多数 FFT 算法(包括 CMSIS DSP 库中的算法)提供了调整输出值顺序的选项。

蝶形运算为 FFT 算法的核心，将会在本节分析并优化蝶形运算。8 点 FFT 需要 $3\times4=12$ 个蝶形运算。一般来说，长度为 N 的 radix-2 FFT 包含 $\log_2 N$ 个阶段，每个阶段需要 $N/2$ 个蝶形运算，总共也就是$(N/2)\log_2 N$ 个蝶形运算。蝶形运算的分解带来了 $O(N\log_2 N)$的复杂度。除了蝶形运算自身，FFT 需要一个当前阶段索引值，以确定哪个阶段使用什么样的数值。在分析时忽略了索引开销，不过在最终算法中是要计算在内的。

浮点蝶形运算的C代码如下所示，变量index1和index2为蝶形运算的两个输入数组的偏移。数组x[]中存放交织数据(实部、虚部、实部、虚部等)。

代码中还列出了各种运算所需的周期数，可以看到单独的一个蝶形运算在Cortex-M4中需要执行23个周期。仔细观察周期数后会发现，其中13个周期用于存储器访问，10个周期用于算术运算。组合使用存储器访问后，存储器访问所用的总周期数可降为11，即便这样，Cortex-M4的radix-2蝶形运算中主要还是存储器访问，而且整个FFT算法的情况也是一样的。很难提高图21.10所示的radix-2蝶形运算的执行速度，因此，为了提高性能，需要考虑更大的radix算法。

```
//从存储器中取出两个复数 [5个周期]
xlr = x[index1];
xli = x[index1 + 1];

x2r = x[index2];
x2i = x[index2 + 1];

//计算和与差[4个周期]
sum_r = (xlr + x2r);
sum_i = (xli + x2i);

diff_r = (xlr - x2r);
diff_i = (xli - x2i);

//将加和结果放在存储器中[3个周期]
x[index1] = sum_r;
x[index1 + 1] = sum_i;

//取出复数旋转因子[2个周期]
twiddle_r = *twiddle++;
twiddle_i = *twiddle++;

//差值的复数乘法[6个周期]
prod_r = diff_r * twiddle_r - diff_i * twiddle_i;
prod_i = diff_r * twiddle_i + diff_i * twiddle_r;

//存回存储器[3个周期]
x[index2] = prod_r;
x[index2 + 1] = prod_i;
```

图21.10 浮点蝶形运算的C代码实现

在radix-2算法中，一次处理两个复数，因此处理阶段共$\log_2 N$个。每个阶段都需要加载N个复数，并在运算后将它们放回存储器中。对于radix-4算法，同时执行4个复数，共有$\log_4 N$个阶段。这样就减少了存储器的访问次数，只要中间寄存器够用，就应该考虑使用更大的radix。我们发现，radix-4蝶形运算在Cortex-M4上是用定点实现的，效率比较高，radix-8蝶形运算则会使用浮点。

radix-4算法受到FFT长度的限制，它们只能为4的整数次幂：4、16、64、256、1024等，而

radix-8 算法则将长度限制为 8、64、512、4096 等。为了提高 2 的整数次幂的任何长度的效率，需要使用混合 radix 算法。技巧是使用尽量多个 radix-8 阶段(效率最高)，然后根据需要使用单独的 radix-2 或 radix-4 阶段，以得到所需的长度。表 21.3 所示为各种 FFT 长度所对应的蝶形运算阶段。

表 21.3 各种 FFT 长度所对应的蝶形运算阶段

长度	蝶形运算
16	2×8
32	4×8
64	8×8
128	2×8×8
256	4×8×8

CMSIS DSP 库的 FFT 函数在处理浮点数时使用混合 radix 方式。对于定点数据，必须得选择使用 radix-2 或 radix-4。一般来说，若 radix-4 支持所需的长度，则选择 radix-4。

许多还需要计算反向傅里叶变换，比较正向和反向 DFT 后，可以看到反向变换中存在一个比例因子($1/N$)，而且旋转因子指数的符号变反了。这样会得到两种计算反向 FFT 的方法：

(1) 与前面一样计算前向 FFT，不过使用一个新的旋转因子表。这个表格在创建时使用的是正数而不是负数，这样很简单地就能将旋转因子配对，然后除 N。

(2) 使用和前面一样的旋转因子表，不过在执行旋转因子乘法时要修改 FFT 代码，将表的虚数部分取负，然后除 N。

上面的两种方法都有些效率不高之处，方法 1 节省程序空间，不过选择因子表的使用加倍；方法 2 重用了旋转因子表，但需要更多的代码。另外一种方法利用数学关系：

$$\mathrm{IFFT}(X) = \frac{1}{N}\mathrm{conj}(\mathrm{FFT}(\mathrm{conj}(X)))$$

其需要将数据共轭处理两次。第一次(内部)在开始时完成，第二次(外部)则可以同除 N 合并。与方法 2 相比，这个方法的实际开销也只是内部共轭，这是可以接受的。

在实现定点 FFT 时，理解整个算法中数据的增减是很重要的。蝶形运算执行加减操作，因此输出的数值可能是输入时的两倍，最差的情况是每个阶段的数值都会加倍且输出比输入大 N 倍，若所有输入都为 1.0 则会出现最坏的情况。此时为 DC 信号且 FFT 的结果为全 0，只是 $k=0$ 时存在一个数值 N。为防止定点设计出现溢出，每个蝶形运算阶段都必须在减法和加法中缩小 0.5 倍，这实际上是 CMSIS DSP 库中 FFT 函数使用的比例，结果是 FFT 的输出减小为 $1/N$。

标准的 FFT 操作的是复数，在处理实数时要有一些变化。一般来说，N 点实数 FFT 是用复数 $N/2$ 点 FFT 和其他一些步骤实现的。

21.5.3 FIR 滤波器

考虑的第三种标准 DSP 算法为 FIR(有限长脉冲响应)滤波器。FIR 滤波器应用于多种音频、视频和数据分析中。与 IIR 滤波器(Biquad 等)相比，FIR 滤波器具有几个有用的特点：

(1) 滤波器稳定，而且所有系数都一样。

（2）通过系数均衡可以实现线性相位。

（3）简单的设计公式。

（4）定点设计时表现也正常。

假定 $x[n]$为时间 n 处的输入，而 $y[n]$为输出，输出由下面的差分方程计算得到：

$$y[n]=\sum_{k=0}^{N-1}x[n-k]h[k]$$

其中，$h[n]$为滤波器系数。在上面的差分方程中，FIR 滤波器具有 N 个系数：

$$\{h[0],\ h[1],\cdots,\ h[N-1]\}$$

输出由计算 N 个之前的输入采样得到：

$$\{x[n],\ x[n-1],\cdots,\ x[n-(N-1)]\}$$

输入采样被称作状态变量。滤波器的每个输入都需要 N 次乘法和 $N-1$ 次加法，现代 DSP 大约可以在 N 周期内计算 N 点 FIR 滤波器。

组织存储器中状态数据的最简单方法为使用图 21.11 所示的 FIFO。当采样 $x[n]$出现后，前面的采样 $x[n-1]$到 $x[n-N]$被下移一个位置，然后将 $x[n]$写入缓冲。这种移位非常浪费时间，而且每次输入采样需要 $N-1$ 次读存储器和 $N-1$ 次写存储器。

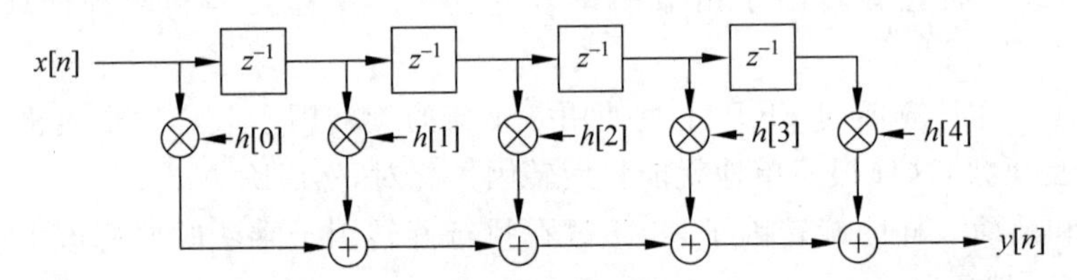

图 21.11 利用移位寄存器实现的 FIR 滤波器，实际应用中是比较少见的，这是因为当产生一个新的采样点时，状态变量必须得右移

一个更好的组织数据的方法为使用图 21.12 所示的环形缓冲。环形状态索引指向缓冲中最早的采样点，当采样 $x[n]$出现后，它会覆盖缓冲中最早的采样然后按照环形增长。也就是说，它会按照正常方式增加，当到达缓冲末尾后就会回到开始位置。

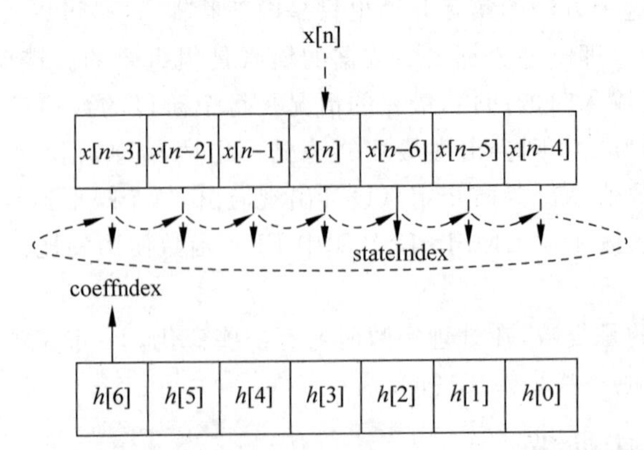

图 21.12 利用环形缓冲为状态变量（上面）实现的 FIR 滤波器，stateIndex 指针右移到达缓冲末尾后会自动回零，系统可以线性访问

FIR 滤波器的标准 C 代码如图 21.13 所示。函数需要操作一个采样点数据块，且要实现环形寻址。外循环基于块中的采样点，而内循环则是要处理上面等式所示的滤波器入口。

```
//基于块的 FIR 滤波器
//N 等于滤波器的长度
//blockSize 等于待处理的采样数据的个数
//state[]为状态变量缓冲,其中存放之前的 N 个采样输入
//stateIndex 指向缓冲中最早的采样数据,会被最新的输入覆盖
//coeffs[]存放 N 个系数
//inPtr 和 outPtr 分别指向输入和输出缓冲
for(sample = 0;sample < blockSize;sample++)
{
    //将新的采样数据复制到状态缓冲后循环增长 stateIndex
    state[stateIndex++] = inPtr[sample]
    if (stateIndex >= N)
    stateIndex = 0;
    sum = 0.0f;
    for(i = 0;i < N;i++)
    {
        sum += state[stateIndex++] * coeffs[N - i];
        if (stateIndex >= N)
            stateIndex = 0;
    }
    outPtr[sample] = sum;
}
```

图 21.13 环形缓冲实现 FIR 滤波器的标准 C 代码,其处理一个采样数据块

为了计算每个输出采样,需要从存储器中取出 N 个状态变量$\{x[n], x[n-1], \cdots, x[n-(N-1)]\}$和 N 个系数$\{h[0], h[1], \cdots, h[N-1]\}$。DSP 已经为 FIR 滤波器进行了优化,取状态和系数可以同 MAC 和对应存储器指针增加同时进行。DSP 还具有对环形寻址的硬件支持,在执行环形寻址时不会带来任何开销。利用这些特性,现代 DSP 可以在大约 N 个周期内计算 N 点 FIR 滤波器。

对于 Cortex-M4 处理器,若在实现图 21.13 所示代码的同时还要具有较高的效率,是存在一定困难的。Cortex-M4 自身并不支持环形寻址,若检测语句位于内循环中,则其会花费大把的时间。更好的办法是将 FIFO 作为状态缓冲并将其移入一块输入数据。没有在每次采样时都移动 FIFO 数据,而是每块移动一次,这就需要将状态缓冲的长度增加 blockSize 个采样。每块 4 个采样的过程如图 21.14 所示。输入数据被移入模块的右侧,最早的数据则出现在左侧。如图 21.12 所示,系数是随着时间在变化的。

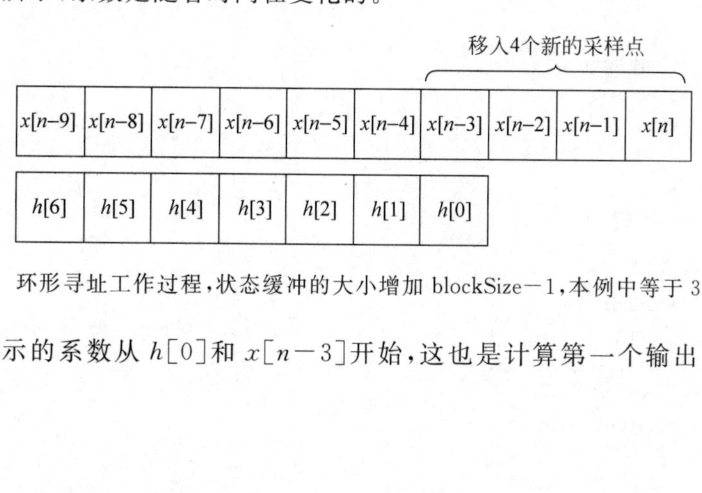

移入4个新的采样点

$x[n-9]$	$x[n-8]$	$x[n-7]$	$x[n-6]$	$x[n-5]$	$x[n-4]$	$x[n-3]$	$x[n-2]$	$x[n-1]$	$x[n]$
$h[6]$	$h[5]$	$h[4]$	$h[3]$	$h[2]$	$h[1]$	$h[0]$			

图 21.14 环形寻址工作过程,状态缓冲的大小增加 blockSize-1,本例中等于 3 个采样点

图 21.14 所示的系数从 $h[0]$和 $x[n-3]$开始,这也是计算第一个输出 $y[n-3]$所需的位置:

$$y[n-3]=\sum_{k=0}^{6}x[n-3-k]h[k]$$

要计算下一个输出，将系数移动一个位置，接下来所有的输出采样都要重复这个过程。利用这种带有 FIFO 状态缓冲并基于数据块的方法，可以降低内循环中环形寻址所需的时间。

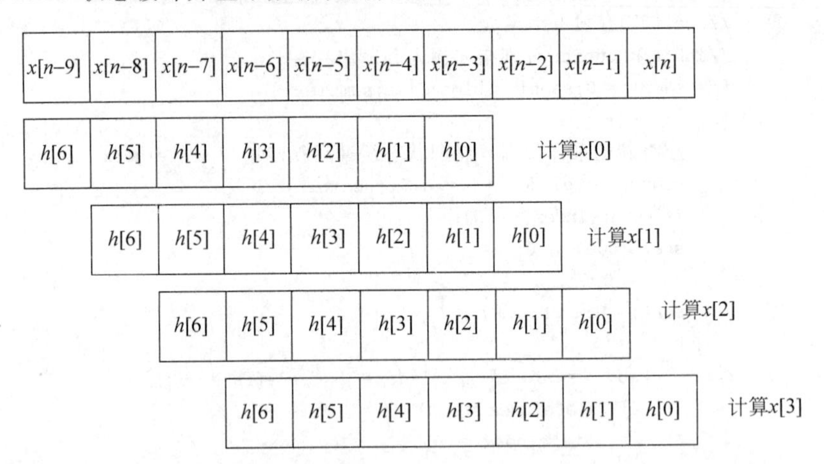

为了进一步优化 FIR 滤波器，需要再次关注存储器访问。在标准的 FIR 设计中，每次输出采样都要访问 N 个系数和 N 个状态变量。采用的方法是同时计算多个输出采样并将中间状态变量缓存在寄存器中。在本例中，同时计算 4 个状态变量。这样可以将存储器访问降为 1/4，出于简单明了的考虑，这里的代码只支持块大小为 4 的倍数时的情况。而 CMSIS 库则是通用的，对滤波器或块的大小没有限制。尽管进行了这些简化处理，代码还是有一定参考价值的。

下面是部分优化的浮点 FIR 代码。从本例中可以看出，同时计算多个结果能减少存储器访问的次数。

```
/*
** 基于 FIR 滤波器参数的块
** numTaps - 滤波器的长度，必须要为 4 的倍数
** pStateBase - 指向状态变量数组的开头
** pCoeffs - 指向系数数组的开头
** pSrc - 指向输入数据数组
** pDst - 指向结果应该写入的位置
** blockSize - 待处理采样数据的个数，必须要为 4 的倍数
*/
void arm_fir_f32(
    unsigned int numTaps,
    float *pStateBase,
    float *pCoeffs,
    float *pSrc,
    float *pDst,
    unsigned int blockSize)
{
    float *pState;
    float *pStateEnd;
    float *px, *pb;
    float acc0, acc1, acc2, acc3;
    float x0, x1, x2, x3, coeff;
    unsigned int tapCnt, blkCnt;
```

```
 /* 向下移动 FIFO 中的数据,并将新的输入数据块放到缓冲的尾部 */
 /* 指向状态缓冲开头 */
pState = pStateBase;
 /* 指针向前移动 blockSize 个采样 */
pStateEnd = &pStateBase[blockSize];
 /* 以 4 展开,提高速度 */
tapCnt = numTaps >> 2u;
while(tapCnt > 0u)
{
     *pState++ = *pStateEnd++;
     *pState++ = *pStateEnd++;
     *pState++ = *pStateEnd++;
     *pState++ = *pStateEnd++;
    /* 减小循环变量 */
    tapCnt--;
}
/* pStateEnd 指向新数据应该写入的位置 */
pStateEnd = &pStateBase[(numTaps - 1u)];
pState = pStateBase;
/* 使用循环展开并同时计算 4 个输出值
 * 变量 acc0 ... acc3 中存放计算得到的输出值: *
 * acc0 = b[numTaps-1] * x[n-numTaps-1] + b[numTaps-2] * x[n-numTaps-2] +
 *        b[numTaps-3] * x[n-numTaps-3] + ... + b[0] * x[0]
 * acc1 = b[numTaps-1] * x[n-numTaps] + b[numTaps-2] * x[n-numTaps-1] +
 *        b[numTaps-3] * x[n-numTaps-2] + ... + b[0] * x[1]
 * acc2 = b[numTaps-1] * x[n-numTaps+1] + b[numTaps-2] * x[n-numTaps] +
 *        b[numTaps-3] * x[n-numTaps-1] + ... + b[0] * x[2]
 * acc3 = b[numTaps-1] * x[n-numTaps+2] + b[numTaps-2] * x[n-numTaps+1] +
 *        b[numTaps-3] * x[n-numTaps] + ... + b[0] * x[3]
 */
blkCnt = blockSize >> 2;
/* 循环展开,同时计算 4 个输出 */
while(blkCnt > 0u)
{
    /* 复制 4 个新的输入采样到状态缓冲 */
    *pStateEnd++ = *pSrc++;
    *pStateEnd++ = *pSrc++;
    *pStateEnd++ = *pSrc++;
    *pStateEnd++ = *pSrc++;
    /* 将所有的累加值设置为 0 */
    acc0 = 0.0f;
    acc1 = 0.0f;
    acc2 = 0.0f;
    acc3 = 0.0f;
    /* 初始化状态指针 */
    px = pState;
    /* 初始化系数指针 */
    pb = pCoeffs;
    /* 从状态缓冲中读出 3 个采样:
    x[n-numTaps], x[n-numTaps-1], x[n-numTaps-2] */
    x0 = *px++;
    x1 = *px++;
    x2 = *px++;
    /* 循环展开,同时进行 4 个处理. */
    tapCnt = numTaps >> 2u;
```

```
/* 计算 numTaps - 4 个系数 */
while(tapCnt > 0u)
{
    /* 读取 b[numTaps - 1]系数 */
    coeff = *(pb++);
    /* 读取 x[n - numTaps - 3]采样 */
    x3 = *(px++);
    /* p = b[numTaps - 1] * x[n - numTaps] */
    p0 = x0 * coeff;
    /* p1 = b[numTaps - 1] * x[n - numTaps - 1] */
    p1 = x1 * coeff;
    /* p2 = b[numTaps - 1] * x[n - numTaps - 2] */
    p2 = x2 * coeff;
    /* p3 = b[numTaps - 1] * x[n - numTaps - 3] */
    p3 = x3 * coeff;
    /* 累加 */
    acc0 += p0;
    acc1 += p1;
    acc2 += p2;
    acc3 += p3;
    /* 读取 b[numTaps - 2]系数 */
    coeff = *(pb++);
    /* 读取 x[n - numTaps - 4]采样 */
    x0 = *(px++)
    /* 执行乘累加 */
    p0 = x1 * coeff;
    p1 = x2 * coeff;
    p2 = x3 * coeff;
    p3 = x0 * coeff;
    acc0 += p0;
    acc1 += p1;
    acc2 += p2;
    acc3 += p3;
    /* 读取 b[numTaps - 3]系数 */
    coeff = *(pb++);
    /* 读取 x[n - numTaps - 5]采样 */
    x1 = *(px++);
    /* 执行乘累加 */
    p0 = x2 * coeff;
    p1 = x3 * coeff;
    p2 = x0 * coeff;
    p3 = x1 * coeff;
    acc0 += p0;
    acc1 += p1;
    acc2 += p2;
    acc3 += p3;
    /* 读取 b[numTaps - 4]系数 */
    coeff = *(pb++);
    /* 读取 x[n - numTaps - 6]采样 */
    x2 = *(px++);
    /* 执行乘累加 */
    p0 = x3 * coeff;
    p1 = x0 * coeff;
    p2 = x1 * coeff;
    p3 = x2 * coeff;
```

```
            acc0 += p0;
            acc1 += p1;
            acc2 += p2;
            acc3 += p3;
            /* 读取 b[numTaps - 5]系数 */
            coeff = *(pb++);
            /* 读取 x[n - numTaps - 7]采样 */
            x3 = *(px++);
            tapCnt--;
        }
        /* 移动状态指针,处理下 4 个采样 */
        pState = pState + 4;
        /* 将 4 个结果存入目的缓冲 */
        *pDst++ = acc0;
        *pDst++ = acc1;
        *pDst++ = acc2;
        *pDst++ = acc3;
        blkCnt--;
    }
}
```

浮点 FIR 的内循环需要 50 个周期且执行总共 16 次 MAC,也就是 3.125 周期/MAC。CMSIS 库函数做了进一步处理,在计算 8 个中间和时,内循环中大约为 2.4 周期/MAC。

CMSIS 库中的 q15 FIR 函数使用了和刚才介绍过的浮点函数类似的存储器优化,而且 q15 函数还做了进一步优化,利用了 M4 的双 16 位 SIMD 能力。q15 函数共有两个:

- arm_fir_q15()。使用 64 位中间累加值,以及 SMLALD 和 SMLALDX 指令。
- arm_fir_fast_q15()。使用 32 位中间累加值,以及 SMLAD 和 SMLADX 指令。

第 22 章

使用 ARM CMSIS-DSP 库

22.1 DSP 库简介

CMSIS-DSP 库包含一组常用的信号处理和数学运算函数，并为 Cortex-M4 中的应用进行了优化，该库位于 ARM 的 CMSIS 发布版中，是免费提供的，而且其中包含所有的源代码。库中的函数分为以下几类：

- 基本数学运算函数
- 快速数学运算函数
- 复杂数学运算函数
- 滤波器
- 矩阵函数
- 变换
- 马达控制函数
- 统计函数
- 支持函数
- 插值函数

该库还具有单独用于 8 位整数、16 位整数、32 位整数和 32 位浮点数的函数。

为了使用 Cortex-M4 处理器的 DSP 扩展，该库还专门进行了优化。尽管还可用于 Cortex-M0 和 Cortex-M3 处理器，函数的使用并不是最优的：可以正常运行，但速度较慢。

22.2 预构建的二进制代码

库中包括可用于多种配置和处理器的预编译的二进制文件和工程，如表 22.1 所示。工程文件用于 Keil μVision，而且所提供的库也是基于 μVision 构建和测试的，应该选择和自己的目标处理器相匹配的库。即使使用的是其他的工具链，也建议链接 Keil 的库，因为这个库经过了优化，具有最优的性能。若要重新构建 DSP 库，则可以参考 CMSIS-DSP 库的 HTML 文档。

表 22.1 库中的工程文件

库名称	工程文件	处理器	端	使用 FPU
arm_cortexM4lf_math. lib	arm_cortexM4lf_math. uvproj	Cortex-M4	小端	Yes
arm_cortexM4bf_math. lib	arm_cortexM4bf_math. uvproj	Cortex-M4	大端	Yes
arm_cortexM4l_math. lib	arm_cortexM4l_math. uvproj	Cortex-M4	小端	No
arm_cortexM4b_math. lib	arm_cortexM4b_math. uvproj	Cortex-M4	大端	No
arm_cortexM3l_math. lib	arm_cortexM3l_math. uvproj	Cortex-M3	小端	No
arm_cortexM3b_math. lib	arm_cortexM3b_math. uvproj	Cortex-M3	大端	No
arm_cortexM0l_math. lib	arm_cortexM0l_math. uvproj	Cortex-M0	小端	No
arm_cortexM0b_math. lib	arm_cortexM0b_math. uvproj	Cortex-M0	大端	No

22.3 函数命令规则

库中的函数遵循下面的命名规则：

```
arm_OP_DATATYPE
```

其中，OP 为执行的操作，而 DATATYPE 则是对操作的描述：

- q7 — 16 位小数
- q15 — 16 位小数
- q31 — 32 位小数
- q32 — 32 位浮点数

例如：

arm_dot_prod_q7 — 8 位小数的点积
arm_mat_add_q15 — 16 位小数的矩阵加法
arm_fir_q31 — 32 为小数和系数的 FIR 滤波器
arm_cfft_f32 — 32 位浮点数的复杂 FFT

22.4 获得帮助

DSP 库的文档是 HTML 格式的，位于文件夹 CMSIS\Documentation\DSP\html 中，文件 index. html 是所有文件的入口。

22.5 例 1：DTMF 解调

标准的按键拨号盘具有如图 22.1 所示的 4 行和 3 列按键，每个行和列都有相应的正弦波。在一个键被按下时，拨号盘会产生两个正弦波：一个基于所在行，另一个则基于所在的列。例如，数字 4 被按下时会产生 770Hz 的正弦波（对应行）和 1209Hz 的正弦波（对应列）。这种方式被称作双音多频（DTMF），也是模拟电话线用的标准信号。

在本例中，使用三种不同的方法来检测 DTMF 信号中的音频：

- FIR 滤波[q15]

	1209Hz	1336Hz	1447Hz
697Hz	1	2	3
770Hz	4	5	6
852Hz	7	8	9
941Hz	*	0	#

图 22.1 DTMF 信号的键盘矩阵，每次按键都会在行和列产生对应的正弦波

- FFT[q31]
- Biquad 滤波[浮点]

下面将重点解析其中一种频率 697Hz，而这个例子可以很容易地扩展到对其他 7 个音频信号的解析。设置限值等 DTMF 解析的其他内容，则不会介绍。

本例的目标是展示如何使用各种 CMSIS-DSP 函数以及对不同数据类型的处理。正如实例所见，Biquad 滤波比 FIR 滤波的计算效率要高得多，这是因为单个 Biquad 状态就可以用于正弦波的检测，而 FIR 滤波则需要 202 个点。Biquad 的效率大约是 FIR 的 40 倍。FFT 可能是一个比较好的选择，这是因为完整的 DTMF 设计需要检测 7 个频率。即使考虑了所有这些因素，Biquad 仍然要比 FFT 的效率高，而且所需的存储器也更少。实际上，大多数 DTMF 接收机使用的是 Goetzel 算法，其计算过程和本例中使用的 Biquad 滤波非常类似。

22.5.1 产生正弦波

在典型的 DTMF 应用中，输入数据是从 A/D 转换器中取出的。在本例中，利用数学函数生成了输入数据。代码在开始时产生了一个 697Hz 或 770Hz 的正弦波，其开始时使用浮点数，后面由 Q15 和 Q31 表示。所有的处理都是在 8kHz 的采样频率下执行，这也是电话应用的标准采样频率，共生成了 512 个正弦波采样，且振幅为 0.5。

22.5.2 使用 FIR 滤波器进行解析

在解调 DTMF 信号时所用的第一个方法为 FIR 滤波器。FIR 滤波器的频带中心频率为 697Hz，而且要足够窄，以滤掉下一个最近的频率 770Hz。滤波器由下面的 MATLAB 代码实现：

```
SR = 8000; % 采样频率
FC = 697; % 频带的中心频率,单位 Hz
NPTS = 202;
h = fir1(NPTS - 1, [0.98 * FC 1.02 * FC] / (SR/2),'DC - 0');
```

为了确保 770Hz 的影响足够小，应该首先确定滤波器的长度，经过实验我们发现 201 个点的长度是足够的。由于 CMSIS 库中的 Q15 FIR 滤波器函数所需的长度为偶数个，因此将长度设置为 202 个点。实际设计的滤波器的脉冲响应如图 22.2 所示，而幅值响应则如图 22.3 所示。

滤波器在设计上具有大小为 1.0 的频带增益，最终得到的滤波器的最大系数大约为 0.019。若转换为 8 位形式(q7)，则最大系数的大小仅为 2LSB。滤波器在 8 位时无法量化且

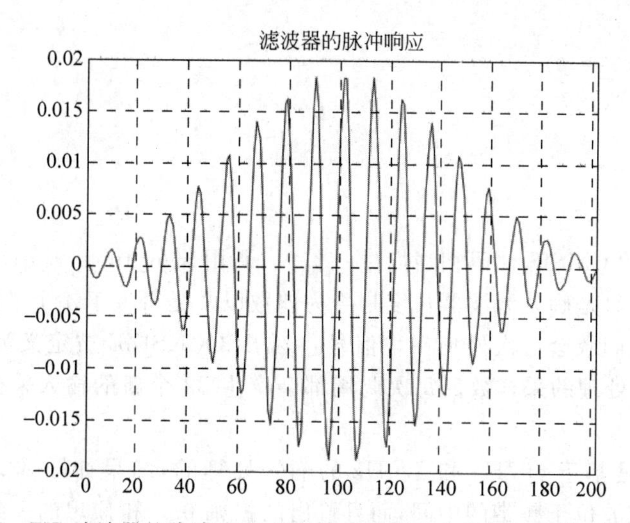

图 22.2 FIR 滤波器的脉冲响应，滤波器在通带中心 697Hz 处的正弦波较强

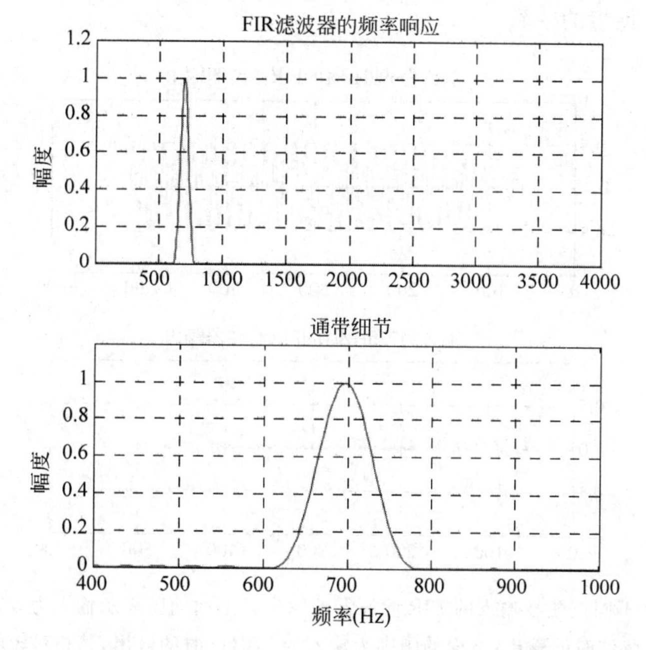

图 22.3 滤波器的频率响应。上面的图为整个频段的幅度响应，下面的图则为频率 697Hz 通带附近的详细情况

非常不稳定，最少也得需要 16 位，而本例使用的是 Q15。另外，还使用 MATLAB 将滤波器系数转换为 Q15 格式，并将它们写入控制台窗口。接下来将系数复制到 Cortex-M4 工程中：

```
hq = round(h * 32768); //量化为 Q15
fprintf(1, 'hfir_coeffs_q15 = {\n');
for i = 1:length(hq);
    fprintf(1, '%5d', hq(i));
    if (i == length(hq))
      fprintf(1,'};\n');
    else
```

```
    fprintf(1,', ');
  if (rem(i, 8) == 0)
    fprintf(1,'\n');
  end
  end
  end
```

FIR 滤波器用的 CMSIS 代码相当简单。首先，调用 arm_fir_init_q15()函数初始化 FIR 滤波器结构，该函数只是确认滤波器长度是否为偶数以及是否大于 4 个采样，然后设置一些结构体元素。接下来，函数会一次处理一块信号。宏 BLOCKSIZE 被定义为 32，且等于每次调用 arm_fir_q15()时处理的采样数。每次调用都会产生 32 个新的输入采样，并会将它们写入输出缓冲中。

滤波器的输出是基于 697Hz 和 770Hz 的输入计算的，结果如图 22.4 所示。上面的为 697Hz 的输出，正弦波位于频带的中间，而且输出的振幅 0.5 和预想的一致(因为输入正弦波的振幅为 0.5，且频带中心的增益为 1.0)。下面的图则为输入频率增加为 770Hz 时的输出，输出被大幅减弱，与预想的一致。

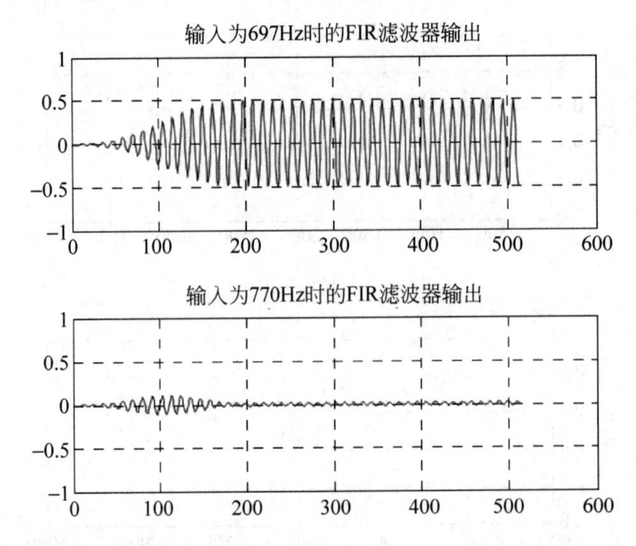

图 22.4 两个不同正弦波输入的 FIR 滤波器的输出。上面的图表示输入为频带中心 697Hz 正弦波时的输出，下面的图则为输入为 770Hz 时的输出，其相对较弱

22.5.3 使用 FFT 进行解析

下一个解析 DTMF 信号的方法为使用 FFT。其优势在于可以提供信号的完整频率表示，而且可以同时解析 7 个正弦波。在本例中将会使用 Q31 FFT 以及一个 512 采样点的缓冲。由于输入数据是实数，因此也使用实数变换。

FFT 使用了全部 512 个采样的缓冲，计算时需要执行几个步骤。首先，为了减少缓冲边界处的转换，数据进行了加窗处理。窗的类型有多种：Hamming、Hanning 和 Blackman 等，实际选择取决于所需的频率精度和邻近频率的间隔。在本例中，使用了一个 Hanning 或者升余弦窗。输入信号如图 22.5 的顶部所示，加窗后的结果则如底部所示。可以看到在加窗后边缘处会平滑地变为 0，所有数据都由 Q31 表示。

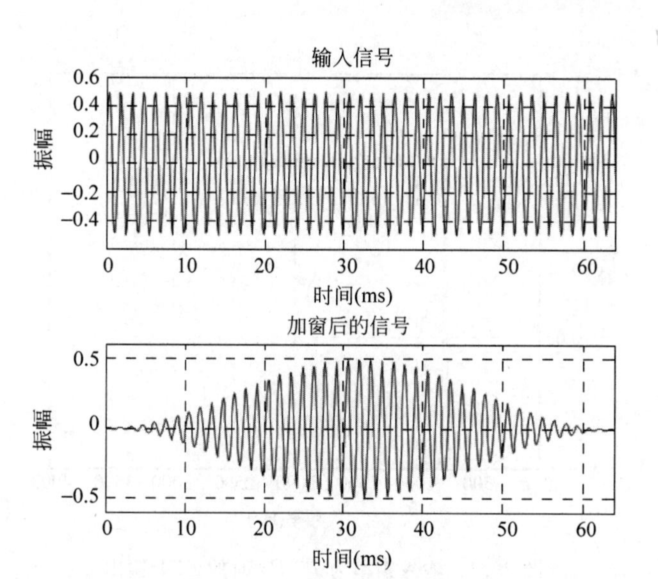

图 22.5 上面的图表示 697Hz 的输入正弦波，信号边沿处有些不连续，这样可能会导致峰值频率无法识别，下面的图则表示将 Hanning 窗口加窗处理后的正弦波

ARM CMSIS-DSP 库函数 arm_rfft_init_q31 用于数据处理，该函数会产生复数频域数据，然后利用 arm_cmplx_mag_q31 计算每个频率的幅值，最终的幅值如图 22.6 所示。由于 FFT 的长度为 512 个点且采样频率为 8000Hz，因此每个 FFT 窗口的频率间隔为

$$\frac{8000}{512} = 15.625\text{Hz}$$

最大的幅值位于第 45 个窗口处，其对应的频率为 703Hz，最近的窗口为 697Hz。

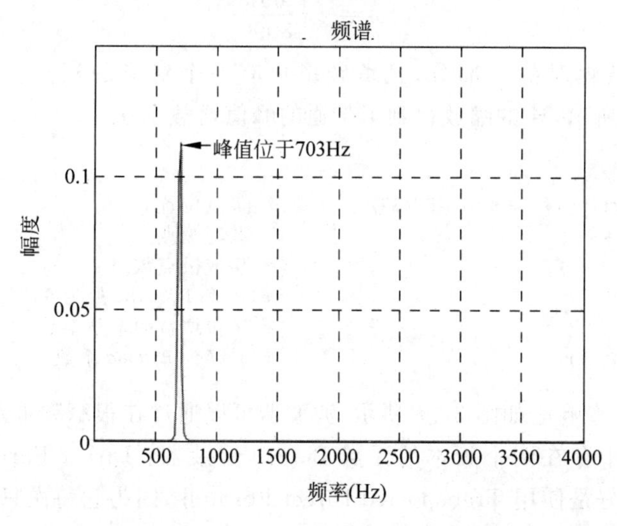

图 22.6 FFT 输出的振幅，峰值频率为 703Hz，其和实际频率 697Hz 最为接近

若输入频率为 770Hz，则 FFT 得到幅值如图 22.7 所示。峰值位于窗口 49 处，对应频率为 766Hz。

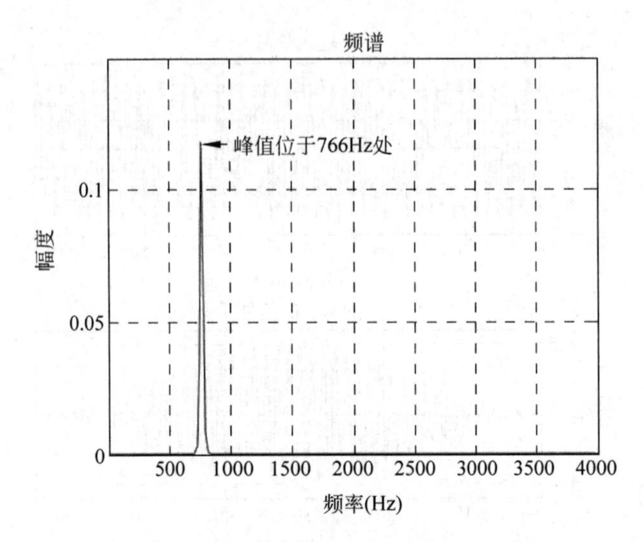

图 22.7　输入频率为 770Hz 时的 FFT 输出

22.5.4　使用 Biquad 滤波器进行解析

最后一种方法为使用二阶 IIR 滤波器进行音频检测。这种方法和用于多数基于 DSP 的解析器的 Goertzel 算法类似。Biquad 滤波器经过设计后，在所需频率 697Hz 的单位圆附近有一个节点，在 DC 和 Nyquist 频率上则为 0。这样就得到了一种很窄的带通形式，滤波器的增益也进行了调整，使得带通峰值的增益为 1.0。将极点移动更接近单位圆后，滤波器的锐度也得到了调整。将节点放在了半径 0.99 处，且此处的角度为

$$\omega = 2\pi \frac{697}{8000}$$

极点成为了复共轭对的一部分，且负频率也有一个对应的极点。产生滤波器系数的 MATLAB 代码如下所示，K 的缩放得到了带通的峰值增益 1.0：

```
r = 0.99;
p1 = r * exp(sqrt(-1) * 2 * pi * FC/SR);      % 极点位置
p2 = conj(p1);                                % 共轭极点
P = [p1; p2];                                 % 生成极点数组
Z = [1; -1];                                  % DC 和 Nyquist 处为 0
K = 1 - r;                                    % 单位增益的增益参数
SOS = zp2sos(Z, P, K);                        % 转换为 Biquad 系数
```

滤波器最终的频率响应如图 22.8 所示，滤波器可以通过在很窄频带范围内的频率。

CMSIS-DSP 库中存在两个版本的浮点 Biquad 滤波器：Direct Form Ⅰ 和 Transported Direct Form Ⅱ。最好是使用 Transported Direct Form Ⅱ，因为它每次只需两个状态变量，而不是四个。对于定点计算，应该使用 Direct Form Ⅰ，不过在本例中应该使用 Transported Direct Form Ⅱ。

Biquad 滤波器的处理代码相当简单。本例使用了一个二阶滤波器，Biquad 滤波器阶段只有一个。该滤波器具有两个数组：

- 系数— 5 个数据
- 状态变量— 2 个数据

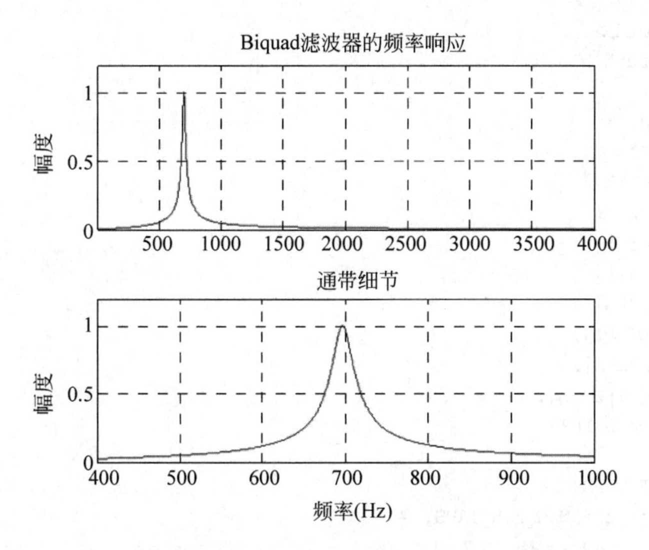

图 22.8 DTMF 检测中使用的 IIR 滤波器的频率响应

这些数组定义在函数上面，系数数组被设置为 MATLAB 计算的数值。与标准的 MATLAB 写法相比，反馈系数为负，这也是唯一的区别。接下来，调用 arm_biquad_cascade_df2T_init_f32()函数初始化 Biquad 实例结构体，然后遍历输入数据并处理块中的数据。每次调用处理 BLOCKSIZE=32 个采样点，并将结果保存在输出数组中。

Biquad 滤波器的输出如图 22.9 所示。图中靠上的部分为输入为 697Hz 时的输出，下面则为输入为 770Hz 时的输出。当输入为 697Hz 时，输出的最大幅值为 0.5，与预想的一致。当输入为 770Hz 正弦波时，输出中仍然是有一些信号的，而且其滤掉的不像图 22.9 所示的 FIR 的结果那么大。不过，滤波器还是很好地区分出了各种信号。

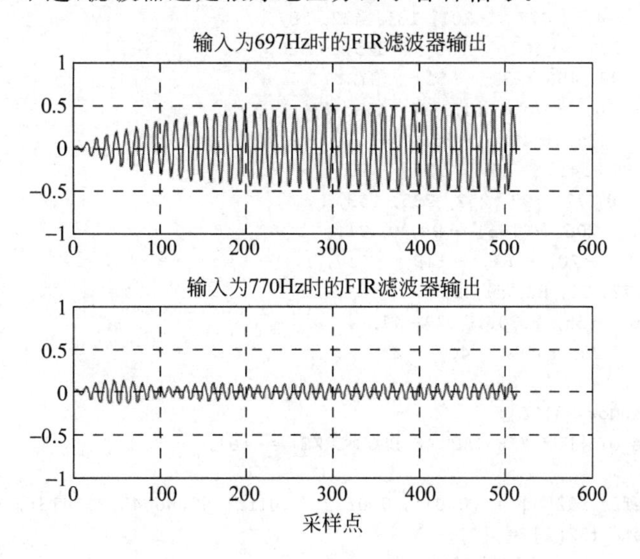

图 22.9 Biquad DTMF 检测滤波器的输出

22.5.5 DTMF 示例代码

```
#include "stm32f4xx.h"
```

```
#include <stdio.h>
#include "arm_math.h"
#define L 512
#define SR 8000
#define FREQ 697
//#define FREQ 770
#define BLOCKSIZE 8
q15_t inSignalQ15[L];
q31_t inSignalQ31[L];
float inSignalF32[L];
q15_t outSignalQ15[L];
float outSignalF32[L];
q31_t fftSignalQ31[2*L];
q31_t fftMagnitudeQ31[2];

#define NUM_FIR_TAPS 202
q15_t hfir_coeffs_q15[NUM_FIR_TAPS] = {
-9, -29, -40, -40, -28, -7, 17, 38,
49, 47, 29, 1, -30, -55, -66, -58,
-31, 9, 51, 82, 91, 72, 29, -28,
-82, -117, -119, -84, -20, 57, 124, 160,
149, 91, 0, -99, -176, -206, -175, -88,
33,153, 235, 252, 193, 72, -80, -217,
-297, -293, -199, -40, 141, 289, 358, 323,
189, -9, -213, -364, -412, -339, -161, 73,
294, 436, 453, 336, 114, -149, -376, -499,
-477, -312, -51, 233, 456, 548, 480, 269,
-27, -320, -525, -579, -462, -207, 113, 404,
580, 587, 422, 131, -201, -477, -614, -572,
-362, -45, 287, 534, 626, 534, 287, -45,
-362, -572, -614, -477, -201, 131, 422, 587,
580, 404, 113, -207, -462, -579, -525, -320,
-27, 269, 480, 548, 456, 233, -51, -312,
-477, -499, -376, -149, 114, 336, 453, 436,
294, 73, -161, -339, -412, -364, -213, -9,
189, 323, 358, 289, 141, -40, -199, -293,
-297, -217, -80, 72, 193, 252, 235, 153,
33, -88, -175, -206, -176, -99, 0, 91,
149, 160, 124, 57, -20, -84, -119, -117,
-82, -28, 29, 72, 91, 82, 51, 9,
-31, -58, -66, -55, -30, 1, 29, 47,
49, 38, 17, -7, -28, -40, -40, -29,
-9, 0};
q31_t hanning_window_q31[L];
q15_t hfir_state_q15[NUM_FIR_TAPS + BLOCKSIZE] = {0};

float biquad_coeffs_f32[5] = {0.01f, 0.0f, -0.01f,1.690660431255413f, -0.9801f};
float biquad_state_f32[2] = {0};
/* -----------------------------------------------------------------------
主程序
* ---------------------------------------------------------------------- */
int main (void) { /* 开始执行 */
    int i, samp;
    arm_fir_instance_q15 DTMF_FIR;
    arm_rfft_instance_q31 DTMF_RFFT;
```

```
    arm_cfft_radix4_instance_q31 DTMF_CFFT;
    arm_biquad_cascade_df2T_instance_f32 DTMF_BIQUAD;
    //产生输入正弦波
    //信号的幅值为 0.5 且频率为 FREQ Hz
    //创建浮点数,Q31 和 Q7
    for(i = 0; i < L; i++) {
      inSignalF32[i] = 0.5f * sinf(2.0f * PI * FREQ * i / SR);
      inSignalQ15[i] = (q15_t) (32768.0f * inSignalF32[i]);
      inSignalQ31[i] = (q31_t) ( 2147483647.0f * inSignalF32[i]);
    }
    /* ------------------------------------------------------------------------ **
    FIR 滤波处理
    ** ---------------------------------------------------------------------- */
    if (arm_fir_init_q15(&DTMF_FIR, NUM_FIR_TAPS, &hfir_coeffs_q15[0],
    &hfir_state_q15[0], BLOCKSIZE) != ARM_MATH_SUCCESS) {
      //错误的情况
      //exit(1);
    }
    for(samp = 0; samp < L; samp += BLOCKSIZE) {
      arm_fir_q15(&DTMF_FIR, inSignalQ15 + samp, outSignalQ15 + samp, BLOCKSIZE);
    }
    /* ---------------------------------------------------------------------- **
    浮点 Biquad 滤波处理
    ** ----------------------------------------------------------------------- */
    arm_biquad_cascade_df2T_init_f32(&DTMF_BIQUAD, 1, biquad_coeffs_f32,
    biquad_state_f32);
    for(samp = 0; samp < L; samp += BLOCKSIZE) {
      arm_biquad_cascade_df2T_f32(&DTMF_BIQUAD, inSignalF32 + samp,
      outSignalF32 + samp, BLOCKSIZE);
    }
    /* ----------------------------------------------------------------------- **
    Q31 FFT 处理
    ** ---------------------------------------------------------------------- */
    //创建 Hanning 窗,通常只需在程序开始处执行一次
    for(i = 0; i < L; i++) {
      hanning_window_q31[i] =
      (q31_t) (0.5f * 2147483647.0f * (1.0f - cosf(2.0f * PI * i / L)));
    }
    //将窗口用于输入缓冲
    arm_mult_q31(hanning_window_q31, inSignalQ31, inSignalQ31, L);
    arm_rfft_init_q31(&DTMF_RFFT, &DTMF_CFFT, 512, 0, 1);
    //计算 FFT
    arm_rfft_q31(&DTMF_RFFT, inSignalQ31, fftSignalQ31);
    arm_cmplx_mag_q31(fftSignalQ31, fftMagnitudeQ31, L);
}
```

22.6　例 2：最小二乘法运动跟踪

跟踪某个物体的运动在许多应用中都是很常见的问题。一些常见的例子包括导航系统、健身器材、视频游戏控制器和工厂自动化等。物体过去的位置是可以测量的，利用它们可以预测将来的位置。解决这个问题的一种方法为综合考虑多次测量结果，以估计可能的轨迹（位置、速度和加速度）并将其用于对未来情况的预测。

考虑物体的加速度恒定的情形，其运动和时间的关系为

$$x(t) = x_0 + v_0 t + at^2$$

其中，x_0 为初始位置；v_0 为初始速度；a 为加速度。

在本例中，假定加速度为恒定的，不过所用的方法可以扩展至加速度随时间变化的情况。

假定已经记录了物体在时间 t_1、t_2、…、t_N 时的位置，且位置是不准确的，只知道大体的数值。将位置和时间放入列向量中：

$$x = \begin{bmatrix} x_1 \\ x_2 \\ \vdots \\ x_N \end{bmatrix} \quad t = \begin{bmatrix} t_1 \\ t_2 \\ \vdots \\ t_N \end{bmatrix}$$

则将位置和未知的 x_0、v_0 和 a 关联的方程式为

$$\begin{bmatrix} x_1 \\ x_2 \\ \vdots \\ x_N \end{bmatrix} = x_0 + v_0 \begin{bmatrix} t_1 \\ t_2 \\ \vdots \\ t_N \end{bmatrix} + a \begin{bmatrix} t_1^2 \\ t_2^2 \\ \vdots \\ t_N^2 \end{bmatrix}$$

上面的表达式可用矩阵乘法计算：

$$x = Ac$$

其中：$A = \begin{bmatrix} 1 & t_1 & t_1^2 \\ 1 & t_2 & t_2^2 \\ \vdots & \vdots & \vdots \\ 1 & t_N & t_N^2 \end{bmatrix}$

以及

$$c = \begin{bmatrix} x_0 \\ v_0 \\ a \end{bmatrix}$$

由于未知量有3个，则要得到结果向量 C 至少需要3个位置数值。多数情况下，已知量要比未知量多得多，因此不会存在什么问题。这个问题的一种标准解决方法为最小二乘法，$\hat{c}$将 N 个估计位置和实际的 N 个测量位置间的误差降到了最低，可以利用下面的矩阵等式实现最小二乘法：

$$\hat{c} = (A^T A)^{-1} A^T x$$

可以利用CMSIS-DSP库中的矩阵函数来解这种类型的方程式。CMSIS库中的矩阵由数据结构体表示，浮点数的结构为：

```
typedef struct
{
    uint16_t numRows;      /**< 矩阵的行数 */
    uint16_t numCols;      /**< 矩阵的列数 */
    float32_t *pData;      /**< 指向矩阵中的数据 */
} arm_matrix_instance_f32;
```

矩阵结构包括矩阵的大小（numRows 和 numCols）以及指向数据的指针（pData）。矩阵的元素（R，C）在数组中的位置为

```
pData[R * numRows + C]
```

也就是说，数组开头为第 1 行数据，后面跟着的是第 2 行数据，并以此类推。可以通过设置内部的数据域手动初始化矩阵实例，或者使用函数 arm_mat_init_f32()。在实际应用中，手动初始化函数更容易些。

最小二乘法方案的整体代码位于本节后面，函数前面为矩阵用的所有 pData 数组分配了空间，矩阵 t 和 x 被初始化为实际数值而其他的则被设置为 0。在此之后，初始化单独的矩阵实例结构。需要注意的是，定义多个矩阵是为了存放中间结果。定义了：

A —上面的矩阵 A

AT — A 的变换

ATA — $A^{T}A$ 的积

invATA — $A^{T}A$ 反转

B — $(A^{T}A)^{-1}A^{T}$ 的积

c —上面的最终结果

主函数开始时初始化矩阵 A 的数值，在此之后调用了多个矩阵函数以得到结果向量 c。结果中包含 3 个元素，可以在调试器中通过 cData 查看它们的数值。可以看到：

$$x_0 = c[0] = 8.7104$$

$$v_0 = c[1] = 38.8748$$

$$a = c[2] = -9.7923$$

初始输入数据和最终结果如图 22.10 所示。细线为测量数据且具有随机噪声，粗线则为得到的结果。从该图中可以看出，最小二乘法是相当准确的，可用于推算将来的测量数据。

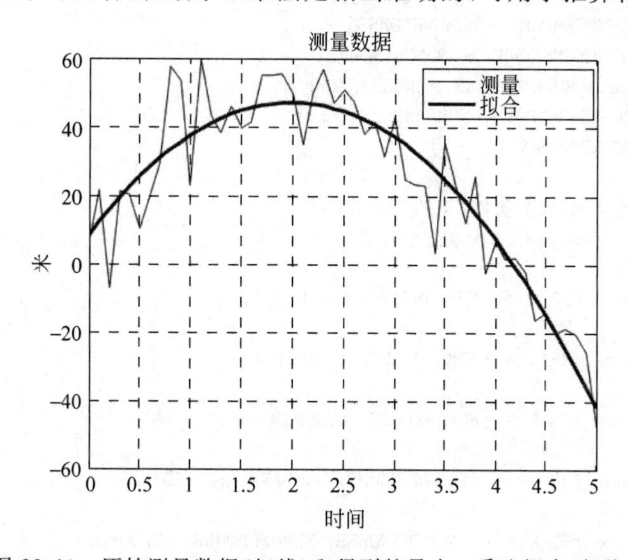

图 22.10　原始测量数据(细线)和得到的最小二乘法拟合(粗线)

下面是最小二乘法示例代码：

```
#include "arm_math.h" /* CMSIS DSP 的主包含文件 */
#define NUMSAMPLES 51 /* 测量数据的数量 */
#define NUMUNKNOWNS 3 /* 多项式中未知量的数量 */
//分配矩阵数组所用的空间,只定义了 t 和 x 初始值
//其中包含数据采样时间,本例中是均匀分布的,不过最小二乘法并没有这个要求
```

```
float32_t tData[NUMSAMPLES] =
{
    0.0f, 0.1f, 0.2f, 0.3f, 0.4f, 0.5f, 0.6f, 0.7f,
    0.8f, 0.9f, 1.0f, 1.1f, 1.2f, 1.3f, 1.4f, 1.5f,
    1.6f, 1.7f, 1.8f, 1.9f, 2.0f, 2.1f, 2.2f, 2.3f,
    2.4f, 2.5f, 2.6f, 2.7f, 2.8f, 2.9f, 3.0f, 3.1f,
    3.2f, 3.3f, 3.4f, 3.5f, 3.6f, 3.7f, 3.8f, 3.9f,
    4.0f, 4.1f, 4.2f, 4.3f, 4.4f, 4.5f, 4.6f, 4.7f,
    4.8f, 4.9f, 5.0f
};
//测量的位置数据
float32_t xData[NUMSAMPLES] =
{
    7.4213f, 21.7231f, -7.2828f, 21.2254f, 20.2221f, 10.3585f, 20.3033f,
    29.2690f,
    57.7152f, 53.6075f, 22.8209f, 59.8714f, 43.1712f, 38.4436f,
    46.0499f, 39.8803f,
    41.5188f, 55.2256f, 55.1803f, 55.6495f, 49.8920f, 34.8721f,
    50.0859f, 57.0099f,
    47.3032f, 50.8975f, 47.4671f, 38.0605f, 41.4790f, 31.2737f,
    42.9272f, 24.6954f,
    23.1770f, 22.9120f, 3.2977f, 35.6270f, 23.7935f, 12.0286f, 25.7104f,
    -2.4601f,
    6.7021f, 1.6804f, 2.0617f, -2.2891f, -16.2070f, -14.2204f,
    -20.1870f, -18.9303f,
    -20.4859f, -25.8338f, -47.2892f
};
float32_t AData[NUMSAMPLES * NUMUNKNOWNS];
float32_t ATData[NUMSAMPLES * NUMUNKNOWNS];
float32_t ATAData[NUMUNKNOWNS * NUMUNKNOWNS];
float32_t invATAData[NUMUNKNOWNS * NUMUNKNOWNS];
float32_t BData[NUMUNKNOWNS * NUMSAMPLES];
float32_t cData[NUMUNKNOWNS];

//数组实例初始化,对于每个实例,格式为:
//MAT = {numRows, numCols, pData};
//列向量 t
arm_matrix_instance_f32 t = {NUMSAMPLES, 1, tData};
//列向量 x
arm_matrix_instance_f32 x = {NUMSAMPLES, 1, xData};
//矩阵 A
arm_matrix_instance_f32 A = {NUMSAMPLES, NUMUNKNOWNS, AData};
//矩阵 A 的变换
arm_matrix_instance_f32 AT = {NUMUNKNOWNS, NUMSAMPLES, ATData};
//矩阵乘积 AT * A
arm_matrix_instance_f32 ATA = {NUMUNKNOWNS, NUMUNKNOWNS, ATAData};
//矩阵取反 inv(AT*A)
arm_matrix_instance_f32 invATA = {NUMUNKNOWNS, NUMUNKNOWNS,
invATAData};
//中间结果 invATA * AT
arm_matrix_instance_f32 B = {NUMUNKNOWNS, NUMSAMPLES, BData};
//最终结果
arm_matrix_instance_f32 c = {NUMUNKNOWNS, 1, cData};
/* ---------------------------------------------------------------------- **
主程序
```

```
** ------------------------------------------------------------- */
int main (void) {
    int i;
    float y;
    y = sqrtf(xData[0]);
    cData[0] = y;
    //填充矩阵 A 的数值,每行包括:
    //[1.0f t t * t]
    for(i = 0; i < NUMSAMPLES; i++) {
        AData[i * NUMUNKNOWNS + 0] = 1.0f;
        AData[i * NUMUNKNOWNS + 1] = tData[i];
        AData[i * NUMUNKNOWNS + 2] = tData[i] * tData[i];
    }
    //变化
    arm_mat_trans_f32(&A, &AT);
    //矩阵乘法 AT * A
    arm_mat_mult_f32(&AT, &A, &ATA);
    //矩阵取反 inv(ATA)
    arm_mat_inverse_f32(&ATA, &invATA);
    //矩阵乘法 invATA * x;
    arm_mat_mult_f32(&invATA, &AT, &B);
    //最终结果
    arm_mat_mult_f32(&B, &x, &c);
    //在调试器中检查 cData,查看最终结果
}
```

第 23 章

高级话题

23.1 决断和跳转

23.1.1 条件跳转

在编程时经常需要基于一些复杂的条件来处理条件跳转。例如，条件跳转可能会由某个整数变量值决定。若变量的范围很小，如 0～31 等，则可以利用一种方法简化条件判决的程序代码，提高执行效率。

下面来看一个例子。若要打印出一个输入整数值，且为 0～31 范围内的质数，则最简单的代码为：

```
void is_a_prime_number(unsigned int i)
{
    if ((i == 2) || (i == 3) || (i == 5) || (i == 7) || (i == 11) || (i == 13) ||
    (i == 17) || (i == 19) || (i == 23) || (i == 29) || (i == 31)) {
        printf ("- %d\n", i);
    }
    return;
}
```

不过在编译后的代码中会出现很长的跳转树(参见下面的反汇编代码)：

```
is_a_prime_number
0x080002ca: 2802 .( CMP r0, #2
0x080002cc: d013 .. BEQ 0x80002f6 ; branch_simple + 44
0x080002ce: 2803 .( CMP r0, #3
0x080002d0: d011 .. BEQ 0x80002f6 ; branch_simple + 44
0x080002d2: 2805 .( CMP r0, #5
0x080002d4: d00f .. BEQ 0x80002f6 ; branch_simple + 44
0x080002d6: 2807 .( CMP r0, #7
0x080002d8: d00d .. BEQ 0x80002f6 ; branch_simple + 44
0x080002da: 280b .( CMP r0, #0xb
0x080002dc: d00b .. BEQ 0x80002f6 ; branch_simple + 44
0x080002de: 280d .( CMP r0, #0xd
0x080002e0: d009 .. BEQ 0x80002f6 ; branch_simple + 44
0x080002e2: 2811 .( CMP r0, #0x11
0x080002e4: d007 .. BEQ 0x80002f6 ; branch_simple + 44
0x080002e6: 2813 .( CMP r0, #0x13
0x080002e8: d005 .. BEQ 0x80002f6 ; branch_simple + 44
```

```
0x080002ea: 2817 .( CMP r0, #0x17
0x080002ec: d003 .. BEQ 0x80002f6 ; branch_simple + 44
0x080002ee: 281d .( CMP r0, #0x1d
0x080002f0: d001 .. BEQ 0x80002f6 ; branch_simple + 44
0x080002f2: 281f .( CMP r0, #0x1f
0x080002f4: d103 .. BNE 0x80002fe ; branch_simple + 52
0x080002f6: 4601 .F MOV r1,r0
0x080002f8: a01e .. ADR r0,{pc} + 0x7c ; 0x8000374
0x080002fa: f000b93d .. = . B.W _2printf ; 0x8000578
0x080002fe: 4770 pG BX lr
```

可以将条件编码为二进制的位组合并将其用于跳转决断：

```
void branch_method1(unsigned int i)
{
    /* 位组合为
    31:0 - 1010 0000 1000 1010 0010 1000 1010 1100 = 0xA08A28AC */
    if ((1 << i) & (0xA08A28AC)) {
        printf ("- %d\n", i);
    }
    return;
}
```

按照这种方式，生成的代码会更短：

```
branch_method1
0x080003c0: 2101 .! MOVS r1,#1
0x080003c2: 4a24 $J LDR r2,[pc,#144] ; [0x8000454] = 0xa08a28ac
0x080003c4: 4081 .@ LSLS r1,r1,r0
0x080003c6: 4211 .B TST r1,r2
0x080003c8: bf08 .. IT EQ
0x080003ca: 4770 pG BXEQ lr
0x080003cc: 4601 .F MOV r1,r0
0x080003ce: a01f .. ADR r0,{pc} + 0x7e ; 0x800044c
0x080003d0: f000b950 ..P. B.W _2printf ; 0x8000674
```

在条件跳转取决于多个二进制形式的输入时，也可以使用这种方法。例如，在软件FSM设计中，可能需要基于多个二进制输入确定下一个状态。下面的代码将4个二进制输入合并为1个整数并将其用于条件跳转：

```
void branch_method2(unsigned int i0, unsigned int i1, unsigned int i2,
unsigned int i3,unsigned int i4,unsigned int i)
{
    unsigned int tmp = 0;
    if (i0) tmp = 1;
    if (i1) tmp| = 2;
    if (i2) tmp| = 4;
    if (i3) tmp| = 8;
    if (i4) tmp| = 0x10;
    if ((1 << tmp) & (0xA08A28AC)) {
        printf ("- %d\n", i);
    }
    return;
}
```

若用汇编语言编程，还可以使用下面的方法，而且指令还会少一个。这个方法没有使用需要左移的位掩码，而是将位组合右移并将所需位移至进位，然后可以用进位的状态决定条件跳转，如图 23.1 所示。

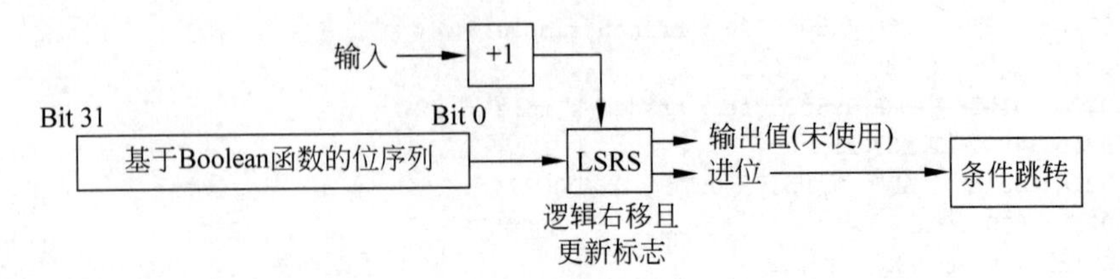

图 23.1　基于 5 位整数输入的条件跳转

```
branch_method3
    PUSH      {R4,LR} ; 压入两个寄存器,确保双字栈对齐
    LDR       R1, = 0xA08A28AC
    ADDS      R2, R0, #1 ; 最少移动一位
    LSRS      R1, R1, R2
    BCC       branch_method3_exit
    BL        _cpp(branch_method3_printf)
branch_method3_exit
    POP       {R4, PC}
```

对于范围较大的输入数据，可以将位组合扩展为数组。例如，要判断 0～127 范围的数据是否为质数，可以使用下面的代码：

```
void branch_method4(unsigned int i)
{
    /* 位组合为
    31: 0 - 1010 0000 1000 1010 0010 1000 1010 1100 = 0xA08A28AC
    63:32 - 0010 1000 0010 0000 1000 1010 0010 0000 = 0x28208A20
    95:64 - 0000 0010 0000 1000 1000 0010 1000 1000 = 0x02088288
    127:96 - 1000 0000 0000 0010 0010 1000 1010 0010 = 0x800228A2
     */
    const uint32_t bit_pattern[4] = {0xA08A28AC, 0x28208A20,
    0x02088288, 0x800228A2};
    uint32_t i1, i2;
    i1 = i & 0x1F;              //位的位置
    i2 = (i & 0x60) >> 5;       //掩码索引
    if ((1 << i1) & (bit_pattern[i2])) {
        printf ("- %d\n", i);
    }
    return;
}
```

23.1.2　复杂的判决树

许多情况下，判决树可以有不同的目的。Cortex-M3 和 Cortex-M4 处理器中的表格跳转指令（TBB 和 TBH）可用于此类操作。

回顾一下第 5 章中的无符号位域提取（UBFX）和表格跳转（TBB/TBH）指令，这两种指令一起使用时可以组成非常强大的跳转树，它们非常适合数据通信应用，因为报文头不同的数据流可能会有不同的含义。例如，下面的判决树基于输入 A，且用汇编实现，如图 23.2 所示。

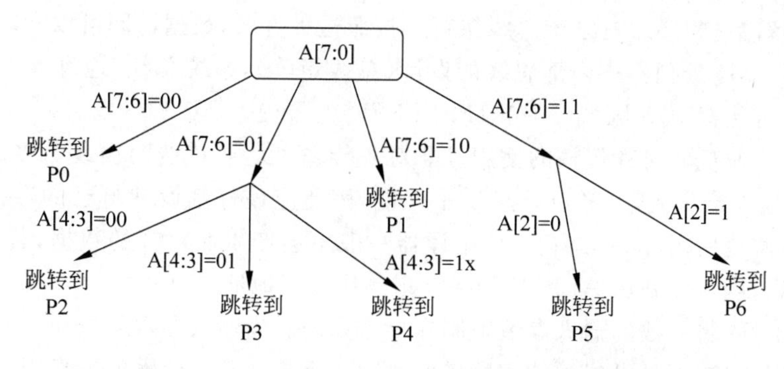

图 23.2 位域解析：UBFX 和 TBB 指令使用示例

```
DecodeA
  LDR R0, = A ; 从内存中得到 A 的数值
  LDR R0,[R0]
  UBFX R1, R0, #6, #2 ; 提取 bit[7:6]且存入 R1
  TBB [PC, R1]
BrTable1
  DCB ((P0 - BrTable1)/2)               ; 若 A[7:6] = 00,则跳转到 P0
  DCB ((DecodeA1 - BrTable1)/2)         ; 若 A[7:6] = 01,则跳转到 DecodeA1
  DCB ((P1 - BrTable1)/2)               ; 若 A[7:6] = 10,则跳转到 P1
  DCB ((DecodeA2 - BrTable1)/2)         ; 若 A[7:6] = 11,则跳转到 DecodeA1
DecodeA1
  UBFX R1, R0, #3, #2 ; 将 bit[4:3]提取到 R1
  TBB [PC, R1]
BrTable2
  DCB ((P2 - BrTable2)/2) ; 若 A[4:3] = 00,则跳转到 P2
  DCB ((P3 - BrTable2)/2) ; 若 A[4:3] = 01,则跳转到 P3
  DCB ((P4 - BrTable2)/2) ; 若 A[4:3] = 10,则跳转到 P4
  DCB ((P4 - BrTable2)/2) ; 若 A[4:3] = 11,则跳转到 P4
DecodeA2
  TST R0, #4 ; 只测试 1 位,因此无须使用 UBFX
  BEQ P5
  BP6
P0 ... ; 进程 0
P1 ... ; 进程 1
P2 ... ; 进程 2
P3 ... ; 进程 3
P4 ... ; 进程 4
P5 ... ; 进程 5
P6 ... ; 进程 6
```

上面的代码使用一小段汇编就能实现判决树。若跳转目的地址位于较大的地址偏移处，一些 TBB 指令要被替换为 TBH 指令。

23.2 性能考虑

为使 Cortex-M3 和 Cortex-M4 处理器达到最佳状态，需要考虑几方面的因素。首先，需要避免存储器的等待状态。在微控制器或 SoC 的设计阶段，设计者要优化存储器系统，使得指令和数据访问可以同时进行，而且可能，要使用 32 位存储器。

对于开发人员来说，存储器映射的处理要使得程序代码在代码区域执行，而且大部分的数据访问(除了字符数据)要通过系统总线执行。按照这种方式,数据访问可以和取指同时执行。根据 Cortex-M3/M4 处理器中内部总线的设计(总线矩阵),系统总线(地址 0x20000000 或更大)中的程序执行比 CODE 区域(0~0x1FFFFFFF)的要慢。

如果可能,要避免非对齐传输的使用。非对齐传输可能要花费两次或更多的高级高性能总线(AHB)传输才能完成,这样也就降低了性能,因此应该仔细设计自己的数据结构。如果可能的话,应该避免使用_pack 结构。C 编译器一般不会产生非对齐的数据,若在 ARM 工具中使用汇编语言,则可以利用 ALIGN 伪指令来确保数据地址是对齐的。

如果可能的话,将函数的输入参数限制在 4 个以内。当输入参数超过 4 个时,多余的参数需要通过栈空间传递,而且设置和访问所需的时间也更长。若要传输的信息很多,应该尝试将它们封装在一个结构体内,并传递指向数据结构的指针以减少参数的数量。

如果可能的话,中断向量表也应该位于代码区域,程序栈要位于 SRAM 或 0x20000000 开始处的其他 RAM 区域,这样可以同时执行取向量和压栈。若向量表和栈都位于 SRAM 区域,则由于取向量和压栈共用同一个系统总线,额外的时钟周期会加大中断等待时间(除非栈位于代码区域,这时使用的是 D-Code 总线)。

多数用具有使用 C 语言开发,不过若用汇编语言,则可以使用一些技巧来加快部分程序的开发。

在使用具有偏移寻址的存储器访问指令时,若要访问一小块区域内的多个存储器位置,一种做法为使用下面的代码:

```
LDR R0, = 0xE000E400        ; 设置中断优先级#3,#2,#1,#0
LDR R1, = 0xE0C02000        ; 优先级
STR R1,[R0]
LDR R0, = 0xE000E404        ; 设置中断优先级#7,#6,#5,#4
LDR R1, = 0xE0E0E0E0        ; 优先级
STR R1,[R0]
```

可以将程序代码减至:

```
LDR R0, = 0xE000E400        ; 设置中断优先级#3,#2,#1,#0
LDR R1, = 0xE0C02000        ; 优先级
STR R1,[R0]
LDR R1, = 0xE0E0E0E0        ; 优先级
STR R1,[R0,#4]              ; 设置中断优先级#7,#6,#5,#4
```

第二个存储使用了到第一个地址的偏移,因此也就减少了指令的数量。

将多个存储器访问合并为多加载/存储指令(LDM/STM),可以利用 STM 指令进一步减少前面例子中的指令:

```
LDR R0, = 0xE000E400 ; 设置中断优先级基地址
LDR R1, = 0xE0C02000 ; 优先级#3,#2,#1,#0
LDR R2, = 0xE0E0E0E0 ; 优先级#7,#6,#5,#4
STMIA R0, {R1, R2}
```

可以利用寻址模式改进代码的性能,如在读取查找表时:

```
Read_Table
  ; 输入 R0 = 索引
  LDR R1, = Look_up_table ; 查找表的地址
  LDR R1, [R1] ; 得到查找表基地址
```

```
  LSL R2, R0, #2 ; 乘 4 (表中的每个条目都是 4 字节)
  ADD R2, R1 ; 得到实际地址 (基地址 + 偏移)
  LDR R0, [R2] ; 读取表格
  BX LR ; 返回
  ALIGN 4
Look_up_table
  DCD 0x12345678
  DCD 0x23456789
…
```

可以减少指令的数量：

```
Read_Table
  ; 输入 R0 = 索引
  LDR R1, = Look_up_table ; 查找表地址
  LDR R1, [R1] ; 得到查找表的基地址
  LDR R0, [R1, R0, LSL #2] ; 读取表格内容,地址为基地址 + (索引 << 2)
  BX LR ; 返回
  ALIGN 4
Look_up_table
  DCD 0x12345678
  DCD 0x23456789
  …
```

有些情况下，若小的条件跳转中有 if-else 结构，则应该使用 IF-THEN(IT)指令块代替。由于 Cortex-M3 和 Cortex-M4 处理器具有流水线的结构，跳转操作会带来跳转开销。若使用条件跳转操作跳过几条指令，则其可被 IT 指令块代替，这样可能会节省几个时钟周期的时间。不过，需要根据不同的情况确定能否节省时钟周期。例如，在表 23.1 所示的例子代码中，就无法利用 IT 指令节省任何时钟周期。

表 23.1　例子代码

使用条件跳转	使用 IT
CMP R0, R1 ; 1 个周期 BNE Label ; 2 个周期或 1 个周期 MOVS .... ; 1 个周期 MOVS .... ; 1 个周期 MOVS .... ; 1 个周期 MOVS .... ; 1 个周期 Label ;跳转执行 3 个周期，而不是 6 个周期(条件为 EQ)	CMP R0, R1 ; 1 个周期 ITTTT EQ ; 1 个周期 MOVEQ .... ; 1 个周期 MOVEQ .... ; 1 个周期 MOVEQ .... ; 1 个周期 MOVEQ .... ; 1 个周期 ;若 IT 重叠，两条路径都会花费 6 个周期，性能可能会变得很差

若某操作可以由两条 Thumb 指令或一条 Thumb-2 指令执行，则应该使用 Thumb-2 指令，这是因为尽管所占用的存储器大小是一样的，Thumb-2 方式的执行时间更短。

23.3 双字栈对齐

对于符合 AAPCS 的应用，应该确保函数入口处的栈指针数值已经对齐到双字地址上。为了满足这个要求，异常处理期间的寄存器压栈必须得做相应调整，这在 Cortex-M3 和 Cortex-M4 处理器上是可配置的选项。要使能这个特性，需要设置系统控制块(SCB)中配置

控制寄存器(CCR)的 STKALIGN 位。例如,若在一个 C 语言工程中使用了符合 CMSIS 的设备驱动:

```
SCB->CCR = SCB->CCR | SCB_CCR_STKALIGN_Msk;
//SCB_CCR_STKALIGN_Msk = 0x20
```

若工程是用 C 实现的,但未使用 CMSIS:

```
#define NVIC_CCR *((volatile unsigned long *)(0xE000ED14))
NVIC_CCR |= 0x200; /* 设置 NVIC 中的 STKALIGN */
```

也可以用汇编语言实现:

```
LDR R0, = 0xE000ED14          ; 设置 R0 为 CCR 的地址
LDR R1, [R0]
ORR R1, R1, #0x200            ; 设置 STKALIGN 位
STR R1, [R0]                  ; 写回 CCR
```

在异常压栈期间设置 STKALIGN 位时,压栈 xPSR(组合程序状态寄存器)的第 9 位表示是否为对齐栈指针地址进行过栈指针的调整。在出栈时,栈指针(SP)调整会检查压栈 xPSR 的第 9 位并相应调整 SP。

为避免破坏栈数据,在异常处理中绝对不能修改 STKALIGN 位,因为那样会引起异常前后的栈指针的不一致。

从 Cortex-M3 版本 1 开始,本特性就一直存在。早期基于版本 0 的 Cortex-M3 产品则不具有这个特性。对于版本 2 和之后的 Cortex-M3 以及 Cortex-M4,本特性默认使能,而版本 1 的 Cortex-M3 则需要软件打开,如表 23.2 所示。

若要求符合 AAPCS,则应该使用这个特性。

表 23.2 异常处理的双字栈对齐的可用性

处理器	双字栈对齐
Cortex-M3 版本 0	不可用-需要符合 AAPCS 的 C 编译器选项
Cortex-M3 版本 1(r1p0/r1p1)	可用-需要由软件使能
Cortex-M3 版本 2(r2p0/r2p1)	可用-默认使能
Cortex-M4 所有版本	可用-默认使能

23.4 信号量设计的各种方法

一般来说,可以使用排他访问指令实现信号量,不过还有其他方法。

23.4.1 用 SVC 服务实现信号量

根据 Cortex-M 处理器中的异常优先级结构,同一时刻只能有一个 SVC 异常的实例执行:SVC 指令无法在 SVC 处理内执行,或者当前优先级大于等于 SVC 异常的优先级,否则会触发错误异常。

因此可以利用 SVC 服务实现信号量控制访问,这样可以确保系统中只会有一个访问信号量的应用任务。若代码需要在 Cortex-M0/M0+/M1 处理器上使用,则可以使用这种方法,因为这些处理器不支持排他访问。

23.4.2　使用位段实现信号量

假定存储器系统支持锁定传输或存储器总线上只有一个主控设备，则利用位段特性执行MUTEX(互斥体)操作也是可行的。通过位段，可以用普通的C代码实现信号量，不过其操作方式和排他访问不同。要在资源分配控制中使用位段，需要使用位段存区域内的一段空间(如一个字数据)，而且这个变量的每一位表示资源被一个特定任务使用。

由于位段别名为锁定的读—修改—写传输(在传输期间无法切换总线主控)，若所有任务只改变自身的锁定位，则即使两个任务同时尝试写入相同的存储器位置，其他任务的锁定位状态也不会丢失。与使用排他访问不同，一个资源可能会被两个任务同时锁定一段时间，直到其中一个检测到冲突并将锁释放，如图23.3所示。

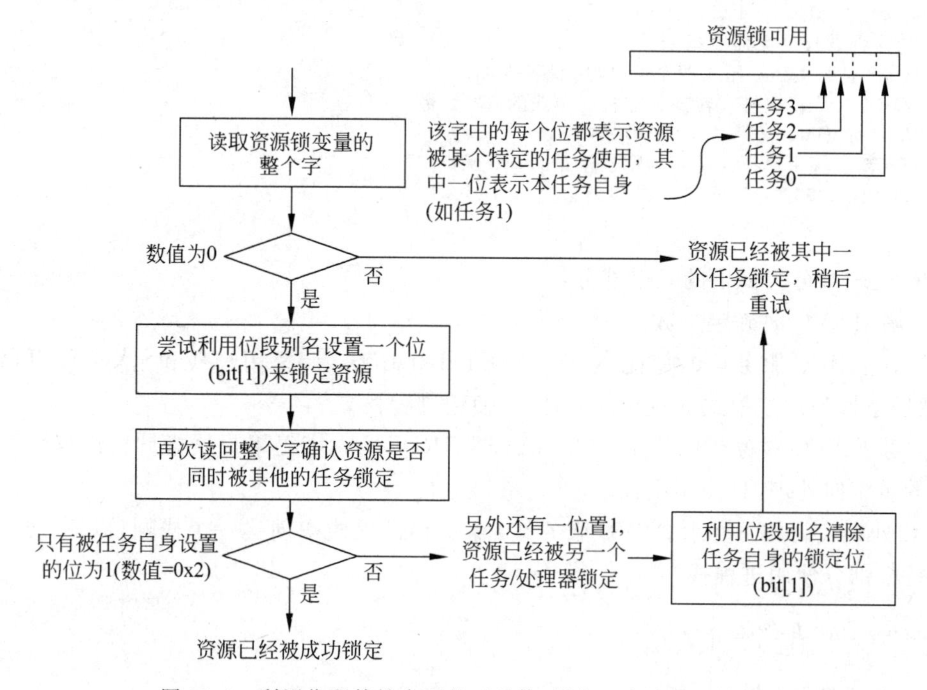

图23.3　利用位段特性实现的互斥体(任务1尝试设置锁定)

只有在系统中的所有任务只能利用位段别名修改分配给自己的锁定位时，用位段实现的信号量才能正常工作。若任何一个任务利用普通的写操作修改锁定位，且另一个任务刚好在写锁定变量前设置了锁定位，信号量操作就会失败，之前被其他任务设置的锁定位也会丢失。

23.5　非基本线程使能

对于Cortex-M3和Cortex-M4处理器，将一个正在运行的中断处理从特权等级切换到用户访问等级是可行的，适用于中断处理代码是用户应用的一部分且不应具有特权访问的情形。可以通过配置控制寄存器(CCR)中的非基本线程使能(NONBASETHRDENA)位来使能该特性。

本特性使用注意事项

由于需要手动对栈进行调整并修改已压栈的数据，应该在普通的应用编程中避免使用本特性。若非要使用，则需小心处理，而且系统设计人员必须确保中断服务程序被正确地终止，否则可能会引起相同或更低等级的中断被屏蔽掉。

使用本特性时会涉及异常处理重定向。向量表中的向量指向的处理开始时运行在特权模式，不过会在中间切换到非特权模式。因此，这种重定向处理要放在特权和非特权两种状态中访问的存储器区域中。在本例中，实现了一个名为User_SysTick_Handler的SysTick处理，且需要运行在非特权状态。SysTick处理的代码如下所示：

```
_asm void SysTick_Handler(void)
{ //重定向处理 - 无浮点指令
    PUSH {R4, LR} ; 压入两个字,使用双字栈对齐
    SVC 0 ; 从特权模式转换为非特权模式的 SVC 函数
    BL _cpp(User_SysTick_Handler)
    SVC 1 ; 从用户模式转换为特权模式的 SVC 函数
    POP {R4, PC} ; 返回
}
```

SVC处理被分为如下的三个部分：

(1) 调用SVC时确定参数。

(2) 对于SVC服务#0，使能NONBASETHRDENA，调整用户栈和EXC_RETURN的数值，然后返回到用户模式的重定向处理，且使用进程栈。

(3) 对于SVC服务#1，禁止NONBASETHRDENA，恢复用户栈指针数值，然后返回特权模式的重定向处理，且使用主栈。

SVC处理代码如下所示。SVC服务#0需要在进程栈中创建一个栈帧，以便SysTick处理的非特权部分使用进程栈。

```
_asm void SVC_Handler(void)
{
    ; 提取 SVC 编号
    TST LR, #0x4 ; 测试 EXC_RETURN 的第 2 位
    ITE EQ ; 若为 0,则
    MRSEQ R0, MSP ; 从 R0 中读取正确的栈指针
    MRSNE R0, PSP
    LDR R1, [R0, #24] ; 读取压栈的 PC
    LDRB.W R0, [R1, # - 2] ; 在压栈 PC - 2 的位置,得到 SVC 编号
    CBZ R0, svc_service_0 ; 若为 0,则跳转到 SVC 服务#0
    CMP R0, #1
    BEQ svc_service_1 ; 若为 1,则跳转到 SVC 服务#1
    B.W Unknown_SVC_Request
    ; ------------------------------------------------------------
    svc_service_0 ; 从特权模式切换到非特权模式,且使用进程栈
    ; 由于要被异常处理调用,因此栈帧必须位于主栈中
    MRS R0, PSP ; 调整 PSP,为新的栈帧预留空间,并备份 PSP
    TST R0, #0x4 ; 检查 PSP 是否为双字栈对齐
    ITE EQ
    MOVSEQ R3, #0x20 ; 无空位
    MOVWNE R3, #0x24 ; 需要空位
```

```
    LDR R1, = _cpp(&svc_PSP_adjust)
    STRB R3, [R1] ; 记录 PSP 的调整,用于 SVC #1
    SUBS R0, R0, R3 ; PSP = PSP - 0x20 或 0x24
    ; 确认进程栈是双字对齐的
    MSR PSP, R0 ; 复制回 PSP
    MOVS R1, #0x20      ; 将栈帧从主栈复制到进程栈
                        ; 由于 SysTick_Handler 还未执行任何 FP 指令
                        ; 因此其大小为 8 字节
    svc_service_0_copy_loop
    SUBS R1, R1, #4
    LDR R2, [SP, R1] ; 读取数据
    STR R2, [R0, R1] ;
    CMP R1, #0
    BNE svc_service_0_copy_loop
    LDR R1,[R0, #0x1C] ; 修改压栈的 xPSR,使 IPSR = 0
    MOVW R2, #0x3FF ; 清除 IPSR,栈对齐位
    BIC R1, R1, R2
    STR R1,[R0, #0x1C] ; 清除用户栈中的压栈 IPSR
    LDR R0, = 0xE000ED14 ; 设置 CCR 中的非基本线程使能
    LDR r1,[r0]
    ORR r1, #1
    STR r1,[r0]
    MRS R0, CONTROL ; 设置 CONTROL[0],使线程运行在非特权状态
    ORRS R0, R0, #1
    MSR CONTROL, R0
    ORR LR, #0x1C ; 修改 LR 返回线程,使用 PSP,8 字栈帧
    BX LR
    ; ----------------------------------------------------------------
    svc_service_1 ; 将处理从非特权模式切换回特权模式
    MRS R0, PSP ; 更新初始特权栈中压栈的 PC
    LDR R1,[R0, #0x18] ; 返回重定向处理中第二个 SVC 后的指令
    STR R1,[SP, #0x18] ;
    MRS R0, PSP ; 调整 PSP 为第一个 SVC 前的初始值
    LDR R1, = _cpp(&svc_PSP_adjust)
    LDRB R1, [R1]
    ADDS R0, R0, R1
    MSR PSP, R0
    LDR R0, = 0xE000ED14 ; 清除 CCR 中非基本线程使能
    LDR r1,[r0]
    BIC r1, #1
    STR r1,[r0]
    MRS R0, CONTROL ; 清除 CONTROL[0]
    BICS R0, R0, #1
    MSR CONTROL, R0
    ORR LR, #0x10 ; 返回,使用 8 字栈帧
    BIC LR, #0xC ; 返回处理模式,使用主栈
    BX LR
    Unknown_SVC_Request ; 输出错误消息
    BL _cpp(Unknown_SVC_Request_Msg)
    B.
    ALIGN
}
```

之所以使用 SVC 服务，是因为修改中断程序状态寄存器(IPSR)的唯一方法为异常进入和退出。也可以使用软件触发中断等其他异常，不过最好不要使用，这是因为它们是不精确的

且无法被屏蔽,这就意味着存在所需的栈复制和切换操作不立即执行的可能性。实际代码如图 23.4 所示,其中还包括栈指针的变动和当前的异常优先级。

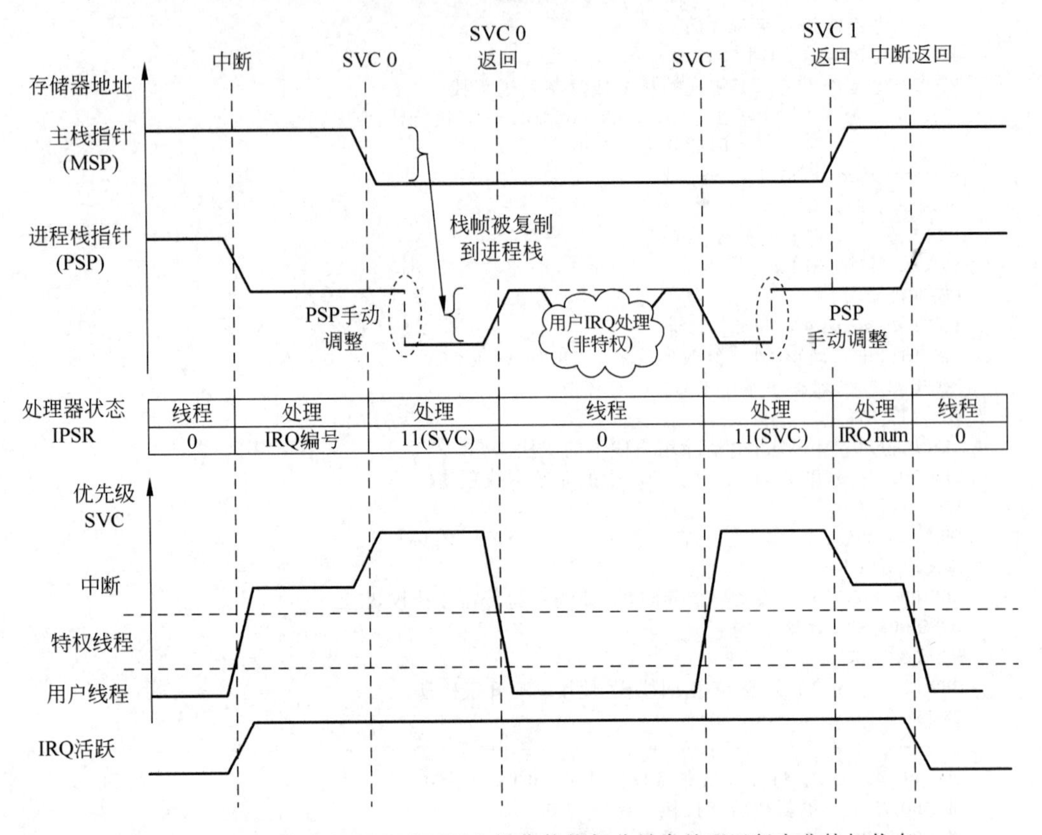

图 23.4　NONBASETHREADENA 操作使能部分异常处理运行在非特权状态

在图 23.4 中,SVC 服务中 PSP 的手动调整被着重圈出。

23.6　中断服务的重入

近年来,各种论坛上出现了如何实现 Cortex-M 微控制器的中断服务重入的问题。由于 Cortex-M 处理器的优先级机制,异常(包括中断)不支持重入操作。

例如,在触发了定时器中断且 ISR 执行时,当前优先级会被设置为定时器中断的优先级,所有具有相同或更低优先级的中断都会被屏蔽。因此,若在 ISR 执行期间再次触发了定时器中断,则定时器中断挂起状态会置位且 ISR 会在当前 ISR 执行完后被再次触发。

对于一些用户来说,他们现有的代码可能会依赖对异常处理的连续触发,因此在从经典 ARM 处理器(如 ARM7TDMI)往 Cortex-M 处理器移植时,可能遇到比较大的问题。重入中断在 ARM7TDMI 等经典 ARM 处理器上是可行的,因为处理器自身没有中断优先级的概念。

对于这个问题,存在一个软件的解决方案。可以为自己的中断处理编写一个包装代码,使其运行在线程状态,这样就可以被同一个中断打断。该包装代码由两部分组成:第一部分为中断处理,它将自身切换回线程状态并执行 ISR 任务;第二部分为 SVC 异常处理,它会恢复状态并继续执行之前的线程。

本方案使用注意

在一般的应用中,应该避免重入中断的使用,因为这样会带来很深的中断嵌套并引起栈溢出。这里说的重入中断机制还要求优先级为系统中的最低优先级,否则在较低异常ISR执行期间触发重入中断的话会引起处理器的错误异常。

重入中断代码的操作如图23.5所示。

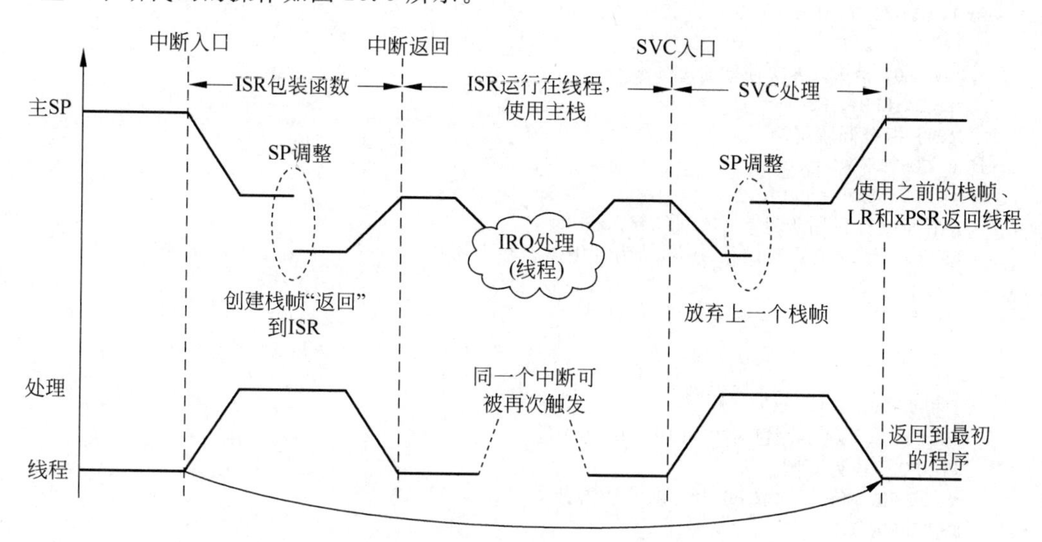

图23.5 使用包装代码在线程中运行ISR并允许中断重入

允许SysTick处理Reentrant_SysTick_Handler()重入的程序代码

```
/* ------------------------------------------ */
__asm void SysTick_Handler(void)
{
#if (__CORTEX_M >= 0x04)
#if (__FPU_USED == 1)
    ; 下面的三行仅用于具有FPU的Cortex-M4
    TST LR, #0x10 ; 测试第4位,若为0,则需要触发压栈
    IT EQ
    VMOVEQ.F32 S0, S0 ; 触发惰性压栈
#endif
#endif
    ; 现在处于处理模式,使用主栈且SP应为双字栈对齐
    MRS R0, PSR
    PUSH {R0, LR} ; 需要将PSR和LR保存在栈中
    SUB SP, SP , #0x20 ; 预留8个字,用于虚拟栈帧的返回
    LDR R0, = SysTick_Handler_thread_pt
    STR R0,[SP, #24]
    LDR R0, = 0x01000000 ; xPSR
    STR R0,[SP, #28]
    LDR R0, = 0xFFFFFFF9 ; 返回线程,使用主栈,8字栈帧
    MOV LR, R0
    BX LR
SysTick_Handler_thread_pt
    BL __cpp(Reentrant_SysTick_Handler)
```

```
    ; 防止 SysTick 刚好在 SVC 之前产生
    LDR R0, = 0xE000ED23 ; SysTick 优先级的地址
    LDR R0,[R0]
    MSR BASEPRI, R0 ; 防止 SysTick 被触发
    ISB ; 指令同步屏障
    SVC 0 ; 利用 SVC 返回到最初的线程
    B . ; 不应从此处返回
}
_asm void SVC_Handler(void)
{
    MOVS R0, #0 ; 再次使能 SysTick
    MSR BASEPRI, R0
    ISB ; 指令同步屏障
#if (_CORTEX_M >= 0x04)
#if (_FPU_USED == 1)
    ; 下面三行只用于具有 FPU 的 Cortex - M4
    TST LR, #0x10 ; 测试第 4 位,若为 0 则需要触发压栈
    IT EQ
    VMOVEQ.F32 S0, S0 ; 触发惰性压栈
#endif
#endif
    ; 提取 SVC 编号
    TST LR, #0x4 ; 测试 EXC_RETURN 的第 2 位
    ITE EQ ; 若为 0 则
    MRSEQ R0, MSP ; 读取 R0 中正确的栈指针
    MRSNE R0, PSP
    LDR R1, [R0, #24] ; 读取压栈的 PC
    LDRB.W R0, [R1, # - 2] ; 在 PC - 2 处读取 SVC 参数
    CBZ R0, svc_service_0 ; 若为 0,则跳转到 SVC 服务 0
    B Unknown_SVC_Request
svc_service_0
    ; 重入代码结束,可以舍弃当前栈帧并恢复初始栈帧
    ; 不过当前栈帧可能是 8 字节或 26 字节长
    TST LR, #0x10 ; 测试 EXC_RETURN 的第 4 位
    ITE EQ
    ADDEQ SP, SP, #104 ; LR 的第 4 位为 0,栈帧中有 26 个字
    ADDNE SP, SP, #32 ; LR 的第 4 位为 1,栈帧中有 8 个字
    POP {R0, R1}
    MSR PSR, R0
    BX R1
Unknown_SVC_Request
    BL _ _cpp(Unknown_SVC_Request_Msg)
}
void Unknown_SVC_Request_Msg(unsigned int svc_num)
{ /* 当 SVC 未知时显示错误消息 */
    printf("Error: Unknown SVC service request %d\n", svc_num);
    while(1);
}
/* ----------------------------------------- */
void Reentrant_SysTick_Handler(void)
{
    printf ("[SysTick]\n");
    if (SysTick_Nest_Level < 3){
        SysTick_Nest_Level++;
        SCB->ICSR| = SCB_ICSR_PENDSTSET_Msk; //设置 SysTick 的异常挂起
```

```
        __DSB();
        __ISB();
        Delay(10);
        SysTick_Nest_Level -- ;
    } else {
        printf ("SysTick_Nest_Level = 3\n");
    }
    printf ("leaving [SysTick]\n");
    return;
}
```

注意
- 重入中断的优先级比其余的中断和异常都要低。
- BASEPRI的使用避免了SVC处理紧随重入中断处理执行，这是因为中断处理会修改SP，SVC处理也就访问自己的普通栈指针。
- 异常处理还会强制延迟的惰性压栈产生，确保FPU上下文保存在具有FPU运算的嵌套ISR中。

23.7 C语言实现的位数据处理

在C或C++中，可以定义位域，该特性的合理使用有助于生成位数据和位域处理的更加高效的代码。例如，在处理I/O端口控制任务时，可以用C语言定义位的结构体和联合：

```
位数据处理的 C 结构体和联合定义
typedef struct /* 定义了 32 位的结构体 */
{
uint32_t bit0:1;
uint32_t bit1:1;
uint32_t bit2:1;
uint32_t bit3:1;
uint32_t bit4:1;
uint32_t bit5:1;
uint32_t bit6:1;
uint32_t bit7:1;
uint32_t bit8:1;
uint32_t bit9:1;
uint32_t bit10:1;
uint32_t bit11:1;
uint32_t bit12:1;
uint32_t bit13:1;
uint32_t bit14:1;
uint32_t bit15:1;
uint32_t bit16:1;
uint32_t bit17:1;
uint32_t bit18:1;
uint32_t bit19:1;
uint32_t bit20:1;
uint32_t bit21:1;
uint32_t bit22:1;
uint32_t bit23:1;
uint32_t bit24:1;
```

```
    uint32_t bit25:1;
    uint32_t bit26:1;
    uint32_t bit27:1;
    uint32_t bit28:1;
    uint32_t bit29:1;
    uint32_t bit30:1;
    uint32_t bit31:1;
} ubit32_t; /*!< 用于位访问的结构体 */

typedef union
{
    ubit32_t ub; /*!< 无符号位访问的类型 */
    uint32_t uw; /*!< 无符号字访问的类型 */
} bit32_Type;
```

下面可以利用新定义的数据类型来声明变量。例如：

```
bit32_Type foo;
foo.uw = GPIOD->IDR; //.uw 字访问
if (foo.ub.bit14) { //.ub 位访问
    GPIOD->BSRRH = (1<<14); //清除第 14 位
} else {
    GPIOD->BSRRL = (1<<14); //设置第 14 位
}
```

在上面的例子中，编译器生成了一个 UBFX 指令用于所需位数据的提取。若位域被定义为有符号整数，则会使用 SBFX 指令。

可以声明一个指向寄存器的指针：

```
volatile bit32_Type * LED;
LED = (bit32_Type *) (&GPIOD->IDR);
if (LED->ub.bit12) {
    GPIOD->BSRRH = (1<<12); //清除第 12 位
} else {
    GPIOD->BSRRL = (1<<12); //设置第 12 位
}
```

有一点需要注意，在这类代码中写一个位或位域可能会引起 C 编译器生成一个软件的读—修改—写流程，这对 I/O 控制来说是不允许的，因为若在修改另一个位的读和写操作之间产生了中断，则在中断返回后由中断处理进行的位修改可能会被覆盖（参见第 6 章的图 6.12）。

一个位域可以包含多个位，例如，23.1.2 节中介绍的复杂的判决树可以用 C 语言按照如下方式实现：

```
typedef struct
{
    uint32_t bit1to0:2;
    uint32_t bit2 :1;
    uint32_t bit4to3:2;
    uint32_t bit5 :1;
    uint32_t bit7to6:2;
} A_bitfields_t;
typedef union
{
```

```
    A_bitfields_t ub; /*!< 位访问类型 */
    uint32_t uw; /*!< 字访问类型 */
} A_Type;
void decision(uint32_t din)
{
    A_Type A;
    A.uw = din;
    switch (A.ub.bit7to6) {
        case 0:
          P0( );
          break;
        case 1:
        switch (A.ub.bit4to3) {
            case 0:
              P2( );
              break;
              case 1:
              P3( );
              break;
            default:
              P4( );
              break;
          };
          break;
        case 2:
          P1( );
          break;
        default:
          if (A.ub.bit2) P6();
          else P5( );
          break;
    }
    return;
}
```

23.8 启动代码

本书中的多数例子所用的启动代码都是用汇编语言实现的，也可以用C编写启动代码。不过这需要引入编译器相关的符号，有些情况下还需要编译器相关的伪指令，因此，C启动代码仍然是工具链相关的。

例如，CoIDE工程(第17章)使用的就是C启动代码。在ARM应用笔记179 Cortex-M3嵌入式软件开发(参考文献10)中，也可以找到用C实现的向量表的例子。

在典型的软件开发环境中，微控制器供应商提供的软件包中会包含各种工具链使用的启动代码和头文件，这就意味着无须担心微控制器设备的启动代码和头文件。

从CMSIS-Core v1.3版本开始，系统处理函数SystemInit( )在启动代码中调用，这个变化使得SystemInit( )函数可以在执行C运行时启动代码前初始化存储器接口控制器。这样可以将C程序用的栈和堆存储放到外部存储器中。

不过，主栈指针(MSP)的初始值仍然要指向不需要初始化的RAM区域，这是因为有些异常(如NMI、HardFault)可能会在启动过程中产生。

23.9 栈溢出检测

分析栈的使用和检测栈溢出的方法有多种。

23.9.1 工具链的栈分析

首先，许多软件开发工具链可以生成栈使用的报表。对于 Keil MDK-ARM，可以在一个 HTML 文件找到栈使用的情况，而对于 IAR Embedded Workbench，要得到栈的使用情况，则需要使能栈分析（参见 12.9.2 节）。

由于异常栈帧所需的空间，需要预留比应用代码需要的更多的栈空间，这一点要格外注意。对于没有 OS 的系统，所有任务都运行在主栈，每一级嵌套中断都会额外增加 8 个字（若浮点单元存在且使能则是 26 个字），而且这还只是栈帧需要的。另外，还要加上异常处理或可能的双字栈对齐所需的栈空间。

对于具有 OS 的系统，每个线程栈（使用进程栈指针）可能只需支持一级栈帧空间，嵌套异常用的栈空间则位于主栈。

23.9.2 栈的测试分析

一般来说，在调试环境中，可以将栈空间填充为特定形式（如经常用到的 0xDEADBEEF），程序运行一段时间后，可以查看多少栈存储发生了变化，并据此估计所需的栈大小。不过，这种方法可能无法涵盖最差的情况，因此需要额外预留一定的内存，避免栈溢出的产生。例如，在实验室环境很难出现最大等级嵌套中断的情况。

23.9.3 根据栈布局检测栈溢出

对于许多工具链来说，SRAM 的布局如图 23.6 所示。

由于栈向下生长而堆向上生长，若存储器的使用比预计的要大，则在这种设计中空闲的存储器空间既可用于栈也可用于堆。多数情况下，栈和堆的使用都会比最坏的情况要少，因此这种方式增加了可用的内存，并可以避免栈空间或堆空间用完的情况。

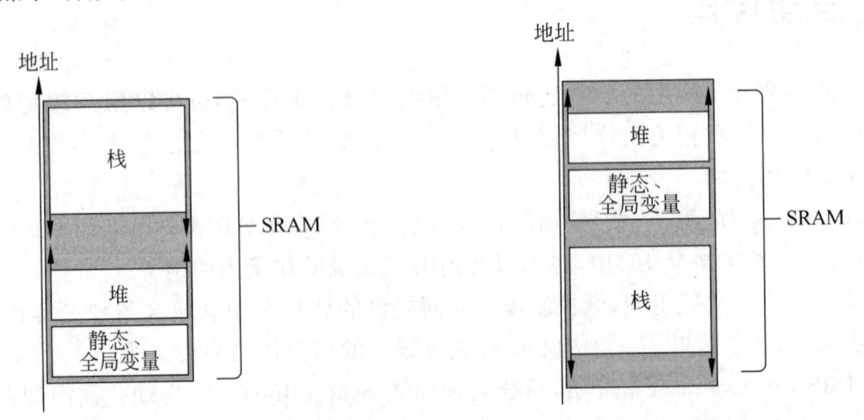

图 23.6 SRAM 存储器中典型的数据布局　　图 23.7 可以进行栈溢出检测的栈布局

不过，对于栈溢出检测，可以重新设计存储器布局，将栈放在底端，如图 23.7 所示。在栈的使用超过了允许的大小时，栈的访问会引起很容易就能检测到的错误异常。不过，错误处理要立即修改 SP 的值，使其指向合法的空间。不然的话，错误处理可能无法运行。另外，只要触发了错误异常，系统可能就无法恢复了，这是因为异常处理开始后寄存器的内容可能会丢失。

23.9.4 使用 MPU

对于具有 MPU 的系统，可以对 MPU 进行配置，定义允许的栈区域，使得在检测到栈溢出后可以触发存储器管理错误。由于可以在 HardFault 处理中旁路 MPU（或通过 FAULTMASK 特性将 Memmanage 错误提升到 HardFault 等级），错误处理可以有额外的栈空间以处理错误。

23.9.5 使用 DWT 和调试监控异常

另外，未连接调试器的系统可以使用 DWT 在栈区域的尾部设置一个监视点，并使能调试监控异常，这样在选定的地址被访问时，就会触发该异常。不过，若系统和调试器相连，调试器可能会将 DWT 比较器用于各种调试特性，这样会引发冲突。

23.9.6 OS 上下文切换中的栈检查

Keil 等许多嵌入式 OS 支持栈检查特性。在每次上下文切换时都会将栈的使用同允许的栈大小比较，若线程所用的栈超过了允许的大小，就会触发错误。不过，若线程只会在很小一段时间内才消耗大量的栈空间，这种栈溢出错误可能无法被检测出来。

23.10 Flash 补丁特性

Cortex-M3 和 Cortex-M4 处理器中的 Flash 补丁和断点(FPB)单元提供了一个名为“Flash 补丁”的功能。若微控制器设计使用掩膜 ROM 或 OTP ROM，则可以利用该功能补上一小块可编程存储器(如 Flash 或 EEPROM)。已经在 14.6.2 节中简要介绍了这个特性，下面来看一下它是如何工作的。

对于多数程序存储器为 Flash 的微控制器，由于程序存储器更新起来非常方便，因此也就不需要 Flash 补丁特性。对于一些低成本的设备，芯片生产商可能会将程序存储器设计为掩膜 ROM，或只能编程一次的单次可编程(OTP)ROM。由于用户无法修改 ROM 中的内容，若在设备编程后发现了软件问题，则修复代码的成本将会非常高。

有些情况下，具有掩膜 ROM 或 OTP ROM 的微控制器中还可以增加一小块用户可编程的 ROM，如 Flash 和 EEPROM 等。由于这块 ROM 的容量很小，因此在设备具有严重缺陷时，增加的成本和替换整个不可用的设备相比也不大。

若确定自己的工程可能需要一个 Flash 补丁，则应该在启动代码中加入一个条件跳转，检查补丁数据是否可用，如图 23.8 所示。不过首先要知道 Flash 存储器在未编程时的数据是什么样的(典型值为 0xFFFFFFFF)。例如：

```
    AREA |.text|, CODE, READONLY
; 复位处理
Reset_Handler PROC
    EXPORT Reset_Handler [WEAK]
    IMPORT SystemInit
```

```
IMPORT _main
;------------------------------------------
; 检查补丁配置是否存在
LDR R0, = 0x00200000; Flash 存储器地址
LDR R1,[R0]
LDR R2, = 0xFFFFFFFF ; 未编程时的数值
CMP R1, R2
ITT NE ; 若不等,则设置补丁
ORRNE R0, R0, #1 ; 设置 LSB -> 0x01200001
BLXNE R0 ; 调用补丁配置代码
;------------------------------------------
; 正常启动
LDR R0, = SystemInit
BLX R0
LDR R0, = _main
BX R0
ENDP
```

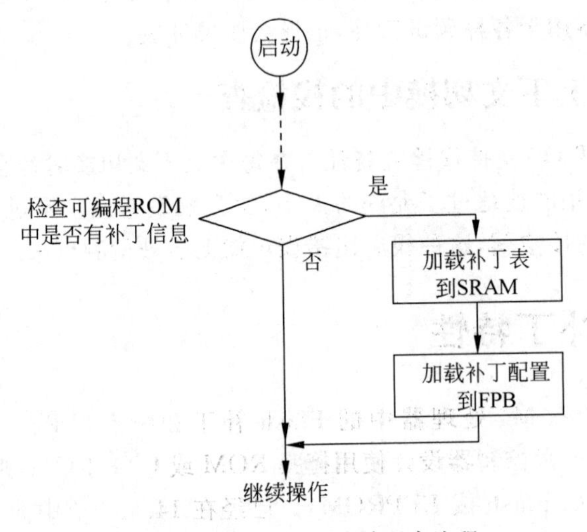

图 23.8 补丁应用的简单程序流程

FPB 中比较器的数量很少,能修复的程序位置也有限。因此,若某个函数有问题,则最好是替换调用该函数的跳转指令,而不是试图修复函数,如图 23.9 所示。或者若所需的变动非常小,只需修改程序代码中的几个字节,还可以直接将整个替换。

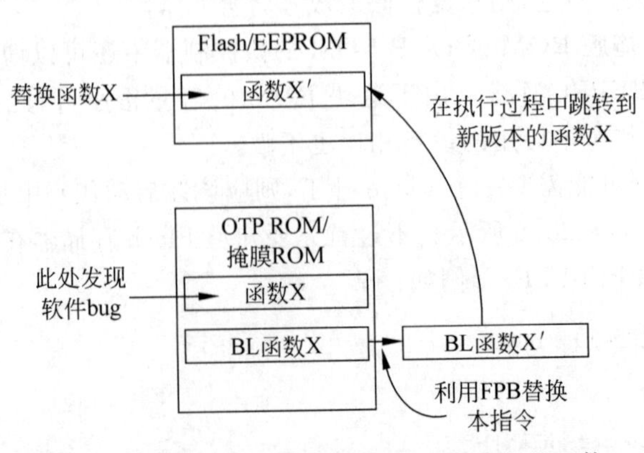

图 23.9 修改函数调用将某函数替换为新的函数

在处理器读取程序 ROM 中的地址且地址和 FPB 比较器中的一个匹配时，若比较器被设置为 REMAP 功能，则访问会被映射到 FPB 中 REMAP 寄存器指定的 SRAM 地址，如图 23.10 所示。

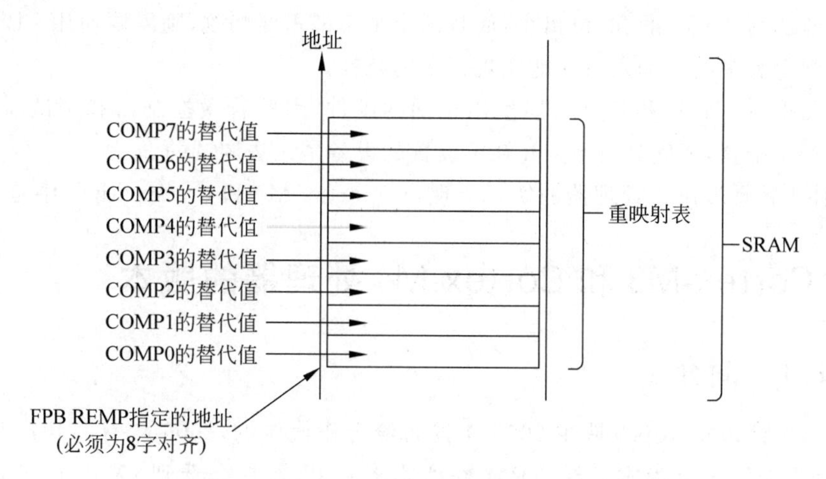

图 23.10 数据被 SRAM 中重映射表的内容替代

在编写了错误函数的替代代码后，下一步就要实现 FPB 的设置代码。需要执行以下任务：

(1) 设置替换值，并将其写入 SRAM 中的重映射表。重映射表最多包含 8 个字，且必须为 SRAM 区域中的 32 字节对齐的地址。前 6 个字用于补丁指令，而后 2 个则用于常量数据。

(2) 设置 FPB 中的比较器。对于最高配置的 Cortex-M3 和 Cortex-M4 处理器，比较器共 8 个。编程的数值为要修改指令的地址值，前 6 个用于指令，后 2 个则用于常量数据。

(3) 设置 FPB REMAP 寄存器指向需要修改的常量数据。

(4) 使能 FPB。

例如，若需要修改 6 个指令和 2 个常量数据，则补丁表位于 SRAM 的地址 0x20010000 处：

```
#define HW_REG32(addr) (*((volatile uint32_t *)(addr)))
#define PATCH_TBL 0x20010000
typedef struct
{
    _IO uint32_t CTRL; /*!< Flash 补丁控制寄存器 */
    _IO uint32_t REMAP; /*!< Flash 补丁重映射寄存器 */
    _IO uint32_t COMP[8]; /*!< Flash 补丁比较器寄存器#0～#7 */
} FPB_TypeDef;
#define FPB_BASE 0xE0002000UL
#define FPB ((FPB_TypeDef *) FPB_BASE)

void fpb_setup(void)
{
    const unsigned int patch_addr = {.. };                //要修改的地址
    const unsigned int patch_value = {.. };               //替换值
    for (i = 0;i < 8;i++) {
        HW_REG32[PATCH_TBL + 4 * i] = patch_value[i];   //设置补丁表
        //设置 FPB 比较器,LSB 置 1 以使能
            FPB->COMP[i] = patch_addr[i]j 0x1;          //指令地址
    }
    FPB->REMAP = PATCH_TBL;                               //设置重映射表基地址
```

```
    FPB->CTRL = 3;                              //使能
    return;
}
```

若要修改的为非对齐的32位指令，而且两个半字都需要修改，则需要使用FPB中的两个比较器和重映射表中的两个入口才能实现指令的替换。

注意，Flash补丁特性和断点功能使用相同的硬件，因此若微控制器和调试器相连，则调试器会覆盖补丁配置，因此具有Flash补丁设置的设备是无法调试的。

Flash补丁特性取决于处理器的实际实现，在Cortex-M0和Cortex-M0+中是不存在的。

23.11 Cortex-M3和Cortex-M4处理器的版本

23.11.1 简介

Cortex-M3处理器(r0p0)是在2005年发布给合作伙伴的，2006年有芯片产品上市。从那时起，已经发布了多个版本。在ARM处理器产品中，经常会看到r*X*p*Y*或者甚至r*X*p*Y*-*nn*rel*m*等代码，其中*X*为主发布版本，而*Y*则为次发布版本。其他的变动(如更新文档和EDA工具支持文件)则会引起*nn*和*m*域的变化。一般来说，首次发布的版本号为r0p0-00rel0。

Cortex-M3处理器的当前版本为r2p1，Cortex-M4处理器的则为r0p1。不过市面上的一些Cortex-M3微控制器仍然是基于r1p1版本的。

Cortex-M3处理器的版本包括r0p0、r1p0、r1p1、r2p0以及r2p1。

Cortex-M4处理器的版本则包括r0p0和r0p1。

可以通过CPUID寄存器确定自己使用的Cortex-M3或Cortex-M4处理器的版本(见表9.11、9.7节)。

每个发行版的变动都可以在ARM提供的技术参考手册(TRM)中找到。

23.11.2 Cortex-M3 r0p0到r1p0/r1p1的变动

基于Cortex-M3版本1的产品在2006年的第三个季度出现。对于版本1，编程模型和开发特性方面可见的变动包括以下内容：

- 从版本1开始，可将异常产生时寄存器的压栈强制为从双字对齐的存储器地址开始，该功能由嵌套向量中断控制器(NVIC)配置控制寄存器中的STKALIGN位控制。
- 由于上面的原因，NVIC配置控制寄存器中增加了STKALIGN位。
- 版本r1p1中增加了新的AUXFAULT(辅助错误)状态寄存器(可选)。
- 增加了包括DWT数据匹配在内的其他特性。
- ID寄存器更新了版本域。

对用户不可见的变动包括：

- CODE存储器空间输出的存储器属性被硬连为可缓存、已分配、不可缓冲和不可共用。这会影响到I-CODE高级高性能总线(AHB)和D-CODE AHB接口，但不包括系统总线接口。这个变动只会影响到处理器外的缓存和缓冲行为(如2级缓存或具有缓存的存储器控制器)。处理器内部写缓冲的行为则没有变化，而且多数微控制器产品都不受影响。

- 支持一种 I-CODE AHB 和 D-CODE AHB 间简单的总线复用操作模式。在这种模式中，一个简单的总线复用器可以将 I-CODE 和 D-CODE 总线合并(r0p0 需要更大的总线矩阵部件)，总门数也会随之降低。
- 为 AHB 跟踪宏单元(HTM，ARM 的一种 CoreSight 调试部件)增加了新的输出端口，用于复杂的数据跟踪操作。
- 即使在系统复位期间，也可以访问调试部件或调试控制寄存器，只有在上电复位期间不能访问这些寄存器。
- 跟踪端口接口单元(TPIU)支持串行线查看(SWV)，跟踪信息可由低成本的硬件捕获。
- 在版本 1 中，NVIC 中断控制和状态寄存器中的 VECTPENDING 域会受到 NVIC 调试暂停控制和状态寄存器中的 C_MASKINTS 位影响。若 C_MASKINTS 置位且有挂起中断被屏蔽，则 VECTPENDING 为 0。
- JTAG-DP 调试接口模块已经变为串行线 JTAG 调试端口(SWJ-DP)模块，该调试接口模块支持串行线和 JTAG 两种调试协议。

由于 Cortex-M3 的版本 0 的异常流程中没有双字栈对齐特性，一些编译器工具，如 ARM DS-5、RealView 开发组件(RVDS)和 Keil MDK-ARM，增加了一些特殊选项，允许异常处理期间对压栈进行软件调整，使得用户开发的应用符合嵌入式应用二进制接口(EABI)。这在异常处理代码需要符合 EABI 时非常重要。

23.11.3　Cortex-M3 r1p1 到 r2p0 的变动

在 2008 年中期，Cortex-M3 的版本 2(r2p0)被发布给了芯片供应商，基于版本 2 的产品在 2009 年上市。该版本具有多个新特性，其中多数面向降低功耗以及提高调试的灵活性。对编程模型可见的变动包括：

- 休眠特性。增加了对唤醒中断控制器(WIC)和状态保持功率门(SRPG)的支持。为了进一步降低休眠模式下处理器的功耗，在 NVIC 中增加了 WIC 接口以及对 SRPGS 的支持(参见 9.2.8 节)。在系统设计层级，现有的休眠特性也有了一定的改进。在版本 2 中，对处理器的唤醒是可以延迟的，这样可以使芯片中的更多部分掉电(如 Flash 存储器，参见图 23.11)，而且在系统就绪后电源管理系统可以继续执行程序。有些微控制器设计需要这种特性，它们中的一些部件在休眠期间掉电，而在电源恢复后还需要一定的时间才能将供电稳定下来。

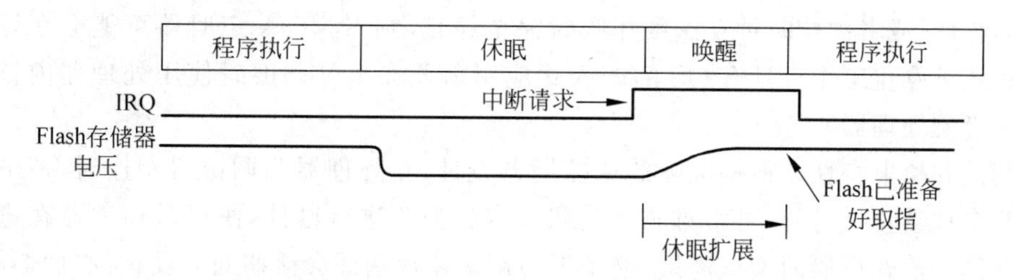

图 23.11　Cortex-M3 版本 2 中增加的休眠扩展能力

- 默认的双字栈对齐。异常压栈的双字栈对齐特性默认使能(芯片供应商可以选择保留版本 1 的做法)，这样会降低多数 C 应用的启动开销(无须设置 NVIC 配置控制寄存器中的 STKALIGN 位）。

- 调试特性。监视点触发的 DWT 数据跟踪支持只跟踪读传输或只跟踪写传输，按照这种方式，可以指定只在修改或读出时跟踪数据，因此所需的跟踪数据带宽也会随之降低。
- 实现调试特性时具有更大的灵活性。例如，在超低功耗设计中可以减少断点和监视点的数量以减小内核的体积。对多处理器调试的支持也更好了，增加了一个新的接口，多处理器可以同时重启和单步调试（对编程人员不可见）。
- 辅助控制寄存器，有利于处理器行为的精细调整。例如，对于调试来说，可以关掉 Cortex-M3 的写缓冲，使得总线错误和存储器访问指令同步（精确）。辅助控制寄存器的细节可以参考 9.9 节和附录 F.3.2。
- ID 寄存器数值更新。NVIC 和调试部件中的各个 ID 寄存器都已更新。
- 新增的设计优化。

版本 2 为嵌入式系统设计人员提供了多种改进。首先，嵌入式产品的功耗更低且电池寿命更长。在使用 WIC 模式深度休眠时，系统中只有一小部分需要处于活跃状态。另外，在面向超低功耗的设计中，芯片供应商可以通过减少断点和监视点的数量降低芯片的大小。

其次，调试和解决问题时的灵活性更高。除了调试器使用的改进的数据跟踪特性，还可以使用新的辅助控制寄存器将写缓冲强制为不可缓冲，以便定位错误的指令，或禁止多周期指令期间的中断，这样多加载/存储指令可以在异常开始前完成。存储器内容的分析也变得更加方便了。对于具有多个 Cortex-M3 处理器的系统，版本 2 还引入了多核同时启动和步进的功能。

另外，版本 2 还对更高性能和更好的接口特性进行了内部优化，方便芯片供应商更快地开发出具有更多特性的 Cortex-M3 产品。不过，有几点是需要嵌入式编程人员注意的，它们包括：

- 异常栈帧的双字栈对齐。异常栈帧默认对齐到双字存储器地址，有些在版本 0 或版本 1 上实现的汇编应用若在往异常处理传输数据时用到了栈，则会受到影响。异常处理应该检查栈帧中程序状态寄存器的第 9 位确定是否执行过栈对齐，然后才能确定异常前压栈数据的地址。另外，应用可以将 STKALIGN 设置为 0，此时的压栈行为就同版本 0 和版本 1 一样了。符合 EABI 的应用（如使用符合 EABI 的编译器编译的 C 代码）则不受影响。
- SysTick 定时器可能会在深度休眠模式下停止工作。若 Cortex-M3 微控制器具有掉电特性，或者内核时钟在深度休眠时完全停止，则 SysTick 定时器可能会在深度休眠模式下停止工作。具有 OS 的嵌入式应用需要在事件调度时使用处理器内核外的时钟唤醒处理器。
- 调试和掉电特性。根据实际的微控制器设计，在处理器和调试器相连时，掉电特性可能会被禁止。另外，可以对芯片按照一定的方式进行设计，使得微控制器在进入特定的休眠模式后取消调试连接，这是因为调试器在调试会话期间需要访问处理器的调试寄存器（如让内核暂停）。在测试掉电操作时，最理想的做法是将待测设备同调试器断开。

23.11.4 Cortex-M3 r2p0 到 r2p1 的变动

Cortex-M4 处理器发布后，Cortex-M4 的许多更新也被应用到 Cortex-M3 产品上：

- 向量表偏移寄存器(VTOR)增加了两位，使得向量表的分配更加灵活。
- 跟踪系统中增加了对全局时间戳的支持，有利于跟踪流的同步。作为这个变动的一部分，为增加对全局时间戳的支持，ETM 协议从 v3.4 变为了 v3.5。
- Cortex-M3 跟踪端口接口单元(TPIU)也有了一些变动，在跟踪接口运行在跟踪端口模式且无数据时，半个同步包会被插入以确保帧的完整性，之前的则是使用 NULL ID 和几个字节的数据 0x00。
- 若传输被 MPU 终止，则不会触发监视点。
- 各个 ID 寄存器中的版本信息更新，而且 ROM 表 ID 也发生了变化。
- 另外，还有些仅对芯片设计人员可见的变动，如和 AHB Lite 的兼容性、额外增加的配置选项等。

23.11.5 Cortex-M4 r0p0 到 r0p1 的变动

从 r0p0 到 r0p1 的变动比较少，除了处理器版本 ID 数值外，其余部分只对芯片设计人员可见，如更好的 AHB Lite 兼容性以及配置选项等。

第 24 章

软件移植

24.1 简介

软件移植对许多软件工程师来说是很常见的工作。即使代码是用 C 编写的，由于以下原因还是要做相当多工作的：

- 不同的外设
- 不同的存储器映射
- 不同的中断处理方法
- 工具链相关的 C 语言扩展

由于 CMSIS-Core 的存在以及 Cortex-M 处理器间的架构一致性，不同 Cortex-M 设备间的移植也比较简单。不过，经常需要将软件从其他架构移植到 ARM Cortex-M，或者从 ARM7TDMI 等经典的 ARM 处理器移植到 Cortex-M。将会在本章介绍这些方面的内容。

24.2 从 8 位/16 位 MCU 移植到 Cortex-M MCU

24.2.1 架构差异

8 位/16 位架构和 ARM 架构间存在很多差异，如数据类型的大小可能会不同，如表 24.1 所示。

表 24.1 ARM 和 8 位/16 位微控制器间数据大小对比

数据类型	8 位/16 位微控制器	ARM 架构
char	8 位	8 位
short int	16 位	16 位
整数	16 位	32 位
指针	8/16/24 位	32 位
float	32 位	32 位
double	32 位	64 位

这个差异会从多个方面影响程序代码，如整除溢出行为和程序大小等。例如，若程序中存在整数数组，则为了给数组保留相同的存储器大小就需要修改代码：

```
const int mydata = {0x1234, 0x2345…};
```

对于浮点处理，若要使用32位的精度，则可能就需要修改代码，确保所有的浮点运算都是单精度的，特别是想利用Cortex-M4处理器中浮点单元时。例如，代码：

```
X = T * atan(T2 * sin(X) * cos(X)/(cos(X + Y) + cos(X - Y) - 1.0));
```

应该修改为：

```
X = T * atanf(T2 * sinf(X) * cosf(X)/(cosf(X + Y) + cosf(X - Y) - 1.0F));
```

另外，若应用需要较高的精度，则可以选择使用双精度计算。不过，这样会增加代码大小和执行时间。

另外一个和8位及16位架构的不同之处在于存储器中数据的存放方式。第一个为数据对齐：对于8位处理器，存储器系统为8位宽，且不存在数据对齐问题。不过，ARM Cortex-M微控制器系统的存储器为32位宽，因此数据可能是对齐的，也可能是不对齐的(参见6.6节和图6.6)。C编译器默认不会产生非对齐数据，若数据结构中定义了多个具有多种大小的元素，则需要额外插入一些空数据以保持数据元素的对齐，如图24.1所示。

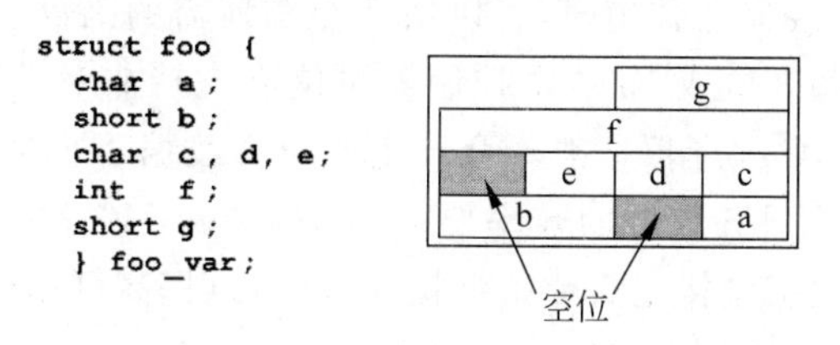
struct foo {
char a;
short b;
char c, d, e;
int f;
short g;
} foo_var;
g
f
e
d
c
b
a
空位

图24.1　结构体中可能会存在空位

结构体中额外增加的空间会带来多种影响。例如：

- 若有结构数组，则总的数据大小会增加。
- 数据元素为硬编码地址的数据结构体代码可能会无法工作。
- 具有硬编码结构体大小的存储复制可能会无法工作。

一般来说，按照可移植的方式(如使用sizeof()代替硬编码的大小)编写的程序代码可以避免多数问题。还可以调整结构体内的元素位置，避免消耗额外的空间。

与数据存储有关的第二个方面是局部变量的存放方式，若所有的寄存器都已使用，则有些8位架构会将局部变量放在SRAM中的静态存储器位置。在ARM架构中，若所有的寄存器都已使用，则局部变量一般会被放在栈空间。由于每次在调用某个函数时，栈可能位于不同的地址上，因此局部变量没有静态的存储器地址。

使用栈存放局部变量的优势在于，若函数未使用，则局部变量不会占用存储器空间。不过，有些调试手段要求局部变量位于静态位置，它们可能就无法工作了，此时可能需要在声明局部变量时增加static关键字，或者将其修改为全局变量。

24.2.2　一般调整

在从这些微控制器往Cortex-M移植应用时，软件所需的修改一般包括：

- 启动代码和向量表。不同的处理器架构具有不同的启动代码和中断向量表，启动代码和向量表一般需要重置。
- 栈分配调整。对于Cortex-M处理器，栈大小的需求和8位或16位架构有很大的不同。另外，定义栈的位置和大小的方式也和8位及16位开发工具不同。

- 架构相关/工具链相关的C语言扩展。许多8位和16位微控制器用的C编译器对C语言进行了一些扩展，其中包括8051中特殊功能寄存器（SFR）等特殊的数据类型或各个C编译器中的“#pragma”语句。
- 中断控制。在8位和16位微控制器编程中，中断配置一般由直接写中断控制寄存器实现。在往ARM Cortex-M处理器移植应用时，应将这些代码修改为使用CMSIS-Core中断控制函数。例如，可以将中断的使能和禁止修改为“_enable_irq()”和“_disable_irq()”，单个中断的配置可由CMSIS-Core中的多个NVIC函数处理。
- 外设编程。在8位和16位微控制器编程中，外设控制一般由直接写寄存器实现。在使用ARM微控制器时，许多微控制器供应商都提供了设备驱动库，以方便微控制器的使用。可以使用这些库函数以减少开发时间，或者如果愿意，也可以直接写硬件寄存器。若更倾向于直接访问硬件寄存器，设备驱动库中的头文件也可以提供一些帮助，因为其中已经定义了所有的外设寄存器，省去了准备和验证代码的时间。
- 汇编代码和内联汇编。很显然，所有的汇编和内联汇编代码都需要重写，多数情况下，在往Cortex-M微控制器移植时，可以用C重写所需的函数。
- 非对齐数据。有些8位或16位微控制器可能会支持非对齐数据，若在声明数据时未使用_packed属性，C编译器一般不会产生非对齐数据。非对齐数据处理在Cortex-M3和Cortex-M4中比对齐数据的效率要低，在Cortex-M0/M0+中则不支持。因此，可能需要修改一些数据结构定义或指针操作代码，以提高可移植性和效率。如果有必要的话，仍然可以在结构体内使用_packed。
- 数据大小差异带来的代码调整。正如24.2.1节中所介绍的，多数8位和16位处理器中的整数为16位，而ARM架构中的整数则为32位。例如，在将程序文件从这些架构移植到ARM架构时，可能要将代码中的int修改为short int或int16_t（位于stdint.h中，C99引入的），保持数据大小不变。
- 浮点。正如24.2.1节中所介绍的，从8位/16位架构移植到ARM架构时，存在浮点计算的程序可能需要修改。
- 增加错误处理。许多8位和16位微控制器中不存在错误异常，嵌入式应用可以在没有任何错误处理的情况下运行，不过增加错误处理后有助于嵌入式系统从错误条件中恢复（如电压下降或电磁干扰引起的数据破坏）。

24.2.3 存储器大小需求

24.2.2节中谈到的一个问题为栈存储。在移植到ARM架构后，所需的栈大小可能会增加，也可能会减小，具体情况取决于实际的应用。由于以下原因，栈大小会增加：

- 对于ARM，每次寄存器压栈都会占用4字节，而16位或8位每个寄存器则占2字节或1字节。
- 在ARM编程中，局部变量一般位于栈中，而其他一些架构则可能会将局部变量定义在单独的数据存储器区域中。

从另一方面来说，由于以下原因，栈大小会减少：

- 对于8位或16位架构，在存放大数据时需要用到多个寄存器，而且和ARM相比，这些架构的寄存器要少，因此需要更多的栈。
- ARM的更加强大的寻址模式使得地址的计算非常快，而且不会占用寄存器空间。运算所需的寄存器的减少也降低了栈的需求。

总体而言，移植后整体的栈需求可能会极大降低，这是因为函数在不使用时，多数局部变量都不会占用 SRAM 空间。另外，与其他一些架构相比，ARM 处理器寄存器组中的寄存器更多，一些局部变量可能只需保存在寄存器组中，而不会占用存储器空间。

根据实际的应用种类，ARM Cortex-M 的程序存储器需求一般会比 8 位微控制器和多数 16 位微控制器要低。因此，在将自己的应用从这些微控制器移植到 ARM Cortex-M 微控制器时，可以使用具有较小 Flash 存储器的微控制器设备。程序存储器大小的降低一般由以下因素引起：

- 16 位和 32 位数据(包括整数和指针)处理更加高效
- 更加强大的寻址模式
- 包括 PUSH 和 POP 在内的一些存储器访问指令可以处理多个数据

当然也有例外。对于只有很少代码的应用，ARM Cortex-M 微控制器的代码和 8 位或 16 位微控制器相比可能会更大，这是因为：

- 由于中断更多，Cortex-M 微控制器向量表也可能更大。
- Cortex-M 处理器的 C 启动代码可能会更大。若使用 Keil MDK 或开发组件 5(DS-5)等 ARM 开发工具，则切换使用 MicroLIB 运行时库可能会有助于降低代码大小。

24.2.4 8 位或 16 位微控制器不再适用的优化

8 位/16 位微控制器编程中使用的一些优化手段在 ARM 处理器中已经不再适用。由于架构的差异，这些优化有时可能会带来额外的开销。例如：

```
unsigned char i; /* 使用 8 位数据,避免 16 位处理 */
char a[10], b[10];
for (i = 0;i<10;i++) a[i] = b[i];
```

在 ARM 处理器上编译相同的代码时，编译器会插入一个 UXTB 指令来实现数组下标(i)的溢出行为。为了避免这种额外的开销，并达到最优的性能，应该将 i 声明为整数 int、int32_t 或 uint32_t。

另外一个例子为强制类型转换的不必要使用。例如，下面的代码使用强制类型转换，避免 8 位处理器上出现 16×16 的乘法运算：

```
unsigned int x, y, z;
z = ((char) x) * ((char) y); /* 假定 x 和 y 都小于 256 */
```

与前面相同，这种强制类型转换在 ARM 架构中会引入额外的指令。由于 Cortex-M 处理器可以用一条指令处理具有 32 位结果的 32×32 位的乘法，程序代码可以简化为：

```
unsigned int x, y, z;
z = x * y;
```

24.2.5 例子：从 8051 移植到 ARM Cortex-M

一般来说，由于 Cortex-M0 上的多数程序可以完全用 C 编程，从 8 位和 16 位机上移植程序也就非常直接和简单。下面通过一些简单的例子介绍一下需要修改的地方。

1. 向量表

对于8051，向量表中为JMP指令，它们会跳转至中断服务程序的开头（如表24.2的左侧所示）。对于一些开发环境，编译器可能会自动创建向量表。而在ARM中，向量表则包含了主栈指针的初始值以及异常处理的起始地址（如表24.2的右侧所示），并且是启动代码的一部分，启动代码一般是由开发环境提供的。例如，在创建一个新工程时，Keil MDK工程向导会询问是否需要复制并添加默认启动代码，其中也包括向量表。

表24.2 向量表移植

8051	Cortex－M
org 00h 　jmp start org 03h ；Ext Int0 向量 　ljmp handle_interrupt0 org 0Bh ；Timer 0 向量 　ljmp handle_timer0 org 13h ；Ext Int1 向量 　ljmp handle_interrupt1 org 1Bh ；Timer 1 向量 　ljmp handle_timer1 org 23h ；串口中断 　ljmp handle_serial0 org 2Bh ；Timer 2 向量 　ljmp handle_ timer2	_Vectors DCD _initial_sp ；栈顶 　DCD Reset_Handler ；复位处理 　DCD NMI_Handler ；NMI 处理 　DCD HardFault_Handler ；硬件错误 　DCD 0，0，0，0，0，0，0 ；保留 　DCD SVC_Handler ；SVCall 处理 　DCD 0，0 ；保留 　DCD PendSV_Handler ；PendSV 处理 　DCD SysTick_Handler ；SysTick 处理 ；外部中断 　DCD WWDG_IRQHandler ；看门狗 …

2. 数据类型

有些情况下，为了保持程序运行行为一致，需要修改数据类型，如表24.3所示。

表24.3 软件移植时的数据类型变化

8051	Cortex-M
int my_data[20]；//16 位数值数组	short int my_data[20]；//16 位数值数组

如果只想使用单精度浮点数，有些函数调用可能也需要修改，如表24.4所示。

表24.4 软件移植时的浮点C代码

8051	Cortex-M
Y = T * atan(T2 * sin(Y) * cos(Y)/(cos(X+Y)+cos(X-Y)-1.0))；	Y = T * atanf(T2 * sinf(Y) * cosf(Y)/(cosf(X+Y)+cosf(X-Y)-1.0F))；

有些8051上的特殊数据类型在Cortex-M0上已经不能使用了，如bit、sbit、sfr、sfr16、idata、xdata以及bdata。它们和编译器相关，在ARM架构上是不支持的。

3. 中断

8051的中断代码通常是直接操作特殊寄存器，在移植到ARM Cortex-M微控制器上时，它们需要被修改为CMSIS-Core函数，如表24.5所示。

表 24.5　软件移植时的中断控制改动

8051	Cortex-M
EA = 0；/ * 禁止所有中断 * / EA = 1；/ * 使能所有中断 * / EX0 = 1；/ * 使能中断 0 * / EX0 = 0；/ * 禁止中断 0 * / PX0 = 0；/ * 设置中断 0 为最高优先级 * /	_disable_irq()；/ * 禁止所有中断 * / _enable_irq()；/ * 使能所有中断 * / NVIC_EnableIRQ(interrupt0_IRQn)； NVIC_DisableIRQ(interrupt0_IRQn)； NVIC_SetPriority(interrupt0_IRQn，0)；

中断服务程序也需要小的调整，在程序移植到 ARM Cortex-M 微控制器上时，应该将中断服务程序使用的一些特殊伪指令去掉，如表 24.6 所示。

表 24.6　软件移植时的中断处理改动

8051	Cortex-M

void timer1_isr(void) interrupt 1 using 2
{/ * 使用寄存器组 2 * /
…；
return；
}
	_irq void timer1_isr(void)
	{
	…；
	return；
	}

4. 休眠模式

休眠模式的进入方式同样存在差异。要进入 8051 的休眠模式，可以设置 PCON 的 IDL (空闲)位；而对于 Cortex-M，可以使用供应商提供的设备驱动库中的函数，或者直接使用表 24.7 所示的 WFI 指令(不过这样得到的低功耗效果可能并非最佳)。

表 24.7　软件移植时的休眠模式控制的改动

8051	Cortex-M
PCON=PCON|1 / * 进入空闲模式 * /	_WFI ( );/ * 进入休眠模式 * /

24.3　从 ARM7TDMI 到 Cortex-M3/M4 的软件移植

24.3.1　硬件差异简介

ARM7TDMI 是非常成功和常见的处理器，目前仍在大量出货，且被许多设计人员使用。这些设计人员有时还想将程序从 ARM7TDMI 转移到 Cortex-M 微控制器上。

基于 ARM7 和基于 Cortex-M3/M4 的微控制器存在诸多差异，如存储器映射、中断、存储器保护单元(MPU)、系统控制和操作模式。

1. 存储器映射

程序移植时最明显的改动为微控制器的存储器映射的差异。对于 ARM7，存储器和外设可能会位于任意地址，而 Cortex-M3 和 Cortex-M4 处理器则具有预定义的存储器映射。存储器地址的差异通常会在编译和链接阶段消除，而外设代码的移植则可能会更消耗时间，这是因为外设的编程模型可能会完全不同。此时，设备驱动代码可能也得全部重写，或者转而使用微控制器供应商提供的设备驱动库。

许多 ARM7 都具有一种存储器重映射特性，可以在启动后将向量表重映射到 SRAM。对于 Cortex-M3 或 Cortex-M4 微控制器，可以利用 VTOR 寄存器重新分配向量表，这样就不需要存储器重映射了。因此，许多 Cortex-M3 和 Cortex-M4 微控制器产品中可能不存在存储器重映射特性。

ARM7 对大端的支持也和 Cortex-M3 及 Cortex-M4 的不同，程序文件可以重新编译到新的大端系统中，但在移植过程中可能需要修改硬编码的查找表。

在 ARM720T 和 ARM9 等一些后期的 ARM 处理器中，存在一种名为“高向量”（或 Hivecs）的特性，允许向量表位于地址 0xFFFF0000 处。尽管它可以具有多种用途，该特性主要是为支持 Windows CE 引入的，在当前的 Cortex-M 处理器中是不存在的。

2. 中断

第二个差异在于所使用的中断控制器。由于 NVIC 的编程模型不同，使能或禁止中断等中断控制代码都需要修改。为了可移植性的考虑，推荐使用 CMSIS-Core 定义的 NVIC 操作函数。

ARM7TDMI 中断包装函数用于支持嵌套中断，这部分代码需要被移除。Cortex-M 处理器具有内置的嵌套中断处理。

中断返回方法也存在差异，这就需要修改汇编代码实现的中断返回。对于 Cortex-M 处理器，异常处理可以为普通的 C 函数，无须特殊的编译伪指令。

中断的使能或禁止之前都是由修改当前程序状态寄存器（CPSR）实现的，这部分代码也需要修改。另外，对于 ARM7TDMI，在 CPSR 从 SPSR（已保存程序状态寄存器）中恢复时，重新使能和中断返回会同时进行。而对于 Cortex-M 处理器，若在中断处理中利用 PRIMASK、FAULTMASK 或 BASEPRI 禁止了一个中断处理，则应在中断返回前手动清除屏蔽寄存器。否则，屏蔽寄存器会保持置位，中断也无法重新使能。

对于 Cortex-M3 和 Cortex-M4 处理器，有些寄存器会被压栈和出栈机制自动保存。因此，可以减少或去掉某些软件压栈操作。不过，对于快速中断请求（FIQ）的情况，传统的 ARM 核为 FIQ 准备了单独的寄存器（R8～R11），无须将它们压栈，FIQ 就可以直接使用。对于 Cortex-M 处理器，这些寄存器不会自动压栈，因此在将 FIQ 处理移植到 Cortex-M 处理器时，或者要修改中断处理使用的寄存器，或者增加压栈过程。

错误处理方面也存在一些差异。Cortex-M3 和 Cortex-M4 处理器提供了多种错误状态寄存器，可用于确定错误产生的位置。另外，Cortex-M 处理器还定义了新的错误异常类型（如压栈和出栈错误、存储器管理错误和硬件错误），因此需要重写错误处理代码。

3. MPU

存储器保护单元（MPU）也需要代码来配置和控制。基于 ARM7TDMI/ARM7TDMI-S 的微控制器产品中不存在 MPU，因此往 Cortex-M3 或 Cortex-M4 移植应用代码时应该没有什么问题。不过，基于 ARM720T 的产品则具有一种存储器管理单元（MMU），其功能和 Cortex-M3 及 Cortex-M4 处理器中的 MPU 不同。若应用程序使用了 MMU 实现虚拟存储器系统，则由于 MPU 不支持地址转换，其无法被移植到 Cortex-M3。

4. 系统控制

在移植代码时，系统控制为另外一个需要仔细考虑的关键部分。Cortex-M 处理器具有用于进入休眠模式的指令。另外，Cortex-M3 和 Cortex-M4 微控制器产品中设备相关的系统控制器也可能和 ARM7 产品中的完全不同，因此处理系统管理特性的代码也需要重写。

5. 操作模式

ARM7 具有 7 种操作模式，而 Cortex-M3 和 Cortex-M4 使用的则是另外一套体系，如表 24.8 所示。

在 Cortex-M 处理器中，可以将任意中断配置为最高等级，使其可以同 ARM7 中的 FIQ 一样抢占其他中断，因此可以用普通的中断请求（IRQ）代替 ARM7 中的 FIQ。不过，由于 ARM7 中的分组 FIQ 寄存器和 Cortex-M 处理器中压栈寄存器不同，因此必须修改 FIQ 处理中使用的寄存器，或手动保存中断处理使用的寄存器。

表 24.8　ARM7TDMI 的异常和模式到 Cortex-M3 的映射

ARM7 的模式和异常	Cortex-M3 对应的模式和异常
管理（默认）	特权，线程
管理（软件中断）	特权，请求管理调用（SVC）
FIQ	特权，中断
中断请求（IRQ）	特权，中断
终止（预取）	特权，总线错误异常
终止（数据）	特权，总线错误异常
未定义	特权，使用错误异常
系统	特权，线程
用户	用户访问（非特权），线程

6. FIQ 和不可屏蔽中断间的差异

许多工程师可能希望将 ARM7 中的 FIQ 直接映射为 Cortex-M 处理器中的不可屏蔽中断（NMI），这对于一些应用来说是可行的。不过在将 NMI 用作 FIQ 时，还是要注意 FIQ 和 NMI 间的一些差异。

首先，NMI 无法被禁止，而 ARM7 中的 FIQ 则可以通过设置 CPSR 中的 F 位来禁止。因此，Cortex-M 系统中的 NMI 处理可能会在启动时就产生，而 ARM7 的 FIQ 则在复位后是禁止的。

其次，对于 Cortex-M 处理器，NMI 处理中是无法使用 SVC 的，而 ARM7 中的 FIQ 处理中则可以使用软件中断（SWI）。在 ARM7 的 FIQ 处理执行期间，其他的异常也可以产生（除了 FIQ 和 IRQ，因为在处理 FIQ 时 I 和 F 位会自动置位），而对于 Cortex-M 处理器，NMI 处理中产生的错误异常会使处理器进入锁定状态。

24.3.2　汇编语言文件

汇编文件的移植取决于代码是 ARM 状态还是 Thumb 状态。

1. Thumb 状态

若代码为 Thumb 状态，则移植起来要简单得多，重用这些文件大多不会引起什么问题。不过，ARM7 的一些 Thumb 指令在 Cortex-M3 和 Cortex-M4 中是不支持的。其中包括：

- 试图切换为 ARM 状态的代码。
- SWI 指令要被 SVC 代替（注意需要更新参数传递和结果返回的代码）。
- 最后，确保程序访问的栈应该只处于满递减模式。尽管不太常见，ARM7 也可以实现其他的栈模型（如满递增）。

2. ARM 状态

ARM 代码的情况要复杂一些，下面为几个需要修改的地方：

- 向量表。ARM7 的向量表从地址 0x0 开始且由跳转指令组成，而对于 Cortex-M 处理器，向量表则包括栈指针的初始值、复位向量以及其他所有异常处理的地址。由于这些差异，向量表要全部重写。一般来说，微控制器供应商提供的启动代码中应该包含了向量表，因此也无须亲自创建。
- 寄存器初始化。对于 ARM7，经常要初始化各个模式的分组寄存器。例如，ARM7 的每个异常模式都有分组栈指针（R13）、链接寄存器（R14）以及 SPSR。由于 Cortex-M 的编程模型不同，寄存器初始化代码必须得修改。事实上，由于无须将处理器切换到其他模式，因此 Cortex-M 的寄存器初始化代码要简单得多。在不存在 OS 的简单应用中，可以在整个工程中只使用主栈指针，因此无须初始化 ARM7 中的多个栈指针。
- 模式切换和状态切换代码。由于 Cortex-M 处理器中的操作模式体系和 ARM7 的不同，模式切换代码也要去除或修改。ARM/Thumb 状态切换代码也是一样的。
- 中断使能和禁止。对于 ARM7，可以通过清除或设置 CPSR 中的 I 位来使能或禁止 IRQ 中断；而对于 Cortex-M 处理器，要实现同样的操作，则需要清除或设置中断屏蔽寄存器，如 PRIMASK 或 FAULTMASK。另外，由于 Cortex-M 处理器中没有 FIQ 输入，因此 F 位也不存在。
- 协处理器访问。当前的 Cortex-M 处理器不支持协处理器，因此这类操作无法移植。
- 中断处理和中断返回。ARM7 中断处理的第一条指令位于向量表中，它一般是指向实际中断处理的跳转指令，而 Cortex-M 处理器则不再需要这个步骤了。对于中断返回，ARM7 依赖于返回程序计数器的手动调整，而对于 Cortex-M 处理器，正确调整的程序计数器被保存在栈中。将特殊值 EXC_RETURN 加载到程序计数器中可以触发中断返回，而且 Cortex-M 处理器的中断返回不应使用 MOVS 和 SUBS 等指令。由于这些差异，在移植时需要修改中断处理和中断返回代码。由于中断处理可以使用普通的 C 函数，用 C 重新编写中断处理可能会更加简单。
- 嵌套中断支持代码。对于 ARM7，在需要嵌套中断时，IRQ 处理通常需要在重新使能中断前将处理器切换至系统模式或 SVC 模式。Cortex-M 处理器已经无须这么处理了。
- FIQ 处理。若要移植 FIQ 处理，可能需要增加额外的步骤将 R8～R11 保存到栈空间中。在 ARM7 中，R8～R12 为分组寄存器，因此 FIQ 处理可以将这些寄存器的压栈跳过，不过，对于 Cortex-M，R0～R3 以及 R12 会被自动保存到栈中，R8～R11 则不会。
- SWI 处理。SWI 被 SVC 取代。不过，在将 SWI 处理移植为 SVC 时，提取 SWI 指令所需参数的代码需要更新。调用 SVC 指令的地址位于栈中的 PC，这一点与 ARM7 中的 SWI 不同，其程序计数器地址需要通过链接寄存器确定。
- SWP 指令（交换）。Cortex-M 中没有交换指令（SWP），若信号量需要使用 SWP，则可以使用排他访问指令代替。这样就需要重写信号量代码，若该指令只用于数据传输，则可以被多个存储器访问指令代替。
- 对 CPSR 和 SPSR 的访问。ARM7 中的 CPSR 被 Cortex-M 中的组合程序状态寄存器取代，而 SPSR 则不存在了。若应用程序要访问处理器标志的当前值，则需要使用对

APSR 的读访问代码代替。若中断处理要访问异常产生前的程序状态寄存器(PSR)数值,则可以查看栈空间中的值,因为在中断被接受后,xPSR 的数值会被自动保存在栈中,因此 Cortex-M 无须使用 SPSR。

- 条件执行。对于 ARM7,许多 ARM 指令都支持条件执行,而多数 Thumb-2 指令则在指令编码中不具备条件域。在将这些代码移植到 Cortex-M 上时,汇编工具可能会将这些条件代码自动转换为 IF-THEN(IT)指令块。另外,还可以手动加入 IT 指令或跳转以生成条件执行代码。在替换有 IT 指令块的条件执行代码时,代码体积可能会增加,因此可能会引起小的问题,如部分程序代码中的加载/存储操作可能会超出指令的范围等,这也是一个潜在的问题。
- 程序计数器数值的使用:在 ARM7 中运行 ARM 代码时,在指令执行期间 PC 的读出值为当前指令地址加 8,这是因为 ARM7 具有三个流水线阶段。在执行阶段读取 PC 时,程序计数器已经增加了两次,每次 4 字节。在将处理 PC 值的代码移植到 Cortex-M3 上时,由于代码处于 Thumb 状态,程序计数器的偏移仅为 4。
- R13 数值的使用。ARM7 中的栈指针 R13 有 32 位。对于 Cortex-M 处理器,栈指针的最低两位被强制为 0。因此,在 R13 用作数据寄存器等一些不常见的情况下,由于最低两位会丢失,因此代码需要修改。

对于剩下的 ARM 程序代码,可以按照 Thumb/Thumb-2 的方式进行编译,并且查看是否需要进一步修改。例如,ARM7 中有些前序和后序存储器访问指令在 Cortex-M3 上是不支持的,需要被重新编码为多个指令。有些代码中的大跳转区域或大立即数无法编译为 Thumb 代码,必须手动修改为 Thumb-2 代码。

24.3.3　C 语言文件

移植 C 程序文件比汇编文件要容易得多。多数情况下,用 C 编写的应用程序代码可以重新编译为 Cortex-M 的代码,并且不会带来什么问题。不过,有些方面仍然需要修改,其中包括:

- 内联汇编。有些 C 程序代码中可能会有需要修改的内联汇编代码,该代码在使用时可以加上_asm 关键字。有些老版本的 ARM C 编译器不支持内联汇编,则应该使用嵌入汇编。
- 中断处理。在 C 程序中,可以使用_irq 创建 ARM7 用的中断处理。由于 Cortex-M 和 ARM7 在异常模型上的差异(如保存的寄存器和中断返回),根据实际使用的开发工具,表示函数为中断处理的关键字可能无须使用。在 keil MDK-ARM 或 DS-5 等 ARM 开发工具中,对于 Cortex-M 处理器,_irq 的使用是允许的,并且为了含义明确,也推荐使用。对于其他的一些工具链,可能需要去掉一部分这种编译器相关的关键字。
- Pragma 伪指令。应该去掉 ARM C 编译器的“＃pragma arm”和“＃pragma thumb”等 pragma 伪指令。

24.3.4　预编译的目标文件和库

大多数 C 编译器会为各种函数库提供预编译的目标文件和启动文件。由于操作模式和状态的差异,它们中的有些(如传统 ARM 处理器内核用的启动代码)不能用在 Cortex-M 处理器中。许多都提供了源代码并可用 Thumb-2 代码编译，可以参考工具供应商的文档以了解更多的细节。

24.3.5 优化

当程序在 Cortex-M3 微控制器上运行起来以后，可能需要进一步优化以提高性能和降低所使用的存储器。以下方面需要关注：

- Thumb-2 指令的使用。例如，若 16 位 Thumb 指令将数据从一个寄存器传输到另一个寄存器，然后对其执行数据处理，那么，或许可以用单个 Thumb-2 指令代替这个过程，这样可以减少操作所需的时钟数。
- 位段。若外设位于位段区域，则使用控制寄存器的位段别名区域可以极大地简化操作。
- 乘除。若程序需要除法操作，如将数据转换为十进制显示等，则可以修改为使用 Cortex-M3 和 Cortex-M4 处理器中的除法指令。对于较大数值的乘法操作，可以使用乘法指令降低代码的复杂度。乘法指令包括无符号长整型乘法(UMULL)、有符号长整型乘法(SMULL)、乘累加(MLA)、乘减(MLS)、无符号长整型乘累加(UMLAL)以及有符号长整型乘累加(SMLAL)等。
- 立即数。有些立即数无法用 Thumb 指令编码，可以使用 32 位 Thumb 指令生成。这就意味着可以通过减少创建立即数所需的步骤，降低部分代码的复杂度。
- 跳转。有些大范围的跳转无法用 16 位 Thumb 代码编码(可能用多个跳转实现)，可以用 32 位 Thumb 指令编码，降低代码大小和跳转开销。
- Boolean 数据。可以将多个 Boolean 型数据(0 或 1)打包在一个位段区域的字节/半字/字数据中，以节省存储器空间，它们可以通过位段别名访问。
- 位域处理。Cortex-M3 和 Cortex-M4 处理器提供了多个用于位域处理的指令，包括无符号位域提取(UBFX)、有符号位域提取(SBFX)、位域插入(BFI)、位域清除(BFC)以及位反转(RBIT)。这些指令可以简化多种程序代码，如外设编程、数据包格式化或提取以及串行数据通信。
- IT 指令块。有些短跳转可以由 IT 指令块代替，这样在跳转期间流水线被清空时可以避免时钟周期的浪费。
- ARM/Thumb 状态切换。有些情况下，ARM 开发人员会将代码分为多个文件，有些文件可以编译为 ARM 代码，而其他的则可以编译为 Thumb 代码。这种处理在执行速度不是很关键时可以提高代码密度。由于 Cortex-M 处理器的 Thumb-2 特性，这一步就不再需要了，因此也可以去除一些状态切换开销，生成更短的代码，程序文件数量也可能会减少。

24.4 不同 Cortex-M 处理器间的软件移植

24.4.1 不同 Cortex-M 处理器间的差异

多数情况下，由于架构的一致性，不同 Cortex-M 处理器间的软件移植相当简单。不过，各种 Cortex-M 处理器间还是有些差异的。

1. 指令集

Cortex-M 处理器间一个主要的差异在于所支持的指令集。Cortex-M 处理器在设计上是向上兼容的，因此 Cortex-M0/M0+/M1(ARMv6-M 架构)可用的指令也可用于 Cortex-M3 和 Cortex-M4(ARMv7-M 架构)，如图 24.2 所示。从理论上来说，为 ARMv6-M 编译的二进制程序映像可以直接在 ARMv7-M 设备上运行。不过，实际的存储器映射和外设可能会不同，因此不管在任何情况下，最好是重新编译代码以利用其他可用的指令。

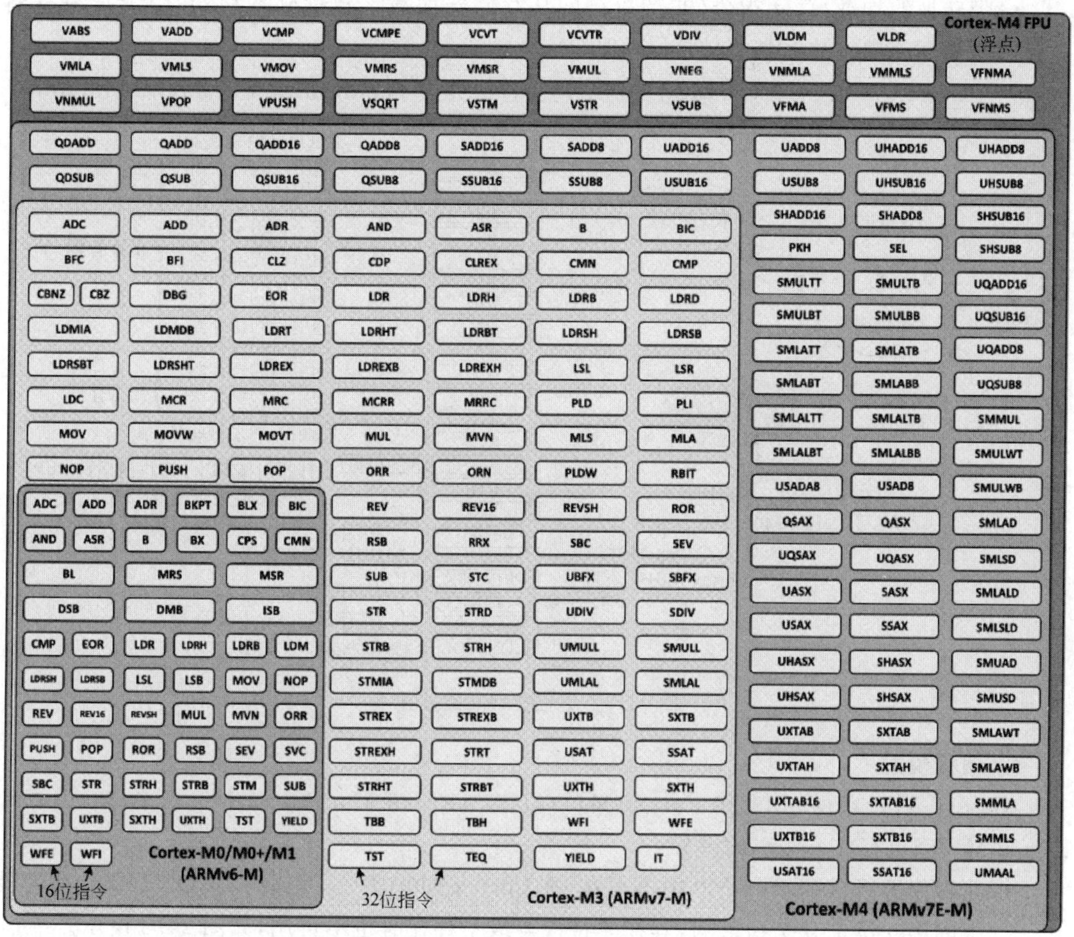

图 24.2　Cortex-M 处理器的指令集

不过在向下移植时，程序代码需要重新编译。另外，汇编代码(包括内联汇编和嵌入汇编)可能也需要修改。例如，在从 Cortex-M3 微控制器往 Cortex-M0 微控制器移植程序时，下面的指令是不可用的。

2. IT 指令块

- 比较和跳转(比较为零则跳转[CBZ]和比较非零则跳转[CBNZ])
- 多个累加指令(乘累加[MLA]、乘减[MLS]、有符号长整型乘累加[SMLAL]、无符号长整型乘累加[UMLAL])和具有 64 位结果的乘法指令(无符号长整型乘法[UMULL]和有符号长整型乘法[SMULL])
- 硬件除法指令(无符号除法[UDIV]和有符号除法[SDIV])与饱和(有符号饱和[SSAT]与无符号饱和[USAT])

- 表格跳转指令（表格跳转半字[TBH]和表格跳转字节[TBB]）

3. 排他访问指令

- 位域处理指令（无符号位域提取[UBFX]、有符号位域提取[SBFX]、位域插入[BFI]和位域清除[BFC]）
- 一些数据处理指令（前导零计数[CLZ]、循环右移展开[RRX]和位反转[RBIT]）
- 寻址模式或寄存器组合只支持 32 位指令编码的加载/存储指令
- 带转换的加载/存储指令（非特权访问从存储器加载字数据到寄存器[LDRT]和非特权访问存储字数据到存储器[STRT]）

在从 Cortex-M4 往 Cortex-M0 移植软件时，浮点指令和 DSP 扩展中的指令是不可用的。

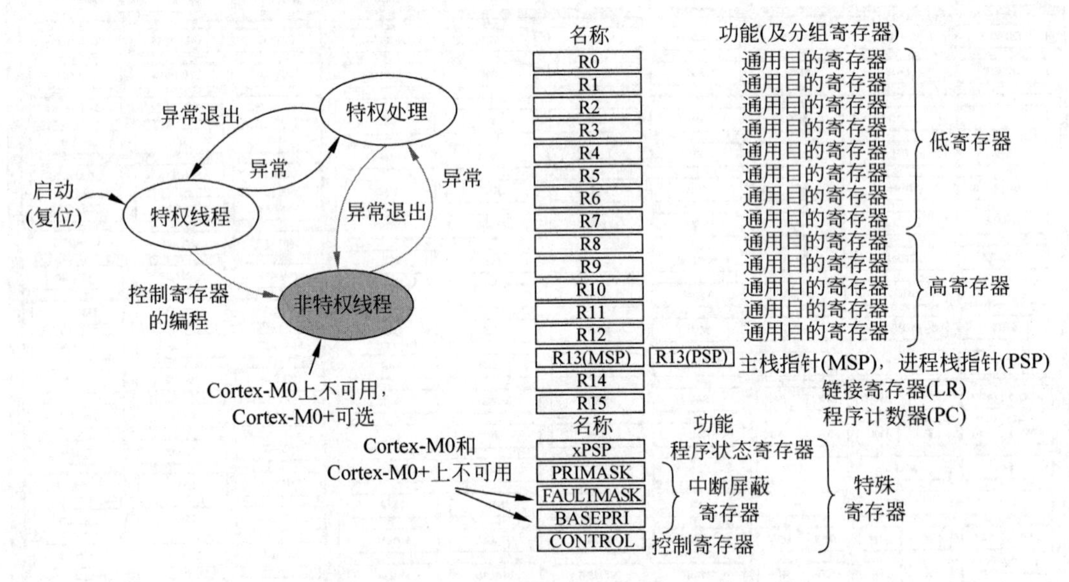

图 24.3　编程模型间的差异

4. 编程模型

ARMv7-M（Cortex-M3 和 Cortex-M4）以及 ARMv6-M（Cortex-M0、Cortex-M0＋和 Cortex-M1）间也存在一些小的差异：

- 非特权等级在 Cortex-M0 中不存在，在 Cortex-M0＋中是可选的。CONTROL 寄存器中的第 0 位也会受到影响，其在非特权等级不存在时也不可用，如图 24.3 所示。
- FAULTMASK 和 BASEPRI 寄存器（用于异常屏蔽）在 ARMv6-M 中是不存在的。
- 只有 Cortex-M4 处理器具有可选的浮点寄存器组以及 FPSCR 寄存器。

程序状态寄存器（PSR）也有一些差异：

- ARMv6-M 中的应用 PSR 没有 Q 位。
- GE 位只存在于 Cortex-M4 处理器中。
- ICI/IT 位（中断可继续指令/IF-THEN）在 ARMv6-M 中不存在。
- 由于 Cortex-M0/M0＋/M1 支持最多 32 个中断，IPSR 仅为 6 位宽。

5. NVIC

Cortex-M 处理器中的 NVIC 特性是可配置的。这意味着支持的中断数量和可配置中断优先级的数量可由芯片生产商决定。表 24.9 列出了不同 Cortex-M 处理器的 NVIC 间的差异。

表 24.9 NVIC 特性对比

特性	Cortex-M0	Cortex-M0+	Cortex-M3	Cortex-M4
IRQ 数量	1～32	1～32	1～240	1～240
系统异常	5(NMI、HardFault、SVC、PendSV、SysTick)	5	9(ARMv6-M 系统异常+3 个可配置错误处理+调试监控)	9
可编程优先级	4	4	8～256	8～256
优先级分组	No	No	Yes	Yes
屏蔽特性	PRIMASK	PRIMASK	PRIMASK、FAULTMASK、BASEPRI	PRIMASK、FAULTMASK、BASEPRI
向量表偏移寄存器	No	可选	Yes	Yes
软件触发中断寄存器	No	No	Yes	Yes
中断活跃状态寄存器	No	No	Yes	Yes
动态优先级修改支持	No	No	Yes	Yes
寄存器访问	32 位	32 位	8/16/32 位	8/16/32 位
双字栈对齐	总是使能	总是使能	可编程	可编程

6. 系统级特性

如表 24.10 所示，系统级特性也存在一些差异。

表 24.10 系统特性对比

特性	Cortex-M0	Cortex-M0+	Cortex-M3	Cortex-M4
特权/非特权	No	可选	Yes	Yes
SysTick 定时器	可选	可选	Yes	Yes
MPU	No	可选	可选	可选
位段	处理器内不存在，可在系统级添加	处理器内不存在，可在系统级添加	可选	可选
单周期 I/O 接口	No	Yes	No	No
总线架构	冯・诺依曼	冯・诺依曼	哈佛	哈佛
错误处理	HardFault	HardFault	HardFault+其他 3 个错误处理	HardFault + 其他 3 个错误处理
错误状态寄存器	无(调试 FSR 只用于调试)	无(调试 FSR 只用于调试)	CFSR、HFSR、DFSR、AFSR	CFSR、HFSR、DFSR、AFSR
自复位	系统复位请求	系统复位请求	系统复位请求+VECTRESET	系统复位请求+VECTRESET
非对齐访问支持	No	No	Yes	Yes
排他访问	No	No	Yes	Yes

7．低功耗特性

如表24.11所示，低功耗支持在处理器级是相同的。不过，在芯片设计等级，不同的微控制器可能会具有不同的低功耗特性，因此在微控制器间移植软件时，低功耗优化的代码通常也需要修改。

表24.11　低功耗特性对比

特性	Cortex-M0	Cortex-M0+	Cortex-M3	Cortex-M4
休眠模式	休眠和深度休眠	休眠和深度休眠	休眠和深度休眠	休眠和深度休眠
退出时休眠	Yes	Yes	Yes	Yes
WIC支持	Yes	Yes	Yes	Yes
SRPG支持	Yes	Yes	Yes	Yes
事件支持(如SEV)	Yes	Yes	Yes	Yes
SEVONPEND	Yes	Yes	Yes	Yes

8．调试和跟踪特性

如表24.12所示，调试和跟踪特性也存在一些差异。

表24.12　调试和跟踪特性对比

特性	Cortex-M0	Cortex-M0+	Cortex-M3	Cortex-M4
调试接口	一般是串行线或JTAG	一般是串行线或JTAG	一般是串行线和JTAG	一般是串行线和JTAG
程序运行控制(暂停、继续和单步)	Yes	Yes	Yes	Yes
即时存储器访问	Yes	Yes	Yes	Yes
调试监控	No	No	Yes	Yes
软件断点	Yes	Yes	Yes	Yes
硬件断点比较器	最多4个	最多4个	最多8个(6个指令和2个常量数据)	最多8个(6个指令和2个常量数据)
硬件监视点比较器	最多2个	最多2个	最多4个	最多4个
指令跟踪	No	No	Yes	Yes
数据、事件和概况跟踪	No	No	Yes	Yes
概况计数器	No	No	Yes	Yes
利用跟踪连接实现的PC采样寄存器	No	No	Yes	Yes
利用调试连接实现的PC采样寄存器	Yes	Yes	Yes	Yes
指令跟踪	No	可选的微跟踪缓冲(MTB)	可选的ETM	可选的ETM
跟踪接口	No	利用调试连接实现的MTB指令跟踪	串行线查看(SWV)或跟踪端口接口	串行线查看(SWV)或跟踪端口接口
软件对调试和跟踪寄存器的访问(用于调试监控)	No	No	Yes	Yes

24.4.2 所需的软件变动

对于使用符合 CMSIS 设备驱动库的微控制器应用。多数情况下,需要:

- 替换设备驱动头文件
- 替换设备相关的启动代码
- 若有必要调整中断优先级
- 调整处理器类型、浮点选项等编译器选项

为了提高软件的可移植性,在配置 NVIC 中的中断时,应该使用 CMSIS-Core 提供的中断控制函数。若应用代码需要直接访问 NVIC 寄存器,则可能需要在移植期间调整源代码,这是因为 ARMv6-M 中的 NVIC 不允许字节或半字访问。例如,ARMv7-M 和 ARMv6-M 的 CMSIS-Core 头文件中的优先级寄存器的定义不同。

ARMv6-M 中不存在软件触发中断寄存器(NVIC->STIR),因此对于 Cortex-M0/M0+处理器,软件需要使用中断设置挂起寄存器(NVIC->ISPR)来触发软件中断。

SysTick 定时器的编程模型基本上是相同的。不过,Cortex-M3 和 Cortex-M4 的 SysTick 定时器数值复位后为 1,而 Cortex-M0 和 Cortex-M0+的定时器初始值则未定义。因此,在移植 SysTick 设置代码时,必须得确保程序代码对 SysTick 定时器数值进行了初始化。

一般来说,可能还需要调整微控制器的时钟频率,以及修改利用微控制器低功耗特性的代码。在 Cortex-M 微控制器间移植时,程序的运行速度可能会有差异。例如,在从 Cortex-M0 微控制器往 Cortex-M3 微控制器移植程序时,可能在降低时钟频率时也可以获得相同的性能,而且功耗也更低。

24.4.3 嵌入式 OS

对于具有嵌入式 OS 的应用,可能需要使用不同版本的 OS 才能使系统正常工作。例如,为 Cortex-M3 处理器实现的嵌入式 OS 可能会在 Cortex-M4 中正常工作,前提是应用程序未使用浮点单元。不过,若使用了浮点单元,OS 还需要支持浮点寄存器组的上下文保存和恢复,以及处理 CONTROL 寄存器、EXC_RETURN 数值和不同大小的栈帧等其他信息。

使用嵌入式 OS 的 Cortex-M0 应用工程可能也需要额外进行一些调整。在 Cortex-M0 处理器中,非特权访问等级是不存在的,所有的应用线程都可以访问 NVIC 和系统控制空间(SCS)中的寄存器。在将应用移植到其他的 Cortex-M 处理器时,OS 可能会默认在非特权状态运行线程,所有对 NVIC 和 SCS 寄存器的访问都会被阻止。因此,可能需要对工程进行一些调整,避免线程中的 NVIC 和 SCS 访问,或者也可以调整 OS 配置,使线程运行在特权状态。

有些嵌入式 OS 可能会使用 MPU 特性。Cortex-M3/M4 和 Cortex-M0+处理器的 MPU 的编程模型基本上是相同的,不过还是存在一些小的差异(参见 11.8 节和表 11.12)。例如,利用 Cortex-M3/M4 的 MPU 基地址寄存器的地址位域,可以将 MPU 区域定义为 32 字节大小,而对于 Cortex-M0+处理器,所支持的最小区域为 256 字节。不过,利用子区域禁止特性,只需对 MPU 设置代码做很小的改动,就能创建 32 字节的区域。

24.4.4 创建 Cortex-M 处理器的可移植程序代码

对于一些工程,编写的程序代码要重用在其他的 Cortex-M 处理器中,其中包括 Cortex-M0、Cortex-M0+、Cortex-M3 和 Cortex-M4。为了最大程度地提高软件的可重用性,在开发

嵌入式应用代码时，下面几个方面是需要注意的：

- 访问处理器特性时使用 CMSIS-Core 函数，而不是直接访问系统寄存器。
- 避免使用只存在于 Cortex-M3 和 Cortex-M4 处理器中的特性。例如，在 CMSIS-Core 中，中断活跃状态寄存器在 Cortex-M0 和 Cortex-M0＋中是不存在的。其他只存在于 Cortex-M3 和 Cortex-M4 的特性包括位段、非对齐传输和动态修改中断优先级。
- 在开发可移植程序代码时，可以使能配置控制寄存器(SCB->CCR)中的 UNALIGN_TRP 位，来检测非对齐的数据传输，并在发现非对齐数据访问后修改代码。
- 在创建汇编代码时(如内联汇编、嵌入汇编)，还需要确保所用的指令在 ARMv6-M 中也是支持的。

参 考 文 献

[1] **ARMv7-M Architecture Reference Manual**
ARM DDI 0403D, http://infocenter.arm.com/help/topic/com.arm.doc.ddi0403c/index.html

[2] **Cortex-M3 Devices Generic User Guide**
ARM DUI 0522A, http://infocenter.arm.com/help/topic/com.arm.doc.dui0552a/index.html

[3] **Cortex-M4 Devices Generic User Guide**
ARM DUI 0553A, http://infocenter.arm.com/help/topic/com.arm.doc.dui0553a/index.html

[4] **Cortex-M3 Technical Reference Manual**
ARM DDI 0337I, http://infocenter.arm.com/help/topic/com.arm.doc.ddi0337i/index.html

[5] **Cortex-M4 Technical Reference Manual**
ARM DDI 0439D, http://infocenter.arm.com/help/topic/com.arm.doc.ddi0439d/index.html

[6] **ARM Compile toolchain Assembler Reference, version 4.1**
ARM DUI 0489C, http://infocenter.arm.com/help/index.jsp?topic=/com.arm.doc.dui0489c/index.html

[7] **ARM Compiler toolchain Compiler Reference, version 5.01**
ARM DUI 0491G, http://infocenter.arm.com/help/topic/com.arm.doc.dui0491g/index.html

[8] **AAPCS Procedure Call Standard for the ARM Architecture**
ARM IHI 0042D, http://infocenter.arm.com/help/topic/com.arm.doc.ihi0042d/IHI0042D_aapcs.pdf

[9] **A Programmer Guide to the Memory Barrier instruction for ARM Cortex-M Family Processor**
ARM DAI0321A, http://infocenter.arm.com/help/topic/com.arm.doc.dai0321a/index.html

[10] **Cortex-M3 Embedded Software Development**
ARM DAI0179B, http://infocenter.arm.com/help/topic/com.arm.doc.dai0179b/index.html

[11] **Cortex-M4(F)Lazy Stacking and Context Switching**
ARM DAI0298A, http://infocenter.arm.com/help/topic/com.arm.doc.dai0298a/index.html

[12] **ARM Compiler Toolchain version 5.01, Using the Compiler**
ARM DUI0472G, http://infocenter.arm.com/help/topic/com.arm.doc.dui0472g/index.html
(Bit-band command line option: http://infocenter.arm.com/help/topic/com.arm.doc.dui0472g/BEIFCGDI.html
Bit-band attribute: http://infocenter.arm.com/help/topic/com.arm.doc.dui0472g/BEIJIHIJ.html)

[13] **Procedure Call Standard for ARM Architecture**
ARM IHI 0042D, http://infocenter.arm.com/help/topic/com.arm.doc.ihi0042d/IHI0042D_aapcs.pdf
[14] **AMBA 3 AHB-Lite Protocol Specification**
http://infocenter.arm.com/help/topic/com.arm.doc.ihi0033a/index.html
[15] **AMBA 3 APB Protocol Specification**
http://infocenter.arm.com/help/topic/com.arm.doc.ihi0024b/index.html
[16] **CoreSight Technology System Design Guide**
http://infocenter.arm.com/help/topic/com.arm.doc.dgi0012d/index.html
[17] **AN210 – Running FreeRTOS on the KeilMCBSTM32 Board with RVMDK Evaluation Tools**
http://infocenter.arm.com/help/topic/com.arm.doc.dai0210A/index.html
[18] **AN234 – Migrating from PIC Microcontrollers to Cortex-M3**
http://infocenter.arm.com/help/topic/com.arm.doc.dai0234a/index.html
[19] **AN237 – Migrating from 8051 to Cortex Microcontrollers**
http://infocenter.arm.com/help/topic/com.arm.doc.dai0237a/index.html
[20] **Keil Application Note 202 – MDK-ARM Compiler Optimizations**
http://www.keil.com/appnotes/docs/apnt_202.asp
[21] **Keil Application Note 209 – Using Cortex-M3 and Cortex-M4 Fault Exceptions**
http://www.keil.com/appnotes/docs/apnt_209.asp
[22] **Keil Application Note 221 – Using CMSIS-DSP Algorithms with RTX**
http://www.keil.com/appnotes/docs/apnt_221.asp
[23] **AN33-Fixed Point Arithmetic on the ARM**
http://infocenter.arm.com/help/topic/com.arm.doc.dai0033a/index.html
[24] **Mastering stack and heap for system reliability**
http://www.iar.com/Global/Resources/Developers_Toolbox/Building_and_debugging/Mastering_stack_and_heap_for_system_reliability.pdf
[25] **ARM and Thumb-2 Instruction Set Quick Reference Card**
http://infocenter.arm.com/help/topic/com.arm.doc.qrc0001m/index.html
(This Quick Reference Card is not specific to the ISA used by the Cortex-M processor)